喀斯特断陷盆地生态系统与石漠化演变机理

李 强 主编

地 质 出 版 社
· 北 京 ·

图书在版编目（CIP）数据

喀斯特断陷盆地生态系统与石漠化演变机理 / 李强
主编 . -- 北京：地质出版社，2024.11
ISBN 978-7-116-13697-7

Ⅰ. ①喀… Ⅱ. ①李… Ⅲ. ①喀斯特地区－断陷盆地－生态系－研究②喀斯特地区－断陷盆地－沙漠治理－研究 Ⅳ. ①P941.73

中国国家版本馆 CIP 数据核字（2023）第 126367 号

KASITE DUANXIAN PENDI SHENGTAI XITONG YU SHIMOHUA YANBIAN JILI

责任编辑：贺秋梅
责任校对：张　冬
出版发行：地质出版社
社址邮编：北京市海淀区学院路 31 号，100083
电　　话：（010）66554528（邮购部）；（010）66554611（编辑室）
网　　址：https://www.gph.clmpg.com
传　　真：（010）66554686
印　　刷：北京地大彩印有限公司
开　　本：787mm × 1092mm　1/16
印　　张：24
字　　数：590千字
版　　次：2024年11月北京第1版
印　　次：2024年11月北京第1次印刷
定　　价：278.00元
书　　号：ISBN 978-7-116-13697-7

《喀斯特断陷盆地生态系统与石漠化演变机理》

编　委　会

主　编：李　强

编　委：（按姓氏笔画排序）

王　力　祁向坤　杜红梅　杨　慧

刘春江　张美良　蒲俊兵　蓝高勇

前　言

自古近纪以来，云南地壳运动十分活跃，在大面积隆升的同时，还继承前期主干断裂发生不均衡运动，形成滇东喀斯特（岩溶）高原众多的断陷湖盆。其中，面积达 100 km^2 以上的滇东喀斯特断陷盆地有数十个。滇东喀斯特断陷盆地无锥、塔峰喀斯特地貌分布，多为覆盖型和埋藏型喀斯特，溶丘顶部的土层侵蚀流失后，石芽出露，常常形成千姿百态的石林景观。

喀斯特断陷盆地作为我国 2016 年度 4 个石漠化综合治理区之一，“盆 – 山”地形变化剧烈，气候反差大，土壤流 / 漏失严重，植被立地条件差，石漠化严重并导致明显的生态地质环境分异。因此，亟需揭示喀斯特断陷盆地碳、氮、钙、水在生态系统中迁移规律，阐明生态系统演替和石漠化演变过程及驱动机制，为喀斯特断陷盆地石漠化综合治理提供技术支撑。

国家在“十三五”期间部署了国家重点研发计划“典型脆弱生态修复与保护研究”重点专项，其中就包括了国家重点研发计划项目“喀斯特断陷盆地石漠化演变及综合治理技术与示范”。该项目为定量刻画典型流域植被与水文过程交互作用，确立流域生态需水关键期及需水量，明确植被生态水文耦合过程对碳、氮、钙、水等物质传输的影响，评价生态系统碳固持能力，找出影响生态系统演替和石漠化演变过程的关键控制因素，预测生态系统演替和石漠化演变趋势，进而为喀斯特断陷盆地石漠化区面向生态的水资源合理配置和生态功能恢复提供理论依据，并设置了“断陷盆地生态环境地质分异及石漠化演变机理”（2016YFC0502501）这一课题。

本课题以生态系统对喀斯特断陷盆地地质条件的反映为切入点。在蒙自南洞地下河流域和泸西小江流域石漠化治理示范区研究因自然和人为因素双重作用引起的地质环境和生态环境变异，明确了喀斯特断陷盆地“盆 – 山”耦合地形影响下的气候特征和生态水文过程变化规律；探索了喀斯特断陷盆地植物功能性质和代谢产物积累特征，阐述了与植被相适应的土壤微生物群落变化和适应策略；明确了生态工程是喀斯特断陷盆地植被恢复和碳固持力增加的主要原因，为喀斯特地区生态修复和生态系统服务功能提升提供了理论与依据。本书第 1 章由中国地质科学院岩溶地质研究所张美良研究员执笔，介绍了喀斯特断陷盆地的地质环境特征；第 2 章第 1 节由中国地质科学院岩溶地质研究所杨慧研究员执笔，介绍了喀斯特断陷盆地土壤理化特点；第 2 章第 2 节、第 3 节和第 6 章第 1 节由上海交通大学杜红梅副研究员撰写，阐明了喀斯特断陷盆地的土壤 – 微生物 – 植物系统的元素循环特征；第 3 章由中国地质科学院岩溶地质研究所蒲俊兵研究员执笔，介绍了喀斯特断陷盆地生态水文特征；第 4 章由中国科学院空天信息创新研究院王力研究员执笔，介绍了喀斯特断陷盆地石漠化区植被时空演变格局并进行了归因分析；第 5 章由中国科学院亚热带农业生态研究所祁向坤副研究员执笔，明确了断陷盆地生态环境地质分异的生态系统碳固持能力。第 6 章第 2 节由中国地质科学院岩溶地质研究所蓝高勇执笔，明确了断陷盆地水土流失情况。中国地质科学院岩溶地质研究所李强研究员撰写了前言和第 6 章第 3 节，并对全书进行了统稿。此外，刘春江、黄妮、李建鸿、张陶、熊小锋等研究人员和 Muhammad Umair、包妲、曾锐、陈金珂、陈柯豪、丁茜、段文胜、霍伟杰、敬洪霞、裴杰、邱江梅、唐荣彬、陶慧敏、王赛男、张鹏、张雪梅、朱美娜等研究生参与了课题的相关研究工作，在此一并致谢！

目　录

1　喀斯特断陷盆地地质环境

自古近纪以来，云南地壳运动十分活跃，在大面积隆升过程的同时，还继承前期主干断裂发生不均衡运动，形成滇东喀斯特（岩溶）高原众多的断陷湖盆（姚六三，1984）。其中，面积达 100 km^2 以上的滇东喀斯特断陷盆地有数十个（Jiang et al.，2014），主要分布在昆明、曲靖、宣威、开远、蒙自、泸西等地，在流域尺度上，以小江流域为核心的泸西断陷盆地、以南洞地下河流域为核心的蒙自断陷盆地最为典型。滇东喀斯特断陷盆地无锥、塔峰喀斯特地貌分布，多为覆盖型和埋藏型喀斯特，溶丘顶部的土层侵蚀流失后，石芽出露，常常形成千姿百态的石林景观（王世杰等，2013）。此外，受局部地块断陷主导作用的影响，地貌分区明显、水资源分布不均、土壤植被分带性强、气候垂向变化明显、人类活动区间差异大、石漠化问题突出（王宇等，2017）。

1.1　典型喀斯特断陷盆地的自然地理概况

小江流域地处滇东喀斯特高原面边缘及河谷斜坡地带，属红河哈尼族彝族自治州泸西县，系南盘江水系左岸一级支流。流域总面积 1009.28 km^2，呈北东向展布，总体地势东高西低，北高南低。东部、南部高原面保存较好，峰丛洼地发育，山地海拔 2000 ~ 2200 m，最高点为三塘乡阿定老佐坟箐，海拔 2459.3 m；西部山地海拔 1800 ~ 2000 m。流域南东部切割强烈，最低点海拔 820 m，横剖面呈“V”字形，切割深度 500 ~ 1639 m。流域内泸西盆地距离南盘江 10 ~ 20 km，高差 800 m 左右，高悬于南盘江左岸。根据喀斯特断陷盆地环境地质分区（王宇等，2017），流域内地貌形态可分为泸西喀斯特盆地（A）和小江喀斯特河谷（B）两种地貌类型，泸西喀斯特盆地（A）还可进一步划分为盆地外围喀斯特中山区（A_1）、盆地上游溶丘台地槽谷区（A_2）、盆底周边喀斯特峰丛洼地区（A_3）、盆底沉积平坝区（A_4）等 4 种地貌类型（图 1.1）。

1.1.1　泸西喀斯特盆地（A）

泸西喀斯特盆地为一封闭喀斯特盆地，面积 78.1 km^2，呈椭圆形，长轴沿北东向大型断层展布。盆底海拔 1700 m 左右，地形平坦开阔，有少量溶蚀残丘。盆地边缘地形西部较缓，东部较陡。

1.1.1.1　盆地外围喀斯特中山区（A_1）

主要位于小江流域东部和西部，属浅—中切割喀斯特中山区，面积 391.24 km^2，占流域总面积的 38.76%。地形起伏较大，东部山地海拔 2000 ~ 2400 m，切割深度 200 ~

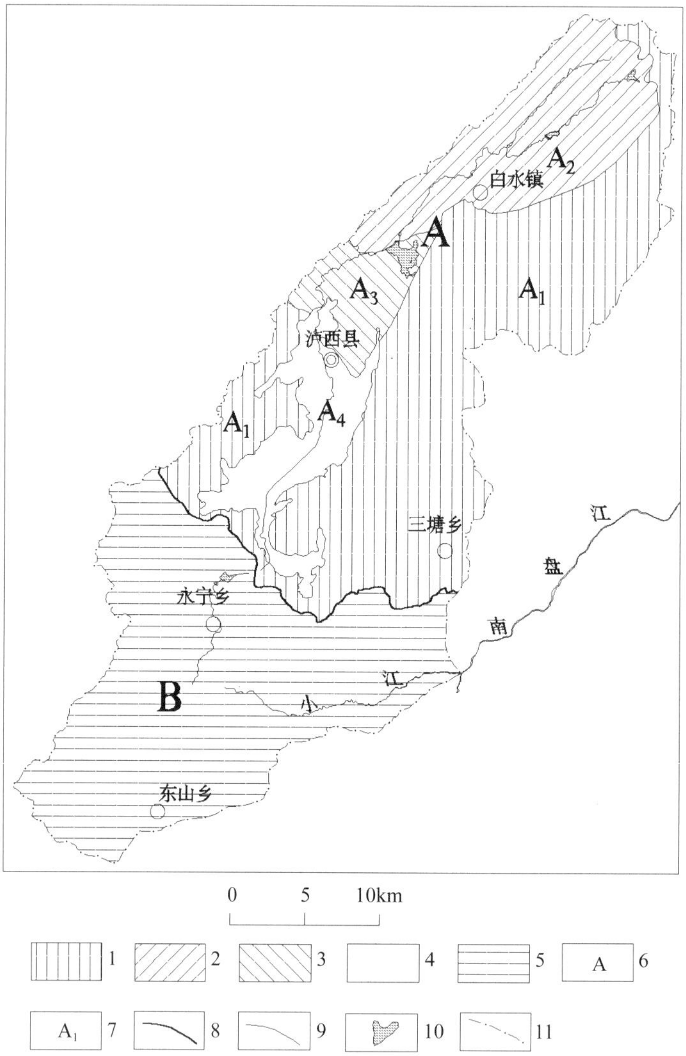

图 1.1 泸西小江流域地貌类型划分图

（云南省地质调查院，2006）

1 — 盆地外围喀斯特中山区；2 — 盆地上游溶丘台地槽谷区；3 — 盆底周边喀斯特峰丛洼地区；4 — 盆底沉积平坝区；5— 小江喀斯特河谷区；6— 一级地貌分区代码；7— 二级地貌分区代码；8— 一级地貌分区界线；9— 二级地貌分区界线；10 — 水库；11 — 流域界线

700 m，坡度一般 8° ~ 15°，少部分大于 25°；西部山地海拔 1800 ~ 2000 m，切割深度 100 ~ 200 m，坡度 8° ~ 15°，少部分大于 25°（图 1.2）。地貌形态为侵蚀、溶蚀锥峰与洼地、谷地的组合，东部主要表现为峰丛洼（谷）地。平面上是正地形所占的面积远远大于负地形所占的面积，其形态特征是山峰呈锯齿状起伏排列，底部基座相连，峰顶参差不齐，向区域地形坡向倾斜，有的山峰很尖锐，山峰四周陡峭，其基座之间分布着洼地，山峰和洼地高差 100 ~ 500 m。峰丛间洼地密布，一般密度 5 ~ 20 个 /km^2，最大密度 30 个 /km^2，洼地底部海拔 1800 ~ 2000 m。洼地深陷封闭，大小不一，具有多边形特征，为漏斗状或盆状，长轴直径一般 50 ~ 200 m，大者 600 ~ 900 m，短轴直径 25 ~ 100 m。洼地底部高差悬殊，向区域地形坡向逐级降低；洼地中常发育有漏斗和落水洞，洼地底部一般覆盖有

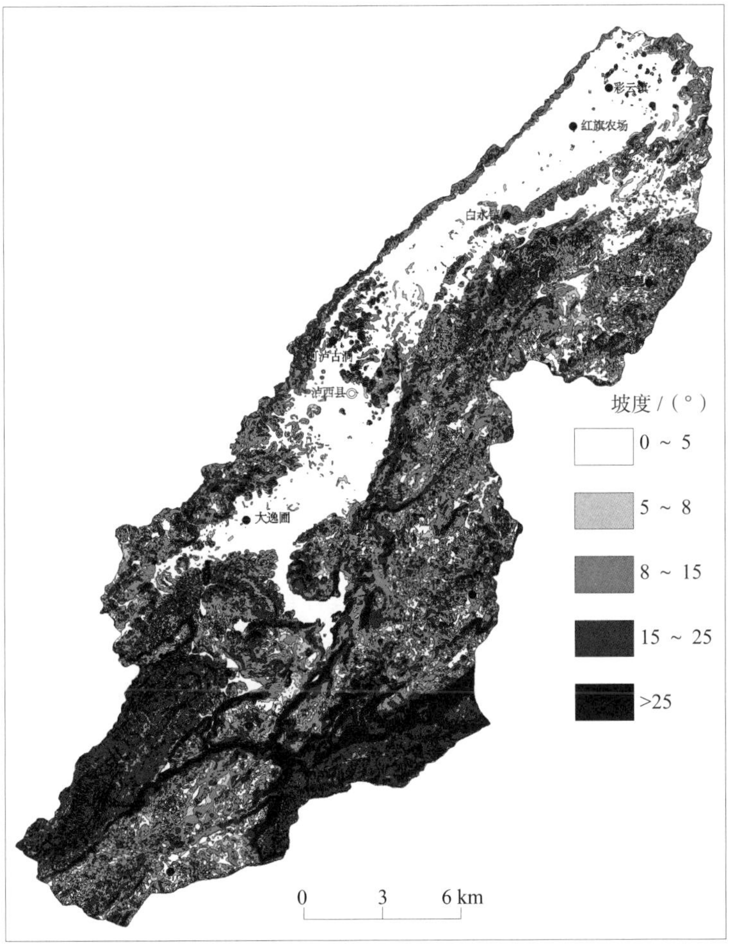

图 1.2　泸西小江流域坡度图

（据云南省地质调查院，2006）

薄层红黏土，峰坡岩石多裸露，石漠化严重，仅有稀疏灌丛分布。地下水以管道流为主，有的峰坡地势由陡变缓处有小泉出露，多具季节性。在峰丛谷地中，谷地窄而通畅，多沿北东向展布，系洼地沿构造线走向发育演化而成。谷底相对平坦，一般为季节性溪流，大多岩石裸露，漏斗、落水洞发育。切割深度一般 50 ~ 200 m，谷坡 8° ~ 15°，沟谷密度 3 ~ 4 条 /km。该区为泸西盆地及小江河谷地下水的径流补给区。

1.1.1.2　盆地上游溶丘台地槽谷区（A_2）

主要位于小江流域北部小白山水库—白水水库一带，属浅切割溶丘台地槽谷区，面积 132.80 km^2，占流域总面积的 13.16%，呈北东—南西向展布。谷底、台地地形平坦和缓，海拔 1800 ~ 2000 m，高差小于 100 m，地形坡度小于 8°，并向东部地势逐渐升高。槽谷、台地边缘地形坡度较大，多数在 8° ~ 15°，地貌形态主要为溶丘与槽谷、台地的组合。少数缓丘锥峰呈孤立状点缀在平坦的台面上或槽谷中，缓丘与台地相对高差 50 ~ 100 m，峰顶等齐，无明显的倾向。槽谷边缘多呈石漠化较严重的稀疏林地、灌丛坡地或坡耕地。东南边缘台地峰峦起伏连绵，峰壁陡峭，海拔 2000 m 左右，坡度 15° ~ 25°。槽谷中地表普遍覆盖有厚度不大的第四系红黏土残积层，厚 2 ~ 15 m，基岩零星出露。槽谷底部宽 1 ~ 3 km，长约 20 km，向南西微倾斜。谷底区分布泉点 40 个，民井 20 个。小江河上游段纵向流经槽谷，称之为益谷河。

1.1.1.3 盆底周边喀斯特峰丛洼地区（A_3）

主要位于盆地西北部边缘阿路发一带，属浅切割峰丛洼地区，面积 43.69 km^2，占流域总面积的 4.33%。海拔 1800 ~ 2000 m，切割深度 50 ~ 100 m，地形坡度一般 5° ~ 15°，局部大于 25°。地貌形态主要为丘峰、溶丘与洼地、谷地的组合，是槽谷台地向盆地底部过渡的地段。峰顶起伏小，没有明显的倾向，峰坡多呈石漠化严重的稀疏灌丛、荒山草坡或石旮旯地，冲沟发育，平均线密度 11 条 /km，一般延伸 0.2 ~ 0.7 km。洼地发育，洼地呈大而浅的多边形特征，平坦开阔，洼地密度一般 3 ~ 5 个 /km^2，长轴直径 100 ~ 300 m，短轴直径 50 ~ 200 m。区内白水塘水库是由 5 个大的串珠状岩溶洼地形成的水库，其中最大部分的长轴为 2500 m，短轴 1400 m，内有落水洞，并与地下喀斯特管道相通；而老干洞水库是一个北东向展布的宽缓洼地，长轴直径 1200 m，短轴直径 250 m，内有发育伏流入口，连通地表河。洼地底部一般有较薄的松散残积层覆盖，常有落水洞出露在洼地底部边缘，溶丘则基岩裸露。石峰基部大型溶洞、伏流出口发育，洞穴一般高出盆底 3 ~ 10 m，南部边缘石山下有一洞穴，称之为阿庐古洞，该洞内发育地下河。区内冲沟发育，以北东、北西向为主，支沟较多，平均密度 7 条 /km，长 1 ~ 2 km，谷坡一般小于 15°，沟谷内少见泉点，一般为季节性溪沟。该区小江河上游益谷河在此经过地下大型喀斯特管道和伏流通道进入泸西盆地。

1.1.1.4 盆底沉积平坝区（A_4）

主要位于小江流域中部，属泸西盆地底部沉积平坝区，面积 72.08 km^2，占流域总面积的 7.14%，呈北东—南西向展布。地形平坦宽阔，海拔 1700 m 左右，坡度小于 5°，总体地形向南东倾斜。该区呈不规则椭圆形，纵向长 16 ~ 20 km，横向宽 4 ~ 5 km，窄处仅 0.5 ~ 1.5 km，盆底边缘地带地势稍高，形成台地。小江河中游段流经该区，称之为中大河。平坝内稻田众多，地下水埋藏浅，埋深一般小于 10 m，水系发育，多由北西向盆底中部中心河流集中，支水系密度约 2 条 /km，并发育有湖泊。盆底为第四系冲积、湖积黏土覆盖，厚 5 ~ 30 m。喀斯特残丘零星散布于盆底中，数量稀少，形态低矮，多基岩裸露，与平坝相对高度一般小于 20 m。盆底边缘出露大泉、暗河较多。

1.1.2 小江喀斯特河谷（B）

主要位于小江流域南部，属喀斯特河谷区，面积 369.47 km^2，占流域总面积的 36.61%。地形高差大，西部河谷区海拔 1700 ~ 2100 m，切割深度 200 ~ 500 m，谷坡一般大于 25°；南部台地区海拔 2000 m 左右，高差 50 ~ 100 m，坡度 8° ~ 25°；东部峡谷区海拔 820 ~ 2200 m，切割深度 500 ~ 1639 m，谷坡大于 25°。地貌形态主要为河谷、河谷斜坡和喀斯特台地的组合。西部永宁河谷区，山峦连绵，河谷蜿蜒，切割深度较小江河谷浅，一般 200 ~ 500 m，山脉河流为南西—北东向，河谷狭长，支谷纵向延伸 1.5 ~ 10.5 km，密度 3 ~ 7 条 /km。中大河流经工农隧洞入永宁河，永宁河经冒烟洞伏流汇入小江河。南部台地区山丘和洼地较多，峰体相对高度 50 ~ 100 m。山丘起伏和缓，丘顶浑圆。洼地宽缓，平均密度 5 个 /km^2，深 20 ~ 50 m，大者深 100 m，长轴直径 100 ~ 500 m，短轴直径 50 ~ 200 m，有的大洼地中分布有数个小洼地。洼地底部一般覆盖松散残积层，厚 0.5 ~ 3 m。谷底狭窄，宽 5 ~ 50 m。河床纵剖面起伏不平，比降大，平均纵坡降 1.03%，主干河段最大纵坡降 2.62%，水流湍急，侵蚀作用强烈，冲积物不发育。两壁谷坡陡峭，坡度均在 30° ~ 60°，冲沟发育，密度约 7 ~ 15 条 /km。河谷切割深度 500 ~ 1000 m，下游冒水洞地带，地形崎岖，切割深度 1639 m，横断面呈“V”字形。小江河谷区地下水以垂直入渗为主，渗漏强烈，干谷、盲谷、断头河、落水洞发育。

1.2 典型喀斯特断陷盆地的气象

小江流域地处低纬高原面边缘河谷斜坡地带，属亚热带高原季风气候。总的气候特点是枯、雨季分明，垂直差异显著，夏秋多雨，冬春干旱。因山区高、平坝低的地形地貌差异而带来各地雨量、气温、日照等差别，形成高山寒、山区凉、坝区暖、河谷热的立体气候。流域内包括 7 个行政乡镇的驻地，有喀斯特中山区的三塘乡，喀斯特缓丘台地槽谷区的彩云镇、白水镇，盆地底部平坝区的中枢镇、逸圃镇，小江河谷区的永宁乡、东山乡。以统计的各乡镇所辖地的气象资料，得到各地气象基本要素状况（表 1.1）(云南省泸西县志编纂委员会，1992；泸西县年鉴编辑部，2004a，b)。

表 1.1 泸西小江流域各乡镇气象要素状况表

行政区	年平均降水量 /mm	年平均气温 /℃	年平均日照时数 /h
三塘乡	1200	13.0	1490
彩云镇	1300	14.4	1990
白水镇	1100	14.6	1892
中枢镇	900 ~ 1000	15.2	2094
逸圃镇	960 ~ 1100	15.7	1975
永宁乡	900 ~ 1100	16.0	1995
东山乡	1050	15.5	1890

1.2.1 气温

据 1958—2002 年气象资料统计，小江流域年平均气温 15.2 ℃，年 ≥ 10 ℃积温 4638.9 ℃，具有气候温和、夏无酷暑、冬无严寒、年温差小、日温差大的特点。最热月为 7 月，月平均气温 20.6 ℃；最冷月为 1 月，月平均气温 7.4 ℃。气温的垂直变化规律随着海拔升高而递减，东部中山区海拔每升高 100 m，气温降低 0.6 ℃ ~ 0.7 ℃，南部和平坝、台地槽谷区，海拔每升高 100 m，气温下降 0.5 ℃ ~ 0.6 ℃，流域内各地气温变化大致如下：东部喀斯特中山温凉区，年平均气温小于 14 ℃，最热月平均气温小于 19 ℃，最冷月平均气温小于 6 ℃；北部和中西部台地槽谷、平坝区年平均气温 14 ℃ ~ 17 ℃，最热月气温 19 ℃ ~ 22 ℃，最冷月气温 6 ℃ ~ 10 ℃；南部小江河谷区年平均气温大于 17 ℃，最热月大于 22 ℃，最冷月大于 9 ℃。小江流域各地年平均气温见图 1.3。

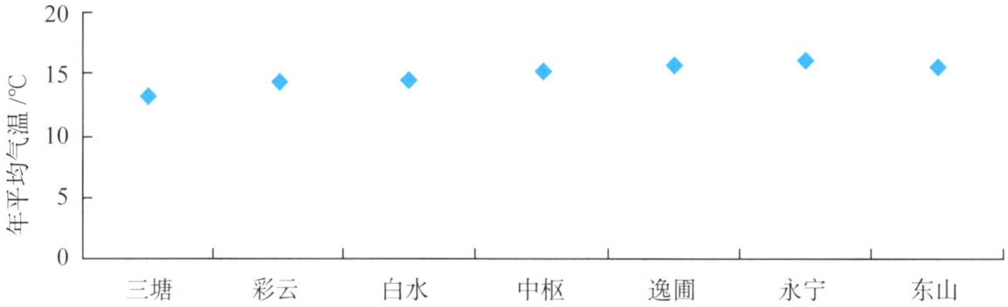

图 1.3　泸西小江流域各地年平均气温图
（据云南省地质调查院，2006）

1.2.2　日照时数

区内平均年日照时数 2065 h，因季节变化日照时数差异十分显著。旱季（11 月—次年 4 月）日照时数占全年总日照时数的 60% 以上，雨季（5—10 月）仅占 40%。日照时数地区分布特点表现在：

1）日照时数高值区，年日照时数盆底平坝区中枢镇最多，达 2094 h，月平均 175 h；逸圃镇次之，年平均 1975 h。日照时数低值区，主要在喀斯特中山区和台地槽谷区的三塘乡和白水镇，年日照时数约在 2000 h 以下。

2）有效光时比例以低热河谷地区最高，以小江河谷底法衣村为代表，高达 87%；最小是喀斯特中山区三塘乡，以柴村为代表，仅 57%。小江流域各地日照时数见图 1.4。

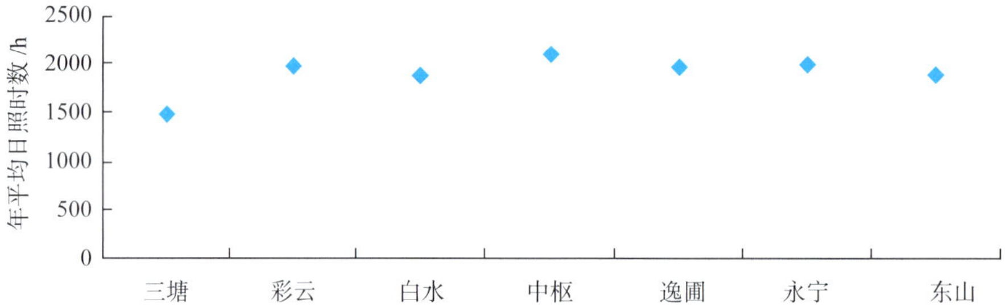

图 1.4　泸西小江流域各地年平均日照时数图
（据云南省地质调查院，2006）

1.2.3　降水和蒸发

1.2.3.1　降水

1.2.3.1.1　年降水量的地区分布

小江流域降水主要表现为西南暖湿气流和北方冷空气进入区内时，首先遇到盆地东部高大的东山山脉抬升降水，然后才跨越小江河进入中枢平坝，形成东山迎风坡多雨，中枢平坝背风坡少雨，并且北多南少的特点。流域内年平均降水量为 979.1 mm，喀斯特中山区三塘乡为 1200 mm，属多雨地带；盆底平坝区中枢镇为 976.2 mm，背风坡脚的小兴堡为

885.3 mm，属少雨带。流域内大部分地区年降水量在 1050 ~ 1100 mm，高程和地形的关系对各地区降水量的影响显著，而且对雨季降水量的影响比对枯季的影响要强烈，通常在地势相对平坦、高差较小的地区，各月降水量的地区差异不明显；地势起伏变幅大，各月降水量的地区差异较大，如中山区三塘乡（1200 mm）与平坝区小兴堡村（885.3 mm）的降水量相差 412.4 mm。小江流域各地降水量见图 1.5。

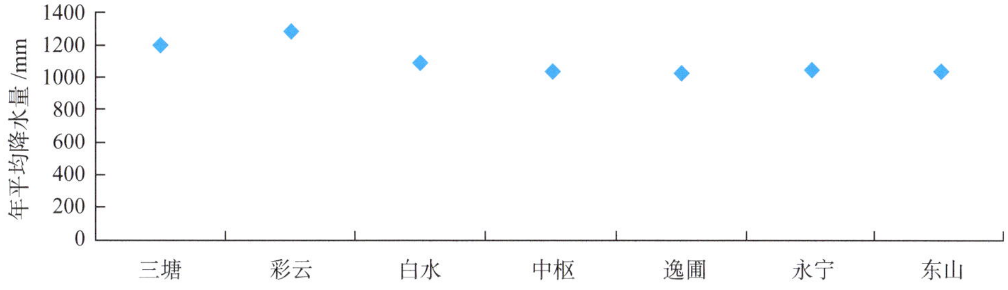

图 1.5 泸西小江流域各地年平均降水量图
（据云南省地质调查院，2006）

1.2.3.1.2 降水量的年内分布

小江流域年内降水量季节分配不均，雨季（5—10 月）平均降水量为 828 mm，占全年总降水量的 84.93%，涝灾多在该段时间发生；旱季平均降水量只有 148 mm，占全年总量的 15.17%，旱灾多在该段时间发生。夏季降水最多，占年总降水量的 55% ~ 58%，秋季占 16% ~ 28%，春季占 12% ~ 18%，冬季最少，仅占 4% ~ 6%。降水多集中在 6、7、8 三个月。流域内典型雨量站中枢镇 2000—2002 年年内降水量分布特点见图 1.6。

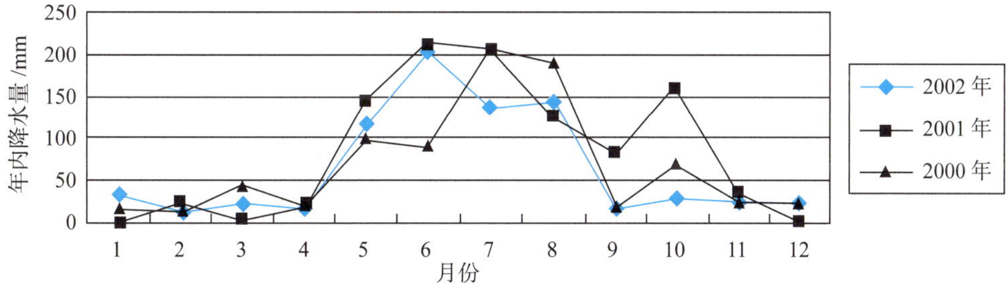

图 1.6 泸西小江流域典型雨量站中枢镇年内降水量分布曲线图
（据云南省地质调查院，2006）

1.2.3.1.3 降水量的年际变化

小江流域的降水量，在空间分布和季节变化方面，变化幅度较大，但多年变化较小。以典型雨量站中枢镇为例，近 20 年来，多年降水量的平均值较为平稳，见图 1.7。

1.2.3.2 蒸发

小江流域内水面蒸发量一般大于陆地降水量。从流域内地域分布看，喀斯特缓丘台地槽谷和喀斯特中山海拔 1800 m 以上的地区蒸发量较小，干燥度小于 0.9，为湿润地区；小江河谷降水量少，蒸发量大，干燥度达 1.6，属半干旱地区。流域大部分地区干燥度均为 1.0 ~ 1.49 之间，属半湿润地区。

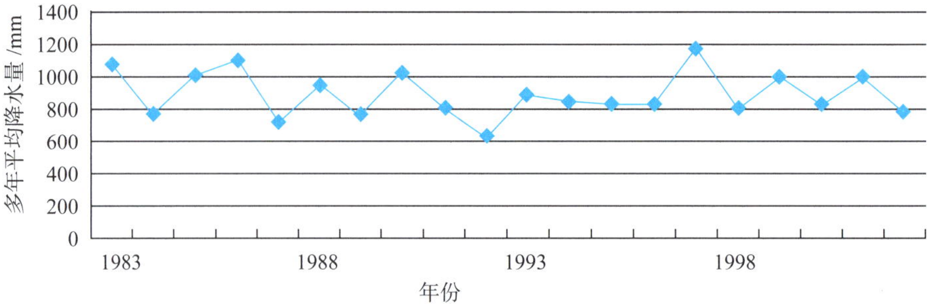

图 1.7　泸西小江流域典型雨量站中枢镇多年平均降水量分布曲线图
（据云南省地质调查院，2006）

1.3　典型喀斯特断陷盆地的水文

小江流域地处南盘江西部喀斯特地区，雨量充沛，地表水、地下水较为丰富。地表水主要为河流和水库，河流只有 1 条，为小江河；水库共有 21 座，其中中型水库 1 座，小（一）型水库 5 座，小（二）型水库 15 座。主要水库有白水塘水库、伍者水库、老干洞水库、平海子水库等；坝塘有知府塘、黄草洲等，水面都较小。流域内小江河纵贯全区，其支流多分布在中西部地区；水库则多集中于喀斯特缓丘台地槽谷区。

1.3.1　河流

小江河为南盘江左岸一级支流，发源于师宗县彩云乡东部的小沙湾村，流经泸西县白水镇、中枢镇（县城）、逸圃镇及永宁乡，流经地层主要为碳酸盐岩。中下游段河流落差较大，水流湍急，于三塘乡的布德隆村附近注入南盘江，干流全长 97.5 km，天然落差 1001 m，河床平均纵坡 1.03%，干流段河谷深切，河床纵坡 2.62%。根据水文站资料的划分，其丰水期为 6—8 月，平水期为 11 月至次年的 1 月，枯水期为 2—5 月。小江河水流量动态变化大，最大流量 39.83 m^3/s，最小流量为 0.52 m^3/s，年平均流量 5.44 m^3/s，小江河典型断面径流量历时曲线见图 1.8，年平均径流量见图 1.9。目前，依仗小江河落差修建的电

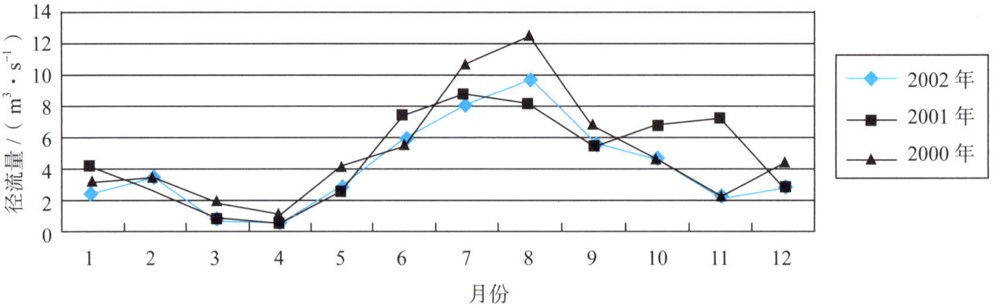

图 1.8　泸西小江典型断面径流量历时曲线图（工农隧洞断面）
（据云南省地质调查院，2006）

站主要有大沙地电站，石老虎电站，小永宁电站，冒烟洞一级电站、二级电站、三级电站和五级电站，多建在小江河下游。

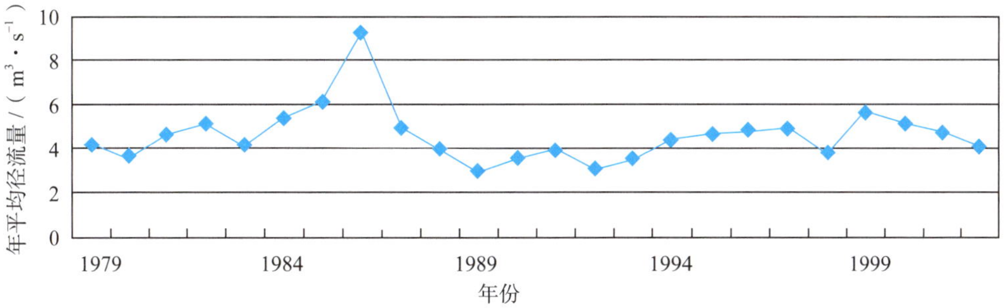

图 1.9　泸西小江典型断面年平均径流量曲线图（工农隧洞断面）
（据云南省地质调查院，2006）

1.3.2　水库

1.3.2.1　白水塘水库

白水塘水库位于盆底周边喀斯特峰丛洼地区，作用是引洪蓄水灌溉兼防洪。它为一中型水库，也是流域内最大的水库，总库容 $3550\times10^4\ m^3$，死库容 $200\times10^4\ m^3$，库区集水面积 22.3 km^2，引洪区集水面积 167.5 km^2。水库水源是通过一条长约 2.5 km 的人工河连通小江河上游段，引洪入库。水库是利用天然喀斯特大洼地修建而成，库区位于不对称的背斜南翼上，四周为三叠系个旧组（T_2g）灰岩及白云质灰岩，喀斯特十分发育，有 1 个较大落水洞。库区分上下两塘，上塘覆盖土层厚，落洞少；下塘覆盖土层薄，落洞多，易发生渗漏，库水通过落水洞和地下喀斯特管道向南潜流，顺岩层渗向仅一山之隔的皮家寨、坝心两龙潭而流出地表。水库几经续修巩固，有效地控制了小江河中游泸西盆底平坝区及知府塘的洪涝，同时灌溉两区耕地约 2 万亩[❶]，并增加了 0.4 万亩左右的水产水面。

1.3.2.2　伍者水库

伍者水库位于喀斯特中山区，为一灌溉型水库。水库类型为小（一）型，设计库容 $1050\times10^4\ m^3$，实际库容 $520\times10^4\ m^3$，死库容 $10\times10^4\ m^3$，“九五”期间扩建后，库容达 $1316\times10^4\ m^3$，达到中型水库。集雨面积 27.6 km^2，引洪面积 14.4 km^2。库内有一长流泉水，流量 0.05 m^3/s。坝址地层为页岩、玄武岩，库内有一集中漏水口延至库外，估算每年漏水量 $142\times10^4\ m^3$。设计灌溉面积 0.71 万亩，实际灌溉面积 0.39 万亩，主要灌溉白水槽谷区。

1.3.2.3　老干洞水库

老干洞水库位于盆底周边喀斯特峰丛洼地区，为一防洪泄洪专用水库。水库类型为小（一）型，设计库容 $680\times10^4\ m^3$，实际库容 $680\times10^4\ m^3$，死库容 $10\times10^4\ m^3$，集雨面积 21.3 km^2。水库利用天然大洼地和天然溶洞排水泄洪，无蓄水能力。主要担负库区 28.2 km^2 集雨面积的洪水蓄滞和截收拦滞白水塘水库容纳不了的洪水，为白水塘水库的配套水库。

---

❶ 1 亩 ≈ 666.7 m^2。

1.3.2.4　平海子水库

平海子水库位于小江河谷区，为一灌溉、发电双重功能的调节性水库。水库类型为小（一）型，设计库容 540×10^4 m^3，实际库容 620×10^4 m^3，死库容 320×10^4 m^3，集雨面积 313.3 km^2。水库是利用天然喀斯特谷地接纳工农隧洞之水和工农隧洞未控制之地表水。库区喀斯特发育，漏水严重。除灌溉永宁河谷 2000 多亩农田外，平时可供小江河下游冒烟洞等电站的短期调节用水。

1.4　典型喀斯特断陷盆地的地质背景

1.4.1　地层

小江流域内分布有古生界、中生界、新生界等地层，出露地层以中生界三叠系为主，局部地段分布古生界二叠系、新生界古近系，坝区、河谷区及山区洼地内分布有新生界第四系红黏土、砂质黏土、细砂、砂砾。古生界地层仅出露中二叠统宣威组（P_2x）泥岩、砂页岩、粉砂岩；中生界三叠系：上三叠统鸟格组（T_3n）、火把冲组（T_3h）为砂泥岩，中三叠统个旧组（T_2g）、法郎组（T_2f）以灰岩、白云岩为主夹少量薄层泥质灰岩、砂泥岩，下三叠统飞仙关组（T_1f）为砂泥岩、永宁镇组（T_1y）为薄层灰岩夹砂泥岩；新生界古近系路美邑组（E_1l）为红色底砾岩、喀斯特角砾岩、红色泥灰岩、钙质泥岩、泥岩、粉砂质泥岩等。第四系为疏松的残坡积红黏土，灰色黏土、砂质黏土堆积，分布于喀斯特谷地或洼地中，局部红黏土含少量铁锰质结核；河流相的砂砾石、细砂质黏土堆积，分布于河漫滩。流域内地层以个旧组（T_2g）和火把冲组（T_3h）分布最广。各时代地层岩性特征及分述如下。

1.4.1.1　上古生界

中二叠统宣威组（P_2x），灰紫色、紫色、紫灰色薄层状中—细粒粉细砂岩、泥（页）岩夹多层煤（线）等，厚度 57 ~ 250 m。分布于小江流域北部杨梅山。

1.4.1.2　中生界

1.4.1.2.1　下三叠统

永镇组 a 段（T_1y^a），上部灰色中厚层状隐晶灰岩，夹中厚层状隐晶白云岩，单层厚度 50 ~ 80 cm，顶部为块状层，具缝合线构造，多见溶痕，少见溶孔，厚 67.12 m；中部在区内被耕地掩盖，覆盖层厚度 3.0 ~ 8.0 m，厚 159.99 m；下部灰色中厚层状隐晶白云质灰岩，单层厚度 25 ~ 90 cm，裂隙及喀斯特发育，多见溶孔、裂隙，裂隙被方解石脉充填，溶孔直径 2 ~ 5cm，厚 34.24 m。与下伏地层 T_1f 呈整合接触。分布于小江流域东北部。

永镇组 b 段（T_1y^b），上部灰黄色中—细粒石英砂岩，夹灰黄色粉砂质泥岩（照片 1.1），顶部偶夹灰黄色白云岩透镜体，节理裂隙发育，风化强烈，多呈土状，厚 93.73 m；下部灰黄、紫色粉砂质泥岩，夹灰黄色细粒灰质石英砂岩，砂岩夹层厚 3.0 m，节理裂隙发育，风化强烈，呈土状，厚 46.0 m。与下伏地层 T_1y^a 呈整合接触。分布于小江流域东北部。

1.4.1.2.2 中三叠统

照片 1.1 永镇组（T_1y）灰黄色粉砂质泥岩

个旧组（T_2g）根据岩性特征，分为a段、b段、c段、d段、e段等。各段再分为若干细段。

个旧组 a1 段（T_2g^{a1}），灰色、浅肉红色厚层状隐晶白云质灰岩，局部夹白云岩、角砾状白云岩，风化面粗糙，多见溶痕，少见溶孔，厚 124.4 m。与下伏地层 T_1y^b 呈整合接触。广泛分布于小江流域各地。

个旧组 a2 段（T_2g^{a2}），上部灰色、灰黄色中—厚层状隐晶灰岩，局部夹蠕虫状、角砾状灰岩，喀斯特发育，多见溶孔，厚 44.27 m；中部灰色块状隐晶白云质灰岩，风化面粗糙，多见溶痕，少见溶孔，厚 28.56 m；下部灰色中—厚层蠕虫状或泥质条纹隐晶灰岩，夹灰黄色泥质灰岩、红灰色中—厚层状隐晶灰岩，厚 82.08 m。与下伏地层 T_2g^{a1} 呈整合接触。广泛分布于小江流域各地。

个旧组 a3 段（T_2g^{a3}），上部灰色、浅肉红色块状隐晶白云岩，节理裂隙发育，风化面较粗糙，厚 97.66 m；中部灰黄色中—厚层状隐晶泥质灰岩，厚 32.25 m；下部浅肉红色、灰黄色块状隐晶白云岩，风化面多见溶痕，厚 25.14 m。与下伏地层 T_2g^{a2} 呈整合接触。广泛分布于小江流域各地。

个旧组 b1 段（T_2g^{b1}），上部为灰黄色、紫红色中—厚层状隐晶白云岩，局部夹厚 0.5 ~ 1.0 cm 硅质条带，厚 34.91 m；中部为黄色夹灰色条带钙质泥岩，节理裂隙发育，多风化呈页片状，厚 9.57 m；下部灰黄色中—厚层状隐晶泥质白云岩，局部夹泥岩条带，厚 25.40 m。与下伏地层 T_2g^{a3} 呈整合接触。广泛分布于小江流域各地。

照片 1.2 个旧组 b 段（T_2g^b）灰黄、紫色钙质泥岩、粉砂岩

个旧组 b2 段（T_2g^{b2}），顶部为灰黄、紫色钙质泥岩，局部夹页岩条带（照片 1.2），厚 29.20 m；中部灰黄、紫红色粉砂质泥岩，两色相间出现或呈夹层，局部夹厚 10 ~ 20 cm 页岩条带，中上部夹紫色石英砂岩，偶夹白云岩透镜体，厚 50.12 m；下部紫红色细—中粒含绢云母石英砂岩，局部夹灰绿色细砂岩，厚 26.41 m；底部灰黄、紫色砂质泥岩互层，局部夹厚 10 cm 白云岩条带，厚 30.39 m。与下伏地层 T_2g^{b1} 呈整合接触。广泛分布于小江流域各地。

个旧组 c1 段（T_2g^{c1}），顶部为灰色、灰白色中—厚层状致密灰岩，单层厚度 40 ~ 80 cm，层面裂隙发育，具缝合线构造，含方解石斑晶，晶粒 0.5 ~ 3 cm，厚 18.47 m；上部灰色块状隐晶白云岩，风化面多见溶痕，厚 3.9 m；中部灰色、深灰色厚层状生物碎屑灰岩，裂隙发育，被方解石脉充填，厚 24.49 m；下部浅灰、灰色厚层状隐晶白云岩间夹灰质白云岩，风化面较光滑，厚 39.94 m。与下伏地层 T_2g^{b2} 呈整合接触。

个旧组 c2 段（T_2g^{c2}），顶部灰黄、灰色薄—厚层状隐晶灰岩，厚 13.70 m；上部灰色、灰黄色钙质泥岩夹页岩，厚 11.93 m；中部灰色中—厚层状白云质灰岩，风化面较光滑，少见溶痕，厚 20.77 m；下部灰色、深灰色薄层状隐晶灰岩，单层厚度 0.5 ~ 8.0 cm，层面裂隙发育，厚 33.42 m。与下伏地层 T_2g^{c1} 呈整合接触。

个旧组 d1 段（T_2g^{d1}），浅灰、黄色、灰色、浅灰色中—厚层状、块状白云岩、含铁质白云岩（照片 1.3），坚硬性脆，层理较明显，表面较光滑，局部具刀砍状，轻微溶蚀，风化后呈砂状或沙糕状，节理裂隙极为发育，锤击后易沿节理面断开，厚 1025.5 m。与下伏地层 T_2g^{c2} 呈整合接触。

个旧组 d2 段（T_2g^{d2}），灰白色、黄灰色中—厚层状夹块状微晶白云岩（照片 1.4），局部夹白云质灰岩，性坚硬，层理不甚明显，普遍见方解石脉纵横穿插，脉宽 0.5 ~ 10 cm，岩石表面粗糙，局部见刀砍状溶蚀，厚 219 m。与下伏地层 T_2g^{d1} 呈整合接触。

个旧组 e1 段（T_2g^{e1}），浅肉色、浅灰色厚层状灰岩（照片 1.4），夹薄层状白云质条带，层理清楚，尤其白云质条带层面平整；锤击后成碎片状脱落，表面见蜂窝状溶蚀，白云质条带往下逐渐减少，厚 255.6 m。与下伏地层 T_2g^{d2} 呈整合接触。

照片 1.3　个旧组 d1 段（T_2g^{d1}）含铁质白云岩

照片 1.4　下部为个旧组 d 段白云岩、上部为个旧组 e 段灰岩

个旧组 e2 段（T_2g^{e2}），上部灰色、浅灰色中—厚层状泥晶灰岩、隐晶灰岩，局部具白云质条带，性脆，层理较清楚，层面粗糙不平，厚 132.64 m；中部浅灰色块状灰岩，性较脆，断口粗糙不平，层理不甚明显，岩石表面粗糙，并见有蜂窝状溶孔、溶洞，厚 253.26 m。下部浅肉红色、浅灰色厚层状灰岩，夹微层—薄层状白云岩条带，性脆，表面光滑，偶见蜂窝状溶孔、溶洞，有成片分布的石芽，白云岩条带层理清楚，层面平整，风化后呈粉砂状，厚 92.93 m；底部为浅肉色块状灰岩，表面似角砾状，角砾不规则，砾径 5 ~ 10 cm，岩石表面极为粗糙，并见溶孔溶蚀，锤击易呈碎砂状，厚 66.82 m。与下伏地层 T_2g^{e1} 呈整合接触。广泛分布于小江流域各地。

法郎组 a 段（T_2f^a），灰色、深灰色薄—中厚层状灰岩，沥青质生物碎屑灰岩、细晶灰岩，性稍脆，层理清楚，偶见方解石脉不规则穿插，喀斯特不发育，以层间裂隙为主，风化面光滑，单层厚度 10 ~ 22cm，含海百合茎化石，厚 9.6 m。与下伏地层 T_2g^{e2} 呈整合接触。

法郎组 b 段（T_2f^b），黄灰色、灰色灰质泥岩，顶部夹粉砂条带及页岩，节理裂隙发育，大部分被耕地掩埋，厚 94.7 m。与下伏地层 T_2f^a 呈整合接触。分布于流域西部的白泥山梁子，小江河下游深切河谷区。

1.4.1.2.3　上三叠统

鸟格组（T_3n），顶部为灰黄色薄层状泥质粉砂岩、局部夹中—厚层细粒石英砂岩，单层厚度 2 ~ 10 cm，厚 26.69 m；上部为褐黄、灰黄、黄色细—中粒含绢云母石英砂岩，夹黄灰色粉砂质泥岩、页岩，厚 69.73 m；中部为灰色、灰黄色粉砂质页岩夹泥质粉砂岩，粉砂质泥岩，节理裂隙发育，偶见氧化铁质条带 1 ~ 3 条，厚 101.89 m；下部为黄色薄—中厚层状含绢云母石英砂岩，风化强烈，层面裂隙发育，单层厚度 10 ~ 50 cm，厚 76.12 m；底部为灰色、褐黄色含绢云母石英砂岩、石英粉砂岩，厚 40.14 m。与下伏地层 T_2f^b 呈整合接触。

火把冲组（T_3h），上部浅黄、灰白色含绢云母中粒石英砂岩夹粉砂质泥岩、页岩，夹层厚 3.0 ~ 8.0 m，节理裂隙发育，泥岩中偶含锰质物及氧化铁质结核，厚 212.32 m；中部灰黄色粉砂质泥岩与黄灰色细粒石英砂岩不等厚互层，局部夹黄灰色页岩，厚 38.7 m；下部灰黄色粉砂质泥岩，局部夹黄色中粒石英砂岩，夹层厚 3 ~ 5 m，厚 62.14 m。与下伏地层 T_3n 呈整合接触。分布于流域西部的白泥山梁子，西南部的永宁—舍者河谷区。

1.4.1.3　新生界

1.4.1.3.1　古近系

始新统路美邑组（E_1l），根据岩性特征，分别分为 a 段、b 段。

路美邑组 a 段（E_1l^a），红色岩溶角砾岩（照片 1.5）、灰色、棕红色块状灰岩砾岩（照片 1.6），粒径 0.2 ~ 2.5 cm，大者 5 ~ 25 cm，磨圆度好，胶结物为钙铁泥质，胶结紧密，风化强烈，表面粗糙，溶沟、漏斗发育；偶含土红色中—厚层状中粒钙屑灰岩（照片 1.7）、泥灰岩，其钙屑灰岩、泥灰岩呈夹层出现，单层厚度 10 ~ 50 cm，层面裂隙发育；上部为红色泥岩、粉砂质泥岩，局部夹泥灰岩、钙屑灰岩（照片 1.8）、细砂岩，总厚 883.9 m。与下伏三叠系 T_2g^b 段、T_2g^d 段、T_3h 组地层呈不整合接触（照片 1.9）。其中，红色灰岩砾岩裸露地表，形成溶丘洼地（照片 1.10）、溶沟、漏斗及裂隙状洞穴等现象，主要分布于小江流域东北部的粟树村、直邑，泸西盆地西部的鲁克、核桃沟，东部的东华寺等地段。

照片 1.5　岩溶角砾岩

照片 1.6　红色灰岩底砾岩

照片 1.7　红色钙屑灰岩与底砾岩互层

照片 1.8　红色钙质泥岩夹泥灰岩

照片 1.9　红色角砾岩与个旧组 b 段（T_2g^b）泥岩呈不整合接触面

照片 1.10　直邑红色灰岩底砾岩丘峰与洼地（a）和丘峰采石场（b）

路美邑组 b 段（E_1l^b），上部灰黄、土红色、浅肉红色中—厚层状细—中粒灰质砂岩（照片 1.11）、含砾钙质砂岩、灰黄色泥岩及灰色含炭质泥岩（照片 1.12）、粉砂质泥岩与灰色块状灰质砾岩互层，单层厚度 0.1 ~ 0.35 cm、10 ~ 50 cm 不等，成层清楚，偶夹砾岩透镜体；下部块状白云质砾岩与灰色细—中粒灰质砂岩互层，偶夹细—中粒钙质砂岩，砾岩粒径 0.2 ~ 8 cm，大者 10 ~ 32 cm，磨圆度好，胶结紧密，层面裂隙发育，总厚 829.7 m。与下伏地层 E_2l^{a1} 呈整合接触。

照片 1.11　黄色泥岩、含砾钙质砂岩

照片 1.12　灰黄色泥岩及灰色含炭质泥岩

1.4.1.3.2　第四系（Q）

该地层为疏松的残坡积红黏土（照片 1.13），灰色黏土、砂质黏土堆积，分布于喀斯特谷地或洼地中，局部红黏土含少量铁锰质结核；河流相的砂砾石（照片 1.14）、细砂质黏土堆积，分布于河漫滩，厚 0 ~ 30 m。与下伏地层 E_2l^{a2} 呈角度不整合接触。分布于盆地、槽谷、河谷、洼地、山前坡地及山坡的平缓部位。

照片 1.13　风化残积红黏土

照片 1.14　河流相砾石层

1.4.2　构造

小江流域属华南褶皱系滇东南褶皱带，经历过多期构造运动，形成构造线以北东向为主的不同类别和性质的断层、褶皱（图 1.10）。主要发育雨龙断层、白水向斜、杨梅山背斜。构造控制了小江流域的地貌特征，泸西盆地的形成受构造活动的制约，长轴方向与构造线走向一致。

1.4.2.1　断层

断层是小江流域内的主要构造类型，以北东向为主，规模较大；其次为近南北向断层，规模较小，多切断前期断层。断层倾角较陡，一般 50° ~ 80°。雨龙断层为流域内主干断层，断面倾向南东，为一正断层。各主要的断层特征分述如下：

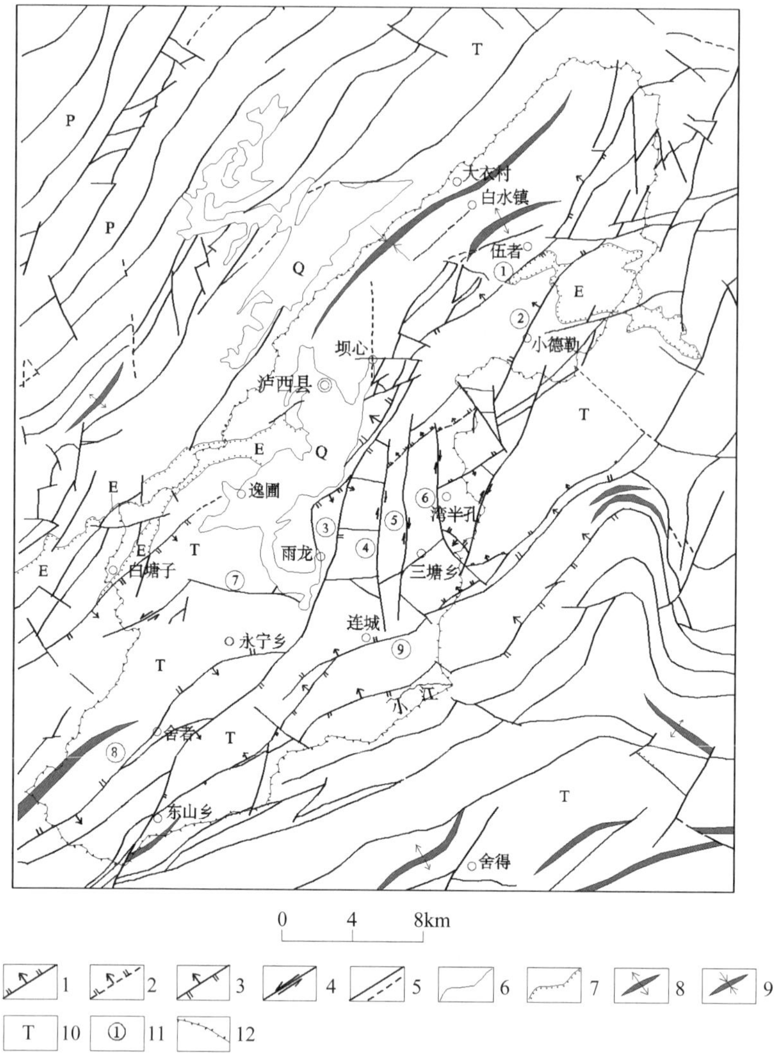

图 1.10 泸西小江流域构造纲要图

（据云南省地质调查院，2006）

1 — 正断层；2 — 推测正断层；3 — 逆断层；4 — 扭性断层；5 — 实测及推测性质不明断层；6 — 地层界线；7 — 角度不整合地层界线；8 — 背斜；9 — 向斜；10 — 地层代号；11 — 断层编号；12 — 流域界线

1.4.2.1.1 伍者断层①

发育于侵蚀溶蚀中山区，位于杨梅山背斜南东翼，具挤压性质。断层发育于三叠系中，走向北东，长 23.8 km，西南端被一东西向平移断层错断，断层面倾向北西，断层带宽 30 m，主要为断层角砾岩。断层造成不同岩性段相接触，如 T_1f 与 T_1y^a、E_2l^a、T_2g^d。沿伍者断裂带向南延伸至龙甸紫微寺，断裂带分别切穿 T_2g 碳酸盐岩（照片 1.15）及碎屑岩地地层（照片 1.16），形成 15 ～ 30 m 宽的断裂带或压断褶带，而北部沿断裂带有泉点出露。

1.4.2.1.2 小德勒断层②

发育于溶蚀中山区，具有拉张性质，走向北东，长 13.3 km，断层面倾向北西，倾角 85°，两盘错距 6.5 km。断层发育于三叠系中，上盘为三叠系个旧组（T_2g^d）白云岩，喀斯

照片 1.15　NNE 向压扭性断裂带（a）和角砾岩带（b）

照片 1.16　坝心村 NNE 向挤压断裂带（a）和龙甸紫微寺 NNE 向挤压断褶带（b）

特发育，特别在破碎带溶沟、溶孔、溶痕极为发育；下盘为个旧组（T_2g^d、T_2g^c）白云岩、灰岩，局部为古近系路美邑组（E_2l）砾岩。沿断层带延伸方向泉点密布，呈串珠状排列，该断层为导水性良好的断层。

1.4.2.1.3　雨龙断层③

发育于小江流域喀斯特盆地边缘，具有拉张性质，走向北东，区内长 40.3 km，区外向西南方向连绵延伸，断面倾向南东。断层沿走向穿过中生界三叠系个旧组灰岩、白云岩，上盘为 T_2g^{b-d} 地层，下盘为 T_2g^{a-e} 地层。沿断层带有泉水、漏斗出现，为一导水断层。该断层是小江流域的主干断层，延伸长，规模大，对地下水的分布、赋存起着明显的控制作用。

1.4.2.1.4　必块断层④

发育于喀斯特中山峰丛洼地区，具有扭性平移性质，走向南北，长 12.8 km，断层面倾向南，断层穿过中生界三叠系个旧组（T_2g^{a-e}）灰岩、白云岩，上、下盘地层基本一致，但层位相错。断层面上有近于水平的擦痕。沿断层带有喀斯特漏斗、塌陷分布，为一导水断层。

1.4.2.1.5　烂泥箐断层⑤

发育于喀斯特中山峰丛洼地区，具扭性平移性质，走向南北，长 13.6 km，断层面倾向东，断层穿过中生界三叠系个旧组（T_2g^a、T_2g^{c-e}）灰岩、白云岩，两盘地层基本一致，但层位相错。地形标志明显，沿断层带有落水洞、泉水、喀斯特塌陷分布，为两侧充水的断层。

1.4.2.1.6 湾半孔断层⑥

发育于喀斯特中山峰丛洼地区，与④⑤号断层平行，具扭性平移性质，走向南北，在南端向南东向发生弯转，长 12.7 km，断层面倾向东，宽约 30 m，断层穿过中生界三叠系个旧组 T_2g^{a-e} 灰岩、白云岩，上盘为 T_2g^{b-e} 地层，下盘为 T_2g^{a-e} 地层。沿该断层带两侧泉点、落水洞发育，该断层起阻水作用。

1.4.2.1.7 平海子断层⑦

发育于喀斯特河谷区，穿过平海子水库，具有挤压性质，走向 320° 转 280°，长 9.0 km，断距大于 2.7 km，总的断层面向南倾，倾角 70°，断层造成大面积上三叠统火把冲组（T_3h）砂页岩覆盖于中三叠统个旧组（T_2g^{c-e}）灰岩、白云岩之上，碎屑岩一侧破碎带宽大于 50 m，沿断层带有泉点出露。该断层为一侧阻水一侧导水的断层。

1.4.2.1.8 舍者断层⑧

发育于永宁河谷区，具有挤压性质，走向北东。断层沿河谷延伸，长 16 km，断层面倾向南东，倾角 70°。下盘为上三叠统火把冲组（T_3h）砂页岩，上盘为中三叠统个旧组（T_2g^{d-e}）灰岩。断层面上可见光滑镜面和擦痕，断层两侧岩石由于受到强烈挤压而破碎，破碎带宽约 30m，主要为断裂碎块岩、碎裂岩。沿断层带发育伏流。

1.4.2.1.9 连城断层⑨

发育于喀斯特中山峰丛洼地区，具有拉张性质，走向北东，两端均向区外延伸，并且多处被后期断层错断，区内长 18.9 km，断层面倾向北西，宽度 15 ~ 30 m，断层发育于中生界三叠系个旧组（T_2g）地层中，上盘主要为 T_2g^{d-e} 地层，下盘为 T_2g^{c-d} 地层。断层破碎带中的碎裂岩、碎块岩，仅少量泥质充填，胶结疏松，致使断层带沿线附近岩石破碎，结构疏松，成为地下水运移的良好通道，断层带形成比较明显的槽沟，沿其走向洼地、漏斗、落水洞呈串珠状发育，该断层导水性好。

1.4.2.2 褶皱

流域内褶皱表现为背斜舒缓、向斜紧密的特点，主要有白水向斜和杨梅山背斜。因受断层切割，褶皱多不完整。

1.4.2.2.1 白水向斜

该褶皱是小江流域内的大型褶皱；该向斜位于泸西盆地西北部，西南端在丁合村、焰光哨一带被路美邑组（E_2l）地层掩盖，东北端止于师宗彩云。走向 30° ~ 50°，与断层走向基本一致，长约 26 km。核部地层为上三叠统火把冲组（T_3h）和鸟格组（T_3n）砂岩、泥岩，倾角 30° ~ 40°，倾向变化大；两翼地层由新到老依次为法郎组（T_2f^{b-a}）、个旧组（T_2g^{e-d}），永宁镇组（T_1y）、飞仙关组（T_1f），倾角 25° ~ 50°，两翼出露地层基本对称，西北翼被走向断层破坏。该向斜形态特征表现为平面上呈线形长条状，剖面上不对称。

1.4.2.2.2 杨梅山背斜

该背斜位于泸西盆地东北部，西南起江头村，经山黑、杨梅山，东北止于五者。走向呈 40° ~ 50°，东北端因断层影响而向东偏至 70°，与白水向斜近于平行，长 13 km。核部地层由二叠系宣威组（P_2x）和下三叠统飞仙关组（T_1f）、永宁镇组（T_1y）组成，两翼地层依次出露中三叠统个旧组（T_2g^{a-d}）各段，两翼反向倾斜，西南端稍比东北段平缓，东翼地层产状 114° ∠ 43° ~ 47°，西翼地层产状 288° ∠ 23° ~ 34°，两翼均受流域内主干断层雨龙断层切割破坏，但整体形态可辨，其两翼地层也因此呈现不完全对称。该背斜基本形态特征表现为浑圆状短轴背斜，是与白水向斜毗连的同级构造。

1.5　典型喀斯特断陷盆地的土壤类型

土壤是地球陆地表面由矿物质、有机质、水、空气和生物组成的。土壤最基本的特征是具有肥力，它能调节自身的水、肥、气和热运动，并能满足植物生长的疏松层。而那些不能满足植物生长，不具备肥力特征的地球表面疏松层，不能称为土壤，只能称为矿质或土壤母质。

岩石与土壤母质的关系十分密切，尤其是土壤母质的物理化学性质和矿质养分含量常常是由岩石的性质和状况决定的，不同岩石所形成的土壤母质不同，故形成的土壤特征、类型及肥力等也不相同。

依据成土岩性或土壤母质特征及形成（残积、搬运）环境、物质成分、淋溶程度、耕作和分布状况，将土壤分为土纲和土类（表 1.2）。泸西的土壤类型主要有岩性土土纲的红黏土、喀斯特－石灰土、紫色土及耕作土土纲的水稻土、灌淤土、菜园土。

表 1.2　中国土壤分类简表（土纲和土类）

土　纲	土　　类
富铝土	砖红壤、赤红壤、红壤、黄壤、燥红壤
淋溶土	黄棕壤、棕壤、暗棕壤、灰棕壤、漂灰土、灰黑土
半淋溶土	褐土、黄褐土、灰褐土
腐殖质钙层土	黑钙土、栗钙土、棕钙土、灰钙土、黑垆土
石膏盐层土	灰漠土、灰棕漠土、棕漠土、龟裂土
盐碱土	盐土、碱土
岩性土	紫色土、石灰土（黑色石灰土、棕色石灰土、黄色石灰土、磷质石灰土）、红色石灰土－红层土、黄绵土、风沙土、火山灰土
半水成土	潮土、砂姜黑土、草甸土、黑土、白浆土
水成土	沼泽土、泥炭土、喀斯特地下河（湖）沉积土
高山土	高山草甸土、亚高山草甸土、高山草原土、亚高山草原土、高山漠土、高山寒漠土
耕作土	水稻土、灌淤土、菜园土

（据张俊民等，1990）

土壤是在岩石、气候、生物、地形、水文和时间等因素综合作用下的产物：①在风化作用下，养分的释放与流失；②在低等生物、微生物作用下，有机质积累；③在高等生物作用下，营养富集（有机质重新合成腐殖质）。生物在土壤形成过程中起着主导作用，人类合理的耕作经营，可以提高土壤肥力，促进土壤成为永续利用的可更新资源。

1.5.1 喀斯特土壤类型

喀斯特土壤属岩性土土纲，广泛分布于碳酸盐岩出露区，无论地形高低，高原峰丛、丘丛、盆地中的残丘及洼地（谷地）等均有分布。依据泸西的喀斯特成土岩性特征，故将喀斯特土壤分为：喀斯特石灰土（石灰岩石灰土和白云岩石灰土）、碳酸盐岩（灰岩和白云岩）交代石灰土和红色喀斯特角砾岩或红层－红色钙屑灰岩红黏土等三个亚类。

依据成土过程，将喀斯特石灰土分为：溶蚀－残坡积石灰土、物理风化（白云岩砂化）－淋溶土和碳酸盐岩的交代土等 3 个亚类。

1.5.1.1 溶蚀残－坡积石灰土

碳酸盐岩在喀斯特作用过程中其主要的易溶组分氧化钙（CaO）、氧化镁（MgO）等随水流失，而不溶组分，如 SiO_2、Al_2O_3、Fe_2O_3、TiO_2 等则残留下来聚积形成的土壤，称为溶蚀残－坡积石灰土。由于碳酸盐岩中不溶物含量很低，一般在 10% 以下甚至不到 1%，因此通常认为若要形成 1 m 厚的土壤，至少需要风化、剥蚀数十米，甚至数百米的碳酸盐岩母岩（曹建华等，2003）。根据土壤颜色、矿物组成、盐饱和度、淋溶程度、胶粒、pH 及其分布状况等，将喀斯特地区的石灰土土壤划分为：黑色石灰土、黄色石灰土、棕（褐）色石灰土和红色石灰土等 4 个亚类。

不同颜色、类型（亚类）的石灰土反映了不同的成壤发育阶段和水平（图 1.11，照片 1.17），同时反映了不同生物、地貌、水热状况等成壤条件。

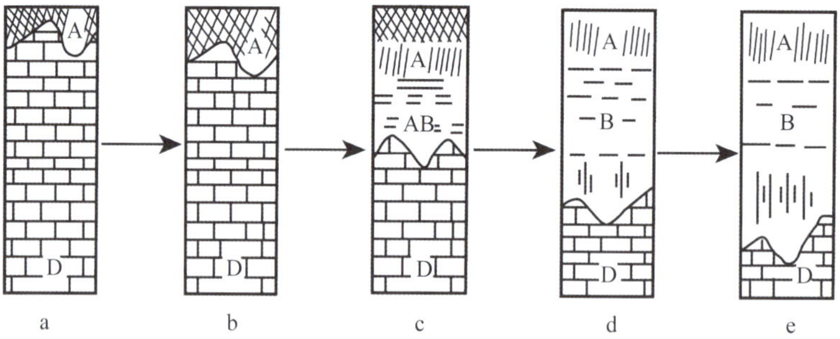

图 1.11　喀斯特地区溶蚀残－坡积石灰土土壤剖面

a，b— 黑色石灰土剖面，显示为石坷垃土，初始石灰土；c— 棕（褐）色石灰土剖面，显示为淋溶加强的 A、B 石灰土；d— 黄色石灰土剖面，显示为淋溶加强的 B 石灰土；e— 黄色或淡（水）黄色石灰土剖面，显示为强淋溶的 B 石灰土

照片 1.17　喀斯特地区溶蚀残－坡积石灰土照片

A— 暗黑色石灰土；B— 棕（褐）色石灰土

1.5.1.1.1 黑色石灰土

黑色石灰土是一种富含碳酸钙和腐殖质的土壤，如图 1.11 a，b 土壤剖面，常夹存于石芽、灰岩缝隙或石凹坑中，呈现为石坷垃土，即初始石灰土（照片 1.18）。黏土矿物以伊利石为主，仅有少量蛭石和蒙脱石；黏粒的硅铝率比高，为 2.4 ~ 2.6。氧化钾也高达 3%。而游离氧化铁较低，为 7% ~ 9%。土体部分化学组分中有机质 4.33% ~ 5.47%，CaO 含量高达 5% ~ 7%，土壤呈碱性至微碱性，pH 约为 7.5，团粒或粒状结构，质地轻壤，属于石灰土中相对年幼的土壤。发育在中三叠统个旧组 d 段和 e 段的灰岩出露区，主要分布在泸西喀斯特高原三塘乡湾半孔、小阿定村及南盘江高原丘峰上，丘峰顶有乔木或灌丛覆盖，具有大量的枯枝落叶聚集，土壤中腐殖质的积累量高，与钙质凝聚，故土壤呈暗黑色或黑褐色。

照片 1.18　三塘乡小阿定村暗黑色石灰土

1.5.1.1.2 棕（褐）色石灰土或棕黄色石灰土

棕黄色石灰土受较强的淋溶作用影响，质地较细，土壤黏重（照片 1.19，照片 1.20）。土壤呈褐棕色、棕—黄色，曾称为棕（褐）色石灰土或棕黄色石灰土，相当于图 1.11 c，d 土壤剖面中的 AB 层、B 层石灰土。发育在中三叠统个旧组 d 段和 e 段的灰岩出露区，主要分布在泸西喀斯特高原三塘乡湾半孔、两面坡、小阿定村及俱久村东南丘峰或南盘江左岸高原丘峰上，丘峰顶有乔木或灌丛覆盖。

照片 1.19　三塘乡两面坡丘峰上的棕（褐）色石灰土或棕黄色石灰土

照片 1.20　雨龙棕（褐）色石灰土（a）和棕黄色石灰土（b）

喀斯特高原棕（褐）色石灰土、棕黄色石灰土主要发育在个旧组 b 段的泥晶灰岩中，分布在三塘乡两面坡丘峰、湾半孔及雨龙缓丘、洼地中，其石灰土大部分受红层风化的红黏土影响。黏土矿物以蒙脱石和蛭石为主，次为高岭石；伊利石仅在底层土体中残存。黏粒的硅铝率约为 1.8，氧化钾含量低，一般为 0.49% ~ 0.82%。土体部分化学组分中有机质约 3.8%，游离氧化铁约为 10%，肥力中等，土壤呈微碱性，pH 为 7 ~ 7.5。

1.5.1.1.3　黄色石灰土

黄色石灰土地处温暖湿润环境，受地表水的强烈淋溶作用，质地细腻，土壤黏重，土壤中的氧化铁基本水化，表现为低价铁氧化物的还原环境，表层土壤呈黄色或淡黄色，故称之为黄色石灰土（照片 1.21）、淡（水）黄色石灰土（照片 1.22），相当于图 1.11e 土壤剖面中的 B 层石灰土。

照片 1.21　黄色石灰土

照片 1.22　淡（水）黄色石灰土

黄色石灰土发育在中三叠统个旧组 c 段的灰岩、泥质灰岩出露区，主要分布在泸西喀斯特高原三塘乡李子箐一带的高原丘峰上（海拔约 2200 m），丘峰顶为松木森。黏土矿物以伊利石和蛭石为主，蒙脱石和高岭石较少；黏粒的硅铝率比高，在 2.5 ~ 3.2 之间。氧化钾含量低，一般为 0.49% ~ 0.82%。土体部分化学组分中有机质约 2.08%、全氮 0.16%、全磷 0.08%、全钾 1.16%，中低等肥力，而且透气性差，土壤呈微碱性，pH 为 7 ~ 7.5。

1.5.1.2 白云岩（砂化－淋溶）石灰土或红色石灰土

白云岩砂化－淋溶成土是一种极为特殊的喀斯特成土现象。白云岩组分以白云石为主，结构呈他形—半自形—自形粒状，其晶格内能远大于方解石的晶格内能，Mg^{2+} 半径比 Ca^{2+} 半径小，前者为 0.065 nm，后者为 0.099 nm。因此，白云岩的可溶性比石灰岩低，这是由于 $CaCO_3$ 和 $MgCO_3$ 的分子和原子结构差异所决定的。所以，白云岩在喀斯特作用过程中，由于方解石等其他易溶性矿物在白云岩中的分散分布，喀斯特水首先沿着白云岩中的各种结构面（晶格、节理、破裂隙、拉张裂缝、层理面、错动带）等主要通道，将这些易溶性物质溶解形成许多孔隙，渗流水不断渗入孔隙并循环过程中，使岩石孔隙不断增大，体积不断减小，岩石强度不断降低，其结构遭到溶蚀破坏，逐渐分解为分散的晶体颗粒，使白云岩发生解体砂化，最终生成散粒状或砂糖粒状或粉末状的白云岩粉，形似粉砂（照片 1.23）。在此过程中，通常形成规模不等的砂化条带网络，随着喀斯特水不断的溶蚀、淋滤作用，喀斯特作用不断发展，砂化条带逐渐向结构面两侧扩张，最终使白云岩出现整体溶蚀，围绕滞后溶蚀的白云岩块体构成砂土包块石核状，可简称砂包石状。主要分布在泸西盆地龙甸村东南的龙甸紫微寺下部的半坡、三塘乡李子箐与阿洞村之间海拔 2200 ~ 2220 m 间的丘峰、三塘乡温饱村北及俱久村东南海拔 1800 m 的丘峰下。

照片 1.23　碎裂白云岩整体砂化，并成粉末状的白云岩粉砂

随着白云岩喀斯特砂化作用的发展，白云岩砂化物质结构演化为白云岩粉沙—白云岩（沙土）—粉质黏土（照片 1.24）。在由白云岩砂化变成淋溶成土过程中，其主量化学元素的迁移过程具体表现为：喀斯特水对易溶物质 CaO、MgO 不断溶蚀淋失；难溶物质 SiO_2、Al_2O_3、Fe_2O_3 变化幅度大，明显富集，含量增加到原来几倍乃至十几倍（表 1.3 至表 1.7），形成白云岩（砂化－淋溶）石灰土或红色石灰土。

表 1.3 ~表 1.7 分别为泸西平田、栗树村、三塘乡两面坡、龙甸紫微寺及大兴堡等 5 地的个旧组 d 段（T_2g^d）白云岩，在其喀斯特作用过程中，白云岩整体发生砂化，并经长期的淋溶作用形成红色淋溶黏土，其红黏土中难溶物质含量 Al_2O_3 为 16.78% ~ 32.76%、SiO_2 为 38.04% ~ 65.36%、Fe_2O_3 为 6.28% ~ 15.46%，相对于弱风化形成的白云岩沙土、白云岩粉沙及白云岩的 Al_2O_3 为 0.1% ~ 3.83%、SiO_2 为 0.37% ~ 3.97%、Fe_2O_3 为 0.1% ~ 3.64%，

照片 1.24　白云岩整体砂化与淋溶成土

Al_2O_3 增加到原来的 4 ~ 10 倍乃至 16 ~ 32 倍，SiO_2 增加到原来的 9 ~ 16 倍乃至 38 ~ 65 倍，Fe_2O_3 增加到原来的 1.5 ~ 4 倍乃至 6 ~ 15 倍，K_2O、TiO_2 含量也增加了 10 倍，其红黏土中的 CaO、MgO 含量相对较低，分别为 0.22% ~ 0.97%、0.7 ~ 2.3%，CaO、MgO 基本流失，表现为明显的淋溶作用及富集 SiO_2、Al_2O_3、Fe_2O_3 的特点。

表 1.3　平田白云岩风化红黏土化学组分　　单位：%

土壤名称	Al_2O_3	CaO	Fe_2O_3	K_2O	MgO	P_2O_5	SiO_2	TiO_2	有机质
白云岩红黏土 a 层	32.76	0.22	15.46	1.18	1.16	0.13	33.28	1.2	4.5
白云岩砂土 b 层	3.83	28.74	1.21	0.19	20.46	0.044	4.81	0.1	2.4
白云岩粉砂 c 层	1.38	30.11	0.31	0.09	22.13	0.029	1.59	0.026	1.7
白云岩粉砂 d 层	0.22	33.74	0.14	0.04	18.89	0.01	0.4	0.015	/

注：a，b，c，d 层表示样品自上而下依次取样。

表 1.4　栗树村白云岩风化红黏土化学组分　　单位：%

土壤名称	Al_2O_3	CaO	Fe_2O_3	K_2O	MgO	P_2O_5	SiO_2	TiO_2	有机质
白云岩红黏土 a 层	19.24	0.32	6.28	1.38	0.81	0.046	62.94	0.69	2
白云岩红黏土 b 层	16.79	0.48	6.72	2.32	1.13	0.16	65.36	0.93	1.4
白云岩砂土 c 层	2.68	30.1	0.24	0.04	21.07	0.025	2.51	0.034	1.3
白云岩砂土 d 层	0.92	30.38	0.13	0.03	21.98	0.021	1.19	0.016	1.3

注：a，b，c，d 层表示样品自上而下依次取样。

表 1.5　两面坡灰质白云岩沙化红黏土化学组分　　单位：%

土壤名称	Al_2O_3	CaO	Fe_2O_3	K_2O	MgO	P_2O_5	SiO_2	TiO_2	有机质
白云岩红黏土 a 层	29.46	0.45	12.43	0.48	0.7	0.1	38.04	1.56	7.5
白云岩砂土 b 层	3.64	28.59	1.29	0.09	19.9	0.058	3.97	0.12	4.7
白云岩砂土 c 层	0.1	30.55	0.04	0.011	22.12	0.01	0.06	0.007	/
白云岩粉砂 d 层	0.08	33.2	0.055	0.018	19.44	0.008	0.24	0.01	/

注：a，b，c，d 层表示样品自上而下依次取样。

表 1.6 龙甸紫微寺白云岩沙化红黏土化学组分 单位：%

土壤名称	Al_2O_3	CaO	Fe_2O_3	K_2O	MgO	P_2O_5	SiO_2	TiO_2	有机质
白云岩红黏土 a 层	27.2	0.97	12.91	0.98	2.3	0.094	38.56	1.14	1.7
白云岩砂土 b 层	1.1	29.9	0.42	0.08	21.69	0.017	1.32	0.028	1.8
白云岩砂土 c 层	2.3	30.1	0.31	0.06	21.12	0.018	2.28	0.027	1.7

注：a，b，c 层表示样品自上而下依次取样。

表 1.7 大兴堡灰质白云岩风化红黏土化学组分 单位：%

土壤名称	Al_2O_3	CaO	Fe_2O_3	K_2O	MgO	P_2O_5	SiO_2	TiO_2	有机质
白云岩红黏土 a 层	29.46	0.45	12.43	0.48	0.7	0.1	38.04	1.56	7.5
白云岩砂土 b 层	3.64	28.59	1.29	0.09	19.9	0.058	3.97	0.12	4.7
灰质白云岩	0.12	31.98	0.06	0.01	20.14	0.009	0.37	0.01	/

注：a，b 层表示样品自上而下依次取样。

白云岩整体砂化后，粉末状的白云岩粉砂受后期喀斯特水不断淋溶作用的影响，易溶物质 CaO、MgO 淋失；难溶物质 SiO_2、$A1_2O_3$、Fe_2O_3 明显富集，特别是白云岩粉砂中所含的黄铁矿易氧化形成 Fe_2O_3，导致白云岩砂化－淋溶形成的石灰土受褐红色铁质浸染，呈现为褐红色的淋溶石灰土。照片 1.24 白云岩砂化体上部的淋溶石灰土，受褐红色铁质浸染而呈现为褐棕—红色或褐红色。当白云岩粉砂中富含黄铁矿和锰矿物（照片 1.25）时，其矿物经氧化、淋溶作用影响，形成的褐棕—红色或褐红色石灰土中常淀积有豆粒状铁、锰结核（照片 1.26）。富含黄铁矿和锰矿物砂化白云岩主要分布在三塘乡李子箐与阿洞村之间的 2210 m 丘峰处；而由白云岩砂化经淋溶作用形成含铁、锰结核的褐棕色石灰土，主要分布在三塘乡温饱村北的丘峰下，并有石芽覆盖。

上述研究表明，白云岩中的各种结构面（晶格、节理裂隙面、拉张裂缝、层理面、错动带）及其内易溶性矿物方解石的这一特殊溶蚀现象，是白云岩砂化、淋溶成土的机制。

照片 1.25 铁质浸染的砂化白云岩

照片 1.26 含铁、锰结核的褐棕色石灰土

1.5.1.3 碳酸盐岩（灰岩、白云岩）交代石灰土

在碳酸盐岩出露地区，偶尔可见在纯灰岩、白云岩上有几米甚至几十米厚的土层，还保留母岩的宏观结构、构造现象，如层理、微层理构造、节理及断裂构造，溶孔及晶洞构造及形态完整的化石（照片 1.27，照片 1.28）。黏土成分较纯，不含砂、砾、岩块等。这种保留原岩产状的厚层黏土成因，用溶蚀残余成土作用是难于解释的。因而，有人提出了交代成土或水化成土的假设，即：地下水在流经碳酸盐岩时首先顺方解石或白云石结晶颗粒连接处或晶体的解理面溶蚀，生成孔洞状及砂粒状的溶滤层（李景阳等，1991）。与此同时，地下水将 Si、Al、Fe 等物质携入和可溶性 Ca、Mg 等组分带出，随着地下水的长期运移，碳酸盐岩中的 Ca^{2+}、Mg^{2+} 逐渐被 Si^{4+}、Al^{3+}、Fe^{3+} 物质完全取代而转变为黏土，是一个巨大的转变（表 1.8）。这是一种近于等体积的交代作用，形成的土层厚度有时可达几十米。

照片 1.27 碳酸盐岩逐渐转变为黏土过程

照片 1.28 泥晶灰岩部分水化形成交代石灰土

表 1.8 三塘东山白云质灰岩交代石灰土化学组分 单位：%

土壤名称	Al_2O_3	CaO	Fe_2O_3	K_2O	MgO	P_2O_5	SiO_2	TiO_2	有机质
交代石灰土 a 层	35.92	0.4	14.6	0.93	0.69	0.14	24.33	1.62	13.9
半交代石灰土 b 层	2.76	22.82	1.42	0.37	13.66	0.052	26.11	0.19	1.8
交代石灰土 c 层	1	30.24	0.21	0.01	22.01	0.016	0.88	0.018	—

注：a，b，c 层表示样品自上而下依次取样。

一般认为，地下水中均含有 Si、Al、Fe 等物质，其含量可达 1% ~ 0.1%。根据李景阳等（1991）统计，水中可溶性 SiO_2 含量可达 3 ~ 8 mg/L，Fe^{2+}、Al^{3+} 含量可达 0.05 ~ 0.1 mg/L，生物和微生物作用可使水中 Si、Al 富集达 10 多倍以上。地下水通过溶解作用携

出 Ca、Mg 等可溶物质，与此同时携入 Si、Al、Fe 等物质通过交代和淀积而形成新生的黏土矿物。所以，碳酸盐岩的交代成土过程，实际上是通过地下水溶液来进行的，地下水将 Si、Al、Fe 等物质携入和可溶性 Ca、Mg 等组分带出，是在与外界有物质和能量交换的开放体系中进行，地下水是物质溶出和携入的载体（表 1.8）。表 1.8 为三塘东山白云质灰岩交代石灰土、半交代石灰土及白云质灰岩的化学成分含量，交代石灰土中的难溶物质含量 Al_2O_3 为 35.92%、SiO_2 为 24.33%、Fe_2O_3 为 14.6%、有机质为 13.9 %，相对于白云质灰岩的 Al_2O_3 富集了 36 倍、SiO_2 富集了 24 倍、Fe_2O_3 富集了 15 倍，其 CaO 和 MgO 基本流失；半交代石灰土中的难溶物质含量 Al_2O_3 为 2.76%、SiO_2 为 26.11%、Fe_2O_3 为 1.42%、有机质为 1.8 %，相对于白云质灰岩的 Al_2O_3 富集了 2.8 倍、SiO_2 富集了 26 倍、Fe_2O_3 富集了 7 倍、其 CaO 流失了 30%、MgO 流失了 50%；而交代石灰土中的 Al_2O_3 比半交代石灰土富集了 11 倍、Fe_2O_3 半交代石灰土富集了 10 倍，由此说明地表土壤水含丰富的 Si、Al、Fe 及有机质等物质，石灰岩的交代越强、越彻底，交代石灰土中的 Al_2O_3、SiO_2、Fe_2O_3 含量越富，能量交换、土壤化程度越高，喀斯特作用越强烈。

野外调研显示，泸西喀斯特高原平台（海拔约 2100 m）及丘峰上（海拔约 2200 m）均可见到灰岩、白云岩形成的交代石灰土，有些灰岩、白云岩彻底交代成土，形成 1 ~ 3 m 厚的黏土，保留原岩结构，黏土中完全保留了原岩的层理、微层理构造（照片 1.29，照片 1.30），有些交代石灰土与基岩呈渐变关系，由基岩渐变为黏土（照片 1.31），黏土矿物的组分 SiO_2、Al_2O_3、Fe_2O_3、FeO 等，自一侧基岩一风化过渡层—黏土层，其百分含量依次增加。泸西交代石灰土形成于中三叠统个旧组的上部灰岩、泥质灰岩出露区，主要分布在泸西三塘东山喀斯特高原丘峰及高原台面，显示交代石灰土分布区曾经受长期的地下水浸泡，处于积水环境，地下水中所携入 Si、Al、Fe 等物质，碳酸盐岩中的 Ca^{2+}、Mg^{2+} 逐渐被 Si、Al、Fe 物质完全取代而转变为黏土（照片 1.27，照片 1.28）。这些现象可在现今分布在水库、水塘及溪流边的灰岩、白云岩受地表水浸泡后，碳酸盐岩颜色发生退化，Ca^{2+}、Mg^{2+} 逐渐流失，基岩发生泥化，逐渐转变为黏土。如泸西永宁乡冒烟洞村喀斯特洼地中的冒烟洞，是泸西现今地表河水的排泄口，在雨季因地表河水排泄不畅，经常积水浸没洼地，使得在地表河水边裸露的灰岩、白云岩经常受地表河水的浸泡，导致基岩颜色发生退化，显示基岩中的 Ca^{2+}、Mg^{2+} 逐渐流失，逐渐被地表河水中所携入 Si、Al、Fe 物质所取代而转变为黏土（照片 1.32，表 1.8），表现为现今仍在进行交代成土作用。

照片 1.29　泸西东山高原丘峰交代石灰土

照片 1.30　上坝心村西高原台面交代石灰土

照片 1.31　冒烟洞浸泡灰岩交代石灰土

照片 1.32　冒烟洞浸泡灰岩交代石灰土

表 1.9 为泸西永宁乡小江冒烟洞河段由地表河浸泡泥晶灰岩、灰岩水化后形成的交代石灰土，并按灰岩水化交代石灰土的层位共取 5 层土及 1 层灰岩基岩，其化学成分如表 1.9 所示，其水化后交代石灰土中的难溶物质含量 Al_2O_3 为 10.4% ~ 14.44%、SiO_2 为 73.63% ~ 79.24%、Fe_2O_3 为 0.88% ~ 4.42%，有机质为 1.3% ~ 3 % 等，相对于泥晶灰岩的 Al_2O_3 富集了 10 ~ 14 倍、SiO_2 富集了 73 ~ 75 倍甚至达 100 多倍、Fe_2O_3 富集了 10 ~ 40 倍、有机质 1.3 ~ 3 倍，其 CaO 为 0.18% ~ 0.32%、MgO 为 0.38% ~ 0.52%，CaO、MgO 成分基本流失，P_2O_5、TiO_2 含量偏低，富集程度较弱。由此说明小江地表河水含丰富的 Si、Al、Fe 等物质，尤其 SiO_2 含量是其他土壤含量的 2 ~ 3 倍，而 Al_2O_3、Fe_2O_3 含量则比其他土壤含量低 2 ~ 3 倍，显示小江地表河水以外源水为主，河水中的 Fe 含量稍低，主要因为 Fe^{2+} 呈现还原环境，冒烟洞河段的泥晶灰岩受河水浸泡时间越长，泥晶灰岩水化越强、灰岩交代越强、越彻底，交代石灰土中的 Al_2O_3、SiO_2、Fe_2O_3 含量越富，能量交换、土壤化程度越高，喀斯特作用越强烈。

表 1.9　冒烟洞泥晶灰岩交代石灰土化学组分　　单位：%

土壤名称	Al_2O_3	CaO	Fe_2O_3	K_2O	MgO	P_2O_5	SiO_2	TiO_2	有机质
水化石灰土 a 层	10.4	0.18	3.37	1.71	0.38	0.045	79.24	0.6	1.3
水化石灰土 b 层	14.26	0.28	1.93	2.08	0.49	0.029	75.51	0.77	2.5
水化石灰土 c 层	13.07	0.24	1.54	2.09	0.45	0.027	77.39	0.73	2.8
水化石灰土 d 层	14.06	0.24	1.32	2.24	0.46	0.028	77.49	0.79	3
水化石灰土 e 层	14.44	0.28	0.88	2.32	0.51	0.03	77.37	0.82	1.38
水化石灰土 f 层	12.53	0.32	4.42	1.8	0.52	0.11	73.63	0.76	1.8
泥晶灰岩	0.16	48.72	0.08	0.04	4.8	0.017	0.37	0.017	—

注：a，b，c，d，e，f 层表示样品自上而下依次取样。

又如泸西玫瑰花园小镇及足球训练基地等地覆盖于红黏土下部的个旧组 d 段（T_2g^d）白云岩由于受土壤水浸泡，白云岩发生水化，Ca^{2+}、Mg^{2+} 逐渐流失，基岩整体发生泥化，逐渐转变为黏土（照片 1.33 ~ 照片 1.35），其化学成分变化如表 1.10 和表 1.11 所示。它们为两处个旧组 d 段（T_2g^d）白云岩，受土壤水浸泡后发生水化，Ca^{2+}、Mg^{2+} 逐渐流失，基岩整体发生泥化，形成黏土、半黏土（或白云岩沙土）白云岩粉砂，显示从地表至基岩，淋溶、水化作用减弱；上部黏土层受土壤水浸泡、淋溶较强，其易溶物质 CaO、MgO 基本流失，难溶物质 SiO_2、Al_2O_3、Fe_2O_3 明显富集。上部黏土层中的难溶物质含量 Al_2O_3 为 18.72% ~ 32.24%、SiO_2 为 33.43% ~ 57.86%、Fe_2O_3 为 7.63% ~ 15.12%，有机质为 2.2 ~ 4.1 g/kg 等，而白云岩沙土、白云岩粉砂的 Al_2O_3、SiO_2、Fe_2O_3、CaO、MgO、有机质等含量，基本与白云岩的含量大体相当，显示淋溶较弱，其易溶物质 CaO、MgO 基本不变，流失量极少。上部黏土层相对于弱风化形成的白云岩沙土、白云岩粉砂及白云岩中的 Al_2O_3 富集了 10 ~ 20 倍乃至 100 多倍、SiO_2 富集了 20 ~ 38 倍乃至 80 倍、Fe_2O_3 富集了 25 ~ 50 倍乃至 100 多倍、有机质 3 ~ 5 倍，其 CaO 为 0.11% ~ 0.18%、MgO 为 0.44% ~ 0.54%，成分基本流失，显示了上部黏土层明显受到极强的淋溶作用，黏土淋溶作用越强、越彻底，黏土中的 Al_2O_3、SiO_2、Fe_2O_3 含量越富，能量交换越高、土壤化程度越高，喀斯特作用越强，显示富集 SiO_2、Al_2O_3、Fe_2O_3 的特点。

上述地下水携带的 Si、Al、Fe 等物质直接交代白云石、方解石形成黏土矿物，其交代石灰土土体中所保留的母岩宏观结构、构造现象，如层理、微层理构造，节理及断裂构造，溶孔及晶洞构造等现象，是由基岩、土等体积变化的产物和证据。黏土土体中所保存的基岩原生宏观结构和构造现象以及土体中各种微结构现象，为碳酸盐岩的交代成土作用提供了理论基础和合理的解释。

照片 1.33　土壤水 - 水化白云岩

照片 1.34　水化白云岩半成土

照片 1.35　整体水化白云岩形成石灰土

表 1.10　玫瑰小镇水化灰质白云岩风化红黏土化学组分　　单位：%

土壤名称	Al_2O_3	CaO	Fe_2O_3	K_2O	MgO	P_2O_5	SiO_2	TiO_2	有机质
白云岩红黏土 a 层	24.95	0.14	11.62	0.62	0.48	0.17	43.69	2.38	3.8
白云岩红黏土 b 层	18.72	0.11	7.63	0.91	0.54	0.14	57.86	1.46	2.2
白云岩沙土 c 层	1.51	30.22	0.31	0.09	21.26	0.026	1.57	0.041	0.84
白云岩粉砂 d 层	0.24	31.24	0.15	0.048	20.8	0.012	0.76	0.018	—

注：a，b，c，d 层表示样品从上向下取样。

表 1.11　足球训练基地水化白云岩风化红黏土化学组分　　单位：%

土壤名称	Al_2O_3	CaO	Fe_2O_3	K_2O	MgO	P_2O_5	SiO_2	TiO_2	有机质
白云岩红黏土 a 层	32.24	0.18	15.12	0.59	0.44	0.13	33.43	2.08	4.1
白云岩红黏土 b 层	30.3	0.14	12.06	0.63	0.47	0.13	37.97	2.21	2.6
灰质白云岩	0.31	29.91	0.17	0.09	21.86	0.016	0.64	0.019	—

注：a，b 层表示样品从上向下取样。

1.5.1.4　红色喀斯特角砾岩、红色灰岩底砾岩及红层风化的红色黏土红壤

在我国云贵高原、四川东部、广西、广东北部、湖南西部及湖北西部的碳酸盐岩分布区，广泛发育一层厚度不一的红黏土，主要由黏土矿物、胶体 SiO_2、Al_2O_3、Fe_2O_3 等组成。由于这些地区石漠化严重，红黏土的干裂化行为易造成一些地基失稳及水土流失，同时红黏土中还蕴涵着重要的古环境信息。近年来红黏土形成机制问题受到人们的广泛关注，提出了许多假说，但也存在着很大争议，有些观点甚至针锋相对，但随着研究的深入，对全面认识我国第四纪气候变化过程，青藏高原抬升、东亚季风演化规律及全球变化纬度效应均具有重要的意义（李景阳等，2001；孙承兴等，2002；Beckford et al.，2021）。

目前，已提出用于解释红黏土形成机制的理论可归结为“溶蚀—残积”“溶蚀—交代”和“外来沉积”等 3 种（李景阳等，2001；孙承兴等，2002；Beckford et al.，2021）。造成红土形成机制众说纷纭的主要原因之一是受人们的专业限制，相关假说的依据往往过于局限。前人的研究多注重红黏土的各项理化性质对比及其发生学意义，而缺少对形成红黏土的物质来源、形成时代及形成气候环境等的考虑，把凡是分布、出露于喀斯特地区的红色黏土或红壤都归属于喀斯特红（土）壤，从而造成认识的误区，顾此失彼（徐则民等，2005）。如云南路南石林处于滇东喀斯特高原上，高原面起伏较为和缓，在二叠系碳酸盐岩地层表面或石芽上广泛为红色黏土所覆盖，许多学者认为风化层来源于下伏碳酸盐岩的原位风化，属于溶蚀－残积成因，这是一种认识的误区。依据路南石林地区有晚二叠世玄武岩、古近纪湖泊沉积物、红色角砾岩及红色黏土形成年代、红黏土厚度、红黏土各项理化性质和气候环境等，表明路南石林喀斯特高原上所覆盖的红色黏土，实际上是晚二叠世玄武岩、古近纪湖泊沉积物等在第四纪期间的风化残积而成，并不是二叠系碳酸盐岩的原位风化、溶蚀－残积形成的红色黏土。

泸西红色黏土俗称红土，土壤呈红色、棕红色，有红火泥土之称。泸西红色黏土主要分布于泸西县中枢、三塘、向阳、白水及粟树、直邑等地的喀斯特断陷盆地、喀斯特丘丛

洼地、高原缓丘台地、高洼地、喀斯特槽谷及丘峰垭口等大部分地区，面积 549.20 km^2，占总土地面积的 54.4%。红色黏土或红壤分布连续，成片分布，面积较大，土层黏而深厚，厚度从 1 m 至几十米不等，覆盖于碳酸盐岩岩层上的红色黏土的厚度，取决于喀斯特地形地貌特征及基底起伏趋势与特点。调查显示，泸西红色黏土或红壤其成壤母岩主要为古近系始新统路美邑组（E_1l）或者为晚白垩世（作者认为是晚白垩世时期形成的红层，与云南禄丰盆地的红层形成时期大致相同，禄丰盆地的红层发现有恐龙化石，均属中生代）时期形成的红色喀斯特角砾岩（照片 1.36）中红色钙泥质填系物、红色钙质泥岩、红色钙屑灰岩（照片 1.37）及古近纪始新世时期形成的红色底砾岩（照片 1.38）中红色钙泥质填系物、红色泥岩、钙质泥岩与泥灰岩（照片 1.39）等风化、淋溶而成。根据红色黏土或红壤发育厚度，泸西下伏三叠系碳酸盐岩岩性厚度及其酸不溶物的含量一般在 3% 以下。因此，通常认为若要形成 1 m 厚的石灰土土壤至少需要风化剥蚀数 30 m 甚至数百米的碳酸盐岩母岩，形成 1 m 的土壤层至少需要（30 ~ 50）$\times 10^4$ a；而要形成 10 ~ 30 m 的土壤层至少需要（300 ~ 500）$\times 10^4$ a。由此推算，泸西形成红色黏土或红壤所消耗的碳酸盐岩数量（厚度）、形成时间及气候环境是缺乏依据的。

照片 1.36　小阿定红色岩溶角砾岩

照片 1.37　大真邑红色钙屑灰岩

照片 1.38　红色底砾岩

照片 1.39　红色泥岩、钙质泥岩夹泥灰岩

泸西喀斯特地区由红色喀斯特角砾岩、红色钙质泥岩（表 1.12）、红色钙屑灰岩等母岩形成红色黏土或红壤，通常土壤层厚度在 50 ~ 200 cm 不等（照片 1.40，照片 1.41），分布范围小，且不连续，土壤层中有时含有碎石块；而由古近纪始新世时期形成的红色底砾岩、红色泥岩、钙质泥岩与泥灰岩等母岩风化形成的红色黏土或红壤（表 1.13，表 1.14），通常

土壤层厚度度大，在几米至几十米不等，其分布范围广而且连续，土壤质地黏重、土质均匀（照片 1.42，照片 1.43），是当前主要的农用地（照片 1.44）。表 1.12 为大真邑红色钙质泥灰岩、钙屑灰岩就地风化红色黏土（照片 1.41），表层红土风化程度高，淋溶作用相对较强，CaO（0.98%）、MgO（0.73%）基本流失，难溶物质 Al_2O_3 为 12.66%、Fe_2O_3 为 5.77%、SiO_2 为 17.52%，显示 Al_2O_3、Fe_2O_3 相对富集，而 SiO_2 相对于上、下层红土层中的含量，表现为较强的淋溶流失；直邑上、下层红土显示原岩红色钙质泥灰岩、钙屑灰岩的风化程度、淋溶作用相对较弱，仍保留较高的 CaO（23.7% ~ 26.25%）、SiO_2（36.45% ~ 40.56%）

照片 1.40　小阿定岩溶角砾岩风化成土

照片 1.41　红色钙屑灰岩与风化红黏土

照片 1.42　万木林红色泥岩风化红黏土

照片 1.43　雨咩村南红色泥岩风化红黏土

照片 1.44　小阿定农用红黏土、红土地

含量，难溶物质 Al_2O_3（5.72% ~ 9.57%）、Fe_2O_3（2.74% ~ 3.69%）含量较高，显示淋溶作用较弱，其易溶物质 CaO 基本不变，流失量极少。

表 1.13、表 1.14 为泸西东南部雨咩村附近的两个红色泥岩、红色含钙质泥岩、泥灰岩、钙屑灰岩等剖面，其风化红黏土、半风化钙质泥岩如照片 1.39、照片 1.42、照片 1.43 所示，表 1.13 中的 a1、a2、a3 及表 1.14 中的 e、f 层等，为强风化红黏土，其红黏土层中的难溶物质 Al_2O_3（5.54% ~ 18.69%）、Fe_2O_3（2.8% ~ 9.14%）、SiO_2（59.07% ~ 84.7%）含量较高，表现为明显的淋溶作用以及富集 SiO_2、Al_2O_3、Fe_2O_3 的特点。而表 1.14 中的 a、b、c、d 等 4 层为钙质泥岩、泥灰岩的半风化含钙质土，其难溶物质为 Al_2O_3（3.1% ~ 9.73%）、Fe_2O_3（1.8% ~ 3.59%）、SiO_2（52.89% ~ 58.%），易溶物质为 CaO（13.4% ~ 22.1%）、MgO（0.64% ~ 1.89%）、K_2O（0.55% ~ 1.56%），显示淋溶作用较弱，其易溶物质 CaO 流失量极少，能量交换弱，土壤化程度低。由此说明，表 1.13 中的 a1、a2、a3 及表 1.14 中的 e、f 层比表 1.14 中的 a、b、c、d 等 4 层风化、淋溶作用强，能量交换高，土壤化程度高，显示 Al_2O_3、Fe_2O_3、SiO_2 相对富集。

表 1.12　直邑村红层风化红黏土化学组分　　单位：%

土壤名称	Al_2O_3	CaO	Fe_2O_3	K_2O	MgO	P_2O_5	SiO_2	TiO_2	有机质
表层红黏土	12.66	0.98	5.77	0.83	0.73	—	17.52	—	—
半风化红层黏土上	9.57	23.7	3.69	1.17	2.08	0.075	40.56	0.59	0.98
半风化红层黏土下	5.72	26.25	2.74	0.82	2.23	0.057	36.45	0.46	—

表 1.13　雨咩剖面 1 红色钙质泥岩、泥灰岩风化红黏土化学组分　　单位：%

土壤名称	Al_2O_3	CaO	Fe_2O_3	K_2O	MgO	P_2O_5	SiO_2	TiO_2	有机质
红层风化红黏土 a1 层	14.92	0.37	6.55	1.41	0.77	0.059	67.22	0.8	1.7
红层风化黏土 a2 层	6.37	0.38	3.86	0.62	0.44	0.036	83.37	0.4	0.84
红层风化黏土 a3 层	18.69	0.22	9.14	1.67	0.74	0.087	59.97	0.8	1.8

注：a1，a2，a3 层表示样品从上向下取样。

表 1.14　雨咩剖面 2 红色泥岩、钙质泥岩、泥灰岩风化的红黏土化学组分　　单位：%

土壤名称	Al_2O_3	CaO	Fe_2O_3	K_2O	MgO	P_2O_5	SiO_2	TiO_2	有机质
红层风化黏土 e 层	5.54	0.23	2.8	0.78	0.45	0.035	84.7	0.36	0.56
红层风化黏土 f 层	13.72	0.81	5.47	2.2	1.46	0.089	69	0.84	2.5
红色钙质泥岩 a 层	9.73	15.66	3.59	1.5	1.68	0.09	53.03	0.63	2.2
红色钙质泥岩 b 层	8.5	13.4	3.54	1.56	1.89	0.091	55.98	0.61	—
红色钙质泥岩 c 层	4.34	17.35	2.12	0.79	0.97	0.045	58.1	0.35	—
红色钙质泥岩 d 层	3.1	22.1	1.9	0.55	0.64	0.044	52.89	0.23	—

注：e，f，a，b，c，d 层表示样品从上向下取样。

此外，在泸西盆地西侧的灰岩残峰附近新修公路可见开挖较好的红黏土与黄色黏土层剖面，厚度 2 ~ 6 m，土层剖面可分为 4 层（图 1.12）：① 表土层或耕作层，富含有机质，多为耕地或菜地，厚度 10 ~ 30 cm；② 红色黏土层，呈棕红色，土质均匀，含较多高价铁的氧化物，土壤质地黏重，具红黏土的一般特征，厚度 2 ~ 4 m；③ 黄黏土层，为黄色层，以薄层状出现，土质均匀，含低价铁氧化物，厚度 1 ~ 2 m；④风化较强白云质灰岩，节理裂隙发育，其土层覆白云质灰岩基岩面上，显示出土层—基岩一个完整性的剖面。

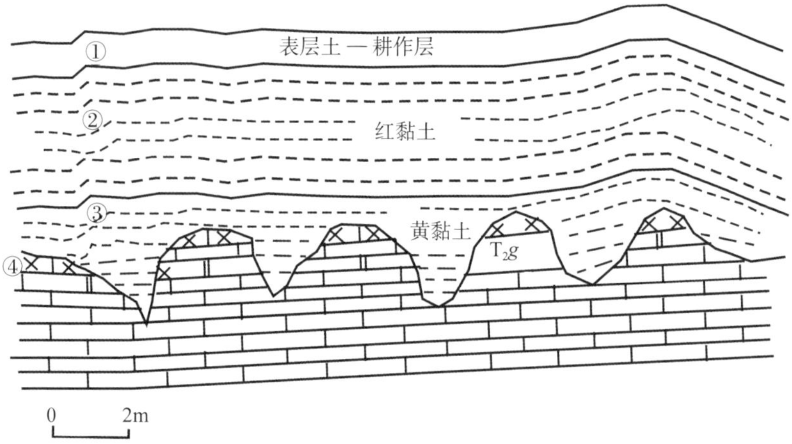

图 1.12　泸西盆地西侧开挖红黏土与黄色黏土层剖面
（据云南省地质调查院，2006）

泸西喀斯特地区分布的红色黏土或红土壤，在风化成土过程中，普遍受到强烈的淋溶作用影响，盐类大量淋失，甚至殆尽，为不饱和土壤，其中红壤中的 Ca 的含量为 0.98%、Mg 为 0.73%、Si 为 17.52%、Al 为 12.66%、Fe 为 5.77%、K 为 0.83%，呈中性至微—弱酸性反应，pH 为 6.92。黏土矿物除以高岭石为主外，仅有极少量的蒙脱石和蛭石，并出现有少量的赤铁矿和三水铝石，游离氧化铁达 18 %。硅铝率比大大降低，为 1.3 ~ 1.5。由此表明，泸西红黏土由于风化程度高、成土时间长，土壤质地黏重，酸度强，微结构大量发育，土壤的持水能力强，但供水能力则更接近于沙土，土壤抗旱能力比较弱。在同一气候区内，成土环境及成土时代对红黏土矿物的成分及后生演化具有重要影响。

1.5.2　喀斯特成土机理

喀斯特成土的开始过程即喀斯特发育的开启过程。喀斯特作用是引起碳酸盐岩岩石溶蚀、侵蚀破坏及物质的带出、转移和再沉积的综合地质作用（袁道光和蔡桂鸿，1988）。碳酸盐岩中的不溶残余物质是构成喀斯特成土的主体，是喀斯特区农业发展、耕作的物质基础。

1.5.2.1　喀斯特成土条件

喀斯特土壤是指分布于喀斯特地貌区内，由碳酸盐岩经长期的喀斯特作用过程形成的土壤，其成土受碳酸盐岩母岩（岩性）、构造、气候、水文及地形地貌的影响。由于碳酸盐岩存在岩性差异、地形差异及水文地质条件的差异，由其产生的成土过程、机理不同，土壤类型不同、土壤厚度不同、土壤的化学成分、矿物成分、颜色、土体结构、肥力及持水性等条件均存在差异，从而形成不同的土壤类型。不同的喀斯特土壤类型对于喀斯特区的生态、工程建设和农作物的种植类型、产量及品质等具有重要的影响。

1.5.2.1.1 气候

气候引起碳酸盐岩岩石的溶蚀、侵蚀破坏主要表现在温度、降水量和气压等方面。即随温度升高，喀斯特作用增强，这是因为温度每增加 20 ℃ ~ 30 ℃，水中所含 CO_2 溶解量减少一半，但温度每增加 10 ℃，化学反应却增加一倍以上，故温度增高，溶解总量增加。雨量大有利于水的渗透和运动交替，集空气和土壤中的游离 CO_2 加强喀斯特作用。一般而言，温度高，水的电离度大，水中 H^+ 增多，溶蚀力增强。

泸西地处低纬高原面边缘河谷斜坡地带，属亚热带高原季风气候。总的气候特点是，枯雨季分明，垂直差异显著，夏秋多雨，冬春干旱。泸西气温的垂直变化规律随着海拔升高而递减，东部中山区海拔每升高 100 m，气温降低 0.6 ℃ ~ 0.7 ℃；南部和平坝、台地槽谷区，海拔每升高 100 m，气温下降 0.5 ℃ ~ 0.6 ℃。其中，小江流域年平均气温 15.2 ℃，东部喀斯特中山温凉区，年平均气温小于 14 ℃；泸西极端气温，最高 32 ℃，最低 -3 ℃，冬季存在结冰、降雪。泸西年降水量在 1050 ~ 1100 mm，喀斯特中山区三塘乡为 1200 mm，属多雨地带。三塘乡为高原喀斯特台面，海拔 2000 ~ 2200 m，岩性为厚层白云岩与中—薄层泥晶灰岩，因极端气温差异、降水不均和气压差，对喀斯特台面上碳酸盐岩岩石产生热胀冷缩，而岩石产生破坏 - 碎裂化，易于降水、地表水对岩性的渗透作用，促进喀斯特作用及成土的发生。

1.5.2.1.2 成土母岩（岩性）

石灰岩、白云岩、硅质灰岩、泥灰岩等碳酸盐类岩石在地表广泛分布，且岩体厚度大。碳酸盐类岩石的矿物成分主要是方解石（$CaCO_3$）或白云石（$CaMg(CO_3)_2$），含有 SiO_2、Fe_2O_3、Al_2O_3 和黏土矿物等杂质，石灰岩成分以方解石为主；白云岩成分以白云石为主，其次为方解石；硅质灰岩是含有燧石结核或燧石条带的灰岩；泥灰岩则为黏土矿物与 $CaCO_3$ 的混合物。碳酸盐类岩石的溶解度从大至小，依次为石灰岩 > 白云岩 > 硅质灰岩 > 泥灰岩，但碳酸盐岩的喀斯特发育取决于易溶矿物的含量、构造破坏强度及岩石的透水性，而喀斯特成土的厚度则取决于难溶矿物或黏土矿物的累积。

泸西小江流域的碳酸盐类岩石以泥晶灰岩和白云岩为主，其次为泥灰岩，由于特殊的气候、地貌及构造条件，区内喀斯特极发育，使大量的难溶矿物或黏土矿物累积，发育深厚的喀斯特土壤。

1.5.2.1.3 水文条件

泸西地处南盘江西部喀斯特地区，雨量充沛，地表水、地下水较为丰富。流域内地表仅有小江一河，纵贯全区，其支流多分布在中西部地区；水库则多集中于高原面上的喀斯特缓丘洼地、台地、槽谷区。由于中东部主要为喀斯特缓丘、台地、槽谷、洼地，其岩性由石灰岩、白云岩、泥灰岩及泥岩相互交替产出，而在台地、槽谷、洼地内还残存有红层风化的红黏土，地表仅有一些表层泉及雨季构成的短暂的季节性小溪流。

泸西中东部高原面上的喀斯特缓丘洼地、台地、槽谷区的地层产状平缓，白云岩、泥灰岩及泥岩交替产出，大气降水的地表径流速缓慢，主要以坡面流下渗为主，但具有一定滞水性，特别是在有相对滞水的岩性交互区、水库及水塘、某些缓丘低凹（坳）地、洼地等局部地带易于长期积水，容易使碳酸盐岩受到地表积水、土壤水的浸泡，使岩体发生水化作用，促进喀斯特作用及水化、交代成土的发生。

1.5.2.1.4 地质构造

泸西自中生代以来发生了多期构造，尤其是中生代的构造运动，不仅使区内碳酸盐岩发生强烈的NNE向断裂、褶皱构造，其配套的节理裂隙、层面构造发育，导致岩石极其破碎，特别是白云岩地层破碎极强。同时，伴随泸西断陷盆地的形成，断裂、节理、裂隙系统是大气降水向下渗透的良好通道，在其下渗过程中对其流经的碳酸盐岩发生喀斯特作用或水岩作用，使易溶 CaO、MgO、Na_2O、K_2O 等物质不断溶蚀、淋失，促进地表喀斯特发育，形成各种不同的喀斯特形态。而难溶 SiO_2、$A1_2O_3$、Fe_2O_3 物质则不断累积，发育喀斯特土壤。

1.5.2.2 喀斯特成土过程

喀斯特土壤属岩性土土纲，广泛分布于碳酸盐岩出露区，无论地形高低，高原峰丛、丘丛、盆地中的残丘及洼地（谷地）等均有分布。碳酸盐岩在不同的条件下，将产生不同的成土（成壤）过程，碳酸盐岩在遭受溶蚀、风化、剥蚀、沙化－淋溶或水化－淋溶、交代作用过程中，可由于残余物质的聚积或岩石物质组分替换而形成土壤。依据喀斯特（或岩溶）成土过程，将喀斯特石灰土分为：溶蚀残余成土、白云岩砂化－淋溶成土、石灰岩水化－交代成土和白云岩水化－交代（淋溶）成土等4类。

1.5.2.2.1 溶蚀残余成土

在化学淋溶作用下，碳酸盐岩中的主要易溶组分 CaO、MgO、Na_2O、K_2O 等不断溶蚀并随水流失，而不溶组分，如 SiO_2、$A1_2O_3$、Fe_2O_3 等则残留下来聚积成土（图1.13）。由于碳酸盐岩中不溶物的含量很低，一般在10%以下甚至不到1%，因此，通常认为若要形成1 m厚的土壤，至少需要风化、剥蚀数十米，甚至数百米的碳酸盐岩母岩。譬如，广西弄岗地区平均形成1 m厚的土层，需要风化627 m厚的碳酸盐岩（韦启播，1996）。而桂林喀斯特区内每形成的1 m厚的第四系残积土层，需要溶蚀约63.28 m厚的碳酸盐岩。泸西喀斯特区碳酸盐岩中不溶物的含量很低，为0.56 %～1.14 %，按碳酸盐岩的溶重2.75 t/m^3，溶蚀速率按mm/a计算，形成1 m厚的土层，需要风化64～112 m厚的碳酸盐岩。

碳酸盐岩喀斯特蚀残余成土作用过程如图1.13所示，碳酸盐岩裸露地表最初接受大气降水溶蚀，①形成溶痕、小溶坑；②降水溶蚀增强，形成小溶隙、溶坑，并伴随初始黑色石灰土发育；③随着溶蚀作用的增强，CaO、MgO 流失，不溶组分聚积及有机质的加入，开始发育黑色石灰土；④溶蚀作用的进一步增强，易溶物质 CaO、MgO 基本流失，难溶物质 SiO_2、$A1_2O_3$、Fe_2O_3 及黏土明显富集，形成暗棕色石灰土、黄色石灰土（图1.13），最终形成上部黑色石灰土、下部为暗棕色石灰土，构成喀斯特石灰土的成土剖面序列。此外，由碳酸盐岩喀斯特蚀残余形成的另一种黄色石灰土（照片1.45），基本没有有机质的加入，基本保持土壤风化、残余时的土体色调，当有植物凋落物加入土体中时，土壤颜色向棕黄色演替；若有机质大量参与土体中，土壤颜色可向暗棕黄色演替，形成一种逆向的土壤发育演替过程。

由此可知，碳酸盐岩喀斯特蚀残余成土作用的主要特点是形成土壤数量很少。因此，在碳酸盐岩分布的峰林、峰丛等喀斯特区中，土壤零星、浅薄，基岩裸露率高，上层多见于洼地、谷地和沟槽及缝隙中。

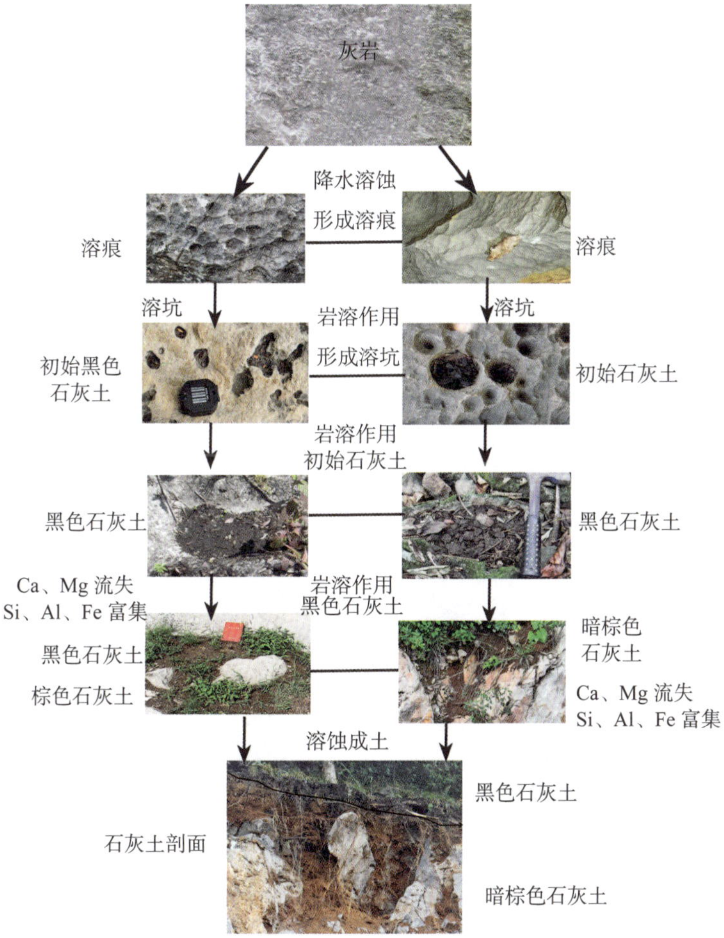

图 1.13　喀斯特溶蚀残坡积成土过程

照片 1.45　白云岩溶蚀残积黄色石灰土（a）和灰岩溶蚀残积黄色石灰土（b）

1.5.2.2.2 白云岩砂化－淋溶成土

泸西平田、逸甫、三塘乡两面坡、龙甸紫微寺、阿平村等地广泛分布 T_2g^a、T_2g^d 白云岩地层，其白云岩由于受强烈断裂构造的影响，岩性相对破碎，表现为刀砍状白云岩、破裂白云岩、角砾状白云岩和碎粒角砾白云岩。白云岩喀斯特砂化成土过程由图 1.15 所示，碳酸盐岩－白云岩裸露地表，受燕山期断裂构造影响，白云岩发生强破裂作用形成：①破裂白云岩、角砾状白云岩和碎粒化角砾状白云岩；②这类破碎白云岩接受大气降水溶蚀，日曝晒膨胀、干冷收缩作用，使破碎白云岩发生初砂化、半砂化作用，形成半砂化白云岩；③半砂化白云岩受降水、土壤水溶蚀、淋滤作用，形成全砂化白云岩；④全砂化白云岩，即砂糖粒状或粉末状白云岩粉，受降水、土壤水进一步溶蚀、淋滤作用，易溶物质 CaO、MgO 不断溶蚀淋失；难溶物质 SiO_2、Al_2O_3、Fe_2O_3 变化幅度大，明显富集，形成淋溶石灰土或红色石灰土。红色石灰土主要是因为白云岩岩体含有黄铁矿。在喀斯特溶蚀、淋滤砂化成土过程中，其低价的亚铁在有水介质参与下，向高价氧化铁转变或发生氧化铁染现象，故而形成红色淋溶石灰土。

上述表明，白云岩喀斯特砂化作用与白云岩本身的内部晶格、断裂构造产生破碎作用有关，其白云岩砂化物质结构演化特征为白云岩—破碎白云岩—初砂化白云岩—半砂化白云岩—全砂化白云岩—粉砂质黏土（图 1.14）。这类石灰土土层深厚，厚度相对较大，从 1 ~ 5 m 不等，广泛分布于白云岩砂化区，构成一种特殊的喀斯特成土类型。

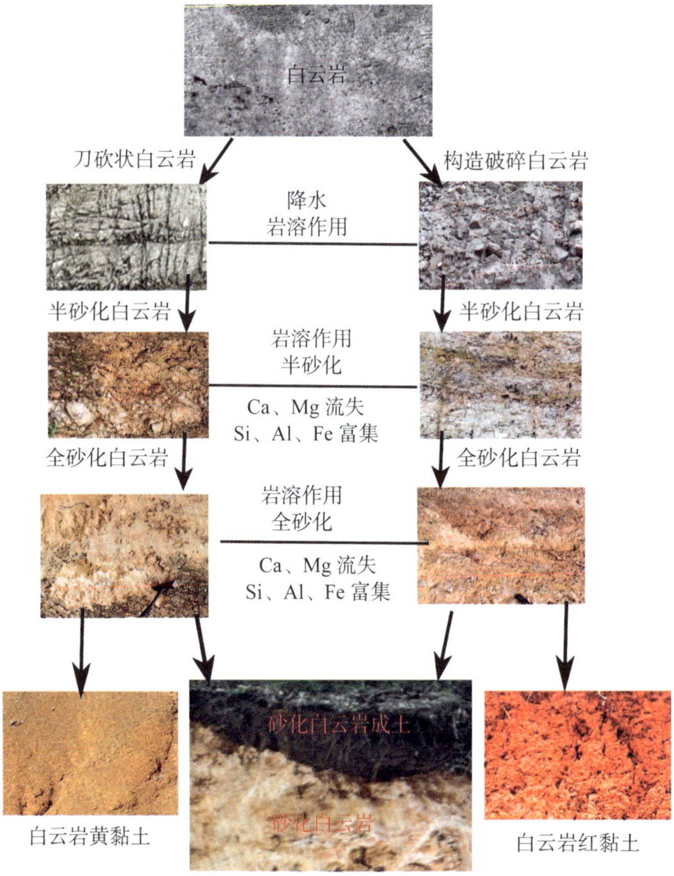

图 1.14　白云岩喀斯特砂化－淋溶成土过程

1.5.2.2.3 石灰岩水化－交代成土

在碳酸盐岩出露地区，偶尔可见在纯灰岩上有几米甚至几十米厚的黏土层，其中还保留原岩结构及形态完整的化石。黏土成分较纯，不含砂、砾、岩块等。这种保留原岩产状的厚层灰黏土、黄黏土、红黏土成因，难以用溶蚀残余成土作用、白云岩砂化－淋溶成土作用解释。因而，有人提出了交代成土的假设，即：地表水、地下水在流经碳酸盐岩时，一方面有 Si^{2+}、Al^{2+}、Fe^{2+} 或 Si^{4+}、Al^{3+}、Fe^{3+} 物质的携入，另一方面又有 Ca^{2+}、Mg^{2+} 等易溶组分的带出。随着地下水长期运移，碳酸盐岩中的 Ca^{2+}、Mg^{2+} 逐渐完全被 Si^{2+}、Al^{2+}、Fe^{2+} 或 Si^{4+}、Al^{3+}、Fe^{3+} 物质取代而转变为灰黏土、黄黏土、红黏土（图 1.15），黏土的色调取决于岩性的原生色。由于铁矿物价数是 Fe^{2+} 或 Fe^{3+}，表明处于还原或是氧化环境，因而在地表局部低凹或低洼积水环境中的交代成土作用，水岩交代作用具有季节性或短时性，特别是白云岩的交代成土作用，其岩性中的铁矿物在地表环境中易于氧化为 Fe^{3+} 而构成红黏土（照片 1.46）；而在河流、小溪流或水塘、水库的水体环境中，水中的 Si、Al、Fe 等物质均为 2 价位，处于还原环境，水岩交代作用具有长时间性，交代成土的色调取于原岩性的色调（照片 1.47），当然，也存在有褪色现象。这是一种近于等体积的交代作用，形成的土层厚度有时可达几十米。

照片 1.46　氧化环境下交代的红黏土

照片 1.47　保持原岩色调的交代成土

碳酸盐岩的交代成土过程见图 1.15 所示。碳酸盐岩的交代成土过程，实际上是通过地表水（或土壤水）、地下水溶液来进行的。地表水（或土壤水）、地下水将水体中的 Si^{2+}、Al^{2+}、Fe^{2+} 或 Si^{4+}、Al^{3+}、Fe^{3+} 等物质携入和可溶性 Ca^{2+}、Mg^{2+}、K^{+}、Na^{+} 等组分带出，是在与外界有物质和能量交换的开放体系中进行的。地表水（或土壤水）、地下水是物质溶出和携入的载体。交代成土过程表现为裸露地表的碳酸盐岩－灰岩由于受地形地貌的影响：①某些碳酸盐岩分布于地表局部低凹或低洼积水环境或河流、小溪流或水塘、水库等水体环境中，受地表水（或土壤水）、地下水浸泡；②碳酸盐岩在地表水（或土壤水）、地下水的浸泡作用下，将水体中的 Si^{2+}、Al^{2+}、Fe^{2+} 等物质携入，并将可溶性 Ca^{2+}、Mg^{2+}、K^{+}、Na^{+} 等组分局部带出，使碳酸盐岩发生（初始水岩作用）半泥化作用，形成半泥化碳酸盐岩；③半泥化碳酸盐岩在地表水（或土壤水）、地下水的强水岩（或岩溶）作用（浸泡作用）下，将水体中大量的 Si^{2+}、Al^{2+}、Fe^{2+} 等物质携入，将可溶性 Ca^{2+}、Mg^{2+}、K^{+}、Na^{+} 等组分全部带出，使半泥化碳酸盐岩整体发生泥化，形成整体泥化碳酸盐岩；④最后整体泥化碳酸盐岩中的

Ca^{2+}、Mg^{2+} 逐渐被 Si、Al、Fe 物质完全取代而转变为黏土（照片 1.46 和照片 1.47）。照片 1.47 为泸西永宁小江冒烟洞河段，地表河水对泥晶灰岩在强水岩（或喀斯特）作用（浸泡作用）下形成的水化 – 交代成土。这些现象分布在水库、水塘及溪流边，其灰岩、白云岩受地表水（或土壤水）、地下水的强水岩（或喀斯特）作用后，碳酸盐岩颜色发生褪化，Ca^{2+}、Mg^{2+} 逐渐流失，基岩发生泥化，逐渐转变为黏土。

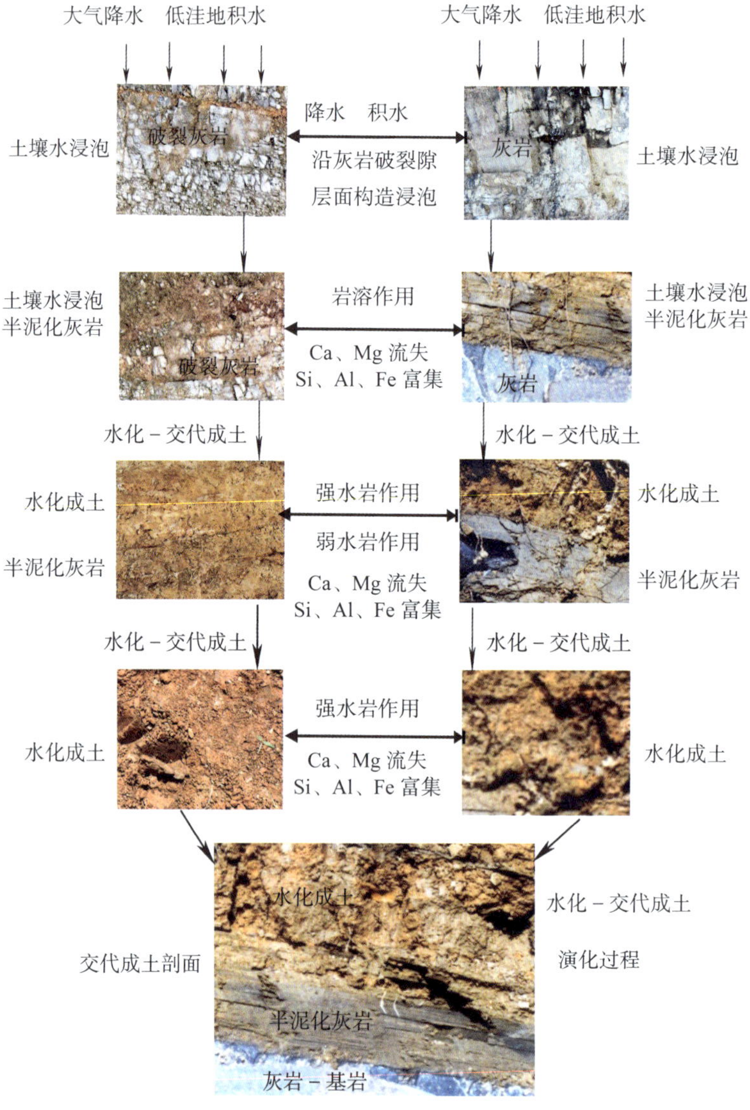

图 1.15　石灰岩水化 – 交代成土过程

然而，自然界中碳酸盐岩的成土作用，但其发生的概率通常受到一定的条件限制。一般说来，交代成土作用的发生必须处于低凹或低洼积水地。地表水（或土壤水）、地下水等水体中的 Si^{2+}、Al^{2+}、Fe^{2+} 或 Si^{4+}、Al^{3+}、Fe^{3+} 等物质含量很高，且其在缓慢渗透的条件下才可能发生。然而在大多数情况下，水体中的 Si^{2+}、Al^{2+}、Fe^{2+} 或 Si^{4+}、Al^{3+}、Fe^{3+} 含量是很低的，不易满足交代成土作用所需条件。但是在生物和微生物的参与下，水体中的 Si、Al 可富集 10 倍以上，进而满足交代成土作用的进行。

由此可见，碳酸盐岩的成土作用是在喀斯特作用过程中发生的，只要有适宜的气候、水文、构造等条件，即可发生。

1.5.2.2.4 白云岩水化-交代（淋溶）成土

在白云岩出露地区，偶尔可见在白云岩基岩、石芽上有几米甚至十多米厚的黄黏土、红黏土，其中还保留原岩结构及形态完整的化石。这种保留原岩产状的厚层黄黏土、红黏土（照片 1.48 和照片 1.49），用溶蚀残余成土作用、白云岩砂化-淋溶成土作用、石灰岩水化-交代成土等难于解释。故此将种极为特殊的喀斯特成土现象，定义为地表白云岩水化-交代（淋溶）成土过程（图 1.16）。大气降水、地表水下渗于土壤层中构成土壤水，土壤水通过下伏白云岩中的各种结构面（晶格、节理、破裂隙、拉张裂缝、层理面、错动带）不断下渗，使下伏白云岩遭受土壤水浸泡、淋溶，进而将土壤水中的 Si^{2+}、Al^{2+}、Fe^{2+} 或 Si^{4+}、Al^{3+}、Fe^{3+} 物质携入，并使白云岩基岩中 Ca^{2+}、Mg^{2+}、K^{+}、Na^{+} 等易溶组分带出。随着下渗土壤水的长期运移，白云岩中的 Ca^{2+}、Mg^{2+} 逐渐被 Si^{2+}、Al^{2+}、Fe^{2+} 或 Si^{4+}、Al^{3+}、Fe^{3+} 物质完全取代而转变为黄黏土、红黏土（图 1.16）。

照片 1.48　白云岩水化-交代黄黏土

照片 1.49　白云岩水化-交代红黏土

白云岩水化-交代成土过程表现为裸露地表的碳酸盐岩-白云岩受地形地貌影响：①某些白云岩分布于地表局部低凹或低洼积水环境中，表层通常存有黏土覆盖；②有黏土覆盖碳酸盐岩-白云岩处于低洼区，地表有降水形成的季节性积水，并下渗形成丰富的土壤含水层；③丰富的土壤水对下伏具有局部弱滞水的白云岩发生喀斯特（水岩）作用或浸泡作用，水中部分 Si^{2+}、Al^{2+}、Fe^{2+} 等物质携入，部分可溶性 Ca^{2+}、Mg^{2+}、K^{+}、Na^{+} 等组分带出，形成半水化白云岩；④半水化白云岩在土壤水的进一步喀斯特（水岩）作用或浸泡作用下，水中大量的 Si^{2+}、Al^{2+}、Fe^{2+} 等物质携入，可溶性 Ca^{2+}、Mg^{2+}、K^{+}、Na^{+} 等组分带出，形成整体水化白云岩；⑤整体水化白云岩在土壤水的进一步喀斯特（水岩）作用或浸泡作用下，水中大量的 Si^{2+}、Al^{2+}、Fe^{2+} 等物质携入，全部或大量可溶性 Ca^{2+}、Mg^{2+}、K^{+}、Na^{+} 等流失，最后整体水化白云岩发生泥化，完全被 Si、Al、Fe 物质取代而转变为黏土。

泸西白云岩水化-交代（淋溶）成土的实例，以泸西玫瑰花园小镇及足球训练基地等剖面最为典型。中三叠统个旧组 d 段（T_2g^d）的白云岩，早期基本处于溶丘低凹地、溶丘洼地中，表层有红黏土覆盖，并有丰富的地表水、土壤水使红黏土层下伏的白云岩发生喀斯特作用（水岩作用）或浸泡作用，导致白云岩整体水化－泥化。Ca^{2+}、Mg^{2+} 基本流失，整体水化白云岩发生泥化，完全被 Si、Al、Fe 物质取代而转变为黏土，显示出土层—整体泥化白云岩—整体水化白云岩—半水化白云岩—白云岩基岩一个完整性的剖面。由此说明，上部表层黏土层明显受到极强的淋溶作用，黏土淋溶作用越强、越彻底，黏土中的 Al_2O_3、SiO_2、Fe_2O_3 含量越富，能量交换越高，土壤化程度越高，喀斯特作用越强，显示富集 SiO_2、Al_2O_3、Fe_2O_3 的特点。而越往下部，水化、淋溶作用越弱，其易溶物质 CaO、MgO 越少，流失量极少，富集 SiO_2、Al_2O_3、Fe_2O_3 越少，逐渐过渡到下部基岩－石芽。

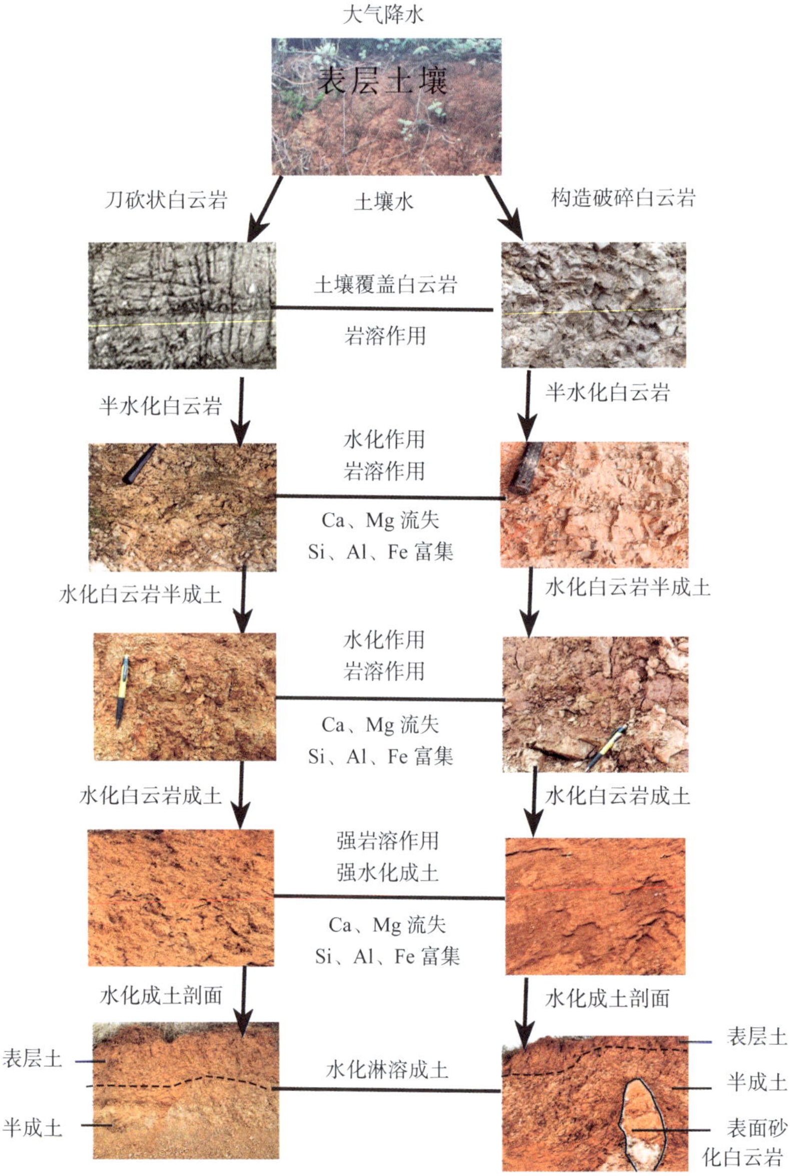

图 1.16　白云岩喀斯特水化－交代（淋溶）成土过程

1.5.2.3 黏土岩类形成的黄黏土、紫色土、褐红壤

根据沉积岩成因、物质成分和结构构造等特征，可将沉积岩分为碎屑岩类、黏土岩类和化学岩及生物化学岩类等三类。黏土岩类或泥质岩类主要由母岩机械破碎和化学分解的产物－黏土矿物组成。黏土岩中的黏土矿物主要由高岭石、水云母、蒙脱石等组成，其次是单热石和拜来石，还有一些石英、长石、云母和绿泥石等碎屑矿物及自生的非黏土矿物，如铁、锰、铝的氧化物、氢氧化物（赤铁矿、褐铁矿、软锰矿、水铝矿等）、碳酸盐、硫酸盐等矿物。黏土岩的主要化学组分是 SiO_2、Al_2O_3、Fe_2O_3 及挥发物质等。

黏土岩类，根据黏土矿物的成分、粒度成分等，可分为粉砂质泥岩、泥质黏土岩、页岩（炭质页岩、钙质页岩、油页岩、铁质页岩和硅质页岩）和铝土岩等。泸西的黏土岩类根据矿物成分、杂质矿物、有机质和所含色素颜色等，可分为黄色泥岩、紫色泥岩和紫红色泥岩。

1.5.2.3.1 黄黏土

黄黏土是由中三叠统个旧组 c2 段（T_2g^{c2}）、法郎组 b 段（T_2f^{b}）以及上三叠统鸟格组（T_3n）、火把冲组（T_3h）等沉积的黄色泥岩经黄色泥岩风化、淋溶作用形成的（照片 1.50）。土壤黏重、土壤中的氧化铁基本水化、中低等肥力，而且透气性差，土壤呈微酸性，pH 为 5.80。黄黏土呈长条状分布，主要分布于三塘区的连城、三塘、箐门、李子箐及向阳的沙玛等乡。

照片 1.50　李子箐附近的黄黏土

1.5.2.3.2 紫色土

紫色土由中三叠统个旧组 b2 段（T_2g^{b2}）及下三叠统永宁镇组（T_1y）的紫色钙质泥岩、页岩、粉砂质泥岩等风化、淋溶作用形成（照片 1.51），中低等肥力、透气性中等，土壤呈微酸性，pH 为 5.97。紫色土呈条带状分布，主要分布在白水镇的杨梅山、中枢镇总村及阿勒等地。

照片 1.51　中枢镇总村紫红色土和灰紫色土

1.5.2.3.3　褐红壤

褐红壤由中三叠统个旧组 b2 段（T_2g^{b2}）及下三叠统永宁镇组（T_1y）的灰紫色、紫灰色粉砂岩、细砂岩、砂页岩、钙质泥岩等风化、淋溶作用形成（照片 1.52），中低等肥力、透气性中等，土壤呈微酸性，pH 为 5.63。褐红壤主要分布在向阳、三塘、永宁等区的低热河谷地带。碎屑岩形成的褐红壤主要分布在海拔 1300 m 以下小江流域低热河谷地区，面积 21.0 km^2，占总土地面积的 2.1%。

照片 1.52　永宁褐红壤

1.6　典型喀斯特断陷盆地的植被

1.6.1　植被现状

小江流域历史上森林植被覆盖较好，后因乱砍滥伐、毁林开荒等原因，森林屡遭破坏，森林面积和森林覆盖率逐年下降。据 1985 年森林资源调查，森林资源多集中于永宁河谷、三塘中山区、白水槽谷区等地。其中森林面积 191.36 km^2，森林覆盖率 17.6%；灌木林 227.10 km^2，覆盖率 17.2%；牧草覆盖率 17.2%。近十几年来，由于退耕还林还草、植树造林措施的实施，植被覆盖状况有所好转。

小江流域的植被类型主要有 3 种，为乔木林、灌木林和牧草，植被总面积 274.81 km^2，其中乔木林面积 211.29 km^2，占植被面积的 76.89%，占流域面积的 20.93%；灌木林面积 58.09 km^2，占植被面积的 21.14%，占流域面积的 5.76%；牧草面积 5.43 km^2，占植被面积的 1.97%，占流域面积的 0.54%；流域内森林覆盖率为 26.69%（图 1.17）。

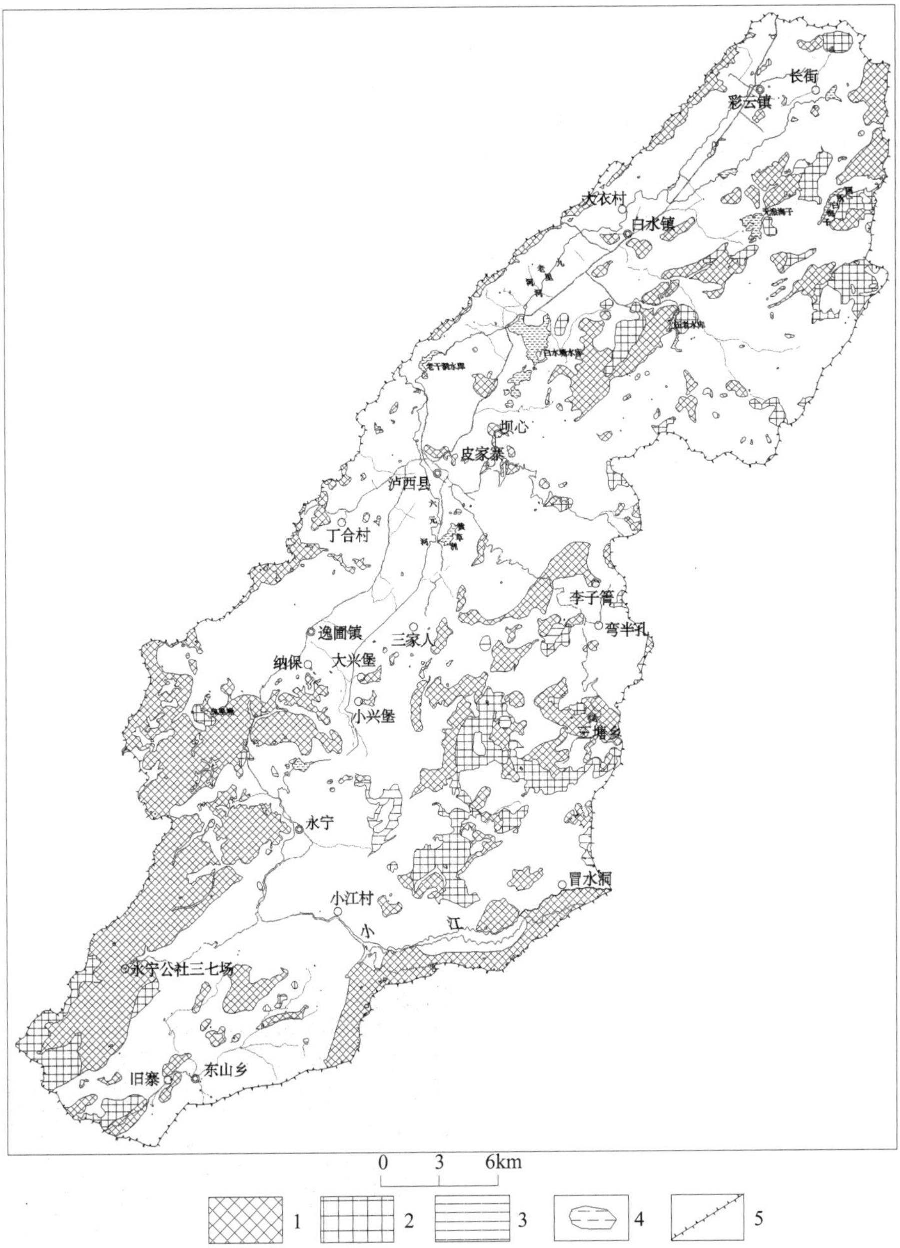

图 1.17　泸西小江流域植被类型图

（据云南地质调查院，2006）

1 — 乔木林；2 — 灌木林；3 — 牧草；4 — 水体；5 — 流域界线

1.6.2 植被的分布规律

1.6.2.1 水平分布规律

照片 1.53 三塘湾半也丘峰植被

乔木林主要分布在小江流域的边界分水岭和喀斯特峰丛洼地的峰顶（照片 1.53）。喀斯特台地槽谷区西部边界白泥山梁子，呈不连续狭窄条带状展布；东部边界杨梅山，呈宽缓带状，与槽谷走向基本一致，分布也不连续。永宁河谷西部森林连绵伸展，完全覆盖该区边界分水岭，是流域内最大的林木分布带；小江河谷右岸分水岭，森林呈带状分布，延伸到南盘江边。东部喀斯特中山区则只有零星的斑块散布于灌木林和裸露石砾地之间，多生长于较陡峻的峰丘之上。

灌木林是流域内主要的植被种类，集中分布在东部喀斯特中山区，呈斑块状分布于峰丛的峰锥之上，斑块大小不一，与乔木林、裸露石砾地相间，中间多点缀零星分散的旱地，景观上展布杂乱。

牧草在流域内植被中所占比例较小，数量少，呈小片斑块状。流域内的草地多为天然草地，人工草地少见。

1.6.2.2 垂直分布规律

小江流域植被以乔木林、灌木林、牧草为主。随着地形地貌、雨量、温度、湿度、土壤类型等自然条件的变化，植被类型丰富多样，形成较有规律的垂直分布。

海拔 2200 ~ 2459.3 m 的喀斯特中山冷湿气候区，雨量多，湿度大，气温低，霜期长，土壤类型以碳酸盐岩黄土、黄棕土、红层红土、碎屑岩紫色土为主，分布温凉性阔叶林类型，主要植被乔木有华山松、栎类、水冬瓜等阔叶林；灌木有高山栲、杜鹃、水红木、火把果等；草本有蒿枝、蕨类；农作物有玉米、洋芋、荞麦等。

海拔 1800 ~ 2200 m 的喀斯特中山、台地槽谷温和气候区，雨多雾大，湿度较大，气候温凉，土壤类型为碳酸盐岩暗棕壤、棕黄壤、红层红壤及泥岩、页岩黄红壤，分布温暖性阔叶林及针叶林类型，主要植被乔木有云南松、华山松、水冬瓜及栎类混交林（照片 1.54）；灌木有苦刺、老米洒、牛筋条等；草本有白茅草、蒿枝、黄纽毛等；农作物有玉米、洋芋、荞麦、小麦等。

照片 1.54 小阿定丘峰斜坡植被

海拔 1300 ~ 1800 m 的平坝、丘陵温热气候区，气温高，日照较足，降水量较少，土壤为碳酸盐岩红土、水稻土及紫色土，主要植被乔木有云南松、麻栎；灌木有苦刺、黄香棵等；草本有白茅草、白花草；农作物有水稻、玉米等。

海拔 820 ~ 1300 m 的河谷干热气候区，降雨少，气温高，蒸发量大，湿度小，土壤类型为碎屑岩褐红壤，在干热干旱气候条件下，分布常绿阔叶林类型，主要植被乔木有云南松、麻栎、攀枝花；灌木有仙人掌；农作物有水稻、玉米、甘蔗等，热带水果有芭蕉、黄果。

1.6.3 植被变化及发展趋势

1982—2003 年，流域内森林面积减少 1.3%，年减少率 0.08%。林地有 171.19 km^2 转变为耕地、未利用地和建设用地，同时又有 168.9 km^2 的未利用地和耕地转变为森林，森林面积总体减少 2.29 km^2（蒋勇军，2005）。对流域历年林地数量的统计分析表明，森林的变化在时间上存在一个明显的转折，在 20 世纪 80 年代急剧减少，90 年代中期以后又迅速增加。

据《泸西县土地志》对 2000—2010 年的土地利用规划，泸西县林地面积 1996 年为 689.65 km^2，到 2010 年增加到 803.12 km^2；在该期间实施退耕还林、植树造林等措施，新增林地面积 113.47 km^2，森林覆盖率由 1996 年的 20.45% 提高到 36.6%（泸西县林业区划办公室，1992）。因此，在泸西县政府相关政策和措施实施后，流域内植被覆盖程度将呈增加趋势，森林覆盖率也将有所提高。

1.7 典型喀斯特断陷盆地主要地质环境问题

地质环境是生态环境、水圈环境、人类圈环境的载体，是生物的栖息场所和活动空间，为生物提供水分、空气和营养元素。地质环境中地质构造和岩石的破裂状况直接制约着地下水的储存形态和运移方式。岩石类型和性质直接制约着土壤的形成及其物理性状，特别在喀斯特区，由不同母岩形成的土壤，其厚度和肥力水平差异显著，对森林生态的恢复能力和人类活动的方式影响巨大。

泸西中山峰丛洼地、溶丘台地、溶丘槽谷、喀斯特盆地、喀斯特河谷等地貌类型及峰坡岩石多裸露，洼地、台地、槽谷、喀斯特盆地等红黏土广泛分布，对喀斯特地质环境具有重要的影响，具体表现在如下几方面。

1.7.1 广泛分布红黏土

喀斯特洼地底部高差悬殊，向区域地形坡向逐级降低。洼地中常发育有漏斗和落水洞，洼地底部一般覆盖有红黏土层，峰坡岩石多裸露，石漠化严重，仅有稀疏灌丛分布。在峰丛洼地、溶丘台地、溶丘槽谷、喀斯特盆地等广泛分布红黏土（照片 1.55），红黏土肥力中等且贫营养，持水能力差。在中山峰丛洼地区由于水土资源

照片 1.55 喀斯特洼地、溶丘台地等广泛分布红黏土

皆不充足且又配置极差的条件下，该区只能发展旱作农业，旱地生产占绝对优势。而在喀斯特槽谷、喀斯特盆地等地区红黏土土层深厚，红黏土渗透性差，通常起着隔水层的作用，每逢雨水季节，地下水、地表河流排泄不畅，易成涝灾害。

1.7.2 水利条件差

泸西中山峰丛洼地地貌，地层岩性以中三叠统个旧组纯灰岩为主，喀斯特发育极不均匀，地表喀斯特形态为峰丛、洼地、石坡、漏斗、落水洞，局部见小石林，地下喀斯特形态主要为溶洞管道、溶隙，是大气降水的下渗通道。中山峰丛洼地区地下水位埋深大，不具备深井开采利用的条件，耕地与地下水大量汇集地高差一般达到 500 m。而出露位置相对较高的喀斯特表层泉流量小，尽管有的已建池调蓄，仍不能够保证山区人畜的日常饮用水量，更不能够顾及耕地的灌溉。由于缺乏地表河、水库及水利设施，加之中山高峰丛山地、洼地、台地（面）上覆盖深厚的红黏土，其渗透性差、持水能力弱，故在雨季时，大气降水以面流方式大部分向喀斯特洼地、漏斗、落水洞等集中排泄，构成泸西小江流域地下水补给－径流区。而在旱季时，喀斯特干旱突出，旱地的灌溉供水严重不足，加上旱地自身的保水能力差，特别容易发生旱灾。而喀斯特槽谷、喀斯特盆地等广泛分布着深厚的红黏土土层，通常起着隔水层的作用，而在雨季时，喀斯特盆地中的地下水、地表河流排泄不畅，易造成喀斯特洪涝灾害。

1.7.3 植被遭到严重破坏，水土流失严重

在 2000 ~ 2200 m 喀斯特峰丛山地、喀斯特台地（面），为了增加农用土地面积过渡开垦，使喀斯特山地呈破碎的小斑块。植被多被破坏成低矮的灌木杂草，生物群落简单低级，近地表覆盖物稀少，其调节水源、固定土壤的功能减弱，喀斯特石漠化严重（照片 1.56），水土流失严重（照片 1.57 ~ 照片 1.59），地质环境的生产承载力能力低下。例如，三塘李子箐、湾半孔等喀斯特山地陡坡垦荒极为严重，植被破坏严重，数量稀少，峰丛基岩裸露，石漠化程度等级高，水土流失严重，喀斯特水埋藏较深，水土资源配置较差，多流失到洼地底部或落水洞中。

照片 1.56　直邑过渡开垦喀斯特山地（a）和斜坡地（b）

照片 1.57　红黏土沿溶沟或槽流失

照片 1.58　红黏土沿斜坡流失

照片 1.59　水土流失形成红泥水（a）和黄黏土产生滑坡体（b）

1.7.4　掠夺式的土地利用，土壤养分不协调

土地是人类进行生产生活的直接作用对象，也是生态地质环境诸要素发挥各自环境功能所依赖的基础。土地利用状况反映了人类对生态地质系统的开发利用程度，而农林牧副业则直接显示出人类对土地的利用状况及对自然基础物质能量的改造方式。

泸西三塘李子箐、湾半孔、雨龙、直邑等中山峰丛洼、台地地区，除了喀斯特洼地是作为主要农用耕地外，大部喀斯特山地也被开发用作农耕地，山地陡坡垦荒极为严重，产生掠夺式地利用山地土地自然资源，使山地生物群落遭到破坏，生态地质环境质量退化（照片 1.60），增加水分损失和土壤侵蚀。同时，伴随着不合理的生产、耕作方式，特别是一些粗放式的耕作方式，导致土壤肥力及质量下降、土壤养分不协调，土地已失去其正常的生产功能，生产力低下，导致农作物产量低，品质差等。

照片 1.60　永宁喀斯特山地、陡坡及台面掠夺式垦荒

2 喀斯特断陷盆地土壤–微生物–植物系统的元素循环特征

2.1 喀斯特断陷盆地土壤理化特点

蒙自断陷盆地位于南洞地下河流域内，同盆地周边中山山地一起，构成我国南方十分典型的喀斯特断陷盆地地貌，是新生代高原隆升引起的断陷差异及侵蚀和溶蚀共同作用形成的山间盆地（王宇等，2017）。蒙自断陷盆地大致呈南北走向，盆地区多为古近系、新近系、第四系沉积物，沉积厚度大，盆地内还分布着一些碳酸盐岩浅丘，盆地边缘部位有地下河及泉水出露。盆地周边中山山区残存古高原面，岩性以三叠系个旧组碳酸盐岩为主（王赛男等，2019）。根据蒙自喀斯特断陷盆地的特点，可分为盆地、斜坡、高原面三个地形部位（图 2.1）。

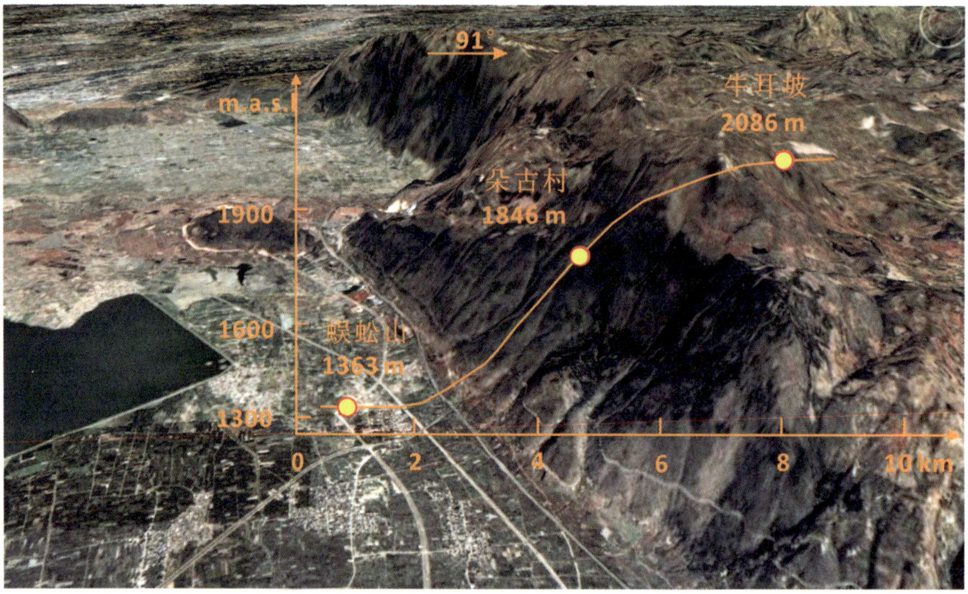

图 2.1　蒙自断陷盆地地形地貌示意图

蒙自断陷盆地地处云南低纬高原，属亚热带季风气候类型，年平均气温 18.6 ℃，极端最高气温 33.8 ℃，极端最低气温 2.9 ℃，无霜期 337 d，年降水量 815.8 mm，年均日照时数 2234 h。盆地、斜坡、高原面三种不同地貌部位的年均降水量分别为 663 mm、575 mm 和 1027 mm，年平均气温依次为 19.0 ℃、15.6 ℃和 13.7 ℃（图 2.2）。

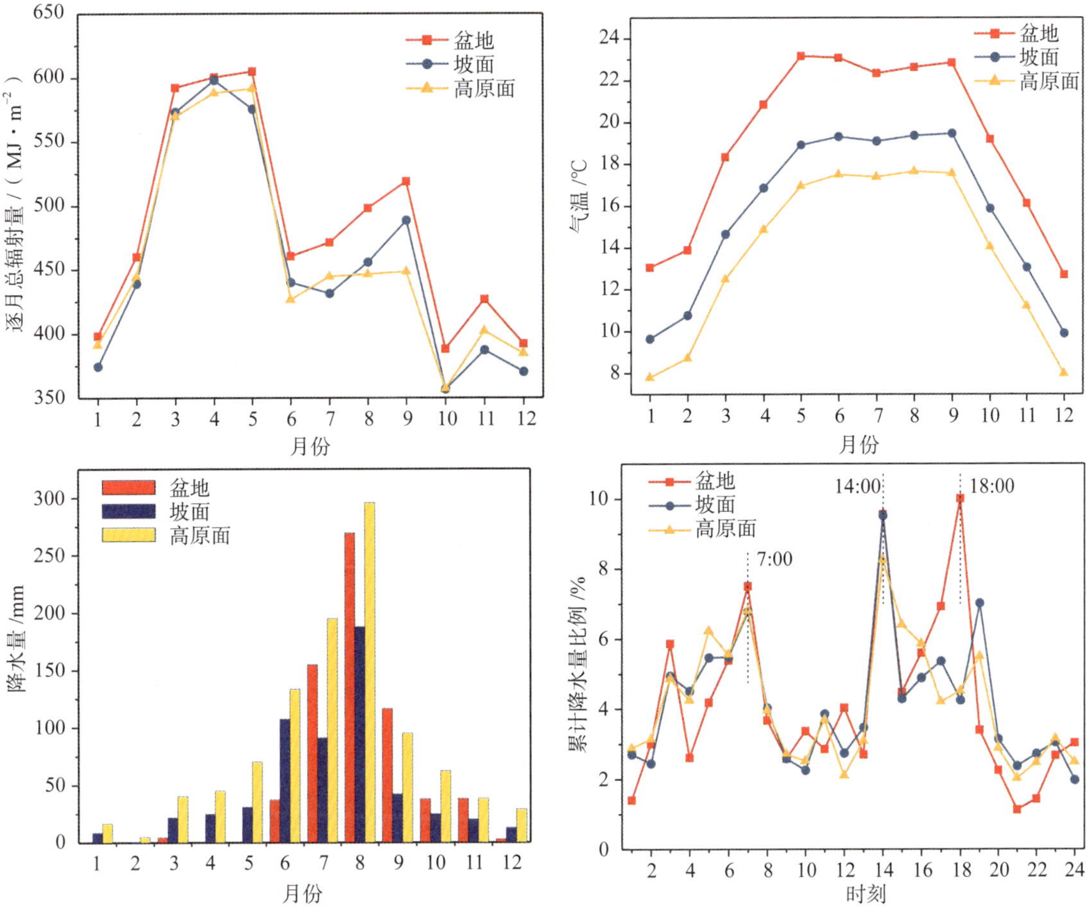

图 2.2　蒙自断陷盆地不同地貌部位气象参数

（据王赛男等，2019）

由于 20 世纪 50 年代开展的大面积砍伐树林造田等农业生产活动，水土流失严重，造成区域石漠化比较严重，虽然 90 年代末实施了退耕还林等生态工程，但植被恢复缓慢（李菁等，2019），因此，蒙自断陷盆地区仍分布有不同程度的石漠化地区。选择不同地貌部位不同石漠化程度（主要是轻度石漠化、中度石漠化和重度石漠化）的土壤作为研究对象，其中轻度石漠化类型的植被以人工种植的桉树、柏树等为主，中度石漠化土壤的植被以灌草丛为主，而重度石漠化类型的土壤以低矮的草丛为主（图 2.3）（Yang et al.，2019）。

土壤常量和微量元素作为植物生命物质的来源具有重要作用，不同地区土壤中营养元素含量及分布特征均不相同，其含量及分布特征是由内生与表生作用共同决定的，在成土过程中地球化学行为多样，从而发生分异和富集，可记录大量地学信息（黄成敏和龚子同，2002）。从土壤微量元素与地球化学特点可推断土壤形成过程的机理和土壤形成的初期环境条件（张朝生等，1995；朱颜明等，1991），所以土壤常量和微量元素在土壤发生领域的研究中具有极重要的意义。

图 2.3　不同地貌部位石漠化现状照片

2.1.1　断陷盆地土壤碳、氮、磷和钾元素随地貌部位变化特征

三种地貌中土壤 pH 在 6.37 ～ 6.69 之间，平均值为 6.47，属中性偏碱。土壤主量元素 C、N、P 和 K 在三种地貌部位的总体分布特征如图 2.4 所示。土壤有机碳含量在 10.19 ～ 66.03 g/kg 之间，平均为 36.28 g/kg；土壤全氮含量在 0.41 ～ 1.92 g/kg 之间，平均为 1.14 g/kg；土壤全磷含量在 0.67 ～ 1.55 g/kg 之间，平均为 1.07 g/kg；土壤全钾含量在 2.73 ～ 6.37 g/kg 之间，平均为 4.19 g/kg。总体上，土壤有机碳、全氮和全磷含量随海拔的增高而增高，而土壤全钾含量则随着海拔的升高而降低。

断陷盆地土壤 C ：N 摩尔比、C ：P 摩尔比和 N ：P 的摩尔比值均小于中国土壤平均值，而 C ：AvP（Av 为有效态）和 N ：AvP 的含量则表现为断陷盆地平均值远大于全国平均值，这说明断陷盆地土壤全磷含量相对丰富，而有效态含量则不足（表 2.1）。这也印证了岩溶区土壤磷全量较大而有效态含量很低的结论（杨慧等，2010）。因此，磷元素的有效性是断陷盆地土壤中重要的限制因子。

C ：N 在断陷盆地的空间分布较为稳定，各地貌部位不同石漠化程度之间差异不显著，Tian 等（2001）在对全国土壤 C ：N：P 的研究中也指出，虽然碳和氮含量具有较大的空间变异性，但 C ：N 比相对稳定，受气候影响很小。该研究区 C ：N 差异不显著，主要是因为碳、氮元素之间联系较紧密且对环境变化的响应几乎是同步的，这在 Cleveland 等（2007）的研究中也有体现，同时碳和氮作为结构性成分，其积累与消耗过程存在相对固定

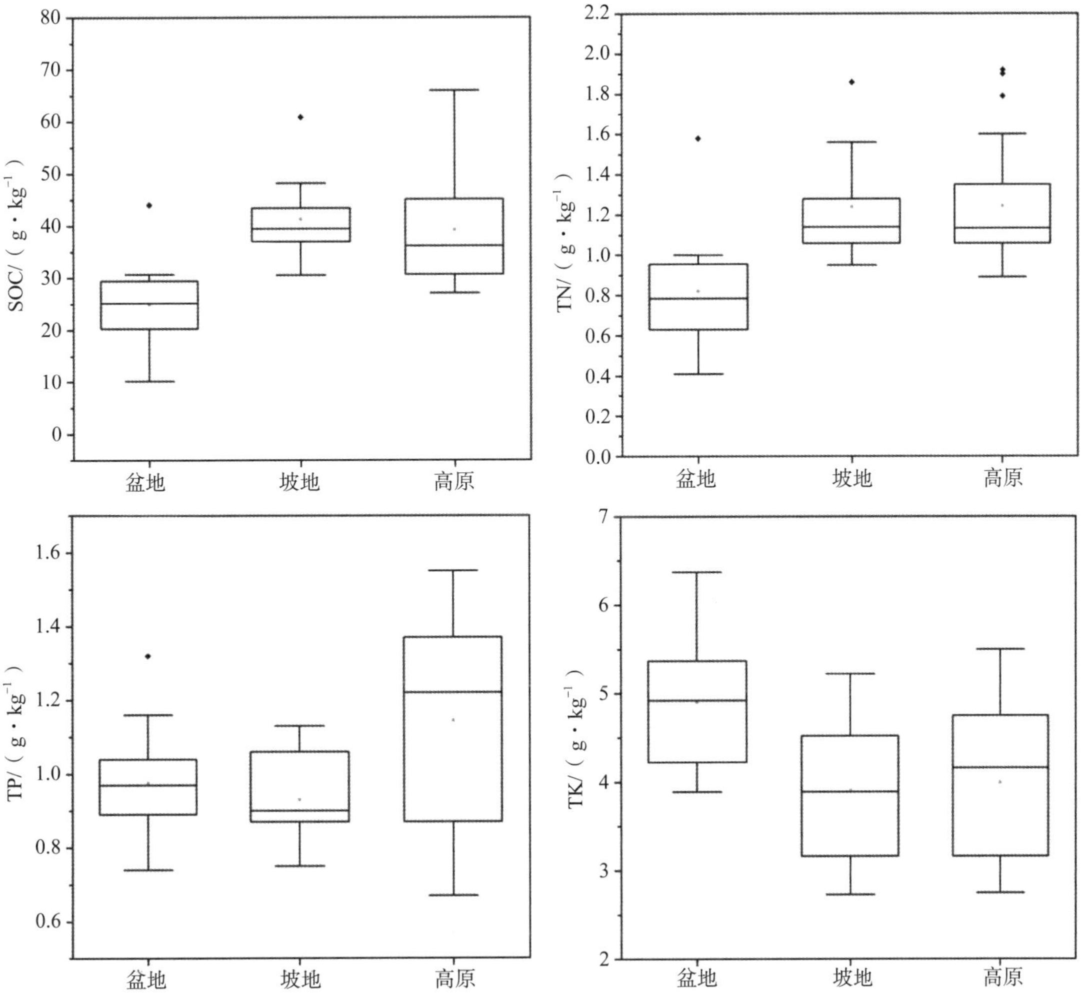

图 2.4　不同地貌部位土壤碳、氮、磷、钾元素含量特征

的比值。前人的研究认为土壤 C ：P 与 N ：P 随着干扰程度的增大而减小，主要是因为土壤碳含量和氮含量损失较快（曹祥会等，2017），而磷含量的改变则滞后于碳和氮，具有相对稳定性。

表 2.1　断陷盆地不同地貌部位土壤 C、N 和 P 摩尔比

样点	C ：N	C ：P	N ：P	C ：AvP	N ：AvP
盆地	13.4 ± 3.5a	65.8 ± 18.6a	5.0 ± 1.3a	42429 ± 28020a	3292 ± 2181a
坡地	15.4 ± 3.2b	116.0 ± 26.2b	7.8 ± 2.6b	81067 ± 36628b	5600 ± 3079b
高原	13.2 ± 1.7a	96.3 ± 39.9b	7.2 ± 2.5b	46285 ± 37982a	3399 ± 2589a
平均值	13.6 ± 2.6	92.6 ± 37.3	6.8 ± 2.5	51516 ± 37650	3762 ± 2682
中国	14.4 ± 0.4	136 ± 11	9.3 ± 0.7	15810 ± 1832	1114 ± 115

（据 Tian et al.，2001）

2.1.2 土壤元素全量地球化学特征

从土壤发生角度来看，化学元素在土壤中的分布是原岩、环境和元素的化学性质等综合因素相互影响和作用的结果（郻明才等，1997；黄成敏等，2002）。该研究区，除常量元素 Ca、Mg、K、Na 外，其余 11 种元素的含量均大于中国土壤平均值含量（表 2.2）。这是因为钾、钠都是化学性质活泼的元素，表生带风化作用中的钾、钠均为可溶盐，容易产生淋溶迁移。另外，K 较易被黏土和胶体吸附，白云母及钾长石较斜长石耐风化（郻明才等，1997），使它们在土壤中的含量明显高于 Na，本研究证实了这点。而钙、镁氧化物属于碱土金属，是化学性质中等或较强的元素，化学风化过程中钙、镁氧化物的析出一般在钾、钠之后，铝、铁之前（黄成敏等，2002）。Ca 和 Mg 是易移动的元素，土壤 Ca、Mg 含量主要受地球化学作用的影响，与成土过程有关。与北方干旱和半干旱地区的石灰土不同，分布在湿润地区的土壤，由于受强淋溶作用的影响，土壤中 Ca、Mg 的含量多在 1% 以下，其中 Ca 的含量甚至有时低于 0.1%。本研究区处于属亚热带高原季风气候类型区，雨热同期，淋溶作用强烈，K、Na、Ca、Mg 淋失（图 2.5）。

表 2.2　研究区土壤元素全量与中国土壤元素值比较

元素	本研究				中国土壤（魏复盛等，1991）
	盆地	坡地	高原	平均值	
Cu	79.6 ± 6.4	89.4 ± 3.6	64.4 ± 5.4	72.4 ± 11.4	22.6
Fe	6.3 ± 0.6	6.4 ± 0.5	6.0 ± 0.7	6.1 ± 0.7	2.94
Mn	1005 ± 252	749 ± 75	934 ± 281	918 ± 261	583
Zn	179.3 ± 9.9	156.0 ± 5.3	201.0 ± 13.3	188.0 ± 20.8	74.2
Cr	345.2 ± 70.6	341.7 ± 31.2	439.5 ± 118.6	400.0 ± 108.1	61.0
Co	26.4 ± 2.0	28.0 ± 1.8	33.4 ± 4.9	30.8 ± 5.0	12.7
Ni	107.2 ± 8.1	112.9 ± 12.8	102.5 ± 11.7	105.5 ± 11.7	26.9
Cd	0.7 ± 0.2	0.6 ± 0.1	0.8 ± 0.1	0.8 ± 0.2	0.10
Pb	58.4 ± 7.3	56.6 ± 7.7	68.5 ± 5.8	64.0 ± 8.4	26.0
P	976.8 ± 161.2	931.8 ± 132.0	1143.3 ± 278.8	1066.8 ± 249.6	810
Ca	3.9 ± 1.4	6.1 ± 1.3	4.5 ± 1.1	4.7 ± 1.4	15.4
K	4.9 ± 0.8	3.9 ± 0.9	4.0 ± 0.8	4.2 ± 0.9	18.6
Mg	4.1 ± 0.6	5.0 ± 0.6	3.7 ± 0.2	4.0 ± 0.6	7.8
Na	0.7 ± 0.2	0.6 ± 0.2	1.7 ± 0.9	1.3 ± 0.8	10.2
Al	93.4 ± 7.0	83.1 ± 8.7	82.9 ± 7.9	85.4 ± 8.9	66.2

注：Na、K、Mg、Ca、Al、Fe 的单位为 g/kg，其余元素单位为 mg/kg。

岩石风化、成土过程中，各元素因化学性质差异而发生分异，出现富集或亏损现象。为了定量表征研究区土壤微量元素富集或亏损现象，采用地球化学领域通常采用的浓度克拉克概念进行推理（朱颜明等，1991），求出富集克拉克（*Cc*）于表 2.3 中，*Cc* 为研究区土壤中元素的平均含量 / 地球大陆土壤中元素的平均含量（克拉克），若 $Cc > 1$，说明该元

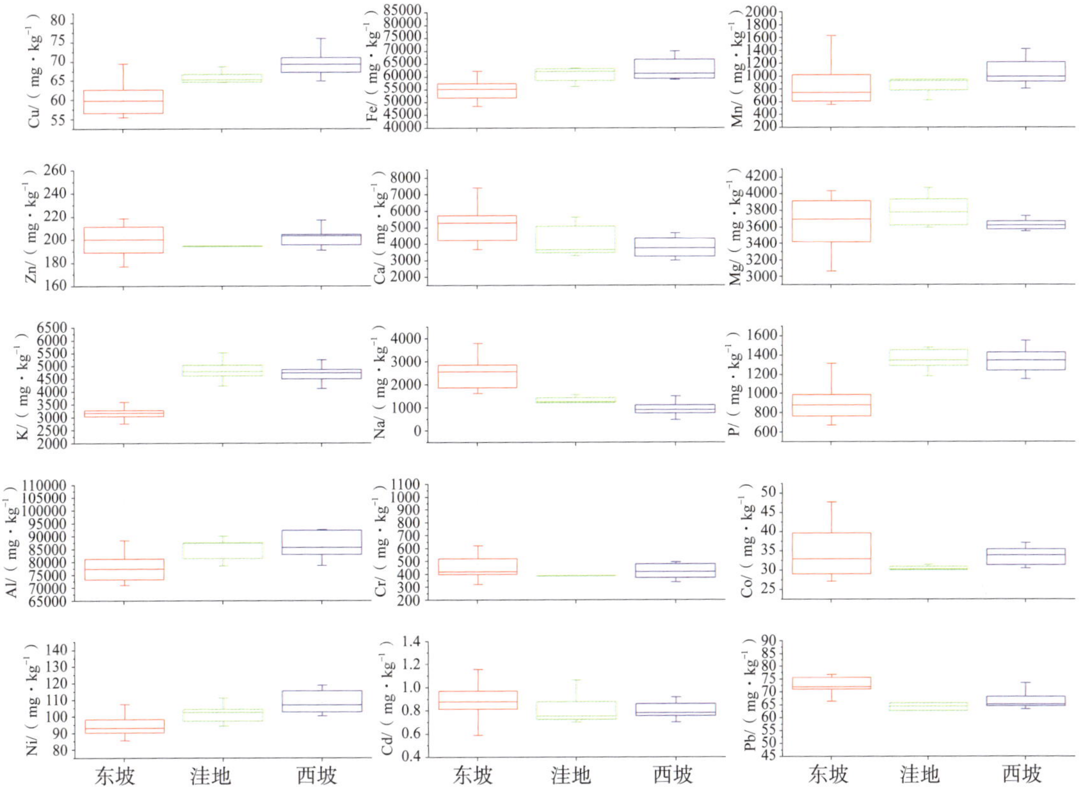

图 2.5　土壤微量元素含量

素富集。从表 2.3 中可以看出，研究区 9 种微量元素的 Cc 均大于 1，这说明石灰土母质在风化阶段使微量元素得到了富集，这是由于含 CaO 十分高的石灰岩受到强烈化学淋溶的同时，具有较高能量系数（*EK* 值）的 Zn、Ni、Co、Cu、Cd 和 Mn 能类质同象的替代钙元素（李小彬和潘树荣，1991）。Fe 离子和 Mg 离子半径相近，可产生类质同象现象，同时很容易被风化作用中形成的黏土矿物所吸附，而 Cr 具有很强的亲氧性和亲铁性，这些过程都有利于微量元素的富集（李小彬和潘树荣，1991；廖金凤，2003）。可见，石灰岩对由其发育的土壤微量元素含量的控制作用远不及其他岩性（陈静生等，1999），成土过程中的地球化学作用能非常明显地改变石灰岩上的土壤微量元素含量。朱其清等（1984）在研究石灰岩土壤微量元素含量时，指出除 Mg、Ca 外多数元素在土壤中的含量均远高于其在母岩中的含量，并认为由于碳酸盐岩矿物在 CO_2 与水的作用下发生溶解淋失，土壤中相对积累的氧化铁对微量元素有富集作用，使石灰岩土壤中的微量元素含量大大提高。

表 2.3　研究区微量元素的富集克拉克值

元素	地球大陆土壤中元素的克拉克值 /（mg · kg^{-1}）	本研究	*Cc*
Fe	38000	61337	1.61
Mn	850	918	1.08
Cu	20	72.4	3.62
Zn	50	188.0	3.76

续表

元素	地球大陆土壤中元素的克拉克值 / ($mg \cdot kg^{-1}$)	本研究	*Cc*
Ni	40	105.5	2.64
Cr	200	400.0	2.00
Pb	10	68.5	6.85
Cd	0.5	0.8	1.60
Co	8	30.8	3.85

（据朱颜明等，1991）

2.1.3 土壤微量元素有效态含量特征及其生态意义

植物所需的微量元素供给水平即有效态微量元素含量不仅影响其正常生长和发育，而且还进一步作用于其产品品质与质量，从而关系到人类的健康状况。根据对研究区 Fe、Mn、Cu、Zn 4 种植物必需的微量元素有效态含量进行评价，研究区 Fe、Mn、Cu、Zn 有效态含量均高于全国土壤临界值（表 2.4），并且 Fe 处于丰富水平，Cu、Mn、Zn 均处于中等水平，但这 4 种元素的有效态含量占总量的比值均较低，例如，Fe 的有效态含量占全量的比例在 0.04% 以下，Cu、Mn 和 Zn 3 种元素占全量的比值也在 3.0% 以下，这说明研究区土壤的这几种微量元素尽管不缺乏，但由于可给性较差，极易亏损。

表 2.4　全国农业系统土壤有效态微量元素含量评价标准　　单位：$mg \cdot kg^{-1}$

元素	极低	低	中等	丰富	极富	临界值
Fe	<2.5	2.5 ~ 4.5	4.5 ~ 10	10.0 ~ 20.0	>20.0	4.5
Mn	<5.0	5.0 ~ 10.0	10.0 ~ 20.0	20.0 ~ 30.0	>30.0	10.0
Cu	<0.2	0.2 ~ 0.5	0.5 ~ 1.0	1.0 ~ 2.0	>2.0	0.5
Zn	<0.3	0.3 ~ 0.5	0.5 ~ 1.0	1.0 ~ 3.0	>3.0	0.5

（据王昌全等，2010）

在非必需元素中，有效态含量比全量更能反映污染物对作物的危害程度，且有效态是重金属在土壤中较活跃的形态，决定了其生物有效性及环境风险程度（李忠义等，2009）。尽管研究区 Cr 的全量较高，但是 Cr 有效态含量占全量的比例较低（< 0.01%），表明其可给性较低；Pb 的全量符合《土壤环境质量农用地土壤污染风险管控标准》(GB156—2018)，而 Cd 超出土壤污染风险筛选值，但低于土壤污染风险管控值，有较高的环境风险（图 2.6，图 2.7），表明这两种元素的可给性较高，因此，Cd 和 Pb 是潜在的有毒元素。Ni 不是植物必需元素，但少量的 Ni 对植物生长有刺激作用（廖金凤，2003），表现为低浓度促进生长，高浓度抑制生长的生理特性，因此，Ni 被认为是一种具有潜在毒性的元素。研究区 Ni 的全量符合《土壤环境质量农用地土壤污染风险管控标准》（GB15618—2018）三级标准值，并且有效态含量占全量的比值也不高（< 0.40%）。

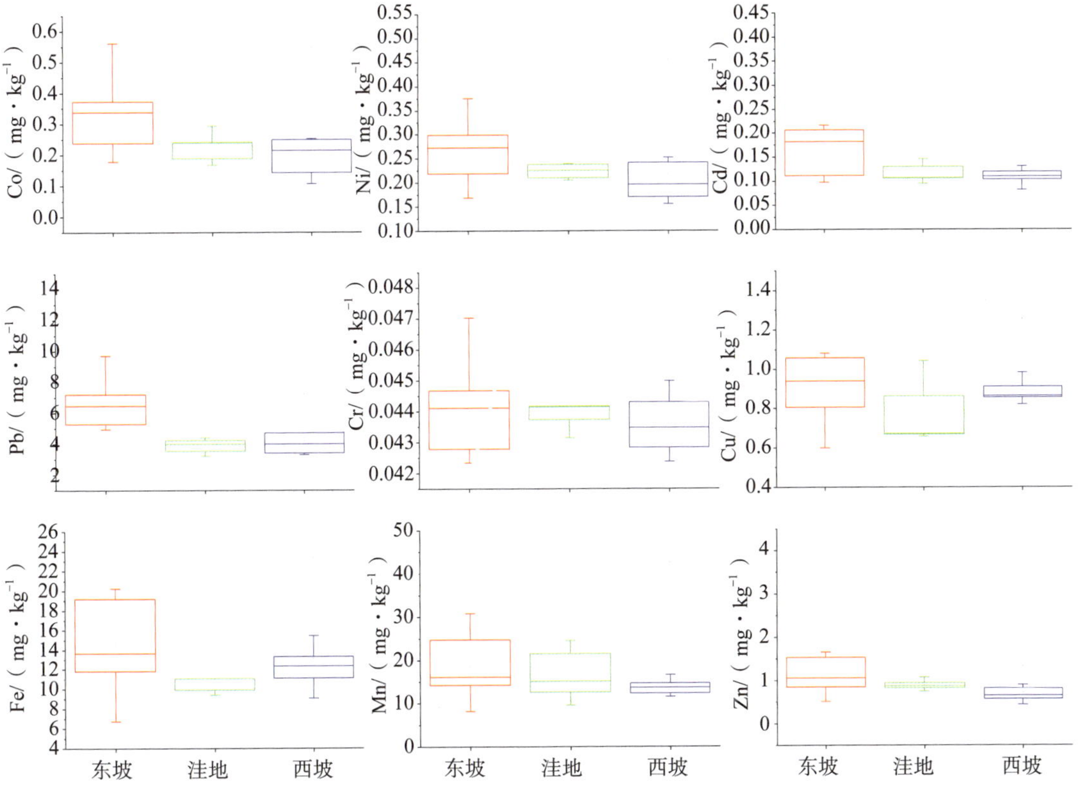

图 2.6　土壤微量元素有效态含量

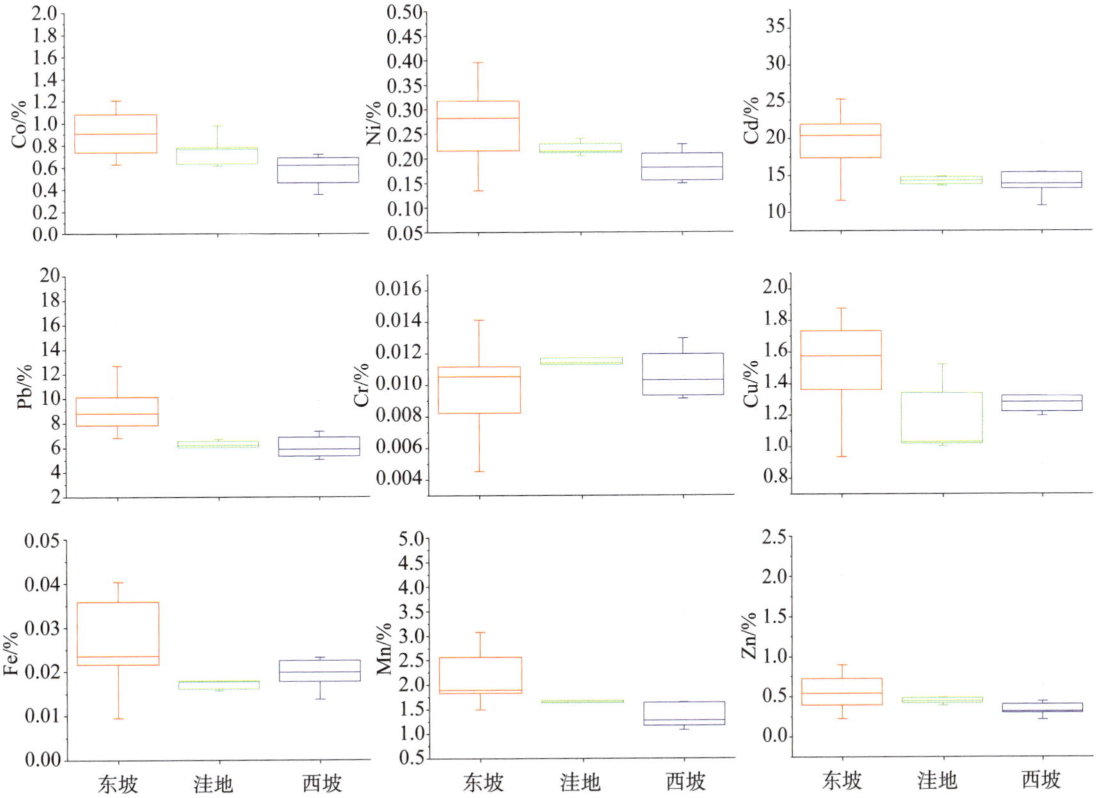

图 2.7　不同地貌部位土壤有效态含量占全量的百分比

2.1.4 土壤元素含量与石漠化的关系

随着石漠化程度的加剧，土壤有机碳和全氮含量逐渐增加，而土壤全磷则表现为随着石漠化程度的加剧差异性不显著（图 2.8）。土壤 C ：N 则表现为在三种地貌部位上三种不同石漠化程度土壤中差异性不显著，而土壤 C ：P 和 N ：P 比则表现为随着石漠化程度的加剧而逐渐升高，这与断陷盆地土壤有机碳和全氮随着石漠化程度加剧而增加，而土壤全磷含量则相对变化不显著有关。

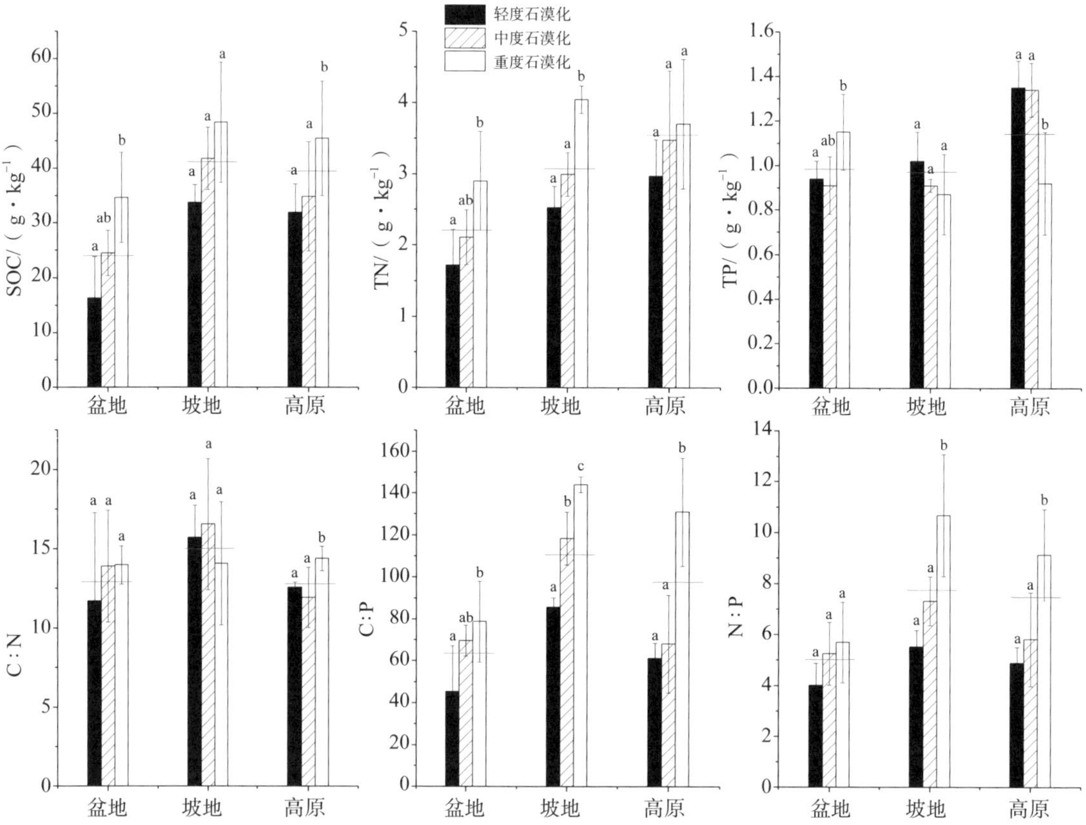

图 2.8 土壤 C、N 和 P 含量及其化学计量随石漠化程度的变化

无论是土壤元素全量还是有效态含量，石漠化程度较为严重样品的数据离散程度均大于石漠化程度低的样品，这与石漠化地区土被不连续、土层浅薄、空间异质性较大有关（刘方等，2008）。另外，石漠化程度高的土壤，很多元素无论是全量还是有效态含量均较石漠化程度较轻的高。这显然与长期以来人们认为随着石漠化程度增加，土壤退化程度亦是随之增加（Legrand，1973；龙健等，2012）的结论不一致，最近的研究认为（盛茂银等，2013；2015），喀斯特石漠化土壤性质（包括物理和化学性质）的演变均不是随着石漠化等级的增加而一直退化，而是一个先退化后改善的过程。究其原因，可能是由于石漠化环境裸露岩石的一种“聚集效应”。这种聚集效应是指裸露的岩石将大气沉降的养分及其喀斯特产物汇聚到周围的土壤中。随着石漠化程度的增加，裸岩聚集效应逐渐增强。在强度石漠化环境中，这种聚集效应非常明显，加之水土流失作用减弱，致使退化的土壤养分和物理

性能得到改善。

土壤 pH 和 Ca 与 C、N 和 P 化学计量简单的相关关系如图 2.9 和图 2.10 所示。从图中可以看出，无论是 Ca 和 pH 均与 C ：N，C ：P，N ：P，C ：AvP 和 N ：AvP 等化学计量呈现显著或极显著的正相关关系，而偏相关分析的结果（图 2.11）则显示，在 pH 作为控制因子的情况下，Ca 与 C ：N，C ：P，N ：P，C ：AvP 和 N ：AvP 等化学计量的相关关系基本不受影响，而在 Ca 作为控制因子的情况下，pH 除与 C ：N 存在极显著相关关系外，与 C ：P，N ：P，C ：AvP 和 N ：AvP 等化学计量的相关关系则变得不显著。

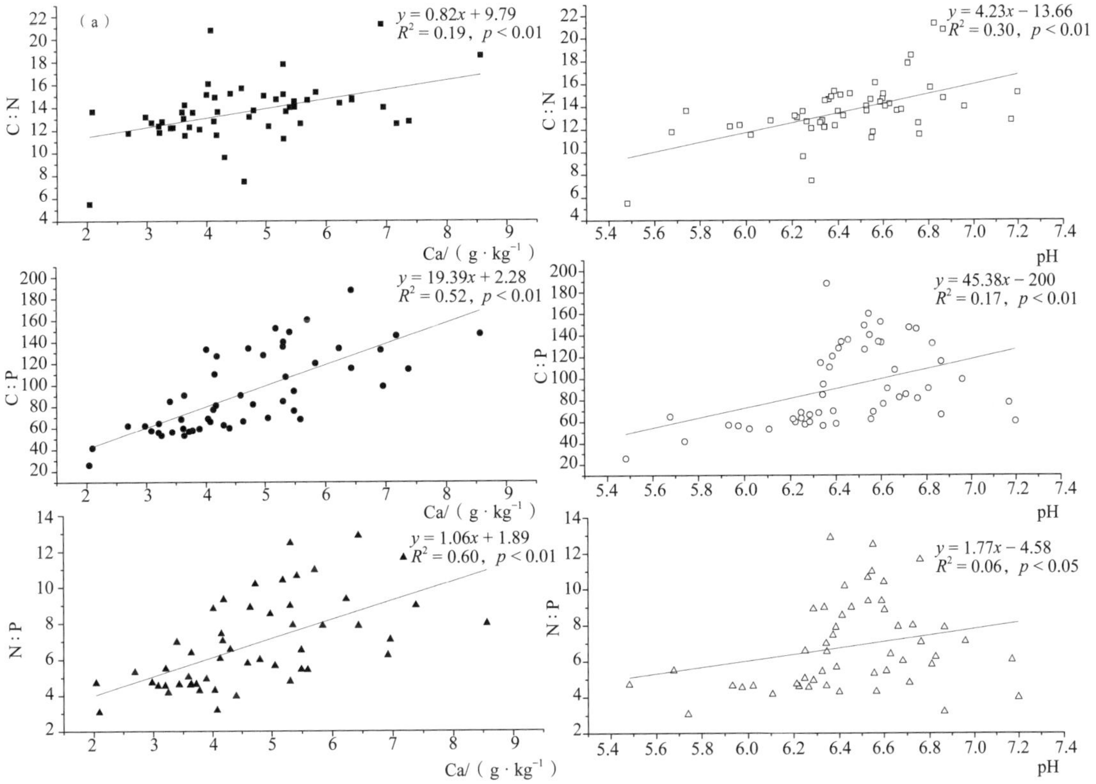

图 2.9　断陷盆地土壤 Ca 和 pH 与 C、N 和 P 化学计量的关系

喀斯特区石灰土是热带、亚热带地区石灰岩经溶蚀风化形成的。喀斯特区生境中的基岩多为碳酸盐岩类，其主要化学成分为 $CaCO_3$、$MgCO_3$ 等可溶性盐类。风化物中含钙物质的不断供给，延缓了土壤的脱硅富铝化速度，形成盐基饱和、岩性特征明显的土壤（全国土壤普查办公室，1998），使得其上覆土壤具有高 pH、高钙和高 HCO_3^- 的特征（曹建华等，2003；Guo et al.，2007），并且阳离子交换量较高（何子平等，2001）。除了总量上 Ca 相对丰富外，石灰土还具有较高的交换态钙含量，而且钙主要是以交换态存在（李小方，2006）。此外，喀斯特区土壤钙对土壤有机碳的稳定性有非常重要的意义。

总体上，断陷盆地不同地貌部位土壤中元素的全量含量较高，但有效态含量较低。无论是土壤元素全量还是有效态含量，石漠化程度较为严重地区的数据离散程度均较大，这主要是由于石漠化地区土被不连续、土层浅薄、空间异质性较大。并且随着石漠化的加剧，土壤元素全量和有效态含量较高，这是因为随着石漠化程度的增加，裸岩聚集效应逐渐增强。在强度石漠化环境中，这种聚集效应非常明显，加之水土流失作用减弱，致使退化的土壤养分和物理性能得到改善。

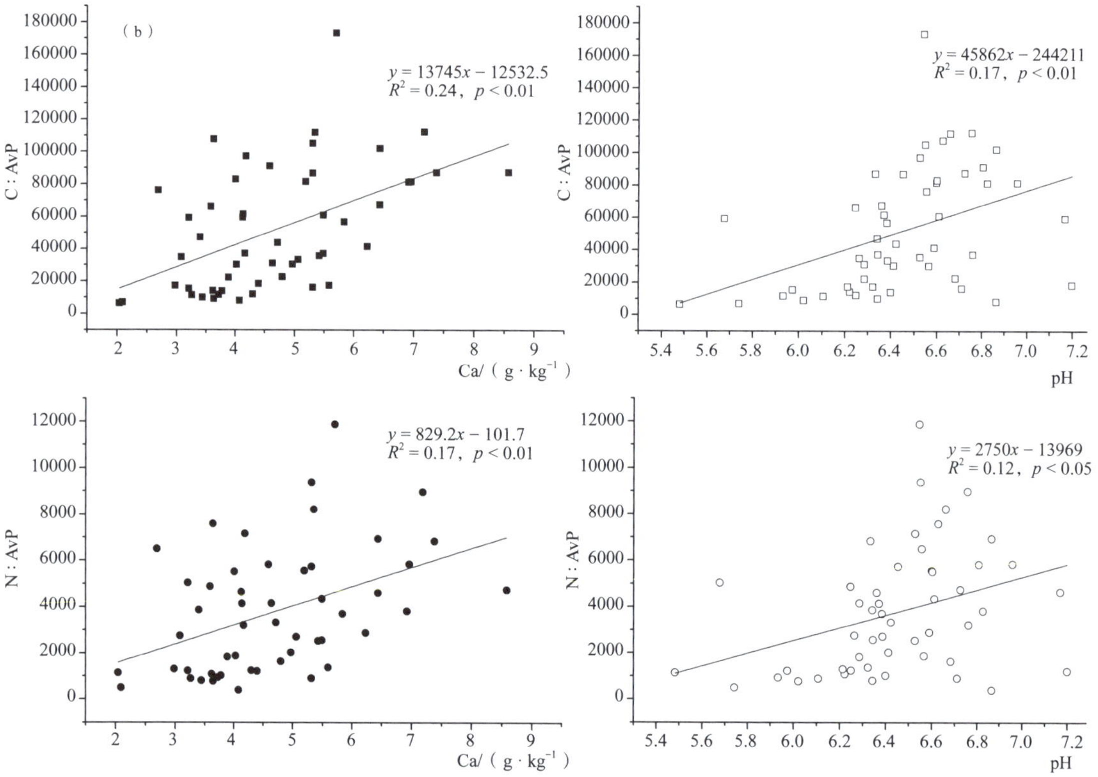

图 2.10　磷的有效态含量化学计量与 Ca 和 pH 的关系

皮尔逊偏相关系数 r：0.80，0.40，0.00，−0.40，−0.80

Ca

	SOC	TN	TP	TK	Mg	Cu	Fe	Mn	Zn	pH	零秩相关系数
C∶N	0.03	−0.65**	−0.20	−0.39**	0.04	0.04	0.03	−0.38**	−0.16	0.42**	0.44**
C∶P	0.50**	0.21	−0.70**	−0.58**	−0.30*	−0.38**	−0.33*	−0.61**	0.08	0.05	0.72**
N∶P	0.41**	0.55**	−0.56**	−0.33*	−0.27	−0.34*	−0.34*	−0.37**	0.12	−0.11	0.60**
C∶AvP	−0.01	−0.06	−0.64**	−0.27	0.02	0.10	0.11	−0.43**	−0.08	0.20	0.51**
N∶AvP	−0.04	0.07	−0.61**	−0.19	0.04	0.11	0.08	−0.35*	−0.08	0.16	0.43**

pH

	SOC	TN	TP	TK	Mg	Cu	Fe	Mn	Zn	Ca	零秩相关系数
C∶N	0.27	−0.24	−0.06	−0.37**	−0.03	−0.05	−0.12	−0.34*	−0.07	0.21	0.55**
C∶P	0.77**	0.61**	−0.49**	−0.52**	−0.06	−0.31	−0.52**	−0.38**	0.01	0.65**	0.41**
N∶P	0.66**	0.73**	−0.47**	−0.36**	−0.05	−0.28*	−0.50**	−0.24	0.03	0.57**	0.24
C∶AvP	0.34*	0.29*	−0.55**	−0.28*	0.07	0.05	−0.10	−0.35*	−0.06	0.37**	0.41**
N∶AvP	0.26	0.33*	−0.54**	−0.20	0.08	0.08	−0.08	−0.29*	−0.07	0.31*	0.35*

偏相关控制

图 2.11　Ca 和 pH 与 C、N 和 P 化学计量的偏相关分析

同一地貌部位上，土壤 C ∶ N 在不同石漠化程度上差异性不显著；而土壤 C ∶P 和 N ∶P 随着石漠化程度的加剧而增加。这与土壤有机碳和全氮含量在同一地貌部位随着石

漠化程度的加剧而增加，而磷含量相对稳定有关。这一结果暗示土壤质量随着石漠化程度的加剧并非传统认为的恶化而是所有改善。此外，研究还发现，在 pH 作为控制因子的情况下，Ca 与 C、N 和 P 化学计量的相关关系基本不受影响；而在 Ca 作为控制因子的情况下，pH 除与 C ：N 存在极显著相关关系外，与其他化学计量的相关关系则变得不显著。这一结果暗示土壤钙在土壤 C、N 和 P 化学计量中的重要作用。这一结果为今后喀斯特石漠化地区生态恢复与农业耕作实践提供了更广泛的指导。例如，在断陷盆地进行石漠化生态修复时，我们不仅要考虑海拔和垂直气候的影响，还要考虑气候的影响因地制宜地选择适宜的树种，保护植被，促进石漠化地区的生态恢复。

2.1.5 蒙自断陷盆地石漠化区土壤钙形态特征

喀斯特生态系统是受喀斯特环境制约的生态系统，钙是组成喀斯特环境的主要元素（曹建华和袁道先，2005）。喀斯特区石灰土具有富钙偏碱的特征，因此，普遍认为喀斯特区石灰土中的钙在各种营养元素中具有重要的地位，这是因为土壤钙不仅作为盐基离子影响土壤 pH，并且钙作为重要的阳离子键桥对喀斯特区土壤有机碳稳定性具有重要作用（Rowley et al.，2017），进而对土壤的物理稳定性和保水性能等均具有重要的作用。以上这些研究除了与土壤全钙含量有关外，也必然与不同形态的钙产生不同的作用有关。在喀斯特地区，随着石漠化程度的发展，除植物群落逆向演替外，土壤质量（如物理、化学和生物性质）和数量也发生显著变化（Li et al.，2008）。一般来说，植物群落的正向演替有利于土壤养分的积累，而植物群落的逆向演替则加剧土壤退化（宋同清等，2014），随着石漠化程度的增加，土壤退化可能进一步加剧。值得注意的是，喀斯特断陷盆地不同地貌中的土壤具有不同的理化性质。因此，断陷盆地土壤钙形态同时受到石漠化和地形的影响，并且展现出与其他地区不一致的特点。

表 2.5 为三种地貌部位土壤钙含量空间分布特征。由表 2.5 可知，总体上，断陷盆地各形态钙以交换态钙含量最多，平均为 2.24 g/kg，占土壤全钙的 61.04%；有机结合态钙含量最低，平均为 0.05g/kg，仅占土壤全钙含量的 1.36%。各形态钙含量的大小顺序为交换态 Ca（61.04%）> 残渣态 Ca（18.53%）> 酸溶态 Ca（17.44%）> 水溶态 Ca（1.63%）> 有机结合态 Ca（1.36%）。从不同地貌部位来看，盆地区各形态钙含量总和最低（2.98 g/kg），坡地各形态钙含量总和最高（4.36 g/kg），高原区各形态钙含量为 3.61 g/kg。

地貌部位对酸溶态钙和残渣钙的影响最为显著，这两种钙形态在三种地貌部位的差异性显著。而水溶态钙和交换态钙含量表现为在盆地和高原之间的差异不显著，这两种形态的钙在坡地部位的含量与其他两种地貌部位之间的差异显著。

表 2.5 三种地貌部位土壤钙形态分布特征（平均值 ± 标准差）

地貌类型	水溶态钙	交换态钙	酸溶态钙	有机结合态钙	残渣态钙
盆地	0.05 ± 0.01a	2.04 ± 0.24a	0.46 ± 0.05c	0.04 ± 0.00b	0.39 ± 0.03c
坡地	0.10 ± 0.01b	2.77 ± 0.18b	0.76 ± 0.04b	0.05 ± 0.00ab	0.68 ± 0.03b
高原	0.05 ± 0.00a	2.07 ± 0.10a	0.65 ± 0.03a	0.06 ± 0.00a	0.78 ± 0.03a

注：采用 LSD 检验，同列不同字母表示各形态钙含量在不同地貌之间差异显著（$p<0.05$）；单位：g/kg。

2.1.5.1 不同石漠化等级土壤中钙的形态分布特征

总体上，三种地貌部位中各形态钙含量均表现为重度石漠化程度土壤的含量较高（图 2.12）。例如，盆地区，水溶态钙、交换态钙和酸溶态钙含量均在重度石漠化区最高；坡地区，水溶态钙、交换态钙和残渣态钙含量均在重度石漠化区最高；高原区，交换态钙、酸溶态钙和残渣态钙含量均在重度石漠化区最高。

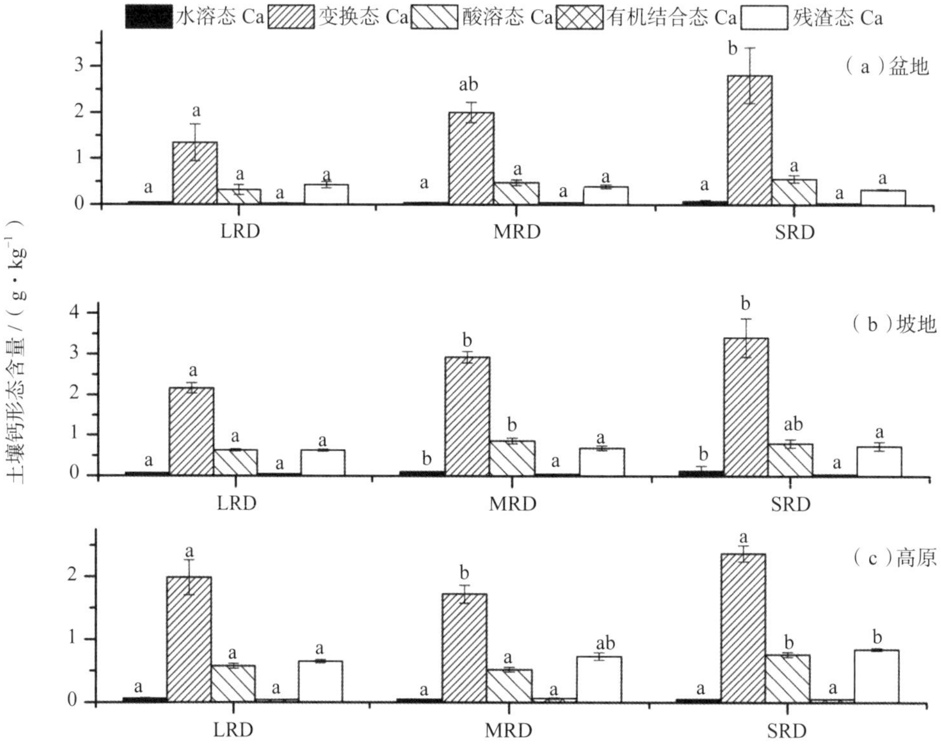

图 2.12　三种地貌部位不同石漠化等级各形态钙特征

LRD— 轻度石漠化；MRD— 中度石漠化；SRD— 重度石漠化

采用 LSD 检验，同一地貌部位不同石漠化程度不同字母表示差异显著（$p<0.05$）

从同一地貌部不同石漠化等级土壤各形态钙含量来看，盆地区，除交换态钙在轻度和重度石漠化区土壤中差异性显著外，其余各相同形态的钙含量在三种石漠化等级之间的差异性均不显著。坡地区，水溶态钙、交换态钙、酸溶态钙在重度与中度石漠化区之间差异不显著，但均与轻度石漠化区的上述钙形态之间存在显著性差异；有机结合态钙和残渣态钙在三种石漠化等级之间均不存在显著性差异。高原区，交换态钙、酸溶态钙、残渣态钙在重度与中度、重度与轻度石漠化区之间存在显著性差异，在中度与轻度石漠化区之间差异不明显；水溶态钙与有机结合态钙在 3 种石漠化等级之间均不存在显著性差异。

各形态钙含量分布与石漠化程度冗余分析结果如图 2.13 所示，在高原，石漠化程度与水溶态钙和有机结合态钙连线夹角均接近 90°，表明石漠化与水溶态钙和有机结合态钙相关性不明显，石漠化程度与交换态钙、酸溶态钙和残渣态钙连线夹角均呈锐角，显示为正相关关系；在坡地，除有机结合态钙外，其余各形态钙与石漠化连线夹角均为锐角，说明其余各形态钙与石漠化成正相关关系，有机结合态钙与石漠化成负相关关系；在盆地，除残渣态钙外，其余各形态钙与石漠化呈正相关关系，残渣态钙与石漠化呈负相关关系。

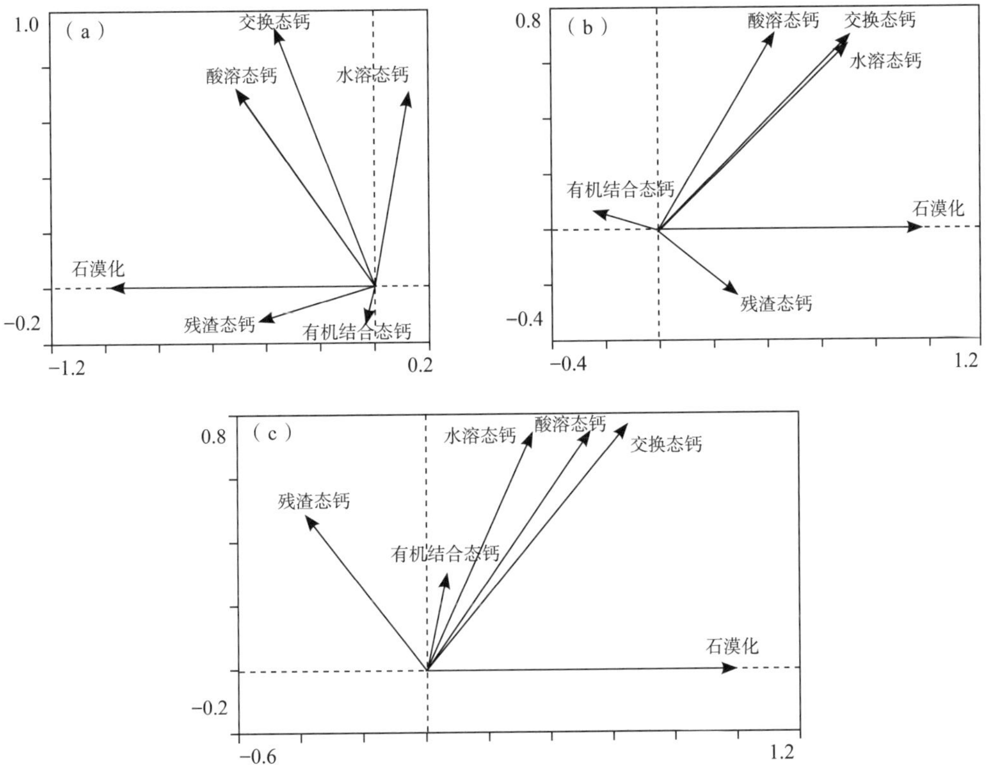

图 2.13　三种地貌部位钙形态与石漠化程度冗余分析

（a）（b）（c）依次为高原、坡地和盆地

2.1.5.2　各形态钙与土壤理化指标的关系

表 2.6 为土壤各钙形态与理化性质的相关关系，其中水溶态钙、交换态钙、酸溶态钙及残渣态钙与土壤有机碳、全氮之间均呈极显著正相关关系，并且交换态钙和酸溶态钙与土壤 C：N 呈极显著正相关关系；而有机结合态钙除与有机碳稳定同位素值 δ^{13}C 呈极显著负相关关系外，与土壤其他理化性质之间的相关关系均不显著；交换态钙和残渣态钙与有机碳稳定同位素值 δ^{13}C 分别呈显著正相关和极显著负相关关系。

表 2.6　各形态钙含量与土壤理化性质的关系

钙形态	SOC	TN	C：N	TP	TK	δ^{13}C
水溶态 Ca	0.385**	0.401**	0.042	0.035	0.156	0.167
交换态 Ca	0.702**	0.613**	0.399**	−0.074	−0.134	0.302*
酸溶态 Ca	0.798**	0.732**	0.376**	−0.093	−0.442**	−0.052
有机结合态 Ca	0.122	0.196	−0.118	0.141	−0.059	−0.375**
残渣态 Ca	0.376**	0.424**	0.019	0.057	−0.413**	−0.574**

注：* 代表在 0.05 的水平上显著相关；** 代表在 0.01 的水平上极显著相关。

喀斯特区由碳酸盐岩发育而来的石灰性土壤具有富钙特点，在不受人为扰动条件下，土壤具有较高的钙含量（李菁等，2019）。三个地貌部位的土壤虽然都是石灰性土壤，但全钙含量具有明显差异，这表明，除土壤母质外，土壤钙含量也受地形地貌和石漠化程度等因素的显著影响。地形地貌是喀斯特地区土壤钙迁移富集的制约因素之一（韦启璠等，1983）。在不同地貌条件下，植被、坡度、坡向及成土母质等均是有差异的，水热再分布也完全不同（张美良等，1994），而断陷盆地的盆地底部区干旱少雨，周边山地及斜坡地带则降雨丰沛。地形地貌通过对水分和热量的重新分配及对母质类型的影响而影响成土过程，大的地形会影响雨量的分配，中小地形主要影响土壤的水热条件、养分含量、质地类别和土层的厚薄，使土壤呈现地域性分布规律（杨扬等，2017）。本研究中，盆地区各形态钙含量分布均最低，可能因为盆地区降雨少，蒸发强烈（王赛男等，2019），水动力条件较差，碳酸盐岩溶解较少，导致土壤中钙的积累量减少，而高原和斜坡区，水动力条件较强，易形成产汇流，碳酸盐岩溶解多，土壤被富钙离子的水溶液或洞穴水浇灌，因此，高原和坡地土壤全钙含量较盆地高。酸溶态钙主要是与碳酸盐、硫酸盐及铁锰氧化物结合的钙，酸性条件下易释放为活性钙成分，水动力条件好的情况下，在补给区会溶解二氧化碳，使水溶液呈酸性，溶解大量酸溶态钙，在流经土壤时，溶液达到饱和会结晶出一部分酸溶态钙，因此水动力条件好、易形成产汇流的坡地和高原含量较高，盆地区含量较少；水溶态钙和交换态钙也呈现类似的趋势，这是因为上述两种钙形态主要受水动力条件的影响；有机结合态钙和残渣态钙含量随海拔升高而升高，其可能原因是高海拔区光照更好，植被较发育，土壤腐殖质含量多，同时高原和坡地岩石矿物含杂质较多，不易溶解，因此有机结合态钙和残渣态钙较多。

石漠化发生程度对土壤钙形态具有重要的影响，三种地貌形态中均基本表现为土壤全钙含量在重度石漠化区最高。除了高原水溶态钙和有机结合态钙、坡地有机结合态钙、盆地残渣态钙外，其余各形态钙与石漠化均呈正相关关系。这主要是由于裸岩的聚集效应造成的（盛茂银等，2013）。所谓裸岩的聚集效应是指裸露的岩石将大气沉降的养分及其喀斯特产物汇聚到周围的土壤中。随着石漠化程度增加，裸岩聚集效应逐渐增强（盛茂银等，2013）。尤其在重度石漠化环境中，这种聚集效应非常明显。另外，石漠化程度越强，地表微喀斯特负地形越多，而分布于微喀斯特负地形中的土壤较好的避免了侵蚀流失（魏兴琥等，2013），同时截留溶解了大量钙离子的地表径流，造成土壤中各形态钙含量升高。比如，易于迁移和被植物吸收的交换态钙在这种地表微喀斯特负地形中，由于截留溶解大量交换态钙离子的地表径流，且不易被淋滤而脱钙，使石漠化等级高的区域土壤更容易积累交换态钙离子。水溶态钙和酸溶态钙主要受水动力条件影响，随着水流的迁移而迁移，因此随着石漠化等级的增加而增加。有机结合态钙主要受土壤有机质影响，本研究区前期发表的研究成果发现，随着石漠化程度增加土壤有机碳含量增加（王霖娇等，2017），因此，有机结合态钙也随石漠化的增加而增加。残渣态钙主要取决于矿物的天然组成，主要受土壤原位岩性的影响，在本研究中相同地貌环境中残渣态含量差异性不显著。

2.2 喀斯特断陷盆地植被生理过程与元素循环

断陷盆地是以地块断陷为主导，侵蚀及溶蚀共同作用形成的山间盆地（王宇等，2017），集中分布于滇东—攀西及贵州西部地区，其盆山共存、季节性干旱缺水且地下河深埋等自然条件是造成该区域水土资源不匹配、生产条件落后的重要因素。断陷盆地作为石漠化综合治理的重要类型区，其植被生长和群落演替具有石生、旱生、喜钙的特点，容易受到外界干扰且修复困难（庄义琳等，2019）。

2.2.1 喀斯特断陷盆地植被生理过程

2.2.1.1 干旱胁迫对喀斯特断陷盆地植物生长和分布的影响

植物适应干旱的机制可以分为三类，避旱（Drought escape）、御旱（Drought avoidance）和耐旱（Drought tolerance）（Turner，1986）。避旱植物往往通过增加根系的生长量以吸收更多水分，通过关闭气孔以减少水分散失，通过停止生长或落叶来减少蒸发面积和对光能的吸收（Chaves，2003）。御旱性和耐旱性统称为抗旱性。干旱胁迫时，避旱植物比耐旱植物反应更为敏感。御旱是指植物在干旱胁迫下通过减少植物冠层的水分消耗、损失，或增加根系对土壤水分的吸收来维持内部水分状态的能力。御旱能力是植物在短期干旱期间存活或维持生长和功能的一种重要能力。而耐旱植物则能在很低的水势下保持着较高的气孔导度和光合作用，这往往与较强的渗透调节能力有关。刘长成等（2011）通过人工模拟不同干旱强度，探讨喀斯特地区不同生活型植物幼苗对干旱胁迫的适应策略。结果表明，落叶乔木圆果化香（*Platycarya longipes*）对干旱胁迫更为敏感，主要采用避旱策略。常绿灌木火棘（*Pyracantha fortuneana*）、落叶灌木小果蔷薇（*Rosa cymosa*）和常绿乔木猴樟（*Cinnamomum bodinieri*）主要采用耐旱策略，其中猴樟抗严重干旱的能力较弱（刘长成等，2011）。

干旱胁迫是影响喀斯特地区植物生存的重要因素。植物在喀斯特断陷盆地长期生活的过程中，从形态结构和分布上形成了对干旱的适应特征。退化喀斯特山地许多植物具有叶片小而厚，栅栏组织发达，角质层及上皮层厚，叶细胞小而排列紧密，气孔下陷，表皮毛发达等抗旱的结构特征。邓艳等（2006）的研究发现，干旱胁迫缩小了青冈栎（*Cyclobalanopsis glauca*）的叶面积，增加了角质层厚度，导致气孔凹陷。干旱还影响喀斯特地区植物根系的生长和分布。草本植物根系较浅，主要利用地表有土壤覆盖的斑块生长，而很多乔木和灌木则具有较深的根系，随着这些植物寿命的延长，根系往往会深深地扎入岩隙之中，利用深层岩隙中的水分和养分。而藤本植物则利用其分布的不定根，尽可能吸收植物生长所需的养分，如地果（*Ficus tikoua*）等。地果等喀斯特常见的藤本植物会在有湿润土壤的斑块产生不定根吸收水分和养分，匍匐生长的茎叶蔓延到石质化的周边广阔区域进行光合作用，提高植株整体的抗旱性。当母株受到干旱胁迫时，在水分条件较好的生境中，子株产生大量的不定根，从其所在土壤斑块中获取水分，克服短期的干旱胁迫，并进行有效的光合作用，通过养分运输，为母株进行光合补偿（Liu et al.，2011）。

植物的耐旱性和水分平衡方式也影响喀斯特森林中树种的演替。按照喀斯特森林优势种演替规律，可以将物种分为先锋种、次先锋种、过渡种、次顶级种和顶级种，不同种组具有不同的水分平衡方式和耐旱性。其中先锋种、次先锋种的耐旱性强于顶极种、次顶极种，并且以过渡种耐旱性最弱，同一种组内落叶树种耐旱性低于常绿树种（喻理飞等，2002）。

2.2.1.2 干旱胁迫对喀斯特断陷盆地植物生理过程的影响

干旱胁迫通过影响喀斯特断陷盆地地区植物的水分代谢、光合作用、细胞膜透性、丙二醛积累、抗氧化酶活性、渗透调节物质的积累及植物激素的积累和运输等，进而影响喀斯特断陷盆地地区植物的生长和发育。

2.2.1.2.1 水分代谢

植物的抗旱性与植株的水分状况有关。叶片相对含水量、水势、膨压等能够很好地反映植株水分状况，因此，他们通常作为植物的水分状况指标。研究表明，随着干旱胁迫强度的加大，处理时间的延长，叶片相对含水量和叶片水势会逐步下降，抗旱性强的植物下降速率比抗旱性弱的植物慢。柽柳属（*Tamarix*）植物通过水势、相对含水量、持水力等一系列水分生理的调节来抵抗干旱胁迫，柽柳抗旱性越强，则水势越低，持水力越强（高海峰，1988）。干旱胁迫也显著降低了青冈栎的相对含水量和水势（邓艳等，2006）。束缚水与自由水的比值通常是判断植物抗旱性及干旱胁迫程度的重要指标。例如，干旱胁迫条件下，沙冬青（*Ammopiptanthus*）的束缚水与自由水比值高，水势低，吸水能力强，具有很强的抗旱性（周宜君等，2001）。

2.2.1.2.2 植物的光合作用

干旱胁迫会影响植物的叶绿素含量及净光合速率（*Pn*）、蒸腾速率（*Tr*）、水分利用效率（*WUE*）、气孔导度（*Gs*）、胞间 CO_2 浓度等相关光合生理指标。刘成名等（2014）的研究结果表明，随着干旱胁迫的加剧，画眉草（*Eragrostis pilosa*）、糠稷（*Panicum bisulcatum*）和荩草（*Arthraxon hispidus*）3 种禾草的叶绿素含量均显著下降；重度干旱胁迫下 3 种草种光合速率大小排序为：糠稷 > 画眉 > 荩草；糠稷的蒸腾速率较低，水分利用效率最高，抗旱性最好。干旱胁迫下，植物的光合作用受到抑制，其抑制因素有气孔因素和非气孔因素。顾振瑜等（1990）通过研究指出，元宝枫幼苗在轻度和中度水分胁迫时光合作用的降低既受气孔因素的影响，也受非气孔因素的影响；严重干旱时光合作用的降低主要是受非气孔因素的限制，但其机理还有待进一步分析。Wang 等（2017）在模拟喀斯特土壤干旱条件下，以 3 种草本能源植物诸葛菜（*Orychophragmus violaceus*）、芥菜型油菜（*Brassica juncea*）、续随子（*Euphorbia lathyris*）为材料，发现在短期干旱条件下，气孔因素发挥着重要作用，植物通过关闭部分气孔，降低蒸腾作用和提高瞬时水分利用效率来应对胁迫。

WUE 是植物消耗单位水量所生产的同化物数量，反映植物有效利用水分的能力，在相同条件下，WUE 高的植物抗旱能力强。植物具备较高的 WUE 已经成为能够在干旱和半干旱环境里良好生长的一个重要指标。张桂玲等（2020）比较了喀斯特地区 8 种植物在不同光照强度下的 WUE，发现木通（*Akebia quinata*）、厚果崖豆藤（*Millettia pachycarpa*）、铁线莲（*Clematis florida*）在遭遇连续干旱后叶片 WUE 均较高，对生境恶劣的喀斯特环境具有较强的适应能力，需要在喀斯特退化生态系统植被恢复中应予以重点考虑。

土壤干旱使喀斯特地区植物的光合作用下降（黄玉清等，2006；韦小丽等，2007）。金银花（*Lonicera japonica*）是喀斯特地区重要的经济植物，短时间的干旱胁迫使金银花的光合速率下降，而且干旱胁迫对不同品种的金银花光合作用的影响不同，反应出品种抗旱性的差异（彭素琴和刘郁林，2010）。构树（*Broussonetia papyrifera*）是喀斯特地区耐干旱瘠薄、喜光、喜钙和速生的树种。魏媛和喻理飞（2010）的研究表明，干旱胁迫明显影响构树的净光合速率、蒸腾速率、气孔导度和水分利用效率。

2.2.1.2.3　细胞质膜透性和丙二醛含量

生物膜是许多非生物胁迫的第一个目标。一般认为，在水分胁迫下保持细胞膜的完整性和稳定性是植物耐旱的重要基础（Bajji et al.，2002）。细胞膜稳定性与细胞膜损伤程度成反比，是一项广泛用于评价耐旱性的重要生理指标。在一项对玉米（*Zea mays*）的研究中，钾营养提高了玉米的耐旱性，主要是由于提高了细胞膜的稳定性（Gnanasiri and Ogata，1991）。干旱胁迫下，植物质膜的结构和功能受到伤害，导致细胞膜透性增大，电解质外渗。细胞质膜受伤害的程度可通过电导率来衡量，其值大小和变化程度是判断植物抗旱性的重要指标。随着干旱胁迫的增强，电导率增加，细胞质膜受伤害程度加剧。赵琳等（2006）等以相对电导率为主要依据评价了 4 种云南干热河谷地区的植物幼苗抗旱性，结果与幼苗在田间的表现基本一致。

丙二醛（MDA）作为膜脂过氧化的主要降解产物之一，能导致生物膜结构的破坏和功能的丧失，其积累是活性氧毒害作用的表现。王霞等（2002）的研究发现，干旱胁迫下 8 种柽柳的 MDA 含量均增加。刘长成等（2011）在分析 4 种喀斯特地区木本植物的抗旱性中发现，与抗旱性强的植物相比，抗旱性弱的圆果化香树幼苗的 MDA 含量上升幅度明显大于其他 3 种植物。由于中国西南喀斯特地区分布着大量的野生茶树（*Camellia*）资源，因此，牛素贞等（2017）以喀斯特地区 4 种野生茶树，大理茶（*C. taliensis*）、大厂茶（*C. tachangensis*）、茶（*C. sinensis*）和秃房茶（*C. gymnogyna*）为材料，分析了不同时间条件下干旱胁迫对其幼苗生理特性的影响，发现：随着干旱胁迫程度的加强，4 种野生茶树叶片细胞质膜透性和 MDA 含量均呈上升趋势，并认为 MDA 含量和细胞质膜透性是判断野生茶树抗旱性最重要的生理指标。

2.2.1.2.4　抗氧化防御系统

近年来，人们对干旱胁迫下植物体内活性氧的产生、活性氧对植物的伤害和植物抗氧化防御系统的作用进行了大量研究。抗氧化防御系统能有效清除活性氧，降低膜脂过氧化水平，从而减轻膜伤害程度。植物细胞的抗氧化防御系统包括酶和非酶两种成分。酶的成分包括超氧化物歧化酶（SOD）、过氧化氢酶（POD）、过氧化物酶（CAT）及 4 种参与抗坏血酸 - 谷胱甘肽循环的酶，包括抗坏血酸过氧化酶（APX）、脱氢抗坏血酸还原酶、单脱氢抗坏血酸还原酶和谷胱甘肽还原酶（GR）。其中 SOD 是抵御活性氧自由基介导的氧化损伤的第一道防线，是抗氧化酶系统中的关键酶（Mittler，2002）。非酶性成分包括半胱氨酸、还原型谷胱甘肽和抗坏血酸等（Gong et al.，2005）。干旱胁迫下，气孔关闭形成大量过剩的激发能，这些激发能促使活性氧（ROS）在叶绿体、线粒体中大量产生而造成过氧化伤害（Asada，2006；Fu and Huang，2001）。干旱胁迫条件下，耐旱性较强的植物往往维持较高的抗氧化酶活性，有利于清除活性氧，降低膜脂质过氧化水平，保证细胞的正常生理代谢。

过氧化物酶活性的增加可提高植物对干旱胁迫的抗性。邓艳等（2006）的研究表明，与位于山中部的青冈栎相比，位于山顶的青冈栎受到轻度或中度水分胁迫时的过氧化物酶活性较高。在喀斯特环境条件下，Xue 等（2018）在青冈栎及 Leng 等（2020）在掌叶木（*Handeliodendron bodinieri*）的模拟干旱研究中都发现，干旱条件下，叶片中 H_2O_2 和 O_2^- 等活性氧含量增加，抗氧化酶，包括 SOD、POD、CAT、APX、GR 等活性也显著增加，进而增强植物抵御干旱的能力。

此外，刘长成等（2011）分析了不同程度的干旱胁迫对 4 种木本植物抗氧化系统的影响，发现：在轻度和中度干旱下，抗旱性弱的猴樟和圆果化香的 SOD、CAT 和 POD 活性显著增加，而在严重干旱下，这些酶的活性大幅度下降；而抗旱性强的火棘和小果蔷薇的 SOD 活性及火棘的 POD 活性随着干旱程度的加深呈持续上升的趋势。严重干旱下，小果蔷薇的 CAT 和 POD 活性也显著高于正常水平。研究结果表明抗氧化酶在火棘和小果蔷薇在干旱的抗性中发挥了重要作用，保证火棘和小果蔷薇这两种灌木在严重干旱下的膜系统受损程度较低，进而具有较好的水分状况和光合能力（刘长成等，2011）。

在干旱胁迫环境下，植物体内活性氧的产生会增加。抗坏血酸作为线粒体内膜中合成的主要初级抗氧化物质，能够通过抗坏血酸过氧化物酶有效的清除植物体内的过氧化氢，保护植物免受氧化损伤。研究表明，在短时间内低、中等强度的干旱胁迫下，植物体内相关的抗氧化酶活性增强，抗坏血酸消耗速度加快的同时其合成速度也显著增加，导致短时间内植物体内抗坏血酸含量无显著变化，甚至小幅度的增加，但在长时间的严重干旱胁迫或干旱和高温的共同胁迫下，植物体内过氧化物酶的活性和抗坏血酸含量均显著降低。此外，敬洪霞（2020）前期的研究发现，旱季鞍叶羊蹄甲（*Bauhinia brachycarpa*）叶片中抗坏血酸的含量低于雨季，并用于清除活性氧。

2.2.1.2.5 渗透调节物质的积累

渗透调节是植物适应干旱逆境的重要生理机制，也是最常见的植物抗旱策略。渗透调节物质是低分子量、高溶解性的化合物，即使在高浓度下通常也是无毒的。一般来说，它们通过不同的方式保护植物细胞免受胁迫，如促进渗透调节、活性氧的解毒、增加膜的稳定性及用于酶和蛋白质等天然结构的形成等。参与渗透调节的物质主要有两大类：一类是有机溶质，如可溶性糖、脯氨酸、有机酸、甜菜碱等；另一类是无机离子，如 K^+、Ca^{2+} 等。干旱胁迫可显著增加掌叶木叶片中可溶性糖、脯氨酸和甜菜碱的含量（Leng et al.，2020）。柠条（*Caragana*）在受到干旱胁迫时，体内 K^+、可溶性糖、脯氨酸含量均有所增加。持续干旱下刺槐（*Robinia pseudoacacia*）无性系生成大量的脯氨酸和可溶性糖。因此，渗透调节被认为是植物在缺水环境中延缓脱水胁迫的一个重要特征。此外，在干旱条件下，植物细胞主动积累渗透调节物质，导致细胞渗透势下降，植物细胞继续从外界吸收水分，维持一定的细胞膨压，从而促进细胞生长、气孔开放和光合作用等一系列生理过程的进行。因此，植物的渗透调节能力在一定的干旱胁迫范围内，随干旱程度的加强而增强。

可溶性糖作为重要的渗透调节物质（Subbarao，2000），植物在干旱胁迫下，可溶性糖含量的变化作为信号分子调控着多种参与植物防御反应和代谢过程关键基因的表达，进而控制植物的抗性和生长（Rosa et al.，2009）。水分胁迫下，植物叶绿素合成降低，气孔导度下降，光合速率下降，糖类的合成下降（魏清江等，2018）。敬洪霞（2020）研究了旱季和雨季对喀斯特断陷盆地两种重要的灌木树种鞍叶羊蹄甲和假虎刺（*Carissa spinarum*i）代谢产物积累的影响，发现在旱季水分胁迫下，两种灌木中蔗糖等二糖的含量显著下降，这一方面可能与光合作用下降、二糖的合成减少有关外，另一方面还可能存在部分二糖水解为单糖参与干旱胁迫下的渗透调节及其他必要的生理代谢。此外，鞍叶羊蹄甲中木酮糖和山梨糖的含量在旱季显著升高，可能与渗透调节有关（敬洪霞，2020）。

脯氨酸被认为是植物中理想的有机渗透调节物质。干旱胁迫下，脯氨酸积累是植物应对干旱胁迫的一种保护性措施。脯氨酸的积累一方面增强了植物的渗透调节能力，使细胞或组织的抗脱水能力加大；另一方面脯氨酸能与蛋白质相互作用，其偶极性保护了膜蛋白结构的完整性。赵琳等（2006）分析了干旱胁迫对云南干热河谷两种乡土植物车桑子（*Dodonaea viscosa*）、清香木（*Pistatia weinmannifolia*）和两种引种植物山毛豆（*Tephrosia candida*）、银合欢（*Leguminosae leucaena*）幼苗叶片中脯氨酸积累的影响，发现：在中度干旱胁迫条件下，山毛豆、银合欢、车桑子和清香木的脯氨酸积累量分别为对照的 108.1%、159.3%、793.0% 和 582.9%。在重度干旱胁迫下，车桑子的脯氨酸含量为对照的 2047.8%，而银合欢仅为对照的 208.7 %（赵琳等，2006），一方面说明脯氨酸在这 4 种树种的抗旱中发挥重要作用；另一方面也说明作为喀斯特植被恢复的重要树种，车桑子具有极强的渗透调节能力。干旱条件下，喀斯特断盆地植物器官中脯氨酸的积累量，可以作为当地植被筛选的一个重要指标。

已有研究发现，甜菜碱可能是某些植物的主要渗透调节物质。胁迫条件下，植物体内的甜菜碱醛脱氢酶和胆碱单氧化酶活性升高，并在细胞质中积累甜菜碱，甜菜碱的积累能够保持细胞与外界环境的渗透平衡和稳定复合蛋白的四级结构，从而提高植物对干旱胁迫的适应性。短时间干旱胁迫条件下，喀斯特地区青冈栎和掌叶木叶片中甜菜碱含量都显著增加（Leng et al.，2020）。K^+ 作为另一类主要的渗透调节物质，其浓度的高低对改善细胞的渗透调节能力有着重要的作用。在土壤干旱条件下，白刺花（*Sophora viciifolia*）叶片内积累大量的 K^+ 和可溶性糖，以增强细胞的保水力，维持细胞生长所需的膨压（王海珍等，2005）。

另外，酚类物质分子中有多个酚羟基，其具有清除机体自由基、抗氧化等多种生物活性，因而酚类物质在渗透调节中也发挥着重要作用，以至于逆境条件下酚类物质对植物有极好的保护和调节作用（Sakihama et al.，2002）。旱季水分胁迫下，植物体内酚类物质合成增加，有助于提高植物的抗旱能力。在极端干旱条件下，随着土壤水分含量的减少，柽柳（*T. chinensis*）中多酚含量显著增加（刘松，2007）。芸香草（*Cymbopogon distans*）和假虎刺（*Carissa spinarum*）是喀斯特断陷盆地大量分布的耐旱的草本植物。敬洪霞（2020）的研究发现，在旱季时芸香草中酚类物质显著富集，包括氨基甲酸酯、2- 羟基扁桃酸乙酯、丙二酸甲酯、对叔戊基苯酚、邻苯三酚、儿茶酚等，可能在芸香草的干旱适应性中发挥了重要作用。酚类物质主要通过莽草酸途径和乙酸 - 丙二酸途径合成，而植物中主要为莽草酸途径。进一步探究发现水分胁迫下这两种植物中莽草酸代谢途径相关物质显著增加：在旱季水分胁迫下，两种植物中莽草酸、苯丙氨酸、5- 羟基色氨酸含量显著增加，假虎刺中莽草酸的前体奎宁酸及 4- 香豆酸含量也显著增加。

除了以上因素之外，激素的合成和运输等也影响植物的抗旱性等。但是由于采样困难和运输等问题，关于干旱胁迫对于喀斯特断陷盆地植物抗旱性的影响，鲜有报道。另外，干旱胁迫条件下，植物的响应是一个综合的过程，不是由单一的因素决定的（Farooq et al.，2009；牛素贞等，2017；赵琳等，2006）。

2.2.1.3 复水及水分添加对喀斯特断陷盆地植物生长和生理过程的影响

喀斯特断陷盆地地区土层浅薄、岩石裸露、地下水丰富而地表水亏缺，临时性干旱胁迫频繁发生，但持续时间短，“干湿交替”频发，形成一种特殊的“干旱－复水”过程。干湿交替情况下，青檀（*Pteroceltis tatarinowii*）净光合速率和蒸腾速率降低，而且水分胁迫对于青檀生长初期的影响大于速生期（韦小丽等，2007）。因此，在喀斯特断陷盆地地区植被恢复过程中，可以考虑选择一些抗旱性强的类型或者品种，避免在季节性干旱时期进行幼苗的移栽及选择大苗移栽，增强植物的抗旱能力，提高幼苗的移栽成活率。随着全球气温升高、强降雨增多和干旱频发，喀斯特地区的“干湿交替”现象加剧。而目前这一地区的研究主要集中在植物对于干旱的适应机制，忽略了“干湿交替”环境，复水及引水灌溉等对植物的影响。

喀斯特干旱地区水份添加对两种灌木（桉叶羊蹄甲、假虎刺）和两种草本植物芸香草以及刺芒野古草叶片中代谢产物积累的影响开展了研究，加水量分别为月平均降水量 +20%（T1）、+40%（T2）和 +60%（T3）。结果表明，水分添加显著影响植物叶片中代谢产物的积累。两种灌木中氨基酸、有机酸、碳水化合物等的总相对含量呈下降趋势。T1 处理时，两种禾本科草本植物叶片代谢物总相对含量均有所增加；但在 T2 和 T3 处理下，刺芒野古草叶片总代谢物显著降低，而同一处理下芸香草叶片的代谢物变化不明显。

氨基酸作为渗透调节物质参与调节细胞内的水分含量，并在营养物质运输、气孔运动和对环境胁迫的响应等水分依赖过程中发挥作用。水分胁迫下，灌木和草本植物的氨基酸代谢响应不同。与不添加水分的对照相比，在 3 种加水量情况下，两种灌木中苏氨酸和缬氨酸的量都显著下降。这可能与抑制蛋白质降解或促进蛋白质生物合成有关，因为添加水分明显促进植物生长。GABA（γ－氨基丁酸）在假虎刺 3 种水分添加下，桉叶羊蹄甲 T1 情况下，以及芸香草 T3 情况下显著增加。而在桉叶羊蹄甲 3 种水分添加下和刺芒野古草 T3 情况下谷氨酸显著上调。谷氨酸和 GABA 可直接转化为氮源。此外，谷氨酸还参与叶绿素的生物合成。

在植物中，有机酸参与维持各种环境胁迫下的 pH 水平、能量代谢和渗透势。水分添加条件下，假虎刺和桉叶羊蹄甲两种灌木中总有机酸的含量显著下降，在其中发挥主要作用的是参与三羧酸（TCA）循环的相关有机酸。水分添加后，假虎刺叶片中的咖啡酸、柠檬酸、苹果酸含量显著下降。而在 3 种加水处理中，桉叶羊蹄甲叶片中的丙酸、抗坏血酸、丁酸、苏糖酸、半乳糖醛酸、乙醇酸、木蜡酸、草酸、丙酮酸含量均显著降低。TCA 循环对非生物胁迫非常敏感，非正常的水分供应影响乌头酸酶、丙酮酸脱氢酶、NAD^+－异柠檬酸脱氢酶、NAD^+－苹果酸脱氢酶等多种酶的活性，并与 TCA 循环关联，从而抑制线粒体的呼吸作用。植物在长期生长过程中会对当地环境形成了一定的适应性。在 3 种水分处理条件下，桉叶羊蹄甲叶片中抗坏血的积累可能反映出逆境条件下，植株抗氧化能力下降。

糖是维持植物细胞膜完整性和保持细胞膜膨压的重要渗透调节物质。在 T2 和 T3 条件下，假虎刺、桉叶羊蹄甲和刺芒野古草叶片中的糖总量下降。在芸香草叶片中发现，在 T1 处理条件下，半乳糖含量显著增加，而在三种水分处理条件下，鼠李糖的含量都显著增加，这两种物质含量的增加可能反映了细胞壁结构组织的变化。而在 T1 条件下，发现芸香草叶片中的葡萄糖和果糖等含量显著增加，这可能是芸香草对于加水的一种适应性反应，并用于植物的新陈代谢和快速生长，而在 T2 和 T3 条件下，作为细胞主要能量物质的糖类的增加则减缓（Umair et al.，2019）。

2.2.2　喀斯特断陷盆地植被与土壤的元素循环

2.2.2.1　滇南喀斯特地区灌木群落和人工林土壤元素含量和化学计量特征

我国西南喀斯特地区与其他亚热带地区不同，该地土壤一般具有 P 元素缺乏和 Ca、Mg 富集的特性（Zhang 等，2015）。在喀斯特植被修复过程中大量栽种人工林，随着人工林分的营造和生长，当地的植物群落组成、土壤养分和水分状况及微生物种群等都会显著变化，从而强烈影响土壤元素组成和化学计量特征（Zhao et al.，2018）。泸西县位于云南省东南部，东经 103° 30′ ~ 104° 03′，北纬 24° 15′ ~ 24° 46′，是典型的喀斯特断陷盆地地区，属于亚热带季风型气候，年均气温 15.2℃，极端最高气温 34.1℃，最低气温 −7 ℃，年均日照 2122 h，年均降水量 979 mm，无霜期 272.7 d。土壤以红壤为主，呈酸性或中性偏酸性。土壤中的原生矿物难以分解，土壤养分有效性低。受亚热带高温和“干湿交替”的土壤环境影响，土壤中盐基离子，特别是 P、K、Fe 离子容易淋溶，盐基饱和度低，土壤速效养分含量低，加之土层浅薄，以至于贫瘠干旱限制植物的正常生长（黄金，2009）。

泸西县的天然植被以半常绿阔叶林为主，并以石灰岩山地植物为代表。由于岩溶地质背景导致泸西县大部分地区缺水严重，经长期人为干扰后，仅有小面积的原始天然森林树种，包括滇青冈（*Cyclobalanopsis glaucoides*）、云南木犀榄（*Olea yuennanensis*）、清香木（*Pistacia weinmannifolia*）、团花新木姜子（*Neolitsea homilantha*）、云南松（*Pinus yunnanensis*）等留存，原始森林破坏后退化形成灌丛及石山灌木林（宋鼎和刘敏，2014）。近 20 年，泸西县在灌丛山坡营造了大量人工林，林分树种主要为云南松林、赤杨（*Alnus japonica*）林、侧柏（*Platycladus orientalis*）林等（陶慧敏，2019）。本研究于 2017 年 9 月，在泸西县三塘乡选取次生灌木群落（海拔 2300 m，24° 30′ 31″ N，103° 51′ 07″ E）和 3 个典型人工林，即：云南松林（海拔 2410 m，24° 30′ 30″ N，103° 51′ 07″ E）、赤杨林（海拔 2296 m，24° 30′ 27″ N，103° 51′ 03″ E）和侧柏林（海拔 2006 m，24° 31′ 47″ N，103° 48′ 26″ E）作为研究对象。在每个样地设立 3 个 20 m × 20 m 的样方，分别采集鲜叶和土壤样品，分析植被和土壤中的养分含量及养分循环。

研究结果表明，在云南泸西断陷盆地喀斯特山地地区，4 种植物群落中的土壤（0 ~ 10 cm）全 N 含量均值为 3.54 mg/g，远高于全国 0 ~ 10 cm 土壤的平均水平（1.88mg/g）（Tian et al.，2010）。4 种群落土壤全 P 含量在 0.36 ~ 0.50 mg/g 之间，远低于全国及全球平均水平（0.78 mg/g 和 2.80 mg/g）（Zhang et al.，2005）。土壤全 Ca、Mg 含量均在 3 ~ 4 mg/g 之间。在本研究调查的植物群落中，土壤全 K 含量在 3.64 ~ 17.17 mg/g 之间，是桂西北喀斯特峰丛洼地地区乔灌丛全 K 含量的两倍（吴海勇等，2008）。另外，与云南其他喀斯特地区相比，虽然土壤全 N 量高，但 NO_3^-−N 和 NH_4^+−N 含量低，可供植物吸收利用的 N 含量低。3 种人工林中，仅侧柏林土壤元素全量与灌木群落元素全量具有显著的差异性（表 2.7）。

表 2.7　不同群落土壤元素全量　　单位：$mg \cdot g^{-1}$

元素	灌木群落	人工林		
		云南松	赤杨	侧柏
pH	6.54 ± 0.06 b	6.57 ± 0.01 b	6.39 ± 0.13 b	7.08 ± 0.07 a
TC	38.81 ± 4.13 a	38.81 ± 1.28 a	41.26 ± 4.41 a	23.61 ± 0.98 b

续表

元素	灌木群落	人工林		
		云南松	赤杨	侧柏
TN	3.71 ± 0.37 a	3.54 ± 0.10 a	4.02 ± 0.42 a	1.90 ± 0.72 b
TP	0.50 ± 0.08 a	0.51 ± 0.08 a	0.57 ± 0.30 a	0.36 ± 0.10 a
TS	0.90 ± 0.09 a	0.90 ± 0.03 a	0.81 ± 0.09 ab	0.77 ± 0.04 b
TK	5.32 ± 0.64 b	3.64 ± 0.21 b	17.17 ± 4.03 a	8.32 ± 1.84 b
TCa	3.09 ± 0.14 a	3.12 ± 0.26 a	3.40 ± 0.72 a	3.68 ± 0.75 a
TMg	2.86 ± 0.12 a	3.30 ± 0.18 a	4.99 ± 1.44 a	3.48 ± 0.90 a
TNa	0.58 ± 0.04 a	0.56 ± 0.03 a	0.60 ± 0.03 a	0.38 ± 0.06 b
TFe	76.23 ± 3.34 ab	66.36 ± 2.41 ab	51.81 ± 5.18 b	81.98 ± 13.23 a
TAl	79.71 ± 2.40 a	82.59 ± 1.34 a	65.40 ± 5.58 b	70.91 ± 6.21 ab
TCu	0.17 ± 0.02 a	0.17 ± 0.02 a	0.24 ± 0.06 a	0.15 ± 0.03 a
TZn	0.20 ± 0.01 a	0.17 ± 0.01 a	0.19 ± 0.03 a	0.15 ± 0.03 a
TMn	0.94 ± 0.06 a	0.90 ± 0.03 a	0.46 ± 0.11 b	0.47 ± 0.08 b

注：表中 T 开头代表该元素的全量；不同小写字母表示同一元素不同群落之间差异显著。

4 种群落土壤 pH 在 6.5 ~ 7.5 之间，属于中性土壤，而侧柏林分土壤 pH 显著高于其他 3 种群落，可能是栽植侧柏林分后，土壤中的部分阳离子，如交换性 Ca 离子被植物吸收后转化为树木的生物量（Yamashita et al., 2008）。在可利用性养分中，灌木群落和人工林有 6 种元素呈现出显著差异，人工林土壤交换性 Mg、NO_3^--N 含量显著偏低，而人工林有效 Fe、Cu 和 Zn 含量显著偏高（表 2.8）。这与胡忠良等（2009）的研究结果一致，尽管人工林对土壤全量影响不大，但对土壤元素可利用性形成了较显著的影响。此外，赤杨提高了土壤 NH_4^+-N 含量，引起土壤酸化，导致赤杨林土壤偏酸性（莫江明等，1997）。

表 2.8　不同群落土壤 pH 值和可利用性养分含量　　单位：$mg \cdot kg^{-1}$

指标	灌木群落	人工林		
		云南松	赤杨	侧柏
pH	6.54 ± 0.06 b	6.57 ± 0.01 b	6.39 ± 0.13 b	7.08 ± 0.07 a
NH_4^+-N	4.54 ± 0.63 b	6.78 ± 0.49 ab	7.84 ± 0.87 a	4.35 ± 0.28 b
NO_3^--N	4.06 ± 1.12 a	3.51 ± 0.65 a	2.31 ± 0.79 ab	1.07 ± 0.13 b
AP	5.91 ± 0.91 a	6.59 ± 0.38 a	7.95 ± 0.43 a	6.88 ± 0.32 a
AK	160.44 ± 21.37 ab	86.15 ± 10.73 b	197.14 ± 21.73 a	123.79 ± 28 ab
ACa	2316.86 ± 211.36 a	2130.14 ± 176.41 ab	2019.00 ± 144.74 ab	1589.43 ± 194.95 b
AMg	318.06 ± 29.63 a	238.79 ± 18.33 b	136.12 ± 10.54 c	336.01 ± 32.22 a
AMn	150.07 ± 9.93 a	65.36 ± 6.85 c	77.41 ± 10.02 c	114.51 ± 12.67 b
ANa	8.17 ± 0.40 a	14.66 ± 5.41 a	9.94 ± 2.61 a	8.43 ± 2.14 a

续表

指标	灌木群落	人工林		
		云南松	赤杨	侧柏
AFe	8.58 ± 1.32 b	34.65 ± 8.19 a	5.91 ± 0.97 b	10.84 ± 3.76 b
ACu	1.43 ± 0.16 b	3.65 ± 0.53 a	1.81 ± 0.23 b	2.07 ± 0.56 b
AZn	4.55 ± 0.23 b	6.78 ± 0.59 a	4.57 ± 0.46 b	5.71 ± 1.46 ab

注：A 代表该元素的可利用性；不同小写字母表示同一元素不同群落之间差异显著。

3 种人工林林分，无论是土壤元素全量（表 2.7）还是可利用性含量（表 2.8），云南松林与灌木群落土壤化学性质最为相近（图 2.14）。4 种群落之间，土壤大量元素中 C、N、K、S 4 种元素全量具有显著差异，微量元素中 Na、Fe、Al、Mn 4 种元素具有显著差异。其中，土壤 C、N、S、Na 均表现为侧柏林分显著低于其他三种群落，全 Fe 含量高于其他三种群落，说明侧柏林土壤的肥力显著降低。土壤全 Al、全 Mn 含量均表现为灌木群落、云南松林最高，土壤全 K 含量为赤杨林最高（表 2.7）。

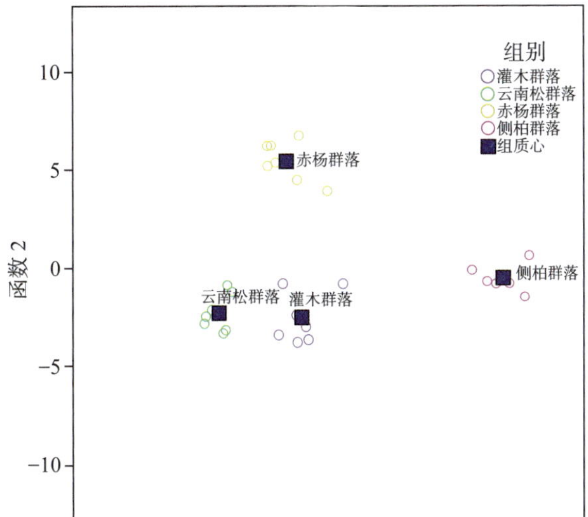

图 2.14　不同群落土壤元素全量判别分析

4 种群落土壤除 C：N、C：K 比值有显著差异外，其他化学计量比值无显著差异（表 2.9）。人工林土壤 C：N 范围在 10.26 ~ 12.44 之间，略低于全球森林 0 ~ 10cm 土层平均水平 12.40；而灌木群落土壤 C：N 为 10.42，低于全球草地土壤平均水平 11.80（Cleveland and Liptzin，2007），表明云南泸西喀斯特地区的土壤有机矿化能力和有机质分解能力较好。侧柏林土壤 C：N 比值最大，赤杨林 C：N 比值最小，土壤矿化速率从高到低依次为赤杨林 > 云南松林 > 灌木群落 > 侧柏林。土壤 C：P 能反映土壤微生物对 P 元素的固持潜力（王绍强和于贵瑞，2008）。4 种群落土壤 C：P 处于 82.69 ~ 155.87 之间，高于全球森林及草地 0 ~ 10cm 平均水平（81.9 和 64.3）。

表 2.9 不同群落土壤化学计量特征

比值	灌木群落	人工林		
		云南松	赤杨	侧柏
C：N	10.42 ± 0.12 bc	11.05 ± 0.07 b	10.26 ± 0.16 c	12.44 ± 0.33 a
C：P	84.33 ± 8.42 a	131.82 ± 34.91 a	82.69 ± 9.88 a	155.87 ± 34.85 a
N：P	8.09 ± 0.80 a	11.93 ± 3.17 a	8.12 ± 1.04 a	12.75 ± 7.04 a
C：K	7.99 ± 1.31 b	14.08 ± 0.87 a	2.64 ± 0.49 c	4.35 ± 1.29 bc
N：K	8.09 ± 0.80 a	11.93 ± 3.17 a	8.12 ± 1.04 a	12.75 ± 7.04 a
P：K	0.10 ± 0.02 a	0.14 ± 0.02 a	0.04 ± 0.01 a	0.08 ± 0.04 a
Ca：Mg	1.08 ± 0.04 a	0.94 ± 0.04 a	0.75 ± 0.12 a	3.78 ± 2.77 a

注：不同小写字母表示同一元素不同群落之间差异显著。

2.2.2.2 滇南喀斯特地区人工林对土壤化学计量特征的影响

人工林的栽植能轻微地改变土壤化学计量特征。例如，人工林土壤的交换性 Ca 和 Mg 体现较大差异（表 2.8）。Ca 作为细胞壁胶体的成分，Mg 作为叶绿体的重要成分，与植物代谢和光合作用密切相关（Garten，1976）。与之前的研究趋势相一致，Ca 和 Mg 在云南松林和赤杨林的含量显著低于其在灌木群落的含量。土壤交换性 Fe 含量在云南松林中占有更高优势，证实了针叶树种下土壤可交换 Fe 储量增加的研究结论（Augusto et al.，2002）。Fe 是叶绿素合成不可缺少的成分，钙质土上的半干旱地区植物因缺 Fe 引发严重的失绿病（易志军等，2002）。该研究区的表明，云南松栽植能潜在改善研究区域土壤 Fe 有效性低的状况（表 2.8）。

土壤 NH_4^+-N 作为灌木和森林中矿物氮的主要组成部分，可以被植物直接吸收利用（Nordin et al.，2001）。它通常被认为是氮素营养中未被微生物固定化的部分。在我们的研究中，赤杨林土壤中显著更高的 NH_4^+-N 可能是由于赤杨树种的生物固氮能力造成的（Beaupied et al.，2011）。另外，交换性 K 能通过改变细胞的渗透状态来管理植物水分的吸收。因此，植物叶片中的 K 含量会影响水的吸收，并在不利的环境条件下维持植物代谢功能和生长过程。喀斯特地区土壤 K 极易淋溶，相比其他 3 种群落，赤杨林土壤（表 2.8）和植物（图 2.15）交换性 K 含量均最高，有利于群落应对干旱胁迫和提高光合效率。

其次，与其他 3 种群落相比，侧柏林土壤 C：N 显著高于灌木、云南松、赤杨土壤的 C：N，达到中国土壤 C：N 平均值 12。土壤 C：N 代表土壤氮固定、矿化和硝化速率。当土壤 C/N 足够高时，土壤微生物往往通过吸收 N 元素来满足自身的需要（Bengtsson et al.，2003）。侧柏林具有更高的土壤 C：N 表明它的有机质矿化较快，不利于土壤肥力的保持。人工林中赤杨林土壤 C：K 显著低于其他林分，是由于 K 含量的增加导致。这在其他喀斯特地区也具有类似的研究结论（吴鹏等，2019）。通过对 4 个群落中 13 个元素进行相关性分析，还发现灌木群落鲜叶共有 37 对元素显著相关，其中云南松林 24 对，赤杨林 14 对，侧柏林 18 对。与灌木群落相比，人工林植物元素间的相关性较低，特别是 C、N、P 和其他元素之间的相关性，这可能和人工林植物种类较少有关（图 2.16）。

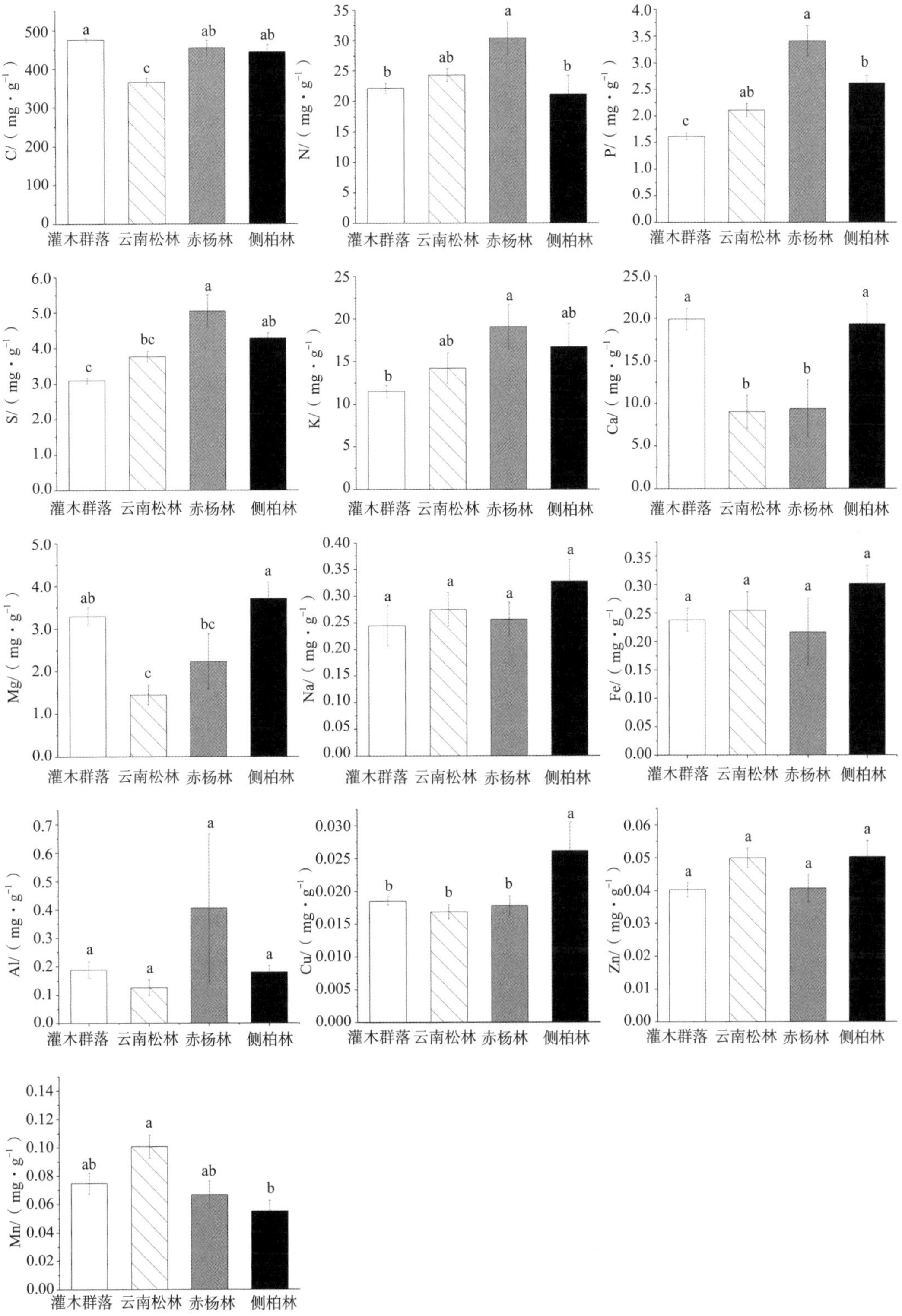

图 2.15　不同群落植物鲜叶元素含量

SH— 灌木群落；PY— 云南松林；AJ— 赤杨林；PO— 侧柏林；不同小写字母代表群落间 $p<0.05$，水平差异显著

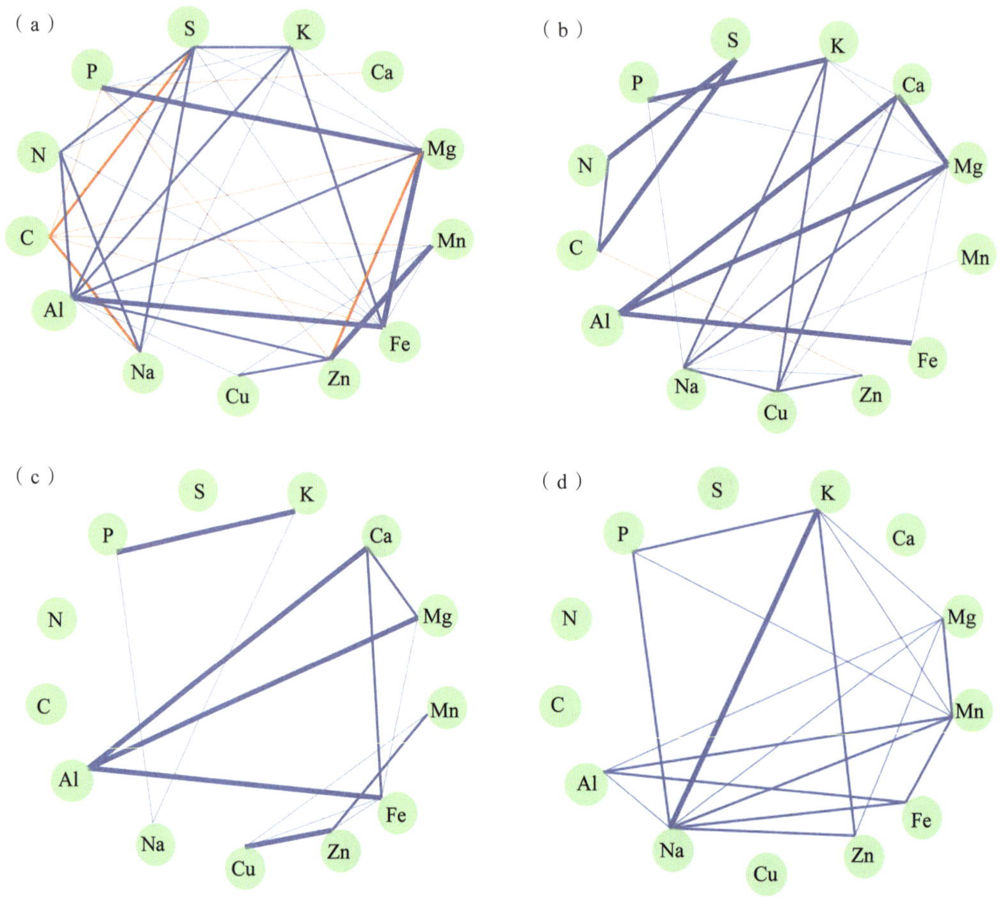

图 2.16　不同群落植物元素间的相关性

（a）灌木群落；（b）云南松林；（c）赤杨林；（d）侧柏林

蓝色线代表元素间显著正相关，红色线代表元素间显著负相关；—，$p<0.001$；–，$p<0.01$；-，$p<0.05$

通过研究还发现，灌木林植物和土壤之间相同元素显著相关的比较少（图 2.17）。这可能是因为植物经过长期适应，减少了对土壤营养的依赖（Liu et al.，2018；Palo and Fornara，2017）。且与灌木群落相比，人工林中植物与土壤的共轭关系更紧密。另外，土壤中显著相关的元素大多属于风化元素，这些风化元素与生物地球化学行为有关，这意味着营养元素的吸收受多种因素的影响，如水文地质背景、植物个体需求的差异等。

在以往的研究中，土壤质量评估指标大部分是围绕土壤有机质、土壤 pH、有效 N、有效 P 和有效 K。也有学者针对不同土地利用方式总结了特定的土壤质量评价标准（Bautista-Cruz et al.，2012；Huang et al.，2018）。而我们的研究结果，通过结合喀斯特地区不同人工林的营造和原次生灌木的土壤和植物化学计量特征，认为喀斯特地区，土壤 pH、土壤全 C、全 K、全 P、全 K，土壤 NH_4^+-N、有效 P、交换性 K、交换性 Ca、交换性 Mg 和交换性 Fe 可以纳入喀斯特地区人工林改造土壤质量的评估指标中。

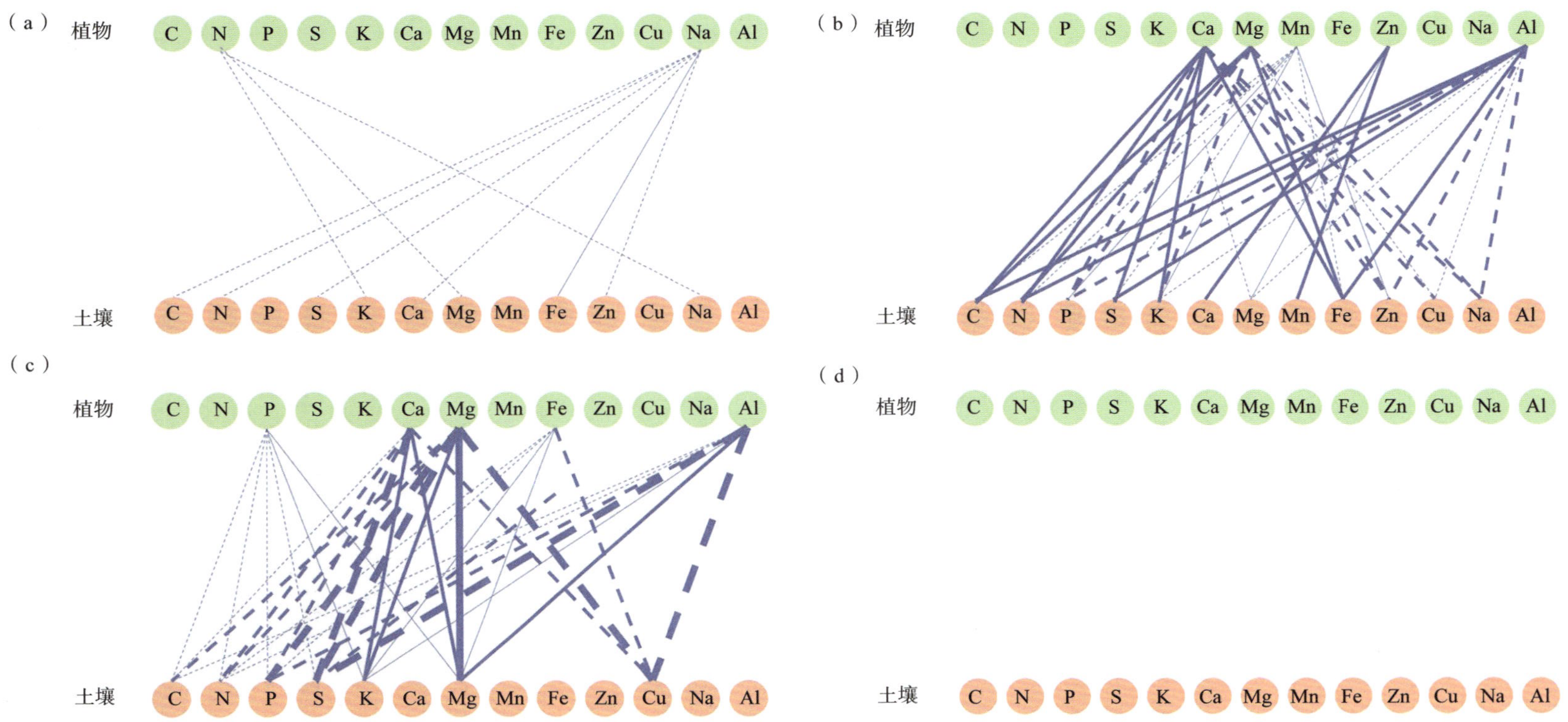

图 2.17　不同群落植物和土壤化学元素的相关性

（a）灌木群落；（b）云南松林；（c）赤杨林；（d）侧柏林

实线代表元素间显著正相关，虚线代表元素间显著负相关；—，$p<0.001$；–，$p<0.01$；-，$p<0.05$

2.3 喀斯特断陷盆地土壤微生物–植被的适应策略

我国云南省南部地区具有典型的断陷盆地喀斯特地貌，地带性植被为南亚热带常绿阔叶林，因而形成了与植物群落相适应的土壤微生物种群（Hui et al.，2019；Qiu et al.，2020；牟凌等，2020；邱江梅等，2020）。在历史上，由于人为强烈破坏，原有天然森林已逐步退化形成了灌丛、草地群落、农田等土地利用景观；而且受到当地气候和喀斯特地质条件影响，这些灌丛和草地群落处于相对稳定的偏途顶级阶段；同样，与这些偏途顶级群落相适应，也形成了与干旱贫瘠土壤相适应的微生物群落。另外，干旱是影响该地区植物分布和生长的限制因子，未来气候变化将包含更大的降水变异性，显著影响该地区的降水量和分布格局，也将影响该区域植被组成、功能和演替，以及土壤微生物种群。因此，基于滇南地区气候、地质、群落的变异和全球变化，探讨与植被相适应的土壤微生物种群变化和适应策略，具有重要生态学理论意义和基于生态系统功能提升的实践意义。

为此，基于天然林群落（相当于喀斯特非石漠化地区，none Karst Rocky Desertification，non–KRD）和退化灌丛群落（相当于喀斯特石漠化地区，Karst Rocky Desertification，KRD）土壤微生物种群差异性，讨论植物－微生物关系和适应策略，并包括两个方面：第一，在断陷盆地喀斯特地区，天然林和退化灌丛植物群落土壤微生物种群组成特点及其适应策略。研究区位于云南南部蒙自附近的西北勒村（23° 48′ N，103° 45′ E）和芷村（23° 34′ N，103° 53′ E）附近，是一个典型的喀斯特区。该地区属亚热带季风气候，年平均气温18.6℃，4 月至 8 月降水量约占年降水量（815.8 mm）的 70%；一年中的其他时期经常发生严重干旱。随着人为活动，如木材采伐（砍伐）、放牧和耕作，原有天然森林被重度开发利用。目前，天然原始森林仅在偏僻山地、村庄前后呈现小斑块存留，而多数区域已退化成灌丛和草地，有些被进一步开发成为农田和果园。分别在残留的天然森林和灌丛群落进行土壤样品采集，进行微生物群落结构测定（Hui et al.，2019）。第二，退化灌丛群落土壤微生物种群对水分变化的响应特点及其适应策略。研究区域位于云南省红河州建水县，研究喀斯特干旱地区水分添加对两种灌木，桉叶羊蹄甲、假虎刺和两种草本植物芸香草及刺芒野古草叶片中代谢产物积累的影响，降水量分别为月平均降水量 +20%（T1）、+40%（T2）和 +60%（T3）。在天然林和灌丛靠近窄叶石栎（*Lithocarpus confinis*）1 ~ 2 m 的取样点，用直径 2.5 cm、深度 10 cm 的取土器进行取样（Umair et al.，2020a）。通过这些研究，揭示喀斯特断陷盆地土壤微生物与植物群落的关系，探讨喀斯特土壤微生物种群对环境变化响应特点和适应策略，为该区域植被经营提供理论根据。

2.3.1 天然森林群落和退化灌丛群落土壤微生物丰度和多样性

Hui 等（2019）的研究表明，石漠化导致土壤总碳（Total carbon，TC）、总氮（Total nitrogen，TN）和总磷（Total phosphorus，TP）含量降低，但并没有对微生物群落多样性造成影响。灌丛土壤细菌 OTU 丰度比天然林地区高大约 7.9%（t=2.126，p=0.014）（图 2.18），并且灌丛地区的细菌多样性高于天然林地区。土壤细菌均匀度在两种土壤类型之间没有显著差异。细菌多样性和均匀度与土壤中的总 K 含量呈负相关。真菌 OTU 丰度、多样性和均匀度在天然林和灌丛土壤之间没有明显的规律性。此外，喀斯特土壤类型对 ECM 真菌群落的 OTU 丰度、多样性和均匀性方面均没有显著影响（Hui et al.，2019）。

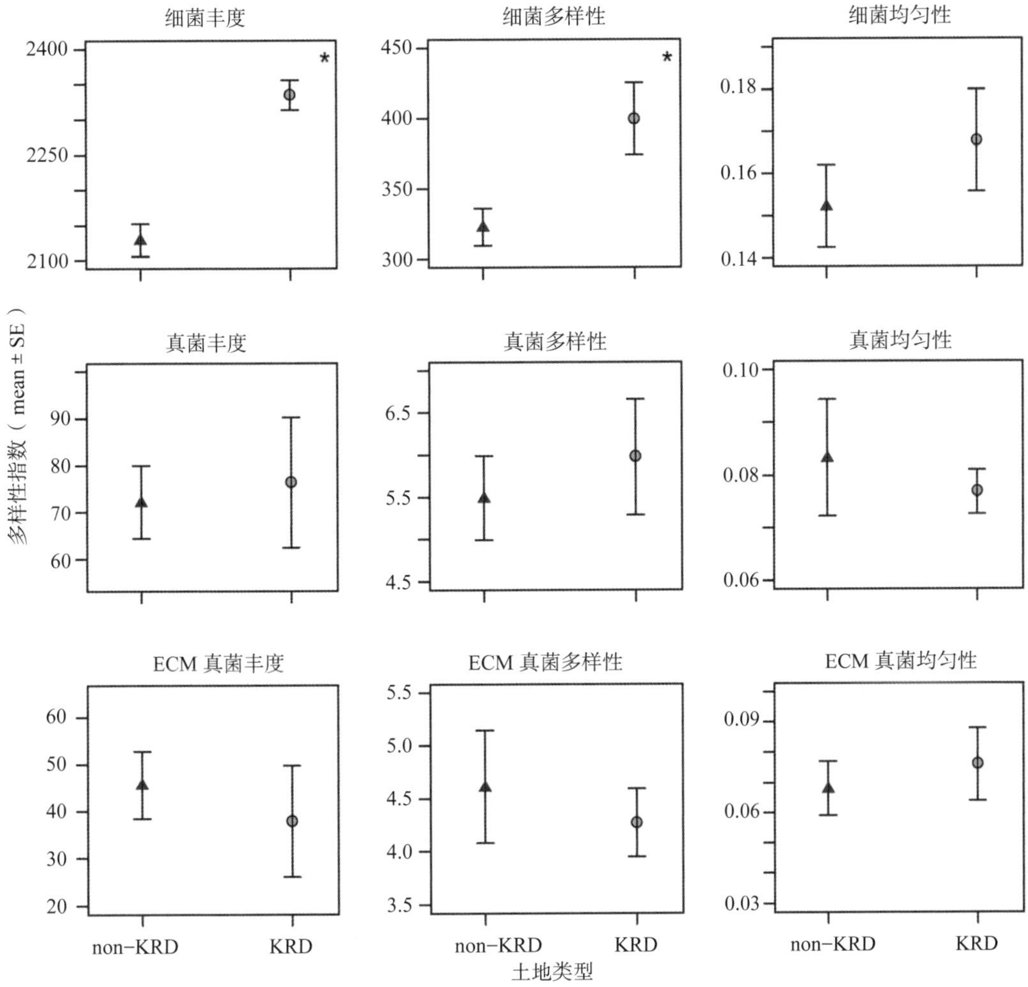

图 2.18　喀斯特石漠化（KRD）和非石漠化地区（non-KRD），细菌（上）、真菌（中）和外生菌根（ECM）真菌（下）OTU 丰度、多样性和均匀性

（据 Hui et al., 2019）

误差线表示标准误差（SE），* 显示 KRD 与 non-KRD 地区有显著差异（$p<0.05$）

2.3.2　天然森林群落和退化灌丛群落土壤微生物群落组成差异

天然林地区和灌丛地区土壤细菌群落结构的多元分析表明，这些群落之间存在显著差异（$R^2=0.561$，$p<0.001$；图 2.19）。土壤的 TC、TN、TP 和 pH 与细菌群落组成有关。细菌数据集中可观察到 28 个门，其中变形菌门（Proteobacteria）最丰富（24.7% 的序列），其次是放线菌门（Actinobacteria）（21.7%）和酸杆菌门（Acidobacteria）（17.6%）。天然林土壤中酸杆菌门、浮霉菌门（Planctomycetes）、疣微菌门（Verrucomicrobia）、α－变形杆菌纲（Alphaproteobacteria）和酸杆菌亚群 2 的相对丰度高于灌丛土壤，天然林土壤中放线菌门、芽单胞菌门（Gemmatimonadetes）和 Acidobacteria 亚群 6 的相对丰度则相反，灌丛土壤的相对丰度高于天然林土壤（$R^2=0.262$，$p=0.432$）（Hui et al., 2019）。

与细菌相似，天然林土壤和灌丛土壤的真菌群落存在差异（R^2=0.441，p<0.001；图 2.19），表明未扰动喀斯特森林土壤相关的微生物群落与石漠化灌丛土壤中微生物群落的差异性。两个土壤参数（TC 和 pH）与真菌组成相关（图 2.19）。真菌 OTUs 分为 6 个门，在真菌数据集中，担子菌门（Basidiomycota）（89.7%）占主导地位，其次是子囊菌门（Ascomycota）（5.8%）和球囊菌门（Glomeromycota）（0.7%）。与天然林土壤相比，灌丛土壤中子囊菌门和球囊菌门的相对丰度更大（图 2.20）。为了研究真菌的营养模式，我们将真菌的 OTUs 按照功能进行分类。我们观察到 ECM 真菌（65.7%）是最丰富的类群，并且 ECM 真菌的相对丰度在不同土地类型之间没有显著差异（图 2.20）。与天然林土壤相比，灌丛土壤中 AMF（丛枝菌根）真菌（属于球囊菌门）和腐生性（Saprotroph，SAP）真菌的相对丰度大于非 KRD 土壤（图 2.20）。地衣型真菌与此相反，天然林土壤中的相对丰度高于灌丛土壤。腐生真菌的相对丰度与 pH 呈正相关。除了一般真菌群落外，天然林和灌丛土壤的 ECM 真菌组成也存在差异（R^2=0.331，p<0.001；图 2.19）。TC 与 ECM 真菌成分有关。我们考虑了村庄对真菌群落结构的影响，但两个村庄之间的普通真菌（R^2 =0.177，p =0.331）或者 ECM 真菌群落（R^2 =0.422，p =0.106）之间都没有明显的差异（Hui et al.，2019）。

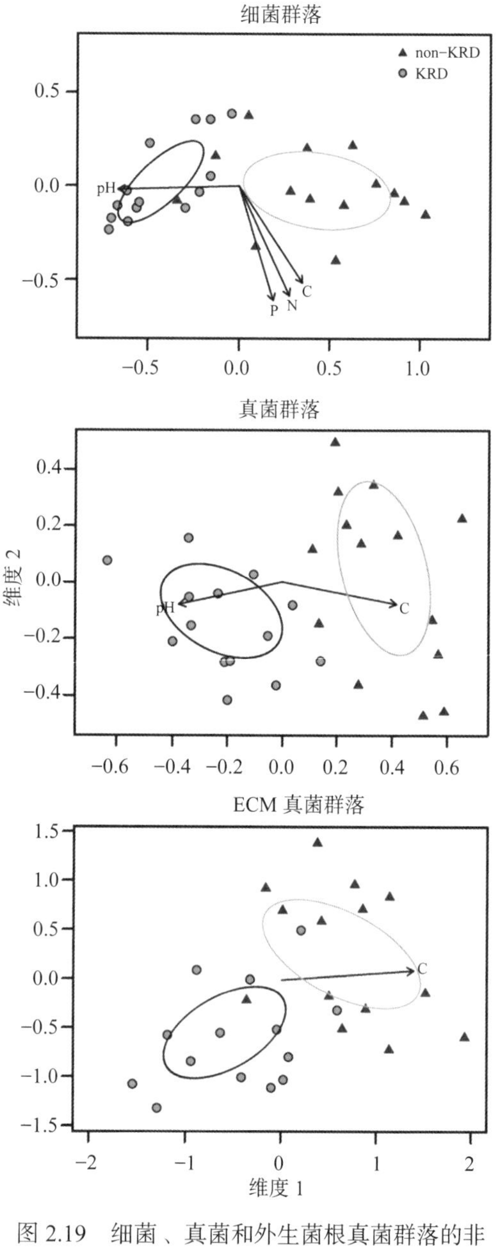

图 2.19 细菌、真菌和外生菌根真菌群落的非度量多维标度图

（Hui et al.，2019）

环境变量有统计学意义（p<0.05），如箭头所示；KRD— 灌丛；C— 总碳；P— 总磷；N— 总氮

2.3.3 天然森林群落和退化灌丛群落土壤微生物指示分类群

本研究确定了 104 个标志性的细菌 OTU，其中，天然林土壤 57 个，灌丛土壤 47 个（Hui et al.，2019）。在属水平上，酸杆菌属、放线菌属（*Actinospica*）、*Paraburkholderia* 和 *Rhizomicrobium* 在天然林土壤中富集，而克洛氏菌属（*Crossiella* ）在灌丛土壤中更为常见（表 2.10）。在真菌数据集中，本研究检测到 61 个指示 OTU，其中天然林土壤 29 个，灌丛土壤 32 个。有 4 个 ECM 真菌属（*Amanita*、*Clavulina*、*Inocybe* 和 *Lactarius*）在天然林土壤中富集。而根据真菌功能分组，

灌丛土壤有不同的指标属，包括 1 个 AMF 属（*Rhizophagus*）、2 个 ECM 属 [硬皮地星属（*Astraeus*）和牛肝菌属（*Boletus*）] 和 4 个 SAP 属 [*Geminibasidium*、*Micropsalliota*、干皮菌属（*Skeletocutis*）和 *Tricholossorum*]。

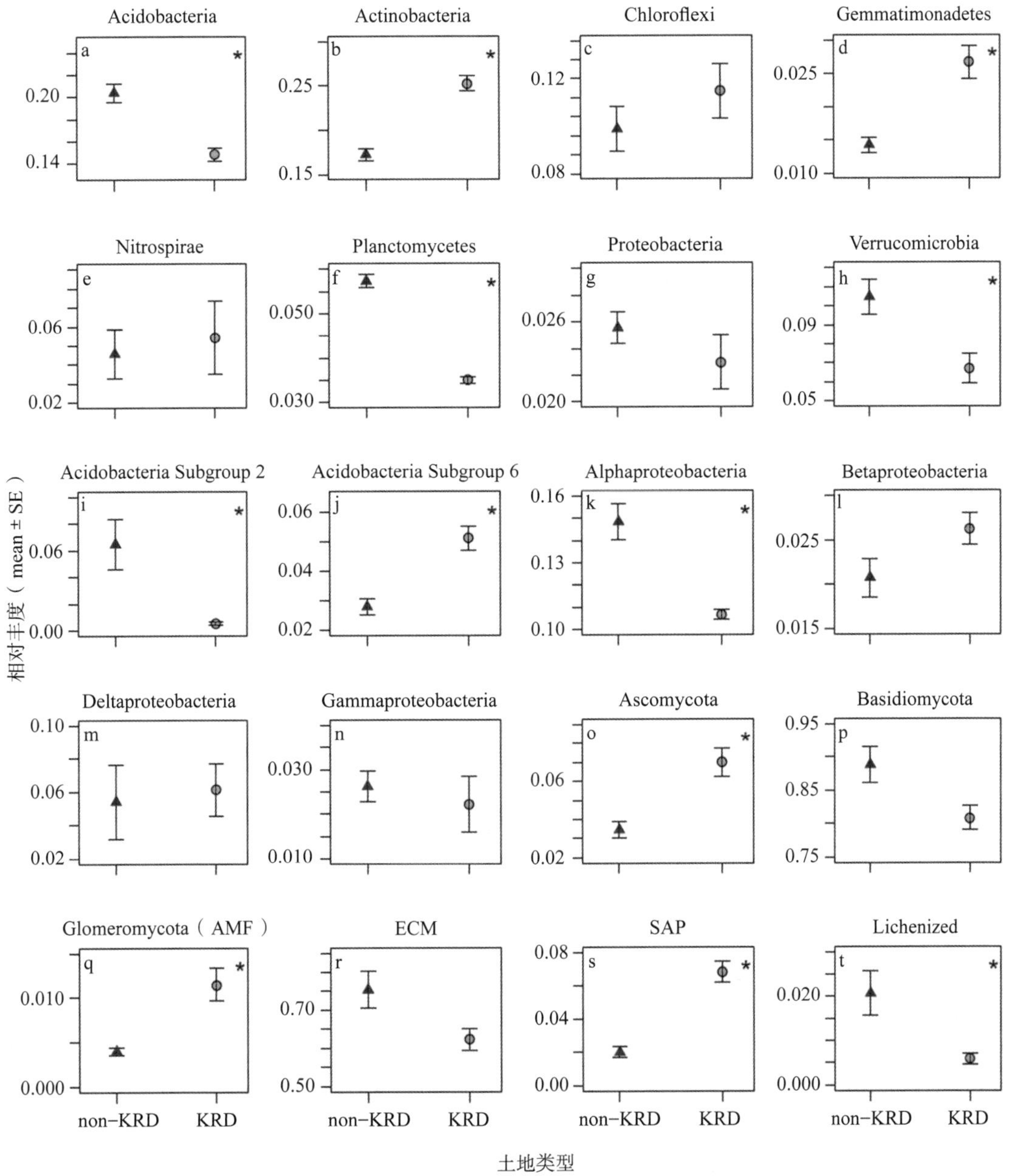

图 2.20 天然林与灌丛之间细菌门（a ~ h）、细菌纲（i ~ n）、真菌门（o 和 p）和真菌功能分组（q ~ t）的相对丰度

（据 Hui et al., 2019）

KRD— 灌丛；AMF— 丛枝菌根；ECM— 外生菌根；SAP— 腐生生物；误差线表示 SE，* 表明天然林与灌丛土壤类型之间差异显著（$p<0.05$）

表 2.10 天然林（non-KRD）和灌丛（KRD）土壤中的细菌和真菌指示属

	stat	p	Functional guild
Bacterial genera			
non-KRD			
Acidobacterium	0.885	0.001	NA
Actinospica	0.924	0.001	NA
Paraburkholderia	0.934	0.001	NA
Rhizomicrobium	0.970	0.001	NA
KRD			
Crossiella	0.981	0.001	NA
Fungal genera			
non-KRD			
Amanita	0.703	0.038	ECM
Clavulina	0.598	0.041	ECM
Inocybe	0.673	0.046	ECM
Lactarius	0.880	0.014	ECM
KRD			
Rhizophagus	0.883	0.008	AMF
Astraeus	0.885	0.002	ECM
Boletus	0.771	0.046	ECM
Geminibasidium	0.596	0.039	SAP
Micropsalliota	0.652	0.041	SAP
Skeletocutis	0.655	0.019	SAP
Tricholosporum	0.874	0.003	SAP

注：AMF 表示丛枝菌根（Arbuscular mycorrhizal）；ECM 表示外生菌根（Ectomycorrhizal）；SAP 表示腐生生物；据 Hui et al., 2019。

2.3.4 退化灌丛群落土壤微生物对水分添加的响应

与对照相比，加水处理显著减少了雨季土壤细菌的 OTUs（$F = 7.51$；$p < 0.01$），而对旱季土壤细菌的 OTU 没有显著影响。相反，在旱季，水处理小区的真菌均匀度较高，而在雨季则没有变化。在旱季，加水处理后，微生物门没有明显变化。而在雨季，与不加水的 CK 相比，在 T1、T2 和 T3 加水量下，酸杆菌门、浮霉菌门和疣微菌门的相对丰度分别下降 1.25%、5.88% 和 64.7%，22.5%、17.6% 和 35.3%，以及 29.6%、52.9% 和 82.4%。而与对照相反，在 T1、T2 和 T3 条件下，放线菌门的相对丰度增加了 27.95%、11.5% 和 21.0%（表 2.11）。

表 2.11　旱季和雨季水分添加处理对微生物群体平均相对丰度的影响

主要的微生物门	F 和 p	
	旱季	雨季
Actinobacteria	0.33（0.81）	6.03（0.01）
Proteobacteria	2.36（0.11）	3.02（0.06）
Acidobacteria	0.14（0.93）	3.44（0.04）
Chloroflexi	1.55（0.24）	1.55（0.24）
Planctomycetes	0.08（0.97）	3.39（0.04）
Nitrospirae	0.02（0.99）	1.10（0.38）
Bacteroidetes	0.23（0.88）	1.88（0.17）
Firmicutes	0.51（0.68）	0.42（0.74）
Verrucomicrobia	0.12（0.95）	6.98（<0.01）
Ascomycota	0.41（0.75）	0.45（0.72）
Basidiomycota	0.11（0.95）	1.28（0.31）
Mortierellomycota	1.85（0.18）	0.64（0.60）
Chytridiomycota	1.96（0.16）	0.48（0.70）
Glomeromycota	1.62（0.22）	0.99（0.42）

注：粗体表示采用单因素方差分析差异显著（$p < 0.05$）；据 Umair et al., 2020b。

季节对细菌和真菌群落的平均相对丰度有显著影响（表 2.11）。与旱季相比，变形菌门、酸杆菌门、绿弯菌门（Chloroflexi）、硝化螺旋菌门（Nitrospirae）、拟杆菌门、厚壁菌门（Firmicutes）和疣状杆菌门的平均相对丰度显著高于枯水期（图 2.21A）。相反，放线菌门和浮霉菌门的平均相对丰度在旱季更高。与旱季相比，一些真菌门的平均相对丰度在雨季更高，例如，担子菌门、壶菌门（Chytridiomycota）和 Mortierellomycota（图 2.21B），而子囊菌门的相对丰度在旱季更高（图 2.21）。

PCA 结果表明，灌水处理对真菌和细菌群落的组成有显著影响。沿 PC 轴 2，水处理样品中的真菌群落组成与对照样品中的真菌群落组成显著不同（图 2.22A）（伪 F=51.2；p<0.001）。同样，水处理样品中的细菌群落组成与对照样品中沿着 PC 轴 2 的细菌群落组成显著不同（图 2.22B）（伪 F=22.8；p<0.001）（Umair et al., 2020b）。

季节对喀斯特生境微生物群落组成也有特殊的影响。在旱季，轴 1 的真菌组成与雨季明显不同（图 2.23A；伪 $F = 102.62$；$p < 0.001$）。细菌群落的组成与之类似，轴 1 的旱季和雨季也有明显区别（伪 $F = 674.7$；$p < 0.001$；图 2.23B）。

通过分析土壤 pH、土壤含水量及元素含量等和土壤微生物组成的相关性，发现：在旱季，仅有绿弯菌门与 pH 成正相关，与 Si 呈负相关，而担子菌门与 Mn 的含量呈显著正相关（图 2.24A）。在雨季，在所有的土壤元素中，C、H、S 和 Fe 和所有微生物组成没有任何的相关性（图 2.24B）。

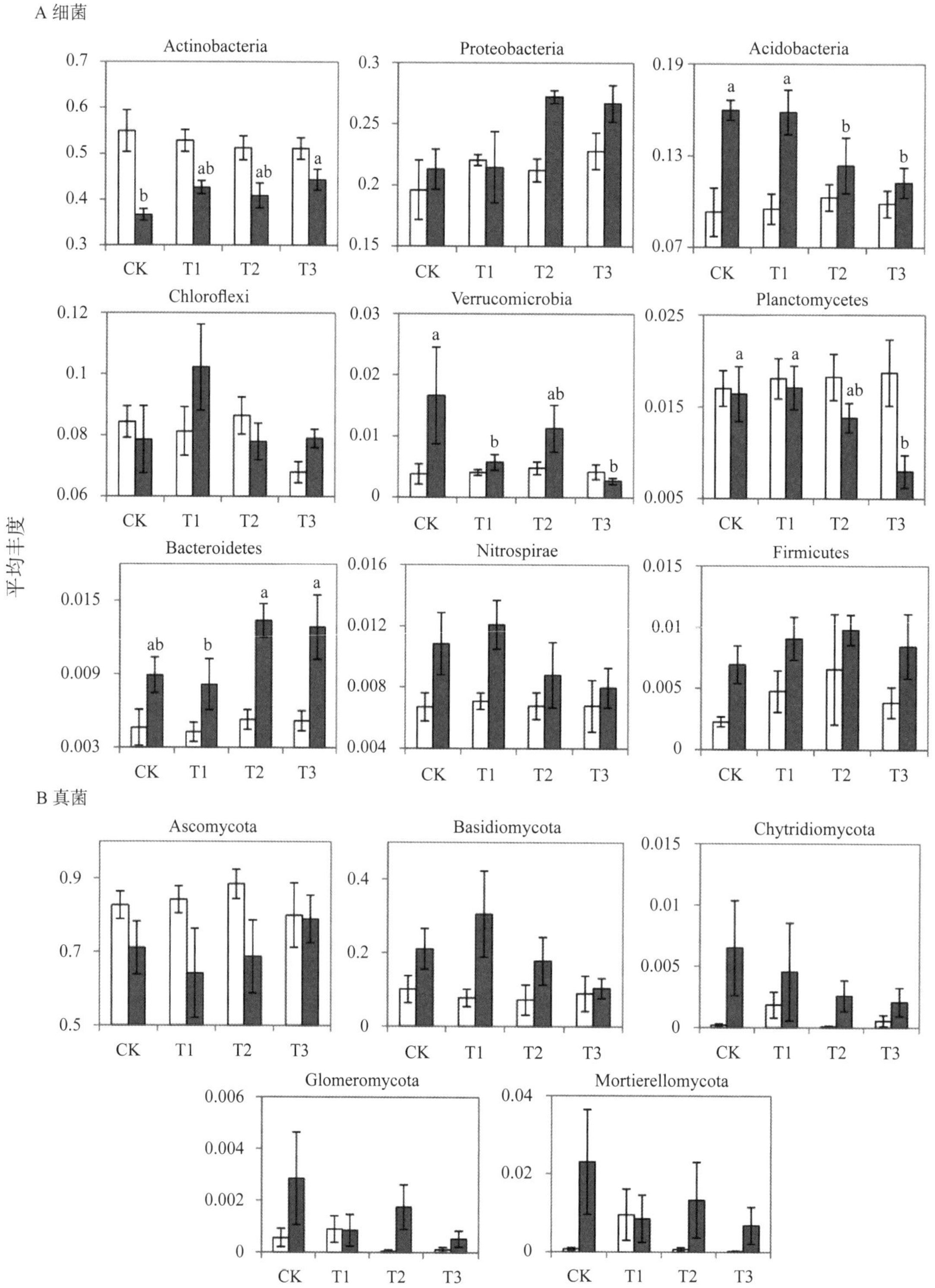

图 2.21 旱季和雨季条件下不加水（CK）、加水 20%（T1）、40%（T2）和 60%（T3）条件下重要的细菌（A）和真菌（B）的平均相对丰度

（据 Umair et al., 2020b）

不同的小写字母表示采用 Duncan's 多重比较不同水分处理之间差异显著（$p < 0.05$）

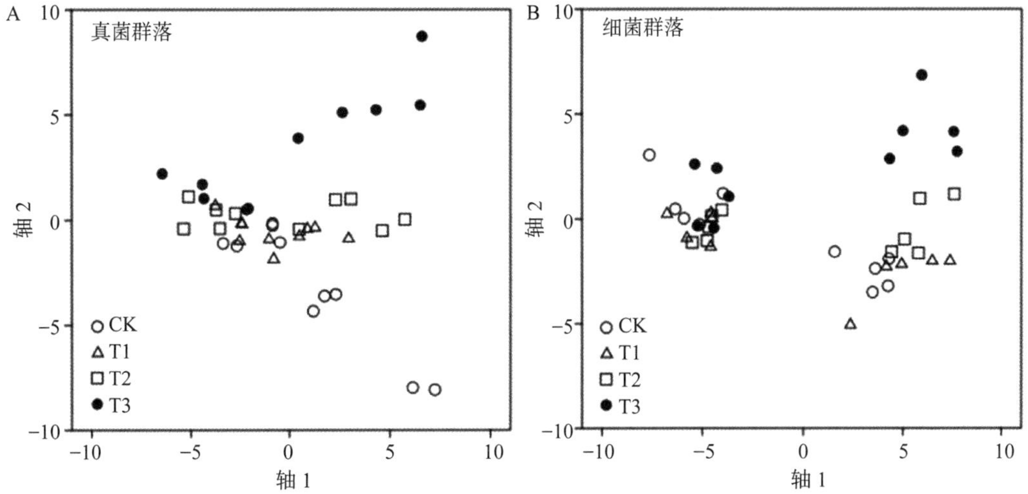

图 2.22　浇水处理后不同处理真菌（A）和细菌（B）群体的主成分分析
（据 Umair et al.，2020b）

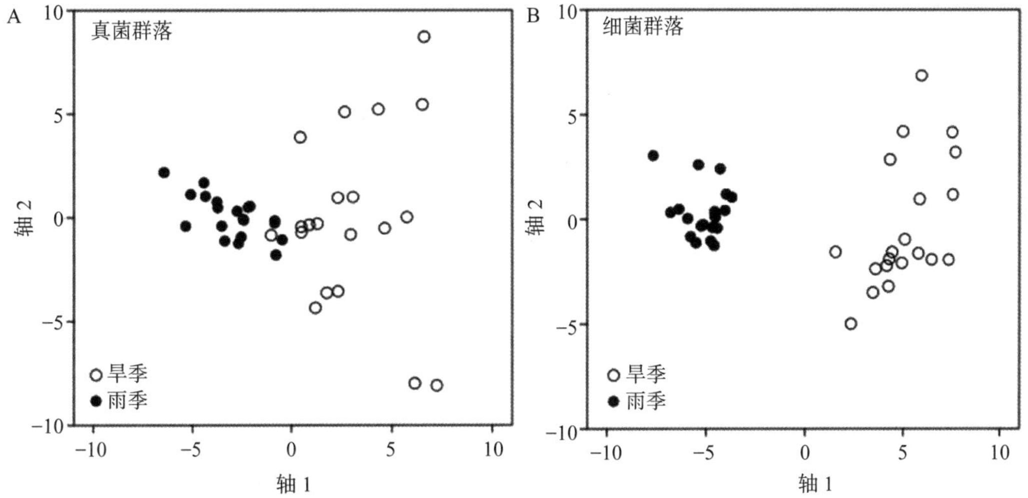

图 2.23　旱季和雨季真菌（A）和细菌（B）群体的主成分分析
（据 Umair et al.，2020b）

土壤的元素组成等对微生物门的影响可以通过图形的形式表示出来。典型对应分析的轴 2（解释 7.98% 的变异）主要对应土壤微生物门和土壤多元素变量，与土壤 K、Na 呈显著负相关（$p < 0.05$；图 2.25A）。此外，在微生物群落中，K 和 Na 和微生物群落显著相关，并且是区分微生物门的最有效因子（图 2.25B）。

本研究结果表明，在雨季，酸杆菌门、Plantomycetes 和疣微菌门的相对丰度与土壤 K 和 Na 含量呈负相关，而放线菌门与 K（$R^2 = 0.70$，$p < 0.001$）和 Na（$R^2 = 0.36$，$p < 0.01$）含量呈正相关，并且水的添加对真菌门没有影响。这说明在雨季，水分添加对喀斯特土壤细菌的影响与土壤中 K 和 Na 含量有关。这一类似现象在中国中部的喀斯特农田土壤中也观察到（Yun et al.，2016）。事实上，K 和 Na 对土壤微生物的影响在以往的研究中已被广泛观察到，例如，K 和 Na 的添加促进纤维素酶的大量生产，而纤维素酶是微生物分解富含 C

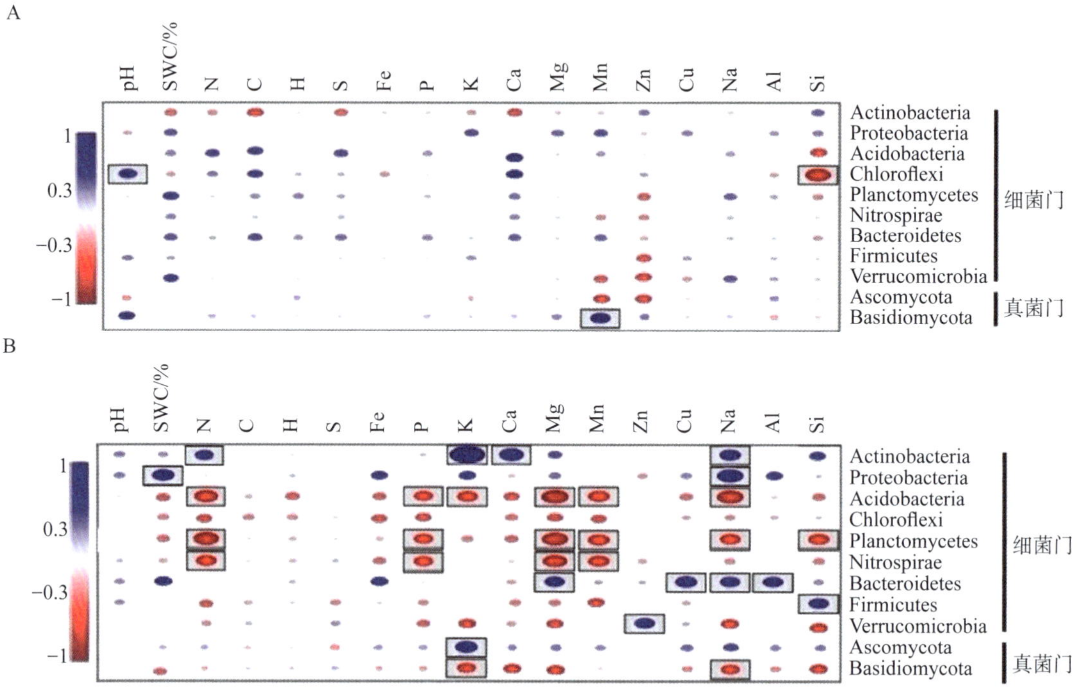

图 2.24　旱季（A）和雨季（B）重要土壤微生物门与土壤环境变量的 Pearson 相关系数分析

蓝色表示正相关，红色表示负相关；统计上显著的结果用被框出（$p < 0.05$）

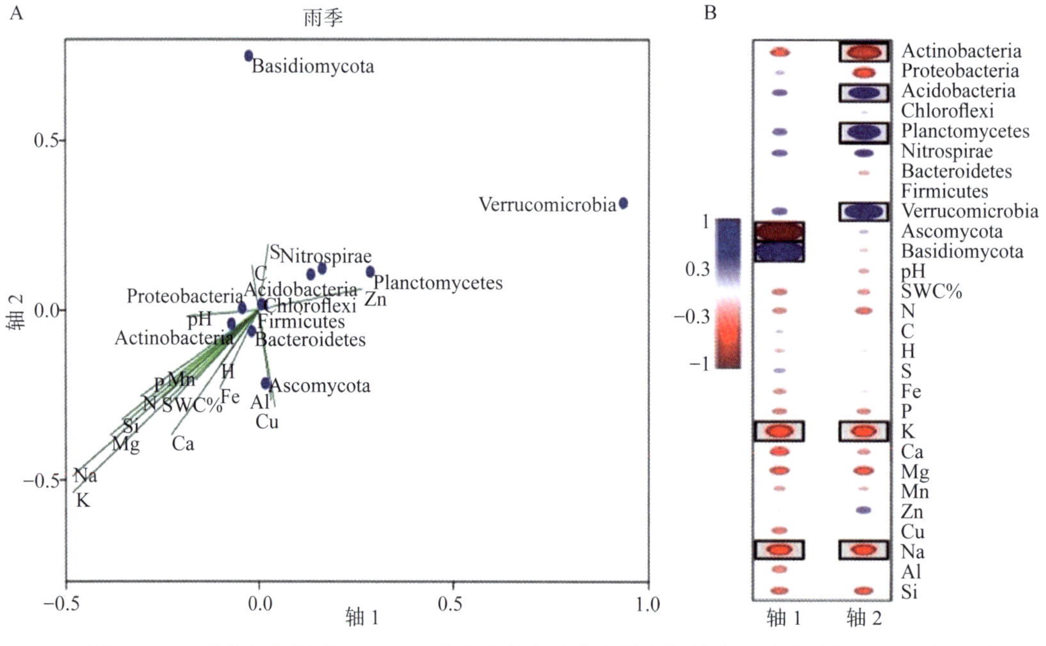

图 2.25　雨季微生物组成、pH、土壤含水量和元素含量之间的典型对应分析（CCA）（A）及通过 CCA 提取的两个变量与土壤微生物门和土壤变量之间的相关系数（B）

蓝色表示正相关，红色表示负相关；统计上显著的结果用被框出（$p < 0.05$）

大分子所必需的（Kaspari et al., 2008；Kaspari et al., 2009）。K 的有效性与生态系统中的凋落物分解呈正相关（Laskowski et al., 1995；Pandey et al., 2007；Tripathi and Singh, 1992），Na 有利于草食动物和分解者的植物－消费者代谢（Da Silva and Williams, 2001；Kaspari et al., 2009）。高浓度的可溶性盐（尤其是 K^+ 和 Na^+）往往还通过渗透作用影响微生物的组成等（Wood, 2011; 2015）。

2.3.5 喀斯特断陷盆地土壤微生物种群对环境变化适应策略的差异

石漠化降低了喀斯特地区土壤肥力，改变了土壤微生物群落结构。土壤微生物群落多样性与植物多样性呈正相关，因为丰富的植物物种 / 性状提供了多样的基质和资源。而本研究结果表明，灌丛 KRD 地区细菌 OTU 的丰度和多样性高于天然林非 KRD 地区，后者的植物密度和多样性相对较高。真菌 OTU 的丰度和多样性保持不变。尽管灌丛 KRD 地区已被砍伐干净，树木大多不存在，但真菌数据集中最丰富的功能性共生体 ECM 真菌在两种土地类型之间的多样性和相对丰度方面没有差异，这表明灌丛 KRD 灌木中存在着令人惊讶的多样性和丰富的 ECM 真菌。虽然灌丛 KRD 地区土壤性质退化，微生物群落结构发生改变，但在蒙自当地主要树种窄叶石栎的根际中观察到了多种 ECM 真菌。这些信息对于退化生态系统的恢复尤其重要，因为 ECM 真菌库可以极大地有利于树木幼苗并促进其生长。最后，由于树木的健康和生长依赖于土壤微生物群落，因此，需要对灌丛 KRD 地区人工次生林土壤微生物群落进行持续研究。

灌丛可以通过多种方式影响土壤微生物群落，通过植物多样性的退化或通过土壤性质的变化（Cartwright et al., 2016；He et al., 2008；Li et al., 2018；Qi et al., 2018；Xue et al., 2017）。尽管灌丛对土壤化学的不利影响已被本研究和之前的研究所证实（Peng and Wang, 2012），但灌丛地区的植被可能是细菌和真菌丰度的重要储库（Li et al., 2018）。我们的数据表明，灌丛并没有对土壤微生物多样性构成威胁。虽然灌丛植被较少，且土壤 TC、TN 和 TP 含量较低，但具仍有较高的细菌 OTU 丰度和多样性，这一结果与之前的一项研究一致。该研究还表明，与次生林相比，灌丛中的土壤细菌多样性更高（Xue et al., 2017）。天然林以软质燃烧土为典型，土壤表层有森林凋落物，而灌丛土壤侵蚀严重，大部分被植物凋落物覆盖。凋落物的短缺会引起土壤碳和养分动态的变化（Bardgett and Wardle, 2010；Wardle et al., 2004），从而改变微生物群落结构（Hui et al., 2017）。因此，资源丰富的天然林土壤可能产生较少的微生物生态位分化，而资源贫乏的灌丛土壤更倾向于形成独特的生态位，这对细菌多样性形成有着至关重要的影响（Bakker et al., 2013；Hui et al., 2018；Schlatter et al., 2015）。

3 喀斯特断陷盆地生态水文特征

3.1 喀斯特断陷盆地生态水文过程变化

3.1.1 喀斯特断陷盆地“盆－山”耦合地形影响下的气候特征

石漠化的形成和演变受地质背景、气候、地貌和人类活动等因素综合影响（Wang et al.，2010；王世杰等，2003），其中气候因素是喀斯特生态环境中最活跃、最直接的因素（温庆忠等，2014；朱大运等，2018）。降水、气温、光照等因子控制着地表水量平衡，具体表现在通过入渗与蒸发的调控使土壤水分处于动态变化中，当土壤持水能力下降、侵蚀加剧、养分流失后植物生长发育受到影响，进而使整个岩溶生态系统退化，造成或加剧石漠化（朱大运等，2018）。目前针对气候对石漠化演变影响的研究较多，例如，谷晓平等（2011）定量研究了气候要素在贵州石漠化发展过程中的作用，发现雨量增加对石漠化的驱动作用增强；吴良林等（2012）通过GIS平台结合气候空间分布数据和石漠化数据分析出桂西北石漠化过程与年均气温和降水量呈正相关，且降水量因子对石漠化的影响大于气温因子；张勇荣等（2014）利用20年的气象数据和遥感影像数据分析出贵州省气温、降水变化对石漠化的影响存在一定滞后性。这些研究主要集中在降水、气温两个主要因素，且研究范围较大，并以年、年际作为时间尺度。石漠化发育地区通常位于多山区域，区域内拥有较大的相对高度和较陡的坡度，导致区域内水分、能量等要素产生梯度效应，进而形成气候、生物、土壤等的垂直变化（李国平，2016），喀斯特生态环境也由此具有明显的空间异质性。同时，季风气候影响下的我国西南喀斯特地区，降水具有明显的季节变化，水分在湿润季节的重新分配和干旱季节的蒸散情况是控制石漠化地区地表生态过程的关键因素（Li et al.，2016）。因此，在一个流域内考虑具体的地形条件对气候因子的影响及气候要素的年内变化对石漠化演变的影响，对科学掌握气候因素与石漠化演变之间的关系具有重要意义。

3.1.1.1 研究区与实验场地概况

根据蒙自喀斯特断陷盆地的特点，2017年6月，我们选择盆地东侧东山作为观测剖面，沿盆地、斜坡、高原面3个地形部位（图3.1）建立3个自动气象站，分别是：盆地大洼子站（103° 23′ 47″ E，23° 28′ 22″ N，海拔1363 m，简称盆地）、坡面朵古村站（103° 26′ 13″ E，23° 27′ 43″ N，海拔1846 m，简称坡面）、高原面牛耳坡站（103° 27′ 09″ E，23° 27′ 08″ N，海拔2086 m，简称高原面）。自动气象站可实时检测太阳辐射、气温、降水、风速、风向等气象要素，每30分钟记录储存一次数据。

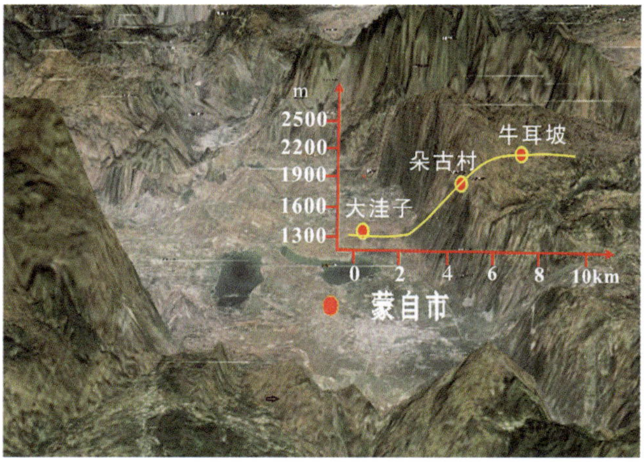

图 3.1　观测站点位置图

根据东山剖面一年的气象观测资料（2017 年 6 月—2018 年 6 月），分析了月（季）、日尺度太阳辐射、气温、降水、相对湿度等气象因子的垂直变化特征，并基于 Penman-Monteith 公式计算的参考作物蒸散量（Reference Evapotranspiration，ETo）来研究观测区的干燥指数（Droogers et al.，2002；曹言等，2018）。在此基础上，利用 SPSS 软件，将每 30 分钟一次记录的数据逐时（年平均）、逐月进行分类汇总，对数据进行描述统计分析，统计值包括极小值、极大值、范围、均值、标准差和变异系数。

3.1.1.2　气候要素特征分析

3.1.1.2.1　太阳辐射垂直变化

太阳辐射是地球能量的直接来源，是大气状态及演变的主控因子（申彦波等，2008）。在整个观测期内，盆地年太阳辐射量为 5817 MJ/m^2，坡面年太阳辐射量为 5492 MJ/m^2，高原面年太阳辐射量为 5500 MJ/m^2。依据《太阳能资源评估方法》（QX/T89—2008），该区属于资源丰富地区，但盆地太阳辐射资源比海拔更高的坡面和高原面更丰富。

3.1.1.2.1.1　太阳辐射量变化

从季节上看，3 个观测站的年太阳辐射量均是春季（3—5 月）最大，冬季（12—2 月）最小（图 3.2），这一特点与全国整体辐射量夏季最大有明显的不同（杨军，2006）。这是因为蒙自地区春季（3—5 月）受来自青藏高原南侧偏西气流影响，干燥、多晴天，太阳辐射充足（李矜霄等，2014），而夏季（6—8 月）虽然太阳高度角大，白昼也更长，但此时正是蒙自降水量最多月份，水汽、云量增加导致云层吸收、反射的太阳辐射更多，到达地面的太阳辐射减少，因此，相对于春季，夏季的太阳辐射反而较少。

从太阳辐射逐时变化趋势（图 3.2）可看出，本地日出时刻大约在 7∶00，日落时间大约是 19∶00。其中盆地和高原面的太阳辐射量均是在 13∶00 达到峰值，而坡面是在 14∶00 达到峰值，这可能是因为观测坡面是西坡，太阳东升到达一天中最高点之前坡面都属于阴面，太阳从一天中最高点西落时，坡面反而成了向阳面，因此，坡面被太阳光直射的时刻相对于盆地和高原面相应延后。

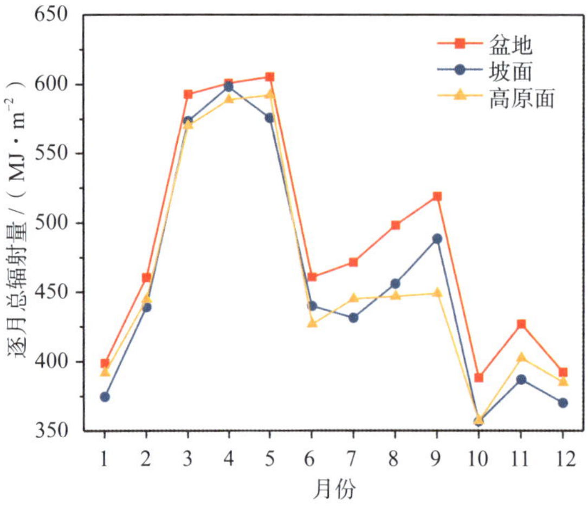

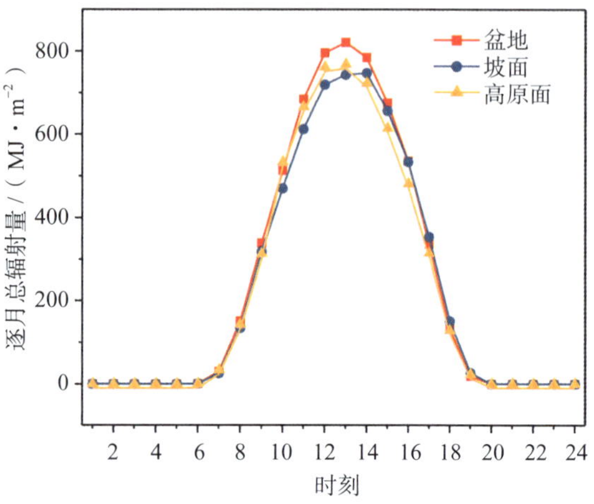

图 3.2　观测站点太阳辐射量逐月、逐时变化

3.1.1.2.1.2　太阳辐射量变异度

虽然 3 个站点整体的逐月、逐时太阳辐射量及其变异系数（表 3.1）均相似，但是从图 3.2 可以发现，6—9 月期间太阳辐射量垂直差异最大，这是由于此时正值蒙自雨季，而不同海拔的降水差异明显，空中云量、水汽含量垂直差异大，因此，太阳辐射量差异相对较大。

表 3.1　观测站点逐月、逐时太阳辐射量变异度统计表

指标	逐月			逐时		
	盆地	坡面	高原面	盆地	坡面	高原面
统计数	12			24		
平均值 /（$MJ \cdot m^{-2}$）	484.71	457.66	458.35	242.36	228.83	229.18
标准差	80.30	84.79	80.99	313.22	291.24	294.92
最小值 /（$MJ \cdot m^{-2}$）	388.35	356.82	357.30	0.01	0.00	0.04
最大值 /（$MJ \cdot m^{-2}$）	605.36	598.16	592.18	820.85	747.34	768.19
区域 /（$MJ \cdot m^{-2}$）	217.02	241.34	234.88	820.84	747.34	768.15
变异系数 / %	16.57	18.53	17.67	129.24	127.27	128.69

3.1.1.2.2　气温垂直变化

大气的热量主要直接来自地面的长波辐射（郭建平等，2013）。年平均气温盆地（19.04 ℃）> 坡面（15.59 ℃）> 高原面（13.70 ℃），整个观测剖面气温垂直递减率 0.74 ℃ /100 m。观测期内不同高度的最热月份与最冷月份并不一致（图 3.3）：盆地 5 月最热，而坡面和高原分别到 8 月、9 月最热，这可能是因为盆地 5 月份降水量为零，因此盆地升温较快，而坡面和高原面在 5 月分别有 31.30 mm、70.40 mm 的降水，水汽含量相对更多，阻碍增温，因此不是一年中最热月份。最冷月份坡面和高原面均比盆地延后一个月，这可能是由于盆地更为干燥，水汽、云量少，大气逆辐射弱（田荣湘等，2017），使得冬季降温更快。

3 个站点气温日变化趋势一致（图 3.3）：一天中 7∶00 左右气温最低，15∶00 左右气温最高。从气温日变化范围（表 3.2）来看，盆地（7.45 ℃）> 坡面（5.97 ℃）> 高原面（5.03 ℃），说明盆地气温日较差大于坡面与高原面，这是由于盆地多晴天，水汽较少，白天升温快，夜间降温快，日变化大。

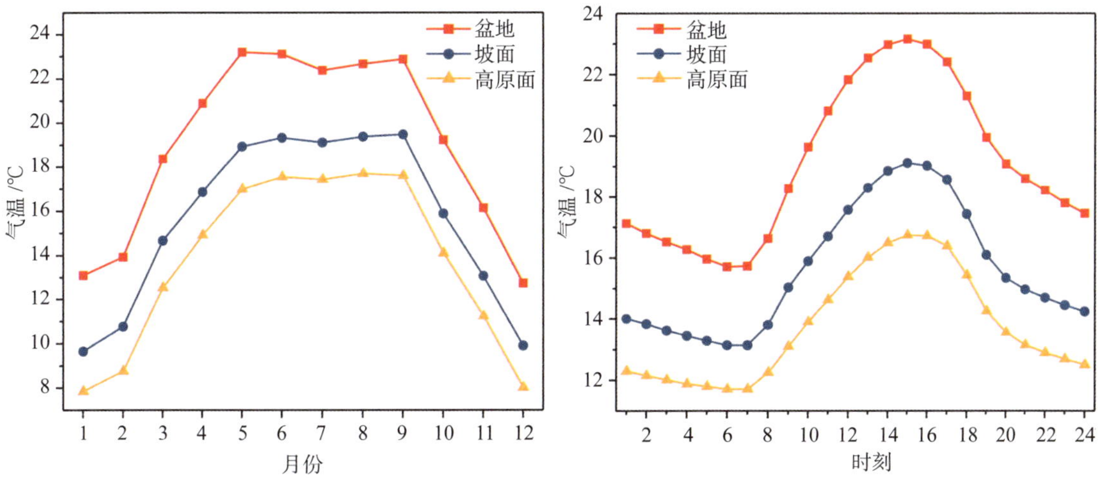

图 3.3　观测站点平均逐月、逐时气温变化

表 3.2　观测站点逐月、逐时气温统计表

指标	逐月			逐时		
	盆地	坡面	高原面	盆地	坡面	高原面
统计数	12			24		
平均值 /℃	19.04	15.59	13.70	19.07	15.61	13.73
标准差	4.12	3.89	3.94	2.59	2.07	1.79
最小值 /℃	12.73	9.65	7.83	15.71	13.14	11.70
最大值 /℃	23.19	19.48	17.67	23.16	19.11	16.73
区域 /℃	10.46	9.83	9.84	7.45	5.97	5.03
变异系数 / %	21.62	24.98	28.73	13.58	13.29	13.05

3.1.1.2.3　风速、风向变化

观测期间风速、风向在垂直方向有明显差异（表 3.3），盆地风速小于坡面和高原面。1—5 月份风速较大，且风速垂直差异并不明显；6—12 月份风速较小，垂直差异显著，高原面 > 坡面 > 盆地（图 3.4）。盆地风向以东东南（ESE）、东南（SE）为主导，坡面风向以东南（SE）、南东南（SSE）为主导，高原面风向范围更广，集中在东东南（ESE）至南西南（SSW）之间（图 3.5）。

表 3.3　观测站点逐月、逐时风速统计表

指标	逐月			逐时		
	盆地	坡面	高原面	盆地	坡面	高原面
统计数	12			24		
平均值 / $(m \cdot s^{-1})$	1.36	1.53	1.53	1.35	1.53	1.53
标准差	0.35	0.30	0.20	0.48	0.25	0.43
最小值 / $(m \cdot s^{-1})$	0.96	1.12	1.10	0.61	1.06	0.99
最大值 / $(m \cdot s^{-1})$	1.87	2.01	1.79	2.04	1.83	2.23
区域 / $(m \cdot s^{-1})$	0.91	0.89	0.69	1.43	0.77	1.24
变异系数 / %	25.83	19.90	12.92	35.26	16.68	27.82

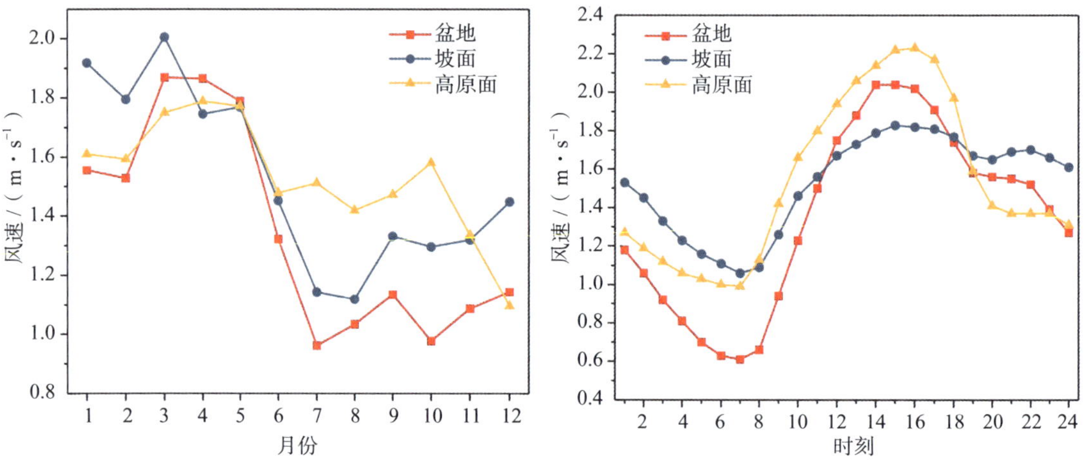

图 3.4　观测站点逐月、逐时风速变化

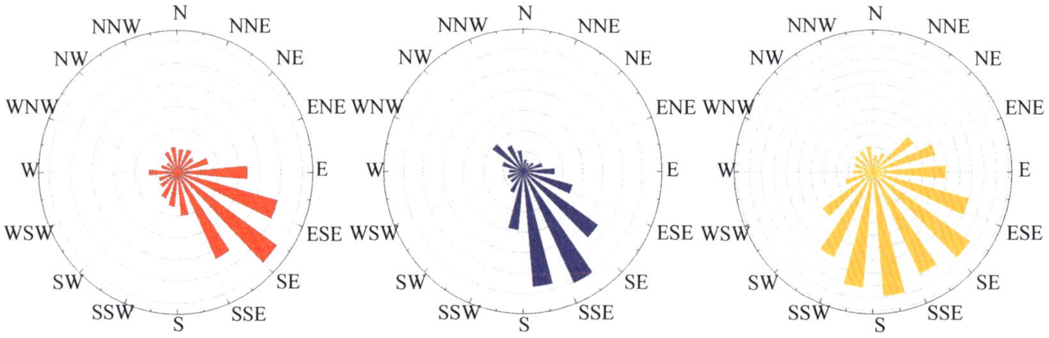

（a）盆地　（b）坡面　（c）高原面

图 3.5　观测剖面风向频率分布图

一天中 7:00 左右风速最大，15:00 左右风速最小。日间（7:00—18:00）高原面风速大于盆地和上坡面，夜间（19:00—次日 6:00）坡面风速大于高原面和盆地，坡面和高原面风向存在明显的日变化（图 3.6）。其中，高原面风向在 9:00 左右从南东南（SSE）转为南（S），到 17:00 再次转为南东南（SSE）方向。坡面风向日变化幅度更大，风向在 9:00

左右从南东南（SSE）转为南西南（SSW),16：00 后转为南（S),18：00 后转为南东南（SSE)。风向在日间有偏西的趋势，夜间风向有偏东的趋势。结合 3 个站点水平方位及垂直高度分析，风向日变化是受地形及热力环流造成的“山谷风”（孙方林和马耀明，2007）。山区山谷风的发生是由于白天和夜间太阳辐射差异及坡面与相同海拔空气热力性质不同。白天太阳辐射强，山坡升温快形成热源气流上升、气压变低，此时吹上坡风（谷风）；夜间情况正好相反，太阳辐射骤减，山坡降温快形成冷源气流下沉、气压升高，此时吹下坡风（山风）。在观测剖面上，3 个气象观测站水平方向上几乎呈正东西走向，白天风从盆地吹向高原，此刻山坡风向偏西（SSW），夜间风从高原吹向盆地，山坡风向偏东（SSE）。

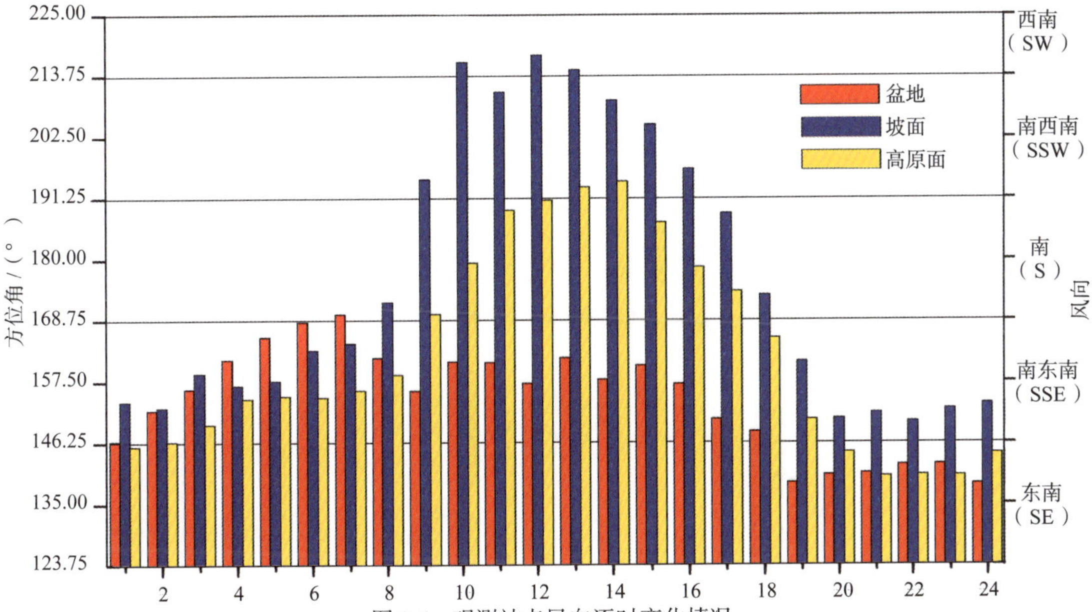

图 3.6　观测站点风向逐时变化情况

3.1.1.2.4　降水的垂直变化

3.1.1.2.4.1　降水量变化

从年降水量来看，观测期内盆地年降水量 662.6 mm，坡面年降水量 575.4 mm，高原面年降水量 1027.4 mm，降水量垂直差异显著，坡面和盆地降水明显少于高原面。降水的形成与气流运动方式密切相关，风向可以表示大气的运动方向，通过前面风向的分析（图 3.5）可知，3 个站点主导风向是偏东南向，观测坡面坡向朝西，属于当地主导风背风坡，大气从东南方向来，经过高原面会沿坡面下沉，难以致雨，因此，坡面和盆地降水量远少于高原面。

从降水量季节变化来看，受大气环流影响，观测区降水年内分配极不均匀，降水主要集中在 6 ~ 9 月份，占全年降水 70% ~ 90%。“盆 − 山”耦合地形，放大了降水的年内差异，从降水月份变化（图 3.7）和逐月变异系数（表 3.4）均可看出，3 个站点降水变异系数是盆地（152.36%）> 坡面（113.81%）> 高原面（99.36%），盆地降水年变异度明显更大，观测数据显示当年 12 月份到次年 5 月，这半年降水总量少于 10 mm，其中 2 月份、5 月份全月无降水现象。这表示盆地在干季更干。

表 3.4 观测站点逐月、逐时降水量统计表

指标	逐月			逐时		
	盆地	坡面	高原面	盆地	坡面	高原面
统计数	12 月			24 时		
平均值 /mm	55.22	47.95	85.60	27.61	23.98	42.80
标准差	84.13	54.57	85.05	15.85	10.46	17.44
最小值 /mm	0.00	0.80	5.00	7.60	11.40	21.00
最大值 /mm	269.40	187.80	295.80	66.40	54.80	85.00
区域 /mm	269.40	187.00	290.80	58.80	43.40	64.00
变异系数 / %	152.36	113.81	99.36	57.40	43.62	40.75

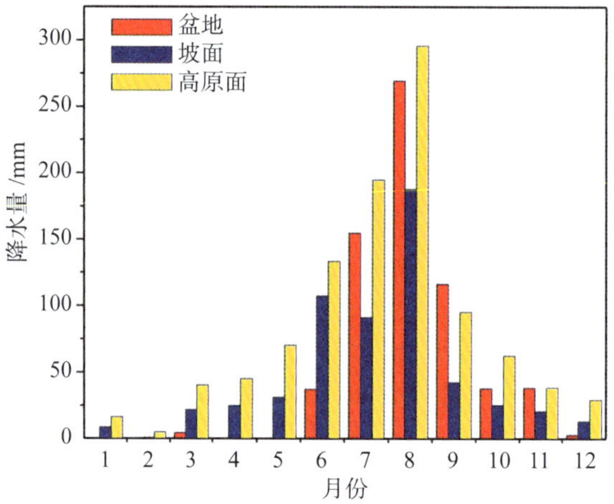

图 3.7 观测站点降水逐月变化

为了解降水日变化，我们利用全年降水日逐时累计降水占年降水量的比例进行分析。通过图 3.8 和逐时降水变异系数均可发现，3 个站点在昼夜降水并不均匀，变异系数均超过 40%，逐日降水变异度是：盆地（57.40%）> 坡面（43.62%）> 高原面（40.75%）。一日之中降水出现的 3 个明显峰值分别是：清晨 7∶00 左右、午后 14∶00 左右、傍晚 18∶00 左右。根据当地全年日出日落平均情况，以 7∶00—19∶00 为昼，20∶00—次日 6∶00 为夜，计算出观测区域日间降水比例分别为盆地 66.86%，坡面 61.11%，高原面 59.85%；夜晚降水比例分别为盆地 33.14%，坡面 38.89%，高原面 40.15%。观测区域降雨的峰值均出现在日间，且日间降雨比例明显大于夜间，说明该地以日间降雨为主，其中盆地昼夜降雨比例差异最大，高原面最小。结合上文风向分析，出现这一昼夜特征可能是受山谷风影响。观测坡面夜间主要吹山风，而白天吹谷风，白天气流从盆地抬升攀爬至高原面，易冷凝致雨，夜间反之。由于影响降雨日变化的因素极为复杂，因此，其中的机理分析有待继续开展，但该研究结果加深了我们对研究区山地降水日变化的认识。

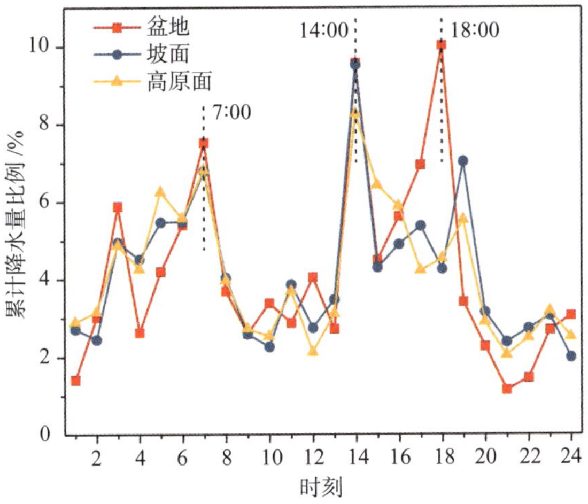

图 3.8 观测站点逐时累计降水量比例逐时变化

3.1.1.2.4.2 降水强度垂直变化

本次统计的降水强度，指 24 h 降水量≥ 0.1 mm（小）、≥ 10.0 mm（中）、≥ 25 mm（大）和≥ 50 mm（暴）各级降水日数，及 1 d 最大降水量。结果显示（表 3.5）3 个站点降水均以小雨（0.1 ~ 10 mm）为绝对主导，占 80% ~ 90%，但是降水强度在垂直方向有明显差异，呈现盆地 > 高原面 > 坡面的现象，且观测期间未发生暴雨事件，最大降水出现在 2017 年 8 月 1 日的盆地，单日降水达到 49.2 mm。

表 3.5 观测站点降水强度垂直差变化统计表

指标	各级降水比例 /%				降水天数 /d	1d 最大降水量	
	≥ 0.1 mm	≥ 10.0 mm	≥ 25 mm	≥ 50 mm		降水量 /mm	时间
盆地	81.31	11.21	7.48	0	107	49.2	2017 年 8 月 1 日
坡面	90.51	8.23	1.27	0	158	39.6	2017 年 8 月 1 日
高原面	84.83	10.9	4.27	0	211	45.4	2017 年 7 月 3 日

然而由于气象站点较少，观测时间较短，以上结果与分析仅是对研究区气象要素特征的初步认识。尽管如此，但可对后期更长时间的监测研究提供基础，并对当地气候有更深一步的认识，进而为石漠化综合治理提供依据。

3.1.1.2.5 干燥指数垂直差异分析

为表示出研究区的干湿状况，需要知道观测区域的蒸散情况，为此，我们采用联合国粮农组织（FAO）推荐的 Penman–Monteith 公式计算参考作物蒸散量（*ETo*）。该方法以能量平衡和水汽扩散理论为基础，通过假设植物的类型、生长状况及土壤水分状况，使得参考作物蒸散独立于这些因素，并只受到气象因子的影响（董旭光等，2015），

$$ETo=\frac{0.4808\varDelta\left(R_n-G\right)+\gamma\dfrac{900}{T+273}U_2\left(e_s-e_a\right)}{\varDelta+\gamma\left(1+0.34\mu_2\right)} \tag{3.1}$$

式中：Δ 为饱和水汽压与温度曲线率；R_n 为作物冠层表面的净辐射，MJ / (m^2 · d)；G 为土壤热通量，MJ / (m^2 · d)；T 为 2 m 高度处的日平均气温，℃；U_2 为 2 m 高度处的风速，m / s；e_s 为饱和水汽压，kPa；e_a 为实际水汽压，kPa；γ 为干湿表常数，kPa / ℃。

通过 Penman-Monteith 公式计算得出研究区潜在蒸散量，其中盆地（1152.20 mm）> 坡面（976.70 mm）> 高原面（901.40 mm）。区域干燥指数（年蒸发量 / 年降水量）（曹言等，2018）：盆地（1.74）> 坡面（1.70）> 高原面（0.88）。通过蒸散量逐月变化（图 3.9），可见春季（3 ~ 5 月）是观测区蒸发最旺盛的时期，这一时期降水也少，容易出现“春旱”灾害。

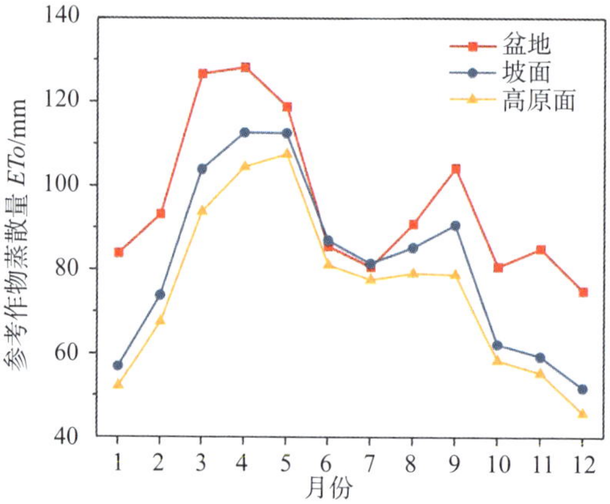

图 3.9　观测站点参考作物蒸散量（*ETo*）逐月变化情况

3.1.2　不同植被覆盖下的穿透雨变化特征

水文循环过程的改变往往是区域所有生态问题的直接驱动力（赵文智等，2001）。喀斯特地区被认为是同沙漠一样的脆弱环境（袁道先和蔡桂鸿，1988），因此，喀斯特生态系统是受喀斯特环境制约的生态系统。“山多地少，雨多地漏”的恶劣环境，严重制约着农业生产的发展，并且缺水干旱问题已成为喀斯特石山地区长期处于贫困和落后的主要原因之一（劳文科等，2003）。因此，水分是喀斯特生态系统构成、发展和稳定的基础和依据，决定着喀斯特地区石漠化过程和植被恢复过程这两类对立与冲突性的生态环境演化过程（邓艳，2018）。

降水再分配过程是水文控制植被分布和组成、同时植被在各个尺度上对水文过程产生重要反馈作用的一个典型实例。植被的降水再分配是指雨水在通过冠层过程中发生的传输路径的改变（Crockford and Richardson，2000），并可划分为冠层截留、穿透雨和树干径流三个部分（Staelens et al.，2008）。其中，冠层截留部分是指停留于冠层，被冠层吸附拦截并消耗于蒸散发的水量；其余透过冠层间空隙或从枝条叶片上滴落的水量成为穿透雨。穿透雨是大气降水经过林冠作用后进入林内的降水量，它是森林水文学过程的重要环节之一，并在森林生态系统生物地球化学循环过程扮演着重要的角色。此外，穿透雨还是植被降水再分配的重要组分，它改变冠层下降水的空间分布格局，影响土壤中水分补给和养分循环，对植物的水分利用和生长具有重要意义。2018 年 6 月 26 日到 2019 年 6 月 26 日，本项目在蒙自市西北勒乡的原始森林和苹果园中设置监测点，分别进行为期一年的监测，分析原始森林和果园的降水再分配过程，考虑到两个监测点相距不到 4.0km，因此，两个监测点的降水量统一使用位于苹果园监测点附近空地的小型野外气象站获取的数据。

3.1.2.1　林外降水基本特征

如图 3.10 所示，监测期间共观测到有效降水 102 场，降水量为 577.4 mm，单次最大降水量为 73.4 mm，单次最小降水量为 0.6 mm，单次平均降水量为 5.7 ± 8.1 mm，变异系数为 142.1%。整个监测期间，小雨（1 ～ 10 mm）、中雨（10 ～ 25 mm）、大雨（25 ～ 50 mm）及暴雨（> 50 mm）的发生频率分别为 87.3%、11.8% 、0% 和 0.9%，小雨发生频率最高，大雨及暴雨频率最低，其中小雨级别的累积降水量为 325.6mm，占全年总降水量的 56.4%，中雨级别的累积降水量为 178.4 mm，占全年总降水量的 30.9%。监测期间，降水历时多集中在 0.1 ～ 3 h，历时最长为 30.5 h，最短为 0.17 h。降水强度主要集中在 0.3 ～ 3.0 mm/h，占到总降水场次的 65.7%，强度在 3 ～ 10 mm/h 的降水场次占总降水场次的 23.5%，单次

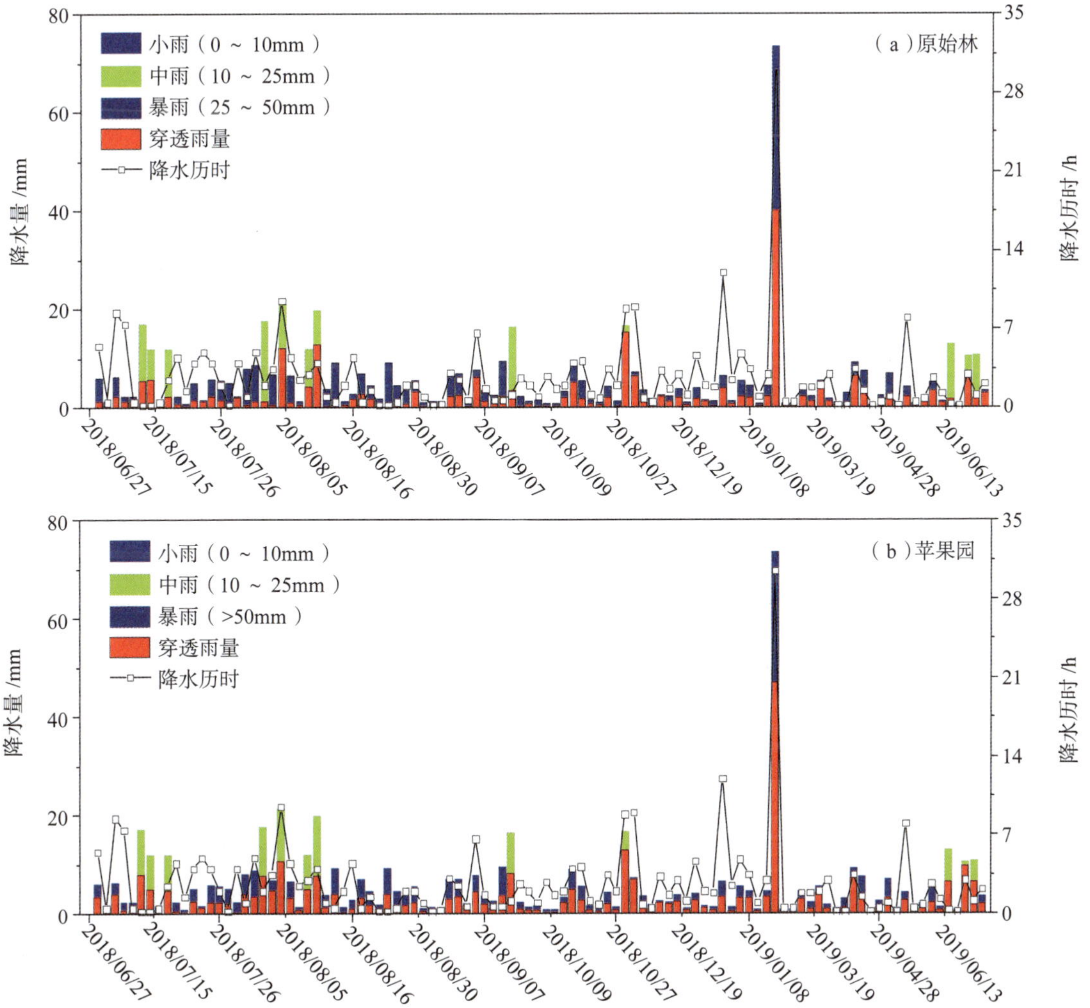

图 3.10　西北勒原始林降水量、穿透雨量分布变化图

降水强度大于 10 mm/h 的降雨仅有 10 场，约占总降水场次的 9.8%。从全年来看，蒙自市高原面上以降水强度较低的小雨为主，中、大雨发生频率较低，且强度不大。

3.1.2.2 穿透雨基本特征

监测期间，蒙自市西北勒乡降水总量为 577.4 mm，其中原始林穿透雨总量为 251.0 mm，穿透雨率范围为 6.5% ~ 92.8%，平均值为（44.1 ± 23.1）%，变异系数为 52.4%。而苹果园穿透雨总量为 316.0 mm，穿透雨率范围为 18.2% ~ 97.2%，平均值为（55.1 ± 16.0）%，变异系数为 29.0%。总体而言，原始林穿透雨率较低，显著低于半干旱灌木的 83.3%、亚热带常绿阔叶林的 65.5%、毛竹林的 71.9%、黄土高原柠条和沙柳灌丛的 76.1% 和 69.4% 及亚热带香椿林的 61.3%，并与亚热带次生林马尾松 – 石栎林的 45.8% 接近（表 3.6），主要原因在于原始林林冠冠幅、郁闭度相对较大，枝繁叶茂，进而直接阻挡雨滴下落（李道宁等，2014）。而苹果园穿透雨率要高于原始林，主要原因在于苹果树冠幅、郁闭度相对较小，叶片较小，不易直接阻挡雨滴下落，尽管与同样位于岩溶区的香椿林接近，但远低于位于黄土高原苹果园的 80.4%。

表 3.6　不同植被穿透雨研究结果对比

植被	地区	降水量 /mm	穿透雨率 /%	参考文献
原始林	云南蒙自	577.4	44.1	本研究
苹果树	云南蒙自	577.4	55.1	本研究
常绿阔叶林	江西	531.6	65.5	李道宁（2014）
毛竹林	江西	531.6	71.9	李道宁（2014）
柠条	黄土高原	855.2	76.1	艾长江（2018）
沙柳灌丛	黄土高原	856.0	69.4	艾长江（2018）
次生林马尾松 – 石栎林	长沙	1883.3	45.8	玉昉永（2017）
苹果树	黄土高原	706.4	80.4	王石言（2016）
半干旱灌木	墨西哥东北	635	83.3	Carlyle–Moses D E（2004）
香椿林	桂林	3282.2	61.3	邓艳（2018）

3.1.2.3 穿透雨量与降水量的关系

气象特征会对穿透雨产生显著的影响，包括次降水量、降水强度、降水历时（Germer et al.，2005；Dohnal et al.，2014）以及风向和风速等（Gómez et al.，2002；Fan et al.，2015）。如表 3.7 所示，西北勒原始林穿透雨量与降水量（p<0.01）、降水历时表现出显著的正相关，其中与降水量相关系数最高，高达 0.92。而原始林穿透雨率则与气温、相对湿度及降水强度表现出一定的相关性（表 3.7）。同样，苹果园穿透雨量与降水量、降水历时（p<0.01）表现出强烈的正相关，其中与降水量相关系数最高，达到 0.98，说明西北勒林地穿透雨量主要受降水量的影响，穿透雨量随着降水量的增加而增大，这与前人的研究相吻合（曹云等，2007；时钟杰等，2009）。

表 3.7　西北勒原始林和苹果园穿透雨量、穿透雨率与气象参数的相关性

参数	原始林		苹果园	
	穿透雨量 /mm	穿透雨率 /%	穿透雨量 /mm	穿透雨率 /%
降水量 /mm	0.92**	0.16	0.98**	−0.02
降水强度 / $(mm \cdot h^{-1})$	0.04	0.24*	0.14	−0.19
降水历时 /h	0.82**	−0.27**	0.80**	0.12
气温 /℃	0.13	−0.22*	−0.1	−0.39*
相对湿度 /%	0.14	0.07	0.14	0.23*
风速 / $(m \cdot s^{-1})$	−0.01	−0.05	−0.01	−0.12

注：** 表示在 0.01 水平上显著相关；* 表示在 0.05 水平上显著相关。

从上述分析发现，西北勒原始林和苹果园降水量（P）与穿透雨量（TF）表现出显著的正相关关系，因此，通过回归分析建立两个变量之间的回归方程（图 3.11）。结果表明，穿透雨量随着降水量的增加而增大，表现出极其显著的正相关关系（$p<0.01$），拟合方程如下：

$$TF=0.51P-0.44\ (r=0.92) \tag{3.2}$$

$$TF=0.60P-0.32\ (r=0.98) \tag{3.3}$$

式中：TF 表示穿透雨量（mm）；P 表示为大气降水量（mm）。其中，公式 3.2 为原始林，公式 3.3 为苹果园。由方程可计算出西北勒原始林和苹果园产生穿透雨的阈值分别为 0.86 mm 和 0.53 mm。

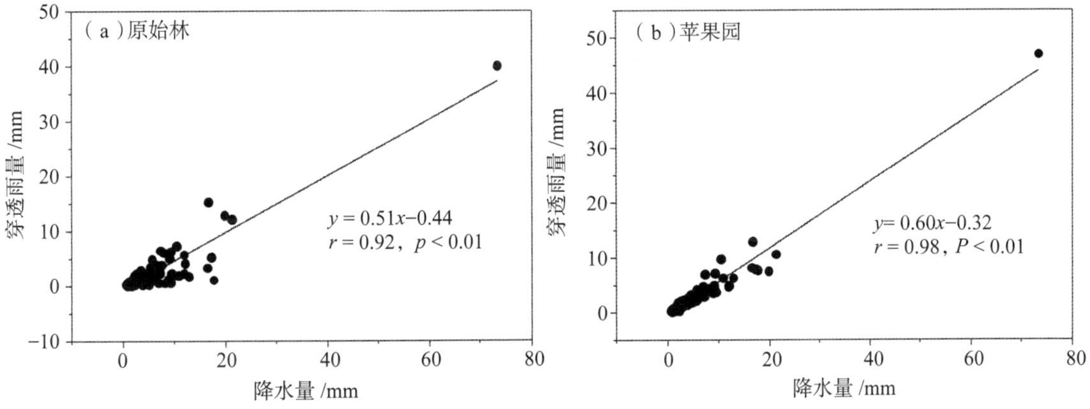

图 3.11　降水量与穿透雨量相关性图

3.1.2.4　穿透雨率的影响因素

虽然对西北勒穿透雨量影响最显著的是降水量，但西北勒原始林和苹果园的穿透雨率则并未与降水量表现出相关性，而原始林穿透雨率与降水强度和降水历时都表现出一定的相关性，加之苹果园穿透雨率则与气象参数气温和相对湿度表现出较弱的相关性（表 3.7），说明穿透雨率可能受到多种因素的共同影响，从而没有显示出具有控制作用的参数。通过

对两个点穿透雨率与不同参数组合（降水量）进行多元回归分析，发现西北勒原始林穿透雨率与降水量（P）、降水历时（RT）及降水强度（RS）的组合表现出显著的相关性（r=0.38，p<0.01），而苹果园穿透雨率则与气温（AT）、风速（WS）及相对湿度（RH）表现出显著的相关性（r=0.40，p<0.01）。拟合方程如下：

$$TFR=(-0.002RS+0.032RT-0.011P+0.422)\times 100\% \tag{3.4}$$

$$TFR=(-0.014AT+0.006RH-0.001WS+0.257)\times 100\% \tag{3.5}$$

式中：TFR 表示穿透雨率，%。

由上述多元回归方程的相关系数及显著性可以看出，穿透雨率受到多种因素的共同影响。但是西北勒原始林与苹果园则受到不同的因素组合影响，西北勒更多受到降水因素的影响，包括强度、历时等，而苹果园则更多受到气象因素的影响，比如气温、湿度及风速等的影响，因此，研究不同植被穿透雨率时需要从更全面的视角进行探讨。

3.1.3 断陷盆地不同地貌部位土壤水时空变化特征

土壤水是陆地水文循环中必不可少的组成部分，它不仅是大气、地下、地表、植物相互联系的纽带（Sprenger et al.，2016），也是土壤－植物－空气系统中物质和能量传输的驱动因素，因而在地形、气候、土壤性质和植被等复杂环境因素的影响下，它们表现出复杂的时空动态特点。进而研究土壤水的时空动态是生态、水文和环境研究的前提，并有利于水土保持、土壤养分和水分管理及生态恢复（Sprenger et al.，2016；Evett et al.，2012）。考虑到喀斯特石漠化地区所具有的土壤覆盖不连续、土层薄、持水能力较低特点是影响植物生长、土壤保持和水分平衡的主要限制因素（Chen et al.，2010；Deng et al.，2020；Jiang et al.，2014；Wang et al.，2004；Yang et al.，2016），因此，了解不同时空尺度下土壤水的动态及其控制因素是管理土壤水资源和控制土壤侵蚀及石漠化的必要条件（Deng et al.，2020；Jiang et al.，2014）。

当前关于喀斯特地区的研究大多都集中在土壤水动态方面，认为土壤水是喀斯特生态系统的主要限制因素（Deng et al.，2020）。喀斯特区土壤水由于受地形、气候、土壤性质、植被覆盖和岩石碎片的影响（Chen et al.，2010；Brocca et al.，2007；Canton et al.，2016；Yang et al.，2019；Zhao et al.，2020a；Li et al.，2019），因此，通常表现出较高的时空异质性。地中海喀斯特丘陵区 3 个坡地土壤水的连续监测表明，土壤水的空间变化主要受土壤性质和地表覆盖差异性的影响（Canton et al.，2016），在意大利中部地中海半湿润气候下的一项土壤水研究表明，地形在土壤水分空间变化中发挥重要作用（Brocca et al.，2007），而 Hasselquist 等（2018）则认为植被类型和冠层覆盖可以通过蒸腾、降水再分配、截留和土壤渗透对土壤水分动态产生影响。Chen et al.（2010）通过对喀斯特峰丛地区不同土地用途下 0 ~ 10 cm 深度土壤水的时间动态观测研究，指出土壤水在天然灌丛中较高，在经济林地中较低，表明不同的植物覆盖会对土壤水含量造成影响。同时，相关研究也指出喀斯特洼地土壤水的时间动态主要受降水和土地利用的影响（Li et al.，2019），深层土壤水的时空动态变化较为稳定（Zhao et al.，2020a）。此外，岩石裂隙也控制土壤水分的分布、运动和入渗。这主要是由于岩石裂隙对降水具有收集功能，即水分在岩石－土壤界面的择优流动，导致降水入渗的增加（Li et al.，2014；Sohrt et al.，2014；Shen et al.，2019；Zhao et al.，2020b）。另外，也有研究发现贵州和广西喀斯特洼地土壤含水量与土层深度呈正相关关系（Li et al.，2017；Li et al.，2018）。鉴于影响因素复杂，因此，喀斯特区土壤水总是具有显著的时空差异性。

3.1.3.1 样点设置及数据选择

为了更好地了解蒙自喀斯特断陷盆地不同位置土壤水的特征，在前述建立的 3 个气象观测站点位，对土壤含水量同期进行了长期定点监测（图 3.12）。盆地大洼子站（简称盆地）主要为撂荒地，多茅草和桉树；坡面朵古村站（简称坡面）为果园地，植被多为应季农作物和苹果树；高原山区牛耳坡站（简称高原面），位于苹果园中。

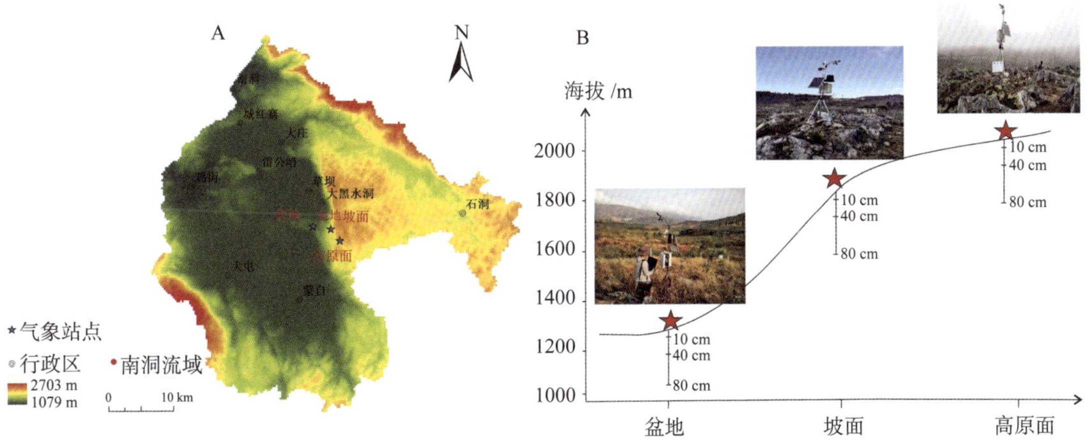

图 3.12 研究区位置（A）及监测点分布（B）

在 3 个监测点野外自动气象站上搭接 MT-5 型号土壤水分、温度传感器。根据监测点周围土壤垂直分布情况，设计 MT-5 传感器埋深分别为 10 cm、40 cm 和 80 cm，每 30 分钟记录一次数据。根据监测得到的数据情况，选择 2017 年 7 月到 2019 年 12 月的气象和土壤水分含量数据进行分析。在设置采样点的同时，还采集每个监测点土壤表层样品，用于测量表层土壤粒径分配、孔隙度、饱和电导率及土壤容重。

以逐日气象数据作为基础，进行下列分析：首先采用时间序列方法（傅伟等，2005），即选用典型降水事件中降水与不同监测点各土层土壤含水量之间的协方差相关系数（d_{xy}）来描述降水与土壤含水量之间的相关性，计算公式如下：

$$d_{xy}=\frac{|S_{xy}(h)|}{\sqrt{S_{xx}S_{yy}}}=\frac{|S_{xy}(h)|}{e_x e_y} \tag{3.6}$$

式中：h 为降水后过去的天数，h=0，1，2，3，…，n；d_{xy} 为滞后 h 天时降水与土壤含水量之间的协方差相关系数；S_{xx}，S_{yy} 分别是降水和土壤含水量的方差；e_{xx}，e_{yy} 分别是降水和土壤含水量的标准差；S_{xy}（h）是滞后时间 h 天时降水和土壤含水量的协方差，它的计算公式如下：

$$S_{xy} = \frac{1}{n}\sum_{i=1}^{n-h}\left(x_i - \bar{x}\right)\left(y_i + h - \bar{y}\right) \tag{3.7}$$

式中：n 是观测数据的数目，本研究 n=31，表示一个月内逐日土壤含水量与降水数据。x_i，y_i 分别是滞后时间为 h 天时的降水与土壤含水量数据；$\bar{x}$，$\bar{y}$ 分别为一个月内的平均值。由于研究区较小降水事件（5 ~ 10 mm/d）的频率很高，在一年内主导了降水事件（王赛男等，2019），很难通过入渗改变整个土壤中的土壤含水量，也很难捕捉土壤水对降水事件的响应。而以往的许多研究发现，当喀斯特地区的降水强度为中等或重度时，土壤水对降水变化有明显的响应（Yang et al.，2019；Li et al.，2019；Yan et al.，2018）。因此，本研究选择2017 年 8 月初在 3 个监测点发生的降水事件（>30 mm/d），分析其土壤含水量和降水的协方差相关系数（d_{xy}）。

由于安装在监测点的仪器在 2018 年进行过维护，为避免维护仪器这一人为对土壤含水量产生的影响，特选取 2019 年整年内逐日的降水与各坡位不同深度土壤水分数据进行分析，以得到最接近自然状态下的土壤水分时间动态变化。通过对 2019 年整年的土壤水分数据进行数学分析，得到旱雨季不同地貌部位不同深度土层的最大土壤水分含量、最小土壤水分含量、平均土壤水分含量、标准差、变异系数等指标，并基于这些指标对不同深度土层进行划分，得到研究区土壤水分的空间动态变化，最后结合土壤属性、监测点地形及气候因素，探讨影响本区土壤水分的时空动态因素。

3.1.3.2 土壤物理属性

在盆地的土壤黏粒含量和容重显著高于坡面和高原面（$p < 0.05$），而盆地的饱和电导率、粉土颗粒含量和土壤孔隙度显著低于坡面和高原面（$p < 0.05$）。土壤砂粒含量在高原面较高，坡面较低，表现出不同的空间差异。根据表 3.8 所示的土壤粒径特征和图 3.13 中USDA 土壤质地三角形的分布（黄昌勇和徐建明，2010），蒙自喀斯特断陷盆地 3 个监测点的土壤质地可分为两组，高原面和坡面的土壤属于粉质黏壤土，而盆地的土壤属于粉质黏土。

表 3.8　各监测点表层土壤属性数据

地点	土壤容重 /（$g \cdot cm^{-3}$）	孔隙度 /%	黏粒含量 /%	粉粒含量 /%	砂粒含量 /%	饱和电导率 /（$S \cdot m^{-1}$）
盆地	1.3	50.77	45.4	38.9	15.7	16.9
坡面	1.15	56.53	28.8	58.3	12.9	31.32
高原面	1.02	61.68	28.6	54.7	16.7	83.2

3.1.3.3 土壤含水量的时间动态

雨水是蒙自喀斯特断陷盆地土壤水的唯一来源。亚热带季风气候控制着蒙自喀斯特断陷盆地的降水分布，表现出明显的雨季（6 ~ 9 月份）和旱季（10 月份至次年 5 月份）。3 个监测点的土壤含水量在雨季较高，旱季较低（表 3.9），与季节性降水变化相吻合（图 3.14）。此外，3 个监测点不同深度的土壤含水量曲线随雨季降水的发生而呈现出较大且频繁的波动，而旱季波动较小且不明显。这表明，土壤含水量对蒙自喀斯特断陷盆地中从喀斯特高原到盆地的季节性降水变化有积极的响应。考虑到曲线波动可以直观地显示土壤含水量对外界降水变化的响应程度，因此，一般情况下，雨季盆地 3 个深度的土层在降水事件后其土壤含水量随降水变动而产生的变化快速而明显（图 3.14），这意味着盆地土壤水在

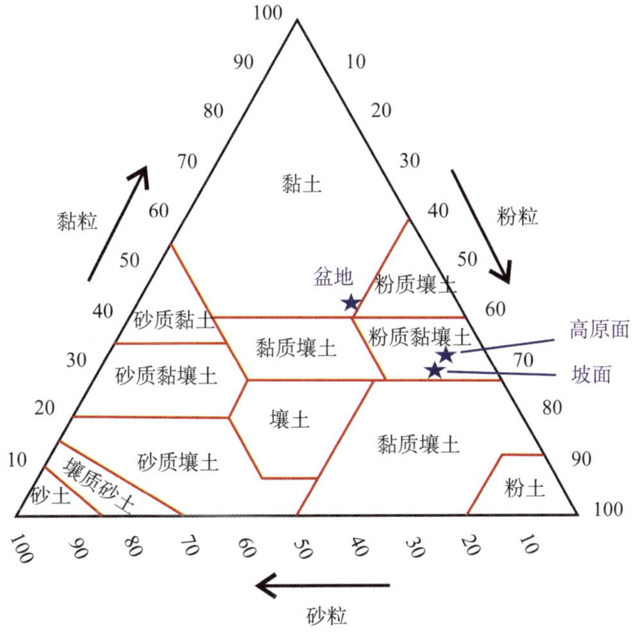

图 3.13　研究区土壤质地图

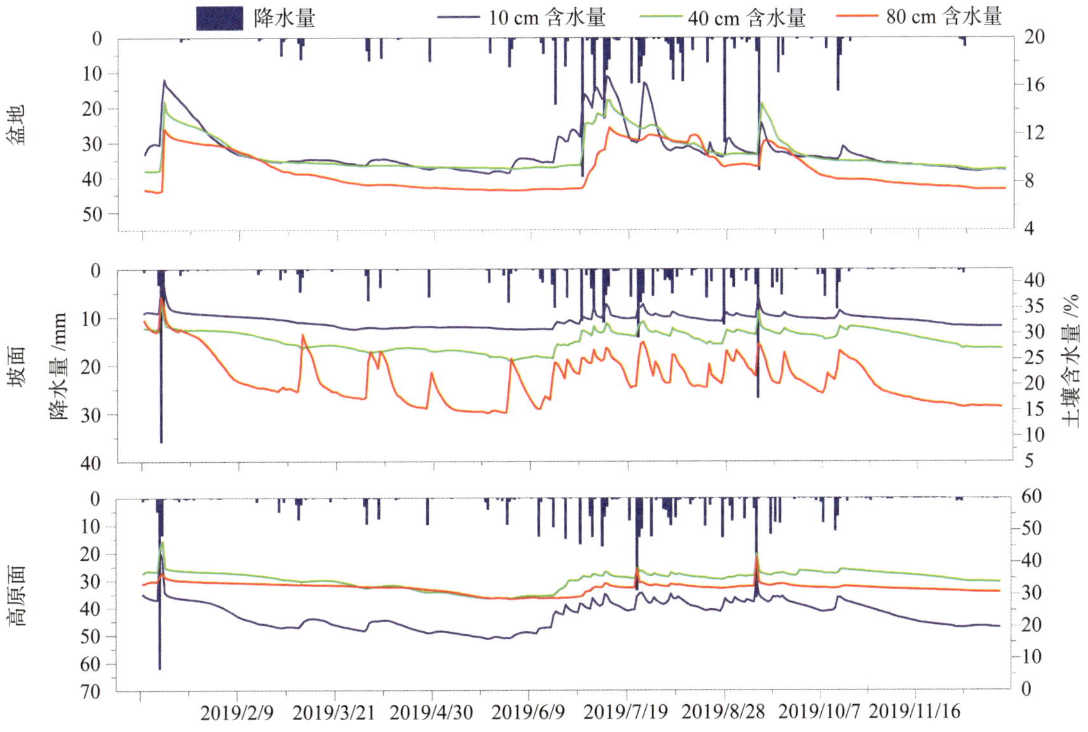

图 3.14　各监测点不同土层土壤含水量在 2019 年 1 月至 2019 年 12 月的时间变化

降水事件下比坡面和高原面更敏感。这也表明，蒙自喀斯特断陷盆地的盆地—坡面—山区剖面沿线的土壤含水量具有明显的空间异质性。

表 3.9　不同地貌部位各土层旱雨季土壤含水量统计特征

地点	土层深度 /cm	雨季					旱季				
		平均值 /%	最大值 /%	最小值 /%	标准差 /%	变异系数 /%	平均值 /%	最大值 /%	最小值 /%	标准差 /%	变异系数 /%
盆地	10	11.57	16.26	9.2	1.92	16.59	10.02	16.54	8.71	1.46	14.57
	40	11.14	14.78	9.07	1.59	14.27	9.8	14.7	8.91	1.08	11.02
	80	9.87	12.51	7.29	1.7	17.22	8.43	12.42	7.19	1.31	15.54
坡面	10	32.89	37.19	30.25	1.18	3.59	32.31	39.78	30.79	1.29	3.99
	40	29.06	34.28	24.46	1.97	6.78	28.44	36.34	24.67	1.87	6.58
	80	22.41	28.24	15.18	2.9	12.94	20.25	37.16	14.42	5.05	24.94
高原面	10	25.79	35.00	16.19	3.63	14.08	22.24	43.45	15.96	4.15	18.66
	40	34.57	42.56	28.63	2.61	7.55	34.45	46.51	28.63	2.81	8.16
	80	31.64	41.42	28.50	1.96	119.51	32.10	36.76	28.67	1.44	4.49

3.1.3.4　土壤含水量的空间动态

此外，通过比较各监测点土壤含水量的平均值和最大、最小值，可以发现盆地各土层深度的土壤含水量远低于坡面和高原面的土壤含水量（$p < 0.05$），反映了盆地和喀斯特山区之间的巨大空间对比，以及土壤含水量随喀斯特盆地海拔的增加而增加的趋势（图 3.15）。从土壤的平均含水量来看，盆地和坡面的土壤含水量是随土层的加深而不断减少，高原面则表现出倒“V”字形，在 40 cm 土层处表现出较高的水分含量。

表 3.9 显示了各监测点不同土层在 2019 全年的土壤含水量分析结果。总体来看，全年各监测点不同深度土层的变异系数值大致处于 3% ~ 25%，属于弱变异（$1\% < CV < 10\%$）和中等程度变异（$10\% < CV < 100\%$）（Chen et al.，2010）。其中，盆地各土层、坡面 80 cm 深度土层及高原面 10 cm 深度土层的土壤含水量变化程度均属于中等程度变异，而坡面的 10 cm 和 40 cm 深度、高原面的 40 cm 和 80 cm 深度的土层属于弱变异。同时，根据表 3.10 中的标准偏差（SD）和变异系数（CV）可以知道，高原面和盆地的土壤含水量基本上呈现出随着土层深度的加深而不断减小的现象，而坡面则是随着土层深度的加深变化逐渐增大。

表 3.10　不同地貌部位各土层土壤含水量在 2019 年的统计特征

地点	土层深度 /cm	平均值 /%	最大值 /%	最小值 /%	标准差 /%	变异系数 /%
盆地	10	10.57	16.26	8.71	1.79	16.93
	40	10.26	14.78	8.91	1.42	13.84
	80	8.92	12.51	7.19	1.6	17.94

续表

地点	土层深度 /cm	平均值 /%	最大值 /%	最小值 /%	标准差 /%	变异系数 /%
坡面	10	32.51	39.78	30.75	1.28	3.94
	40	28.65	36.34	24.46	1.93	6.74
	80	20.99	37.16	14.42	4.55	21.68
高原面	10	23.46	43.45	15.96	4.32	18.41
	40	34.49	46.51	28.63	2.74	7.94
	80	31.95	41.42	28.50	1.65	5.16

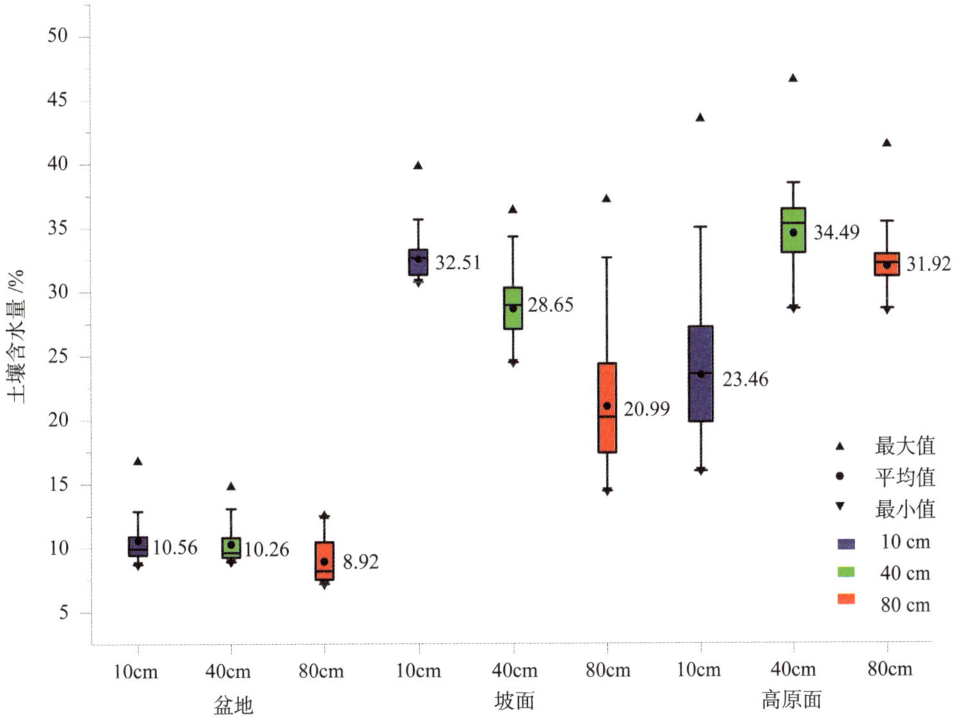

图 3.15　不同地貌部位土壤含水量垂直变化

就土壤含水量平均值而言，从表 3.10 中可以看出，3 个监测点的同一土层在雨季的土壤含水量均高于旱季（除高原面 80 cm 深度土层外）。此外，盆地各土层及高原面 80 cm 深度土层的变异系数表现出雨季大于旱季的特点，说明雨季的大量降水对这些土层的影响较大。坡面各土层及高原面的 10 cm 和 40 cm 土层的变异系数却大致表现出旱季稍大于雨季的特点，表明这些土层的土壤含水量在旱季的波动较雨季更为剧烈。最后，从整体的变异情况来看，旱季不同地貌部位各土层的变异系数均处于弱变异和中等程度变异，相互之间差距较小，而雨季各监测点不同土层的变异情况相差较大，特别是在高原面的 80 cm 深度土层甚至存在强变异（$CV > 100\%$），说明在整个雨季本区土壤受降水影响土壤含水量变化较大，各土层之间差距也较大。

根据 Chen 等（2010）和 Yang 等（2019）对于土壤分层的研究，结合本区实际，我们将具有不同标准偏差和变异系数的土层分为4种层次：相对稳定层（$CV \leqslant 10\%$，$SD \leqslant 2\%$）、亚活跃层（$10\% < CV \leqslant 20\%$，$2\% < SD \leqslant 3\%$）、活跃层（$20\% < CV \leqslant 30\%$，$3\% < SD \leqslant 4\%$）和快速变化层（$CV > 30\%$，$SD > 4\%$）。因此，盆地各深度的土壤水分变化在雨季和旱季属于亚活跃层；坡面和高原面的10 cm和40 cm深度则属于相对稳定层；坡面80 cm深度的土壤水分变化在雨季属于亚活跃层，而在旱季属于活跃层；高原面80 cm深度的土壤水分变化在雨季属于快速变化层，旱季为相对稳定层。

3.1.3.5 土壤含水量与降水的一致性分析

降水是研究区土壤水分的唯一来源，为此，本研究选择一个集中降水期（2017年8月份）讨论土壤水分动态与降水事件的相关性。由公式3.6和公式3.7得到的不同深度土壤水与同一时期降水之间的协方差相关系数（d_{xy}）表明，土壤水与强降水之间存在很强的相关性，特别是在强降水发生后的1 ~ 2 d，表明蒙自喀斯特断陷盆地中的土壤水对强降水补给反应迅速，滞后时间为0 ~ 3 d（图3.16），但降水对于各监测点及不同深度土层的含水量影响存在差异。盆地各土层的d_{xy}变化与降水变化较为一致，其中80 cm土层变化幅度略大于40 cm及10 cm土层；坡面和高原面各土层的d_{xy}虽然随着同期降水变化而变化，但其一致性均低于盆地，这主要是受到土质的影响（Chen et al.，2010）。其次，从不同深度土层来看，坡面、盆地各深度土层的d_{xy}变化幅度最大是80 cm土层，而高原面80 cm深度土层的d_{xy}的变化幅度却远远低于40 cm和10 cm土层的变化幅度。高原面的这一现象或许是植被根系截留下渗土壤水的表现。研究区高原面监测点位于苹果园中，苹果树根根系长35 ~

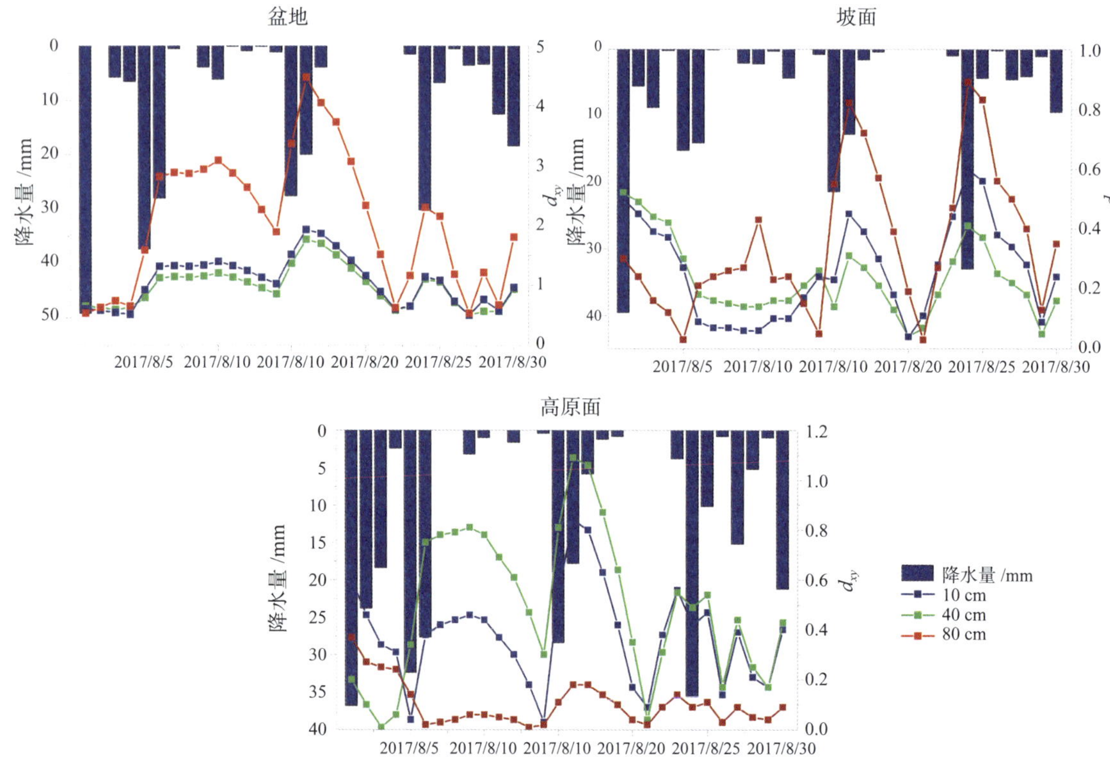

图3.16 各监测点不同土层土壤含水量与同期降水的相关关系

55 cm，一般情况下，在根系作用下中上层土壤有效截留下渗的土壤水，导致深部土层接收的雨水较少，导致底部土层的土壤含水量变化较小，降低了它与降水之间的一致性。此外，3 个监测点的 10 cm 和 40 cm 深度的 d_{xy} 曲线相似，呈同步变化，表明 10 cm 和 40 cm 深度的土壤水对降水输入具有较强的敏感性。

3.1.3.6 土壤含水量的空间异质性

研究区对降水的响应敏感而迅速且作为该区土壤水补给的唯一来源，土壤的持水能力分析是讨论其空间变化的基础。土壤的持水能力则取决于土壤质地（黄昌勇和徐建明，2010）并呈现为黏土 > 壤土 > 砂土的特点，因此，Singhl 等（1998）在美国的研究表明，黏质壤土的持水能力最高，砂质壤土的持水能力最低。在本研究区，与坡面及高原面的粉质壤土不同，盆地的土壤主要为黏粒含量较高的黏土（图 3.13）。因此，土壤下渗的水分相对坡面及高原面较少，在同等气候条件下，坡面及高原面会接收到更多的水分，从而导致研究区土壤含水量大致呈现随海拔升高而不断增加的趋势。

各气象因子对本区域土壤水分的空间变化起着重要作用，考虑到降水是研究区土壤水分的唯一来源，那么蒸散则一般是土壤除供应植被生长所需之外最为主要的消耗方式（何其华等，2003），因此，不同地貌部位能够持有的土壤含水量应该是降水与蒸散的差值。蒙自喀斯特断陷盆地在 2019 年其盆地的年降水量多于坡面降水，但其蒸散发量却是 3 个地点之最，达到了 1287 mm（图 3.17）。此数值不仅远大于同期坡面及高原面的蒸散，甚至是盆地年降水量的 3 倍，这也使得盆地土壤中的水分含量远小于坡面及高原面。

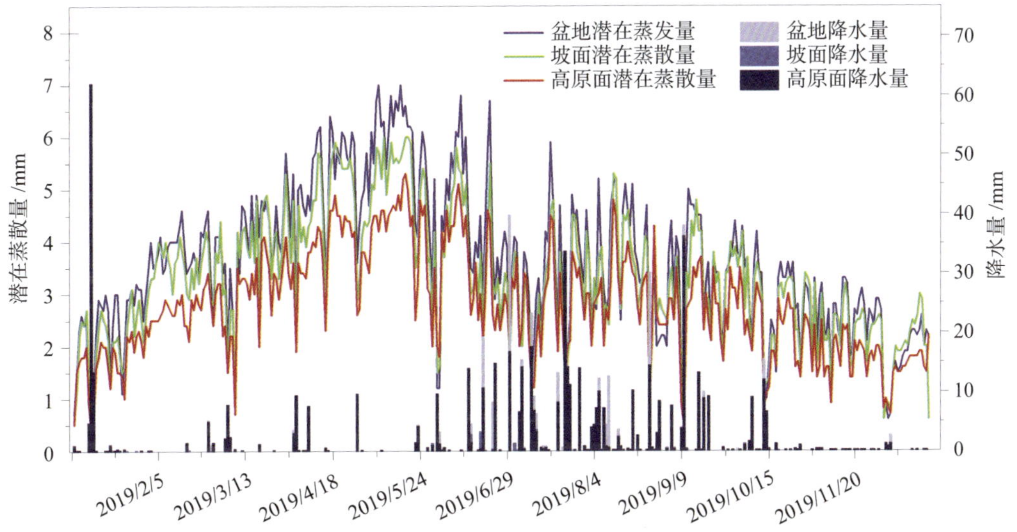

图 3.17　2019 年 3 个监测点全年蒸散量及同期降水量

就植被类型及其覆盖度来看，盆地监测点处为自然生长的草地，茅草生长茂密，覆盖度极高；坡面处主要为耕地，受人类活动影响较大，其上植被主要为农作物，覆盖度次之；高原面监测点位于果园之中，苹果树种植密集但枝干稀疏，其下岩石裸露，覆盖度最小。一般来说，植被的覆盖度与其对降水的拦截力度呈正相关关系（Biao et al.，2010）。依据观测点植被覆盖度，不考虑土壤质地、蒸散发力度等因素，在同等降水环境下，高原面土壤中能够蓄积的水分应大于盆地，这也正好与实际相符合，表明研究区土壤水的空间变化在一定程度上是受到植被覆盖度的影响的。

另外，就同一监测点来说，本研究区大致表现为土层底部含水量低于上部。除高原面中层土壤有密集的苹果树根拦截水分，从而保持较高的含水量之外，坡面及盆地的土壤含水量大致随着土层深度的加深而降低。这一现象主要是由 3 个监测点所处的裸岩环境导致的。土壤入渗及储存的水分多少要考虑所种植的植物及土壤中的碎石含量的影响（Chen et al.，2010）。盆地监测点处有根系较浅的茅草覆盖，使得表土层大量存储水分，提高盆地表土层的含水量。而坡面及高原面均散布大量裸岩，一般说来，裸露石块对降水有汇集作用（Li et al.，2014；Sohrt et al.，2014；Shen et al.，2019；Zhao et al.，2020b）。当降水发生时，由于坡面及高原面存在的大量裸露岩石而出现汇水作用，增加了表层土壤的含水量，从而导致土壤含水量随土层深度的加深而减小。

本研究区各监测点及其不同深度土层的土壤水分变异在时间尺度上大致属于弱变异及中等变异，即使降水环境不同，其变异程度也大多维持在中等变异及其以下的范围。这表明蒙自喀斯特断陷盆地土壤水虽具有复杂的时空异质性，但其变化程度却相对稳定。同时，本研究区的盆地各土层的变异程度均属于中等变异，而坡面及高原面的大部分土层变异程度是远小于盆地的弱变异，这或许是土壤前期水分条件不同所造成的。盆地各土层的土壤水分条件较之高原面及坡面一直处于较低的水平，更易接受雨水补给，改变自身的含水量，使得变异程度增高。而坡面及高原面的土壤水分一直维持在较高的水平，土壤中水分条件较为饱和，在相对湿润条件下，土壤受雨水补给而增加的水量较小，使得变异程度较低（Biao et al.，2010）。另外，盆地、高原各土层的变异程度是随着土层的加深而不断缩小的，这是因为土壤中的黏粒含量会影响土壤的变异性，一般来说，黏粒含量越多，变异程度越小（Yang et al.，2019），而研究区土壤黏粒含量是随着土层的加深而增加（段兴武，2019），使深层土层通透性变差并于较长时间内维持相同的状态，从而降低土壤水分的变化情况。

与盆地及高原面不同土层变异系数分布规律相反，坡面各土层变异系数是下层土壤变异高于上层土壤。由于坡面监测点土层中分布有较多岩石，岩石所具有的较高汇水性能在增加上部土层的含水量的同时，也减少了侧渗，导致坡面土壤中优先流的发生，因此，底部土层变异系数较大。尽管高原面土壤中也有大量裸岩分布，但此类裸岩引起的优先流并未对高原面深部土层的土壤水分产生较大影响，这要归功于高原面土层中密集分布的植物根系的拦截作用。

此外，研究区监测点的大部分土层变异程度的季节性差异不大，均属于中等变异或者弱变异，但高原面底部 80 cm 土层却截然不同。该土层在雨季属于强变异程度（CV 为 119 %），旱季则属于中等变异（CV 为 24 %），两者相差较大，产生这一现象的原因或许是由于高原面独特的降水环境所导致。高原面全年降水离散程度较大，盆地（79.49 %）> 高原面（64.14 %）> 坡面（63.40 %），且降水天次相对盆地及坡面较多，全年达到 154 次，最大次降水达到 62 mm。加之高原面土壤是不同于盆地土壤的粉质壤土，土壤孔隙度较大，同时土壤中遍布的裸岩也增强了雨水的下渗，即使有密集的苹果树根拦截下渗水分，但当降水量过大特别是雨季，树根所拦截的水量于总量而言微乎其微，且高原面上部土层一直处于饱和水分状况，多余的水分便会随着孔隙快速进入深部土层，使深部土层的含水量在原有基础上大幅度增加，在土层上被划分为快速变化层。

3.1.4 断陷盆地石漠化区典型土壤剖面水分和温度耦合动态规律

土壤水分和温度是土壤 - 植被 - 大气连续体（SPAC）物质传输的驱动因子，显著影响陆地表面与大气界面的水和能量交换，也是流域生态水文、气候变化模型的关键变量（陈喜等，2014；余新晓，2016）。石漠化地区土壤水分和温度条件与坡面径流及土壤侵蚀过程密切相关，一定程度上影响石漠化地区的生态景观格局（傅伯杰等，2010）。针对喀斯特石漠化地区土壤水分，已有研究采用环刀取样及烘干法测定土壤含水量，并分析不同气象要素、石漠化程度对土壤水分时空分布的影响（王思砚等，2010；李孝良等，2008；范新瑞等，2009）。也有学者采用 5 TE 土壤水分监测探头研究喀斯特石漠化区裸岩周围土壤水分的变化规律（Li et al.，2014）。然而喀斯特石漠化地区的土壤温度研究较为缺乏，虽有研究探讨了石漠化恢复过程中的土壤水分和土壤温度变化（吴克华等，2005），但这些研究多采用手持仪器如 TDR、便携式土壤多参数仪等人工监测法，对土壤水分和温度进行原位、瞬时监测。考虑到人工监测频次较低，难以满足高分辨率数据需求，因而具有连续监测、无线传输、同步记录气象数据等优势的自动监测系统（贾志峰，2014）所获取的高分辨率监测数据能够对土壤水分和温度进行更为准确细致的研究。在理论方面，已有研究多数孤立讨论石漠化地区土壤水分和土壤温度的关系，但从物质运移和能量传输角度讨论两者耦合特征的研究还较为欠缺。虽然土壤含水量是土壤热传导系数和热容的主控因素（Chung et al.，1987；Bristow，1998；Abu-Hamdeh，2003；李慧星等，2007），但是土温梯度也影响土壤蒸汽水传输，进而影响土壤内部水分迁移（曾亦键，2008；刘炳成，2004）。

3.1.4.1 数据获取及处理

利用蒙自东山高原面牛耳坡气象站及搭接的 5 TM 型号土壤水分、温度传感器获取监测区气象及土壤体积含水量（简称为 *SWC*，cm^3/cm^3）、土壤温度（简称为 *ST*，℃）参数，每 30 分钟记录一次数据。监测点土壤具有明显分层现象，表层 0 ~ 15 cm 深度为有机质含量较高的松散壤土，15 cm 以下为黏粒含量较高的粉质黏壤土。根据监测点周围土壤垂向分布情况，设计传感器埋深分别为 10 cm、40 cm 和 80 cm。野外监测以 2017-01-01 作为第 1 天，2017-12-31 作为第 365 天。

数据处理方面首先针对野外监测数据进行多元统计分析。*SWC* 和 *ST* 受诸多气象因素影响，各气象因素之间也有相互关系，因此，参考生态学中常用的多元统计方法，将气象因素作为环境变量（解释变量），不同深度的 *SWC* 和 *ST* 作为响应变量，以每日记录的数据作为样方，采用梯度排序来研究环境变量与响应变量之间的关系。梯度排序法分为两种类型，一种是非约束排序法（Unconstrained Ordination Model），主要为主成分（PCA）和去趋势（DCA）分析；另一种是约束排序法（Constrained Ordination Model），主要包括冗余分析（RDA）和典范对应（CCA）分析，其中 RDA 基于线性模型，CCA 基于单峰模型。RDA 和 CCA 的选取原则为首先采用 DCA 分析，观察轴的梯度值，梯度最大值超过 4 采用 CCA，最大值小于 3 则可采用 RDA，最大值介于 3 ~ 4 之间两种方法均适用（Lepš J et al.，2003）。非约束排序法适用于多个响应变量而缺少解释变量的情况，约束排序法适用于多个响应变量和多个解释变量。相关理论和算法较为繁杂，此处不再赘述。综合考量，采用约束排序法的冗余分析探讨 *SWC* 和 *ST* 的影响因素。

根据 Fourier 热传导理论和热通量定律，一维垂向土壤热传导方程及热通量可表示为：

$$\frac{\partial T_{\mathrm{s}}}{\partial t}=k\frac{\partial^2 T_{\mathrm{s}}}{\partial z^2}，G\ (z，t)=-\lambda\frac{\partial T_{\mathrm{s}}}{\partial z} \tag{3.8}$$

式中：T_{s} 为土壤温度，℃；z 向上为正方向，cm；k 为热扩散率，$\mathrm{cm^2/s}$；G 为热通量，J/（$\mathrm{cm^2\cdot s}$）；λ 为热传导系数，J/（$\mathrm{cm^2\cdot s}\cdot$℃）。

土壤热通量的计算有多种方法（An et al.，2017；莫兴国等，2002；Horton et al.，1983），考虑到本研究有 3 层土壤温度监测数据，可采用梯度法直接计算热通量。梯度法是公式 3.8 的差分形式，其表达式为：

$$G_z=-\lambda\cdot\left.\frac{T_1-T_2}{z_1-z_2}\right|_z \tag{3.9}$$

$$\Delta S=\Delta z\cdot c_{\mathrm{v}}\cdot\left.\frac{T_i-T_{i-1}}{\Delta t}\right|_{0-z} \tag{3.10}$$

式中：G_z 为 z_1 ~ z_2 之间的热通量，J/（$\mathrm{cm^2}\cdot$℃）；$G_z>0$ 热量向地表运移；$G_z<0$ 热量向土壤深处运移；ΔS 为深度 0 ~ z 之间的热储量积分形式；c_{v} 为土壤的体积热容，J/($\mathrm{cm^3}\cdot$℃)。由于 λ 难以直接测定，本研究对于 λ 采用 Chung & Horton 提出的经验公式计算：

$$\lambda(\theta)=b_1+b_2\theta+b_3\theta^{0.5} \tag{3.11}$$

式中：b_1；b_2；b_3 为经验系数，参照相关文献（Chung et al.，1987）按照壤土（loam）取值 b_1=0.243，b_2=0.393 和 b_3=1.534；黏性土（clay）取值 b_1=−0.197，b_2=−0.962 和 b_3=2.521。对于 c_{v} 则忽略土壤中气相和有机质的影响，简化为：

$$c_{\mathrm{v}}=c_{\mathrm{vs}}V_{\mathrm{s}}+c_{\mathrm{vw}}V_{\mathrm{w}}+c_{\mathrm{va}}V_{\mathrm{a}}+c_{\mathrm{vv}}V_{\mathrm{o}}=0.85\rho+4.18\theta \tag{3.12}$$

式中：V 表示体积分数；c_{v} 和 V 的下标 s，w，a，o 分别表示固相、液相、气相和有机质，其中 V_{w} 等于本研究监测的土壤体积含水率 θ；ρ 为土壤的干容重，$\mathrm{g/cm^3}$。表层 15 cm 壤土烘干法实测干容重为 0.9 $\mathrm{g/cm^3}$，下层粉质黏土干容重为 1.2 $\mathrm{g/cm^3}$。

19 世纪 50 年代，Philip 和 Devries 将热力学理论的局部平衡假设应用到土壤孔隙水汽运移过程，认为蒸汽水在土壤孔隙的一端蒸发，另一端凝结，最终凝结和蒸发速率等于水汽运移速率（Philip et al.，1957），建立了土壤水热耦合运移模型（PDV）。以当前的监测技术，对土壤孔隙中水汽通量直接观测难度仍然较大，因而可利用土壤孔隙水汽密度来间接计算水汽通量。土壤孔隙中的水汽压 e_{v}（mbar，1 mbar=100 Pa）可表示为土壤温度 T_{s}（℃）和土壤水势 h（cm）的函数（曾亦键等，2008；Philip et al.，1957）：

$$e_{\mathrm{v}}=e_{\mathrm{v0}}(T_{\mathrm{s}})\exp\left(\frac{M}{RT_{\mathrm{s}}}h\right) \tag{3.13}$$

式中：e_{v0} 是温度 T_{s} 下的标准饱和水汽压；mbar；R 是气体常数；$R=8.315\times10^7$ J/（mol · ℃）；M 是水分子的摩尔质量；M=18 g/mol。本研究利用 van Genuchten（VG）模型（Genuchten et al.，1980）将土壤含水量 θ（%）转化为土壤水势 h（cm）：

$$\theta(h)=\begin{cases}\theta_r+\dfrac{\theta_s-\theta_r}{[1+|\alpha h|^n]^m} & h<0\\ \theta_s & h\geqslant 0\end{cases} \tag{3.14}$$

式中：$\theta(h)$ 为土壤体积含水量，cm^3/cm^3；θ_s、θ_r、α、n 为模型的 4 个重要参数；θ_s、θ_r 是土壤的饱和含水量与残留含水量；α，n，m 为经验参数，其中 $m=1\sim1/n$，其中 $n>1$。使用 RETC 程序根据土壤环刀样品所测颗粒级配和容重预测其 VG 模型参数。表层 15 cm 以内松散壤土的参数为 θ_s=0.51，θ_r=0.090，α=0.010 5，n=1.46；下层粉质黏土参数为 θ_s=0.44，θ_r=0.078，α=0.006 3，n=1.56。假定土壤中固液相温度一致，则土壤蒸发过程中饱和水汽压（曾亦键等，2008）计算公式如下：

$$e_{v0}=E_0\times10^{7.45T_s/(T_s+235)} \tag{3.15}$$

式中：其中 E_0 表示在 0 ℃时的饱和水汽压；E_0=6.107 8 mbar；T_s 是土壤温度（℃）。一定体积空气所含的水汽质量除以该空气体积可得到空气的绝对湿度，绝对湿度即为空气的水汽密度。水汽密度 ρ_v（g/cm^3）可表示为水汽压与土壤温度 T_s（℃）的函数（曾亦键等，2008）：

$$\rho_v=216.8e_v/(T_s+273) \tag{3.16}$$

基于 Fick 分子扩散定律描述水汽在土壤中扩散（曾亦键等，2008）：

$$q_v=-D_0(n-\theta)\frac{\rho_{v1}-\rho_{v2}}{L} \tag{3.17}$$

式中：q_v 为界面上的蒸汽传输通量速率，g/（$cm^2\cdot s$）；D_0 是水汽在空气中的扩散率，$D_0=0.299(T_s/273\sim1)^{1.75}$，$cm^2/s$；$n-\theta$ 是孔隙含气率，cm^3/cm^3；n 是土壤孔隙度，cm^3/cm^3；θ 是土壤体积含水量，cm^3/cm^3；L 是水汽通过的有效距离，cm。

3.1.4.2 *SWC* 和 *ST* 动态规律及影响因素

图 3.18 为剖面上 *SWC* 和 *ST* 一整年不同深度 Kriging 插值结果。大多数时间，土层深度越深则 *SWC* 越低，夏秋季（110 ~ 260 d）集中降水期则有足够长的时间允许土壤水分入渗补给深层土壤，使得深层 *SWC* 超过表层，降水停止后 *SWC* 迅速衰减至初始状态（图 3.18a）。表层 10 cm 土壤由于受大气温度和太阳辐射直接影响而 *ST* 变化较为剧烈，40 cm 和 80 cm 处 *ST* 较为稳定。此外，春冬季 *ST* 均为深层更高，而夏秋季则表层更高，*ST* 存在季节性差异（图 3.18b）。图 3.18 的中等值线向右倾斜的趋势可反映出土壤水分和热量传输过程引起的 *SWC* 和 *ST* 延迟响应特点。

SWC 及 *ST* 受诸多气象因素的直接或间接影响，各影响因子并非独立变量，因而在数据中心化和标准化处理基础上采用 RDA 进行分析，其中潜在蒸散发量（Potential Evapotranspiration, ET）利用太阳辐射、风速、气温等数据基于 Penman-Monteith 公式计算。气象因素与 *SWC* 和 *ST* 的 RDA 排序结果如图 3.19，图中矢量箭头之间的夹角余弦值为相关系数，夹角小于 90° 表明正相关，夹角越小相关性越大；夹角等于 90° 表明两变量完全不相关；夹角大于 90° 表明为负相关。排序轴（约束轴）是一种虚拟轴，表示环境变量的线性组

合，反应一定的环境因子梯度。根据排序轴可计算各环境变量对于相应变量方差的解释率和贡献率。

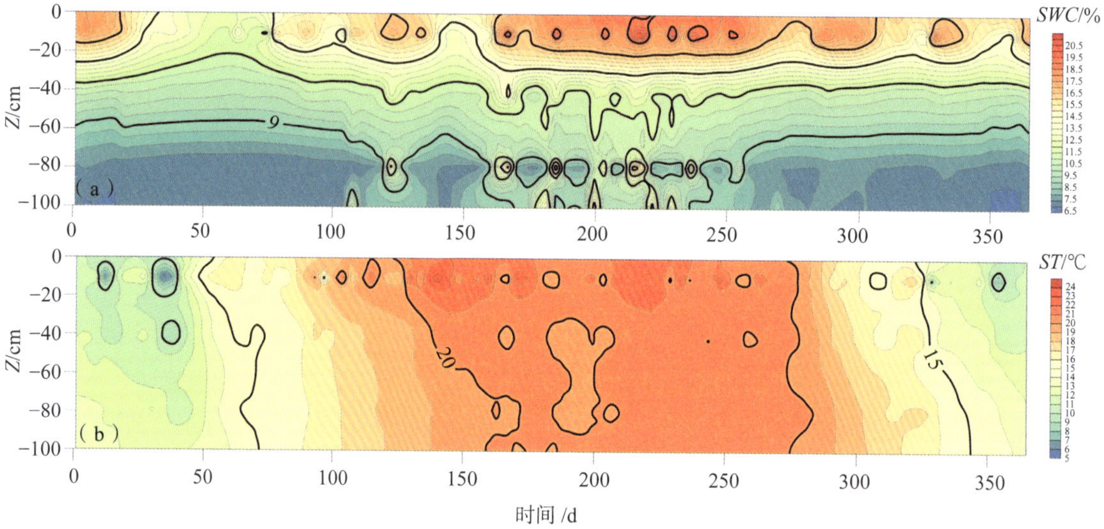

图 3.18　土壤水分和温度垂直剖面云图

图中 Z 为以地表为参考的高程；(a) 为 SWC 插值云图；(b) 为 ST 插值云图

气象因素与 *SWC* 的排序结果表明：①降水量与表层 10 cm 的 *SWC* 相关性小于 40 cm 和 80 cm，降水对于深层 *SWC* 影响更大。产生这种现象的原因在于深层土壤初始 *SWC* 较低，在降水集中期则迅速增加（图 3.18a），从而表现出与降水的强相关；②气温、蒸汽压和空气湿度与 *SWC* 正相关，尤其与 10 cm 的 *SWC* 相关性较大，上述变量实际上受控于气候季节性变化，不一定直接引起 *SWC* 变化，属于间接相关。气象因素与 *ST* 之间的相关分析表明：①多数气象因素与 *ST* 均为正相关，仅大气压与 *ST* 负相关，实际上蒸汽压、气压与气温之间有直接关系，大气压与 *ST* 的负相关及蒸汽压与 *ST* 的正相关均为气温与 *ST* 之间关系的间接表现；②气温与 10 cm 的 *ST* 相关性大于 40 cm 和 80 cm，表明深层 *ST* 对于气温变化的响应慢于浅层。

考虑到图 3.19 中有一些气象因素环境变量并不直接引起 *SWC* 和 *ST* 变化，故采用主成分分析雨量、潜在蒸散发（*ET*）、日累计辐射（太阳辐射）和气温，并得到主环境变量，然后基于约束排序法分析主环境变量对于所有 *SWC* 和 *ST* 变化的解释率。过程中对于主环境变量按照重要性排位，依次加入分析后获得的校正 R^2 减去上一次的校正 R^2，此时分配的 R^2 所占比例即为当前环境变量的解释率。根据排序结果，前两轴对于 *SWC* 累计拟合方差解释率为 99.85%，对于 ST 为 99.93%。4 个主环境变量的解释率及与前两个排序轴的相关系数如表 3.11 所示，降水量对于 *SWC* 的解释率为 39.5%，气温对于 *ST* 的解释率高达 77.4%，降水量和气温分别为 *SWC* 和 *ST* 的主控因素。

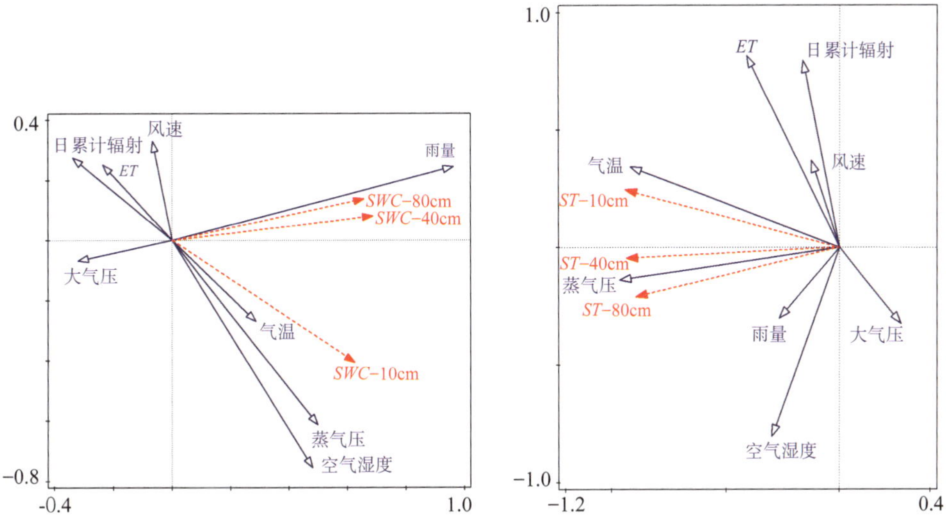

图 3.19　气象因素与土壤水分和温度之间的 RDA 排序分析图

SWC 表示土壤含水量；*ST* 表示土壤温度

表 3.11　主要气象因素对于 *SWC* 和 *ST* 解释率及排序轴相关系数

相应变量	环境变量	解释率 /%	贡献率 /%	*F* 检验	*p*	与排序轴 1 相关系数	与排序轴 2 相关系数
土壤含水量（*SWC*）	降水量	39.5	86.8	237	0.002	0.70	0.10
	ET	4.2	9.2	27.6	0.002	−0.17	0.14
	气温	1.4	3.1	8.6	0.004	−0.25	0.16
	日累计辐射	0.4	0.9	2.6	0.08	0.21	−0.15
土壤温度（*ST*）	气温	77.4	93.6	1245	0.002	−0.23	0.29
	日累计辐射	4.9	5.9	99.3	0.002	−0.45	−0.56
	ET	0.3	0.4	6.9	0.01	−0.21	−0.59
	降水量	< 0.1	0.1	2	0.16	−0.91	−0.11

3.1.4.3　土壤热量传输及其与 *SWC* 的关系

土壤热通量是地球表面能量平衡的重要分量之一，土壤中的热量可为近地表的微生物活动、植物根系代谢提供能量支持（莫兴国等，2002；康绍忠等，1999）。根据公式 3.9 和公式 3.10 计算了土壤剖面上的热储量和热通量，计算结果与已有文献接近（安可栋，2016），土壤温度与持续累积热储量计算结果如图 3.20，其中热储量 $\Delta S>0$ 时土壤储存热量，$\Delta S<0$ 时土壤释放热量。地球公转引起四季气候变化，土壤温度梯度受气温影响出现季节性反转（图 3.20a），温度梯度方向必然决定土壤热传输方向。此外，受复杂气象因素的影响，累计热储量呈现频繁波动，一年内持续累计热储量则呈现春夏季增加、秋冬季减小的趋势，且 10 cm 热储量低于更深层土壤（图 3.20b），说明越靠近地表土壤在热传导方面的作用越明显、热储存作用越弱。热通量计算结果如图 3.21，热通量 $G_z>0$ 表明热量向地表运移，$G_z<0$ 表明热量向土壤深处运移，热通量计算结果相比热储量大了 3 个数量级（纵坐标单

位 kJ/cm^2）。日累计热通量计算结果表明大多时间热量均向下传输，仅春季和冬季时由于深层土壤温度高于浅层，热量向上传输。一年持续累计热通量计算结果表明 10 ~ 40 cm 深度的土壤为向下传热层，而 40 ~ 80 cm 土壤主要储存热量或向上传热，在 40 cm 深度左右存在一个热通量为零但是位置随时间变化的界线。

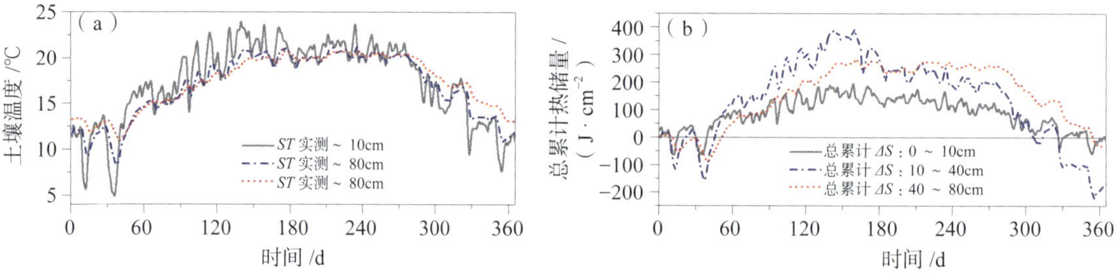

图 3.20　剖面上土壤温度和热储量随时间变化曲线

（a）土壤温度变化曲线；（b）热储量变化曲线

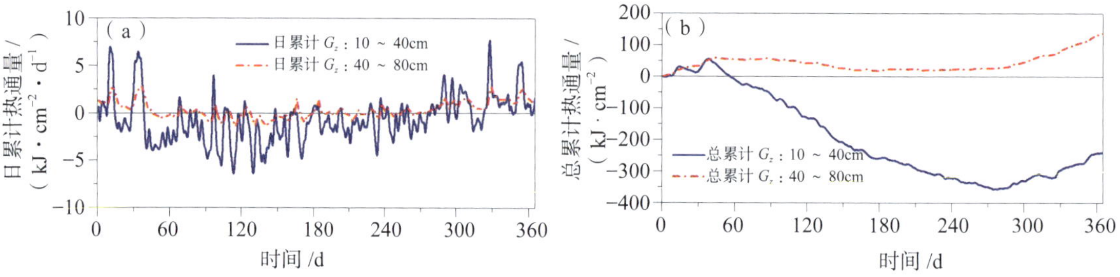

图 3.21　剖面上日累计和总累计土壤热通量随时间变化曲线

除了土壤温度梯度季节性改变而引起热量传输外，*SWC* 对于土壤热传导也有重要影响（Bristow，1998；李慧星等，2007），主要体现在土壤热传导系数和热容上。本研究对于土壤热传导系数和热容采用经验公式 3.11 和简化公式 3.12，经验式中的土壤热传导系数和热容均主要受控于 *SWC*。选择 2018/4/25—2018/5/25 降水数据和 *ST*、*SWC* 进行讨论（图 3.22）。选择时段为温度回升期，图中显示存在降水时，*ST* 在几天之内均处于下降趋势（*ST* 实测 ~ 40 cm 曲线变化趋势较为明显），降幅并不如季节性变化那样明显，40 cm 的 *ST* 会低于 80 cm；*SWC* 则迅速上升之后又快速恢复到初始状态。降水一方面降低了气温从而影响土壤温度梯度，一方面增加 *SWC* 从而加快土壤热传导，从而使得土壤不同深度的 *ST* 快速趋于均一（图 3.22 中 1，2 虚线框内）。

3.1.4.4　土壤蒸汽水传输及其与土壤温度的关系

ST 是土壤水分运动的重要驱动因素，土温梯度引起土壤内部蒸汽水运移，从而影响 *SWC*（曾亦键等，2008；Gurr et al.，1952），因而蒸汽水运移是土壤水—汽—热耦合运移的一部分。土壤中蒸汽运移通量较小，但是蒸汽水的作用不可忽略，尤其在干旱季节，土壤中蒸汽运移是土壤水分运动的主要形式，并保证植物的用水需求（曾亦键，2012）。图 3.23 为土壤剖面由土温梯度而产生的蒸汽水传输通量计算结果，表明蒸汽水向上运移，q_v<0 表明蒸汽水向下运移。图 3.23 表明：① 10 cm 和 40 cm 之间的土壤蒸汽水传输变动较大，而

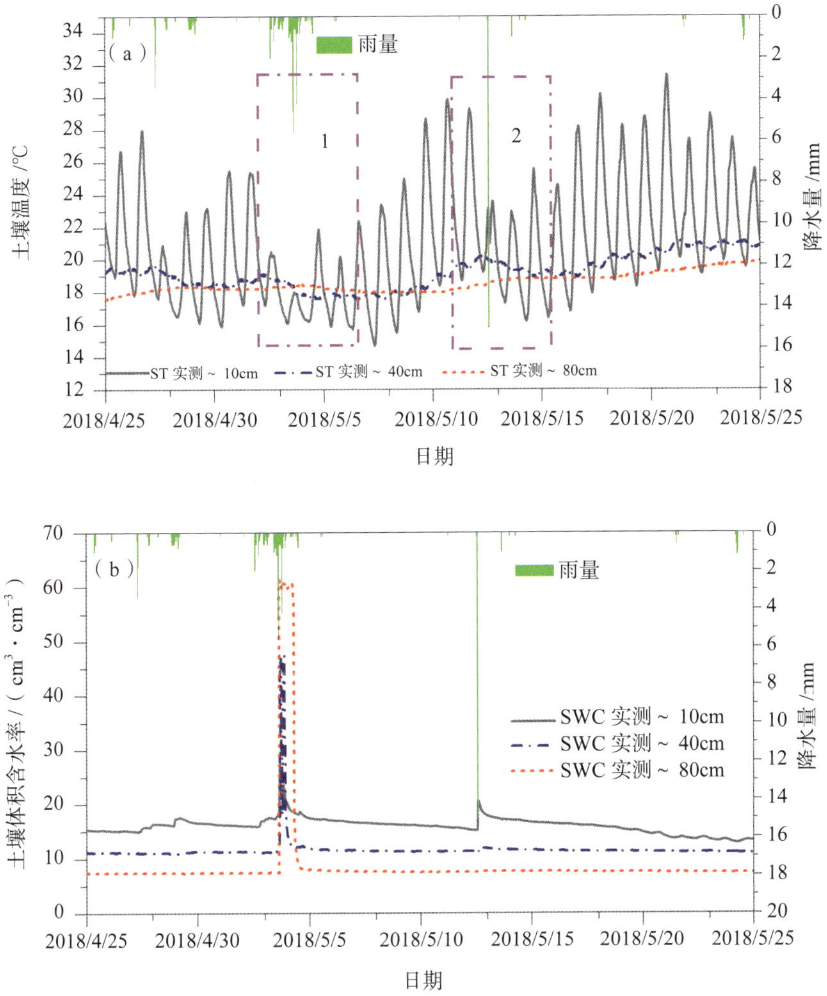

图 3.22　降水量与 *ST* 和 *SWC* 随时间变化曲线（2018/4/25 — 2018/5/25）

40 cm 和 80 cm 之间较小，这与浅层 *SWC* 和 *ST* 频繁变动而深层较为稳定有关；②总体而言，春冬季 $q_v>0$，蒸汽水向上运移，而夏秋季 $q_v<0$，蒸汽水向下运移（图 3.23a），春冬干旱季节深层土壤的蒸汽水将补充浅层土壤水分，从而保证表层含水量满足植物用水需求；③一整年的土壤蒸汽水运移通量计算结果如图 3.23b，深层 40 ~ 80 cm 土壤蒸汽水累计通量始终为正值，即 80 cm 的土壤蒸汽水累积量始终是向浅层补给，而 10 ~ 40 cm 的土壤蒸汽水累计通量基本为负值，表层蒸汽水向深层土壤补给。从一年持续累计通量来看，10 ~ 40 cm 深度的土壤蒸汽水一年累计通量达到 −84.7 kg/cm^2，40 ~ 80 cm 之间达到 26.9 kg/cm^2。本研究表明温度梯度作用下产生的蒸汽水最终在深度 40 cm 左右的土壤中积累，这部分土壤水被储存起来，在秋冬干旱季对于满足石漠化地区植被需水量是较为重要的。

土壤蒸汽水传输理论公式 3.13 ~公式 3.17 表明蒸汽水运移主要受控于 *ST* 和 *SWC*。图 3.23 曲线变化趋势与图 3.21 几乎相同，热通量与蒸汽水通量具有同步变化规律，说明 *ST* 为土壤蒸汽水传输主控因素。相对于 *SWC* 对热量传输的影响，土壤水热传输耦合关系更体现于蒸汽水运移。此处将热通量计算结果与蒸汽水通量计算结果进行线性相关 Pearson 分析，其散点分布如图 3.24 所示，图中变量与图 3.21、图 3.23 相应变量单位一致（G_z 为热通量，q_v 为蒸汽通量）。从相关系数来看，热通量与蒸汽水通量具有较高的相关性，一定程度反映蒸汽水伴随着热量传输在土壤中运移的机理。

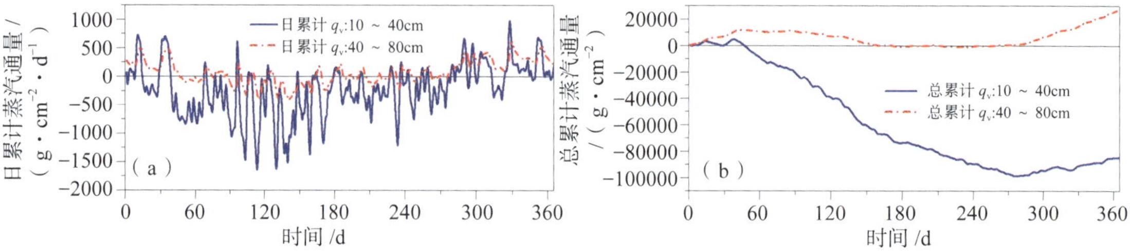

图 3.23　土壤剖面不同深度累计蒸汽水通量随时间变化曲线

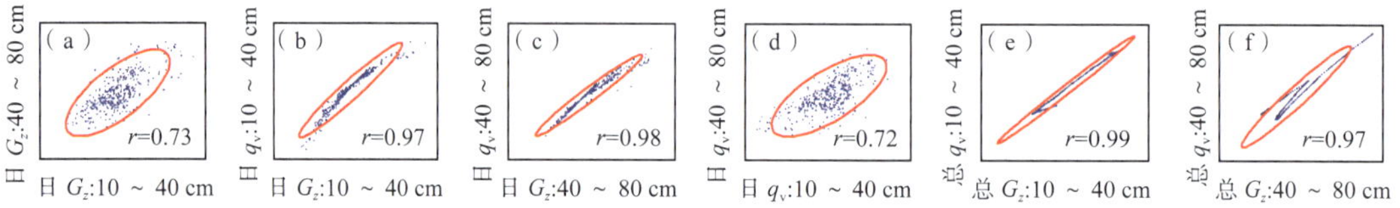

图 3.24　热通量与蒸汽水通量之间 Pearson 线性分析的散点分布图

q_v— 蒸汽通量；G_z— 热通量；椭圆代表 95% 置信区间

3.1.5　断陷盆地典型剖面土壤水同位素时空变化特征及影响机制

土壤在水文循环和陆地生态系统的健康中扮演着重要的角色，同时也调节着陆地生物地球化学循环（碳、氮、磷等）(Lin，2010；Vereecken et al.，2015；Sprenger et al.，2016；McColl et al.，2017）。土壤水分是土壤 - 植物 - 大气连续体中土壤源性养分转移的首要驱动力，支持植物生长和生态系统进化，是重要的生命物质（Philip，1966；Lin，2010）。因此，了解不同地理区域和时空尺度的土壤水分动态、控制因素、停留时间等对于维持良好的生态水文过程和生态恢复具有重要意义（Vereecken et al.，2015；McColl et al.，2017；Bourrié，2018；Deng et al.，2019；Huang and Shao 2019；Yang et al.，2019；Deng et al.，2020）。

水中稳定同位素的轻重比氧（$\delta^{16}O/\delta^{18}O$）和氢（$\delta H/\delta D$），由于共同构成水分子，通常被视为理想的天然示踪剂（Zimmermann et al.，1967；Hsieh et al.，1998；Sprenger et al.，2016；Sprenger et al.，2017）。自 20 世纪 60 年代以来，一直是追踪土壤中水源、运动和平衡的有力工具（Zimmermann et al.，1967）。因此，它们被广泛应用于水文学、水文地质学和生态水文学中，来详细研究水在环境中的运动和转化（Gazis and Feng，2004；Robertson and Gazis，2006；Vereecken et al.，2015；Koeniger et al.，2016；Sprenger et al.，2016）。鉴于此，土壤水的稳定氧和氢也被用于跟踪喀斯特石漠化地区土壤基质中的水分运动（Hu et al.，2015；Yang et al.，2016；Chen et al.，2017；Liu et al.，2017）。

喀斯特地区土壤具有薄、零星、破碎、贫瘠的特征，主要分布在溶蚀扩大的缝隙、裂隙和较大的溶蚀洼地中，植被覆盖率较低，基岩露头（石灰岩）所占比例较大（Ford and Williams，2007；Jiang et al.，2014；Goldscheider，2019）。此外，喀斯特地区的土壤形成率极低，估计每 1000 年厚度为 0.1 ~ 10 mm，比典型非喀斯特地区低 100 ~ 200 倍

（Alexander，1988；Goldscheider，2019）。因此，喀斯特生态系统中的土壤是非常脆弱的，具有较低的土壤流失承受能力。由于丰富的降水和密集的人类活动，喀斯特区脆弱的土壤被强烈侵蚀，形成了广泛的石漠化景观。因此，自 20 世纪 90 年代末以来，中央和地方政府在西南地区实施了大规模的“退耕还林工程”和“喀斯特石漠化治理工程”（Jiang et al.，2014）。然而，喀斯特山区土壤水几乎是植物水分的唯一来源，也是有效的生态恢复限制因素之一，因此，需要更好地了解该地区土壤水的时空变化和运动特征。

3.1.5.1 数据获取及处理

本研究选择位于蒙自东山高原面牛耳坡喀斯特洼地的 7 个土壤剖面，该洼地面积为 2.41 公顷（图 3.25），洼地底部无岩石出露，土壤深度大于 150 cm，与周围缓坡高差 25 ~ 35m，东部山坡坡度约 30°，石漠化严重，基岩出露量约 70%。西部山坡坡度约为 25°，为中度石漠化区域，基岩裸露率约 45%。两侧山坡上土壤主要分布在岩石露头之间的灰岩和其他溶蚀裂隙中，土壤深度在 20 ~ 120cm 之间，平均土壤容重为 0.98 g/cm^3，土壤有机碳含量在 27.1 ~ 66.0 g/kg 之间，pH 在 5.93 ~ 6.63 之间。为此，我们沿洼地东西横断面选择 7 个监测点进行采样（图 3.25），在东部山坡上设置了 P1、P2 和 P3 采样点，并在西部山坡设置了 P4、P5 和 P6 采样点，其中 P7 位于洼地中部。相关气象数据由在东部山坡顶部附近的野外气象观测站获取。

图 3.25　云南省蒙自市南洞地下河流域牛耳坡洼地研究区示意图

在 2017 年 7 月至 2019 年初期间，在每次降水事件后通过使用直径 25 cm 的漏斗连接至 250 mL 高密度聚乙烯棕色瓶收集雨水样本。此外，为了尽可能减少蒸发，使用一次性医用注射器将每个样品迅速转移到一个 20 mL 的棕色玻璃瓶中。从 2018 年 2 月至 2019 年 1 月，每隔两个月在 P1、P4、P5、P6 和 P7 处使用手动土壤螺旋钻在 6 个深度范围（0 ~ 10、10 ~ 20、20 ~ 40、40 ~ 60、60 ~ 80 和 80 ~ 100 cm）采集土壤样本。由于土壤特别干燥和坚硬，因此，在 P2 的 4 个深度（0 ~ 10、10 ~ 20、20 ~ 40 和 40 ~ 60 cm）和

P3 的 5 个深度（0 ~ 10、10 ~ 20、20 ~ 40、40 ~ 60 和 60 ~ 70 cm）采集土壤样本。此外，我们还利用基于频域反射仪的 WET-2 传感器对土壤体积含水量（*SWC*）和温度进行原位测试。取样后，将每个深度的 6 ~ 10 g 土壤迅速转移到 15 mL 棕色玻璃瓶中。为了尽可能避免水样和土壤样品蒸发，现场使用便携式冷却器储存所有样品。在进一步分析之前，所有样品均储存在实验室的冰箱中，温度为 4℃。土壤水样品采用低温真空萃取 > 60 min，直到真空管线壁上不再发生冷凝为止（Ehleringer et al.，2000；West et al.，2006）。对于雨水和土壤水样品中的氢和氧同位素分析，使用元素分析仪连接 Delta V 同位素比质谱仪进行测试。

根据联合国粮农组织（FAO，2009；Allen et al.，1998）推荐的 Penman-Monteith 方程并利用从现场气象站获取的每日气象数据，包括降水量、平均温度、最高和最低温度、相对湿度、水蒸气压力、太阳辐射和风速估算日潜在蒸发量（*PET*）。由于 *PET* 主要用于测量潜在的土壤蒸发速率，本次没有将其划分为单独的蒸发通量和蒸腾通量。为了解土壤水同位素变化的前期大气条件，本次计算了土壤采样日期前 7 天（PET_7）和 30 天（PET_{30}）的 *PET* 总和（Sprenger et al.，2017）。

当地大气水线（LMWL）是通过对 2017 年 8 月至 2019 年初在该区采集的事件尺度降水数据中的 δ^{18}O 和 δD 进行回归确定的。对于土壤水样，进一步计算了 lc 盈余（line-conditioned excess，即 lc-excess：lc-excess=δD−$a\delta^{18}$O−b，其中 a 和 b 分别是牛耳坡地区 LMWL 的斜率和截距）（Landwehr and Coplen，2006）。lc 盈余描述了水样与 LMWL 在双同位素图 [δ^{18}O（*X* 轴）与 δD（*Y* 轴）] 中的差异，该图既反映了水源水的差异，也反映了地表产水的物理过程的全部复杂性，并用于推断由于雨水输入的动态分馏引起的土壤蒸发过程（Landwehr and Coplen，2006；McCutcheon et al.，2017；Sprenger et al.，2017）。理论上，与 δD 和 δ^{18}O 相比，降水输入的 lc 盈余约为 0‰，并且表现出较小的季节变化，而相对于 LMWL，lc 盈余值越负表明蒸发越强烈（Landwehr and Coplen，2006；Sprenger et al.，2017）。

3.1.5.2　牛耳坡洼地气象特征及降水同位素变化

从 2018 年 1 月 1 日至 2019 年 1 月 31 日，气温表现出明显的季节变化，其变化范围为 −5.1℃ ~ 25.3℃，平均为 13.0℃（图 3.26）。研究期内总降水量为 914.4 mm，且季节变化明显，6 月至 8 月之间的总降水量占 66.7%。降水主要以低强度降水为主，其中 85% 的次降水量 <10 mm/d（Wang et al.,2019）。研究区潜在蒸发量（*PET*）变化范围为 0.2 ~ 5.5 mm/d，平均为 2.64 mm/d，总计 1012.8 mm/d。*PET* 也显示出明显的季节变化，例如，在 2018 年 4 月和 5 月的月总 *PET* 分别为 111.4 mm/d 和 115.1 mm/d，但 2018 年 12 月和 2019 年 1 月的月总 *PET* 分别仅为 48.6 mm/d 和 52.5 mm/d。从图 3.26 还可以看出，*PET* 在 4 月和 5 月达到峰值，比最高气温提前一个月。2018 年 5 月后，由于多云和雨的季风季节限制了蒸发过程，*PET* 曲线急剧下降（图 3.26）。

2017 年 7 月—2019 年初，在牛耳坡总共收集了 84 个降水样本，结果表明，降水 δD 值的变化范围为 −161.1‰ ~ 20.9‰，而 δ^{18}O 值的变化范围为 −20.62‰ ~ 0.69‰。雨水的 δD 和 δ^{18}O 在雨季偏负，而在旱季偏重（图 3.26）。根据对收集到的所有降水样品的分析，当地的 LMWL 为 δD=8.61δ^{18}O+ 17.78（R^2=0.96）（图 3.27），其斜率和截距接近国际原子能机构确定全球大气水线（GMWL：δD=8.13δ^{18}O+ 10.8）的斜率和截距。

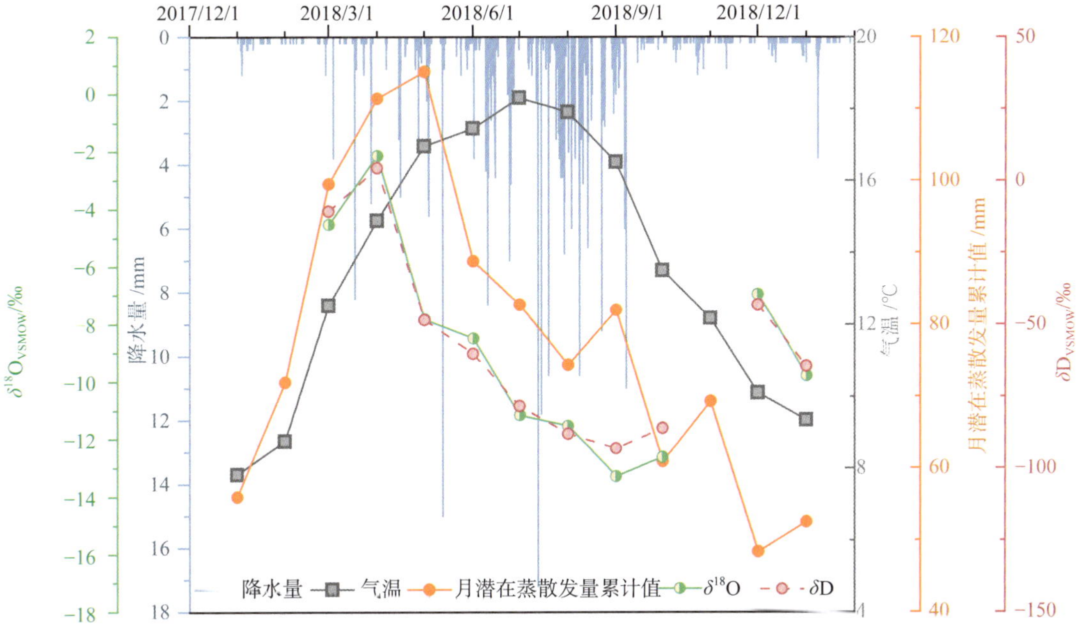

图 3.26　2018 年 1 月 1 日 — 2019 年 1 月 31 日期间降水量的气象参数（降雨、气温和 *PET*）和月平均稳定同位素（$\delta^{18}O$ 和 δD）的变化

因运输途中丢失一些雨水样本，缺乏 2018 年 10 月和 11 月的同位素数据

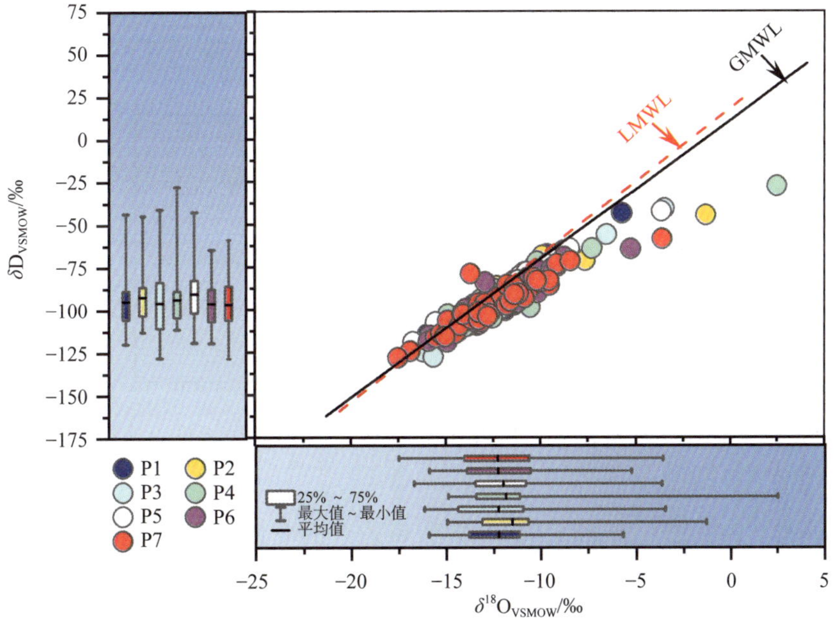

图 3.27　7 个采样点的 δD 和 $\delta^{18}O$ 值

每个采样点用不同的颜色表示，左侧和底部的方框图分别表示 δD 和 $\delta^{18}O$ 的值域；图中 GMWL：$\delta D=8.13\delta^{18}O+10.8$ 用黑色实线表示，LMWL：$\delta D=8.61\delta^{18}O+17.78$ 用红色虚线表示

3.1.5.3 牛耳坡洼地土壤水含量（*SWC*）及稳定同位素变化

2018 年 4 月—2019 年 1 月，牛耳坡洼地的 *SWC* 在 0 ~ 10 cm、10 ~ 20 cm、20 ~ 40 cm、40 ~ 60 cm、60 ~ 80 cm 和 80 ~ 100 cm 深度处平均值分别为 29.7%、29.8%、30.3%、35.1%、34.8% 和 33.85%，表现出从表面到大约 60 cm 深度增加的趋势，然后下降（图 3.28a）。总体而言，*SWC* 较低值出现在 2018 年 4 月（平均 19.9%）和 2019 年 1 月（平均 30.0%），而 2018 年 6 月（平均值 30.53%）、8 月（平均值 34.43%）和 10 月（平均值 38.55%）出现较高值，显示出明显的季节性（$p<0.01$）（图 3.28a）。东坡（P1、P2 和 P3 位点）、西坡（P4、P5 和 P6 位点）和洼地（P7 位点）的平均 *SWC* 分别为 31.74%、28.76% 和 31.90%，并无显著的空间差异（$p>0.05$）。

研究期间，每个点每个深度的土壤水 $\delta^{18}O$ 和 δD 表现出显著的正相关（图 3.27）。从图 3.27 可以看出，土壤水的 $\delta^{18}O$ 和 δD 落在 GMWL 和 LMWL 附近，说明雨水是牛耳坡土壤水的唯一来源。但一些点的数据也落在 GMWL 和 LMWL 线下方，表明受到明显的蒸发过程影响（图 3.27）。东坡、西坡和洼地的 $\delta^{18}O$（δD）平均值分别为 −12.0‰（−94.3‰）、−11.9‰（−93.7‰）和 −12.3‰（−96.3‰），土壤水的 $\delta^{18}O$（δD）的空间差异较小。

在垂直深度上，0 ~ 10 cm、10 ~ 20 cm、20 ~ 40 cm、40 ~ 60 cm、60 ~ 80 cm 和 80 ~ 100 cm 的平均土壤水 $\delta^{18}O$（δD）值分别为 −10.9‰（−89.1‰）、−11.6‰（−92.5‰）、−12.4‰（−96.3‰）、−12.7‰（−98.0‰）、−12.6‰（−95.3‰）和 −12.6‰（−95.5‰）(图 3.28b 和图 3.28c)。从垂直变化整体来看，牛耳坡土壤水 $\delta^{18}O$ 和 δD 值显示出明显的季节性（$p<0.01$），在 0 ~ 20 cm 内，2 月、4 月和 6 月的数值较高， 8 月、10 月和 1 月的数值较低（图 3.29a ~图 3.29m）。但是在 20 cm 土壤深度以下，土壤水 $\delta^{18}O$ 和 δD 值相对稳定，季节变化趋势有限（图 3.29a ~图 3.29m）。

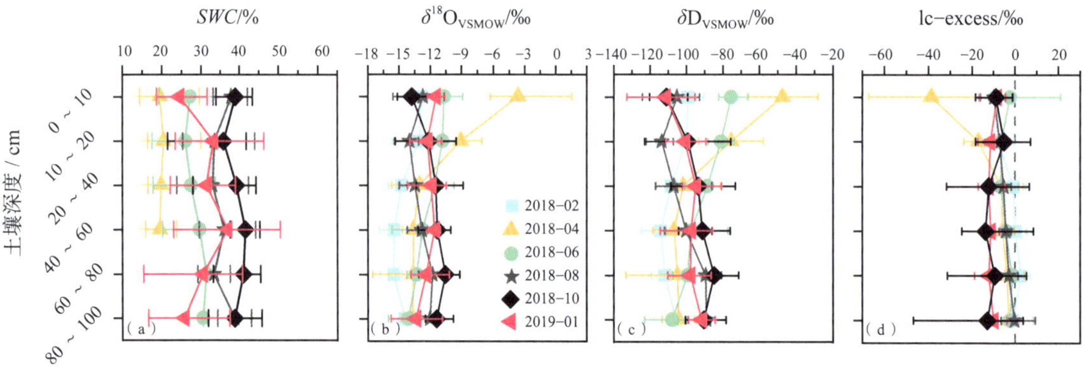

图 3.28 土壤水分（a），$\delta^{18}O$（b），δD（c）和 lc 盈余（d）的垂直剖面变化

每个颜色符号为平均值，上、下限线代表最小值和最大值

P1、P2、P3、P4、P5、P6 和 P7 的土壤水 lc 盈余的变化范围分别为 −17.5‰ ~ 4.9‰、−51.2‰ ~ 1.88‰、−28.7‰ ~ −0.4‰、−67.0‰ ~ 7.8‰、−28.8‰ ~ 8.7‰、−36.9‰ ~ 9.5‰ 和 −45.2‰ ~ 21.2‰。2 月和 4 月的 lc 盈余平均值的垂直分布随土壤深度的增加而增加，而在 10 月和 1 月则随着土壤深度的增加而减少（图 3.28d）。研究期间，所有采样点 0 ~ 10 cm 的 lc 盈余值显著低于 0‰，且表现出旱季较低，雨季较高的时间动态特征（图 3.29n ~图 3.29s）。4 月份，由于更强的蒸发，lc 盈余显示出明显负值（图 3.29n）。在 10 ~ 20 cm

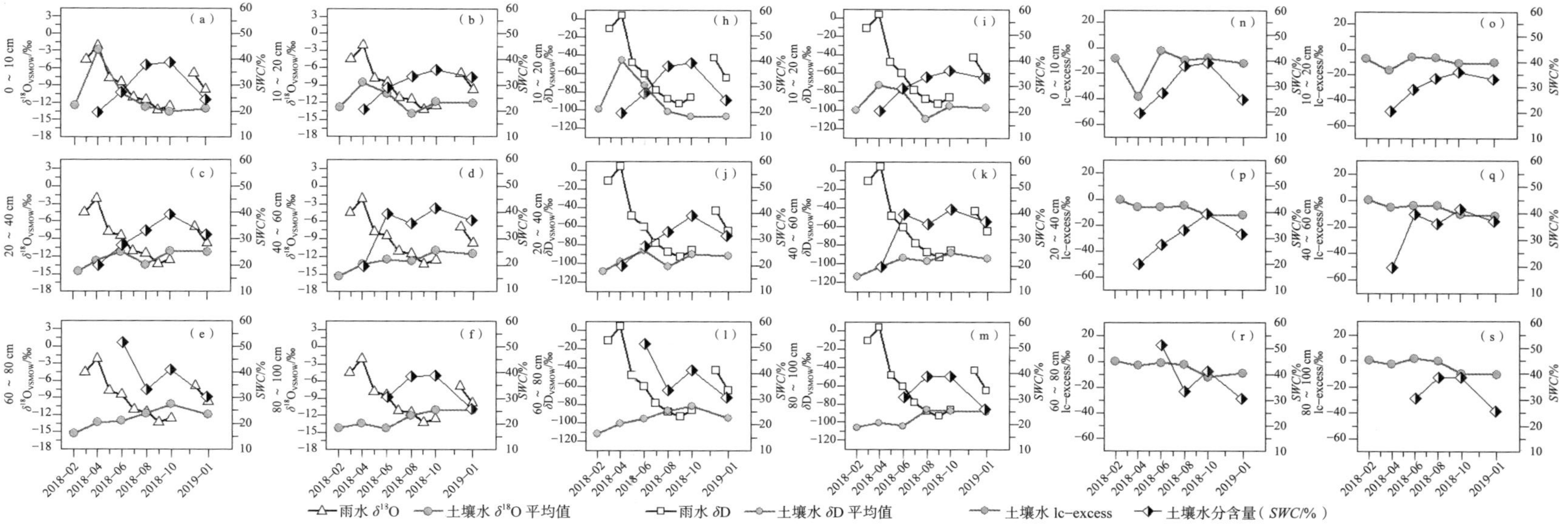

图 3.29　各采样点 6 个深度的月平均 $\delta^{18}O$ 和 δD 的季节变化趋势

彩色符号为每个采样点的 $\delta^{18}O$ 和 δD 的平均值

深度,lc 盈余曲线表现出较弱的时间动态，在 0 ~ −20‰ 范围内（图 3.29o）。值得注意的是，20 cm 土壤深度以下的所有 lc 盈余曲线显示出不明显的季节动态，但在大约 2018 年 6 月之后，随着时间的推移呈相当稳定的下降趋势（图 3.29p ~ 图 3.29s）。

3.1.5.4 基于土壤水稳定同位素特征的牛耳坡洼地土壤水运动机制

通常，雨水、蒸发、蒸腾作用和植物吸收是控制土壤水分变化及其同位素特征的主要过程（Allison，1998；Robertson and Gazis，2006；Sprenger et al.，2016）。考虑到牛耳坡的环境特征，雨水是土壤水的唯一来源，而水分流失的途径是蒸发和苹果树的吸收。因此，降水中同位素比值的季节性将在土壤水中留下印记（Allison，1998；Sprenger et al.，2018）。许多研究指出，尽管植物从土壤中吸收的水分可以改变土壤中的水分含量，但直到叶面上的气孔蒸发才产生明显的 δD 和 δ^{18}O 的同位素分馏（Allison and Barnes，1983；Allison，1998；Hsieh et al.，1998）。因此，牛耳坡土壤水同位素变化可能主要受到降水和蒸发的影响。

优先流和活塞流是降雨后土壤水的主要运动类型，在较深深度产生不同的稳定同位素组成（Tang and Feng，2001；Gazis and Feng，2004；Zhao et al.，2013；Evaristo et al.，2015；Sprenger et al.，2016；Hasselquist et al.，2018）。在活塞流作用下，土壤水向下渗透的速度较慢，使包气带的蒸发暴露时间更长，使得深层土壤水表现出更丰富的同位素特征。相比之下，在优先流条件下，深层土壤水将表现出与近期雨水相似的同位素特征，这是由于通过优先路径向下快速渗透，以及由此导致的非饱和带蒸发暴露时间缩短（Barnes and Allison，1988；Allison，1998；Hsieh et al.，1998；Gazis and Feng，2004）。

2018 年 1 月—2019 年 1 月雨水 δD 和 δ^{18}O 沿规则的 LMWL 线分布（图 3.27）。从季节变化来看，雨水 δD 和 δ^{18}O 表现为季风前较高，季风期较低。此外，月降水同位素曲线一般遵循月累积 *PET* 的季节变化，δD 和 δ^{18}O 月均值都与 *PET* 呈正相关（Pearson 相关，δ^{18}O 的相关性为 r=0.50，δD 的相关性为 r=0.51，p<0.05）。雨水 δD 和 δ^{18}O 的季节同位素曲线显示出与浅层土壤（0 ~ 10cm 和 10 ~ 20cm）相似的一般模式（图 3.26、图 3.29a、图 3.29b、图 3.29h 和图 3.29i）。月平均降水 δ^{18}O 和 δD 在 0 ~ 10cm 深度（δ^{18}O 的相关性为 r=0.97，δD 的相关性为 r=0.91，p<0.01）和 10 ~ 20cm（δ^{18}O 的相关性为 r=0.87，δD 的相关性为 r=0.82，p<0.01）与 *SWC* 呈强正相关，即浅层土壤水同位素变异性反映了降水输入信号的季节性。随着土壤深度的增加，雨水和土壤水的 δ^{18}O 和 δD 分布模式有显著差异，雨水与 *SWC* 的相关性较弱（图 3.26，图 3.29c，图 3.29d，图 3.29e，图 3.29j，图 3.29k，图 3.29l 和图 3.29m）。这一结果表明，浅层土壤水（0 ~ 20cm）对雨水的季节性变化非常敏感，但随着渗透雨水与预先存在的土壤水以活塞流的形式混合，导致深层（>20cm）土壤水 δ^{18}O 和 δD 值对雨水输入响应缓慢，全年相对稳定。

土壤水 δ^{18}O 和 δD 垂直剖面特征的季节变化可分为 3 组：Ⅰ组（2 月份、4 月份和 6 月份）、Ⅱ组（8 月份和 10 月份）和Ⅲ组（1 月份）。Ⅰ组上部（<20cm）土壤富集的 δ^{18}O、δD 值和较低的 *SWC* 表明降水量较少，*PET* 较高，呈现强烈的蒸发，导致偏负的 lc 盈余值（图 3.26），而 20cm 以下相对贫化的 δ^{18}O 和 δD 表明蒸发影响减小；在第Ⅱ组中，由于 8 月份和 10 月份暴雨频繁，*PET* 相对较低（图 3.26），表土多次受潮。因此，大量的新鲜雨水与地表附近已有的富含 δ^{18}O 和 δD 的土壤水混合，会以活塞流的方式将所有水向下推，导致

δ^{18}O 和 δD 表现出随深度的增加而增加的趋势。在Ⅲ组，垂直剖面中 δ^{18}O 和 δD 的低变异性表明，由于旱季降水量少、气温低和 *PET* 较低，土壤水分入渗受到限制（图 3.26 和图 3.27）。因此，从牛耳坡（图 3.28 和图 3.29）土壤水分 δD 和 δ^{18}O 的剖面和季节性模式来看，活塞流是水运动的主要方式。

与通过活塞驱动水分向下渗透移动相反，蒸发将促进水向上运动并流失到大气中，从而导致氧和氢同位素的动态分馏（Allison，1998；Hsieh et al.，1998）。通常而言，表层土壤蒸发导致 δ^{18}O 和 δD 富集，这可能导致 δD 与 δ^{18}O 曲线的斜率低于 LMWL（Zimmermann et al.，1967）。此外，由于相对 δD/δ^{18}O 比值的变化，蒸发将导致负的 lc 盈余值（Landwehr and Coplen，2006）。由于降水输入的 lc 盈余值为 0，可以排除降雨季节性对土壤水 lc 盈余曲线变化的影响。

浅层土壤（<20 cm）的 lc 盈余值显著低于 10‰，且具有明显的季节变化，这意味着浅层土壤水受到明显的蒸发影响（图 3.29n 和图 3.29o）。较小的季节变化和深部土壤（>20cm）较高的 lc 过量表明，直接蒸发对深层土壤水分 δ^{18}O（δD）的影响相对较弱（图 3.29o ~ 图 3.29r）。此外，20 cm 深度以下的所有 lc 盈余曲线随时间持续减少的模式表明，在研究期间，蒸发对深层土壤水的影响是渐进的，这种蒸发效应可能是由上层土壤中 lc 盈余值较低的水分逐渐渗入引起的。lc 盈余曲线的逐渐降低模式也有力地支持了活塞流向下推动上层受蒸发影响的土壤水向下运动渗透的推断。在其向下运动过程中，渗透水将与预先存在的水混合，这可能导致土壤柱中 20 cm 深度以下的相对较高 lc 盈余值（Hsieh et al.，1998；Gazis and Feng，2004；Sprenger et al.，2017）。此外，部分研究表明，优先流是喀斯特石漠化地区土壤水分运动的主要类型，这与岩石露头和土壤－岩石界面高度不规则几何形状有关（Zhao et al.，2018；Yang et al.，2019；Zhao et al.，2020）。然而，我们的研究表明活塞流在喀斯特石漠化地区的土壤水分运动中也起着重要的作用，主要发生在岩石露头之间堆积土壤的中部。通常，由于渗透性的极端差异，优先流在岩土界面的入渗速度比活塞流快，限制了岩土界面附近土壤水的水平运动，导致与中间土壤的横向交换和补给很少（Chen et al.，2017；Yang et al.，2019；Zhao et al.，2020）。

许多研究表明，蒸发对土壤水 δ^{18}O 和 δD 的影响主要在近地表，土壤水中 δ^{18}O 和 δD 的蒸发富集通常限于 30 cm 的深度（Sprenger et al.，2016）。通过研究，发现深度超过 20 cm 的土壤孔隙水在经过 290 天的强烈蒸发的土壤柱中经历了明显的分馏（Rothfuss et al.，2015）。当然，土壤质地会导致蒸发，进而在土壤深度上产生差异（Wythers et al.，1999）。我们的研究结果表明，研究区土壤上部 20 cm 内的土壤同位素分馏较高，且在双同位素图中蒸发线的 lc 盈余值和斜率明显为负值，因此，牛耳坡洼地受蒸发影响的土壤深度约为 20 cm（图 3.28 和图 3.29）。

牛耳坡洼地浅层土壤水（<20cm）由于受到蒸发的影响，δ^{18}O 和 δD 增加。为推断 *PET* 对 lc 盈余影响的时间范围，我们计算了采样前 7 天（PET_7）和 30 天（PET_{30}）的 *PET* 总和，并研究所有 7 个采样点在不同的深度的月平均 lc 盈余值和 *PET* 之间的相关关系。理论上讲，蒸发分馏导致 lc 盈余较低而 *PET* 较高，以至于 lc 盈余与 *PET* 应该显示负相关关系（Landwehr and Coplen 2006；Sprenger et al.，2016）。然而，在图 3.30 中，lc 盈余值与 PET_7 在 0 ~ 10 cm（$r=-0.59$，$p<0.05$）和 10 ~ 20 cm（$r=-0.28$，$p<0.05$）中呈显著负相关关系。尽管 lc 盈余与 PET_{30} 也呈负相关，但显著性水平大于 0.05（$p>0.05$）。因此，牛耳坡上部土壤水（<20 cm）中 $\delta^{18}O$ 和 δD 的蒸发富集与取样前 7 天的潜在蒸散发关系更密切。有趣的是，在土壤深度大于 20 cm 时，lc 盈余与 PET_7 和 PET_{30} 显示出正相关关系（$p> 0.05$），这可能是新补给的土壤水和先前受到蒸发影响的土壤水混合及向下渗透共同作用的结果（Gazis and Feng，2004；Sprenger et al.，2017）。

土壤水分储存过程中的蒸发损失分数是在局域尺度上追踪水文循环的重要环节之一（Zimmermann et al., 1967 ; Tang and Feng 2001 ; Vereecken et al., 2015 ）。本研究基于 $\delta^{18}O$ 和 δD 使用 Hydrocalculator 软件（ Skrzypek et al.，2015 ）分别估算土壤水分蒸发损失（%），基于 δD 估算的蒸发损失率变化范围为 −15.8% ~ 12.3%，基于 $\delta^{18}O$ 的为 −13.3% ~ 14.0%，两者均表现出明显的季节变化。蒸发损失最大发生在 2018 年 4 月份，基于 δD 和 $\delta^{18}O$ 估算的蒸发损失率分别为 12.3% 和 14.0%，这与 *PET* 曲线和 lc 盈余值的季节性特征一致（图 3.26 和图 3.29）。由于雨季降水频繁，土壤含水量大于初始土壤含水量，蒸发损失率在 6 月份和 8 月份均为负值（6 月份基于 δD 和 $\delta^{18}O$ 估算的蒸发损失率分别为 −7.3% 和 −13.3%，8 月份基于 δD 和 $\delta^{18}O$ 估算的蒸发损失率分别为 −15.8% 和 −7.6%）。由于旱季较低的 *PET* 和

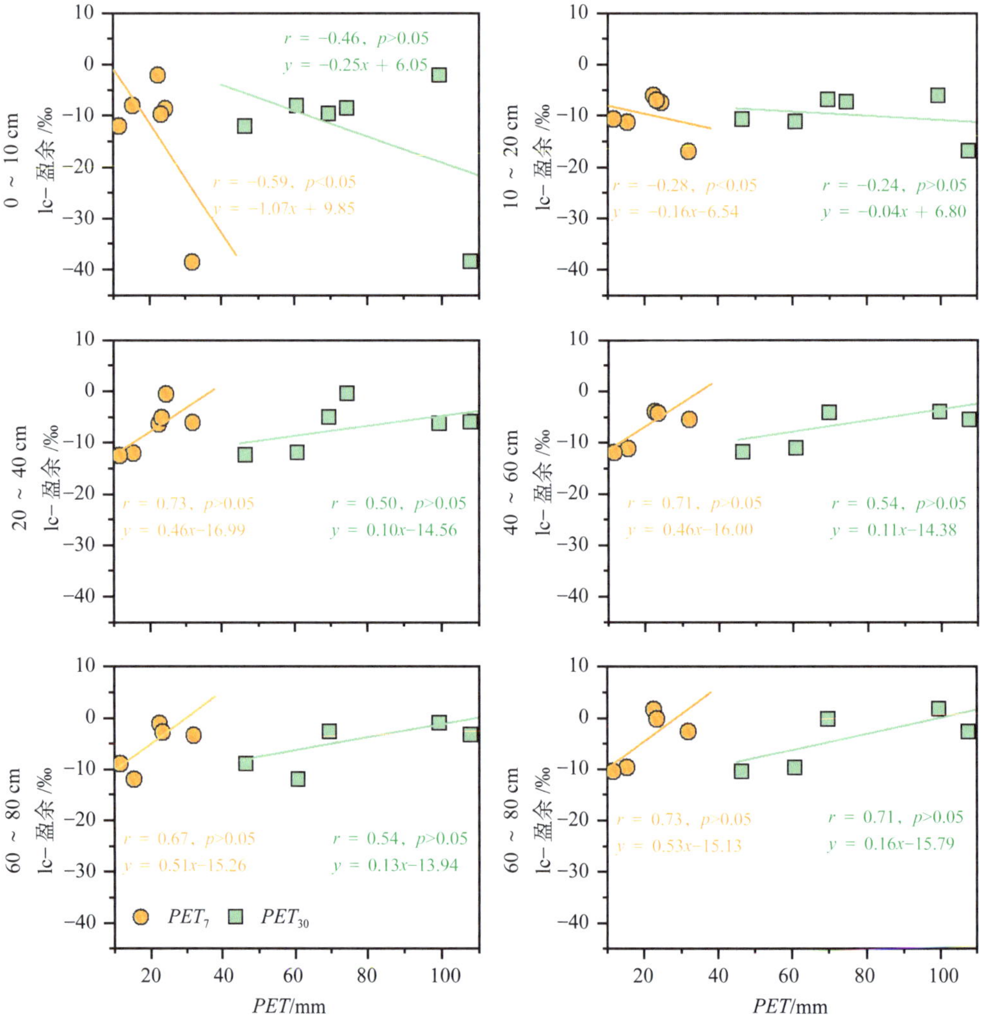

图 3.30 采样日前 7 天（PET_7）和 30 天（PET_{30}）内不同深度的 7 个采样点的月平均 lc 盈余与 *PET* 的关系

气温，2018 年 10 月份基于 δD 和 $\delta^{18}O$ 估算值的蒸发损失率约为 1.3%，而 2019 年 1 月份基于 δD 和 $\delta^{18}O$ 估算的蒸发损失率分别为 −0.2% 和 0.2%。总体而言，蒸发损失率随降水量和 *PET* 的季节变化而变化。

3.2 喀斯特断陷盆地石漠化区典型经济果林水分来源及变化

全球喀斯特地区总面积接近 2200 km^2，约占全球陆地总面积的 15%。我国有着较大面积的喀斯特分布，约占国土面积的三分之一（袁道先，2008），其中西南喀斯特地区是世界上分布最广、面积最大的喀斯特地区，在长时间强烈的溶蚀作用下，产生了喀斯特地区独有的地表－地下二层空间构造，构成了水土分离的空间格局。可溶岩尤其是纯碳酸盐岩成土能力较弱，营养元素匮乏，导致成土缓慢，土壤层较薄且不连续，土壤侵蚀程度高，植被立地条件差，难以生长，植被类型和结构单一，生态功能低下。

然而由于当地人口数量、经济社会的快速发展，过量砍伐树林、过度放牧、坡地开垦、过度开采地下水等不合理的人类活动导致本来十分脆弱的生态环境不断恶化，由此产生一系列地质环境问题，其中影响范围最广、损失最大的当属石漠化（王世杰，2003）。为此，国家对西南喀斯特石漠化问题给予了高度重视，早在 2008 年国务院就颁布了《岩溶地区石漠化综合治理规划大纲（2006—2015）》，对西南地区石漠化问题做出了重要指示。2016 年，国务院颁布的《中华人民共和国国民经济和社会发展第十三个五年规划纲要》更是把石漠化列为国家重点区域生态修复的主要内容。经过近十多年来对西南地区石漠化的积极治理和生态保护，石漠化状况发生了很大的改善。2018 年 12 月国家林业和草原局最新公布的数据显示，截至 2016 年底，西南喀斯特地区石漠化面积 1007 万公顷，与 2011 年相比较喀斯特地区石漠化土地总面积净减少 193.2 万公顷，减少了 16.1%，年均减少了 38.6 万公顷，年均缩减率为 3.45%（国家林业和草原局，2018）。总体上来看，石漠化面积在减小，程度呈现出由中度、重度石漠化向轻度石漠化转变的趋势，但由于当地人们认知水平的不足和受特殊的地质、气候条件影响，部分地区的石漠化状况依然没有得到好转。

云南是西南石漠化问题最为突出的省份之一，其中滇东地区是石漠化程度最高的地区，据统计，2016 年云南石漠化土地面积为 235.2 万公顷，占石漠化总面积的 23.4%（国家林业和草原局，2018）。喀斯特断陷盆地是云南地区最为典型的喀斯特地貌单元，主要分布在滇东喀斯特高原区（谭继中，2003），构成了地形起伏差异大的“盆－山”耦合的地质环境特征。国家石漠化综合治理工程在西南喀斯特石漠化区实施以来，石漠化地区相关经济林果产业的发展，为当地生态恢复和脱贫工作做出了重要贡献。然而，尽管当地的光热条件充足，但大气降水时间分配高度不均，加上特殊的喀斯特地质背景，水分条件不足成为该地区植被生长发育和生态恢复的重要阻碍因素。由于经济林果需水量普遍大于普通农作物（党宏忠等，2020），因此，随着树龄的逐年增长，它们对土壤水的消耗也不断增加，土壤水分的缺乏会对经济林果的产量和品质造成显著影响（朱德兰等，2004）。因而，十分必要对当地代表性经济林果的水分利用状况展开研究并提出有针对性的水分管理建议，以期为西南喀斯特断陷盆地石漠化地区生态产业的持续健康发展及生态环境的修复提供科学依据。

在研究植物水分利用过程中，以往的研究者经常使用全根系挖掘法这一传统方法来确定植物水分来源（Frederick et al.，2001），这种方法不仅需要大量的时间，而且还会对当地生态环境造成严重的破坏，即使整个土壤剖面上都有根系分布，但并不代表所有根系都有获取水分能力，这是因为植物根系的相对分布及活性共同决定着植物的吸水区域。稳定同位素技术凭借其示踪功能及检测速度快、精度高、对环境破坏较小的特点成为植物水分来源的主要研究手段之一（Dawson，1993；聂云鹏等，2011）。近年来，国内研究者运用稳定同位素对植物水分来源展开了许多研究，并取得一系列丰硕的成果（赵勇等，2010；吴华武等，2015；Guo et al.，2016）。

3.2.1 稳定同位素示踪植被水分来源的研究进展

植物会依靠根系吸收环境中的水分和利用叶片进行蒸腾作用影响水分在生态过程中的迁移与循环，反过来土壤水分的可利用性也会影响植物的生理功能（李静等，2017）。在自然界中，植物的水分来源主要有大气降水（包括降雨、冰雪融水等）、土壤水、河流和地下水，其中土壤水是植物的直接水分来源。由于大气降水同位素的季节性差异、物理蒸发作用及土壤水与地下水之间同位素组成存在差异，土壤水会随着土壤深度的变化出现明显的同位素组成梯度（Isotopic Composition Gradients）（Sprenger et al.，2019）。而植物根部吸收的水分在到达叶片或幼嫩未栓化的枝条等器官组织之前，即水分在根部与茎干之间的运输过程中氢氧同位素组成不会发生改变，因此，通过将不同水源样品和植物茎干水的氢氧稳定同位素值进行对比，结合同位素混合模型，可以确定各潜在水源对植物的相对贡献率（Yakir et al.，2000；Dawson et al.，2002）。

植物功能型（Plant Functional Types，PFTs）是指由于共同享有一些关键的功能性状而对特定环境因子有相似反应机理并对生态系统主要过程有相似影响的不同植物种类的组合（陆双飞，2020），而不同功能型的植物在水分利用方式上会存在差异（Yang et al.，2011；Rossatto et al.，2013；马迎宾等，2019）。Yang et al.（2011）对内蒙古典型的草原生态系统进行了两年的实地调查，发现当地小叶锦鸡儿（*Caragana microphylla*）在整个采样期间主要利用由冬季降水补给的深层土壤水分，而决明子（*Cleistogenes squarrosa*）则主要利用夏季降水。羊草（*Leymus chinensis*）、冰草（*Agropyron cristatum*）和大针茅（*Stipa grandis*）表现出资源依赖型的水源利用策略，在深层土壤水可利用时利用深层土壤水，在深层土壤水已被消耗时转而利用雨水。马迎宾等（2019）对浙江汤浦水库库区湿地人工林优势树种的水分利用策略进行研究，发现当地优势树种的水分来源主要有降水、雨前土壤水和浅层地下水。扎根深度不同的树种表现出不一样的水分利用策略，表层（0 ~ 20cm）根系丰富的树种主要吸收小雨（7.5mm），而深根系树种主要吸收由中雨（14.5mm）、大雨（35.0mm）补给的土壤水分。Xu 等（2011）在四川西部卧龙自然保护区的研究也得出相似的结果。深根系和浅根系植物水分利用策略的差异，对减少群落内水分竞争，维持生态系统的稳定性有着重要的意义（Zhang et al.，2019）。

即使在单一物种中，植物根系吸水模式和水分来源也可能存在很大差异。这种差异通常与生长时期、季节、土壤湿度、物候期、树木大小、蒸腾速率及灌溉、施肥方法的差异有关（Schwendenmann et al.，2015；Ma et al.，2016；Bargués et al.，2017；Hardanto et al.，2017；Liu et al.，2019）。前人研究发现玉米（*Zea mays*）的水分利用策略会随着生育期的推移而发生改变，在幼苗阶段和拔节阶段主要吸收浅层（20cm 以上）的土壤水分，随着植株的生长，水分来源逐渐转向深层土壤（Ma et al.，2016；Zhao et al.，2016；Liao et al.，

2018）。冬小麦（*Triticum aestivum*）在生育期的大部分阶段对 0 ~ 50cm 的土壤水均有利用，在幼苗阶段和越冬阶段主要吸收浅层 0 ~ 20cm 的土壤水分，在开花期、灌浆期和乳熟期开始利用 20 ~ 40cm 的土壤水分（Zhao et al.，2018；Yang et al.，2018）。李惠等（2017）在对棉花的研究中发现与玉米和冬小麦相似的水分利用策略。胡桃树（*Juglans regia*）的吸水深度从萌芽期、展叶期的 0 ~ 20cm 过渡到开花坐果期、果实膨大期和果实成熟期的 20 ~ 40cm（Liu et al.，2019）。樱桃树（*Prunus avium*）在果实生长阶段主要吸收 20 ~ 50cm 土层的土壤水分，而在生长阶段后期转向利用 0 ~ 20 cm 和 50 ~ 100 cm 土层的土壤水分（Cao et al.，2018）。与根系挖掘法等传统的植物水分来源研究方法相比，稳定同位素技术凭借其精度高，破坏性小的优点，逐渐取代传统方法成为植物水分关系研究的主要手段。

喀斯特地区土壤层浅薄、不连续而且碎石含量高，下伏的风化基岩层裂隙、管道发育使得地表水能够快速转化为地下水，导致喀斯特区植物可用的水分有效性较低，对水源的切换能力往往比非喀斯特地区植物更强。喀斯特地区植物的水分来源主要有土壤水（Nie et al.，2014；Ellsworth et al.，2015），表层喀斯特带水（Rong et al.，2011；Nie et al.，2012）和地下水（Deng et al.，2012；Swaffer et al.，2014）；还有研究表明，雾水也是喀斯特地区植物的重要水源（Fu et al.，2016）。

在我国西南喀斯特区，刘九缠（2019）对重庆市中梁山喀斯特槽谷区 4 种典型植物的水分来源进行研究，发现冬、春季节植物对地下水的利用较夏、秋季节高，且隧道影响区植物对地下水的利用比例较无隧道影响区更高，推测隧道开挖对土壤含水率造成影响从而影响植物的水分利用策略。邢丹（2018）在贵州石漠化地区的研究表明，当地桑树的水分来源主要为土壤水分，在降雨较少的时期主要吸收利用 0 ~ 10 cm 的表层土壤水，在降水量较大的时期主要吸收 50 ~ 60 cm 土壤水。刘钰杉（2017）利用氢氧稳定同位素技术结合 IsoSource 模型分析滇东南普者黑峰林湖盆区优势植物的水分来源，发现与雨季相比，降水不足时当地植物普遍增加对表层喀斯特水利用。邹巧云等（2019）利用控水试验对喀斯特出露基岩生境植物水分来源进行研究，发现植物在遮雨条件下仍然可以继续生长，这因为利用了深层稳定的水源。

随着稳定同位素示踪技术的逐渐成熟，研究者们提出了不同的计算方法与模型来分析不同潜在水源对植物的水分贡献率，如直接对比法、二元或三元线性混合模型、多元线性混合模型（IsoSource）、贝叶斯混合模型（MixSIR、SIAR、MixSIAR）（Phillips and Gregg，2003；Moore and Semmens，2008；Parnell et al.，2010；Stock et al.，2013）。

（1）直接对比法

直接对比法就是将植物茎干水的同位素值与各潜在水源的同位素值进行对比，以同位素值与植物茎干水同位素值相交或接近的水源作为植物的主要水分来源（Brunel et al.，1995）。刘树宝等（2016）将土壤水和胡杨木质部水的氢氧同位素值进行对比，得到胡杨吸收土壤水的主要层位，发现不同林龄的胡杨水分来源存在差异。杜俊杉等（2018）利用直接对比法分析冬小麦根系吸水来源时发现冬小麦根系吸水深度季节变化差异显著。李楠（2018）对黄土丘陵地区不同林龄的水分来源进行比较，发现随着树龄的增加，枣树对中深层（40 ~ 200cm）土壤水的利用性越强。然而，直接对比法只能定性描述植物对各个水源利用率的大小，因此，该方法需要与其他方法一起使用才能确保结果的准确性。

（2）线性混合模型

在分析植物水分来源的研究中，同位素线性混合模型被广泛地应用。线性混合模型基于同位素质量守恒的原理建立，其公式为：

$$\delta D_p = \sum f_i D_i \tag{3.18}$$

$$\delta^{18} O_p = \sum f_i \delta^{18} O_i \tag{3.19}$$

$$\sum f_i = 1 \tag{3.20}$$

式中：$\delta \mathrm{D}_p$ 和 $\delta^{18}O_p$ 为植物体内木质部水中氢氧稳定同位素的值；$\delta \mathrm{D}_i$ 和 $\delta^{18}O_i$ 为各水源中氢氧稳定同位素的值；f_i 为水源 i 对植物的贡献率。上式中只有在水源数目 i 不大于 3 时，才能解得唯一解，为此 Phillips 和 Gregg（2003）提出了多元线性混合模型 IsoSource。

IsoSource 模型不仅可以计算出植物对不同水源的利用比例，还可以求出各水源对植物的贡献率范围。通过将每次增加的水源贡献率大小（Increment）设定为 1%，得到各水源贡献率的多种线性组合，再根据同位素质量守恒原理计算各个线性组合相对应的植物木质部水同位素值，最后如果计算出的线性混合终值与实测的植物同位素值之间的误差在允许范围内（Tolerance 一般设定为 0.01），即为一组可行解。然后通过各潜在水源的所有可行解的贡献率频率分布直方图，求出各水源的贡献率范围与平均水分贡献率。

与直接对比法相比，IsoSource 模型能够得到各潜在水源对植物的相对贡献率和贡献范围，可以定量分析不同水源对木质部水的相对贡献大小，被广泛运用到植物水分来源的研究中。Wu 等（2016）利用 IsoSource 模型定量分析玉米根系对水分的吸收，发现随着生育期的推移，玉米根系对深层土壤水的利用比例越来越大；在交替沟灌的条件下，垄顶处的玉米主要利用较深层的土壤水，垄沟处的玉米主要吸收较浅层的土壤水。李惠等（2017）在西北地区的研究表明，棉花在蕾期、花期、铃期和吐絮期分别利用 0 ~ 30cm、30 ~ 60cm、60 ~ 110cm 和 110 ~ 220cm 土壤水，整个生育期内水分来源深度逐渐增大。

（3）贝叶斯混合模型

多元线性混合模型 IsoSource 是目前估算植物对各水源利用比例的一种重要方法，但该软件计算过程未考虑不确定性因素。针对此问题 Moore 和 Semmens（2008）提出了贝叶斯混合模型，并推出了用于计算混合物比例的 MixSIR 软件包。Stock 等（2013）指出 MixSIR 模型不能准确地估计各水源的贡献值，主要是因为没有附加残差和采用了在运行模型前就执行了限制条件的 beta 分布，针对此问题，他们提出了基于 R 语言的贝叶斯混合模型 MixSIAR。模型公式如下：

$$X_{ij} = \sum_{k=1}^{k} p_k (S_{jk} + c_{jk}) + \varepsilon_{ij} \tag{3.21}$$

$$S_{jk} \sim N(\mu_{jk},\ \omega^2_{jk}) \tag{3.22}$$

$$c_{jk} \sim N(\lambda_{jk},\ \tau^2_{jk}) \tag{3.23}$$

$$\varepsilon_{ij} \sim N(0,\ \sigma_j^2) \tag{3.24}$$

式中：X_{ij} 是第 i 个混合物水样中第 j 个同位素值；S_{jk} 是第 k 个源的第 j 个同位素值，S_{jk} 符合期望为 μ_{jk} 方差为 ω^2_{jk} 的正态分布；p_k 是 k 源为混合物水样利用的贡献率；c_{jk} 是第 k 个源的第 j 个同位素分馏指数，符合期望为 λ_{jk} 方差为 τ^2_{jk} 的正态分布；ε_{ij} 是残留误差，模型中计算了残差，减少了各源同位素的不确定性，所以基于贝叶斯混合模型的 MixSIAR 模型是目前一种更加合理的水分来源解析方法。

张宇等（2020）利用 MixSIAR 模型对西北地区广泛种植的红瑞木（*Swida alba*）水分来源进行研究，发现：在降水较为丰富的时期，植物主要利用浅层土壤水以降低能量的消耗，在降水较少的时期，植物依靠深根从深层土壤中吸收水分。刘柯渝（2018）利用 MixSIAR 模型研究发现深层土壤水对黄土地区苹果树的蒸腾作用具有重要意义。

以上方法在结果上可能存在较大差异，因此，可以先通过直接对比法定性判断植物可能利用的潜在水源，然后再利用多元线性混合模型 IsoSource 和贝叶斯混合模型计算各潜在水源对植物的贡献率和贡献范围，必要时可通过评估模型性能，选择出最优模型，定量分析植物的水分来源。

植物作为生态系统的重要组成部分，其根系吸水是 SPAC 中水循环的重要环节，研究植物水分利用状况，对理解区域生态系统内部的水循环过程和维持生态系统的健康发展有重要意义。与植物液流法和根系挖掘法等传统方法相比，稳定同位素示踪技术研究植物水分来源具有操作性强、精度和灵敏度高和对环境破坏小等优点（朱林等，2012；龙翔等，2014；Luo et al.，2016）。随着稳定同位素测试技术的日趋成熟和稳定同位素溯源模型的开发，稳定同位素技术已经成为生态学领域重要的研究手段（Leng et al.，2013）。西南断陷盆地石漠化地区由于降水时间分配不均，土壤浅薄且不连续，土壤水分一直是限制当地植物生长发育和生态系统重建与恢复的重要因素。目前，苹果作为当地生态农业的重要组成已经成为当地经济果林的代表，是生态支柱产业，但对当地苹果树的水分来源研究仍然未见报道，导致缺乏科学的水分管理措施。

3.2.2 数据收集及分析

自国家石漠化综合治理生态工程在西南喀斯特石漠化地区实施以来，在蒙自盆地东山高原石漠化区开展苹果树种植已小有规模和经验，是目前我国南端苹果树种植园和社区经济发展的良好地区，取得了很好的经济效益和生态效益。由于当地污染少，打药少，病虫害少，结出的苹果凭借其独特的香甜酥脆口感，受到消费者的欢迎。蒙自无公害苹果已于 2008 年通过产品认证。目前，蒙自市苹果种植面积已达 0.42×10^4 hm^2，产量 1.1×10^4 t，产值 7760 万元，主要栽种的品种有红富士、皇家嘎拉、烟富 3 号。2018 年，蒙自市统筹推进全市“林果乡村 · 生态家园”建设工作，重点打造千亩以上标准化林果示范基地，新增苹果种植面积 0.061×10^4 hm^2。可以说，苹果种植的好坏关系到蒙自市人民的经济效益和区域石漠化治理的成效。但由于大气降水是该地区唯一的补给水源，且该地区的年均降水量仅为 800 mm 左右，75% 的降水集中在 7 ~ 9 月份，降水时间分布不均，造成严重的冬春干旱。虽然近年来农户大量采用水窖储蓄雨水，但仅够配制农药使用，对浇灌果树来说是杯水车薪，再加上喀斯特发育，导致水源容易漏失，地下水埋藏较深无法补给，苹果树的逐年生长导致耗水量增加。同时不同季节间苹果树的剖面土壤水分和根系分布变化必然导致土壤水分利用状况的差异，因此，有必要对苹果树水分来源季节性差异进行研究，以期为当地苹果树不同季节的水分管理提供科学依据。

通过测定采样期内大气降水、不同深度土层的土壤水及生育期 3 个主要阶段（萌芽期、新梢旺长期、果实膨大期）的苹果树木质部水的氢氧稳定同位素组成（δD 和 δ^{18}O），分别用直接对比法、多元线性混合模型 IsoSource、贝叶斯混合模型 MixSIAR 来分析，得到苹果树对不同深度土壤水的利用比例，以期为区域生态恢复提供有针对性的水分管理建议。在采样期内通过安置在研究区高处的 CR800 自动气象站监测降水量，通过自制的雨水采集装置收集雨水并测定其氢氧稳定同位素组成，分析降水量的季节变化特征和降水氢氧同位素组成的季节变化特征。在苹果树生育期的 3 个主要阶段（萌芽期、新梢旺长期、果实膨大期）通过直接对比法、多元线性混合模型 IsoSource 和贝叶斯混合模型 MixSIAR，分析不同位置苹果树的水分利用状况，区分水分来源，有针对性地提出水分管理建议。

该研究主要在前述的蒙自喀斯特断陷盆地东山高原面牛耳坡洼地进行，该区天然植被破坏较严重，目前主要分布在缓坡地段，有鹿角刺、清香木（*Pistacia weinmannifolia*）、鼠李（*Rhamnus davurica*）等组成的多刺灌丛和由黄茅（*Heteropogon contortus*）、臭根子草（*Bothriochloa bladhii*）组成的草坡及余甘子（*Phyllanthus emblica*）、霸王鞭（*Euphorbia royleana*）、仙巴掌等组成的灌丛构成。自 2014 年 12 月，该区为发展生态产业，进行石漠化治理并开始种植苹果树。根据苹果树在生育期不同阶段水分利用状况存在差异的事实，在研究区牛耳坡洼地东坡、西坡、洼地相对平坦位置各选择 3 株树高、地径和冠幅相近、生长状况相似的苹果树为研究对象，采集植物木质部、土壤水、雨水样品，同时收集气象数据和土壤水分数据，供进一步研究，相关监测点如图 3.25 所示。研究期气象数据通过前述安置的野外自动气象站获取。

2018 年分别在苹果树处于生育期的 4—8 月，即每月的中下旬在牛耳坡小流域东坡、西坡、洼地相对平坦位置选择具有代表性的苹果树进行植物木质部取样，苹果树基本特征见表 3.12，据前人研究水平方向上苹果树根系密度在距树干最近处达到最大值，因此，在距离苹果树树干 30cm 左右用土钻挖取土壤样品用于土壤水氢氧同位素测定（郝仲勇等，1998）。采集样品的时间尽量选择在早上 9∶00—11∶00，主要是为了保证取样时的光照强度等外界环境不影响植物木质部和土壤水同位素组成，进而保证数据的准确性。对于植物木质部的取样，在牛耳坡坡地上部相对平坦位置选择 3 棵高度、地径和生长状况相似的苹果树剪取中部栓化无叶片小枝，长 3 ~ 5 cm，迅速剥掉韧皮部，保留木质部，把它装入 15　mL 褐色塑料瓶中，在塑料瓶上用记号笔标记样品标号和采样时间，立即用不透水薄膜密封，然后放入随身携带的冰盒中保存，带回实验室于 −20℃环境下冷冻储存，用于植物木质部水提取。每棵树剪取 3 段小枝作为平行样。在收集完植物样品之后在植物冠幅内的树根附近用土钻挖取地下 0 ~ 100 cm 的土壤样品，分别采集 0 ~ 10cm、10 ~ 20cm、20 ~ 40cm、40 ~ 60cm、60 ~ 80cm 和 80 ~ 100 cm 深度的土壤，为避免空气对表层土壤造成的影响产生误差，0 ~ 10 cm 层位的土层采集表层 2 cm 以下的土壤，土壤样品采集后迅速装入 15 mL 褐色塑料瓶中，拧紧瓶盖后在塑料瓶上用记号笔标记样品标号和采样时间，立即用不透水薄膜密封，然后放进随身携带的冰盒中保存，带回实验室于 −20℃的环境下冷冻储存，用于土壤水提取。因为研究区地下水埋藏较深，因此不考虑地下水对植物水分利用的影响。

用低温真空蒸馏技术（Ehleringer et al.，2000）对土壤水分和植物木质部水分进行提取。抽提的原理是将土壤或植物样品中的水分在超低压环境中加热蒸馏，在低温环境中冷凝收集，从而实现水分无分馏的提取。水分提取后，采用美国赛默飞世尔科技公司生产的 Finnigan Delta V Advantage 同位素比率质谱仪（Isotope Ratio Mass Spectrometer）和 Flash 2000 HT 元素分析仪（Elemental Analyzer）对植物木质部和土壤中提取的水分进行氢氧同位素比率测定。氢氧同位素比值测定采用 TC−EA 高温裂解方法，即采用 AS3000 自动进样器将 0.1 μl 的水样移入约 1400℃反应管中，与过量纯碳反应产生 H_2 和 CO，之后进入 Delta V Advantage 或 MAT253 质谱仪进行同位素的测定。

生育期不同阶段苹果树水分来源主要是不同深度的土壤水，所以将每个土层的土壤水作为潜在水源，通过对植物木质部水与各潜在水源进行对比分析。为了取得更可靠的土壤水分贡献率，分别采用目前最为常用的 IsoSource 模型（Increment=1%，Tolerance=0.1，模型估计值用平均值 ± 标准差表示）和增加各潜在水源同位素数据不确定性分析的 MixSIAR 模型〔把植物木质部和各土层的稳定同位素值、标准偏差及同位素分馏值（通常设为 0）作为模型的输入值，模型估计值用平均值 ± 标准差表示〕计算各个潜在水源对植物木质部水分的相对贡献率。大气降水输入采用前述同期大气降水同位素数据。

表 3.12　苹果树基本特征

坡位	坡度 / (°)	平均树高 /m	平均地径 /mm	冠幅 /m
东坡	30	2.13 ± 0.12	54.32 ± 6.3	1.69 ± 0.20
西坡	25	2.33 ± 0.24	65.58 ± 7.3	1.83 ± 0.25
洼地	0	2.50 ± 0.31	73.63 ± 9.2	2.05 ± 0.26

注：平均值 ± 标准差。

3.2.3　代表性经济果林水分来源及其时空变化特征

通过直接对比法、多元线性混合模型 IsoSource 和贝叶斯混合模型 MixSIAR 分析 2018 年蒙自断陷盆地东山高原面牛耳坡洼地苹果树生育期 3 个主要阶段（萌芽期、新稍旺长期和果实膨大期）的水分利用状况，表明：苹果树根系主要吸水位置及不同深度土层的土壤水对苹果树水分利用贡献率的季节变化，确定当地苹果树的土壤水分利用模式，对苹果树土壤水分利用特征进行解释，并针对其提出相应的水分管理建议，为西南喀斯特断陷盆地石漠化苹果园可持续管理提供数据支持和科学依据。

3.2.3.1　苹果树水分利用来源分析

3.2.3.1.1　直接对比法判别苹果树水分来源

由于不同深度之间的土壤水氢氧同位素存在差异，因此，直接比较土壤水分和苹果树木质部水分 $\delta^{18}O$，找出两者的交叉点或接近范围，可作为苹果树主要吸水深度。

将不同位置的苹果树木质部水与不同深度各层位土壤水的 $\delta^{18}O$ 进行对比，结果如图 3.31 所示。2018 年 4 月，东坡苹果树木质部水的 $\delta^{18}O$ 与 0 ~ 10 cm 和 10 ~ 20 cm 土层的土壤水 $\delta^{18}O$ 有一个交点，初步表明东坡苹果树主要吸收这两个土层深度的土壤水，西坡苹

果树木质部水的 $\delta^{18}O$ 与 0 ～ 10 cm 土层的土壤水 $\delta^{18}O$ 接近，初步表明西坡苹果树主要吸收表层 0 ～ 10 cm 的土壤水分。洼地苹果树木质部水的 $\delta^{18}O$ 与 10 ～ 20 cm 土层的土壤水 $\delta^{18}O$ 相近，初步表明洼地苹果树主要吸收利用 10 ～ 20 cm 土层的土壤水分。

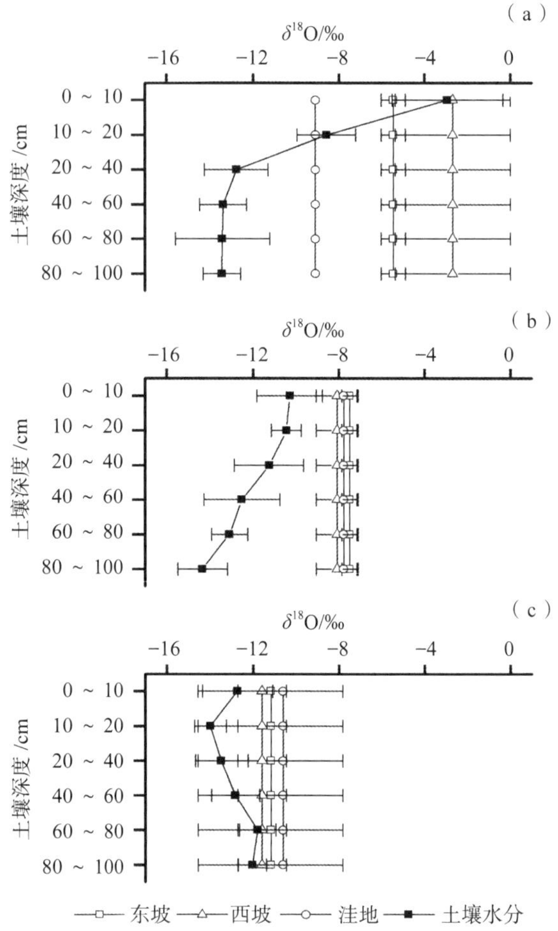

图 3.31　生育期不同阶段东坡、西坡、洼地苹果树木质部水与土壤水 $\delta^{18}O$ 比较

（a）4 月 12 日；（b）6 月 27 日；（c）8 月 26 日

2018 年 6 月，3 个位置的苹果树木质部水 $\delta^{18}O$ 与土壤水 $\delta^{18}O$ 没有交点，但均与 0 ～ 10 cm 土层的土壤水 $\delta^{18}O$ 接近，因此，推测 6 月份苹果树主要吸收利用该层位的土壤水分。

2018 年 8 月，3 个位置的苹果树木质部水 $\delta^{18}O$ 与 60 ～ 80 cm 土层的土壤水 $\delta^{18}O$ 接近，初步表明 8 月份苹果树主要吸收利用 60 ～ 80 cm 土层的土壤水分。

通过直接对比法只能定性判断苹果树的吸水层位，当苹果树木质部水的 $\delta^{18}O$ 与土壤水的 $\delta^{18}O$ 不相交或者交点不止一个的时候，直接对比法很难完全分析出苹果树的水分来源，而且直接对比法不能确定苹果树对不同层位土壤水分的利用比例，因此，需要通过模型量分析出不同深度的土壤水分对苹果树的相对贡献比例。

3.2.3.1.2　IsoSource 模型定量分析苹果树水分来源

IsoSource 模型是目前应用范围最广的水分贡献率计算模型，图 3.32 是 IsoSource 软件的主界面。由于氢、氧同位素分馏速率不同，计算结果可能相差较大，氧同位素分馏相对较慢，因此计算结果更可靠（Ellsworth et al.，2007）。在计算水贡献率时，在绿色区域输入水源名称，在白色区域的第一列按左侧水源名称的顺序输入氧同位素值，在 Mixtures 右边输入混合物的平均氧同位素值。增量 Increment 一般设置为 1% 或 2%，表示软件运行过程中各水源贡献率的增长幅度，即从 0 ~ 100%；软件运行以增量 Increment 为单位逐步增加各水源贡献率，然后再乘以相应的水源同位素值，得到乘积的总和作为线性混合的最终值。公差 Tolerance 通常设置为 0.01，当计算的线性混合终值与实测植物同位素值之差小于此值时，则认为该贡献率是一组可行解。通过绘制各水源可行解贡献率的直方图，对数据进行再处理，得到各水源贡献率的范围（均值 ± 标准差）。

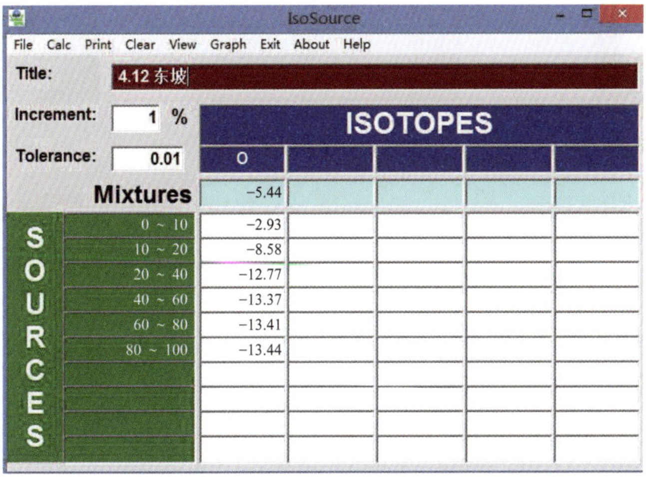

图 3.32　IsoSource 软件操作界面及示例

在生育期的 3 个主要阶段分析东坡、西坡、洼地苹果树不同深度土壤水的水分贡献率值的平均值和范围，图 3.33 为土壤水分贡献率频率分布直方图，横坐标代表不同深度土壤水的水分贡献率，纵坐标代表不同贡献率出现的频率大小。从图中可以看出，在 2018 年 4 月，对于东坡苹果树不同深度土壤水分贡献率来说，0 ~ 10 cm 土层土壤水分贡献率在 60% ~ 80% 之间出现的频率较高，10 ~ 20 cm 等其他深度土层的土壤水分贡献率在 10% 出现的频率较高。对于西坡苹果树不同深度土壤水分贡献率来说，IsoSource 模型无法求出结果。对于洼地苹果树不同深度土壤水分贡献率来说，0 ~ 10 cm 土层土壤水分贡献率在 30% ~ 40% 之间出现的频率较高，10 ~ 20 cm 土层的土壤水分贡献率在 0 ~ 30% 之间出现的频率最高，20 ~ 40 cm 及以下土层的土壤水分贡献率在 0 ~ 20% 之间出现的频率最高。由此可见，在 4 月份萌芽花期，0 ~ 10 cm 土层是该物候期东坡、洼地苹果树的主要吸水区域。

2018 年 6 月的苹果树的土壤水分贡献率无法通过 IsoSource 模型求出。

2018 年 8 月，对于东坡苹果树不同深度土壤水分贡献率来说，0 ~ 10 cm、10 ~ 20 cm、20 ~ 40 cm 和 40 ~ 60 cm 土层的土壤水分贡献率均在 4% 以下出现的频率较高，60 ~ 80 cm 和 80 ~ 100 cm 土层的土壤水分贡献率分布范围较广，在 0 ~ 95% 之间都有分布，平均值分别为 39.5% 和 55.1%，表明该时期东坡苹果树主要利用 60 ~ 80 cm 和

80 ～ 100 cm 土壤水分。对于西坡苹果树不同深度土壤水分贡献率来说，0 ～ 10 cm、10 ～ 20 cm、20 ～ 40 cm 和 40 ～ 60 cm 土层的土壤水分贡献率分别在 0 ～ 20%、0 ～ 10%、0 ～ 20% 和 0 ～ 20% 之间出现的频率较高，60 ～ 80 cm 和 80 ～ 100 cm 土层的土壤水分贡献率在 0 ～ 50% 之间出现的频率较高，表明该时期西坡苹果树主要利用 60 ～ 80 cm 和 80 ～ 100 cm 土壤水分。对于洼地苹果树不同深度土壤水分贡献率来说，0 ～ 10 cm、10 ～

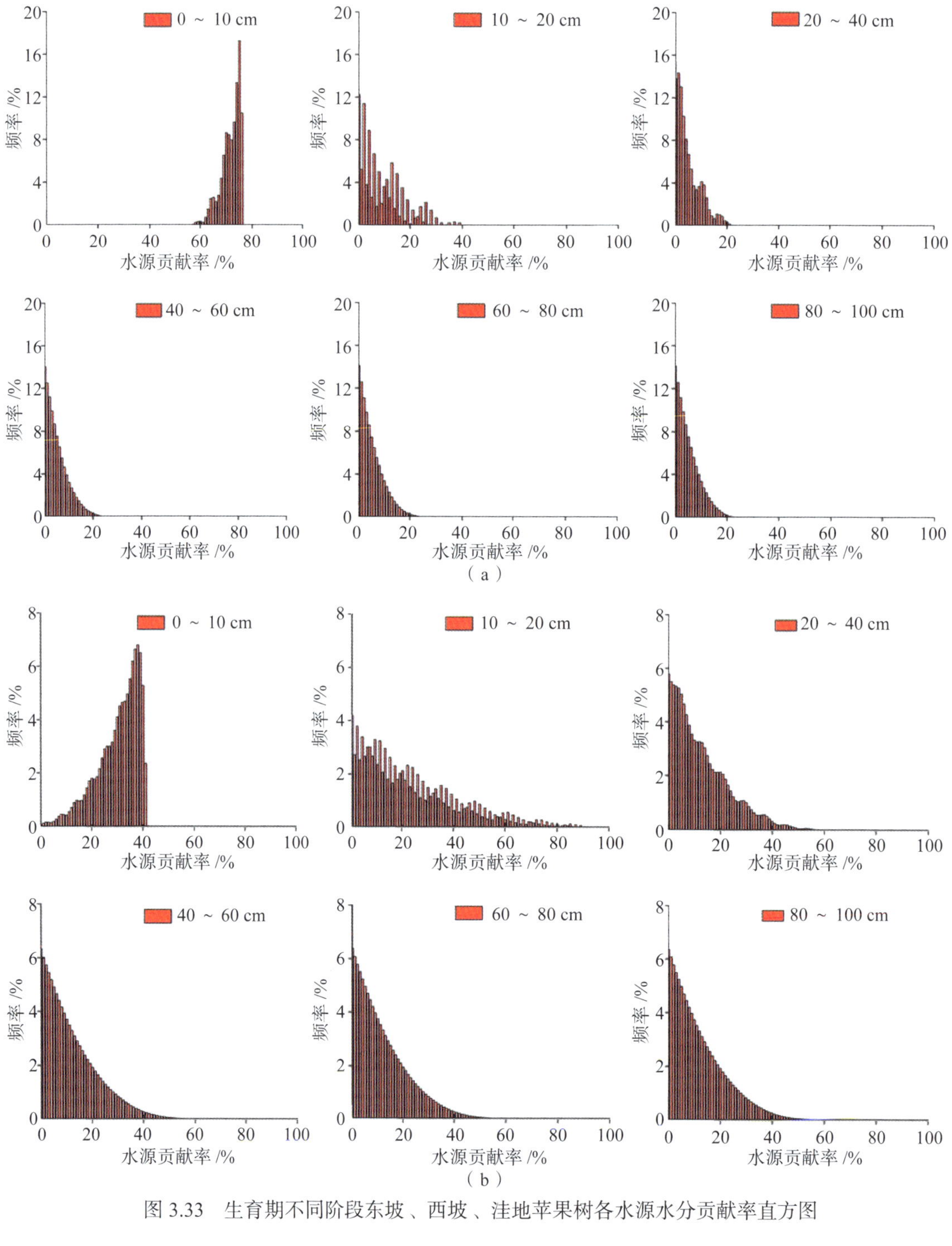

图 3.33　生育期不同阶段东坡、西坡、洼地苹果树各水源水分贡献率直方图

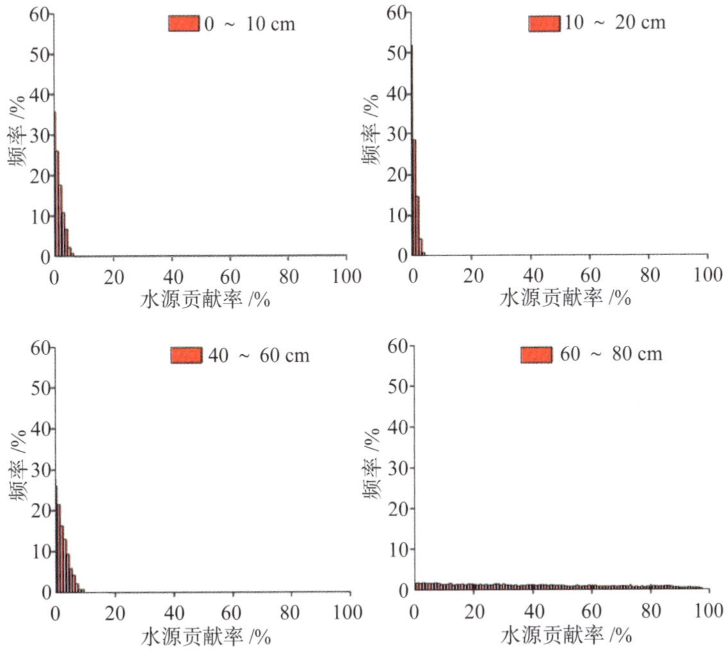

（c）

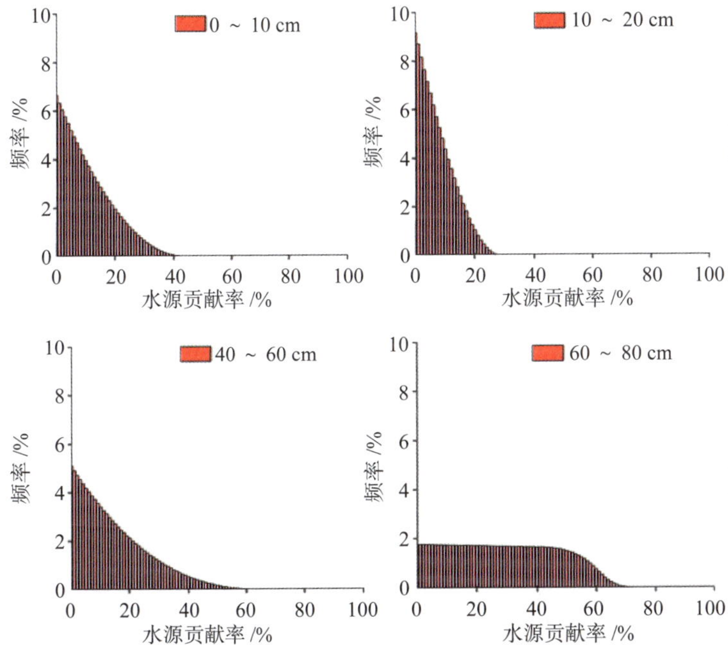

（d）

图 3.33　生育期不同阶段东坡、西坡、洼地苹果树各水源水分贡献率直方图（续）

20 cm、20 ～ 40 cm 和 40 ～ 60 cm 土层的土壤水分贡献率均在 4% 以下出现的频率较高。60 ～ 80 cm 和 80 ～ 100 cm 土层的土壤水分贡献率分布范围较广，在 0 ～ 95% 之间都有分布，平均值分别为 40.2% 和 53.7%，表明该时期洼地苹果树主要利用 60 ～ 80 cm 和 80 ～ 100 cm 土壤水分。由此可见，在 8 月份果实膨大期，60 ～ 80 cm 和 80 ～ 100 cm 土层是该

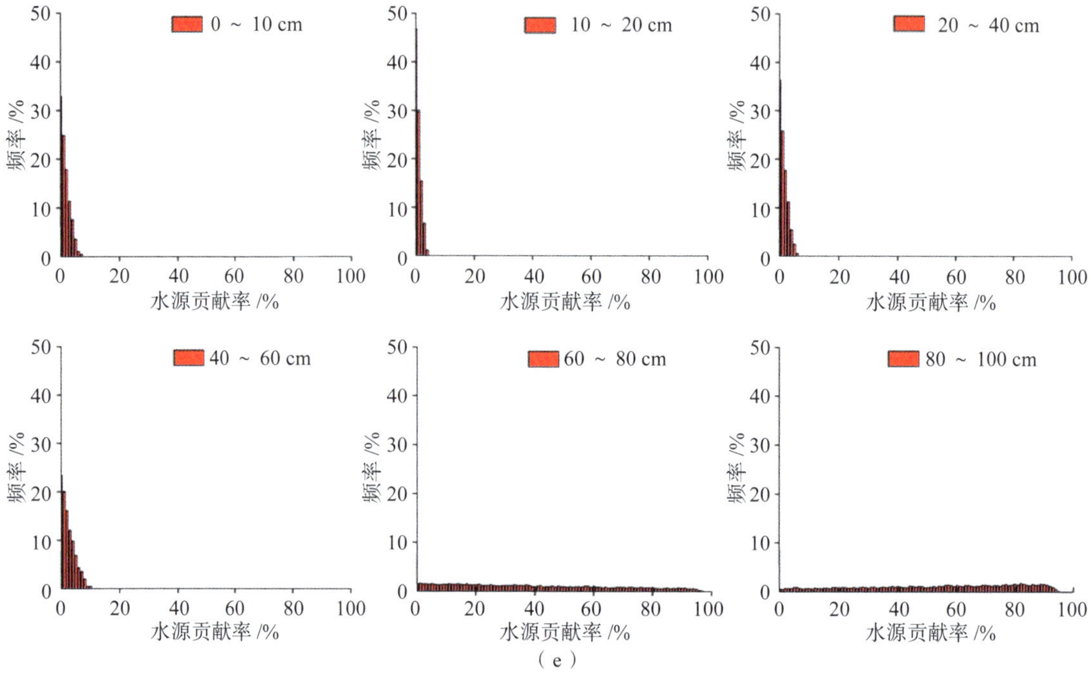

图 3.33　生育期不同阶段东坡、西坡、洼地苹果树各水源水分贡献率直方图（续）

（a）4 月 12 日东坡苹果树；（b）4 月 12 日洼地苹果树；（c）8 月 26 日东坡苹果树；（d）8 月 26 日西坡苹果树；（e）8 月 26 日洼地苹果树

物候期苹果树的主要吸水区域。

植物的二态根系会使其在旱季和雨季吸收利用不同深度的土壤水分（Dawson et al., 1996）。McCole 和 Stern（2007）发现常绿植物杉木在雨季主要吸收利用浅层土壤水，在旱季则主要利用地下水。而容丽等（2012）在贵州喀斯特地区的研究结果则与之相反，在植物生长的旺季（8 月份），深层土壤水对其贡献更大；而在雨水较少的月份，植物主要利用表层土壤水。在本研究中，4 月份降水较少（45.2mm），主要为小降水（<5mm）事件，仅能补给浅层土壤的水分，且该时期苹果树处于萌芽阶段，耗水量较小，吸水根系主要集中在浅层，主要吸收浅层土壤水（任雪菲等，2013）。8 月份苹果树处于果实膨大期，是果实生长的关键时期，需水量增加（方凯凯，2017）。同时，8 月份降水量较大（151.8mm），使得深层土壤水得到补给，苹果树根系在向水性的作用下向下深扎。Schwinning 等（2004）的研究指出，若不定降水是比稳定的深层土壤水更为重要的环境水资源，则最理想的植物表现型将倾向于能够最大限度地利用不定降水。反之，若深层土壤水更为重要，则植物表现型将倾向于能够最大限度利用深层土壤水（Jackson et al., 1995）。郑利剑（2019）和张少文（2019）的研究也表明，深层土壤含水量的增加能够显著促进苹果树中深层根系生长，进而促进根系吸水层位向根区中深层迁移。

表 3.13 为由 IsoSource 模型计算的生育期不同阶段东坡、西坡、洼地苹果树各水源的贡献率，从表中可以发现在萌芽期的 4 月份，东坡苹果树对 0 ~ 10 cm 土层的土壤水分利用比例达到 71%，表明主要吸收 0 ~ 10 cm 的土壤水。洼地苹果树主要吸收 0 ~ 10 cm 和 10 ~ 20 cm 土层的土壤水，利用比例分别为 30.3% 和 22%。

表 3.13 IsoSource 模型计算生育期不同阶段东坡、西坡、洼地苹果树各水源的贡献率

采样日期	位置	不同土层深度下的贡献率 /%					
		0 ~ 10 cm	10 ~ 20 cm	20 ~ 40 cm	40 ~ 60 cm	60 ~ 80 cm	80 ~ 100 cm
4.12	东坡	71.7 ± 3.7（57–61）	8.8 ± 8.1（0–41）	4.8 ± 4.6（0–25）	4.9 ± 4.4（0–24）	4.9 ± 4.4（0–24）	4.8 ± 4.3（0–23）
	西坡	/					
	洼地	30.3 ± 8.3（0–41）	22 ± 18.3（0–89）	12.5 ± 10.6（0–62）	11.8 ± 10.1（0–59）	11.7 ± 9.9（0–56）	11.7 ± 9.9（0–58）
6.27	东坡	/					
	西坡						
	洼地						
8.26	东坡	1.4 ± 1.4（0–6）	0.7 ± 0.9（0–4）	1.2 ± 1.3（0–5）	2.1 ± 2（0–9）	39.5 ± 27.2（0–97）	55.1 ± 26.5（0–95）
	西坡	10.5 ± 8.5（0–42）	7.1 ± 5.7（0–28）	9.6 ± 7.7（0–38）	14.5 ± 11.9（0–62）	29 ± 17.6（0–72）	29.3 ± 17.2（0–71）
	洼地	1.5 ± 1.6（0–7）	0.9 ± 1（0–4）	1.3 ± 4（0–6）	2.4 ± 2.3（0–10）	40.2 ± 27（0–97）	53.7 ± 26.3（0–95）

注:（平均值 ± 标准差）（最小值 – 最大值）。

8 月份是苹果树的果实膨大期，苹果树对土壤水的吸收层位都转向深层，东坡苹果树主要利用 60 ~ 80 cm 和 80 ~ 100 cm 土层的土壤水，利用比例分别为 39.5% 和 55.1%；西坡苹果树主要利用 60 ~ 80 cm 和 80 ~ 100 cm 土层的土壤水，利用比例分别为 29% 和 29.3%；洼地苹果树主要利用 60 ~ 80 cm 和 80 ~ 100 cm 土层的土壤水，利用比例分别为 40.2% 和 53.7%。

3.2.3.1.3 MixSIAR 模型定量分析苹果树水分来源

尽管 IsoSource 模型作为目前计算水分贡献率应用最广泛的模型，可以求得目标植物各潜在水源的平均水分贡献率和贡献范围，但没有融合混合物和各潜在水分来源的不确定性分析，为此，Stock 等（2013）提出了基于 R 语言的贝叶斯混合模型 MixSIAR，它利用贝叶斯统计方法计算各潜在水源对混合物水体的贡献率，融合了各潜在水源同位素组成的所有可能性及同位素组成的不确定性，使得模型的估计结果更加准确和严谨（苑晶晶等，2009；Ma et al.，2016；曾欢欢等，2019）。其具体做法为：首先在 R 软件平台上安装 MixSIAR 包，图 3.34 是 MixSIAR 包在 R 软件上的操作界面，然后加载 Mixture、Source、Discrimination（TDF）数据，马尔卡夫链蒙特卡罗（MCMC）运行长度选择 short，误差结构（Error struoture）选择 Residual only，然后绘制数据和先验，选择模型结构选项和输出选项运行模型，最后使用诊断判定模型是否收敛，分析输出结果。

从表 3.14 和图 3.35 中可以看出，贝叶斯混合模型 MixSIAR 计算的苹果树主要吸水层位与多元线性混合模型 IsoSource 计算的苹果树主要吸水层位大致相同（6 月份除外，IsoSource 模型无法求出 6 月份苹果树水分贡献率），而水分贡献率略有差异。4 月份，东坡、西坡、洼地苹果树分别主要吸收 0 ~ 10 cm、0 ~ 10 cm 和 10 ~ 20 cm 土壤水分，利用比

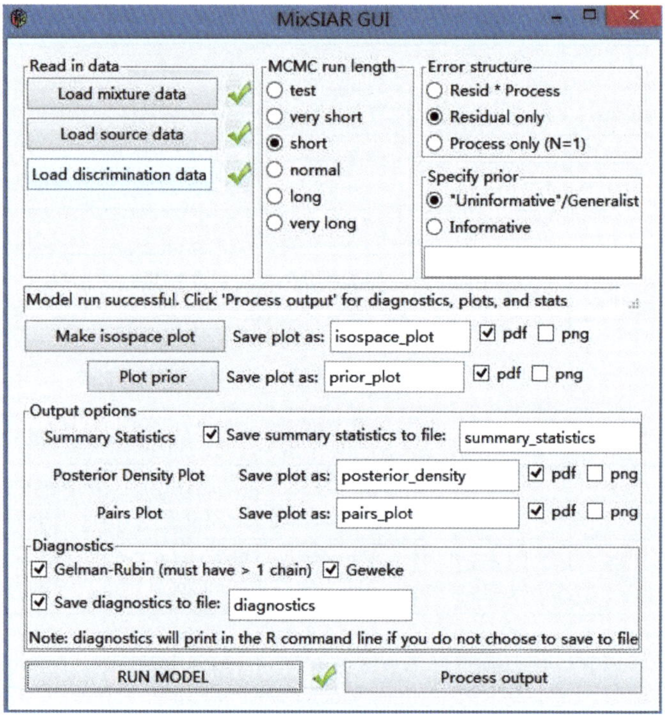

图 3.34　MixSIAR 模型操作界面

例分别为 62.6%、81% 和 47.9%。6 月份，东坡、西坡、洼地苹果树主要吸水层位均为表层 0 ~ 10 cm，吸水比例分别为 38.5%、34.5% 和 33.8%。8 月份，东坡、西坡、洼地苹果树主要利用深层 60 ~ 80 cm 和 80 ~ 100 cm 的土壤水分，对 60 ~ 80 cm 土壤水利用比例分别为 44%、29.3% 和 44.7%，对 80 ~ 100 cm 土壤水利用比例分别为 31.8%、24.4% 和 29.9%。

表 3.14　MixSIAR 模型计算生育期不同阶段东坡、西坡、洼地苹果树各水源的贡献率

采样日期	位置	不同土层深度下的贡献率 /%					
		0 ~ 10 cm	10 ~ 20 cm	20 ~ 40 cm	40 ~ 60 cm	60 ~ 80 cm	80 ~ 100 cm
4.12	东坡	62.6 ± 40.7	21.1 ± 36.1	4.3 ± 14.4	4.1 ± 13.8	4 ± 13.1	3.9 ± 13.1
	西坡	81 ± 32.8	9.6 ± 25.4	2.3 ± 9.9	2.2 ± 9.3	2.5 ± 9.9	2.4 ± 9.8
	洼地	19.1 ± 30.5	47.9 ± 44.9	9.6 ± 24.1	7.1 ± 19.9	8.5 ± 21.9	7.9 ± 20.9
6.27	东坡	38.5 ± 44.6	26.3 ± 40.1	16.6 ± 33.4	7.8 ± 22.8	6.8 ± 21.1	3.9 ± 14.1
	西坡	34.5 ± 43.5	27.4 ± 40.4	17.3 ± 33.8	9.1 ± 24.6	7.3 ± 21.8	4.4 ± 15.9
	洼地	33.8 ± 42.9	27.4 ± 40.7	17.6 ± 34.3	9.2 ± 24.5	7.6 ± 22.1	4.3 ± 16.0
8.26	东坡	7.5 ± 21.3	2.4 ± 9.1	4.4 ± 14.9	9.9 ± 25.3	44 ± 44.7	31.8 ± 41.8
	西坡	15.1 ± 30.2	3.9 ± 13.3	8.1 ± 21.4	19.2 ± 34.4	29.3 ± 39.4	24.4 ± 37.2
	洼地	7.8 ± 22	2.4 ± 9.3	4.9 ± 16.5	10.2 ± 25.7	44.7 ± 45.1	29.9 ± 41.3

注：平均值 ± 标准差。

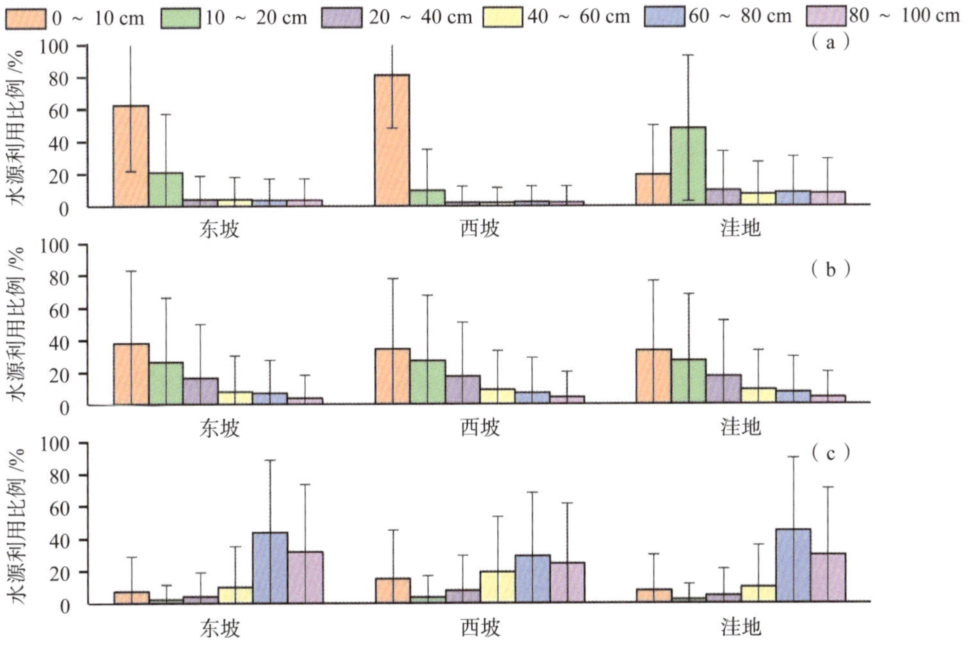

图 3.35　生育期不同阶段东坡、西坡、洼地苹果树各水源的贡献率

（a）萌芽期；（b）新梢旺长期；（c）果实膨大期

根据 MixSIAR 模型对苹果树各潜在水源的贡献率计算结果，可以发现在萌芽期的 4 月份，东坡、西坡苹果树主要利用表层 0 ~ 10 cm 土壤水，洼地苹果树主要利用 10 ~ 20 cm 土壤水，这是因为在采样日之前的降水事件中，小降水事件（<5 mm）天数占总降水天数的 95.1%，绝大部分降水为小于 5 mm 的小降水事件。据李建鸿等（2019）研究结果，小降水事件仅能补给 0 ~ 10 cm 的土壤水分；那么苹果树刚经历过休眠期，各项生理机能刚开始恢复，耗水量相对较少，且吸水根系多集中在表层，深层根系发育不完全（任雪菲等，2013），加之表层 0 ~ 10 cm 土壤水分主要受近期降水补给，有效性较高，恰好能满足此时坡地苹果树的用水需求。而洼地苹果树则主要利用 10 ~ 20 cm 土壤水分，吸水层位比坡地苹果树深，可能是因为与两侧坡地相比，洼地地势低，两侧坡地水分在坡度作用下往洼地底部流，加上洼地土壤较厚，腐殖质较多，保水性强于两侧坡地，由于根系具有向水性，发生小降水事件的情况下，平地无径流，雨水下渗较深，坡地则会产生径流，雨水下渗较浅，导致平地根系分布较深。刘世贤（2003）对旱季黄土高原丘陵地的苹果树根系分布规律进行研究，发现平地根系主要分布区域是耕作层及其以下 20 cm 处，坡地根系分布比平地根系分布浅 10 cm 左右，主要分布于耕作层，证实立地条件不同，根系分布情况也有差异。

6 月份是苹果树新梢旺长期，尽管苹果树吸水层位仍然以 0 ~ 10 cm 为主，但是相较于 4 月份萌芽期，东坡、西坡和洼地苹果树都增加了对 20 cm 以下土壤水分的利用，这是因为此时果树叶面积大量增长，形成强大叶幕，需要大量的水分供应（郭飞等，2019），同时降水量在该月份达到了一年中的最大值，使中、深层土壤水分得到大量补充，随着中、深层土壤水分的有效性增加，苹果树根系在向水性的作用下向下生长，从而增加对 20 cm 以下土壤水分的利用。

8 月份是苹果树果实膨大期，此时苹果树开始挂出果实，苹果树的需水量达到顶峰（方凯凯，2017），前期多次大量级的降水（7 月 12 日，17.2 mm；7 月 29 日，24 mm；8 月 3 日，21.2 mm；8 月 8 日，19.8 mm）可以很好地补充深层土壤的水分，从而诱导根系深扎，吸取 60 ～ 80 cm 的土壤水分。

3.2.3.2 水分管理建议

综上所述，随着苹果树生育期的推移，苹果树的水分利用特征将发生变化。通过分析生育期各个阶段苹果树水分利用特征的差异，针对生育期各个阶段的苹果树水分利用状况，可以确定出适宜西南断陷盆地区苹果树生长的管理方法。萌芽期苹果树主要吸收浅层土壤水，因此，可对该时期的苹果园进行覆盖处理。覆盖技术因使果园具有良好的水分效应和产量效应，近年来得到广泛的应用（李世清等，2001）。覆盖措施能抑制高温下浅层土壤水分的蒸发，同时还能在低温状态下使水汽凝结成水补给土壤水分，提高土壤水分利用效率（Li et al.，2004）。陈凯等（2011）分析了覆盖和对照条件下苹果树土壤水分的动态变化，发现覆盖措施能有效地提高树盘表层的土壤水分含量，其影响主要表现在土壤浅层（0 ～ 40 cm），而对深层（40 ～ 80 cm）土壤含水量无显著影响。郭学军等（2013）和王金锋（2015）研究了覆盖对果园土壤水分和果实产量的影响，发现覆盖措施显著提高了土壤含水量，明显改善土壤养分且提升果实产量和品质。因此，为使萌芽期苹果树更好地利用浅层土壤水，需要在萌芽期对苹果园进行覆盖，以减少浅层非生产性耗水。而到了果实膨大期，苹果树主要利用深层 60 ～ 80 cm 土壤水，此时正是果实成熟的关键时期，蒸腾性耗水强烈，为保持苹果树的健康可持续发展，可以对其进行修剪，以减少蒸腾耗水量和土壤耗水量。修剪是一种常见的果园管理技术，是根据果树的生理特性，剪去部分果树的营养器官，调整树冠结构，更新枝条组成，从而减少果树的蒸腾耗水。马婧等（2011）分析了修剪对枣树生长的影响，发现修剪可以尽可能减少因树冠庞大而增加的无效蒸腾耗水量，提高水分生产率。李明霞（2011）研究修剪对苹果树树体生长及土壤水分影响时，发现在修剪状况下，果园土壤水分明显提高，因此可以对果实膨大期的苹果树进行修剪，减少苹果树的蒸腾量，改善果园的土壤水分环境，避免深层土壤水分干燥化，实现土壤水分的可持续利用。

3.3 喀斯特断陷盆地生态需水的空间分异

3.3.1 小降水事件对土壤水分及植物水势空间差异性的影响

研究表明土壤水分在空间尺度上变异性显著，而研究尺度不同，其影响因子和变化规律也不尽相同，土地利用方式（王军等，2000）、植被情况（植被类型、根系分布情况、植被覆盖度）、气候、土壤理化性质（质地、容重）、地形等是土壤水分空间变异的主要影响因素（王军等，2002；彭晚霞等，2010）。水势（Water Potential）是植物水分亏缺或表示水分状况的基本度量单位，它与 SPAC 中的水分运动规律密切相关，可以反映植物在生长季节中各种生理活动受环境水分条件的制约程度（付爱红等，2005）。国内外许多研究揭示了叶水势与土壤水势的关系及植物茎、叶等不同部位水势对干旱胁迫的变化（Sellès and Berger，1990）。张清林等（2011）的研究表明，清晨的叶水势与土壤水分的关系密切，能用来反映植物水分的恢复情况；刘志敏等（2002）认为当土壤水分相对饱和时叶水势只受气象条件影响，相反当水分缺乏时，叶水势和土壤水分关系密切。Jones 等（1985）发现干旱处理开始后苹果树叶水势极速下降；但冉辛拓等（2009）却发现苹果树叶水势对土壤水分亏缺的反应不敏感，而茎水势和叶水势梯度差对土壤水分亏缺敏感，在水分充足的条件下，茎水势和叶水势之差最高可达 1.5 MPa，在水分极度亏缺时，水势梯度消失。

在断陷盆地高原面上，降水为当地土壤水分的唯一来源，但该区降水量少，年内分布不均。目前对土壤水分的空间变异性研究多限于不同土地利用方式、不同深度、不同地形区、不同坡型坡向的对比，而对于植物水势的研究则主要集中在多种物种，或同一物种在不同生境中昼夜变化、季节变化的对比，很少涉及小降水事件对土壤水分和植物水势的空间变异性影响研究。前期监测发现，2017 年 4—9 月份，小降水事件（≤ 5 mm）占蒙自断陷盆地高原面总降水频次的 84.6%。有关研究表明，相比于偶发的、不连续的大降水，小降水可作为植物较为可靠稳定的水源之一（Noy-Meir，1973）。Breshears 等（2008）和 MunneBosch 等（1999）发现，叶片吸水不仅在雾、露发生时很重要，在降水过程中也同样具有重要意义。受土壤水分限制的断陷盆地高原面地区，小降水事件是一种可观的水资源输入，不同植物对小降水事件的响应将会影响到植物的生长。

3.3.1.1 数据获取及处理

研究工作在云南蒙自断陷盆地东山高原面牛耳坡洼地进行，气象数据通过洼地附近的 CR800 自动气象观测站获取。自动气象观测站监测的结果显示，2017 年 4 月 25 日—2017 年 6 月 16 日期间，牛耳坡洼地大降水事件较少，只有 6 月 5 日发生了 20.4 mm 的降水，土壤整体处于干旱状态，表层 10 cm 平均土壤水分 16.3%，40 cm 平均土壤水分 10.4%，80 cm 平均土壤水分 7.1%，同时监测结果表明一般小降水事件（≤ 5 mm）只对土壤表层（0 ~ 10 cm）土壤水分产生影响。根据研究区降水及土壤水分特点，为了研究小降水事件对研究区表层土壤水分及苹果树叶水势空间异质性的影响，分别在 2017 年 6 月 16 日、2017 年 6 月 21 日和 2017 年 6 月 23 日经过连续小降水事件后，对研究区表层土壤水分及苹果树叶水势进行调查。在洼地区域由东往西每隔 10 m 进行研究点布设，共设置研究点 25 个（图 3.36）。用 HW-WET-3 土壤三参数速测仪（英国 Delta 公司），测量表层 0 ~ 10 cm 土壤的水分、温度、电导率 3 个参数，每个研究点相隔 10 cm 品字型测 3 次取平均值。用 615 型便携式植物水势压力室（美国 PMS 公司）测定 E3、E6、E9、D3、W3、W6 和 W9 号研究点的苹果树的叶水势，每个研究点选取 2 棵大小相近的植株，每株随机选取外围新梢中部叶 3 片，共 6 个测量重复，取平均值为研究的点的叶水势。为避免土壤水分及苹果树叶水势昼夜变化的影响，本研究集中在 13：00—15：00 相同时间段内采样。同时为调查研究区土壤水分在垂直剖面上的差异，2017 年 6 月 16 日上午用土钻采集 E3、E6、E9、D3、W3、W6 和 W9 号研究点 0 ~ 20 cm、20 ~ 40 cm、40 ~ 60 cm 和 60 ~ 80 cm 的土壤（图 3.36），用烘干法（105 ℃）测定土壤水分。用反映土壤水分和植物水势变化程度的变异系数 *CV* 来研究不同坡面和不同深度土壤水分的变化程度。

3.3.1.2 小降水事件统计分析

中国气象局将日降水量小于 10 mm 的降水定义为小雨，Qian 等（2010）研究中国东部

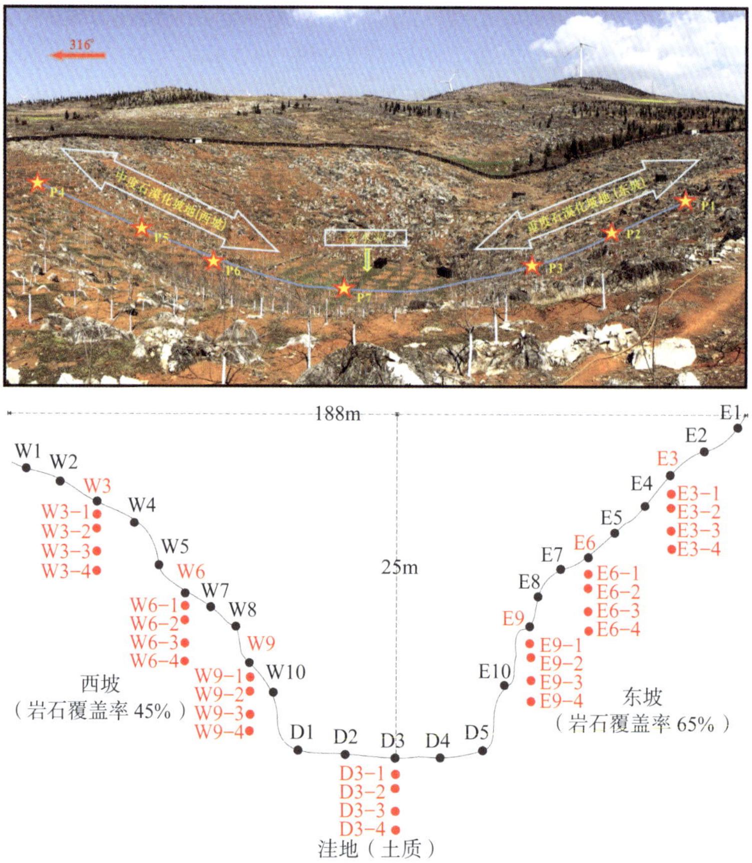

图 3.36　牛耳坡洼地土壤水分和苹果树叶水势的样地分布图

小雨和北美、欧洲和亚洲小雨时也是以 10 mm/d 作为小雨的阈值。但考虑降水的地区差异，云南断陷盆地降水量较少，偶发的、不连续的大降水不多，如果以 10 mm/d 作为小雨的阈值过高不利统计分析。且 Sala 等（1992）的研究表明，半干旱区小降水事件（≤ 5 mm）对草本植物有显著的生态作用，因此，本研究将一次降水事件的降水总量小于等于 5 mm，定义为小降水事件。本研究所用的自动气象观测站每半小时记录一组数据，因此从开始降水到半个小时内没有降水则认为降水结束，记为一次降水事件。牛耳坡洼地 2017 年 4 月 25 日—2017 年 9 月 22 日降水事件 234 次，总降水量 705.2 mm，其中小雨事件 198 次，占降水频次的 84.6 %（图 3.37），小雨事件的降水量 177.4 mm，占总降水量的 25.2%，表明云南蒙自断陷盆地东山高原面上的降水事件以小降水事件为主，但降水量并不占主要地位。如图 3.38 所示，2017 年 6 月 15—24 日期间，牛耳坡洼地一共发生 13 次降水事件，其中 0 ~ 5 mm 的小雨事件有 12 次。13 次降水事件中有 2 次降水事件触发表层 10 cm 土壤水分升高，而 40 cm 和 80 cm 的土壤水分几乎未受到影响。在接受 6 月 15 日 6∶00 的降水后（降水历时 1.5 小时，降水量 4 mm），表层 10 cm 土壤水分从 15.86% 上升到 17.02%，但日出接受太阳辐射后土温度升高，土壤水分开始下降，到 6 月 16 日 13∶00 开始监测时 10 cm 的土壤水分量已降回到 16.46 %（图 3.38）。

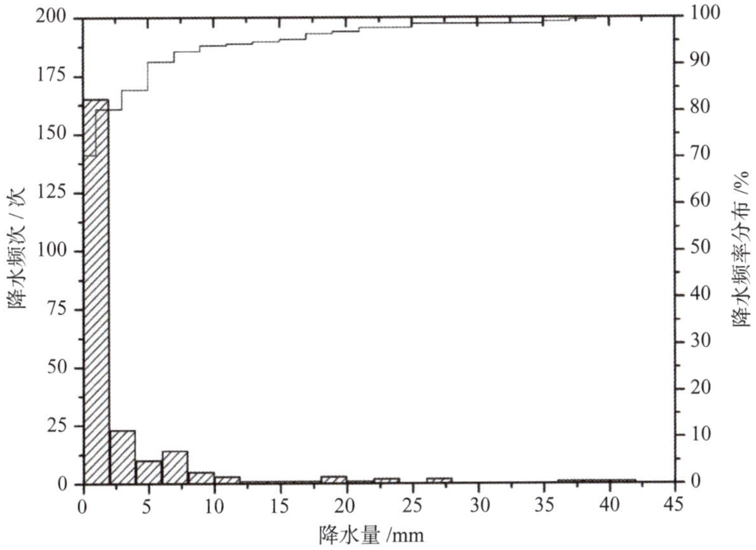

图 3.37　牛耳坡洼地降水事件频率统计图

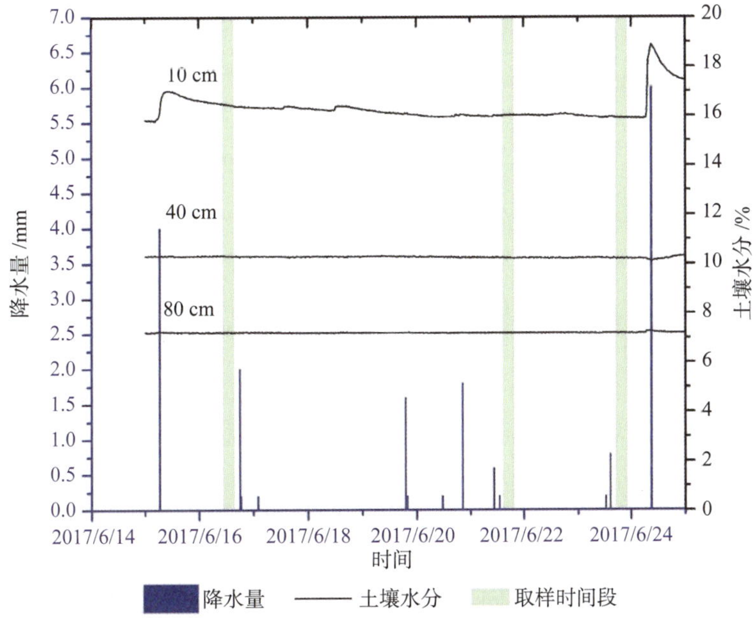

图 3.38　牛耳坡洼地土壤水分对降水事件的响应

3.3.1.3　牛耳坡洼地土壤水分空间分布特征

由图 3.39 可以看出，蒙自断陷盆地高原面上牛耳坡研究区垂直剖面上土壤水分具有明显的差异性。整个研究区土壤水分变化范围为 8.57 % ~ 25.57 %，平均值为 17.85 %（*CV* =0.24），随着深度的增加整体呈变小的变化趋势。0 ~ 20 cm、20 ~ 40 cm、40 ~ 60 cm 和 60 ~ 80 cm 平均土壤水分分别为 21.16 %、18.57 %、17.78 % 和 13.90 %。洼地底部土壤水分整体较高，差异性较小，变化范围为 21.32 % ~ 25.57 %（*CV*=0.08）；土石质坡地土壤水分（平均 18.33 %，*CV*=0.23）整体上略大于石质坡地（平均 15.66%，*CV*=0.24）。此外，从图 3.39 可以看出，西坡各土壤剖面的平均土壤水分 W9 > W6 > W3，东坡各土壤剖面的平均土壤水分 E6 > E9 > E3，由此可见从洼地顶部到洼地底部土壤剖面的平均土壤水分大体呈增加的变化趋势。

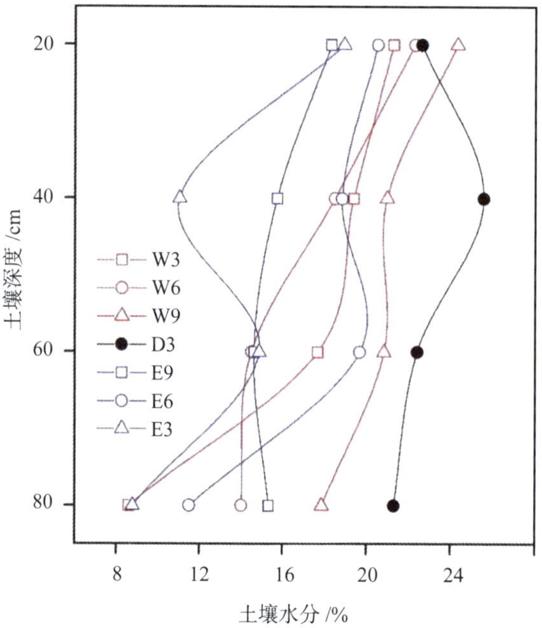

图 3.39　牛耳坡洼地土壤水分垂向分布图

牛耳坡洼地石质坡地 – 洼地底部 – 土石质坡地 0 ~ 10 cm 土壤水分如图 3.40 所示。6 月 16 日洼地底部 0 ~ 10 cm 平均土壤水分为 21.9 %（*CV*=0.13），石质坡地为 14.5 %（*CV*=0.22），土石质坡地为 16.7%（*CV*=0.25）；6 月 21 日洼地底部 0 ~ 10 cm 平均土壤水分为 20.57 %(*CV*=0.25)，石漠化坡地为 16.03 %(*CV*=0.24)，土石质坡地为 17.02%(*CV*=0.21)；6 月 23 日洼地底部 0 ~ 10 cm 平均土壤水分为 25.82 %（*CV*=0.14），石漠化坡地为 17.25 %（*CV*=0.41），土石质坡地为 17.77 %（*CV*=0.31）。对比发现，牛耳坡洼地 0 ~ 10 cm 土壤水分存在显著的空间异质性，干旱时 0 ~ 10 cm 的土壤水分具有洼地底部高于两边坡地，而土石质坡地高于石质坡地的特征。对比 3 次监测结果可以看出，8 天内 12 次的小降水事件使 0 ~ 10 cm 土壤水分整体上略有升高（整个洼地 0 ~ 10 cm 平均土壤水分从 6 月 16 日的 16.9 % 上升到 6 月 23 日 19.2 %)，同一监测点 3 次重复测量的标准偏差减小，各研究点之间的差异性有所增大（*CV* 从 6 月 16 日的 0.26 上升到 6 月 23 日 0.35），但并未能完全改变洼地底部大于两边坡地，而土石质坡地高于石质坡地的特征。

3.3.1.4　牛耳坡洼地植物水势空间分布特征

牛耳坡洼地石质坡地 – 洼地底部 – 土石质坡地苹果树叶水势如图 3.41 所示。6 月 16 日洼地底部苹果树叶平均水势为 −13.5 bar[1]，石质坡地为 −19.3 bar（*CV*=−0.17），土石质坡地为 −17.7 bar（*CV*=−0.12）；6 月 21 日洼地底部苹果树叶平均水势为 −12.0 bar，石质坡地为 −15.5 bar（*CV*=−0.04），土石质坡地为 −14.2 bar（*CV*=−0.21）；6 月 23 日洼地底部苹果树叶

[1] 1bar = 100 Pa。

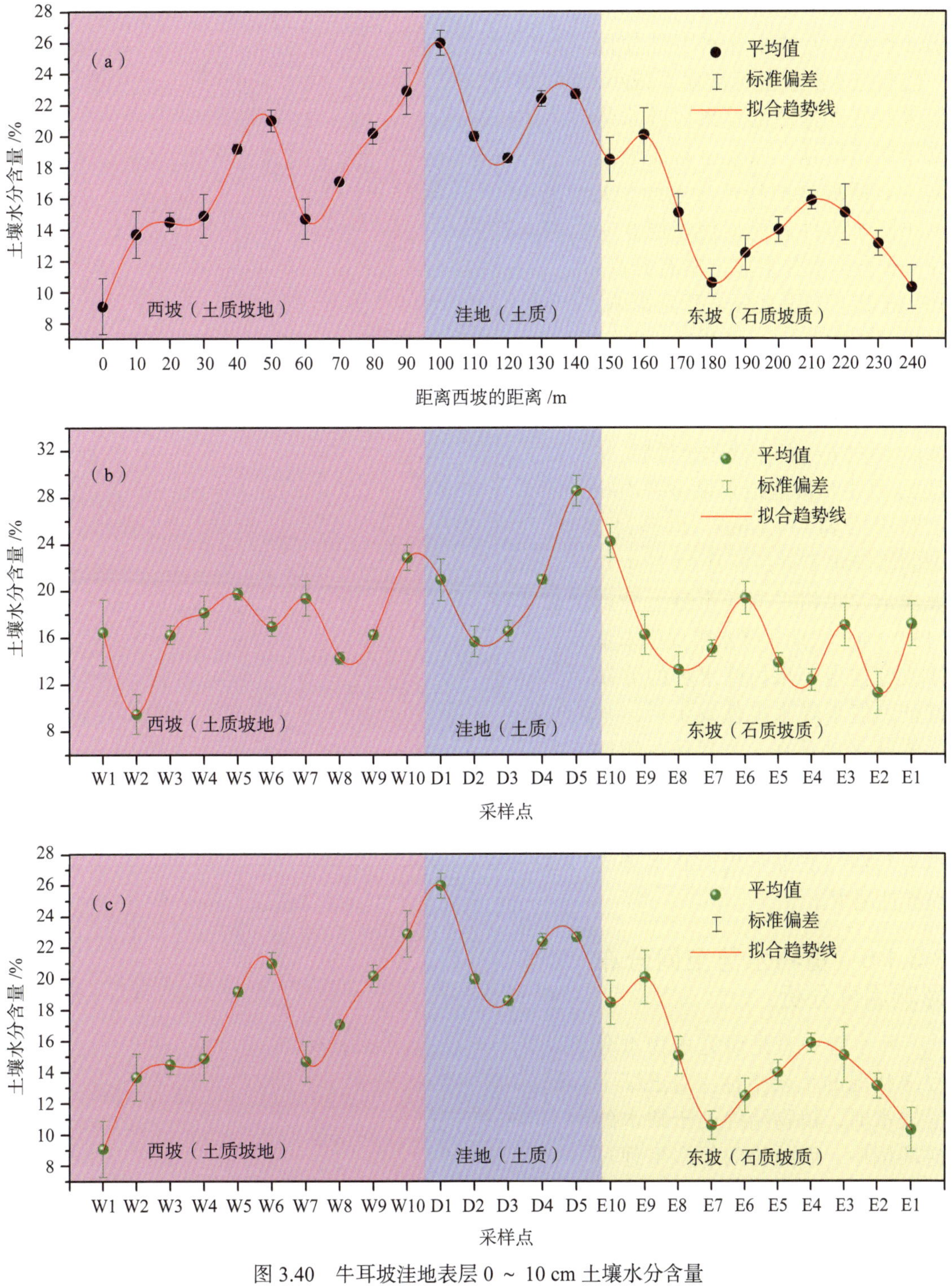

图 3.40　牛耳坡洼地表层 0 ～ 10 cm 土壤水分含量

（a）6 月 16 日；（b）6 月 21 日；（c）6 月 23 日

平均水势为 −12 bar，石质坡地为 −13.3 bar（CV=−0.09），土石质坡地为 −12.8 bar（CV=−0.18）。对比发现，牛耳坡洼地苹果树叶水势存在显著的空间异质性，与土壤水分的空间分异特征相似，干旱条件下苹果树叶水势具有洼地底部高于两边坡地，而土石质坡地高于石质坡地的特征。而对比3次监测结果可以看出，连续8天的小降水事件使同一监测点3次重复标准偏差减小，但未改变洼地底部苹果树叶水势高于两边坡地，以及土石质坡地高于石质坡地的特征。连续8天的小降水事件只能促使表层0 ~ 10 cm土壤水分整体上略有升高，10 cm以下土壤水分未受到影响，但牛耳坡洼地的苹果树叶水势整体上升高，6月16日整个牛耳坡洼地苹果树平均叶水势为−17.8 bar，经过6天的小降水事件后，6月21月牛耳坡洼地苹果树平均叶水势上升到−14.4 bar，再经过2天的小降水事件后6月23日牛耳坡洼地苹果树平均叶水势上升到−13.9 bar，表明小降水事件虽未整体改变洼地苹果树叶水势的分布特征，但小降水事件发生后，苹果树叶水势升高，尤其是两侧坡地的苹果树叶水势有了明显的升高（图3.41），使得坡地苹果树叶水势与洼地底部苹果树叶水势的差异性减少。

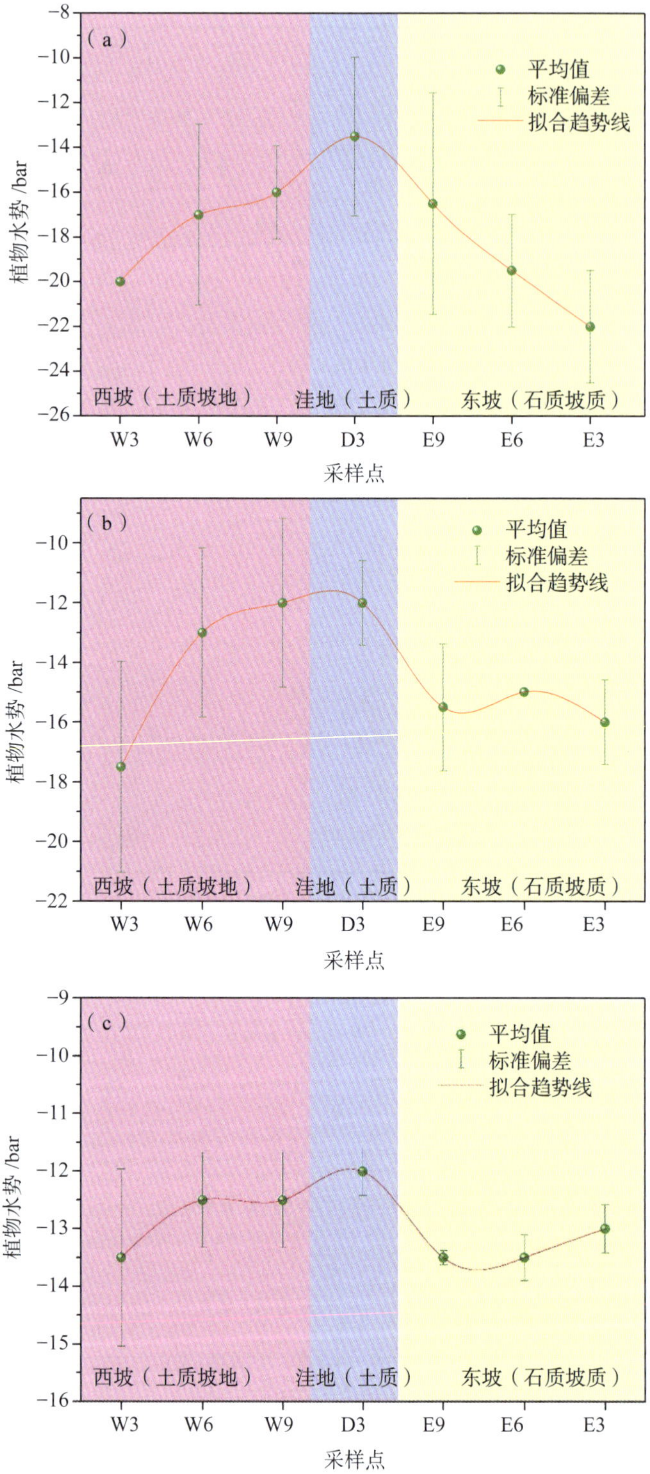

图3.41　牛耳坡洼地苹果树叶水势

（a）6月16日；（b）6月21日；（c）6月23日

3.3.1.5　植物水势空间分布影响因素分析

叶水势一直是研究植物水分亏缺状况的重要指标。当土壤干旱缺水时，植物始终处于缺水的逆环境中，而植物的很多生理过程都受叶水势的影响，因此，植物叶水势的变化能很好地反映植物对干旱环境的适应性。叶水势变化是因土壤水分发生变化而让作物对水分胁迫做出的一种反应。很多研究表明，叶水势与土壤水分存在显著的相关关系（杨凯等，2015；郝仲勇等，1998）。本研究发现牛耳洼地苹果树叶水势存在显著的空间异质性（图 3.41），与土壤水分的空间分异特征相似（图 3.40）。干旱条件下，苹果树叶水势具有洼地底部高于两侧坡地，而土石质坡地高于石质坡地的特征。洼地底部苹果树叶水势较高，表明洼地底部的苹果树受到干旱胁迫的程度小于两侧坡地。由于不同地质背景对土壤持水能力的影响，土石质坡地显著好于石质坡地，因此，土石质坡地苹果树叶水势高于石质坡地，表明土石质坡地苹果树受到干旱胁迫的程度小于石质坡地。由此可见，喀斯特洼地土壤水空间分布是苹果树叶水势空间分布的主要影响因素之一。

2017 年 6 月 15—24 日，牛耳坡洼地 13 次降水事件中有 2 次降水事件触发表层 10 cm 土壤水分含量升高，而 40 cm 和 80 cm 的土壤水分几乎未受到影响（图 3.38），这表明小降水事件仅能补给 0 ~ 10 cm 的土壤水分。虽然小降水事件仅能补给 0 ~ 10 cm 的土壤水分，但小降水事件发生后，苹果树叶水势整体升高，尤其是洼地两侧坡地的苹果树叶水势有了明显的升高，这表明虽然小降水事件仅能补给 0 ~ 10 cm 的土壤水分，但却可以提高苹果树的叶水势，很好地缓解苹果树遭受的干旱压力。小降水事件改变苹果树叶水势主要有两个方面的原因，第一是小降水事件补给 0 ~ 10 cm 的土壤水分。郝仲勇等（1998）和杨凯等（2015）的研究表明，果树有效吸水根系主要为直径小于 2 mm 的根系，而在平地区苹果树的有效吸水根系主要分布在耕作层及以下 20 cm（距地面 10 ~ 40 cm）处，坡地的苹果有效吸水根系要比平地的有效吸水根系分布浅 10 cm（距地面 5 ~ 30 cm）左右。经实地挖掘观察发现，由于该区为洼地地形，以坡地为主，苹果树的有效吸水根系分布较浅（距地面 5 ~ 30 cm），因此，即使小降水事件仅补充 0 ~ 10 cm 的土壤水分，但分布较浅的苹果树根系已能吸收到水分，因此可很好地缓解干旱的压力。第二是小降水事件改变了研究区的气象条件。植物的叶水势受多种因素的影响，这一生理指标时刻处于动态的变化过程中，其中气象条件是影响植物叶水势变化的关键因子（张鸣等，2008）。相关研究表明，植物的蒸腾速率受气象环境的影响会发生变化，此时即便土壤水分没有变，叶水势也会随之改变（蒯斌，2008；郭连生等，1992）。在日变化过程中，植物叶水势的变化规律表现为先减小后增大，这一规律与太阳辐射强度、大气温度及大气相对湿度的日变化规律关系密切（Wang et al., 1996）。在充分灌水条件下，对苹果树叶水势影响最大的气象因子为大气温度，大气相对湿度次之，最后是太阳辐射（Grimes et al.，1987）。从图 3.42 可以看出，6 月 6 日的降水事件（17.6 mm）明显改变了牛耳坡洼地的气温、湿度、日太阳辐射量和表层土壤的温度。日平均气温从降水前 20.3℃降到 17.4℃，日平均湿度从 67.2% 上升到 86.4%，日平均气压从 78.8 kPa 上升到 79.3 kPa。表层 10 cm 土壤日平均温度从 26.1 ℃下降到 20.3 ℃。6 月 6 日以后日平均气温虽有所回升，但保持在 19 ℃以下，日平均湿度则逐渐上升，从 86.4% 上升到 96.0%（6 月 23 日），日平均气压则随着降水事件的发生来回波动，由此可见小降水事件具有降温、增湿、减少太阳辐射的作用。由于叶水势一直是植物水分亏缺状况的重要指标，而植物缺水的一个重要原因是蒸腾损耗，所有对水分运动产生影响的气象条件都对蒸腾强度产生影响，从而影响叶水势（蒯斌，2008）。相关研究表明，果树在受到水分胁迫时，蒸腾作用的敏感度比光合作用更高，这样植物既可以减少耗水又可以保证一定的光合生产能力，同时使水分有效利用率得到提高，增加植物抵抗干旱胁迫的能力（张清林，2011）。干旱条件下植物受到水分胁迫，为减少植物水分利用，植物会做出各种有关生理反应，如生长减缓和气孔关闭（张鸣等，2008）。根据研究期间气象条件的变化情况（图 3.42）及研究区苹果树叶水势的变化情况（图 3.41），可推测小降水事件引起的降温、增湿、减少太阳辐射的作用，有效地降低了苹果树的蒸腾作用，从而使苹果树叶水势升高。具体解释为：降水前光照强度大、大气温度高，大气相对湿度变小，苹果树蒸腾作用增强，苹果树通过降低叶水势以利于从土壤中获取水分，由于小降水事件具有降温、增湿、减少太阳辐射的作用，因此，小降水期间苹果树蒸腾作用减小，苹果树叶水势升高；另一方面，小降水可通过叶面毛被植物直接吸收利用以及增加微生境湿度，调节气孔导度，降低蒸腾而使灌木间接获益（吴玉等，2013）。

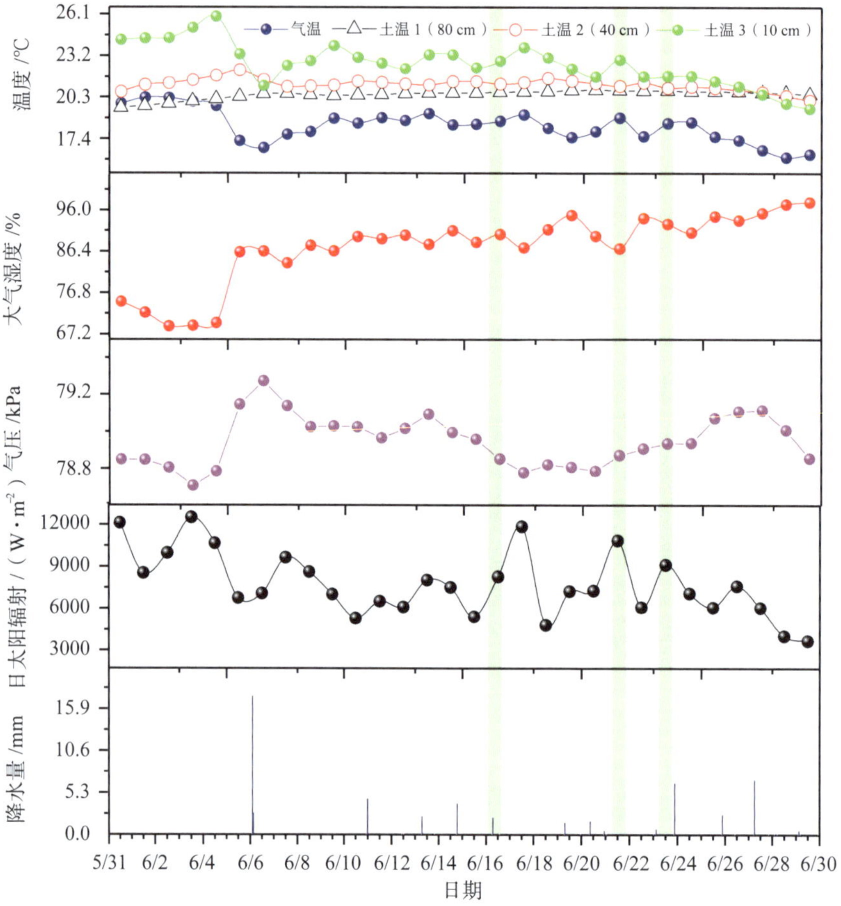

图 3.42　牛耳坡洼地气象参数变化

3.3.2　喀斯特断陷盆地代表性农作物生态需水

生态需水研究是实现水资源合理开发和优化配置的基础性工作，也是维持和改善生态系统的根本保障，对于生态需水的研究目前已成为国际国内广泛关注的热点问题（张丽，2004）。国外对生态需水的研究始于 20 世纪 40 年代，相继提出河道枯水流量（Smakthin，2001）、河流最小流量（宋进喜和王伯铎，2001）、生态可接受流量（Pol，1985）等概念。到 20 世纪 80 年代初期，美国、澳大利亚、南非、法国等国家对生态需水进行了深入研究，系统地开展关于鱼类生长繁殖、产量和河流流量关系的研究，形成了生态和环境需水分配的雏形，并开创了一系列的计算方法运用于河道生态需水的计算（Petts，1996；Gleick，

1998）。进入 21 世纪以来，生态环境需水问题正式在全球范围内引起关注，对生态需水相关问题的研究在深度和广度上都得到了丰富，其研究重心由河道内生态需水转向河道外生态需水，如利用模型对农田生态系统（Gunter et al.，2009）、湿地生态系统（Graymore et al.，2013）及森林生态系统（Everaert et al.，2013）等河道外生态系统进行预测评价，优化水资源的配置。

国内生态需水的相关研究相对较晚，20 世纪 60 年代在对河西走廊地下水评价时提出了生态用水的水量消耗这一名词，而后在分析塔里木盆地水资源与绿洲建设时由汤奇成率先提出了生态用水的概念，从此拉开了我国对生态需水的研究序幕（汤奇成，1989）。进入 21 世纪，随着人口增加与经济的快速发展，我国水利部也正式提出，在水资源配置中要考虑到生态需水（孙雅琦，2017）。在我国生态需水研究蓬勃发展起来后，一些学者就生态需水的概念从不同的角度阐释，解析出空间尺度的广义与狭义生态需水（钱正英等，2000）；用水功能上的生态需水、环境需水（郑红星等，2004）；生态需要与实际用水上的生态用水、环境用水及根据生态系统的类型划分的水域和陆地生态用水等（符静，2018；张丽等，2003）；另外一些学者则采用不同方法对生态脆弱区的生态需水进行了估算与研究（贾宝全，1998；梁瑞驹等，2000；潘启民，2001；张远和杨志峰，2002；王芳等，2002；闵庆文等，2004；王根绪等，2002）。总之，国内生态需水的研究主要着眼于干旱半干旱区域，特别是对西北干旱区植被生态需水的估算，认为植被生态需水是为保障植被能正常生长、发育或植被生态系统维持健康并发挥正常生态系统服务功能而需要消耗的最低水量，被认为是退化生态系统恢复与重建的关键（Thevs et al.，2015；吴建强等，2018；陈乐，2014）。

在我国西南地区，由于特殊的喀斯特地貌，水土流失、漏失现象严重，地表水缺乏，地下水利用难度较大，形成特有的喀斯特干旱及石漠化等生态环境问题，生态缺水问题突出，生态需水研究相对薄弱。目前仅有少部分学者关注这一问题，如周晓东（2017）利用改进后的 Penman–Monteith 公式对云南小江流域的生态需水总量评估；通过面积定额法和蒙大拿法对桂林桃花江河道需水做了估算（王岳川，2006；王岳川等，2007；侯琨等，2015）；吴建强等（2018）以广西峰丛洼地区域为研究对象，基于遥感和 GIS 技术，结合气象站实测资料，应用联合国粮农组织推荐的 Penman–Monteith 法和 ArcGIS 软件模拟研究区域生态需水的空间分布，估算了岩溶区域典型植物群落不同季节的植被生态需水及生态缺水定额，并分析了其主要影响因素；李坤峰（2009）对重庆南川地区农田生态系统生态需水的估算。针对区域而言，云南地区，特别是云南分布广泛的喀斯特断陷盆地地区的生态需水研究十分薄弱，对合理指导区域生态恢复不利。因此，以云南蒙自断陷盆地石漠化地区的大洼子、朵古、牛耳坡村为例，以区域代表性农作物为研究对象，估算该区域农作物的生态需水现状，探讨在生态脆弱的喀斯特地区，如何协调人口、资源、环境与发展之间的关系，处理好开发与保护、人口与资源及可持续发展的关系，以期为制定喀斯特石漠化地区水资源可持续利用政策和经济社会的可持续发展规划提供重要决策和参考依据。

3.3.2.1 数据收集及处理

该研究在蒙自喀斯特断陷盆地内进行，依托在盆地大洼子村、坡地朵古村和高原面牛耳坡村上建设的 3 个野外自动气象观测站，开展生态需水研究，研究点及基本特征见图 3.43。植被生态需水的估算一般是将农作物与天然植被当作一个整体进行估算，但对于农田这样一个特定的与人类关系最为密切的生态系统，受人类生产活动干预较强，旱时灌溉，涝时排洪（李坤峰，2009），与天然植被生长有所不同，需将人类浇灌水量纳入考量之中，所以需要将研究区几个观测点处的农作物作为研究对象，对其进行生态需水估算。由于该区农作物多为浅根系作物（云南省统计年鉴，2018），且研究区地下水埋藏较深（王宇等，2017），农作物的水分补给主要来自降水和人工浇灌。因此，结合植被生态需水的概念（Thevs et al.，2015；吴建强等，2018；陈乐，2014），农作物生态需水是指在正常的环境条件下，农作物生长发育成熟所需要的降水及人工灌溉水量之和，意味着农作物在降水达到作物所需水量时不需要加以人工浇灌，当降水少于该水量时则根据差值加以灌溉。依据2018年云南省和蒙自统计局统计信息（云南省统计年鉴，2018），研究区农作物主要有水稻、小麦、玉米、高粱、豆类、薯类等粮食作物和油料、烟叶、蔬菜、瓜果、中药材等经济作物。其中，豆类主要为大豆、蚕豆等，薯类主要有马铃薯，油料作物以花生和油菜为主，烟叶多为烤烟，瓜果主要有苹果、葡萄、火龙果等种类，药材则以三七种植为主。根据实地调查发现，盆地大洼子站主要分布有水稻、小麦等粮食作物及少量经济作物，例如，葡萄、油菜、花生等，朵古和牛耳坡则主要种植万寿菊和苹果等经济作物，烤烟、玉米等也主要分布在此处。

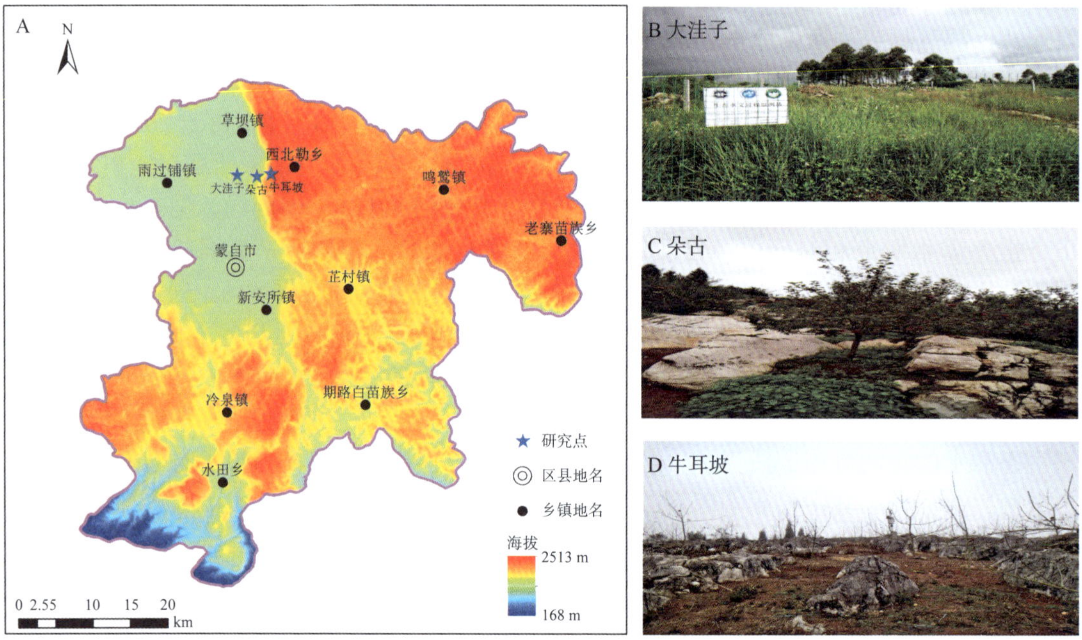

图 3.43　研究区观测点分布图及区域景观

对于农作物生态需水的计算主要采用 FAO（世界粮农组织）推荐使用的公式（Allen et al.，1998）：

$$ET = ET_0 \times K_c \tag{3.25}$$

式中：ET 为作物生态需水定额（mm）；ET_0 为作物参考蒸散量（mm），通常采用目前计算参考蒸散量的标准方法 Penman–Monteith 公式（陈丽华等，2002；Sajedipour et al.，2017；Chi et al.，2018；贾志军等，2014）进行计算；K_c 为作物系数，是农作物实际蒸散与参考蒸散的比值，它修正了实际种植作物与参照作物在作物高度、冠层阻力、地表反射率等方面的差异（Sahin et al.，2009），一般可参考 FAO-56 附表（Allen et al.，1998），如表 3.15 所示。

（1）利用 Penman-Monith 公式计算参考蒸散量

$$ETo = \frac{0.4808\Delta(R_n - G) + \beta \dfrac{900}{T+273} U_2(e_s - e_a)}{\Delta + \beta(1+0.34\mu_2)} \quad (3.26)$$

式中：ETo 参考蒸散量，mm/d；Δ 为饱和水汽压对温度曲线的斜率，kPa · ℃；R_n 为作物表面净辐射，MJ/（m^2 · d）；G 为土壤热通量，MJ/（m^2 · d），可忽略；T 为 2 m 高度平均日气温，℃；μ_2 是 2 m 高度处风速，m/s；e_s 是饱和蒸汽压，kPa；e_a 是实际水汽压，kPa；β 是干湿表常数，kPa · ℃。上述公式由于参数较多，计算较为复杂，通常使用 ETo 软件辅助（FAO，2009）进行计算，所需气象数据均可直接从研究区观测点处气象站获取。

（2）农作物植被系数 K_c

由于植被系数的获得多是通过实验获得（王根绪等，2002），平时获取较为困难，因此本研究采用 FAO-56 提供的参考值作为研究的基础，但 FAO-56 所提供的经验值中暂未记载万寿菊的作物系数经验值，因此，本研究选用与万寿菊同为花草类且研究区中有少量分布的向日葵的植被系数经验值参与计算。

（3）灌溉水量

利用公式 3.25 得到的作物生态需水量作为作物生长所必需的水量，这部分水量一部分靠降水来供给，另一部分靠灌溉供给。一般来说，同期降水量直接影响农作物的生长发育状况，灌溉通常只作为辅助手段，但灌溉这一行为与人类关系最为紧密，因此，有必要利用研究区各农作物的生态需水量和同期降水量来估算人工灌溉所需水量，其计算公式如下：

$$Q = ET - P_e \quad (3.27)$$

式中：Q 为人工灌溉所需水量，mm；ET 是农作物生态需水定额，mm；P_e 为有效降水量，mm。一般认为，植被生长所需的水分几乎全部来自土壤之中（张远和杨志峰，2002），而该区土壤水的补给是由降水完成的（王宇等，2017）。但一次降水并不会全部入渗到土壤之中，在入渗之前，会受到植被冠层截留，空气蒸发等有所消耗；到达地面后，也会因地面草被覆盖及土壤质地等下渗有所不同（Allen et al.，1998）。因此，考虑到降水并不会完全补给到土壤之中，对研究区的有效降水量 P_e 进行计算是十分必要的，其计算公式如下：

$$P_e = \alpha \times P \quad (3.28)$$

式中：α 是降水入渗系数，当降水量大于 50 mm 时，α=0.7 ~ 0.8，本研究取 0.75；当降水量小于 5 mm 时，α=0；当降水量在 5 ~ 50 mm 之间时，α=1（Chi et al.，2018）；P 为月降水量（mm）。由于研究区 3 个监测点的降水频率差异不大，均以小降水事件为主（王赛男等，2019），加之观测点均处于喀斯特石漠化地区，生境类似，故在 3 个观测点采用一致的降水入渗系数标准参与计算。

表 3.15　蒙自常见农作物植被系数（K_c）

	1月	2月	3月	4月	5月	6月	7月	8月	9月	10月	11月	12月
水稻					0.35	0.93	1.1	0.91	0.42			
小麦	0.76	0.94	1.11	1.15	0.59					0.3	0.39	0.58
玉米			0.31	0.76	1.19	1.11	0.66					
大豆						0.45	0.99	1.15	1.1	0.68		
马铃薯		0.51	0.93	1.15	1.06	0.81						
花生			0.41	0.84	1.15	1.09	0.75					
油菜	0	0.63	1.1	1.01	0.82					0.31	0.34	0.52
烤烟			0.54	1.01	1.13	0.91						
苹果	0.45	0.45	0.7	0.95	0.7	0.7	0.95	0.7	0.7	0.95	0.7	0.45
葡萄	0.84	0.62	0.42	0.4	0.4	0.4	0.4	0.54	0.79	0.85	0.85	0.85
万寿菊				0.35	0.36	1.15	1.15	1.15	0.35			

注：有 K_c 的月份为该农作物的生长发育阶段。

3.3.2.2　研究区参考蒸散量及降水量

3个站点在2018年各月的参考蒸散量及年总参考蒸散量如图3.44所示：大洼子、朵古和牛耳坡的参考蒸散总量分别为1346.10 mm、1200.00 mm和1064.30 mm，且3个站点的蒸散量在时间上呈现出明显的季节变化，即春季（3—5月份）蒸散量最大，其余季节蒸散量较为均衡，最低值均出现在冬季（12月份），这一蒸散量的季节变化规律与王赛男等（2019）的研究结果一致，表明研究区容易出现“春旱”灾害，对于当地农作物生长不利。从空间上来说，3个站点中大洼子的蒸散量呈现出较其他两个站点更高的现象，仅在8月份其蒸散量稍低于牛耳坡，三者之间大致呈现为大洼子 > 朵古 > 牛耳坡的现象。数据统计表明2018年大洼子、朵古、牛耳坡的月降水量分别为373.00 mm、483.00 mm和829.80 mm，处于盆地的大洼子村降水量远小于位于山区的两个站点的降水量，体现出典型的降水随海拔升高而增加的山地立体气候特点。同时大洼子、朵古和牛耳坡降水量的逐月变异系数呈现出大洼子（117.59 %）> 朵古（92.00 %）> 牛耳坡（88.31 %）的现象，表明三者年内降水时间分配不均匀，但牛耳坡降水的离散程度要弱于朵古和大洼子，这一点通过图3.44中同期有效降水量也得到验证：大洼子村1—5月份几乎没有有效降水，6—10月份有效降水明显，与牛耳坡全年每月均有有效降水对比明显。此外，通过3个站点月蒸散量与同期有效降水量的对比发现，3个站点均处于较为干旱的气候环境中，朵古和大洼子的全年每月蒸散消耗的水量远大于降水的补给，导致本区长期处于干旱缺水的状态。

3.3.2.3　代表性农作物生态需水定额

根据公式3.25及公式3.28得出大洼子、朵古、牛耳坡不同类型农作物在各自生长期间的生态需水定额和同期有效降水量（表3.16，图3.45），从中可以发现该区所种植的农作物需水若仅依靠降水几乎不能得到有效保证，需要加以灌溉才能正常生长，表明位于蒙自东山的 3 个观测点降水现状对于农作物生长不利。但值得注意的是，朵古和牛耳坡的玉米种植所需要的人工灌溉水量相对较少，这表明玉米是一种能够适应石漠化地区的作物（韩昭庆，2015）。同时，各农作物间的生态需水定额差异较大，种植在大洼子的小麦与水稻之间差值达到 316.01 mm，这表明不同农作物对于生境的要求差异较大，因此，在考虑地区种植结构时需要考虑不同作物的特性。

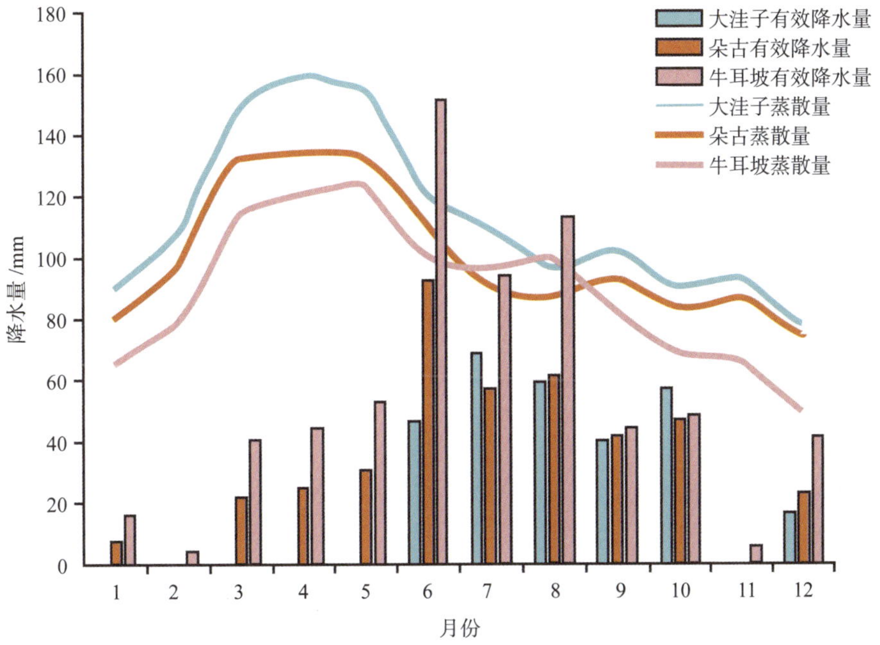

图 3.44　监测点各月蒸散及同期有效降水量

表 3.16　各农作物生长生态需水定额以及同期有效降水量

地点	农作物	生态需水定额 /mm	同期有效降水量 /mm	灌溉水量 /mm
大洼子	水稻	415.49	215.10	−200.39
	小麦	731.50	74.15	−657.35
	花生	584.99	115.05	−469.94
	油菜	672.13	74.15	−597.98
	大豆	445.26	272.25	−173.01
	马铃薯	637.00	46.65	−590.35
	葡萄	774.79	289.25	−485.54
朵古	玉米	479.48	228.23	−251.26
牛耳坡		447.63	384.70	−62.93
朵古	烤烟	454.21	171.00	−283.21
牛耳坡		413.35	290.35	−123.00

续表

地点	农作物	生态需水定额 /mm	同期有效降水量 /mm	灌溉水量 /mm
朵古	万寿菊	485.27	171.00	−314.27
牛耳坡		435.27	295.35	−139.92
朵古	苹果	698.41	410.75	−287.66
牛耳坡		603.26	661.00	57.74

注：负值为需水缺口，需要加以灌溉。

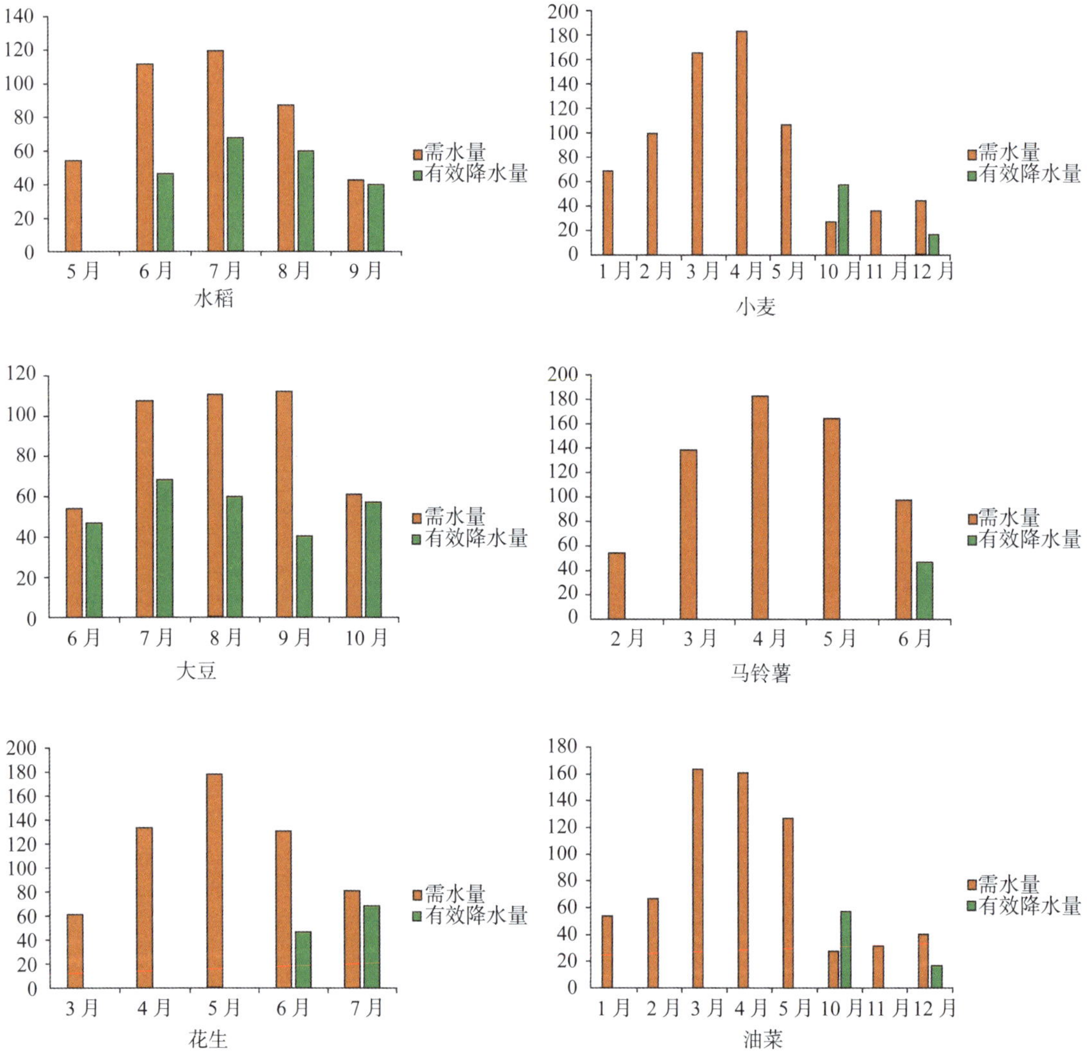

图 3.45 大洼子监测点各农作物生长阶段需水量（mm）及同期有效降水量（mm）对比

大洼子地区由于有效降水过少、蒸散量较大，因此，在此生长的农作物水分主要来自人工灌溉。从图 3.45 可以看出：种植在大洼子地区的小麦、花生、油菜、马铃薯、葡萄在其各自生长期内所需水量大部分来自人工灌溉，仅有水稻、大豆的生态需水在一定程度上能得到降水补给，这主要与农作物生长期相关。该区小麦属于冬小麦，每年 10 月份开始种植，次年 5 月份收获，在此期间，大洼子正好处于旱季，有效降水极度缺乏，甚至大多数月份完全没有有效降水补给。同样，马铃薯及油菜、花生等作物的生长期刚好与大洼子旱季时间一致，意味着在此期间生长的作物需水量均需要人工补给。而在大洼子种植的水稻和大豆生长期为 5—10 月份，与本区雨季时间重合，使得这两种作物每月均可得到雨水补给，从而减少人工灌溉所需水量。

与大洼子情况相反，在朵古和牛耳坡生长的大部分农作物生长期在 3—9 月份，正好处于该区雨季，同时朵古及牛耳坡的年降水在时间分配上要优于大洼子，种植于朵古及牛耳坡的各类农作物在其生长期间能够得到降水的补给，尽管大部分农作物所需水量与同期有效降水量相比，仍有较大差距，但相对来说其种植条件在一定程度上要优于大洼子（图 3.46）。从生态需水定额和同期有效降水的比较来看，朵古和牛耳坡的玉米生态需水量分别为 479.00 mm 和 447.00 mm，而同期有效降水量分别达到 228.00 mm 和 384.00 mm，说明牛耳坡降水可满足玉米的绝大部分需水，仅需要少量灌溉即可。种植在牛耳坡的万寿菊其生态需水总量为 454.00 mm，而同期有效降水总量为 502.00 mm，意味着种植在牛耳坡的万寿菊几乎完全由降水补给而不依靠人工灌溉。

参考蒸散发这一因子的变化往往是同各气象要素联系在一起，特别是地面所接受的太阳辐射总量往往是影响潜在蒸散的主导因子（王炳亮等，2014；曹雯等，2011）。因此，对研究区参考蒸散量及参与计算的各气候要素采用单因子分析法（吴卫熊等，2017），以得到影响参考蒸散的主导气候因子（表 3.17）。从表 3.16 中可以发现气温、湿度、太阳辐射、风速等均与参考蒸散量之间存在相关关系，尽管不同的地点各因子与参考蒸散之间的相关性程度不同，但大致表现为气温、风速、太阳辐射与参考蒸散量之间呈现正相关关系，而湿度则与之呈负相关关系，特别是太阳辐射在各个气象站均表现出相关性最强的这一特点，表明太阳辐射是影响该地区潜在蒸散的主导因素，这一研究成果与前人研究结果一致。云南蒙自属于太阳能资源丰富地区，大洼子年太阳辐射总量比朵古和牛耳坡更丰富（王赛男等，2019），这使得大洼子的年参考蒸散量高于朵古和牛耳坡。另外，3 个村落的太阳辐射量年内变化趋势较为一致，均是春季（3—5 月份）最大，冬季（12—2 月份）最小（王赛男等，2019），这一规律与 3 个村落参考蒸散量春季最高，冬季最低的现象对应，证明太阳辐射对于蒙自地区参考蒸散量的巨大影响。由此可见，蒙自喀斯特断陷盆地所呈现出的参考蒸散时空变动主要受研究区太阳辐射的时空分布影响。

表 3.17　不同地点各气象要素与蒸散量之间的相关关系

地点	指标	大洼子	朵古	牛耳坡
相关关系	平均气温	0.45	0.35	0.62
	平均湿度	−0.64	−0.57	−0.43
	平均风速	0.70	0.49	0.73
	平均太阳总辐射	0.91	0.93	0.81
	月蒸散量	1.00	1.00	1.00

从植物生长所需的需水量及同期有效降水量来看，牛耳坡作物种植条件最优，朵古次之，大洼子最差，但这并不意味着山区相较于盆地更适宜种植作物，原因在于蒙自地区是

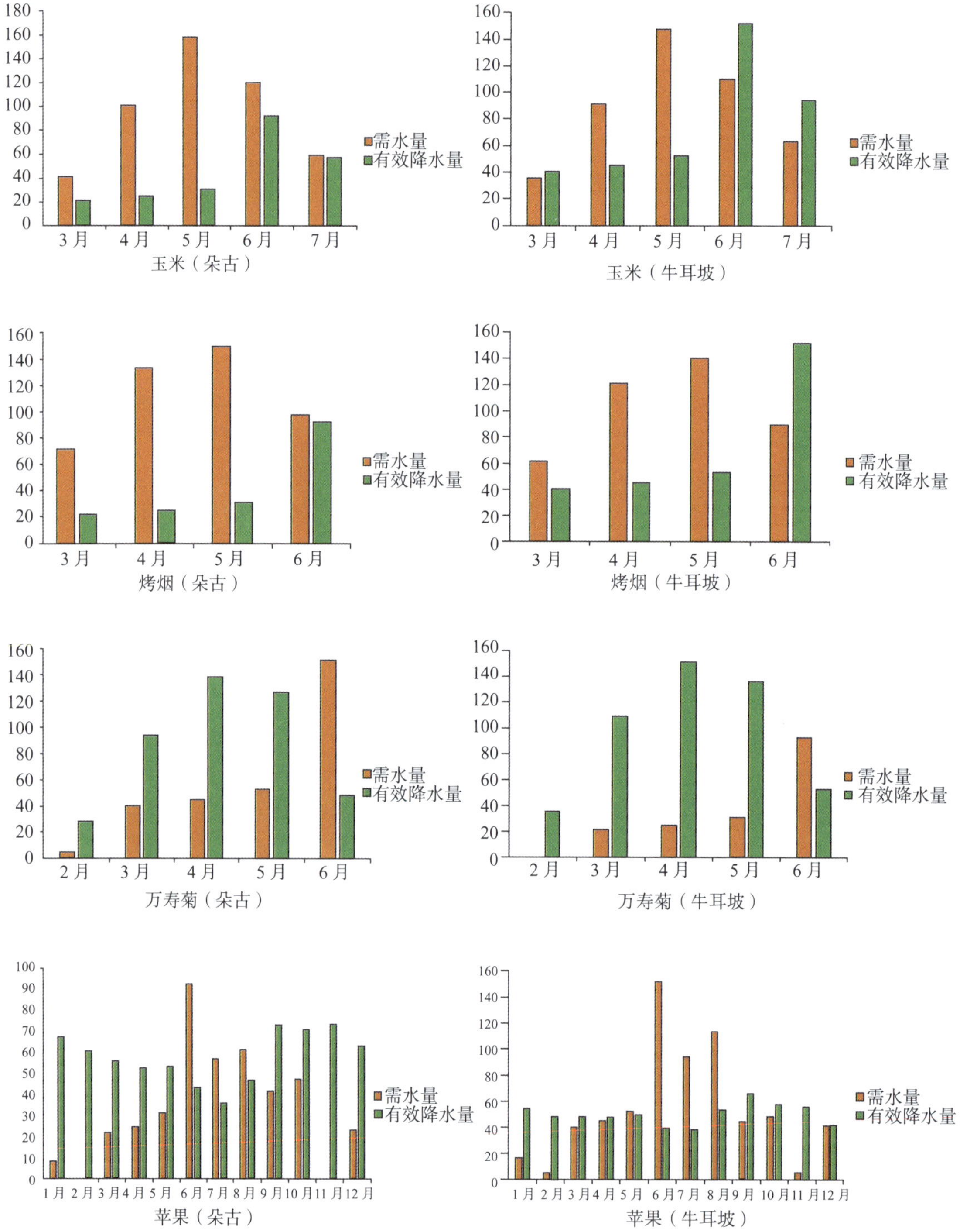

图 3.46　朵古和牛耳坡监测区各农作物生长阶段需水量（mm）及同期有效降水量（mm）对比

典型的高原立体气候（中国地质调查局，2016），山区和坝区的气候特征具有很大差别。大洼子地处盆地，海拔 1363 m，朵古和牛耳坡都位于大庄－草坝－蒙自高原面东山区，海拔均在 1800 m 以上，研究表明大洼子年太阳总辐射和年均温均高于朵古和牛耳坡，但牛耳坡年降水量（1027.40 mm）大于大洼子（662.60 mm）。由于本研究中生态需水量的控制因素是参考蒸散量及植被系数，但植被系数作为一个比例性常数，通常不加入讨论，故认为不同地区生态需水的差异主要受到该区参考蒸散量的影响。鉴于参考蒸散量和太阳辐射、气温之间有很明显的正相关关系，因此，对于同一农作物来说，太阳辐射强、气温高的大洼子地区其生态需水定额会高于朵古和牛耳坡，即大洼子的农作物耗水会比朵古及牛耳坡更多。而对于不同物种来说，3 个村落降水的季节分配差异导致它们种植条件的差异。大洼子主要种植水稻、小麦、花生、油菜、葡萄等，这些农作物的生长期集中在 1—5 月份，而同期大洼子的有效降水量几乎都为零，无法满足作物生长期的蒸散需水量，与此相反，朵古和牛耳坡种植的作物需水期集中在 3—6 月份，牛耳坡年降水量大于大洼子，且年降水季节分配较大洼子均匀，所以牛耳坡同期有效降水大多可以满足作物需水，从而使农作物生长条件以牛耳坡为最佳。

由此可见，蒙自盆地的农业结构需加以调整并制定更加科学合理的农业用水策略。①要协调经济发展与生态保护的关系。山区作为水土流失、石漠化的高发区，保持水土是其首要任务，尽管蒙自断陷盆地山区种植优势明显，但从长远出发，要减少山区的农耕地，避免深耕翻作。因此，在山区适合种植垦殖频率较低、对人工管理要求较小的作物，如苹果、橘子、李子等水果树及万寿菊这一类经济作物；在盆地则要种植耗水少、灌溉少、对于太阳辐射和热量要求较高的作物，如大豆。②因地制宜才能解决实际问题。研究区要摸清各个区域的水资源现状，各个区域的农业用水总量，适当增减各区域作物灌溉面积，提高灌溉用水的效率和精度。农田作物的选择要根据村落情况来定，这样既能够保障农作物种类不单一又能最大化的发挥当地优势，发展特色农业，提高农业产值。③石漠化是国家目前治理的重难点生态问题，因此研究区的任何行为都要以能够遏制生态环境恶化，同时能为该地区带来一定的经济和社会效益为出发点。合理的水资源分配模式对该区的可持续发展非常必要，因此，需要对农业结构进行调整，多推广滴灌等节水措施，适当调整种植模式，提高农业种植科学性、技术性。

3.3.3 喀斯特断陷盆地生态需水的空间分异

本研究生态需水的计算采用 FAO-56 提供的计算方法，主要涉及潜在蒸散发、植被系数、土壤水分修正系数三大要素，计算出的生态需水量一般是植被的最大需水量。植物的生态需水定额并不是一个固定的值，会因为气候、植被生长阶段、土壤水分状况等发生改变（吴卫熊等，2017）。蒙自喀斯特断陷盆地属于亚热带季风性气候，旱雨季气候差异大，从而导致土壤和植被存在旱雨季差异。为准确定量各优势植被生长所需水分，分别于 2020 年 7 月和 10 月对蒙自喀斯特断陷盆地的 5 种优势植被样地进行植被和土壤的监测。

根据蒙自喀斯特断陷盆地的土地利用分类及特殊的盆 – 山地貌（王赛男等，2019），对流域垂直高度上的高原面、坡面、盆地进行植被调查，为使采样点均匀分布，全流域共布设 12 个采样大点，在每个采样大点根据实际情况选取耕地、果园、草地、林地、灌木五种土地利用进行数据收集，共计有 55 个样点（图 3.47，图 3.48）。其中，对林地布设 10 m × 10 m 的样方，调查样方内所有乔木群落的物种、高度、盖度等数据并记录出现的灌木及草本植物；对灌木丛布设 5 m × 5 m 的样方，记录样方内灌木群落的物种、高度、盖度等特征；对草地布设 2 m × 2 m 的样方，在小样方内记录草本群落的物种、高度、盖度等特征；对耕地及果园进行调查，记录相应的物种、高度、盖度等特征（表 3.18）。同时利用 GPS、风速仪、温湿度仪记录每一个样点的经纬度、海拔、风速、温度、湿度等环境因子。

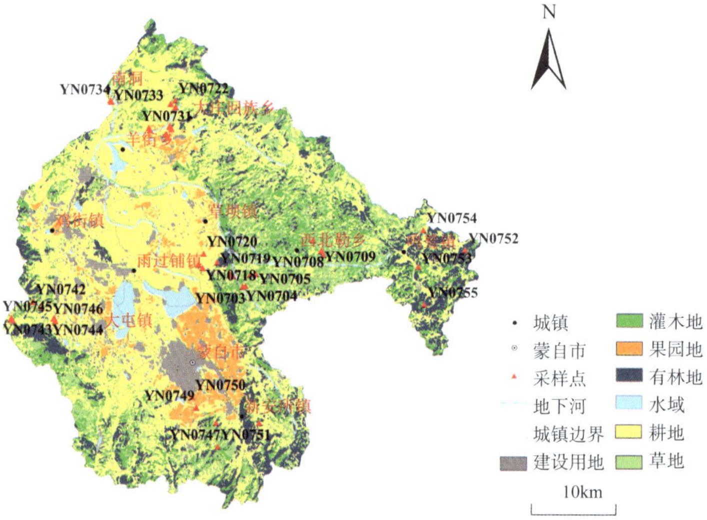

图 3.47　研究区土地利用图及采样点分布图

图 3.48　研究区野外现场样方调查

调查结果表明蒙自喀斯特断陷盆地的自然植被类型主要有 3 种：林地、灌木和草地，总面积为 597.79 km^2，占全流域的 36.94%；人工植被主要为果园和耕地两种类型，总面积为 890.59 km^2，占全流域的 55.03%。蒙自喀斯特断陷盆地水文地质调查结果表明流域基带属南亚热带常绿阔叶林带，植物种类繁多，但流域目前已没有原生植被群落，称得上森林的仅是一些人工种植或经砍伐后的次生林（中国地质调查局，2015）。通过调查发现研究区林地主要分布于流域的边缘，高原面上较多，同时盆地周围的山坡也有少量的林地，主要为柏树、松树、桉树及少量栎树、樟树，以侧柏为主；草地、灌木主要分布在流域的坡面及高原面上，盆地较少，物种多以茅草、蒿草、鬼针草、紫茎泽兰等草本和华西小石积、车桑子、五色梅、了哥王、龙须藤、黄檀等灌木为主，其中以茅草和五色梅分布最广。人工植被种类繁多，分布遍及流域。果园以盆地石榴和高山苹果为主，还种植有少量桃树、李树、火龙果及葡萄；耕地分为水田和旱地，其中水田较少，主要分布在鸣鹫及大庄盆地，旱地是流域最主要的耕地利用方式，以种植万寿菊、玉米、烤烟等作物为主。具体的调查信息如表 3.18 所示。

表 3.18a　研究区各林地样点概况

采样编号	地名	优势种	覆盖度 / %	高度 / m	生境描述
Y05	西北勒乡牛耳坡	云南松	85 ~ 90	10	高原面上松树林，人为干扰较少，植被层次明显，乔木层以松树为主，灌木以花椒树、清香木为主，草本以川马胡为主
Y06	西北勒乡蚂蚁村	赤杨叶	90 ~ 95	12	高原面亚热带常绿阔叶林，人为干扰弱，层次明显，乔木层以赤杨叶和樟树为主，灌木种类较多，主要为海桐、铁仔、润楠等，草本植物为沿阶草
Y14	西北勒乡朵古村	侧柏	80 ~ 85	8	东山山腰处人为种植柏树林，林中植被层次简单，地表植被稀少，主要被裸露在外的巨大灰岩所覆盖，土层较硬且多根系
Y19	西北勒乡碧色寨	侧柏	85 ~ 90	12	山脚处柏树林，植被层次明晰，乔木层以人工种植的侧柏为主，灌木丛多为金叶女贞以及华西小石积，高度在 4 m 左右，草本类植物以剑麻为主，高度在 1 m，整个土层较为紧实
Y22	大庄乡舍味村	樟树	85 ~ 90	12	舍味村后天然次生林，以亚热带常绿阔叶林为主，植被主要分为两层，灌木以金叶女贞、华西小石积、杜仲为主，乔木以樟树为主，区内岩石多为灰岩，体积庞大，土壤出露较少，土层较硬
Y25	大庄乡异地搬迁新区	桉树	75 ~ 80	11	村后人为种植桉树林，枝叶较为稀疏，下部有五色梅覆盖，高约 2.5 m，土层较硬
Y33	南洞出水口	桉树	65 ~ 75	7	南洞地下河出口上游桉树林，土层较硬，多碎石，树下无植被覆盖，坡度较陡
Y40	大屯镇白沙坡采石场	侧柏	70 ~ 75	15	植被层次丰富，灌木丛生长密集，人为影响较小，属于人工种植林，地表覆盖大量枯枝落叶
Y42	大屯镇大麦塘村	侧柏	85 ~ 90	12.5	个屯一级公路旁侧柏林，属于人工种植林，其下土壤枯枝落叶覆盖度较高，无草本植物生长，间或生长有一些小灌木
Y45	大屯乡阿所寨村	桉树	90 ~ 95	16.5	村后桉树林，林下堆积有很厚的枯枝落叶，整个林地的植被层较为简单，偶有小灌木，土壤为黄壤
Y47	新安所镇丫口村	侧柏	80 ~ 85	11	公路旁侧柏林，枯枝落叶层厚达 3 ~ 5 cm，土层中树根较多，土层较薄，林下无草被覆盖，有些许灌木生长
Y52	鸣鹫舍所坝上寨	侧柏	85 ~ 90	10	村后侧柏林，林下土壤多为地果，但覆盖度不高，灌木以华西小石积为主，支部层次较为稀疏，土壤层中砾石较多

表 3.18b 研究区各灌木地样点概况

采样编号	地点	优势种	覆盖度 %	高度 m	生境描述
Y03	西北勒乡牛耳坡	清香木	50 ~ 55	1	高原面上灌木丛，存在人为干扰，种植有少量云南松，主要自然灌木以清香木为主，草本类植被主要有有茅草、紫茎泽兰等
Y09	西北勒乡蚂蚁村	栎树	30 ~ 35	4.4	高原面蚂蚁村旁小山坡，坡度较大，人为干扰少，土壤碎石含量较多，多根系，土层浅薄，主要植被为低矮的栎树
Y12	西北勒乡朵古村	华西小石积	55 ~ 60	1.5	朵古村后灌木林，坡度较大，土层较硬，有较多岩石裸露，其上植被茂密，人为种植有少量云南松，灌木主要为华西小石积、铁仔，草本类以紫茎泽兰为主
Y17	西北勒乡大洼子村	金叶女贞	40 ~ 45	1.53	大洼子村村后灌木林，植被主要分为两层，灌木林以女贞为主，草本植物以茅草为主，土壤多汇集在裸露岩石之间，呈现暗红色，较为松软
Y24	大庄乡舍味村	黄檀	95 ~ 100	4	公路旁灌木林，以黄檀和龙须藤为主，覆盖度极高，较难进入，土层较硬，无岩石出露
Y27	大庄乡异地搬迁新区	车桑子	35 ~ 40	1.65	荒草坡上灌木林，主要被车桑子和茅草覆盖，但植被类型较多，其下土壤中碎石含量较多，土层较硬
Y31	大庄乡羊干寨	五色梅	35 ~ 40	1.75	公路旁荒草坡，其上生长较多的小灌木，主要是铁仔、车桑子、五色梅，有小块岩石裸露，但土层较厚
Y34	南洞出水口	五色梅	40 ~ 45	3.12	位于南洞地下河上游的砾石坡，其上多茅草和五色梅，间或生长小乔木，土壤中碎石含量极高
Y36	大屯镇个屯一级公路	黄檀	55 ~ 60	2	个屯一级公路旁荒草坡，坡度较陡，植被茂密，人为干扰少，其上少量种植有云南松、车桑子、桉树，主要植被为黄檀
Y39	大屯镇白沙坡采石场	荚蒾	95 ~ 100	1.75	林地旁灌木林，植被茂密，主要分为灌木和草本两类，灌木以荚蒾为主，草本以茅草为主，土壤中根系较多，有较多碎石
Y48	新安所镇上清水塘	五色梅	60 ~ 65	2.75	村落后荒草坡，以五色梅为主，间或生长龙须藤、黄檀等作物，其下有地果及茅草生长，植被覆盖度较高，几乎看不见裸露土壤及岩石
Y53	鸣鹫新寨	五色梅	95–99	2.15	侧柏旁荒草坡，人为种植车桑子，但五色梅为主导，其下多茅草，覆盖度较高，土层较薄，坡度较陡

表 3.18c 流域各草地样点概况

采样编号	地名	优势种	覆盖度 %	高度 m	生境描述
Y04	西北勒乡牛耳坡	茅草	85 ~ 90	1	高原面上草地，人为干扰较少，以茅草和蕨类为主，紫茎泽兰次之，土壤较为紧实干燥，裸露岩石在土壤中不均匀分布
Y08	西北勒乡蚂蚁村	茅草	85 ~ 90	0.5	高原面蚂蚁村旁小山坡，坡度较大，人为干扰少，主要植被为茅草，其上裸岩遍布，土壤颜色较红
Y13	西北勒乡朵古村	茅草	90 ~ 95	0.55	朵古村后荒草坡，人工种植有车桑子，以茅草为主，土壤中根系较多，土层浅薄，呈现红色，其上裸岩遍布且体积巨大

采样编号	地名	优势种	覆盖度 %	高度 m	生境描述
Y16	西北勒乡大洼子村	茅草	95 ~ 100	1.1	大洼子村后荒草地，茅草生长旺盛，几乎看不见裸露的岩石及土壤，间或生长有桉树、鬼针草、紫茎泽兰等，土壤整体较为湿润，呈现暗红色
Y21	大庄乡舍味村	茅草	100	1	高原面公路旁草地，人为干扰较少，茅草生长旺盛，有大量裸岩分布，土层较为浅薄
Y26	大庄乡异地搬迁新区	茅草	100	1.15	村旁荒草坡，其上人为有种植车桑子、云南松，土壤中有较为茂密的茅草覆盖，土层较硬，岩石裸露较少
Y30	大庄乡羊干寨	茅草	55 ~ 60	0.55	公路旁荒草坡，土层较硬且含有较多碎石，有白云岩裸露其上，主要植被类型为茅草，另外生长有紫茎泽兰、车桑子、铁仔
Y35	大屯镇个屯一级公路	茅草	85 ~ 90	1.15	个屯一级公路旁荒草坡，人为干扰少，其上少量种植有云南松、车桑子，主要植被为茅草、地果，土壤中有少量碎石，土质较黏
Y38	大屯镇白沙坡采石场	艾草	75 ~ 85	0.77	高原面弃耕地，其上被艾草、紫茎泽兰、茅草覆盖
Y44	人屯乡阿所寨村	茅草	95	1.75	属于因修建高速公路产生的弃耕地，主要植被类型是鬼针草、茅草，土层较厚，呈现为黄色
Y51	新安所镇大浑塘村	茅草	95 ~ 99	1	公路旁荒草坡，位于下坡，坡上以茅草、鬼针草为主，覆盖度较高，土壤呈现红色，湿度较大，较为黏重
Y54	鸣鹫啊木寨	蒿草	85 ~ 90	1	公路旁荒草坡，以茅草、车桑子为主，人工种植车桑子，覆盖度较大，有裸露岩石分布其上，土壤较硬

表 3.18d 流域各样点耕地、果园概况

采样编号	地名	耕地类型	优势种	生境描述
Y02	西北勒乡牛耳坡	耕地	玉米	高原面耕地，农作物为玉米，地表无杂草覆盖，土壤中含有的裸露岩石较少，土壤为红色
Y07	西北勒乡蚂蚁村	耕地	玉米	西猛公路旁玉米地，土层松软较厚，土壤呈现红色，裸露岩石较少，其下无杂草覆盖
Y15	西北勒乡朵古村	耕地	玉米	朵古村后玉米地，土壤为红色，土层松软，地表无其他植物生长，但出露的灰岩较多
Y18	西北勒乡大洼子村	耕地	玉米	乡村公路旁玉米地，土层较厚且松软，呈现红色，无其他植被覆盖，被果园环绕
Y23	大庄乡舍味村	耕地	玉米	舍味村旁玉米地，土层松软且埋有大量灰岩，土层较为浅薄，呈现红色，日风速较大
Y28	大庄乡异地搬迁新区	耕地	玉米	新村后面山谷平地，土层较厚，但土层较硬
Y29	大庄乡羊干寨	耕地	玉米	昆河线铁路旁玉米地，靠近氮肥厂，有受虫害迹象，土层呈现红色，较为紧实且较厚
Y37	大屯镇白沙坡采石场	耕地	玉米	高原面林地旁耕地，主要种植玉米，其下土壤主要被川马胡、鬼针草覆盖，土壤呈现黄棕色，含有少量碎石
Y41	大屯镇大麦塘村	耕地	玉米	位于个屯一级公路的侧坡，土层松软且较厚，土壤呈现黄色且黏度较大

续表

采样编号	地名	耕地类型	优势种	生境描述
Y43	大屯乡阿所寨村	耕地	玉米	位于锁蒙乡村道路旁，土壤层较厚呈现为黄壤，四周均为耕地，精细化管理
Y49	文澜镇小新寨	耕地	玉米	公路旁玉米地，土质黏重，人为管理较好
Y55	鸣鹫苗族乡麦子冲	耕地	玉米	村后公路旁耕地，较为平整，人工精细化管理，地表无覆盖
Y01	西北勒乡牛耳坡	果园	苹果树	高原面上果园地，岩石多为灰岩且裸露覆盖面积较广，土壤为红色，其上以人为种植的苹果树及自然生长的草本（茅草、鬼针草）为主
Y10	西北勒乡蚂蚁村	果园	苹果树	西猛公路旁苹果园，土层较厚，有岩石裸露且体积巨大，其下人为种植农作物，主要为豆类作物，有较多鬼针草
Y11	西北勒乡朵古村	果园	苹果树	坡面朵古村果园地，人为干扰强度较大，农作物以玉米、豆类为主，土层相对较厚，颜色为红色，岩石多裸露
Y20	西北勒乡十七村	果园	石榴树	公路旁石榴园，人为干扰强度较大，其下无杂草覆盖，土层较厚，土层紧实
Y32	大庄乡羊干寨	果园	石榴树	公路旁石榴园，果园中人为管理较强，地表植被覆盖较少，以牛筋草、鬼针草为主，土壤较为紧实，呈现浅红色
Y46	大屯乡阿所寨村	果园	桃树	公路旁桃树林，下附大量鬼针草，种植较为密集
Y50	文澜镇红寨村	果园	石榴树	村后石榴园，树冠稀疏，下覆鬼针草，土层较为稀疏，颜色较浅，人为干扰较大，管理精细化

通过对断陷盆地的植被调查，确定了各植被类型下的优势植被，林地、灌木、草地、耕地、果园的优势植被分别为侧柏、五色梅、茅草、玉米、苹果。以上述优势植被替代同类型下的其他植被物种，将流域植被分布简化，图3.49展示了5种优势植被的外观。

图3.49　流域各优势植被景观

植被系数是生态需水计算中的重要环节之一，反映出实际作物与参照作物的作物高度、地表反射率、冠层阻力、土壤蒸发的差异，并能直接反映出不同植被的生态耗水量大小（Allen et al.，1998）。根据 FAO-56 提供的植被系数计算方法及野外采集数据，分别计算了蒙自喀斯特断陷盆地 5 种优势植被物种在旱雨季的植被系数，如图 3.50 所示。

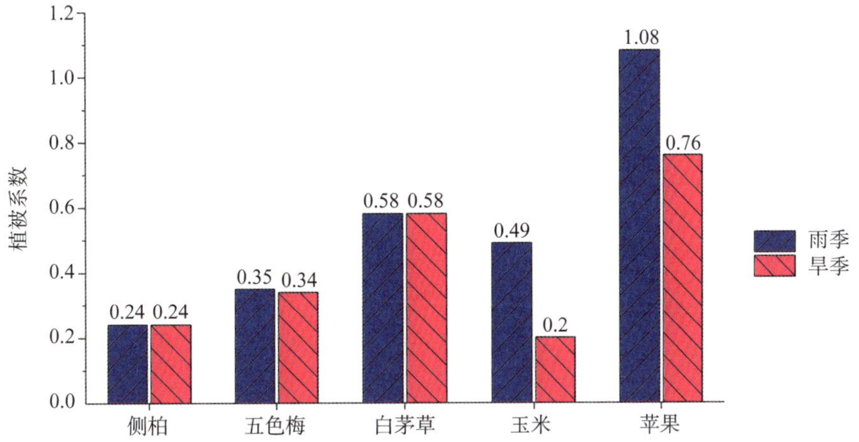

图 3.50　流域各优势植被旱雨季植被系数

从图 3.50 可以看出苹果树的植被系数最大，雨季达到 1.08，旱季为 0.76，侧柏的植被系数最小，旱雨季期间变化较小，几乎没有差异，表明盆地 5 种植被中苹果树的生态耗水量最大，侧柏的生态耗水量小。同时，3 种自然植被的植被系数在旱雨季差距都较小，表明盆地的自然植被不存在明显的耗水期，季节变化较小，符合亚热带常绿阔叶林群落的基本特征。而人工栽培作物则存在明显的旱雨季系数差异，苹果树、玉米的雨季植被系数均远大于旱季，这表明农田作物在雨季存在明显的耗水期，雨季需水量较大，旱季较小，这符合了流域玉米、苹果的生长发育特征。

蒙自喀斯特断陷盆地主要优势植被群落的土壤含水量旱雨季变化如图 3.51 所示。从不同植物类型来看，茅草的含水量在旱雨季均略高于其他植物群落，其次是五色梅和玉米，两者差距较小，苹果的土壤含水量略低，侧柏群落下的土地含水量最低；从旱雨季来看，5 种主要植被类型的土壤含水量在雨季均远高于旱季，其中玉米、苹果的旱雨季差异较大，而侧柏、茅草的差异最小。这表明农田作物的土壤水季节变化大于自然植被下的自然变化，可能在于农田作物下的土壤受人类活动干扰较大，土壤较为松散，而自然植被群落下的土壤较为紧实。根据对全流域土壤容重的测定，玉米、苹果、茅草、五色梅、侧柏的土壤容重分别为 1.24 g/cm^3、1.27 g/cm^3、1.23 g/cm^3、1.10 g/cm^3 和 1.23 g/cm^3，耕地和果园的土壤容重大于自然植被下的容重，说明农田作物下的土壤孔隙度可能要大于自然植被下的土壤孔隙度，从而造成土壤水分的交换更为频繁。

土壤水分常数一般由土壤性质决定，是一个相对固定的值，其田间持水量和凋萎系数分别是植被可利用土壤水的上限和下限（黄昌勇和徐建明，2010）。图 3.52 显示了蒙自喀斯特断陷盆地 5 种优势植被下的土壤田间持水量与凋萎系数，可以看出各类型植被下的土壤水分常数存在差异。从植被类型来看，自然植被的田间持水量一般是高于农田植被，五色梅和茅草的凋萎系数也略高于玉米和苹果的凋萎系数，以侧柏林地的凋萎系数最低。从植被能利用的土壤水范围来看，侧柏、五色梅、茅草、玉米和苹果的有效水利用范围分别为15%、13.64%、15.46%、12.32%和12.76%，自然植被的有效土壤水范围也明显高于农田植被。

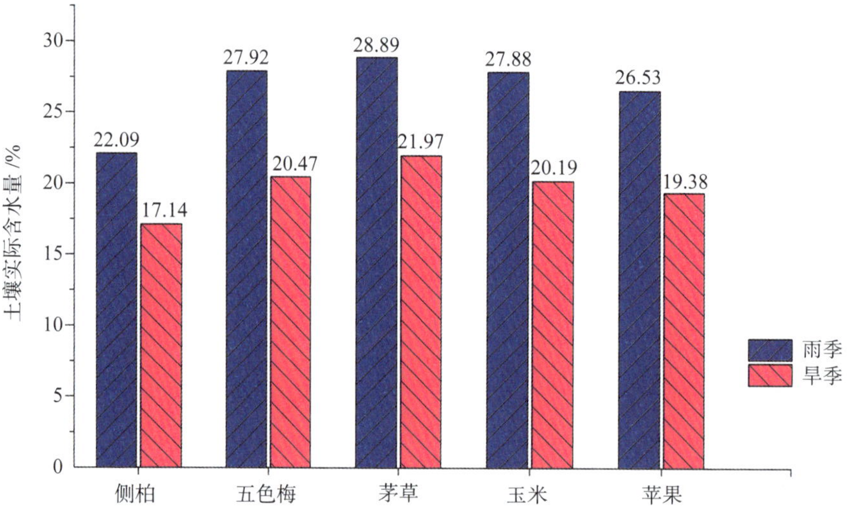

图3.51　南洞地下河流域主要群落类型土壤实际含水量

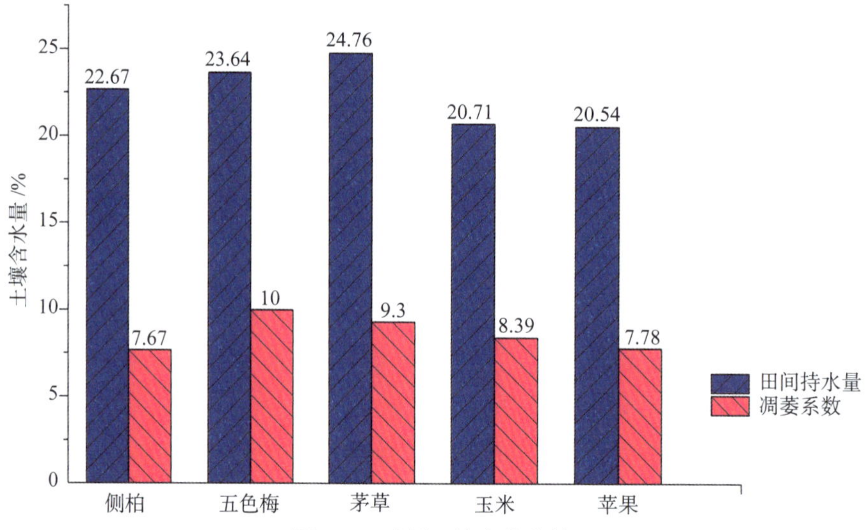

图3.52　流域土壤水分常数

结合流域旱雨季土壤实际含水量可以看出，研究区的土壤水分远高于凋萎系数，旱季时的土壤实际含水量略低于田间持水量，雨季时除侧柏群落外，流域其他群落类型下的土壤实际含水量远高于田间持水量。这表明蒙自喀斯特断陷盆地土壤水分含量在旱雨季尽管存在较大差异，但始终都处于土壤有效水的范围内，能够被植物吸收利用，进而对流域的植被复建具有重要意义。

土壤水的多少会直接影响植被的健康状况，并对植被的生态需水来说意义重大（张远和杨志峰，2002）。因此，结合流域土壤水分常数及土壤实际含水量，可得到流域优势植被群落下的土壤水分修正系数（图 3.53）。从不同植被类型来看，农田植被略高于自然植被下的土壤水分修正系数，其中玉米地的土壤水分修正系数最高，旱季为 1.10，雨季达到 1.21。从旱雨季的变化来看，雨季的土壤水分修正系数由于较高的实际土壤含水量而明显高于旱季的土壤水分修正系数，这正好体现了流域旱雨季分明的气候特点，其中，五色梅的土壤水分修正系数在旱季最低，仅有 0.96，而侧柏的土壤水分修正系数在雨季为最低值，为 1.07。

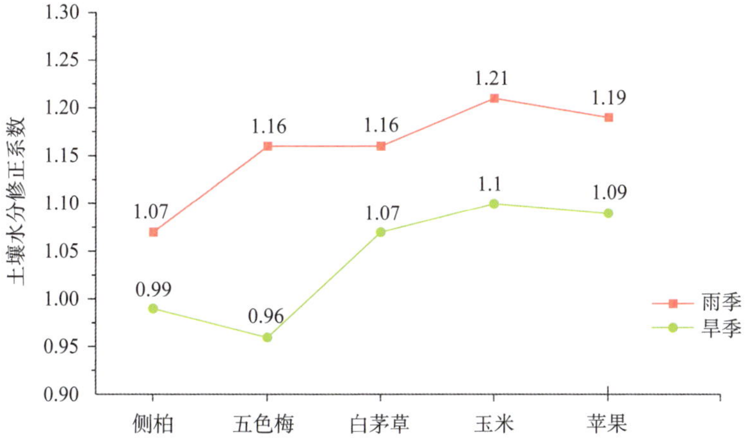

图 3.53 流域 5 种优势植被群落下的旱雨季土壤水分修正系数

基于侧柏、五色梅、茅草、玉米和苹果在旱雨季的植被系数及样地下的土壤水分修正系数，结合流域多年平均潜在蒸散发，计算出各优势植被的生态需水定额（表 3.19，图 3.54）。从不同季节来看，雨季各植被的生态需水定额明显高于旱季，差值在 1 mm 左右，差别最大的是苹果树需水定额，约 1.23 mm，差异最小的是侧柏林，仅有 0.97 mm。从不同植被类型来看，旱雨季期间，苹果树的生态需水定额均是 5 种植被中最大的，分别为 1.38 mm/d 和 2.61 mm/d，侧柏林的生态需水定额则是 5 种植被类型中最小的，旱雨季期间分别为 1.20 mm/d 和 2.17 mm/d。这表明苹果树在整个生长过程中需要较多的水分供给才能满足其生长需要，而侧柏林则仅需要较少的水分供给即可以满足生长。因此，在干旱缺水地区种植侧柏相对容易存活，而苹果树的存活则有一定的挑战性。

表 3.19 流域优势植被旱雨季生态需水定额及生态需水总量

优势植被	雨季 / $(mm \cdot d^{-1})$			旱季 / $(mm \cdot d^{-1})$			雨季生态需水总量 / $(10^6 mm)$	旱季生态需水总量 / $(10^6 mm)$	年总量 / $(10^6 mm)$
	最小值	最大值	平均值	最小值	最大值	平均值			
侧柏	0.92	3.88	2.17	0.31	2.01	1.20	48.59	53.67	102.26
五色梅	0.80	5.25	2.32	0.00	2.60	1.28	75.16	82.74	157.90
茅草	0.98	5.25	2.37	0.18	2.60	1.33	60.98	67.91	128.89
玉米	0.85	5.24	2.29	0.06	2.64	1.26	249.79	103.40	353.19
苹果	1.02	4.95	2.61	0.40	2.50	1.38	29.27	30.92	60.19

注：流域雨季时间为 6—9 月，共 122 天。

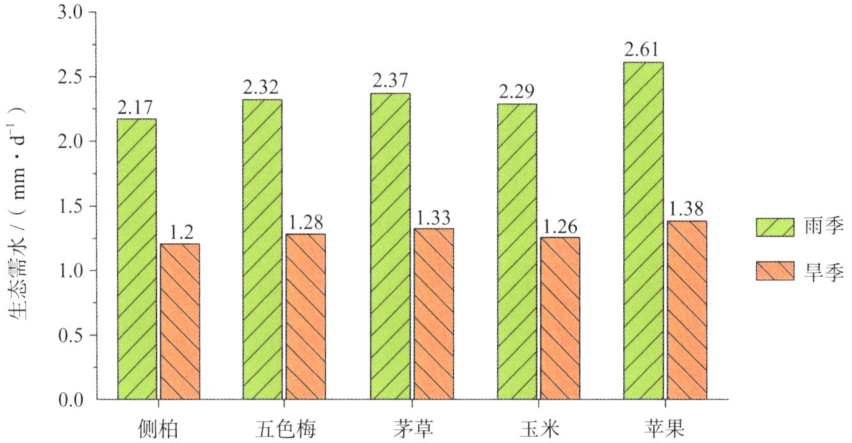

图 3.54　流域优势植被的旱雨季生态需水定额

云南种植春玉米和秋玉米，耕地占用时间为 4—10 月，共计 214 天，其余植被土地占用时间为全年，计 365 天。

另外，5 种优势植被在流域的生态需水定额会因生长地区的生境而有所变化。雨季流域生长的侧柏、五色梅、茅草、玉米和苹果的生态需水定额差异分别达到 2.97 mm/d、4.45 mm/d、4.27 mm/d、4.39 mm/d 和 3.93 mm/d；旱季则分别为 1.70 mm/d、2.59 mm/d、2.42 mm/d、2.58 mm/d 和 2.10 mm/d，其中以侧柏林的差异最小，五色梅的差异最大。这是由于流域的侧柏林地一般分布于村落附近，同时在沉积盆地周围的山坡也有少量的侧柏林地分布，它们的生长地区环境较为类似，因此差异较小；而茅草和五色梅这一类自然植被遍布流域，分布范围广，因此导致其生长环境差异较大，从而影响到生态需水定额。

通过植被调查，流域中的林地、灌木、草地、耕地和果园面积分别为 165.09 km^2 、238.87 km^2 、189.76 km^2 、805.85 km^2 和 82.69 km^2 ，以果园地面积最小，耕地面积最大。其中，林地、灌木和草地等自然植被占流域总面积的 36.71%，农田植被则占流域总面积的 54.94%。 结合流域各植被分布面积及植被生长期，计算出林地、灌木、草地、耕地和果园的年生态需水总量分别为 102.26×10^6 mm、157.90×10^6 mm、128.89×10^6 mm、353.19×10^6 mm 和 60.19×10^6mm，其中，耕地的生态需水总量最大，果园的生态需水总量最小。根据植被生长规律，林地在雨季的生态需水总量为 48.59×10^6 mm ，旱季为 53.67×10^6 mm ；灌木丛在雨季的生态需水总量为 75.16×10^6 mm，旱季为 82.74×10^6 mm ；草地在雨季的生态需水总量为 60.98×10^6 mm，旱季为 67.91×10^6 mm ；耕地在雨季的生态需水总量为 249.79×10^6 mm ，旱季为 103.40×10^6 mm ；苹果在雨季的生态需水总量为 29.27×10^6 mm ，旱季为 30.92×10^6 mm。由此可见，生态需水的多少受植被的生长期影响（周晓东，2017），因此，雨季流域各优势植被的生态需水量在短时间内需求较大，到了旱季，植被的生长滞缓，所需水分较少。

该研究还利用 ArcGIS10.5 对流域旱雨季生态需水进行空间分析（图 3.55，图 3.56）。通过图 3.55 可以看出，流域生态需水在旱雨季的空间分布趋势较为一致，呈带状分布。从蒙自东山的西北勒乡向蒙自沉积盆地的大屯镇方向延伸至流域的西南角其生态需水处于较高区间，雨季这一区间的范围相对旱季较窄，旱季这一高值区还涉及流域南部大部分地区

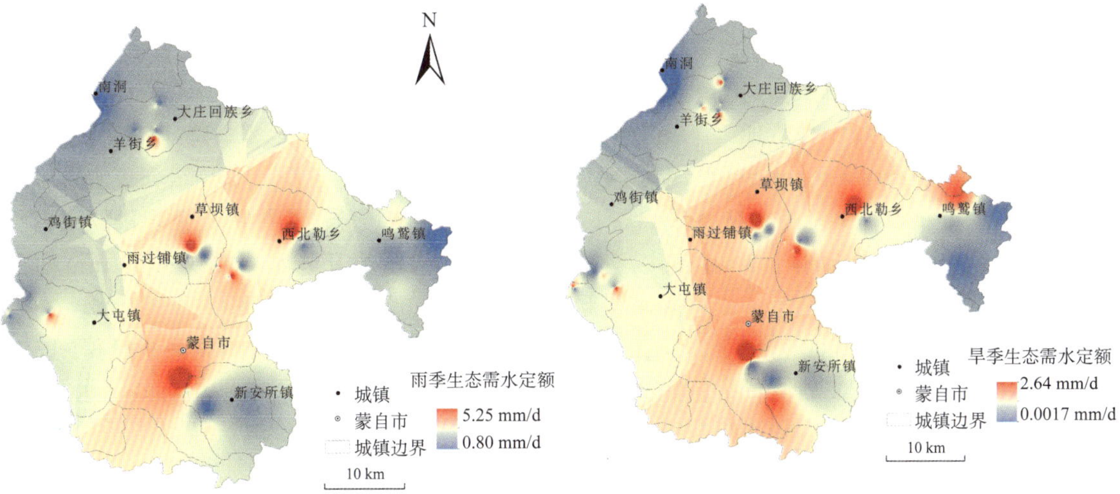

图 3.55　流域旱雨季生态需水的空间分布

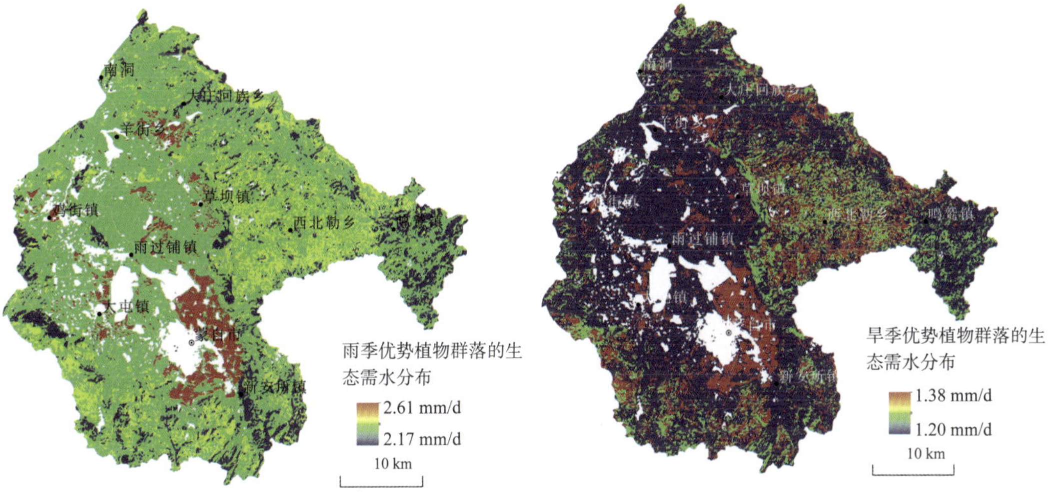

图 3.56　流域旱雨季各优势植被的生态需水定额分布

及东部如石洞村附近；在流域的鸣鹫镇及北部大庄和西北部的鸡街羊街等地生态需水的取值较小，属于低值区。

生态需水的空间分布与前面提到的流域潜在蒸散带状分布一致，但分布趋势刚好相反，潜在蒸散的高值区几乎很大一部分都处于生态需水的低值区，这就涉及流域各优势植被的分布差异（图 3.56）。流域在沉积盆地中主要分布着耕地和果园，而在周围的高原山区则以自然植被为主。雨季流域的玉米正处于快速生长期，生态需水需求较大，从而使整个盆地均呈现出较高的生态需水空间取值；旱季研究区的玉米多数已经收获，土地中残留秸秆或者空置耕地，此时耕地中的生态需水主要体现为土壤蒸发的需要，需水较少，从而使整个盆地多呈现出较低的生态需水需求。此外，生态需水一直处于最高值区域的地区在土地利用上刚好处于果园也印证了这一点。

植被生长所需的水分几乎全部来自土壤（黄昌勇和徐建明，2010）。蒙自喀斯特断陷盆地地下水深埋，土壤水补给由降水完成（王宇等，2017），但一次降水并不会全部入渗到土壤之中，在入渗之前，会因受到植被冠层截留、空气蒸发等有所消耗；到达地面后，也会因地面草被覆盖及土壤质地等下渗有所不同。降水的一系列消耗主要与降水特征、植被特征、土壤特点有关（Allen et al.，1998）。因此，考虑到降水并不会完全补给到土壤之中，研究中有必要计算流域的有效降水量 P_e，以便准确计算出流域能够为植被生长提供的水量。结果表明，当日降水量小于 5 mm 时，有效降水取值为 0；当日降水量在 5 ~ 50 mm 时，降水全部被认定为有效降水；当日降水量超过 50 mm 时，降水的 70% ~ 80% 被认定为有效降水量（粟晓玲，2003；周晓东，2017）。利用有效降水与降水之间的关系计算得到 50 年来研究区附近各气象站逐日有效降水量，再计算出各气象站的旱雨季平均有效降水及多年平均有效降水量，最后利用空间插值得到旱雨季的有效降水作为计算流域可用水情况的基础数据。

研究区附近各气象站近 50 年多年平均有效降水量及旱雨季有效降水量如表 3.20 所示。各气象站的旱雨季逐日降水差距显著，屏边气象站最为明显，达到 6.18 mm/d，其次是砚山与个旧，再次是蒙自，差距最小的是开远，仅有 2.73 mm/d。由此可以看出，各气象站都处于旱雨季分明的气候环境下，降水多集中发生在雨季（王赛男等，2019），使得流域旱涝灾害交替发生（王宇，2003；王宇等，2017），对生产生活造成不利。

表 3.20　5 个气象站点多年平均及旱雨季有效降水量

地点	年降水量（$mm \cdot d^{-1}$）	年有效降水量（$mm \cdot d^{-1}$）	有效占比 /%	旱季降水（$mm \cdot d^{-1}$）	旱季有效降水（$mm \cdot d^{-1}$）	雨季降水（$mm \cdot d^{-1}$）	雨季有效降水（$mm \cdot d^{-1}$）
个旧	2.92	2.46	84.42	1.65	1.35	5.44	4.69
开远	2.14	1.78	83.37	1.23	0.99	3.96	3.37
蒙自	2.30	1.90	82.60	1.29	1.01	4.33	3.68
屏边	4.41	3.82	86.54	2.35	1.92	8.53	7.61
砚山	2.72	2.28	83.96	1.43	1.14	5.28	4.56

据各气象站的多年平均有效降水数据，逐日有效降水量最大的为屏边，有 3.82 mm/d；个旧和砚山次之，分别为 2.46 mm/d 和 2.28 mm/d；开远和蒙自最低，仅有 1.78 mm/d 和 1.90 mm/d，这一规律受到各气象站原始降水量的影响，与各气象站的降水规律一致。同时，各气象站的有效降水总量占降水总量的 80% 以上，表明流域的绝大部分降水可以被视作有效降水，能够满足生产生活需要，这对于流域的社会经济发展及生态环境保护意义重大。

基于各气象站的日均有效降水数据可得到流域有效降水的空间分布（图 3.57）。流域的有效降水量从中部及北部向四周递增，呈“U”字形分布，最低值在北部，最大值在西部。流域的北部和中部地区，如流域地下河出口附近的大庄盆地、蒙自盆地有效降水量最少，最低的地区只有 1.81 mm/d；其次是位于大庄和蒙自周边的地区的有效降水量，如羊街、大屯及文澜镇等地在 2 mm/d 左右；再次是处于蒙自东山的坡面及高原面的地区；而流域的东部、南部及西部边缘地区有效降水量较高，最高值可达 2.45 mm/d，如鸣鹫镇、西部的白沙坡至大麦塘沿线及南部的新安所镇等地有效降水的空间分布差异表明流域中部及北部可利

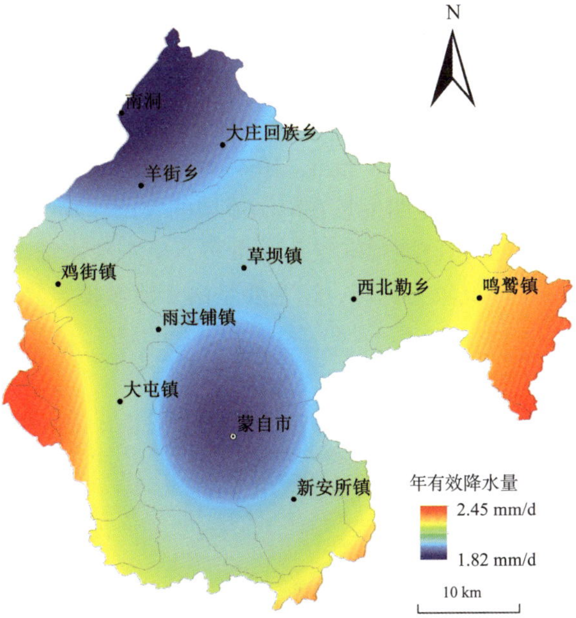

图 3.57　流域有效降水的空间分布

用降水量小于四周，这是调配流域水资源必须要加以考虑的一大前提。

植被生态需水是保证植被正常生长所必需的用水量，是流域实现生态恢复的必要保障。有效降水在地下水深埋、几乎不存在地表河的蒙自喀斯特断陷盆地是作为植被所需水分的直接补给来源，也是流域最易获取的可用水资源。通过对流域旱雨季各优势植被生态需水及同期有效降水总量的估算，可以得到流域的生态用水情况（图 3.58）。

图 3.58 中 x 代表流域有效降水量与生态需水量的差值，根据差值的大小，将流域的水资源现状从缺水到盈余分为 5 个等级，$x<0$ 代表该地区仅靠降水无法满足植被需水要求，$x>0$ 则意味着该地区降水量不仅能满足植被需求还有盈余。从图 3.58 可以看出雨季的用水现状较好，5 个等级中 1 ~ 4 等的有效降水量与生态需水量差值均大于 0，且雨季流域绝大部分地区的用水现状等级处于 2 等和 3 等，其次是 4 等用水，再次是 1 等用水，最后才是缺水的 5 等。这一现象表明雨季的降水几乎可以满足植被的需水要求，并且有盈余水量可以存储。与雨季相对，旱季的用水以缺水为主。5 个用水等级中 2 ~ 4 等所代表的均是降水无法满足植被需水要求，且 4 等用水和 3 等用水所占比例较大，意味着旱季流域绝大部分地区水资源都处于不足的状态。

另外，旱雨季的用水状况都显示在流域的东部、东南部和西部地区用水情况较为良好，如鸣鹫、新安所、白沙村至大麦塘、鸡街附近；在流域额中部沉积盆地和周围山区用水情况则较差，严重缺水的地区多集中在蒙自盆地、西北勒乡及大庄盆地的高原面上。流域生态用水的这一空间分布是在植被种类及当地气候条件下综合形成的。流域四周相对中部来说有效降水丰富，可利用水量较多，同时边缘地区多以耐旱的侧柏林为主，需水量较少，因此用水情况较好。在流域中部的沉积盆地有效降水少，且多以耕地和果园这类需水量较大的植被为主，因此导致中部地区水资源相对短缺。

为更准确了解流域各优势植被的用水情况，本研究基于 ArcGIS10.5 对流域的用水进行分区汇总，结果如表 3.21 和图 3.59 所示。雨季各优势植被的生态需水可以被降水满足，并且有盈余的水资源可以存储，其中由于耕地占地面积较广，雨季的盈余水量最多，达到 183.27×10^6 mm。旱季流域生态用水情况为负，表明流域各优势植被的生态需水仅靠同期降水无法满足，各植被正常生长皆需要额外补给。侧柏、无色梅、茅草、玉米和苹果的补给总量分别为 2.32×10^6 mm、9.83×10^6 mm、10.49×10^6 mm、12.24×10^6 mm 和 7.29×10^6 mm，以耕地需要的补给量最大，说明生长在南洞流域的农田作物在旱季总是面临着干旱的挑战。从图 3.59 中也可以看出，盆地雨季盈余水量多，旱季缺水情况严重，而在盆地边缘的坡面及高原面的边缘用水情况较为良好，这主要是由于流域植被分布的差异带来的。

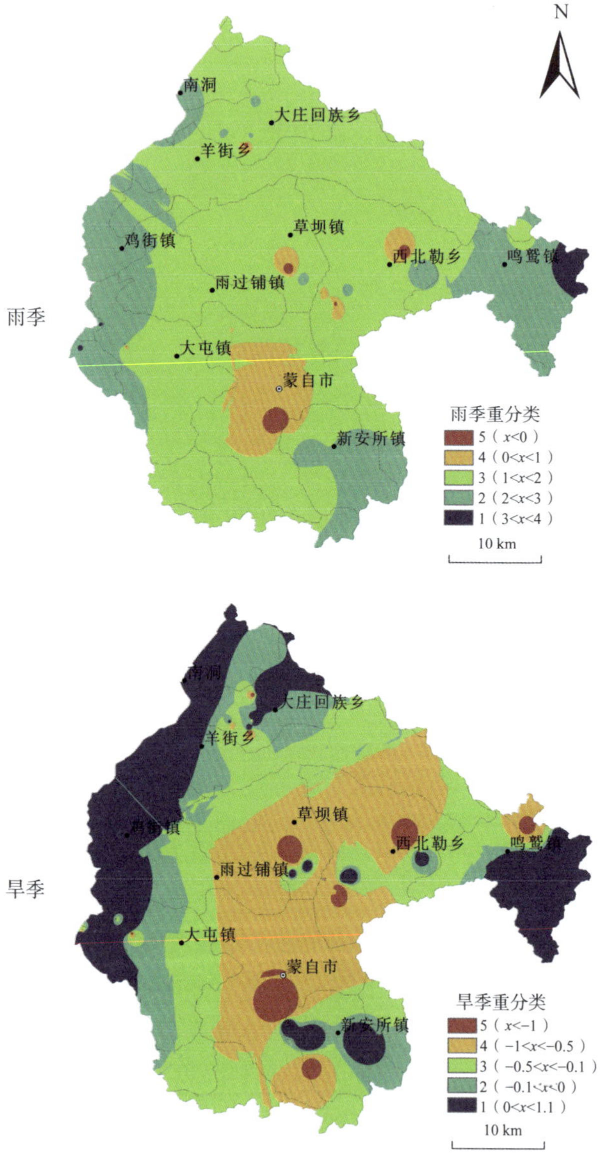

图 3.58　流域旱、雨季生态用水情况

表 3.21　流域各优势植被生态用水情况

耕地类型	优势植被	雨季用水（$mm \cdot d^{-1}$）	雨季用水总量（10^6mm）	旱季用水（$mm \cdot d^{-1}$）	旱季用水总量（10^6mm）
林地	侧柏	2.00	44.82	−0.05	−2.32
灌木	五色梅	1.76	57.01	−0.15	−9.83
草地	茅草	1.67	43.02	−0.20	−10.49
耕地	玉米	1.68	183.27	−0.15	−12.24
果园	苹果	1.21	13.57	−0.33	−7.29

注：用水 = 有效降水量 - 生态需水量；雨季从 6 — 9 月，计 122 天；旱季从 10 月 — 次年 5 月，计 232 天；玉米为两熟，生长期从 4 — 10 月，其余植被生长期计 1 — 12 月。

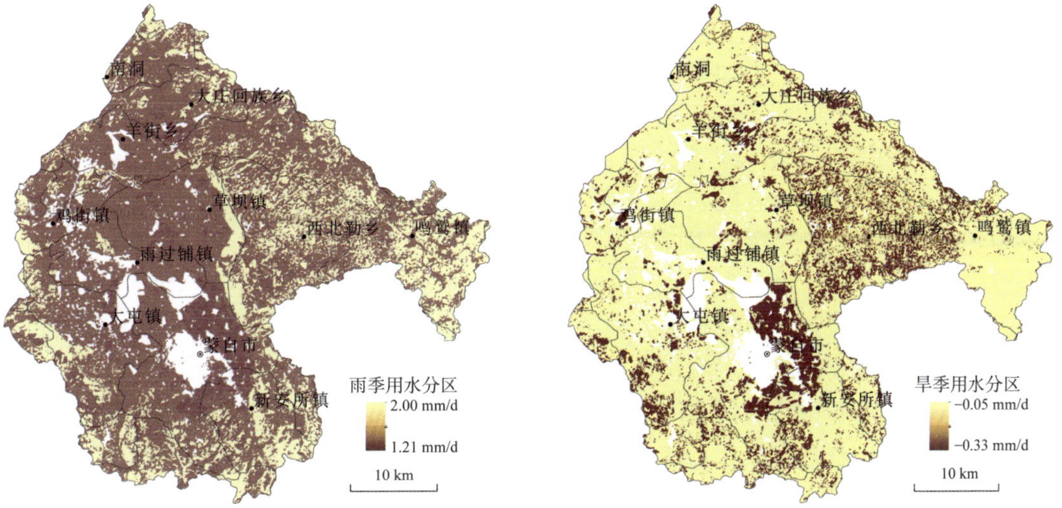

图 3.59　流域生态用水分区

3.4　气候变化与土地利用/覆被变化对喀斯特断陷盆地生态水文过程的影响

3.4.1　喀斯特断陷盆地地下河径流、泥沙的时间演变

世界各地的许多研究表明，由于喀斯特区和非喀斯特区的地质结构、水文条件和土地利用方式存在巨大差异，因此喀斯特区和非喀斯特区悬浮泥沙的来源、运输方式和沉积过程都存在不同(Jiang et al.，2014；Zhang et al.，2014；Angulo-Martínez and Barros，2015)。成土速率慢、土层薄、土壤性质疏松是喀斯特地区土壤耐蚀性低、水土流失严重的主要原因（Bai et al.，2013；Jiang et al.，2014）。此外，裸露的碳酸盐岩区在强降雨时造成的土壤流失比有植被覆盖地表要大数倍，因此，喀斯特区土壤的可蚀性高于非喀斯特地区（Jiang et al.，2011；Peng and Wang，2012；Li et al.，2017b)。此外，水文连通性与泥沙侵蚀量密切相关（Vercruysse et al.，2017）。喀斯特区径流量变化幅度与落水洞、喀斯特裂隙和喀斯特管道的网络结构密切相关（Tague and Grant，2004；Li et al.，2017a)。喀斯特含水层的水

文地质特征在很大程度上受管道的结构和分布控制，大量的水和沉积物可以通过落水洞快速进入喀斯特含水层（White，1993）。因此，认识控制喀斯特区水土流失的关键因素、准确估计喀斯特区水土流失，是世界各国科学家面临的重大挑战（Li et al.，2016；2017b）。

近 20 年来，悬浮泥沙时间序列数据经常被用来评价河流流域的土壤侵蚀情况并进行预测。许多研究通过泥沙通量时间序列分析来评价不同流域气候变化（降水减少）和人类活动（水坝和水库、水土保持措施和取水口）对土壤流失的贡献率（Vörösmarty et al.，2003；Walling and Fang，2003；Nilsson et al.，2005；Walling，2006；Meade and Moody，2010；Liu et al.，2019；Zhang et al.，2019）。例如，Walling 和 Fang（2003）用单趋势分析法，对全球 145 条河流（超过 25 年）的长期泥沙通量时间序列数据进行分析，发现：几乎一半的河流的泥沙通量没有显著的变化趋势，但在其余的河流中，大多数河流（68 条河流）显示出显著的泥沙通量减少，只有 7 条河流显示出显著的增加。Gupta 等（2012）对东亚、南亚和东南亚主要大型河流的泥沙通量进行研究，发现：在过去 10 年里，亚洲主要河流下游的泥沙通量随着大坝数量的增加而呈下降趋势。此外，很多学者也对我国西南地区地表河流泥沙通量变化及其控制因素进行深入研究（Yang et al.，2002；2007；Dai et al.，2008；Wu et al.，2012）。Li 等（2017a）选择位于中国西南部的 7 个地表喀斯特小流域，研究其流量和泥沙通量对各种控制因素的响应，发现：流量主要受降水控制，而输沙量主要受人类活动影响。Li 等（2017b）的研究则表明，状态空间模型是定量研究中国西南喀斯特地区输沙量与控制因素时间关系的有效方法。但喀斯特地区的特点是地表 - 地下二元水文地质结构，地表泥沙多通过落水洞、裂隙等进入地下含水层，后着通过地下河、泉的形式排泄，仅仅关注于喀斯特区地表河流的泥沙含量及动态并不能充分认识喀斯特流域水土流失动态，因此，需要对蒙自喀斯特断陷盆地南洞地下河开展相关研究，揭示喀斯特地下河输沙量的变化及其控制因素。

3.4.1.1 数据获取和处理

主要数据来源于蒙自喀斯特断陷盆地南洞地下河出口的月尺度泥沙输出量（*SD*）及其 4 个潜在控制因子月流量（*WD*）、降水量（*P*）、潜在蒸散发量（*ET*）、归一化植被指数（*NDVI*）的时间序列数据（1998—2015 年）。由于流域内地形起伏、气象参数存在明显的空间差异，该研究还利用了南洞地下河流域内和附近的 3 个气象站数据，在 ArcGIS 软件中进行协同克里格插值，并使用流域平均值作为流域尺度气象参数。4 个气象站的日气象参数来自中国气象局（http://data.cma.cn/site/index.html），月降水量以日降水量为基础进行统计，*ET* 则利用气象参数和 Penman 方法（Penman，1948）进行计算。2002 年 2 月—2015 年 12 月的月 *NDVI* 数据来源于中国科学院计算机网络信息中心国际科技数据网（http://www.gscloud.cn）。1998—2015 年的 *SD* 和 *WD* 时序数据来自南洞地下河水文站。南洞地下河水文站的流量和泥沙通量监测频率为每天一次，标准步骤包括：①每天测量 3 个垂直剖面；②用流量计测量水面、0.2*H*、0.6*H*、0.8*H* 和底部各剖面的水深和流速，其中 *H* 为水深；③在测量流速的深度进行采样；④对水样进行室内悬沙浓度（*SSC*）分析（干燥法）；⑤利用断面面积和断面平均流速计算出水流量。泥沙通量为流量和泥沙浓度的乘积，泥沙通量测量的不确定度在高水位时小于 ±8%，低水位时小于 ±11%，根据每天的数据计算每月的 *SD* 和 *WD* 值。

该研究采用与 Li 等（2017a；2017b）类似的计算方法。首先，利用方差分析（ANOVA）

检验 SD、WD、P、ET 和 $NDVI$ 在月间的差异，研究月输沙量的季节变化特征及控制因素。其次，使用季节性 Mann-Kendall 检验来检测每个月的趋势和利用时间序列季节趋势分解法（STL），将 SD 时间序列分解为季节性变化分量、长期变化趋势分量和剩余分量 3 个，检测 SD 时间序列的长期趋势，并利用相关系数识别 SD 与各控制因素之间的相关关系。最后，我们使用状态空间模型来拟合和预测 SD 的变化。

（1）季节性 Mann-Kendall 检验

非参数 Mann-Kendall（M-K）检验是一种使用广泛的趋势统计方法，用于探索趋势类型不明确的时间序列趋势，经常被应用于水文气象数据序列，如流量、输沙量和降水量等（Zuo et al.，2016；Gao et al.，2017；Li et al.，2017b）。

M-K 检验系数（S）：

$$S=\sum_{i=1}^{n-1}\sum_{j=i+1}^{n}\mathrm{sgn}(X_j-X_i) \tag{3.29}$$

式中：X_i（i=1，2，…，n）为时间序列数据，n 为时间序列数据 X 的长度；当 $n\geqslant 8$ 时，S 统计量近似正态分布，标准化 Z 统计量为：

其中：

$$\mathrm{sgn}(x)=\begin{cases}+1 & x>0\\ 0 & if\ x=0\\ -1 & x<0\end{cases} \tag{3.30}$$

$$Z=\begin{cases}\dfrac{s-1}{\sigma} & s>0\\ 0 & if\ s=0\\ \dfrac{s+1}{\sigma} & s<0\end{cases} \tag{3.31}$$

其中：

$$\sigma=\sqrt{\frac{n(n-1)(n-5)-\sum_{i=1}^{n}t_i i(i-1)(2i-5)}{18}} \tag{3.32}$$

当 $Z>0$ 时为递增趋势，$Z<0$ 为递减趋势。此外，使用式（5）估计 MK 检验的 p 值显著性水平（Yue et al.，2002）。如果 $p>0.05$，则该系列的趋势具有统计学意义（Panda et al.，2011）。

$$p=0.5-\Phi(|Z|)$$

$$(\Phi(|Z|)=\frac{1}{\sqrt{2\pi}}\int_0^{|Z|}\mathrm{e}^{-t^2/2}\mathrm{d}t) \tag{3.33}$$

Hirsch 等（1982）、Hipel 和 Mcleod（1994）将季节性 Mann-Kendall 统计定义为：

$$\hat{S}=\sum_{g=1}^{m}S_g \tag{3.34}$$

其中，

$$S_g=\sum_{i=1}^{n-1}\sum_{j=i+1}^{n}\text{sgn}(X_{jg}-X_{ig}),\ g=1,2,\cdots,m \tag{3.35}$$

式中：g 为月份；m 为月份数。

利用 R 统计软件趋势包中的 smk.test（ ）函数对 *SD* 的季节趋势及其 4 个潜在的控制因素进行统计分析。

（2）时间序列季节趋势分解法（STL）

STL 是一种常用的趋势分析方法，主要用于将时间序列分解为季节性变化分量、长期变化趋势分量和剩余分量（Cleveland et al.，1990）。假设日期和趋势分量、季节分量、余数分量分别用 Y_t、T_t、S_t、I_t 表示，时间序列分解为：

$$Y_t=T_t+S_t+I_t \tag{3.36}$$

式中：$t=1$，2，3……n，n 为时间序列长度。

R 统计软件的 stats 包中经典的 stl（ ）函数的主要有 6 个选择参数（Cleveland et al.，1990）：①季节分量在每个周期的观测次数；②内部循环的次数 $n_{(i)}$；③外循环的迭代次数 $n_{(0)}$；④低通滤波器的平滑参数 $n_{(l)}$；⑤平滑参数的趋势分量个数 $n_{(t)}$；⑥季节性平滑参数的分组数 $n_{(s)}$。根据 Cleveland 等（1990）的研究，$n_{(s)}$ 应为大于或等于 7 的奇数，$n_{(t)}$ 的计算如下：

$$t.window\geqslant\left[\frac{1.5\,frequency}{1-\dfrac{1.5}{s.window}}\right]_{odd} \tag{3.37}$$

虽然通过 R 软件 STL（ ）函数可以轻松得到季节性变化分量、长期变化趋势分量和剩余分量，但直接使用这种方法存在明显的缺陷。例如，多数学者经常使用默认的平滑参数而不是根据实际情况去选择合适的参数（Cristina et al.，2016；Icely et al.，2016）。

为了选择最佳的 STL 平滑参数，Cristina 等（2016）基于对样本内误差的评估（公式 3.38）从经典的分解 STL（ ）函数发展出新的 STL.fit（ ）函数，并使用均方根误差（RMSE）比较样本内误差（公式 3.39）。

$$\bar{I}_t=Y_t-(\bar{S}_t+\bar{T}_t)=Y_t-\bar{Y}_t \tag{3.38}$$

$$RMSE=\sqrt{\frac{1}{N}\sum_{i=1}^{N}(Y_t-\bar{Y}_t)^2} \tag{3.39}$$

式中：$\bar{I}_t$, $\bar{S}_t$ 和 $\bar{T}_t$ 分别是对不规则、季节性和趋势成分的估计及在时间 t 上的拟合值。为此，利用 stl.fit（ ）函数对 *SD* 及其 4 个潜在控制因素进行分解。

3.4.1.2 地下河泥沙输出量的季节变化特征及其控制因素

1998—2015 年期间，月输沙量（*SD*）变化范围为 0.00 ~ 583.36 × 10^3 t，平均值为 34.25 × 10^3 t，变异系数高达 201%，显示出显著的变化（表 3.22，图 3.60）。由于土壤侵蚀

受到一些内在变量的强烈影响，如土壤特性（质地、容重和黏性）、植物特性（覆盖率、凋落物和根系）及外部变量（如气候），造成空间上非常不均匀的泥沙排放，南洞地下河的 *SD* 变异性显著高于流量（*WD*）、降水量（*P*）、潜在蒸发量（*ET*）和归一化植被指数（*NDVI*），并与中国西南部其他喀斯特地表集水区相似的结果（Jiang et al.，2009b；Li et al.，2017a；2017b）。在 4 个潜在的控制因子中，由于亚洲季风气候的复杂性，月降水量表现出最大的变化（*CV*=92%），因此，南洞地下河 *SD* 的高度时间变化可能与月降水量有关。

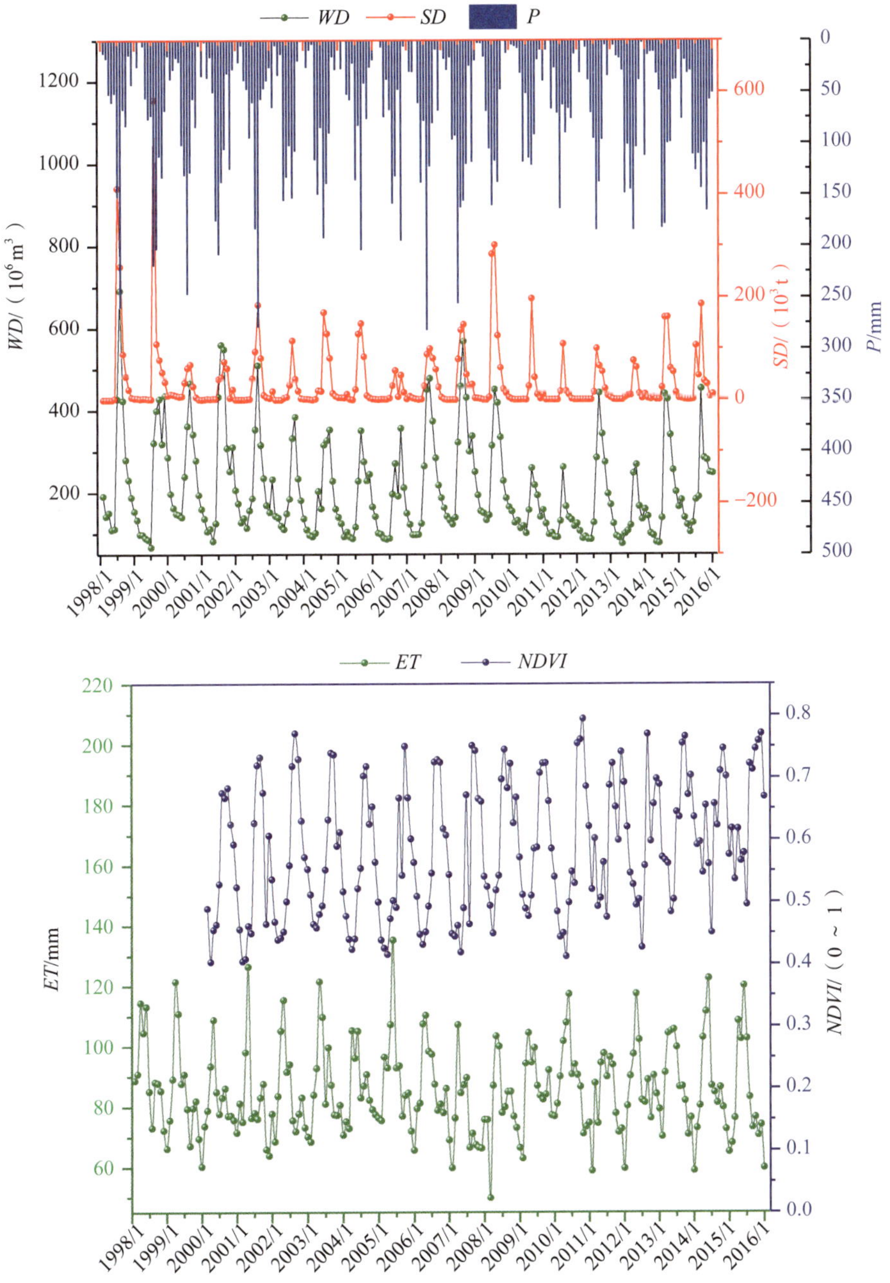

图 3.60　1998 — 2015 年南洞地下河系统月输沙量（*SD*）和 4 个潜在控制因子（*WD*、降水量、*ET* 和 *NDVI*）的时间序列

SD、*WD* 和降水量具有相似的月时间尺度变化，并且每年都有单峰曲线特征，说明所有 3 个变量都表现出显著的季节变化，然而，不同年份的单峰值差别很大（图 3.60）。*ET* 和 *NDVI* 的变化导致稍微复杂的曲线，每年都有单峰曲线或双峰曲线。此外，*SD*、*ET* 和 *NDVI* 数据之间的点对点波动并不显著。

为了在预防水土流失的关键月份提出针对性的缓解策略，在月时间尺度上分析可持续发展是非常重要的（Li et al.，2017b），因此，我们进一步分析了 4 个控制因子月时间尺度变化对 *SD* 的影响。方差分析显示 *SD*、*WD*、降水量、*ET* 和 *NDVI* 的季节变化具有统计学意义（$p<0.05$；图 3.61）。值得注意的是，南洞地下河月降水量从 4 月份开始增加，并超过

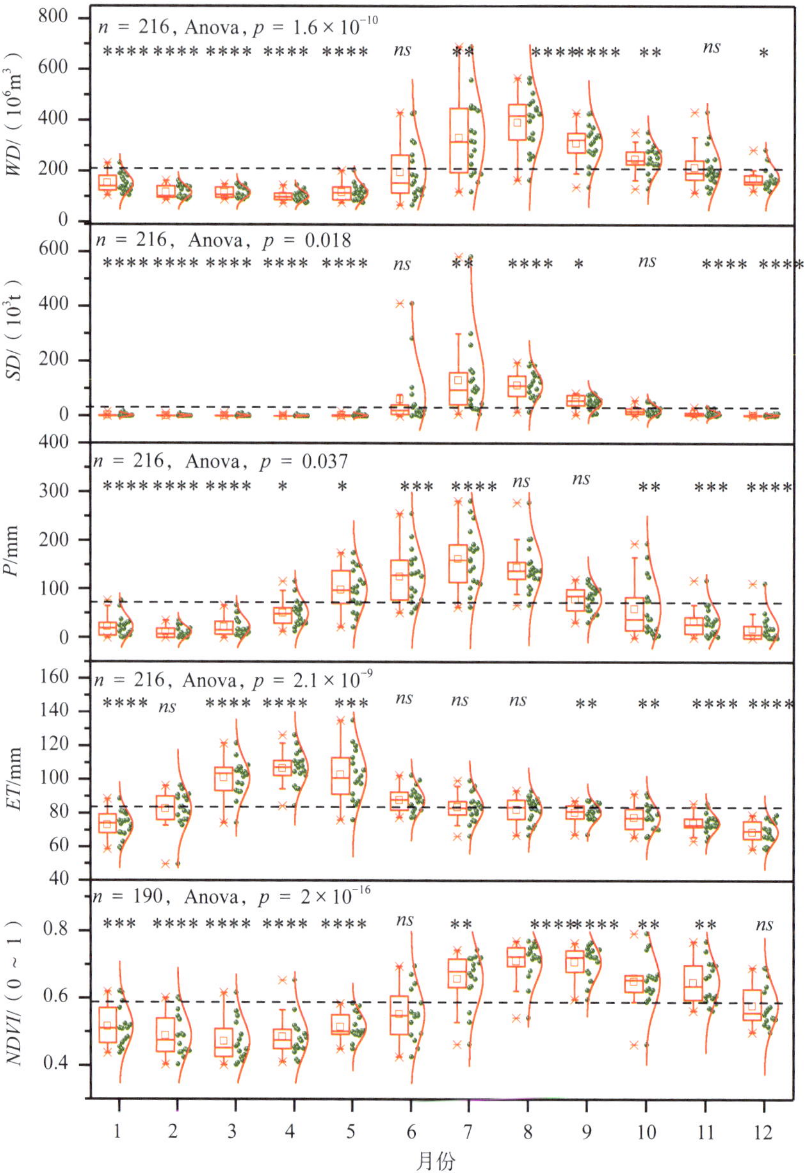

图 3.61 1998 — 2015 年期间月输沙量（*SD*）和 4 个潜在控制因子（*WD*、降水量、*ET* 和 *NDVI*）的月变化

n 是用于方差分析的月数；*p* 是 12 个月之间的方差分析；**ns* 是月平均值和年平均值的平均比较 *p* 值，表示统计显著性的符号惯例：（*ns*：$p>0.05$；*：$p \leq 0.05$；**：$p \leq 0.01$；***：$p \leq 0.001$；***：$p \leq 0.0001$）

5—9 月份的多年平均值。月降水量的峰值通常出现在 6—8 月份。*WD* 的变化滞后于月降水量变化 1 个月的时间，*SD* 的变化滞后于 *WD* 的变化 1 个月。7 月份、8 月份和 9 月份的 *SD* 值均高于年平均值，而 6 月份和 10 月份的 *SD* 值接近年平均值，说明南洞地下河年流失量集中在 6—10 月份，并且 7 月份和 8 月份最高，说明 *WD* 和降水量可能是影响月输沙量的主要因素。此外，*ET* 和 *NDVI* 的季节变化与 *SD*、*WD* 及降水量不同。月平均 *ET* 峰值一般出现在 3—5 月份，而 *NDVI* 月峰值一般出现在 8 月份和 9 月份，说明每年的土壤流失主要发生在这几个月内，水土流失防治措施可在关键月份实施。

根据季节性 Mann-Kendall 检验结果（表 3.21），1998—2015 年期间，*SD* 数据在 4 月份（S=−67，p=0.007）和 5 月份（S=−47，p=0.08）呈显著下降趋势（p<0.01）。此外，*WD* 的季节性 Mann-Kendall 检验表现出与 *SD* 相似的变化趋势（表 3.23），在 4 月份（S=−51，p=0.058）和 5 月份（S=−48，p=0.075）出现轻微下降趋势（p<0.1）。月降水量在 3 月份（S=−43，p=0.079）和 4 月份（S=−49，p=0.069）呈小幅下降趋势（p<0.1）。而 *NDVI* 在 1 月份、2 月份、3 月份、5 月份、10 月份、11 月份、12 月份呈显著上升趋势（p<0.01），4 月份呈显著上升趋势（p<0.1）。这表明，尽管南洞地下河的植被覆盖率在增加，但并未有效地控制土壤侵蚀，还可能存在其他增加泥沙输出量的因素。

表 3.22　1998 — 2015 年月输沙量（*SD*）和 4 个潜在控制因子（*WD*、降水量、*ET* 和 *NDVI*）的基本统计数据

种类	最小值	最大值	中间值	平均值	*SD*	*CV*
SD/（10^3 t）	0.00	583.36	5.37	34.25	68.87	201%
WD /（10^6m^3）	67.12	691.027	161.52	206.72	118.48	57%
降水量 /mm	0.00	281.40	51.30	69.31	68.9	92%
ET/mm	49.82	135.26	83.04	85.31	14.67	17%
NDVI/（0 ~ 1）	0.40	0.79	0.57	0.58	0.10	18%

注：*NDVI* 为归一化植被差异指数（2002.02 ~ 2015.12）；*SD* 为标准差；*CV* 为变异系数。

表 3.23　季节性 Mann-Kendall 检验对月输沙量（*SD*）和 4 个潜在影响因素（*WD*、降水量、*ET* 和 *NDVI*）的季节趋势分析汇总

时间序列	*s*	*var*	*tau*	*z*	*Pr*（>|*Z*|）	显著性
SD 月变化序列						
4 月	−67	605.0	−0.501	−2.683	0.007	0.01
5 月	−47	688.3	−0.313	−1.753	0.080	0.1
WD 月变化序列						
4 月	−51	697.0	−0.333	−1.894	0.058	0.1
5 月	−48	696.0	−0.315	−1.782	0.075	0.1
precipitation 降水量月变化序列						
3 月	−43	697.0	−0.380	−1.618	0.079	0.1

续表

时间序列	*s*	*var*	*tau*	*z*	*Pr* (>|Z|)	显著性
4 月	−49	697.0	−0.320	−1.818	0.069	0.1
ET 月变化序列						
5 月	51	697.0	0.333	1.894	0.058	0.1
NDVI 月变化序列						
1 月	63	408.3	0.600	3.068	0.00215349	0.01
2 月	63	492.3	0.527	2.794	0.005	0.01
3 月	94	493.3	0.783	4.187	0.000	0.001
4 月	40	493.3	0.333	1.756	0.079	0.1
5 月	60	493.3	0.500	2.656	0.008	0.01
10 月	60	493.3	0.500	2.656	0.008	0.01
11 月	80	493.3	0.667	3.557	0.000	0.001
12 月	68	493.3	0.567	3.017	0.003	0.01

注：以上仅显示大于 90% 置信水平的显著趋势。

3.4.1.3 地下河泥沙输出量变化的长期趋势（*SD*）

由 STL 分解得到的 *SD* 和 4 个潜在影响因子是平滑的曲线，显示出 1998—2015 年的 *SD* 序列和 4 个潜在控制因子构成一个具有明显周期性年际格局的时间序列（图 3.62）。从图 3.62a 中可以看出，*SD* 时间序列的 STL 拟合趋势在 1998—2015 年间呈现出显著的波动趋势，不同时期的变化率不同，可分为 5 个时期：1998—2001 年，*SD* 显著下降，线性回归表明，这些趋势的下降速度为 -17.04×10^3 t/a；2001—2007 年，*SD* 无明显变化，属于相对平稳期；2007—2009 年，*SD* 增长期，以 14.48×10^3 t/a 的速度增长；2009—2012 年，以 -9.96×10^3 t/a 的速度下降；2012—2015 年，*SD* 以 8.02×10^3 t/a 的速度增长。

气候振荡会导致降水量变化，进而影响河流流量和含沙量的年度变化（Zhang et al.，2008b；Wu et al.，2012；Zhao et al.，2015）。在黄河、珠江和西江七个喀斯特流域以及中国南部的郁江，*WD* 与年区域降水量呈正相关关系（Miao et al.，2010；Wu et al.，2012；Li et al.，2016；2017b）。由于月降水量和 *WD* 的变化引起了 *SD* 点到点的波动，因此，从图 3.62a、图 3.62b 和图 3.62c 可以看到相似的变化趋势。此外，*WD* 和降水曲线没有相对稳定的周期。Pearson 相关分析表明，*SD* 的原始数据和趋势均与 *WD* 和降水呈正相关，与 *ET* 呈负相关（$p<0.01$；表 3.24，表 3.25）。由于 1998 年南洞地下河发生了特大洪水，*SD* 出现大幅下降。其后，在 1998 ~ 2001 年期间，降水量和 *WD* 呈显著下降趋势，主要是因为这一时期区域内 *WD*、降水和水土流失之间有着密切的关系，反映出气候变化对于地下河流量和输沙量的影响（Wu et al.，2012）。然而，2002—2006 年，*WD* 和降水量继续下降，*SD* 则没有显著变化，维持在一个较为恒定的水平（图 3.62a，图 3.62b，图 3.62c），这可能是受

到人类活动的影响。通常，*WD* 和降水量下降，将导 *SD* 输出量下降。但 2002—2006 年，流域内新的行政中心建设和人口迁入，耕地和建设用地比例增加（表 3.26），导致 *SD* 维持在一个较为恒定的水平，并未随着 *WD* 和降水量减少而减少。研究表明 *SD* 与 *NDVI* 的关系比较复杂，中国郁江流域 *SD* 与 *NDVI* 呈正相关（Li et al.，2017），然而，也有研究发现 *NDVI* 与土壤侵蚀在年度尺度上呈负相关（Marques et al.，2007；Zhou et al.，2008；Peng and Wang，2012）。在南洞地下河，*NDVI* 与 *SD* 呈正相关关系（表 3.25；$p<0.01$），但 *SD* 与 *NDVI* 变化趋势之间的相关性不显著（表 3.24；$p>0.05$）。由于土壤侵蚀主要发生在生长季节（6—10 月份），季节性高 *NDVI* 应该对应于高输沙量（Ouyang et al.，2010；Li et al.，2017b）。裴杰等（2018）指出，1988—2016 年南洞地下河的年最大 *NDVI* 以平均每年 0.56% 的速度增长，区域植被覆盖率显著提高至 38.84%，我们分析 1998—2015 年的数据也符合这一增长趋势（图 3.62e）。然而，由于区域内较大规模的土地利用变化，耕地扩张，*NDVI* 的增加并未导致土壤侵蚀的改善。

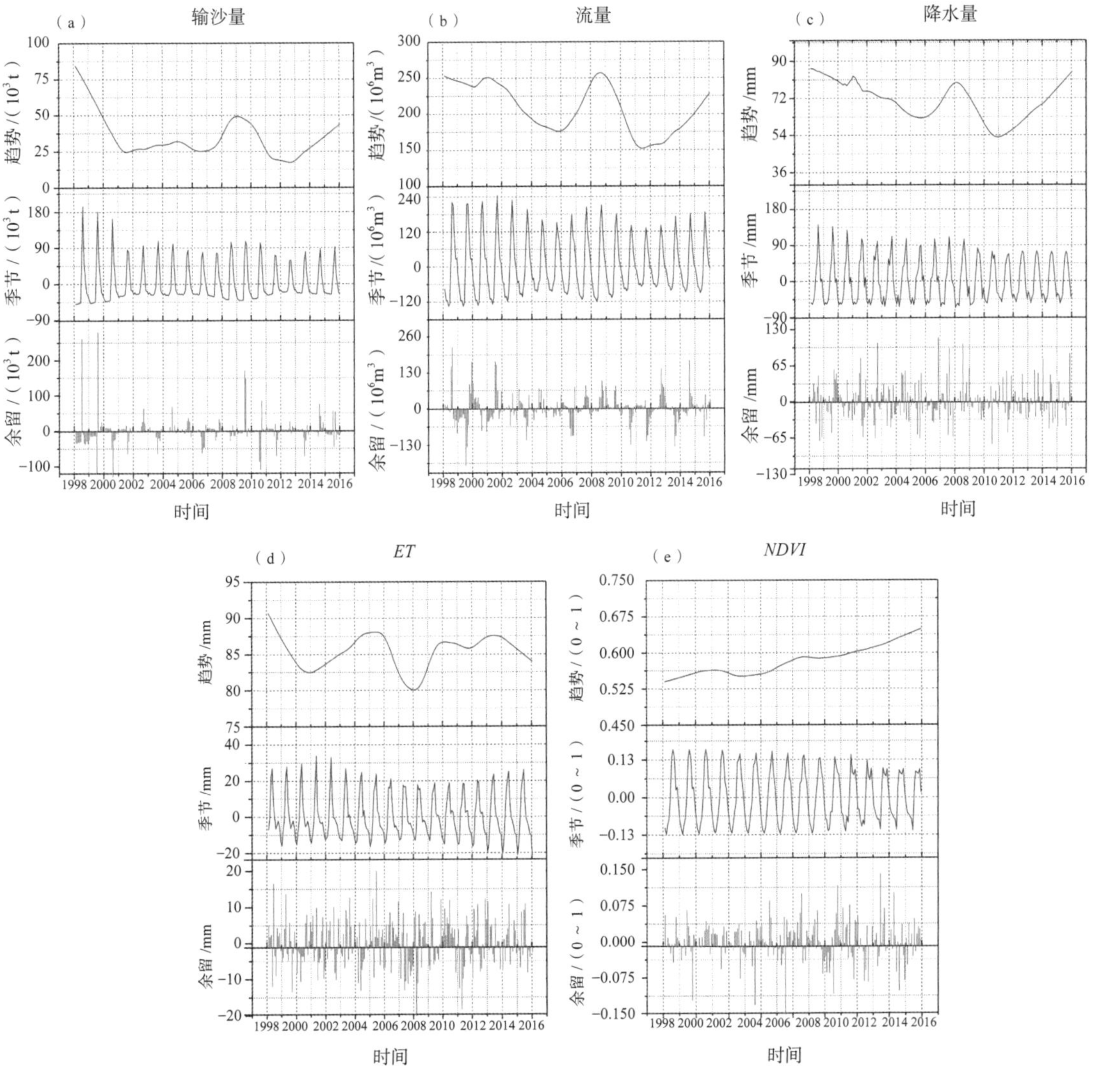

图 3.62　1998—2018 年南洞地下河系统中 SD 和 4 个潜在控制因子（*WD*、降水量、*ET* 和 *NDVI*）的分解图

表 3.24　1998 — 2015 年月输沙量（ *SD* ）趋势与 4 个潜在控制因子（ *WD*、降水量、*ET* 和 *NDVI* ）之间的相关系数

	SD	*WD*	*P*	*ET*	*NDVI*
SD/（ 10^3 t）	1.00				
WD/（ 10^6 m^3 ）	0.63^{**}	1.00			
P/mm	0.47^{**}	0.80^{**}	1.00		
ET/mm	-0.28^{**}	-0.76^{**}	-0.65^{**}	1.00	
NDVI/（ 0 ～ 1 ）	0.093	-0.268^{**}	−0.025	0.162^{*}	1.00

表 3.25　1998 — 2015 年月输沙量（ *SD* ）与 4 个潜在控制因子（ *WD*、降水量、*ET* 和 *NDVI* ）之间的相关系数

	SD	*WD*	*P*	*ET*	*NDVI*
SD/（ 10^3 t）	1.00				
WD/（ 10^6 m^3 ）	0.72^{**}	1.00			
P/mm	0.57^{**}	0.56^{**}	1.00		
ET/mm	-0.27^{**}	-0.34^{**}	−0.01	1.00	
NDVI/（ 0 ～ 1 ）	0.48^{**}	0.63^{**}	0.31^{**}	-0.29^{**}	1.00

注：** $p < 0.01$。

表 3.26　南东地下河 1990 — 2010 年土地利用类型占比

土地利用方式	1990	1995	2000	2005	2010
	比例 /%	比例 /%	比例 /%	比例 /%	比例 /%
农田	30.39	30.04	29.69	40.31	50.07
林地	27.31	27.31	27.31	14.60	13.43
草地	37.35	37.35	37.35	39.08	30.43
水体	2.51	2.51	2.51	2.70	2.45
建设用地	2.44	2.79	3.14	3.31	3.62

（据 Wang et al.，2019 ）

3.4.2　气候变化和人类活动对南洞地下河系统径流年际变化的影响

量化气候变化和人类活动对径流变化的影响是当前水文、水资源学中的热点，对流域管理有重要的意义，但对该问题的研究主要集中在地表河流，对喀斯特地下河系统的研究较为缺乏（王随继等，2012；Li et al.，2016；Batool et al.，2017；徐森等，2017）。我国地下水资源量约 8000×10^8 m^3/a，其中喀斯特水约 2000×10^8 m^3/a，占地下水资源量的 1/4，是重要的水资源（袁道先，1994）。在我国南方喀斯特区，地下水资源主要赋存于相对独立的地下河系统，它们是当地水资源开发利用的主要甚至唯一对象（袁道先，2000）。因此，掌握地下河径流变化规律以及影响因素对喀斯特地区流域生态环境和社会经济可持续发展有重要意义。然而，地下水文过程作用机理复杂，以至于地下河径流变化规律及影响因素成

为当今地球关键带生态水文学研究的主要科学问题之一（李小雁等，2016）。受制于特殊的喀斯特地质条件，定量分解气候与人类活动对地下河径流变化的影响更是一个难点。王随继等（2003）提出累积量斜率变化率比较法，定量分解了黄埔川流域气候和人类活动对径流变化的贡献率，该方法被广泛应用到黄河流域（王随继等，2003）、松花江流域（王彦君等，2015）、后寨河流域（徐森等，2017）。该研究利用累积量斜率变化率比较法分析蒙自喀斯特断陷盆地南洞地下河气候和人类活动对径流量变化的影响，进一步揭示地下河流域水资源的变化特征，为地下河水资源合理调控提供重要科学依据。

3.4.2.1 数据获取和处理

数据为南洞地下河流域 1972—2014 年流量、降水量和蒸散量数据，涉及 5 个气象站和 1 个水文站。地下河流量数据由位于南洞地下河出口的国家水文观测站（23° 38′ 50″ N，103° 17′ 47″ E）提供；流域年降水量数据（1972—2014 年），通过 Arcgis10.2 克里金插值法插值统计获得，具体气象站包括蒙自站、个旧站、开远站、屏边站（数据源于中国气象数据网：http://data.cma.cn/）、南洞站（数据源于南洞国家水文观测站，降水数据收集到 1986 年）。

蒸散量数据只搜集到蒙自站蒸散量数据，因此通过数学方法间接获取整个流域的蒸散量。具体方法是：将流域内蒙自站降水数据（x，单位：mm））与插值统计后的流域平均降水（y，单位：mm）进行相关分析得到如下关系式：$y=0.8314x+222.94$（$R^2=0.85$，$p<0.01$）。数据显示蒙自站的降水量与整个流域的降水量有非常高的相关性，且显著性高，因此推测蒙自站蒸散量与整个流域蒸散量也存较高的相关性。将 1972—2014 年蒙自站的蒸散数据分别带入上式中，得到新系列的蒸散数据，来代替整个流域的蒸散情况。

为分析气候变化与径流变化的特征及原因，通过寻找突变时间点将气候因子与径流进行阶段划分。有序聚类法和 Mann-Kendall 法是气象、水文学中识别突变点的有效方法，该研究使用这两种方法综合判别降水与径流变化的突变年份。有序聚类法实质是以同类之间离差平方和较小的原则来寻找有序数据序列的最优分割点（王彦君等，2015；袁满等，2017）。Mann-Kendall 法是检验序列是否存在突变的非参数检验法。对于一个序列，计算其序列统计量 U，它是所有对偶中满足后者大于前者的对偶个数和后者小于前者的对偶个数之差。进一步计算序列正向（UF_K）和反向（UB_K）的对偶统计量序列，画在同一张图上，如果两个曲线交点落在某显著水平接受域内，则认为该交点（时刻）存在突变趋势（Li et al.，2016；黄嘉佑等，2015）。

累积量斜率变化率比较法（Slope Change Ratio of Cumulative Quantity，简称 SQRCQ ）（王随继等，2003；2012；王彦君等，2015；徐森等，2017）的原理是，如果流域中径流量变化只受降水量变化的影响，那么同一时期累积径流量－年份相关关系的斜率变化率应该等于累积降水量－年份的斜率变化率，这时降水量对径流量变化的贡献率就是 100%。降水量对径流量变化的贡献率总是等于累积降水量斜率的变化率与累积径流量斜率变化率的比值（王随继等，2003；2012；王彦君等，2015）。

首先以拐点为界，对降水、蒸散和径流的年际累积量与年份做相关分析，得出一元线性关系式：$y = kx + \mathrm{b}$，其中系数 k 即为该时间段降水、蒸散和径流－年份的斜率，假设在拐点前后累积径流量的斜率分别是 S_{Rb}、S_{Ra}，则累积径流量斜率变化率为：

$$R_{SR}=100\times\frac{(S_{Ra}-S_{Rb})}{S_{Rb}}=100\times\left(\frac{S_{Ra}}{S_{Rb}}-1\right) \tag{3.40}$$

如果拐点前后累积降水量的斜率分别是 S_{pb}、S_{pa}，则累积降水量斜率变化率为：

$$R_{SP}=100\times\frac{(S_{Pa}-S_{Pb})}{S_{Pb}}=100\times\left(\frac{S_{Pa}}{S_{Pb}}-1\right) \tag{3.41}$$

如果在拐点前后累积蒸散量的斜率分别是 S_{Eb}、S_{Ea}，则累积蒸散量斜率变化率为：

$$R_{SE}=100\times\frac{(S_{Ea}-S_{Eb})}{S_{Eb}}=100\times\left(\frac{S_{Ea}}{S_{Eb}}-1\right) \tag{3.42}$$

式中：R_{SR}、R_{SP}、R_{SR} 为正，则斜率变大，表示径流量、降水量、蒸散量呈增加趋势；为负，则斜率变小，表示径流、降水、蒸散量呈减少趋势。

降水量变化对径流量变化的贡献率（C_P，单位：%）可表示为：

$$C_P=100\times(R_{SP}/R_{SR}) \tag{3.43}$$

由于蒸散量增加会加剧径流量的消耗，蒸散量减少径流损耗也减少，因此，蒸散量与径流量为负相关关系。那么蒸散量对径流量的变化的贡献率（C_E，单位：%）可表示为：

$$C_E=-100\times(R_{SE}/R_{SR}) \tag{3.44}$$

气候变化（降水和蒸散）对径流变化的贡献率（C_N，单位：%）为：

$$C_N=C_P+C_E \tag{3.45}$$

人类活动对径流变化的贡献率（C_H，单位：%）为：

$$C_H=100-C_N \tag{3.46}$$

3.4.2.2 地下河年径流量、降水量和蒸散量变化特征

南洞地下河流域 1972—2014 年降水量、蒸散量和径流量年际变化趋势如图 3.63 所示，研究期内南洞地下河流域年径流量、降水量和蒸散量呈现明显的波动减少趋势。在这期间，南洞地下河流域多年平均径流量为 $2.59\times10^8\ m^3$，其中 1978 年径流量达 $3.54\times10^8\ m^3$，为径流最大年份；1980 年径流量 $1.42\times10^8\ m^3$，为径流量最小年份，流域径流量整体以每年 $0.014\times10^8\ m^3$ 的速度减少。流域多年平均蒸散量为 1432.16 mm，其中 1980 年蒸散量达 1849.76 mm，为蒸散量最大年份；2000 年蒸散量只有 1160.59 mm，为蒸散最少年份，流域内蒸散量整体以每年 7.94 mm 的速度减少，下降趋势明显。流域多年平均降水量 912.53 mm，其中 1981 年降水量 1204.02 mm，为降水最多年份；1980 年降水量 639.67 mm.，为降水最少年份，流域降水量整体以每年 3.14 mm 的速度减少。由此可见，南洞地下河流域在 1980 年降水量最小、蒸散量最大并且径流量为多年最小，这很好地反映出气候变化对南洞流域径流量的影响。但流域最大降水量年份、最小蒸散量年份与最大径流量年份却不相同，表明南洞地下河流域气候变化下降水量、蒸散量变化趋势与径流量变化趋势并不完全一致，可见人类活动对径流的变化具有不可忽视的影响。

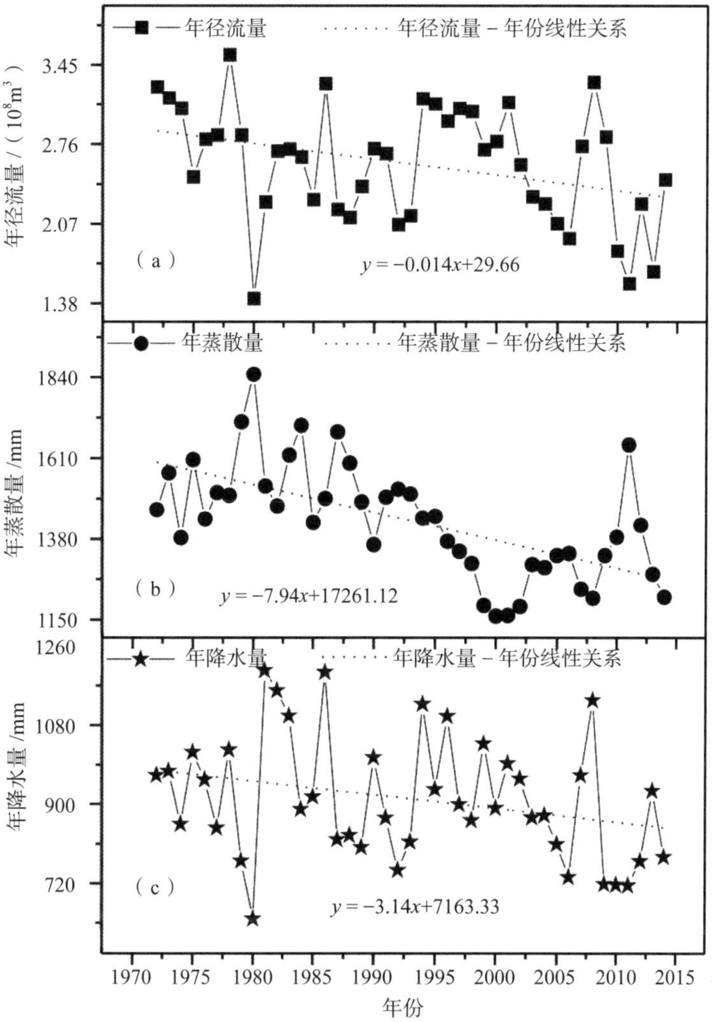

图 3.63　南洞地下河流域 1972—2014 年降水量、年径流量、年蒸散量变化
（a）径流；（b）蒸散；（c）降水

3.4.2.3　地下河径流量与降水量突变年份分析

采用有序聚类法对南洞地下河流域降水（以降水为气候变化的代表，不再单独对蒸散量进行突变分析）和径流量做突变分析，通过计算得到突变点 T 前后的离差平方和及 $S(T)$，相应的 $S(T)$ 变化情况如图 3.64 所示。其中降水 $S(T)$ 存在三个明显的极小值，且 2008 年为最小值，按照有序聚类法使 $S(T)$ 为极小值时所对应的序列变异点，并以此对序列进行划分，找到南洞地下河流域降水的 3 个突变点，即 1986 年、2002 年和 2008 年，其中 2008 年突变趋势最显著。径流 $S(T)$ 也呈现出 3 个明显的极小值，2009 年为最小值，因此可以确定径流的突变点为 1979 年、2002 年和 2009 年，其中 2009 年突变趋势最显著。从前述分析可以看出，由于地下水对降水响应有一定的延迟效应，径流量和降水量的突变年份虽不完全一致，降水量和径流量突变点出现一定的时间差异。

根据 Mann-Kendall 法对南洞地下河流域径流和降水变化进行分析，并将算得的降水和径流的统计值 UF_K 和 UB_K 绘成曲线，添加显著性 α=0.05，$U_{0.05}$= ± 1.96 时的置信边界线。

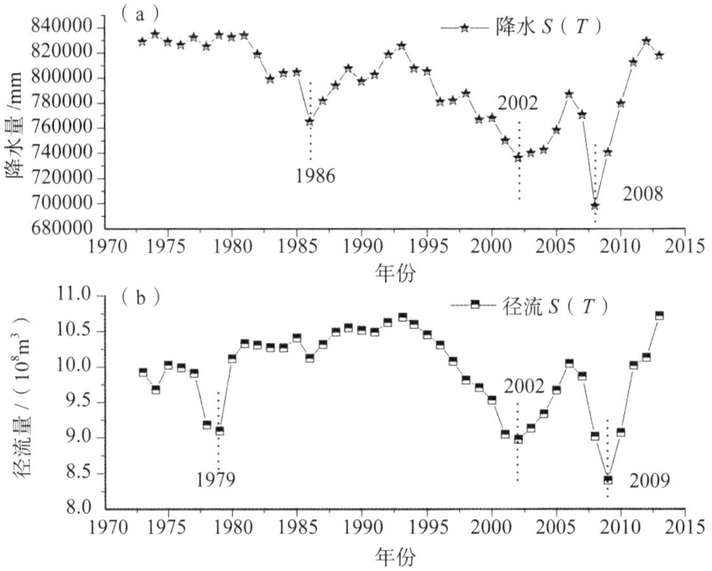

图 3.64 基于有序聚类分析法的南洞地下河流域径流与降水 S(T)变化过程
(a)降水;(b)径流

置信区间内的 UF_K 和 UB_K 曲线交点，即为突变的开始。从图 3.65 可知，用 Mann-Kendall 法找到的降水突变年份为 2004 年。但径流突变年份较多，除了 1986 年和 2002 年，在早期短时间内还有多个突变点。

依据有序聚类法找到的南洞地下河流域径流和降水突变趋势最明显的时间段分别是 2009 年和 2008 年，其次是 2002 年。根据 Mann-Kendall 法找到的径流和降水的突变年份有 2002 年和 2004 年。虽然两种检测方法的结果并不完全一致，但是综合两种方法和南洞流域实际人类活动情况，以 2002 年和 2008 年为突变点，将流域内径流、降水和蒸散变化情况划分为 3 个时期，其中 1972—2002 年人类活动影响较小，径流变化主要为受气候变化

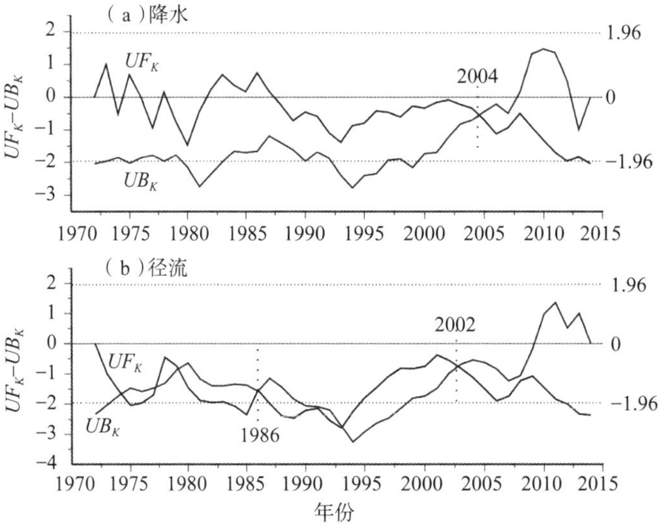

图 3.65 基于 Mann-Kendall 法的南洞地下河流域降水和径流 UF_K–UB_K 变化过程
(a)降水;(b)径流

影响的基准期（T_1）；2002 年后人类活动的影响逐渐增强，并与气候因素共同作用于径流的变化，这一时期称为措施期。由于人类活动作用程度的不同，措施期又具体划分为两个阶段：T_2：2003—2008 年，T_3：2009—2014 年。

3.4.2.4 气候变化与人类活动贡献率分解

依据有序聚类法和 Mann-Kendall 法综合确定的拐点以及划分出的时期，分别对累积降水量、径流量和蒸散量与年份进行线性拟合，最后拟合出的关系式如图 3.66。各拟合关系式的相关系数（R）都非常高，R^2 都在 0.99 以上，并且对应的 p 都小于 0.01，表明其显著程度高，拟合结果好。将各方程的斜率总结至表 3.27。若改变率为正说明变量呈增长趋势，改变率为负说明变量呈减少趋势。降水累积量和蒸散累积量的斜率改变量，相对于径流累

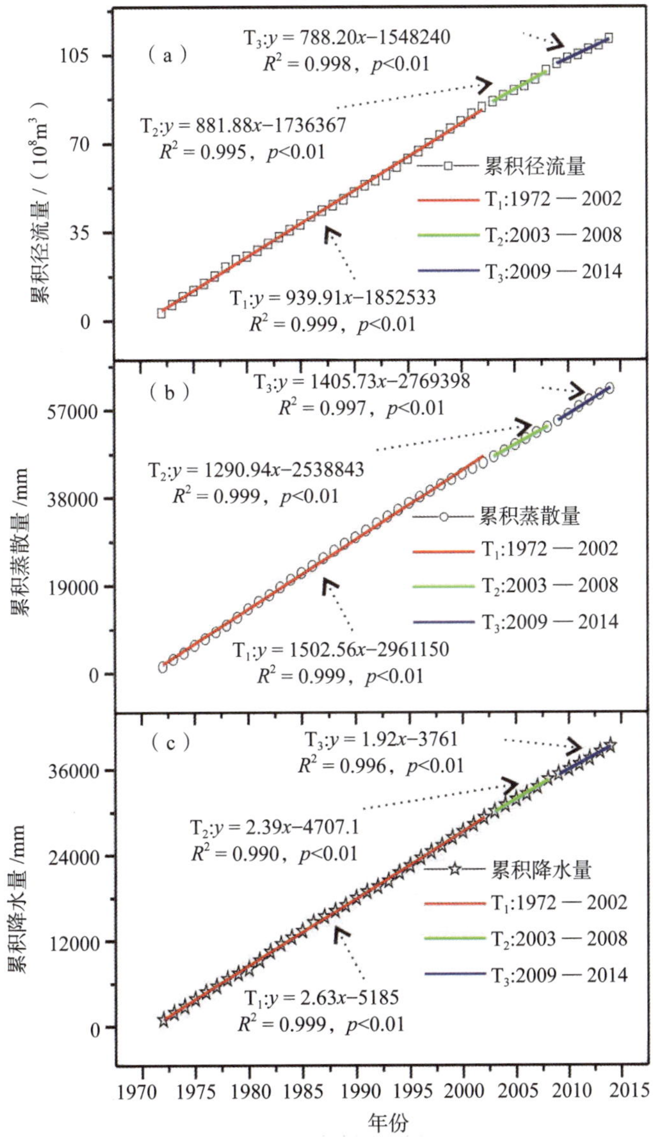

图 3.66 1970 — 2015 年降水量、径流量、蒸散量、累积量变化趋势

（a）累积径流量；（b）累积蒸散量；（c）累积降水量

积量斜率改变量的比例，即为降水和蒸散量变化对径流变化的贡献率（王随继等，2012；王彦君等，2015；徐森等，2017），这个贡献率是指对径流量实际发生变化部分的贡献率，而不是对总径流量的贡献率。

表 3.27　不同时期各累积量斜率及其变化

时期	累积量斜率			斜率改变率		
	降水 $(mm \cdot a^{-1})$	径流 $(10^8 m^3 \cdot a)^{-1}$	蒸散 $(mm \cdot a^{-1})$	降水 /%	径流 /%	蒸散 /%
T_1:1972—2002 年	939.91	2.63	1 502.56	–	–	–
T_2:2003—2008 年	881.88	2.39	1 290.94	−6.17	−9.13	−14.08
T_3:2009—2014 年	788.20	1.92	1 405.73	−16.14	−27.00	−6.44

T_1 和 T_2 两时期累积降水 – 年份线性拟合方程的斜率分别为 939.91 mm/a，881.88 mm/a，与 T_1 相比，T_2 时期降水累积斜率改变率为 −6.17%，说明 T_2 时期相对于 T_1 时期降水减少。T_1 和 T_2 两个时期累积径流 – 年份线性拟合方程的斜率分别为 2.63×10^8 m^3/a、2.39×10^8 m^3/a，与基准期 T_1 相比，T_2 时期径流累积斜率改变率为 −9.13%，表明相对于 T_1 时期，T_2 时期内径流减少。T_1 和 T_2 两个时期累积蒸散量 – 年份线性拟合方程的斜率分别为 1502.56 mm/a、1290.94 mm/a，与 T_1 时期相比 T_2 时期累积蒸散量的斜率改变率为 −14.08%，说明 T_2 时期相对于 T_1 时期蒸散量减少。由此可见，相对于基准期 T_1、T_2 时期的累积径流、降水量和蒸散量都呈减少趋势，且累积蒸散量的减少率是最大的。根据公式 3.43 ~ 公式 3.46 计算得到各因素对径流变化的贡献率（表 3.28）。如果只考虑降水变化对径流变化的影响，此时降水对径流变化的贡献率为 67.66%，而人类活动对径流变化的贡献率则为 32.34%。由于南洞地下河流域实测蒸散量明显大于降水量，因此不可忽视蒸散量变化对径流的影响。降水会带来径流量的补给，而蒸散则造成径流量消耗。如果综合考虑降水和蒸散的共同影响，那么气候变化对径流变化的贡献率将减小，而人类活动的贡献率将增加。T_2 与 T_1 时期相比较，降水虽然减少 6.17%，但是蒸散也减少 14.08%，蒸散量减少的比例更大，如果没有人类活动参与，此时流域内径流相比前一阶段应该是增加趋势，但此时流域内径流减少 9.13%，说明人类活动才是这一时期径流减少的原因。气候变化对降水减少的贡献率为 −86.68%，而人类活动对降水减少的贡献率为 186.68%。

表 3.28　气候与人类活动对径流量变化的贡献

时期	贡献率 /%			
	降水	蒸散	气候变化	人类活动
T_1:1972—2002 年	–	–	–	–
T_2:2003—2008 年	67.66	−154.34	−86.68	186.68
T_3:2009—2014 年	59.79	−23.87	35.92	64.08

同理，T_3 与 T_1 时期相比，累积降水量斜率减少率为 16.14%，累积径流量斜率减少率

为 27.00%，累积蒸散量斜率减少率为 6.44%。可见 T_3 时期与基准期相比，径流、降水和蒸散量为减少趋势，且径流的减少幅度最大。通过累积斜率比较法公式 3.43 ~ 公式 3.46 算得结果，若不考虑潜在蒸散量的影响，相对于 T_1 时期，T_3 时期降水减少对径流减少的贡献为 59.79%，人类活动对于径流变化的贡献为 40.21%。如果考虑到蒸散量的影响，气候变化对径流减少的贡献率为 35.92%，人类活动对径流变化的贡献率为 64.08%。

综上所述，南洞地下河流域措施期间（2003—2014 年），人类活动对径流变化的贡献率在 64.08% ~ 186.68% 之间，远大于气候变化（降水和蒸散量变化）对径流减少的贡献率。虽然 T_3 时期人类活动贡献率明显下降，但人类活动依然是南洞地下河流域径流变化的主要驱动因素。

3.4.2.5 南洞地下河流域人类活动影响因素分析

人类活动是南洞地下河流域径流变化的主导因素。人类活动可直接或间接影响径流量变化，一方面人口数量增加、经济活动增强直接带来生产生活用水量的增加使径流量减少；另一方面农业生产、道路交通和城市建设等经济活动通过改变土地利用 / 土地覆被，进而改变地表入渗、汇流和补给等过程，间接影响径流量（李丽娟等，2007；戴明宏等，2015）。

为了解南洞地下河流域土地利用 / 土地覆被变化情况，利用研究区 1990 年、1995 年、2000 年、2005 年和 2010 年 5 期地表反射率合成产品（Landsat 7 ETM+/Landsat 8 OLI），并运用最大似然监督分类方法将研究区土地覆盖类型划分为耕地、森林、草地、水体和建设用地 5 类（邓树斌，2010）。得到分类结果（表 3.29），结果显示 1990—2000 年间南洞流域的耕地所占面积从 30.39% 减少为 29.69%，建设用地面积比例略有增长，十年间耕地面积和建设用地面积占比变化不足 1 个百分点。同期森林面积比例保持在 27.31%，草地面积比例维持在 37.35%，水体面积比例保持在 2.51%。可见在 1990—2000 年间南洞地下河流域范围内，耕地和建设用地面积有轻微变化（耕地比例减少 0.7%，建设用地面积增加 0.7%），而森林、草地和水体这 3 种土地类型所占比例保持不变。从土地利用 / 土地覆被变化情况来看，1990—2000 年间人类活动对土地利用改变极小，证明将 1972—2002 年划分为几乎无人类活动影响的基准期是合理的。

2000—2010 年间，南洞地下河流域范围内耕地和森林面积比例发生剧烈变化。2000—2005 年间，耕地面积比例增加 10.62%，同期森林面积比例减少 12.71%，与 2000 年前相比森林面积比例约减少一半，其他土地利用类型变化幅度较小。可见这一时期，人类活动对森林破坏严重，大量林地转变为耕地。森林破坏带来严重的生态环境问题，流域内水土流失情况日趋严重，进而导致流域下垫面特征改变，径流量发生变化。2005—2010 年间，耕地面积增加 9.76%。同期，由于一系列生态保护措施的实施（王宇等，2016；蒋忠诚等，2016），森林大规模破坏现象得到了有效控制，森林面积只减少了 1.17%，但草地破坏依然严重，减少面积比例高达 9.37%，这一时期人类活动的表现是将草地开垦为耕地。到 2010 年，耕地面积比例已达 50.07%，超过所有土地类型总面积的一半，耕地所需要的灌溉用水量必然增加，加大当地水资源压力。在此期间，虽然建设用地面积占所有土地类型的比重较小，但一直呈增长趋势。2000—2010 年间，人类活动对土地利用 / 土地覆被的改造力度大，虽然后期加强了生态环境的保护，但人类活动的影响力依然显著。

表 3.29 南洞地下河流域 1990—2010 年土地利用结构 单位：%

土地利用类型	1990 年	1995 年	2000 年	2005 年	2010 年
耕地	30.39	30.04	29.69	40.31	50.07
森林	27.31	27.31	27.31	14.60	13.43
草地	37.35	37.35	37.35	39.08	30.43
水体	2.51	2.51	2.51	2.70	2.45
建设用地	2.44	2.79	3.14	3.31	3.62

由于南洞地下河流域范围涉及个旧、开远和蒙自三个行政区，并且个旧和开远在流域内的面积较小，蒙自所占流域面积最大，因此，以蒙自为代表，利用蒙自人口经济变化数据，反映流域内人口经济的变化情况。根据 1995—2014 年《蒙自统计年鉴》（李运良，2015）资料，2003 年红河州政府驻地由个旧迁移至蒙自，蒙自经济开始迅速发展。州政府的搬迁需要大规模的市政建设。从蒙自经济资料分析可知（图 3.67），2002 年前，蒙自固定

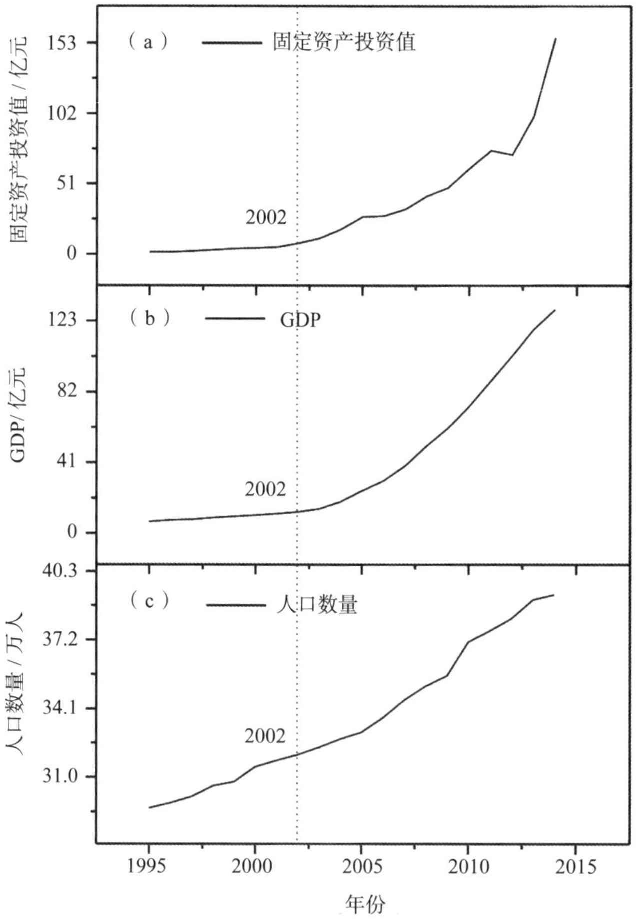

图 3.67 蒙自 1995—2014 年经济趋势

（a）固定资产投资增长趋势；（b）GDP 增长趋势；（c）人口数量增长趋势

资产投资总额较小且增长缓慢；2002 年后，固定资产投资额度大幅增加。2005 年后，市政建设基本结束，固定资产投资增长幅度略微下降，但仍然呈高速增长趋势（图 3.67a）。固定资产投资中基本建设和房地产投资占 80% 左右，大规模市政、房产建设活动的推进将使地面硬化，减少入渗。2002 年前，蒙自 GDP 总额较小，且增长幅度约为 8.92%；2002 年后，GDP 值持续高速增加，平均增长率高达 21.72%，反映出经济的快速发展（图 3.67b）。固定资产投资增长率和 GDP 增长率的变化间接反映出：州政府搬迁到流域内，一系列经济活动对流域环境的影响加剧。同时，从人口数量来看，蒙自人口一直呈增长趋势。经统计，1995—2002 年间，蒙自人口自然增长率平均为 1.13%；而 2003—2014 年间，蒙自人口自然增长率平均为 1.71%，人口基数不断增长（图 4.67c），加上人口自然增长率上升，造成居民生活生产用水量的剧增。另一方面人口数量增长，对耕地资源、住房面积的需求增大，从而使 2000 年后南洞地下河流域森林和草地面积大幅下降，耕地面积、城市建设用地面积持续增加。森林面积的大量减少不利于流域内水土保持与调蓄。同时耕地面积迅速增加至 40.34%，导致农业用水量增加。因此，T_2 时期人类活动对径流减少的贡献率达 186.86%。

T_3 阶段人类活动贡献率下降至 64.08%，一方面是人类活动干预减弱、生态环境治理初见成效。由于 T_2 阶段剧烈的人类活动，加剧流域内生态环境的恶化。南洞地下河流域是典型的喀斯特地下河流域，生态环境脆弱，石漠化严重，人地矛盾突出（马祖陆，1993；覃星铭等，2014），州政府搬迁带来经济发展的同时带来了生态环境的挑战。2006 年，石漠化综合治理工作综合治理全面开始（王宇等，2016；蒋忠诚等，2016），流域内进行生态恢复与重建，森林退化得到有效控制，生态环境逐渐转好。2008 年后，云南省极端气候事件频发，出现连续多年的干旱（李运良，2015；付奔等，2014），降水明显减少，与 T_1 时期相比，气候变化对径流减少的贡献率为 35.92%，远高于 T_2 时期。干旱对居民生产生活造成巨大影响，为了生计不得不继续对地下水资源进行开采，资料显示仅 2011 年水利、国土部门就组织抗旱应急打井 1029 眼，出水量达 3000 m^3/d（李运良，2015），因此，此阶段人类活动依旧是径流减少的主要原因。

3.4.3 气候与土地利用变化对喀斯特断陷盆地水资源量的影响及趋势

喀斯特断陷盆地集中分布在滇东—攀西地区，其中蒙自南洞地下河流域是断陷盆地发育最为典型的地区，但也是石漠化严重、水资源矛盾突出的地区之一（李强等，2017）。受地质－气候背景控制，流域内水资源具有明显的“盆－山”差异。高原山区虽降水丰富，但由于喀斯特洼地、落水洞发育密集，水土大量流失、漏失到地下深部。盆地作为人口经济活动聚集区，旱季降水少，持续时间长，而雨季降水集中，同时受盆地边缘季节性泉水补给，经常引起局部内涝（王宇，2003；王宇等，2017）。因此，流域内水资源短缺问题依旧是目前面临的最大困难。流域内南洞地下河系统具有水量大、水质较好的优点，是开远、蒙自等市重要的水源地。随着当地经济社会的发展，水资源供需矛盾日益严重，合理开发和可持续利用喀斯特地下水资源迫在眉睫。定量分析南洞地下河流域径流变化特征、影响因素及预测南洞地下河流域水资源量的未来变化，能够有力支撑喀斯特地下水的可持续开发与利用。

气候模拟预测显示，未来几十年，世界上许多喀斯特地区的气温将大幅上升，降水将减少（Hartmann et al.，2014）。气温升高会造成地表水和土壤蒸发量增加，植被蒸腾作用加剧（刘昌明和张丹，2011），间接减少喀斯特地下水补给。全球变暖同时加剧热浪、强降雨和干旱等极端气候事件的发生（IPCC，2013），降水量的变化及空间分布将直接影响喀斯特水资源量及其空间分布，同时造成喀斯特区旱涝灾害频发。南洞地下河流域所在的云南省自 2009 年后经历了连续 5 年的持续干旱事件，造成了严重的影响与损失。2009—2012 年，云南省 6 大河流主要支干流河道来水偏少超过 30%，部分中小河断流（付奔等，2014），造成农业经济损失超过 100 亿元，705 万人饮水困难，513 万头大型牲畜饮水困难，工业供水不足，产值下滑，森林火灾等次生灾害频发（李春海等，2011）。《云南省气候变化影响评估报告》（周跃等，2011）指出未来 50 年云南省平均气温将显著增加，不同情景增温率均超过 0.9℃ /10 a。因此，了解南洞地下河流域水资源量如何响应气候变化，是未来应对极端气候事件，发挥喀斯特水资源作用的基础。

同时，剧烈的人类活动引起的土地利用 / 覆被变化会改变植被截流、地表蒸发、土壤水分入渗等重要的水循环过程（贺克雕，2015；Neris et al.，2012）。与非喀斯特区相比，喀斯特区生态脆弱，易受外界干扰，土地利用 / 覆被变化的水文效应更为敏感（戴明宏等，2015）。我国西南喀斯特地区已开展了多年的"退耕还林、还草"和石漠化综合治理等生态环境修复工程，最新报告显示 2005—2011 年间全国石漠化土地面积减少 96 万公顷，2011—2016 年石漠化土地净减少 193.2 万公顷（李晓梅，2018），喀斯特生态环境稳步好转。南洞地下河流域内已开展多期石漠化治理工程项目，目前生态状况呈改善趋势（赵磊磊等，2019）。但是，流域内水资源量何如响应土地利用 / 覆被的变化仍是待解决的问题。利用水文模型模拟出这一过程并对未来覆被条件下的水资源量进行预测评估，是科学认识当地水资源量现状与变化状况的基础。

3.4.3.1　模型原理

该研究以蒙自喀斯特断陷盆地南洞地下河流域为研究区，南洞口是流域内的最低排泄口，起到常年排泄地下水的作用。流域内盆地地区对于整个流域系统的喀斯特地下水起着汇集、补给及排泄的多重作用。盆地边缘有落水洞，有的既能消水又可溢水。例如，灰土地洞汛期会溢水，水位下降后会有来自大黑水洞的洪水沿此洞消入地下含水层。永宁洞是蒙自盆地最低的汇水点，天然状态下是蒙自盆地最主要的消水点。整体来看，流域以地下河为主导，地表多为季节性河流。地下河在雨季补给地表河，同时地表水通过落水洞消落到地下含水层，两者相互补给，明暗交替，是不可分割的整体。流域内地下管道发育良好，管道流占优势，流速大，导水性好，使得地下河形态还有汇流过程与地表河非常相似。地下河补给以降水占主导，水位随降水快速涨落，这一点也与地表河具有相似性。

通过构建适用于南洞地下河流域的 SWAT 水文模型，基于水文循环过程的模拟来分析气候变化和土地利用 / 覆被变化对流域径流量及水循环过程的影响，并且通过未来气象数据和土地利用 / 覆被数据对径流进行预测。

（1）SWAT 起源与发展

SWAT（Soil and Water Assessment Tool）模型是在美国流域水资源模拟软件 SWRRB（Simulator for Water Resources in Rural Basins）基础上改进而来。SWRRB 模型最早用于模拟管理措施对流域水和泥沙运动的影响，1980 年后进一步改进，结合 CREAMS（Chemicals, Runoff, and Erosion from Agricultural Management Systems）（Knisel et al.，1980）的日降水等

水文模块、GLEAMS（Groundwater Loading Effects on Agricultural Management Systems）（Knisel et al.，1987）的杀虫剂模块和EPIC（The Erosion-Productivity Impact Calculator）（Williams，1990）的作物生长模块，其他包括改进峰值径流率法、计算传输损失、产沙方程及增加地下水回流和水库存储等几个新的组成部分，使得模型具备处理各种流域水质管理问题的能力（Arnold et al.，1993）。之后又融合了河道演算模块ROTO（Routing Outputs to Outlet），通过将多个SWRRB运行的输出连接起来，克服SWRRB只允许10个子盆地的限制，形成了最初版本的SWAT模型。现在SWAT已经有多个版本，本研究使用的版本为SWAT 2012。

（2）SWAT结构与原理

SWAT是一个流域尺度、具有较强物理基础的半分布式水文模型（Gassman et al.，2007）。模型的主要组成部分包括水文模块、土壤侵蚀与泥沙运移模块、营养物质运移模块和植物生长与经营模块。其中水文模块负责模拟出流域水文循环过程，这个过程是SWAT所有过程背后的驱动力，它影响植物的生长和沉积物、营养物质、杀虫剂及病原体的移动。在SWAT水文循环模拟过程中，流域按照一定规则被划分为多个子流域，这些子流域又进一步划分为水文响应单元（Hydrologic Response Units，HRUs），每一个HRU由特定的土地利用、管理和土壤特性组成，被看做是均一的。在每个HRU内单独计算产流量，然后叠加得到子流域产流量，再进行坡面汇流，进入子流域主河道，最后通过河网汇流演算得到流域总径流量。同样，泥沙、营养物质等物质循环均通过水循环过程进行。

SWAT模型模拟水循环过程如图3.68，主要包括两部分（Neitsch et al.，2011）：一是水文循环的陆面部分，控制每个子流域水、泥沙等内部循环转化过程，并产出到河道；二是河道汇流过程，模拟水、泥沙从河道汇流到流域出口的过程。

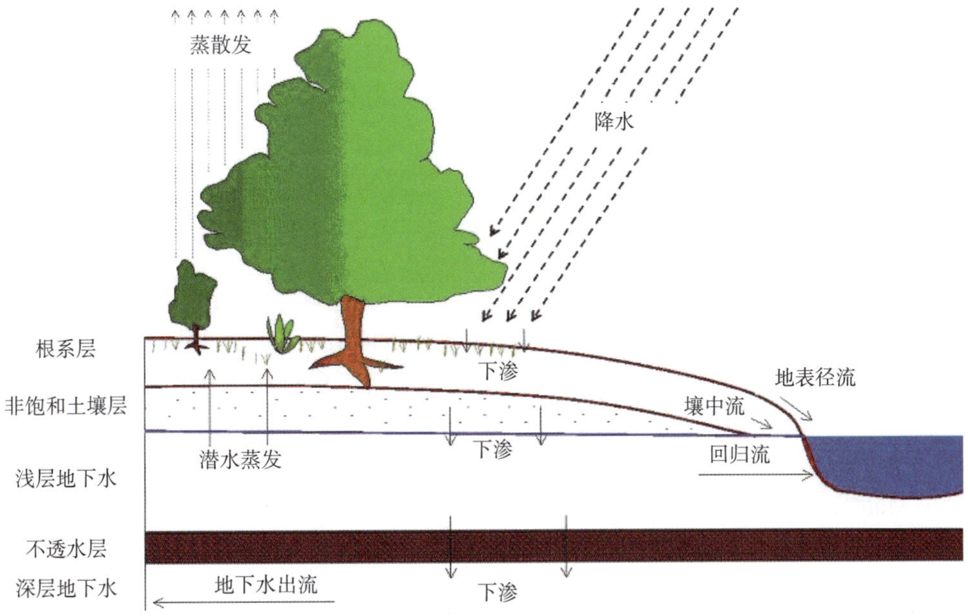

图3.68　水文循环示意图
（据Neitsch et al.，2011）

1）陆面水量平衡方程：

$$SW_t = SW_0 + \sum_{i=1}^{t} (R_{day,i} - Q_{surf,i} - E_{a,i} - W_{seep,i} - Q_{gw,i}) \qquad (3.47)$$

式中：SW_t 为土壤水最终含量，mm；SW_o 为土壤水初始含量，mm；R_{day} 为第 i 天的降水量，mm；Q_{surf} 为第 i 天地表径流量；E_a 为第 i 天蒸发量，mm；W_{seep} 为第 i 天的下渗量，mm；Q_{gw} 为第 i 天回归流水量，mm。

2）地表径流模拟方程：

当降水强度大于下渗时，开始填洼，一旦洼地填满就会产生地表径流。SWAT 提供了两种计算地表径流的方法：SCS 曲线法和 Green & Ampt 下渗法。由于 Green & Ampt 下渗法需要输入小时尺度的降水数据，而收集到的气象数据是日尺度，因此，本研究使用 SCS 曲线法计算地表径流。

SCS 曲线数法的具体方程为：

$$Q_{surf} = \frac{(R_{day} - I_a)^2}{(R_{day} - I_a + S)} \qquad (3.48)$$

式中：Q_{surf} 表示累积径流量或者超渗雨量，mm；R_{day} 表示某天的雨深，mm；I_a 表示初损量，包括产流前地面填洼量、植物截流量和下渗量，mm；S 表示滞留参数，mm。滞留参数随着土壤、土地利用、管理措施和坡度的不同而呈现空间差异，随着土壤含水量的变化呈现时间上的差异。滞留参数定义为：

$$S = 25.4\left(\frac{100}{CN} - 10\right) \qquad (3.49)$$

式中：CN 是径流曲线数，反映流域下垫面特征的综合参数，与土壤湿度、土壤类型、土地利用、坡度等因素有关，是一个经验值，可通过模型开发者提供的资料查表获得。SCS 根据前期的土壤水分条件的不同，定义了三类曲线数，$CN1$ 表示土壤水分干燥条件下的曲线数，$CN2$ 表示土壤水分一般湿润条件下的曲线数，$CN3$ 表示土壤水分湿润条件下的曲线数，$CN1$ 和 $CN3$ 均可由 $CN2$ 计算而得。初损 I_a 通常近似为 $0.2S$，则公式 3.48 变为：

$$Q_{surf} = \frac{(R_{day} - 0.2S)^2}{(R_{day} - 0.8S)} \qquad (3.50)$$

仅当 $R_{day} > I_a$ 时，产生地表径流。

3）蒸散发模拟方程：

蒸散发包括植物冠层水分蒸发和蒸散、土壤水分的升华和蒸发等过程，是流域水分散失的主要途径。准确估计蒸散发量对于水资源评估及气候和土地利用变化对水资源影响研究至关重要。潜在蒸散发的计算是蒸散模拟的基础。SWAT 提供 Penman-Monteith 法、Prietley-Taylor 法、Hargreaves 法，三种方法计算潜在蒸散发，要求的输入变量各不相同，Penman-Monteith 法需要输入太阳辐射、气温、相对湿度及风速等。本研究收集气象数据较全，以上要素数据均有，因此，选择 Penman-Monteith 法：

$$\lambda E = \frac{\Delta \cdot (H_{net} - G) + \rho air \cdot c_p \cdot (e_z^0 - e_z)/r_a}{\Delta + \gamma \cdot (1 + r_c/r_a)} \qquad (3.51)$$

式中：λE 表示潜热通量密度，MJ/（$m^2 \cdot d$）；E 表示蒸发率，mm/d；Δ 表示饱和水汽压 − 温度关系曲线的斜率，kPa/℃；H_{net} 表示净辐射量，MJ/（$m^2 \cdot d$）；G 表示到达地面的热通量密度，MJ/（$m^2 \cdot d$）；ρ_{air} 表示空气密度，kg/m^3；c_p 表示恒压下的特定热量，MJ/（$m^2 \cdot d$）；e_z^o 表示高度 z 处的饱和水汽压，kPa；e_z 表示高度 z 处的水汽压 kPa；γ 表示湿度计算常数，kPa/℃；r_c 表示植物冠层的阻抗，s/m；γ_a 表示空气层的扩散阻抗（空气动力阻抗），s/m。确定了潜在蒸散发总量之后，再计算冠层截留量、最大散发量及升华 / 土壤蒸发最大量、土壤实际升华量和蒸发量，最后计算出流域实际的蒸散量。

4）渗透模拟方程：

计算土壤坡面中各土层的渗透量，如果某层的含水流量超过其田间持水量，且下层未饱和时，水分将会渗透。土层可渗透水量可通过以下公式计算：

$$SW_{ly,\ excess} = SW_{ly} - FC_{ly} \quad 当\ SW_{ly} > FC_{ly}\ 时 \tag{3.52}$$

$$SW_{ly,\ excess} = 0 \quad 当\ SW_{ly} \leqslant FC_{ly} \tag{3.53}$$

式中：$SW_{ly,excess}$ 表示某天土层的可渗透水量，mm；SW_{ly} 表示某天土层的含水量；FC_{ly} 表示土层的田间持水量，mm。

5）地下水模拟方程：

SWAT 可以模拟浅层和深层两类含水层。浅层含水层可汇入子流域的主河道或河段中。假定深层含水层中水汇入流域之外的河流。浅层含水层的水量平衡方程为：

$$aq_{sh,\ i} = aq_{sh,\ i-1} + W_{rchrg,\ sh} - Q_{gw} - W_{revap} - W_{pumb,\ sh} \tag{3.54}$$

式中：$aq_{sh,\ i}$ 表示第 i 天浅层含水层的储水量，mm；$aq_{sh,\ i-1}$ 表示第 i−1 天浅层含水层的储水量，mm；$W_{rchrg,i}$ 表示第 i 天浅层含水层补给量，mm；Q_{gw} 表示第 i 天汇入主河道的地下水径流量，或基流量，mm；W_{revap} 表示第 i 天因土壤水分不足进入土壤带的水量，mm；$W_{pumb,\ sh}$ 表示第 i 天浅层含水层的抽水量，mm。

深层含水层的水量平衡方程为：

$$aq_{dp,\ i} = aq_{dp,\ i-1} + W_{deep} - W_{pumb,\ sh} \tag{3.55}$$

式中：$aq_{dp,i}$ 表示第 i 天深层含水层的储水量，mm；$aq_{dp,\ i-1}$ 表示第 i−1 天深层含水层的储水量，mm；W_{deep} 表示第 i 天浅层含水层深入到深层含水层的水量，mm；$W_{pumb,\ dp}$ 表示第 i 天深层含水层的抽水量。进入到深层含水层的水量不参与水量收支计算，可以看作是系统中的损失部分。

6）流域汇流模拟方程：

利用特征河长算法进行汇流验算。其中河道汇流验算公式为：

$$ct = \frac{0.62 \times L \times n^{0.75}}{A^{0.125} \times cs^{0.375}} \tag{3.56}$$

式中：ct 是河道汇流时间；L 是河道长度；n 是曼宁系数；A 是河道所处的 HRU 面积；cs 是河道坡度。

坡面汇流计算使用以下公式：

$$ot = \frac{0.0556(sl \times n)^{0.6}}{S^{0.3}} \tag{3.57}$$

式中：ot 是坡面汇流时间；sl 是子流域的平均坡长；n 是 HRU 坡面的曼宁系数；s 是坡面坡度。

3.4.3.2 数据获取及洼地特征的 SWAT 模型构建

（1）基本数据获取

SWAT 模型构建所需要的数据主要分为空间数据（DEM、土地利用分布和土壤分布数据）与属性数据（土壤、气象、径流等）两大类。本书数据来源（表 3.30）经过投影变化处理，所有的空间数据都统一转化为 Krassovsky_1940 _Albers 坐标系。

表 3.30 SWAT 模型数据类型及来源

数据类型	格式	尺度	来源	备注
DEM	GRID	30 × 30	地理空间数据云 http://www.gscloud.cn/	
土壤类型	GRID	1000 × 1000	寒区旱区科学数据中心 http://westdc.westgis.ac.cn/data/611f7d50-b419-4d14-b4dd-4a944b141175	HWSD
土地利用类型	GRID	30 × 30	地理空间数据云 http://www.gscloud.cn/	Landsat
气象数据	txt	日尺度	气象数据共享网	1970—2016
径流数据	xls	月尺度	南洞国家水文观测站	1972—2014

DEM 数据一方面用于生成河网、确定流域出口及划分子流域，但由于本研究区域特殊，以地下河系统为主，因此需要借助水文地质图人工提取地下河管道；另一方面提供坡度数据与土地利用类型图和土壤类型分布图叠加生成水文响应单元（HRU）。经过查阅水文地质资料，将流域内的河流与 DEM 数据叠加（图 3.69）。

利用 DEM 数字高程信息，对流域进行坡度划分（图 3.70）。划分依据参照水利部《土壤侵蚀分类分级标准》的坡度划分原则，将不同坡度范围分成以下 5 类（表 3.31）：<8° 表示平缓坡，8° ~ 15° 是缓坡，15° ~ 25° 是缓陡坡，25° ~ 35° 是陡坡，>35° 是极陡坡。每一坡度类别在流域内的分布如图 3.70 所示。>35° 的极陡坡占比最大，达 26.12%，主要分布在盆－山过渡地带和流域边缘。<8° 的平缓坡比例最小，占 14.95%，主要分布在盆地。8° ~ 15° 的缓坡占比为 19.86%，主要分布在盆地内部，少量分布在高原面洼地底部和山间盆地。15° ~ 25° 的缓陡坡、25° ~ 35° 的陡坡占比分别为 23.05%、16.02%，主要分布在高原面和山地。

表 3.31 南洞地下河流域各坡度类别所占比例

类别	坡度范围 /（°）	比例 /%
1	<8	14.95
2	8 ~ 15	19.86

续表

类别	坡度范围 / (°)	比例 /%
3	15 ~ 25	23.05
4	25 ~ 35	16.02
5	>35	26.12

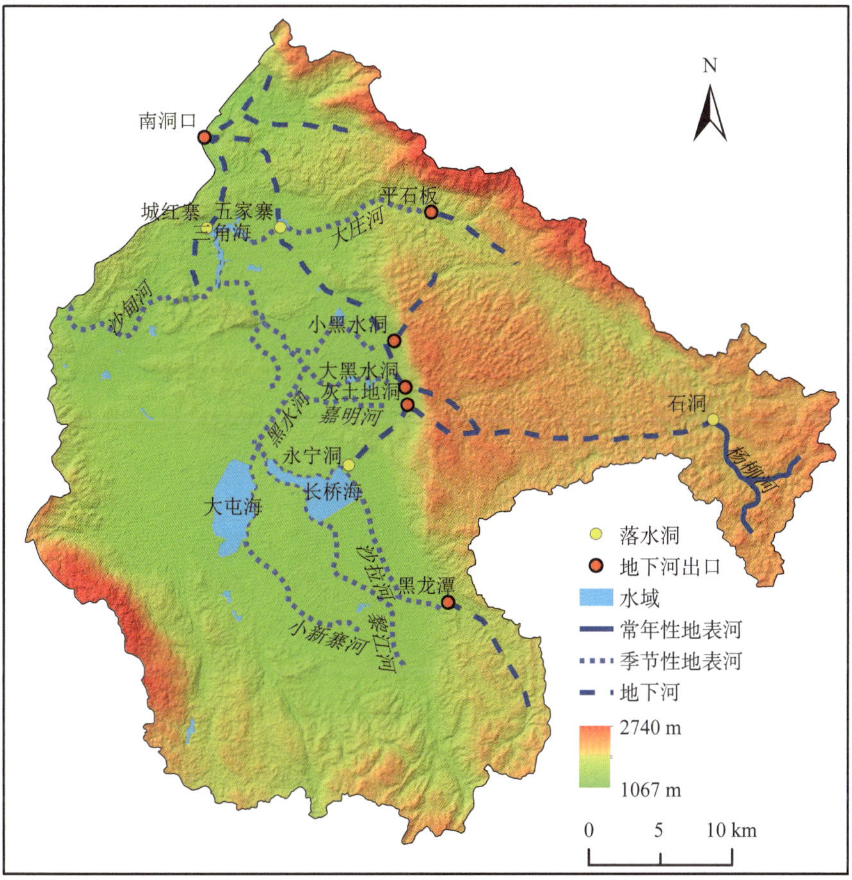

图 3.69　南洞地下河流域高程与水系分布图

SWAT 模型中土壤数据是主要的输入参数之一，土壤数据质量的好坏会对模型的模拟结果产生重要影响。构建 SWAT 模型需要的土壤数据主要包括土壤类型分布图、土壤物理属性文件即土壤数据库参数以及土壤类型索引表。土壤的物理属性决定了土壤剖面中水和气的运动情况，并且对 HRU 中的水循环起着重要的作用，是 SWAT 建模前期处理过程的关键数据。本模型构建利用联合国粮农组织和维也纳国际应用系统研究所构建的世界和谐土壤数据库（Harmonized World Soil Database，HWSD），数据分辨率为 1 km。HWSD 数据中国境内数据源为第二次全国土地调查南京土壤所提供的 1∶100 万土壤数据，数据库提供了每个网格点的土壤类型、部分理化性质。从 HWSD 数据库中裁剪出南洞地下河流域范围，根据土壤物理参数对土壤类型进行重新分类，共划分 12 类。

土壤数据库所需参数众多，构建 SWAT 模型土壤数据库主要分为 3 部分：一是从

HWSD 数据库中查找相应的土壤属性，二是通过公式计算得到参数，三是利用 SPAW 软件计算出的部分土壤参数，具体如表 3.32 所示。

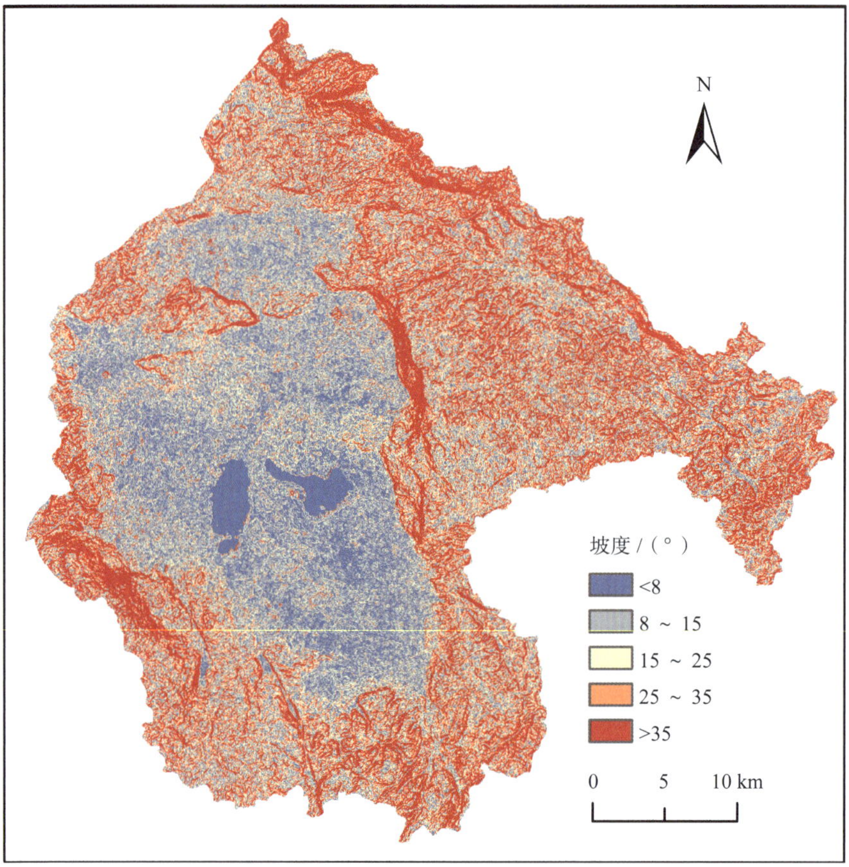

图 3.70　南洞地下河流域不同坡度分布

表 3.32　土壤数据库所需参数

变量名称	模型定义	注释
SNAM	土壤名称	自己命名
NLAYERS	土壤分层数	HWSD 数据库分两层
HYDGRP	土壤水文学分组	计算
SOL_ZMX	土壤剖面最大根系深度 /mm	HWSD 中为 1000 mm
ANION_EXCL	阴离子交换孔隙度	模型默认值 0.5
SOL_CRK	土壤最大可压缩量	模型默认值 0.5
TEXTURE	土壤层结构	SPAW 计算
SOL_Z	各土壤层底层到表层的深度 /mm	表层 300 mm
SOL_BD	土壤湿密度 / ($mg \cdot m^{-3}$)	SPAW 计算
SOL_AWC	土壤有效持水量	SPAW 计算

续表

变量名称	模型定义	注释
SOL_K	饱和导水率 /（mm · h^{-1}）	SPAW 计算
SOL_CBN	土壤层中有机碳含量	HWSD 数据库
CLAY	黏土含量，直径 < 0.002 mm 的土壤颗粒组成	HWSD 数据库
SILT	壤土含量，直径 0.002 ~ 0.05 mm 的土壤颗粒组成	HWSD 数据库
SAND	砂土含量，直径 0.05 ~ 2 mm 的土壤颗粒组成	HWSD 数据库
ROCK	砾石含量，直径 > 2.0 mm 的土壤颗粒组成	HWSD 数据库
SOL_ALB1	地表反射率（湿）	默认 0.01
USLE_K1	USLE 方程中土壤侵蚀力因子	计算
SOL_EC	土壤电导率 /（μs · cm^{-1}）	HWSD 数据库

依据南洞地下河流域土壤的物理参数对土壤进行分类，结果表明流域土壤可以分为 12 类，其中简育低活性强酸土的面积最大，占流域面积的 61.30%，该类土壤所对应的中国土壤分类为红壤。面积第二大的是铁质低活性淋溶土，占流域面积 13.98%，对应的中国土壤分类为石灰土。其他各类土壤面积较小。流域各类土壤类型面积如表 3.33 所示，分布情况如图 3.71 所示。

表 3.33　南洞地下河流域各土壤类型所占比例

SWAT 代码	名称	中文名称	对应中国土类	比例 /%
ACh2	Haplic Acrisols	简育低活性强酸土	红壤	61.30
LXf	Ferric Lixisols	铁质低活性淋溶土	石灰土	13.98
CMd	Dystric Cambisols	不饱和雏形土	紫色土	5.42
ACh1	Haplic Acrisols	简育低活性强酸土	红壤	5.42
FLc	Calcaric Fluvisols	石灰性冲积土	新积土	3.60
LVh	Haplic Luvisols	简育高活性淋溶土	黄棕壤	3.08
WR	Water bodies	水体	水体	3.08
ATc	Cumulic Anthrosols	人为土	水稻土	1.88
ALh	Haplic Alisols	简育高活性强酸土	黄壤	1.08
ACu	Humic Acrisols	腐殖质低活性强酸土	红壤	0.86
LVx	Chromic Luvisols	艳色高活性淋溶土	石灰土	0.17
ACf	Ferric Acrisols	铁质低活性强酸土	赤红壤	0.11

土地利用数据是利用地理空间数据云（http：//www.gscloud.cn/）Landsat 遥感卫星图像，在 ENVI 5.3 软件中经过辐射标定、大气校正、图像融合和裁剪后，采用决策树分类法进行分类。分类标准采用 SWAT 土地利用标准，分类结果如表 3.34 和图 3.72 所示。流域耕地面积比重最大，占流域面积的 40.98%，主要分布在盆地区域，高原面上有零散分布。SWAT

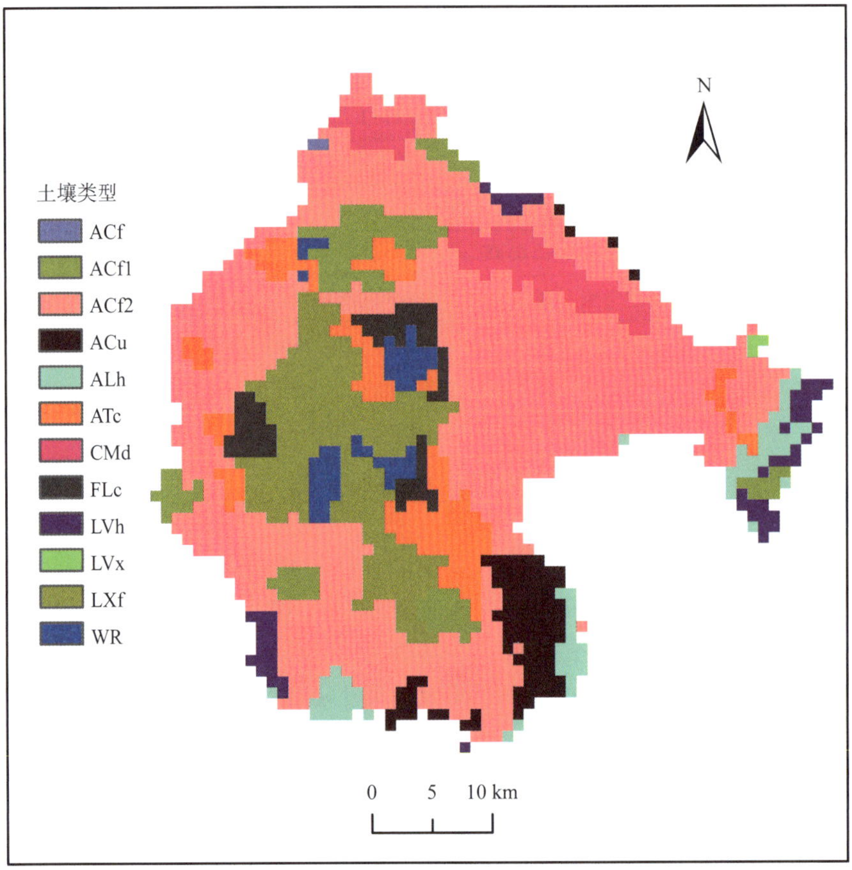

图 3.71　南洞地下河流域土壤类型分布

分类的林地包括了乔木、灌木，流域林地面积占比 34.18%，主要分布在流域边缘、高原面及盆地山区过渡地区。SWAT 土地利用分类中的裸地是表层为土质，基本无植被覆盖的土地，或表层为岩石、石砾的土地。流域内裸地主要分布在盆地间浅丘、盆地与山地过度区域，以及高原面。流域草地、果园、城镇、水域的用地面积相对较少，其面积和分布状况如表 3.34 和图 3.72 所示。

表 3.34　南洞地下河流域 2000 年各土地利用类型面积及比例

SWAT 代码	用地类型	面积 /km^2	比例 /%
AGRL	耕地	663.08	40.98
FRST	林地	553.10	34.18
ORCD	果园	41.17	2.54
PAST	草地	96.51	5.96
URHD	城镇	41.45	2.56
BALD	裸地	186.41	11.52
WATR	水域	36.25	2.24

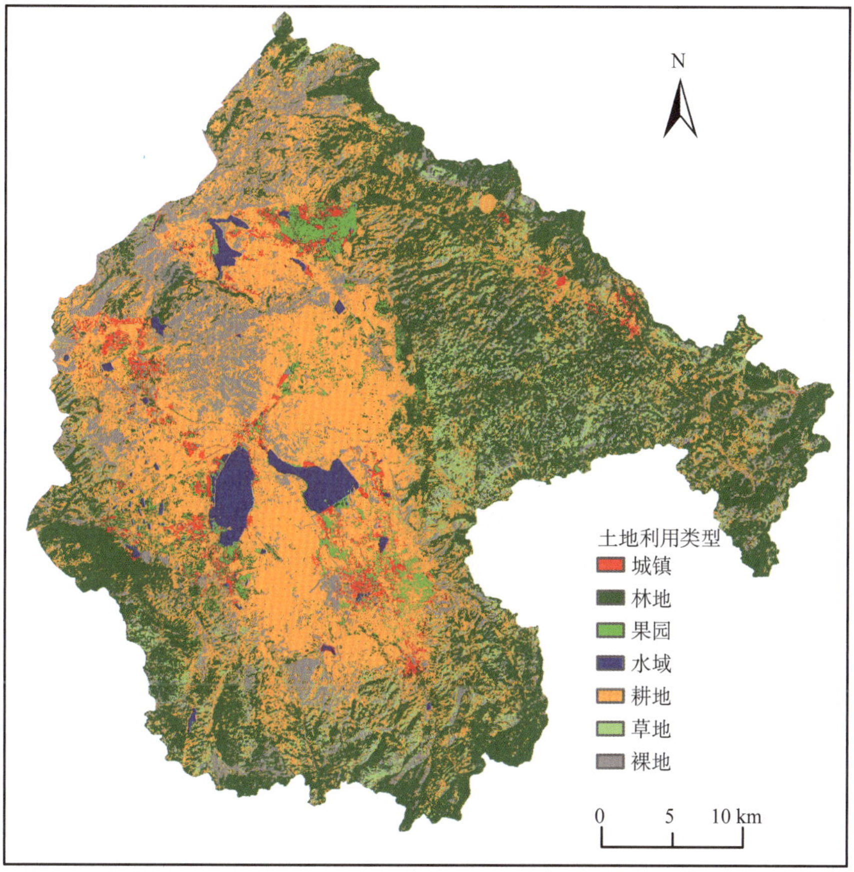

图 3.72 南洞地下河流域 2000 年土地利用类型分布

研究区内气象站点较少，能够获取到的长时间、逐日气象数据仅有蒙自站一个站点。为了尽量保证气象数据输入的准确性，选择增加流域范围外，但是距离流域较近的两个气象站（开远站和个旧站）。3 个气象站的基本信息如表 3.35 所示，站点位置如图 3.73 所示。模型中输入的气象数据包括：日平均温度、日最高 / 低温度、日累计 24 时降水量、日平均太阳辐射、日相对湿度，日均风速。数据的时间范围为 1970 年 1 月 1 日至 2016 年 12 月 31 日。

表 3.35 气象站点基本信息

站点名称	经度	纬度	海拔 /m
蒙自站	103.38° E	23.38° N	1300.7
开远站	103.28° E	23.70° N	1078.2
个旧站	103.15° E	23.38° N	1692.1

南洞流域出口位于流域南部，开远市境内，出口处设有国家级水文观测站点南洞水文监测站（23.65° N，103.30° E）。径流量数据为观测站点逐月数据，单位 m^3/s，时间范围 1972 年 1 月至 2014 年 12 月，其中 1985 —1989 年数据有缺值。

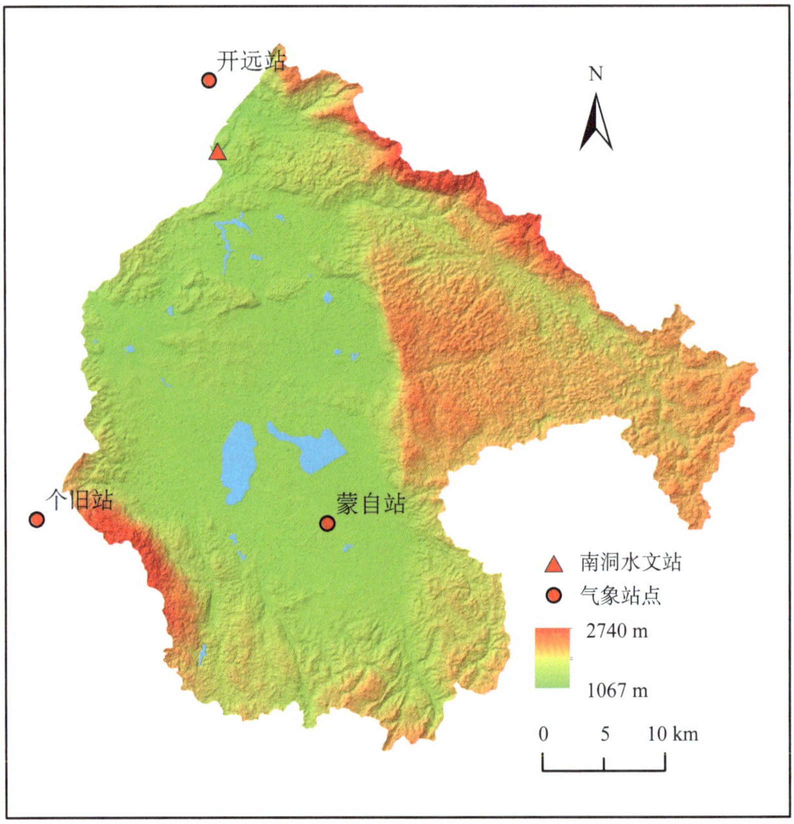

图 3.73　气象站点与水文站点分布

（2）洼地特征模型构建

由于本研究区域有大量的地下河分布，使用模型默认的基于 DEM 划分子流域模块，已经不适用，为此，从水文地质图人工提取河流后，进行自定义流域划分。用户自定义流域与河流首先必须遵循 SWAT 模型的输入数据文件格式要求（Neitsch et al.，2011）：①流域与河流在几何图形上必须保持一致；②每个子流域只有一个河流要素；③子流域出口定义为距河流终点较近的上游处；④河流终点位于流域边界上；⑤河流文件必须包括河网的拓扑字段，表示出河流起点和终点的对应子流域。在遵循以上原则的基础上，再考虑流域内地表河与地下河划分、地下水分水岭界限、前人划分的几个独立的地下水系统等实际情况将流域划分为 19 个子流域（表 3.36，图 3.74）。

表 3.36　子流域划分结果

网格号	子流域	面积 /km^2	所占比例 /%
1	1	0.0018	0.0001
2	2	5.23	0.32
3	3	13.59	0.84
4	4	54.98	3.40
5	5	34.18	2.11

续表

网格号	子流域	面积 /km^2	所占比例 /%
6	6	15.72	0.97
7	7	115.71	7.15
8	8	224.49	13.88
9	9	18.96	1.17
10	10	63.79	3.94
11	11	31.74	1.96
12	12	171.44	10.60
13	13	4.22	0.26
14	14	172.88	10.69
15	15	30.02	1.86
16	16	67.47	4.17
17	17	156.90	9.70
18	18	347.05	21.46
19	19	89.12	5.51

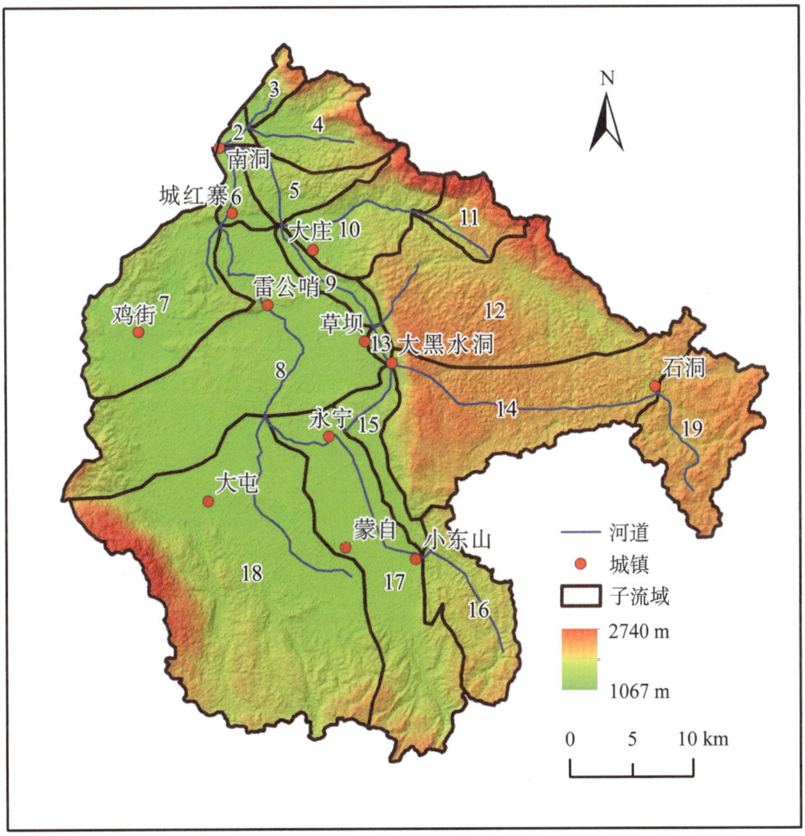

图 3.74　子流域分布

将土壤数据、土地利用数据、坡度数据叠加在流域上，土壤数据、坡度数据设 10% 的阈值（所占比例小于 10% 则不考虑，土地利用变化是重点研究内容之一，不设立阈值），可划分出 905 个 HRU。

流域内盆地与高原环境特征差异较大，高原面分布有大量的喀斯特洼地、落水洞、竖井等喀斯特形态。在模型中刻画出洼地特征的泄水方式，可以更为科学地模拟出流域水文过程，因此，要提取出洼地特征。图 3.74 中的子流域 12 和 14 是洼地分布最为典型的区域，因此，对这两个区域的洼地进行提取和统计。喀斯特区洼地提取有一定难度，研究表明基于高精度的数字地形数据与 ArcGIS 平台结合可以实现较高准确度的洼地信息提取（梁桂星，2019；Moriasi et al.，2007；Nash et al.，1970）。该研究利用 ArcGIS 水文分析工具，使用分辨率为 30 m 的 DEM 数据，通过查找汇的功能识别出研究区内所有的低地，并计算其深度。由于 DEM 数据精度有限，这种方法会夸大洼地范围，将地势相对低洼的所有负地形区域均识别为洼地。但喀斯特洼地不仅是负地形，还具有封闭性的特征（袁道先等，2016），其封闭性在等高线地形图中可以看出，表现为等高线闭合，高程向闭合中心递减。因此，在 ArcGIS 平台利用 DEM 生成等高距为 10 m 的等高线，以洼地外围封闭、不规则圆形等高线为界限，确定出单个洼地的范围，人工筛选出洼地。将两种方法筛选出来的范围进行叠加分析，将其交集判断为子流域中的洼地。经统计分析，子流域 12 和 14 中的洼地信息如表 3.37 所示。

表 3.37　洼地信息统计结果

流域编号	流域面积 km^2	洼地面积 km^2	洼地面积比例 %	洼地个数 个	洼地密度 （个·km^{-2}）	不同深度占比 /%			洼地容积 （$10^4\ m^3$）
						1 ～ 10 m	11 ～ 30 m	31 ～ 77 m	
12	171.44	8.00	4.67	927	5.41	37.13	49.50	13.37	12652.92
14	172.88	9.66	5.59	987	5.71	38.77	41.99	19.24	18501.75

降水、坡面汇水会沿着地势低洼处如洼地、落水洞直接补给到地下深部，使得高原面地表径流严重缺乏。为将高原面这一特征刻画出来，利用 SWAT 坑塘 / 湿地模块输入洼地特征。坑塘 / 湿地模块是 SWAT 对流域特殊水体进行蓄水、泄水模拟的方法（Neitsch et al.，2011）。这两种类型在蓄水阶段的模拟计算完全相同，区别在于泄水阶段。坑塘泄水采用的是类似水库调蓄的方式，需要建立一个目标蓄水函数，当汇水量超过目标值，即进行泄水；而湿地作为自然水体，蓄水量超过其理论蓄水值（容积）则泄水。实际中的洼地是自然排水的状态，没有人对其进行调蓄，因此，将洼地设置成湿地更为合理。根据前期调查研究发现，当地降水以小雨和中雨为主，占比 90% 以上，强度小（王赛男等，2019），山区洼地蓄满水泄出可能性较低。因此，只要输入洼地面积、体积和合理的下渗系数，即可模拟出汇入洼地的水通过下渗方式补给到地下，无法汇流形成地表河网的这一特征。

在模型中刻画洼地特征，需要在湿地模块输入参数（图 3.75）：有 WET_FR（洼地面积占子流域面积比例），WET_MXSA（最高水位时湿地水面面积，也就是洼地面积），WET_NSA（标准水位时湿地水面面积，也就是洼地面积），WET_NVOL（标准蓄水量，洼地体积），WET_VOL（最大蓄水量，洼地体积），最后就是 WET_K（湿地下渗率，参照当地下渗率）。

前期调查计算表明东山—蒙自一带的下渗率为 0.518（Gupta et al.，1999），参照此结论，设置洼地下渗率。

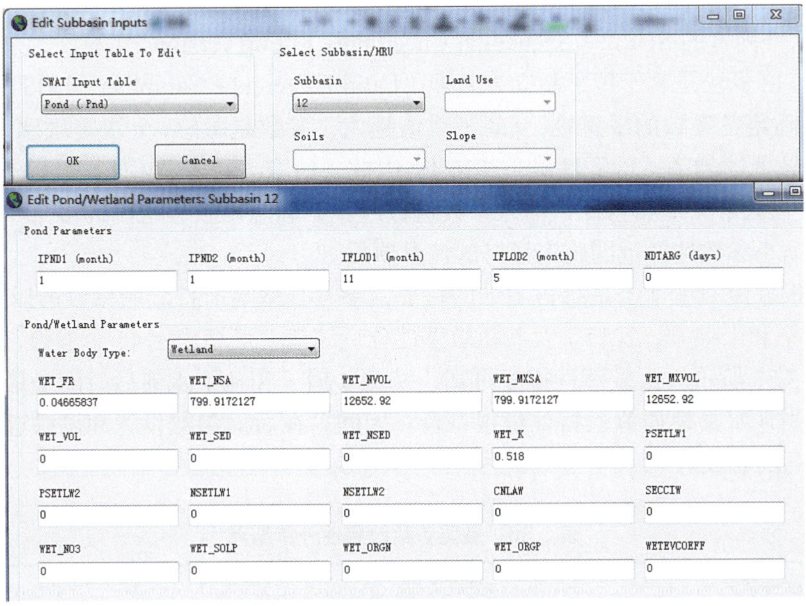

图 3.75　洼地特征输入操作界面

3.4.3.3　模型运行及验证

（1）模型运行

建模与模型运行过程会生成流域的参数集，这些参数集并不一定能真实地代表自然流域的特征，还需根据流域观测数据对模型参数进行调整，使参数本地化，这个过程是模型的率定过程。率定好的参数是否能反映流域自然特征、是否具有普遍适用性，则需要用一段新的观测数据进行验证，验证成功才能说明模型构建成功。因此，需要根据已有的观测数据，划分出率定期和验证期，分别运行模型。为减少初始状态变量对模拟结果的影响，通常在率定前会设置一定的预热时间，作为预热期。由于该研究收集的径流数据 1986—1989 年有大量缺值，因此，以这段时间为界，以 1972—1985 年为率定期、1990—2002 年为验证期，率定前设置 2 年的预热时间，如图 3.76 所示。

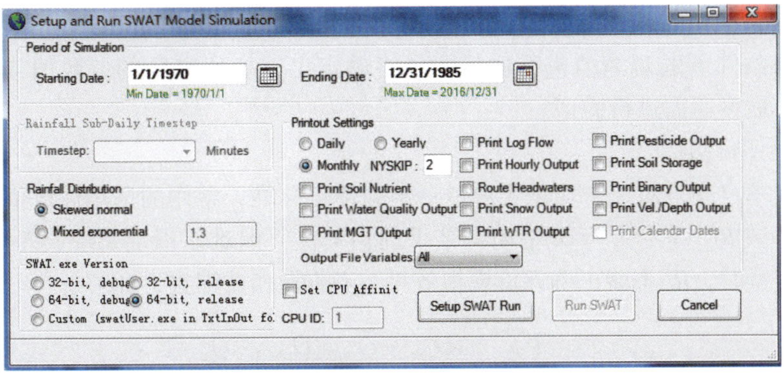

图 3.76　模型运行设置界面

SWAT 模型校准的第一步是确定流域的敏感参数。SWAT 模型涉及参数众多，通过模型参数敏感性分析可以选出对模拟结果影响较大的参数，从而提高模型的率定效率，减少不确定性（Arnold et al.，2012）。通过使用 SWAT-CUP（SWAT-Calibration and Uncertainty Programs）软件内置的 SUFI2（Sequential Uncertainty Fitting version 2）算法，进行参数敏感性分析。SUFI2 算法是基于拉丁超立方采样（Latin Hypercube Sampling，LHS）方法，通过“*t*”检验来确定各参数的敏感性，*t* 的绝对值越大，参数越敏感，*p* 决定敏感性的显著性，值越接近 0 显著性越高（赵玲玲等，2016）。因此，研究者可根据模拟项目（流量、泥沙、水质等）、研究区水文地质特征、前人参数选择经验，确定出较大范围的多个参数，再通过敏感性分析缩小参数选择范围确定最终的调参项目。

该研究根据流域地下水系统占主导的特征，参考其他喀斯特流域参数选择经验（陈爽，2018；张应华和宋献方，2015）及参数敏感性分析结果，最终确定 11 个参数，其敏感性分析结果如表 3.38 所示。由敏感性排序可知，基流 α 因子和地下水滞后时间是最敏感的两个参数，这与当地水文地质背景特征也很符合。因此，在后面参数设置和调参过程中可重点关注敏感性高的参数。

表 3.38　重要参数敏感性分析结果

参数英文名	参数名称	*t*	*p*	敏感性排序
V__ALPHA_BF.gw	基流 α 因子 /d	−2.30	0.03	1
V__GW_DELAY.gw	地下水滞后时间 /d	−1.31	0.20	2
V__ESCO.hru	土壤蒸发补偿因子	−1.15	0.26	3
V__CH_N2.rte	主河道曼宁“*n*”值	0.92	0.37	4
V__SOL_BD（1）.sol	表层土壤密度	−0.88	0.39	5
V__GW_REVAP.gw	地下水再蒸发系数	−0.73	0.47	6
V__CN2.mgt	SCS 径流曲线数	0.65	0.52	7
V__GWQMN.gw	潜水层回归流发生时水深 /mm	0.33	0.75	8
V__SOL_AWC（1）.sol	表层土壤有效含水量	0.29	0.77	9
V__CH_K2.rte	主河道有效水力传导度	−0.28	0.78	10
V__SOL_K（1）.sol	表层饱和水力传导度	0.28	0.78	11

敏感性参数确定后的下一步就是参数率定。参数率定是将给定条件下的模型预测（输出）值与相同条件下的观测值进行比较，最终确定出适合研究区的参数值或范围的过程，确定后的参数最终还需进行验证。

1) 适用性评价指标。

无论参数率定还是验证，均需要通过一定的评价标准，常用的适用性评价指标有：

a. 决定系数 R^2，它侧重于评估模拟结果的相关性，但难以识别系统误差，当模型系统高估或低估变量时，R^2 不能正确评价模拟效果（宋萌勃和黄锦鑫，2007）；

$$R^2=\frac{\left[\sum_{i=1}^{n}(Q_{sim,i}-\overline{Q}_{sim})(Q_{obs,1}-\overline{Q}_{obs})\right]^2}{\sum_{i=1}^{n}(Q_{sim,i}-\overline{Q}_{sim})^2\sum_{i}^{n}(Q_{obs,i}-\overline{Q}_{obs})^2} \tag{3.58}$$

式中：Q_{sim} 是模拟径流量；Q_{obs} 是观测径流量；$\overline{Q}_{sim}$ 是平均模拟径流量；$\overline{Q}_{obs}$ 是平均观测径流量；n 是模拟时间序列长度。R^2 的范围在 0 ~ 1 之间，较高的值表示误差方差较小，R^2 越接近 1，说明模拟值越接近观测值。

b. 纳什系数（NSE，Nash-Sutcliffe），是一种归一化统计量，它确定残差方差（噪声）相对于实测数据方差（信息）的相对大小，侧重于评估观测值与模拟值相对 1∶1 的符合程度，但是采用平方差进行计算，对峰值非常敏感却容易忽略低值的模拟误差（王彦君等，2015）；

$$NSE=1-\frac{\sum_{i=1}^{n}(Q_{obs,i}-Q_{sim,i})^2}{\sum_{i=1}^{n}(Q_{obs,i}-\overline{Q}_{obs})^2} \tag{3.59}$$

式中：Q_{sim} 是模拟径流量；Q_{obs} 是观测径流量；$\overline{Q}_{sim}$ 是平均模拟径流量；$\overline{Q}_{obs}$ 是平均观测径流量；n 是模拟时间序列长度。0 ~ 1 之间的值通常被认为是可以接受的性能水平，而值小于 0 表示观测值的平均值都比模拟值具有更好地预测性能，说明模拟结果没有意义。当 $NSE=1$ 时，模拟值与观测值完全一致。

c. 百分比偏差（*PBIAS*）是衡量模拟数据比观察数据大或小的平均趋势，但不对短期波动趋势进行评估（袁满等，2017）。

$$PBIAS=\frac{\sum_{i=2}^{n}(Q_{obs,i}-Q_{sim,i})}{\sum_{i=1}^{n}Q_{obs,i}}\times 100\%\text{b} \tag{3.60}$$

式中：Q_{sim} 是模拟径流量；Q_{obs} 是观测径流量。*PBIAS* 的最优值为 0%，绝对值越低表示模拟更准确。正值表示模型偏向于低估，而负值表示偏向于高估。

不同评价指标有各自的优势，因此，该研究综合利用决定系数（R^2）、纳什系数（*NSE*）和百分比偏差（*PBIAS*）3 个指标对模型模拟结果进行评价。评价模型适用性的建议标准如表 3.39 所示。

表 3.39　推荐的适用性评级

效果评价	R^2	*NSE*	*PBIAS*/%
非常好	0.75 ~ 1	0.75 ~ 1	−10 ~ 10
好	0.65 ~ 0.75	0.65 ~ 0.75	± 10 ~ ± 15
符合要求的	0.5 ~ 0.65	0.5 ~ 0.65	± 15 ~ ± 25
不符合要求	≤ 0.50	≤ 0.50	≥ ± 25

（据宋萌勃和黄锦鑫，2007）

2）率定结果。

根据研究区特殊的水文地质条件及前人基础研究，地下水滞后时间和基流 α 因子（ALPHA_BF.gw）需要分流域、分区设置（赵一等，2017）。SCS 径流曲线数 *CN* 可以反映土地利用覆被对产流过程的影响，因此，按照不同的土地利用类型赋值（黄嘉佑和李庆祥，2015）；流域土壤面积占比最大的是 ACh2（61.30%）和 LXf（13.98%）两类（表 3.31），因此，对这两类土壤的土壤有效含水量（SOL_AWC.sol）单独进行赋值。最后得到以下参数率定结果（表 3.40）：

表 3.40　参数率定结果

参数类别	参数意义	初始范围	最佳值	分布项目
v__GW_DELAY.gw	地下水滞后时间 /d	0 ~ 500	15.72	2，3，4
			32.30	1，5，9，13，15
			7.30	6，7
			2.47	8，10，17，18，19
			27.16	11，12，14，16
v__ALPHA_BF.gw	基流 α 因子 /d	0 ~ 1	0.77	2，3，4
			0.74	1，5，9，13，15
			0.10	6，7
			0.01	8，10，17，18，19
			0.71	11，12，14，16
v__CN2.mgt	SCS 径流曲线数	35 ~ 98	36.18	FRST，ORCD
v__CN2.mgt			67.20	BALD，URHD
v__CN2.mgt			52.35	HAY
v__CN2.mgt			57.38	AGRL
V__GWQMN.gw	潜水层回归流发生时水深 /mm	0 ~ 5000	4020.93	all
r__SOL_AWC（1）.sol	土壤有效含水量	0 ~ 1	0.11	ACh2
r__SOL_AWC（1）.sol			0.18	LXf
r__SOL_K（1）.sol	饱和水力传导度	0 ~ 2000	0.32	all
r__SOL_BD（1）.sol	土壤密度	0.9 ~ 2.5	0.42	all
v__ESCO.hru	土壤蒸发补偿因子	0 ~ 1	0.73	all
v__CH_N2.rte	主河道曼宁“*n*”值	−0.01 ~ 0.3	0.18	all
v__CH_K2.rte	主河道有效水力传导度	−0.01 ~ 500	214.01	all
v__GW_REVAP.gw	地下水再蒸发系数	0.02 ~ 0.2	0.20	all

模型适用性评价结果显示，R^2=0.77，*NSE*=0.76，*PBIAS*=1.9%，表明模拟结果较好。从模拟期模拟值与观测值对比来看，径流曲线整体符合度较高，尽管个别年份丰水期的拟合度相对较差，但总体效果可以接受（图 3.77）。

（2）模型验证

在建模过程中可生成各种良好的拟合参数集，这些拟合参数集并不一定能真实代表自然流域的特征，因此需要对参数进行验证。验证过程是使用在率定过程中确定的参数运行模型，并将预测结果与未在率定过程中使用的观测数据进行比较，符合验证指标，

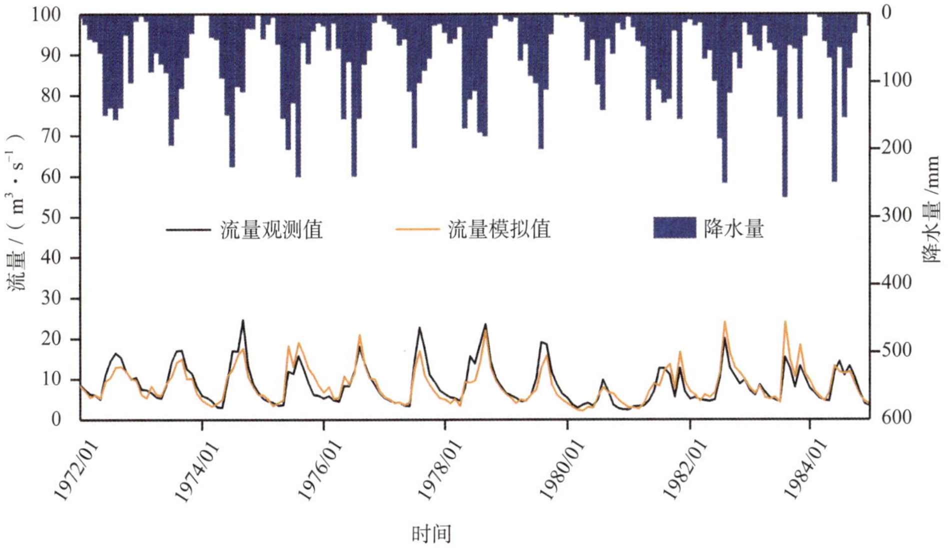

图 3.77　率定期（1972 — 1985 年）模拟值与观测值与对比

才能说明该套参数体系在本流域具有适用性，模型构建成功（Arnold et al.，2012）。由于 1986—1989 年的逐月数据存在大量缺值，因此，利用 1990—2002 年的月径流数据对模型进行验证，验证时同样设置 2 年的预热时间。验证期模拟径流与观测值拟合图如图 3.78 所示，模拟流量的过程曲线与观测值流量过程曲线拟合度较好，个别年份峰值有一定差距。验证评价结果 R^2=0.80，*NSE*=0.79，*PBIAS*=0.6%，说明验证结果非常好。同时说明，表 3.38 的参数体系能够反映流域水文过程特征，因此适用于南洞地下河流域的 SWAT 模型构建成功。

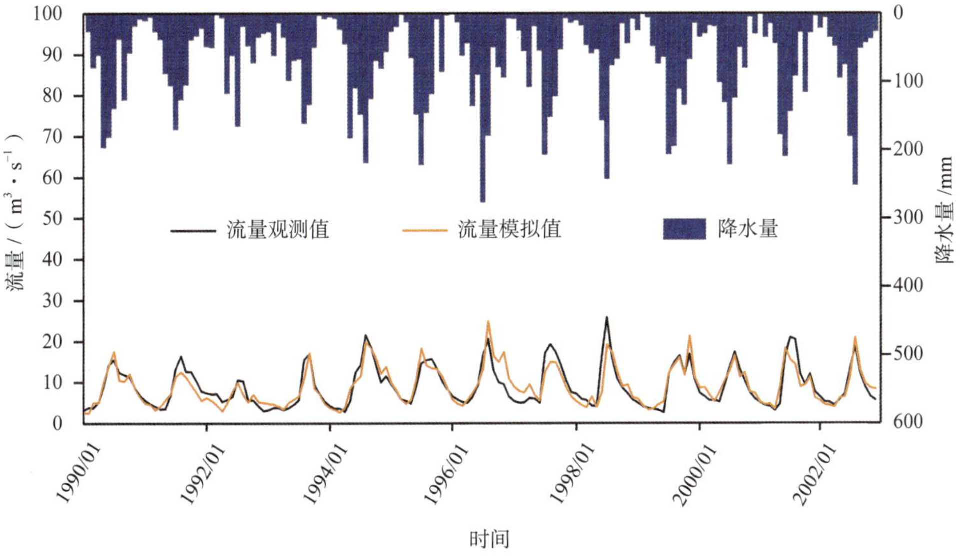

图 3.78　验证期（1990 — 2002 年）模拟值观测值与对比

3.4.3.4 流域水资源分配特征

（1）流域水量平衡分析

南洞流域为典型的“盆－山”构造地形，流域内地形、气候、地质条件差异均较大，特别是盆地与高原山区之间。为更好地分析水资源分配的空间差异，根据前人工作经验和野外调查结果，将流域划分成两大部分：盆地区，面积共 1011.03 km^2；高原山区，面积共 606.45 km^2。两个区域所包含的子流域如表 3.41 所示，通过模型校准好的参数复原流域水文过程，得到流域主要水资源分配状况。结果表明：各子流域蒸散发量占降水量比例的变化范围为 66.76% ~ 82.69%，整个流域平均值为 74.69%，盆地区平均值为 78.14%，高原山区平均值为 69.95%。盆地区的蒸散量比例比高原区多 8.20%，这与盆地气温更高、相对湿度更小有关系。总径流量占降水量比例的变化范围为 9.29% ~ 33.89%，整个流域的平均值为 21.11%、盆地区为 16.41%、高原山区为 27.56%，高原山区的径流量比盆地区多 11.14%。

表 3.41 1972—2002 年子流域尺度的水分配情况

地形区	子流域编号	面积	降水量	实际蒸散量		总径流量		地表径流量		地下径流量	
		km^2	mm	mm	%	mm	%	mm	%	mm	%
盆地区	1	<0.01	68.59	53.50	78.00	13.55	19.76	0.00	0.00	13.55	100.00
	5	34.18	67.05	51.91	77.42	12.54	18.70	0.70	5.58	11.84	94.42
	6	15.72	64.11	50.06	78.08	11.21	17.49	1.63	14.54	9.58	85.46
	7	115.71	65.90	51.75	78.53	11.53	17.50	2.09	18.13	9.44	81.87
	8	224.49	72.33	57.71	79.79	6.72	9.29	2.58	38.39	4.14	61.61
	9	18.95	67.07	55.46	82.69	8.58	12.79	1.93	22.49	6.65	77.51
	10	63.79	66.41	50.06	75.38	15.22	22.92	1.06	6.96	14.16	93.04
	13	4.22	72.60	52.98	72.98	11.35	15.63	1.20	10.57	10.15	89.43
	15	30.02	72.70	56.20	77.30	8.59	11.82	2.33	27.12	6.26	72.88
	17	156.90	71.80	58.50	81.48	11.74	16.35	2.87	24.45	8.87	75.55
	18	347.05	71.68	55.87	77.94	13.12	18.30	1.51	11.51	11.61	88.49
	平均值			54.00	78.14	11.29	16.41	1.63	16.34	9.66	83.66
高原山区	2	5.23	64.57	49.59	76.80	12.88	19.95	0.50	3.88	12.38	96.12
	3	13.59	61.41	41.00	66.76	20.81	33.89	0.25	1.20	20.56	98.80
	4	54.98	66.22	46.35	69.99	18.64	28.15	0.23	1.23	18.41	98.77
	11	31.74	63.95	43.15	67.47	20.70	32.37	0.23	1.11	20.47	98.89
	12	171.44	71.58	48.88	68.29	19.36	27.05	0.51	2.63	18.85	97.37
	14	172.88	71.09	50.91	71.61	16.36	23.01	0.33	2.02	16.03	97.98
	16	67.47	69.71	48.65	69.79	19.00	27.26	0.37	1.95	18.63	98.05
	19	89.12	69.68	47.99	68.87	20.06	28.79	0.40	1.99	19.66	98.01
	平均值			47.07	69.95	18.48	27.56	0.35	2.00	18.12	98.00
流域总平均值				51.08	74.69	14.31	21.11	1.09	10.30	13.22	89.70

注：表中蒸散发量和径流量的 % 项均是占降水量的比例，而地表与地下径流的 % 项是占总径流量的比例。

（2）径流“二元”分布特征

从地上－地下径流“二元”分配状况来看（表 3.39），整个流域地表径流均较小，占总径流量的 10.30%，地下径流量占总流量的 89.70%，地下径流量是地表径流量的 9 倍，盆地和高原山区的这种差异更大。

流域地表径流空间分布状况如图 3.79 所示。盆地各子流域地表径流量范围在 0 ~ 2.87 mm 之间，平均值为 1.63 mm，平均占总径流量的 16.34%，子流域 7、8、15 和 17 的地表径流较大，均在 2 mm 以上；而高原山区的地表径流范围在 0.23 ~ 0.51mm 之间，平均值为 0.35 mm，平均占总径流量的 2.00%，可见高原山区的地表径流相当缺乏。

流域地下径流空间分布状况如图 3.80 所示。盆地内各子流域地下径流范围在 4.14 ~ 14.16 mm 之间，平均值为 9.66 mm，占盆地总径流量的 83.66%；而高原山区地表地下径流量范围在 12.38 ~ 20.56 mm 之间，平均值为 18.12 mm，占高原山区总径流量的 98.00%。可见高原山地区虽然径流总量比盆地更多，但是 98.00% 成为地下径流，这与高原山区多洼地、落水洞的喀斯特地质背景有关。

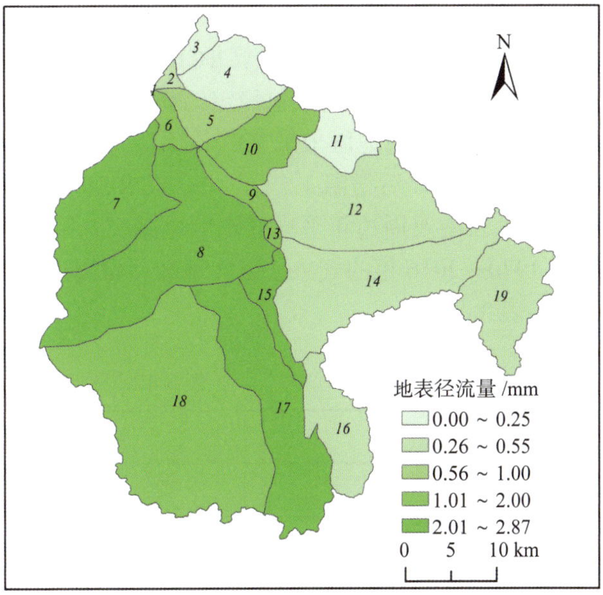

图 3.79　地表径流空间分布状况

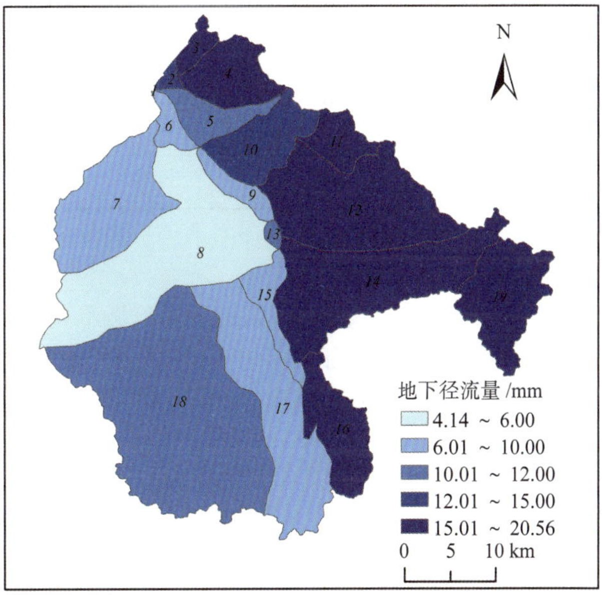

图 3.80　地下径流空间分布状况

3.4.3.5　气候变化情景下的径流模拟

气候情景模拟一般可以采用两种方法，一种是基于大气环流模型的方法，另一种是自定义气候模式法。由于大气环流模型需要降尺度，而本研究区面积较小，降尺度使气候数据的精度无法保障，因此使用人为设置情景的方式。该研究的气候情景设置主要有两个依据：一是基于政府间气候变化专门委员会（IPCC）关于全球变暖 1.5℃的特别报告。报告指出与 2℃温升相比，1.5℃温升能够降低许多不可逆转的气候变化风险，因此，1.5℃温升成为新的控温目标（IPCC，2018）并受到学界的广泛关注。二是根据周秀华和肖子牛（2014）

利用全球海气耦合模式（Coupled Model Intercomparison Program 5，CMIP5）对云南及周边地区做出的气候预估。基于RCP4.5情景（到2100年辐射强迫稳定约在4.5 W/m^2）和RCP8.5（到2100年辐射强迫稳定约在8.5 W/m^2）两种温室气体排放情景下的气候模拟结果显示：云南及周边地区未来50年气温呈现显著增加的趋势，2021—2041年月均增温1.1℃左右，2041年以后增温1.5℃以上，在RCP8.5情境下各月增温平均超过1.9℃。降水模拟结果显示云南及周边年平均降水明显减少，降水异常现象突出（周秀华和肖子牛，2014）。根据1970—2016年的气象数据为基准，设置以下不同气候情景，进行南洞地下河流域水文模拟（表3.42）。

表3.42　气候变化情景设置

气候情景	降水变幅 / %	气温变化 /℃
C0	0	0
C1	−10	0
C2	+10	0
C3	0	+1
C4	0	+1.5
C5	0	+2
C6	−10	+1.5
C7	+10	+1.5

（1）降水变化情景

利用SWAT模型建立南洞地下河流域不同气候情景下的水文模型，得到的水文模拟结果如表3.43所示。C1情境是在C0情境的气候基础上降水减少10%，多年平均降水量减少到740.80 mm。C2情境是在C0情境的气候基础上降水增加10%，多年平均降水量增加到905.40 mm。

表3.43　不同降水情景下的水文模拟结果

情景	降水量	实际蒸散量		地表径流量		地下径流量		下渗量		土壤水变量	
	mm	mm	%	mm	%	mm	%	mm	%	mm	%
C0	823.10	629.10	76.43	18.63	2.26	143.59	17.45	42.44	5.16	−10.66	−1.30
C1	740.80	590.80	79.75	13.19	1.78	124.64	16.83	24.91	3.36	−12.74	−1.72
C2	905.40	662.20	73.14	26.02	2.87	162.92	17.99	62.80	6.94	−8.54	−0.94

注：%为变化比例。

1）水文过程对降雨变化的响应分析。

通过比较不同降雨情景下实际蒸散发、径流、下渗和土壤水储量的变化，可以反映出各水循环过程对降雨变化的响应程度。流域主要水文过程变化如图 3.81 所示：C1 气候情景下，流域实际蒸散量相对 C0 情境减少了 6.09%，流域地表径流减少 29.20%，地下径流减少 13.20%，下渗量减少 41.31%，土壤水亏损增加 19.51%。相对于 C0 情境，C2 气候情景下流域实际蒸散量增加 5.29%，流域地表径流增加 39.67%，地下径流量增加 13.46%，下渗量增加 47.97%，土壤水亏损减少 19.89%。综合比较来看，流域降水发生变化时，下渗过程反应最为明显，其次是地表径流过程、土壤水变化和地下径流过程。

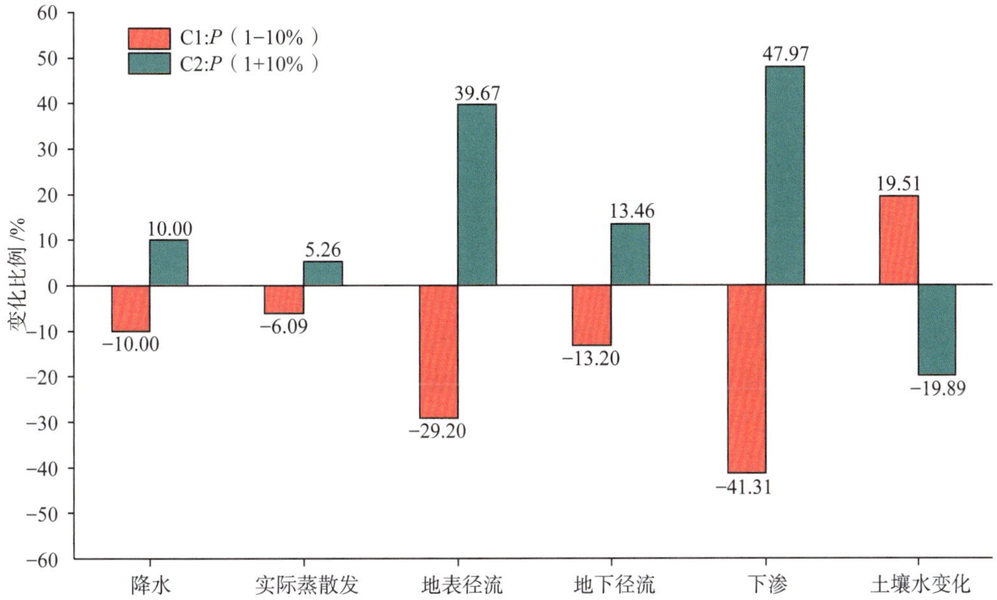

图 3.81　降水变化情境下各水文过程变化比例

2）水量平衡分析。

流域水文过程的改变会引起水量平衡的改变。由于 C1 和 C2 情景相对于 C0（1970—2016 年观测气象数据）情景降水量发生改变，其水文过程发生改变，水量平衡组分也发生改变。由模拟结果表 3.41 可知，不同降水情境下流域降水超过 70% 的比例均以蒸散发的形势亏损，剩余 2% 左右变为地表径流，17% 左右变为地下径流，下渗量在 3.36% ~ 6.94% 之间，土壤水处于亏损状态，亏损量在 10 mm 左右。流域降水转化为径流的比例较小，且径流以地下径流为主。与 C0 情景相比较，降水减少 10%，使蒸散发的比例上升 3.32%，地表径流比例减少 0.48%，地下径流比例减少 0.62%，下渗量比例减少 1.79%，土壤水亏损程度增加 0.42%。C2 情境下蒸散发量比例降低 3.29%，地表径流比例增加 0.61%，下渗量比重增加 1.78%，土壤水亏损状态相对缓解，亏损减少 0.35%。总体来看，降水变化会使各水分平衡组分发生改变，但是流域蒸散量大，径流小且地表径流占比小，土壤水分呈亏损状态的总体特征不变。

（2）气温上升情景

气温变化情景中 C3、C4 和 C5 分别为相对于 C0 气候情境下气温增加 1℃、1.5℃和 2℃时的气候情景。不同气温情景下的水文模拟结果如表 3.44 所示。

表 3.44 不同气温情景下的水文模拟结果

情景	降水量 mm	实际蒸散量		地表径流量		地下径流量		下渗量		土壤水变量	
		mm	%	mm	%	mm	%	mm	%	mm	%
C0	823.10	629.10	76.43	18.63	2.26	143.59	17.45	42.44	5.16	−10.66	−1.30
C3	823.10	633.00	76.90	18.29	2.22	143.38	17.42	39.55	4.81	−11.12	−1.35
C4	823.10	634.90	77.14	18.10	2.20	143.27	17.41	38.10	4.63	−11.27	−1.37
C5	823.10	636.80	77.37	17.96	2.18	143.12	17.39	37.77	4.59	−12.55	−1.52

注：% 为变化比例。

1）水文过程对气温上升的响应分析。

气温变化情境下各水文过程变化情况如图 3.82 所示。随着气温的上升，实际蒸散量增加，但增加的幅度较小，C3、C4 和 C5 情境下蒸散发相比于 C0 时期分别增加 0.62%、0.92% 和 1.22%。相对于 C0 时期的径流量，C3、C4 和 C5 情境下地表径流分别减少 1.83%、2.84%、3.60%，地下径流分别减少 0.15%、0.22% 和 0.33%，但径流减少比例相对较小。相比较而言，下渗与土壤水变化幅度相对更加明显，下渗减少比例分别为 6.81%、10.23% 和 11%，土壤水亏损分别增加 4.23%、5.72% 和 17.73%。土壤水变化与下渗过程对气温上升的响应最为敏锐，径流响应较弱，但地表径流的响应度明显高于地下径流。各水文过程的变化与气温梯度变化并不呈线性关系，以土壤水变化为例，从 C0 到 C3 情景气温上升 1℃，土壤水亏损增加 4.32%，C0 到 C5 气温上升 2℃，土壤水亏损增加 17.73%，增加幅度约是 C0 到 C3 的 4 倍。由此可见，气温对各水文过程的影响是非常复杂的。

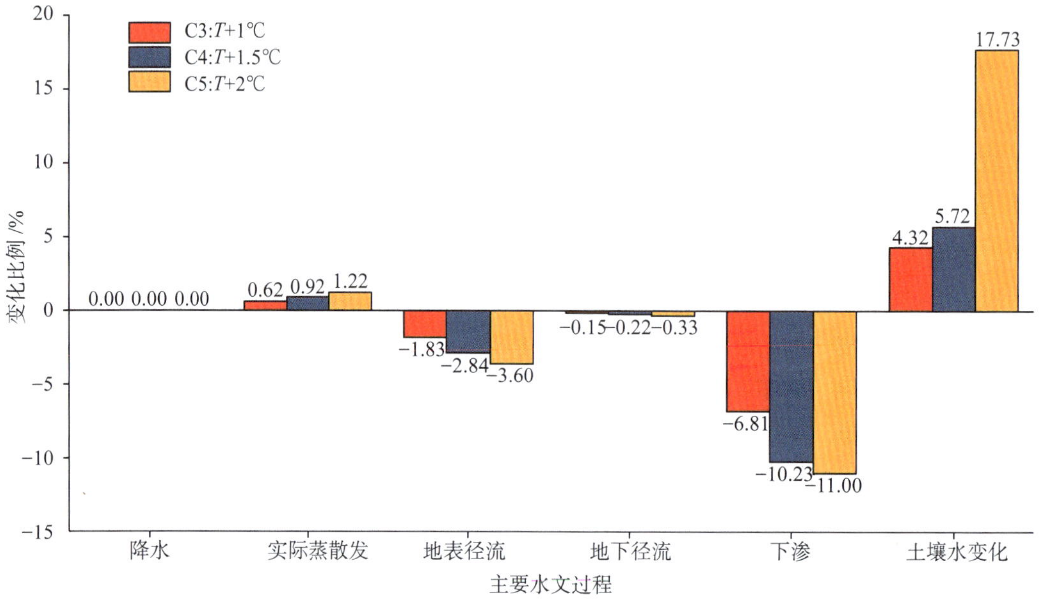

图 3.82 气温变化情境下各水文过程变化比例

2）水量平衡分析。

流域水文过程的改变会引起水量平衡的改变。随着气温的增加，C3、C4 和 C5 情境下，蒸散量在水分平衡组分中的比重逐渐增加，地表径流、地下径流和下渗比例均降低，土壤水分亏损状态更加严重。但由于流域蒸散量大、径流小且地表径流占比小，因此，土壤水分呈亏损状态的总体特征不变。

（3）降水 – 气温变化耦合情景

设置两个降水 – 气温变化耦合情景，其中 C6 是气温上升 1.5℃、降水减少 10% 的气候条件，C7 是气温上升 1.5℃、降水增加 10% 的气候条件。不同降水 – 气温耦合情景下的水文模拟结果如表 3.45 所示。

表 3.45　降水气温耦合情景下的水文模拟结果

情景	降水量	实际蒸散量		地表径流量		地下径流量		下渗量		土壤水变量	
	mm	mm	%	mm	%	mm	%	mm	%	mm	%
C0	823.10	629.10	76.43	18.63	2.26	143.59	17.45	42.44	5.16	−10.66	−1.30
C6	740.80	594.90	80.31	12.87	1.74	124.41	16.79	22.00	2.97	−13.38	−1.81
C7	905.40	669.90	73.99	25.21	2.78	162.53	17.95	56.98	6.29	−9.22	−1.02

注：% 为变化比例。

1）水文过程对降水 – 气温耦合变化的响应分析。

降水 – 气温耦合变化情景下各水文过程变化情况如图 3.83 所示。与 C0 情景相比，C6 情景下降水量减少 10%、气温上升 1.5℃时，实际蒸散量减少 5.44%，地表径流量减少 30.92%，地下径流量减少 13.39%，下渗量减少 48.16%，土壤水亏损状态加剧，亏损量增

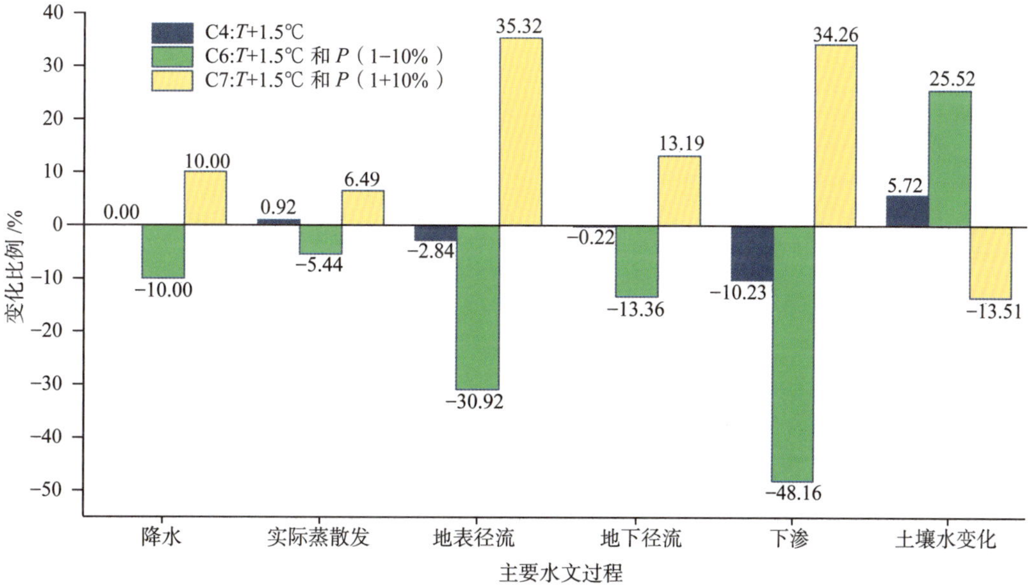

图 3.83　降水 – 气温耦合变化情境下各水文过程变化比例

加 25.52%。与 C0 情景相比，C7 情境下降水量增加 10%、气温上升 1.5℃时，实际蒸散量增加 6.49%，地表径流量增加 35.32%，地下径流量增加 13.19%，下渗量增加 34.26%，土壤水亏损状态相对缓解，亏损减少 13.51%。降水－气温耦合变化情景下对气候变化响应最敏感的是下渗过程，其次是地表径流过程，随后是地下径流过程和土壤水变化过程。

2）水量平衡分析。

流域水文过程的改变会引起水量平衡的改变。如表 3.43 所示，与 C0 相比，C6 情境下实际蒸散量比例增加 3.87%，径流量比例均降低，但幅度较小，其中地表径流量比例降低 0.53%，地下径流量比例降低 0.65%，下渗量比例降低 2.19%，水分亏损状态更为严重，比例增加 0.51%。与 C0 相比，C7 情境下实际蒸散量比例减少 2.44%，径流量比例均增加，但幅度较小，其中地表径流量比例增加 0.52%，地下径流量比例增加 0.51%，下渗量比例增加 1.14%，水分亏损状态相对减轻，比例降低 0.28%。气候变化使流域水分平衡各组分发生变化，但流域蒸散量大，径流小且地表径流占比小，因此，土壤水分成亏损状态的总体特征不变。

无论从理论还是模拟结果均可显示，气温与降水耦合条件下的水文过程并不是气温与降水变化分别引起的变化量的简单相加，区域气候变化对流域水文过程的影响是复杂的。

综合比较 7 个气候情景，即：降水变化情景（C1 和 C2）、气温上升情景（C3、C4 和 C5）和气温－降水耦合变化情景（C6 和 C7），可以发现不同情境下各水文过程变化幅度（图 3.84）。下渗过程对气候变化的响应最大，变化范围为 −48.16% ～ 47.97%，其次是地表径流量，变化范围 −30.92% ～ 39.67%，土壤水储量变化范围 −19.89% ～ 25.52%、地下径流量变化范围 −23.36% ～ 13.46%、蒸散量变化范围 −6.09% ～ 6.49%。

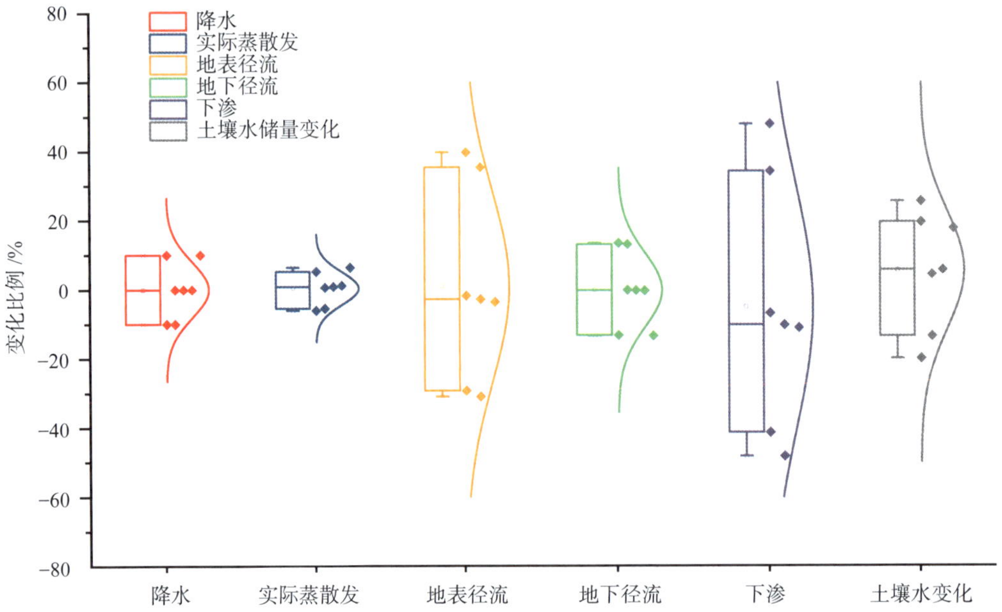

图 3.84　气候变化情境下各水文过程变化比例

在气候变化情景下，流域水循环过程发生改变，主要水分平衡组分的比例也发生变化（图 3.85）。流域降水量绝大部分以蒸散发的形式损失掉，蒸散发占降水比例的范围为 73.14% ~ 80.31%，平均比例为 76.88%；地表径流占降水比例范围是 1.74% ~ 2.87%，平均比例为 2.26%；地下径流占降水比例范围是 16.79% ~ 17.99%，平均比例为 17.40%；下渗占降水比例范围为 2.97% ~ 6.94%，平均比例 4.84%；土壤水储量处于亏损状态，亏损量占降水比例范围为 0.94% ~ 1.81%，平均比重为 1.38%。流域水文过程具有蒸散量大，地下径流为主，土壤水持续亏损的特点。

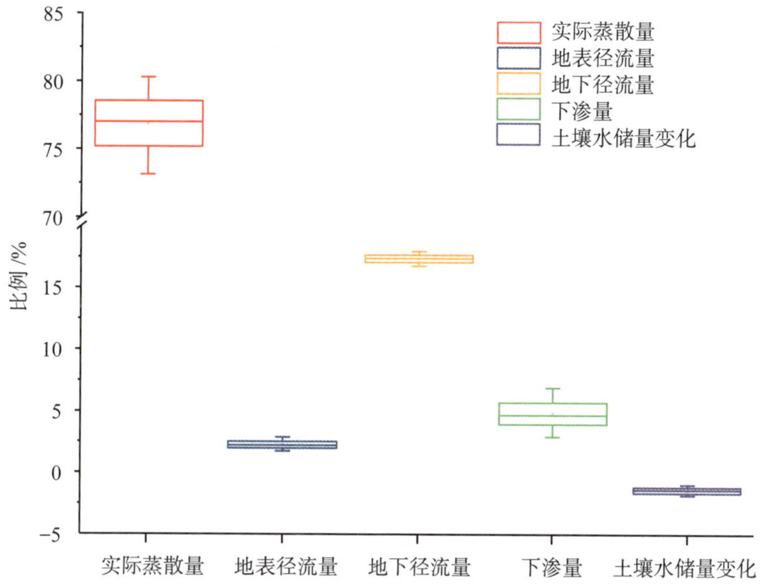

图 3.85　不同气候情景下水平衡各组分占降水量比例的变化

3.4.3.6　土地利用 / 覆被变化情景下的径流模拟

土地利用 / 覆被变化会影响蒸散发、产流、汇流和下渗等重要水循环过程。由于流域内正在进行石漠化综合治理，因此需要考虑生态好转的未来土地利用 / 覆被情景，进而设置流域内裸地全部消失并转为草地和林地时的土地利用情景。以 2013 年的土地利用分类结果为基准，设立以下土地利用情景（表 3.46）。

表 3.46　不同土地利用情景设置

情景	土地利用变化	气候数据
L0=C0	Land2013	1970—2016 年
L1	裸地转草地	1970—2016 年
L2	裸地转林地	1970—2016 年

裸地转草地后，流域草地面积变为 329.03 km^2，比例为 20.34%，增加 8.40%；其他各用地类型不变，面积比例如表 3.47 所示，流域各用地的分类情况如图 3.86 所示。

表 3.47　裸地转草地情景下的各类用地面积

	转变前		转变后	
土地利用类型	面积 /km^2	比例 /%	面积 /km^2	比例 /%
耕地	623.21	38.53	623.21	38.53
林地	503.32	31.12	503.32	31.12
果园	54.56	3.37	54.56	3.37
草地	193.19	11.94	329.03	20.34
裸地	135.84	8.40	0.00	0.00
城镇	74.36	4.60	74.36	4.60
水域	32.95	2.04	32.95	2.04
合计	1617.43	100.00	1617.43	100.00

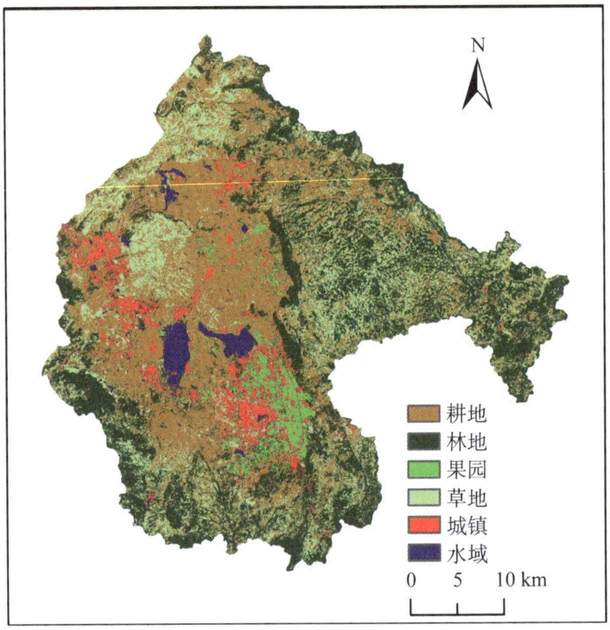

图 3.86　裸地转草地情境下各土地利用分布状况

裸地转草地情境下，下垫面变得更为粗糙，草地对雨水有截留作用，使下渗减少、径流减少，而截留的雨水又通过蒸发损失掉，因此蒸散量会变多。模拟结果显示（表 3.48），当流域裸地变草地后，流域实际蒸散量为 637.70 mm 并增加了 8.6 mm，蒸散量占降水量的 77.48%，增加了 1.04%；地表径流量为 16.16 mm，减少了 2.47 mm，地表径流量占降水量的 1.96%，降低了 0.30%；地下径流量为 142.13 mm，减少了 1.46 mm，地下径流量占降水量的 17.27%，降低了 0.18%；下渗量为 37.86 mm，减少了 5.58 mm，下渗量占降水量的 4.60%，降低了 0.56%；土壤水亏损量为 10.75 mm，比例增加了 0.01%。由此可见，下渗量比例变化幅度最大，土壤含水量的比例变化最小。

表 3.48　裸地转草地情景下的水文模拟结果

情景	降水量	实际蒸散量		地表径流量		地下径流量		下渗量		土壤水变量	
	mm	mm	%	mm	%	mm	%	mm	%	mm	%
L0	823.10	629.10	76.43	18.63	2.26	143.59	17.45	42.44	5.16	−10.66	−1.30
L1	823.10	637.70	77.48	16.16	1.96	142.13	17.27	37.86	4.60	−10.75	−1.31

注：% 为变化比例。

从各水文过程响应程度来看（图 3.87），流域裸地转草地后，地表径流响应最为明显，地表径流量减少 13.26%，其次是下渗过程，下渗量减少 10.79%，地下径流过程和土壤水变化的响应较弱。

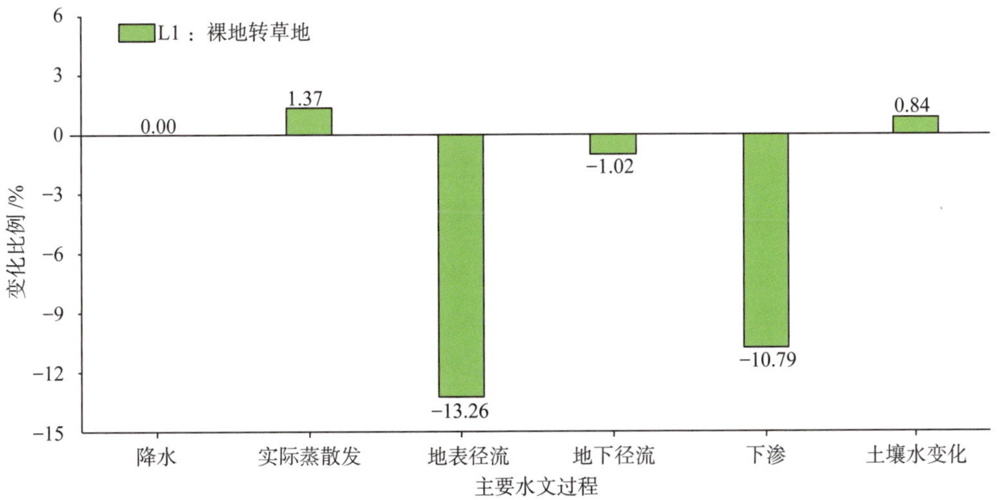

图 3.87　裸地转草地情境下各水文过程变化比例

裸地转林地后，流域裸地面积为 0，林地面积为 639.16 km^2，占比 39.52%，成为流域面积最大的用地类型，其他各类用地保持不变，具体面积和比例如图 3.88 和表 3.49 所示。

表 3.49　裸地转林地情景下的各类用地面积

土地利用类型	转变前		转变后	
	面积 /km^2	比例 /%	面积 /km^2	比例 /%
耕地	623.21	38.53	623.21	38.53
林地	503.32	31.12	639.16	39.52
果园	54.56	3.37	54.56	3.37
草地	193.19	11.94	193.19	11.94
裸地	135.84	8.40	0.00	0.00
城镇	74.36	4.60	74.36	4.60
水域	32.95	2.04	32.95	2.04
合计	1617.43	100.00	1617.43	100.00

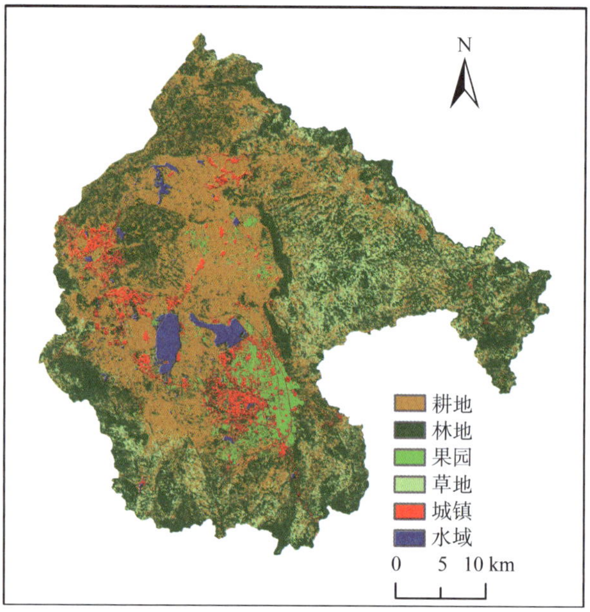

图 3.88 裸地转林地情境下各土地利用分布情况

裸地转林地后，下垫面变粗糙，树冠对雨水有截留作用，导致蒸散发、下渗和产流汇流等过程发生变化。流域裸地转林地情景下的模拟结果如表 3.50 所示。与用地转变前相比，裸地变林地后其蒸散量增加为 633.20 mm，增加了 4.1 mm，蒸散量占降水量的 76.93%，比例提高了 0.5%；地表径流量为 16.32 mm，减少了 2.31 mm，地表径流量占降水量的 1.98%，比例降低了 0.28%；地下径流量为 142.93 mm，减少了 0.66 mm，地下径流占降水量比例的 17.36%，降低了 0.09%；下渗量为 40.04 mm，减少了 2.40 mm，下渗量占降水量的 4.86%，比例降低了 0.29%，土壤水亏损状态缓解，亏损量由 10.66 mm 变为 9.39 mm，亏损量减少 1.27 mm。从水分平衡看，裸地转林地对水分平衡组分的影响很小。

表 3.50 裸地转林地情景下的水文模拟结果

情景	降水量	实际蒸散量		地表径流量		地下径流量		下渗量		土壤水变化量	
	mm	mm	%	mm	%	mm	%	mm	%	mm	%
L0	823.10	629.10	76.43	18.63	2.26	143.59	17.45	42.44	5.16	−10.66	−1.30
L2	823.10	633.20	76.93	16.32	1.98	142.93	17.36	40.04	4.86	−9.39	−1.14

注：% 为变化比例。

从各水文过程的变化幅度来看（图 4.89），地表径流的响应最为明显，地表径流减少了 12.40%。土壤水响应也很明显，土壤水亏损状态有较明显的缓解，亏损减少 11.91%。其次是下渗过程，下渗量减少了 5.66%。地表径流和蒸发的改变都很微弱，变化幅度不超过 1%。

在现在的气候条件下，通过裸地转草地、裸地转林地两种土地利用变化情景的模拟发现：①土地利用的改变对水分平衡各组分会产生影响，但这种改变是微弱的；②相比较而言，地表径流对土地利用变化的响应最为明显，裸地转草地使地表径流减少 13.26%，裸地转林地使地表径流减少 12.40%，地下径流变化微弱；③从下渗量的变化来看，草地比林地

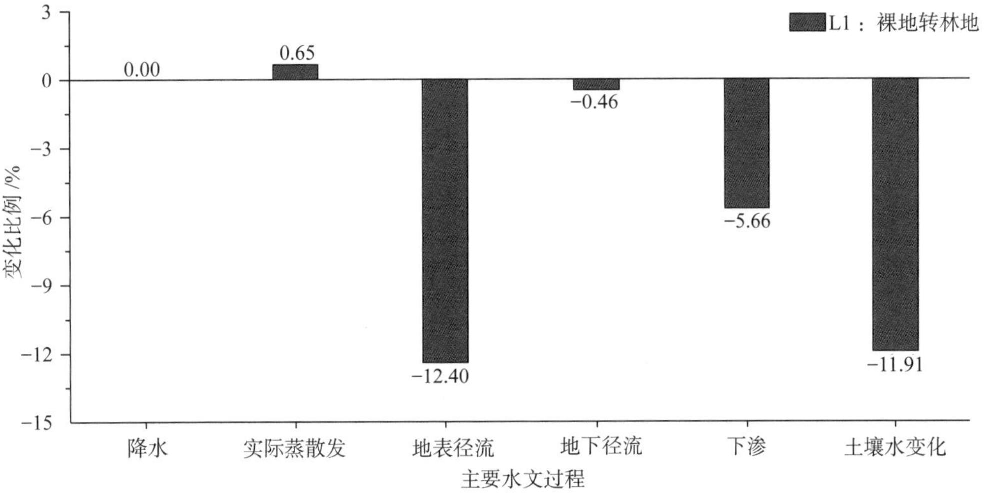

图 3.89　裸地转林地情境下各水文过程变化比例

的防渗效果好；④从土壤水储量变化来看，林地比草地的蓄水效果更好。

综上所述，比起草地和林地，裸地更有利于地表径流的产生，这与其他喀斯特区的研究结果一致。后寨河流域相关研究表明裸岩情景下径流大于林地情景下的径流（蒙海花等，2011），贵州石板塘流域的相关研究表明流域产水量的减少与林地、牧草地增加有关（Tian et al.，2016）。在该研究区，地表径流量本身很小，占流域面积 8.40% 的裸地转变为草地或者林地后，它们对径流量的影响很小，且两种转变方式对径流量的影响差别不大，但这两种用地转变方式对下渗过程和土壤水储量有较大差别。模拟结果显示，裸地转草地造成的径流下渗减少量（10.79%）约是转林地造成的下渗减少量（5.66%）的 2 倍。裸地转草地造成 0.84% 的土壤水亏损增量，而裸地转林地会使土壤水亏损量减少 11.91%，相比裸地和草地，林地的土壤水分涵养优势更为明显。该结论也得到其他相关研究的支持，侯文娟等（2018）通过 SWAT 模型对乌江流域喀斯特产流影响因素分析，发现森林系统有更强的土壤水分涵养能力，黄鹏（2018）通过对黄土丘陵区土壤水模拟研究，发现林地土壤含水量高于草地。

3.4.3.7　气候与土地利用 / 覆被变化耦合情景下的径流模拟

未来情景不可能是单一的降水或者气温变化，也不是单一的土地利用变化，为了更真实地模拟未来环境变化，将气候与土地利用 / 覆被变化情景组合起来，设立表 3.51 所示的气候与土地利用 / 覆被耦合情景，以期更为合理模拟出未来变化环境下流域的水文过程。

表 3.51　气候与土地利用 / 覆被变化耦合情景

情景	降水变幅 /%	气温变化 /℃	土地利用变化
CL0=L0=C0	0	0	Land2013
CL1	−10	+1.5	裸地转草地
CL2	+10	+1.5	裸地转草地
CL3	−10	+1.5	裸地转林地
CL4	+10	+1.5	裸地转林地

不同情景的模拟结果如表 3.52 所示，气候变化与土地利用 / 覆被变化耦合情景下，流域各主要水分组分比例发生变化。与 CL0 相比，CL1、CL2、CL3 和 CL4 情境下实际蒸散量比例变化分别为 4.66%、−1.40%、4.29% 和 −1.93%，其中 CL1 情景的蒸散增加最多，占降水比例的 81.09%。地表径流量占比变化幅度均小于 1%，CL4 情景下径流量最大，地表径流量 21.95 mm，占比 2.42%；地下径流量 161.95 mm，占比 17.89%。CL1 情景下的径流量最小，地表径流量 11.60 mm，占比 1.57%；地下径流量 123.08 mm，占比 16.61%。CL4 情景也是下渗量最大，土壤水减少量最小的情景，CL1 是下渗量最少，土壤水亏损最多的情景。气候变化对水文平衡组分的影响，明显大于土地利用变化的影响。在相同气候条件下，裸地转林地的径流量大于裸地转草地的径流量，裸地转林地后的土壤水分亏损小于裸地转草地情景。由此可见，气候与土地利用 / 覆被变化耦合变化条件下，林地比草地的产流量及土壤涵水量更大。

表 3.52　气候变化与土地利用 / 覆被变化情景水文模拟结果

情景	降水量	实际蒸散量		地表径流量		地下径流量		下渗量		土壤水变化量	
	mm	mm	%	mm	%	mm	%	mm	%	mm	%
CL0	823.10	629.10	76.43	18.63	2.26	143.59	17.45	42.44	5.16	−10.66	−1.30
CL1	740.80	600.70	81.09	11.60	1.57	123.08	16.61	18.87	2.55	−13.45	−1.82
CL2	905.40	679.30	75.03	21.80	2.41	161.08	17.79	52.56	5.81	−9.34	−1.03
CL3	740.80	598.00	80.72	11.62	1.57	123.82	16.71	20.80	2.81	−13.44	−1.81
CL4	905.40	674.50	74.50	21.95	2.42	161.95	17.89	56.30	6.22	−9.30	−1.03

注：% 为变化比例。

从不同情景水文过程变化比例来看（图 3.90），与 CL0 相比，CL1、CL2、CL3 和 CL4 的下渗量变化幅度最大，其中 CL1 和 CL3 下渗量与 CL0 情景相比分别减少 55.54% 和

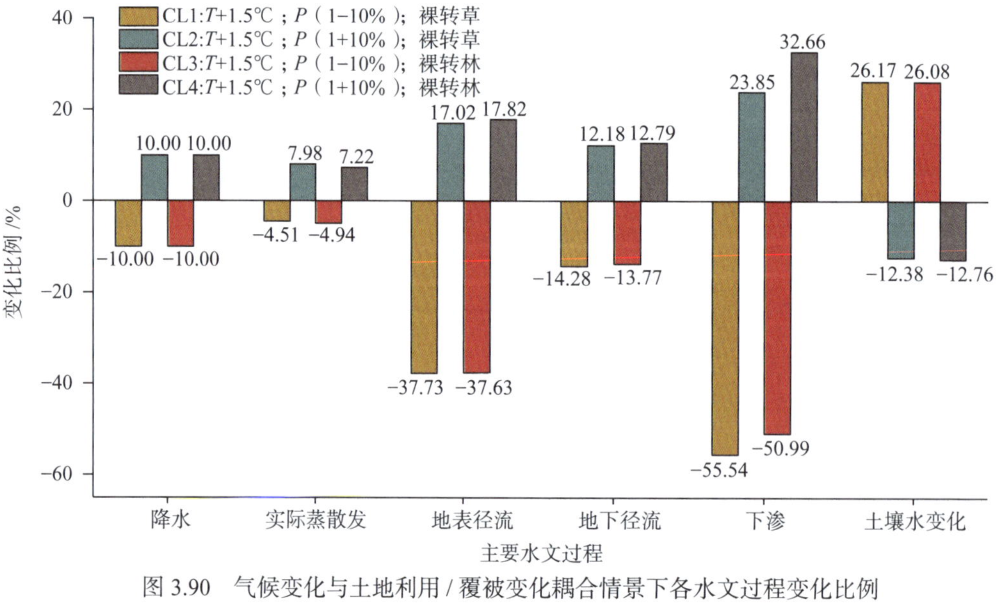

图 3.90　气候变化与土地利用 / 覆被变化耦合情景下各水文过程变化比例

50.99%。尽管土地利用的不同使下渗量有5%左右的差异，但与气候变化引起的改变相比，其影响很小，并且地表径流的变化幅度仅次于下渗变化。气温上升、降水减少情况下，地表径流量减少比例均大于37%，气温上升、降水增加情况下，地表径流量增加比例在17%左右；随后依次是土壤水变化比例、地下水变化比例和实际蒸散量变化比例。由此可见，气候变化与土地利用/覆被变化耦合情境下，下渗过程和地表径流对其响应最为明显，其次是土壤水与地下径流。

综合分析气候与土地利用/覆被变化耦合情境下流域水文模拟结果，可以发现：①气候与土地利用/覆被变化耦合变化会使水分平衡组分比例发生改变，但流域降水量大部分以蒸散量的形势损失，产流比例较小，且地表径流量远小于地下径流量，土壤水分呈亏损状态的特征不变；②各水文过程中下渗过程和地表径流的变化幅度最大，对环境变化响应最为明显；③气候变化对水文过程变化影响明显比土地利用/覆被变化的影响大，而降水因素对水文过程的影响又比气温的影响明显；④相同气候条件下林地的土壤水分涵养效果优于草地。

3.4.3.8 启示与建议

根据SWAT水文模型模拟结果可知：南洞地下河流域自1972年以来，径流量一直呈波动减少的趋势，特别是2009年以后，径流量锐减到20世纪70年代的2/3，且流域80%左右的水资源储存在地下喀斯特含水层。南洞地下河流域所在的云南省位于低纬度高原区，距热带洋面近，受青藏高原、太平洋东南季风和印度洋西南季风多因素影响，东亚气候系统的不稳定造成云南极端气候事件频发，未来云南地区的干旱将趋于常态化，这对南洞地下河流域水资源供应来讲是一个严峻挑战。一方面流域水资源多储存在地下河系统中，难以直接利用，干旱化趋势使地下河水资源补给减少，地下河出流量也减少，这导致当地水资源供给量的减少。另一方面流域需水量大，有蒙自、个旧、开远等滇东南重要的城市，人口数量多，经济发展潜力大，生活生产需水量大。凭借光热充足的优势，流域内正积极发展花卉、瓜果等特色农业，这对农业灌溉用水的需求增加。未来气候异常化、极端气候事件频发化是无法避免的，为满足水资源需求且维持水资源的可持续利用，结合对南洞地下河流域径流演变、水文过程、地质背景的认识提出以下建议：①流域地表径流量小，且地表径流对气候变化的响应最明显，这预示着气候变化背景下，当地可直接使用的地表水资源将继续减少，因此，开展喀斯特地下水资源的调查、开采迫在眉睫，并需要利用先进技术手段开采地下水资源；②水利设施的修建对缓解水资源时空分布不均有重要作用，但小水利设施应对旱情的能力有限，因此，在地形较为平坦、人口较为集中的坝区可修建较大型的水利设施，通过蓄水、调水方式满足当地用水需求，同时对高原山区已有的水柜、水塘等小水利设施加强管理，特别是加强水质保护，充分发挥其作用；③针对大量的果林经济用地，发展节水灌溉，如喷灌、滴灌技术；④加强旱情监测与预报工作。

土地利用/覆被变化情景的水文过程模拟是为了更好地认识不同用地类型下的水文过程响应，单一用地的变化情景是一个理想的模式，实际用地变化会通过土壤类型、微地貌、坡度变化相互影响，同时这种变化在空间上是不均匀的，因此现实中的土地利用/覆被变化造成的水文响应非常复杂，但情景假设条件下的水文模拟可将复杂问题简单化并给我们一些新的认识。通过上述的水文模拟结果，发现：流域裸岩变草地和林地后，对地表径流和下渗过程的影响最大，由于草地和林地对雨水有拦截作用会使下渗量减少，同时下垫面粗糙度的增加会使地表径流量减少，但土地利用 / 覆被变化对地下径流量的影响非常小。根据以上认识，建议在南洞地下河流域高原和山地地区加强植被恢复。因为高原山区除了地表水资源缺乏，还有土壤流失 / 漏失的问题存在，这与高原山区喀斯特洼地、漏斗等大量负地形分布有关。因此，裸地转草地或者林地后，地表径流量虽会继续减少，但这样也减少了水土的流失 / 漏失情况并有利于土壤的保持。此外，在有条件的地区可以恢复林地，因为林地对土壤水分的涵养效益大于草地，保土与保水兼顾更有利于当地的生态恢复。

4 喀斯特断陷盆地石漠化区植被时空演变格局及其归因分析

受特殊地质背景制约，中国西南喀斯特区域成土速率缓慢，地表土层浅薄且分布不连续，属于典型的脆弱生态系统（王克林等，2018）。在气候变化和人类活动综合影响下，西南喀斯特地貌产生了以石漠化为特征的严重土地退化。为进一步遏制石漠化扩展趋势，提高区域植被覆盖，2000 年以来，国家在西南喀斯特地区开展了一系列生态恢复工程，退化的喀斯特地区植被得到一定程度的恢复（Tong et al.，2017；2018）。因此，植被动态监测与分析已成为喀斯特石漠化区生态工程成效监测与评估的关键内容之一（童晓伟等，2014）。

植被指数是生态系统监测和地表过程评估的重要遥感指标，其中归一化差异植被指数（*NDVI*）已得到最广泛的应用（Ke et al.，2015）。基于 *NDVI* 时间序列数据的趋势分析，成为了解区域及全球尺度植被变化的一种常用方法（Ju and Masek，2016；Tian et al.，2015；Myneni et al.，1997）。但是，大多数的长时间序列 *NDVI* 数据集都基于多个传感器系统（如 AVHRR GIMMS3g、LTDR4、SPOT-VGT 等)，并且与传感器变化相关的不正确校正可能会在趋势分析中引入大量不确定性和误差（Tian et al.，2015；Van Leeuwen et al.，2006）。Terra-MODIS（2000 年至今）和 Aqua-MODIS（2002 年至今）等新型传感器的设计具有更稳定的轨道和改进的光谱配置，基于 MODIS 数据集的 *NDVI* 时间序列分析已被广泛地应用于植被监测（Horion et al.，2014；Jacquin et al.，2010；Beck et al.，2006）。但是，MODIS 数据的时间序列长度相对较短（始于 2000 年)，并且 Terra-MODIS 传感器的几个波段都受到仪器老化的影响（Wang et al.，2012）。

Landsat 卫星数据具有长时间序列（1972 年至今）和相对较高的空间分辨率，已用于研究地表数十年的变化（Kennedy et al.，2014）。考虑到西南喀斯特地貌具有高度景观异质性，地形复杂，地表极其破碎，Landsat 提供的地表精细信息可以更好地揭示植被的局部变化，而这一点是诸如 GIMMS3g 和 MODIS 等粗分辨率遥感影像无法刻画的（Tong et al.，2018；Brandt et al.，2018b）。

然而，长久以来，由于成本较高（Loveland and Dwyer，2012），以及对大数据存储和高性能计算能力的要求（Hansen and Loveland，2012），Landsat 数据很少被用于大尺度时间序列分析。在研究初期，基于 Landsat 数据的变化监测主要是通过比较两个不同时期的影像，即双时相法（Singh，1989）。尽管该方法在数学上很简单，并且不需要存储大量数据，但是与时间序列方法相比实用性不强，因为时间序列方法可以更全面地了解地表变化的复杂性（Coppin et al.，2002）。然而，时间序列分析依赖于庞大的数据量，因此对数据存储和计算能力要求更高。近些年来，数据存储的成本急剧下降，并且我们见证了计算能力的飞速提高，这为使用 Landsat 数据进行时间序列分析奠定了基础（Zhu，2017），尤其是 Google

Earth Engine（GEE）云平台的出现，为大尺度中高分辨率长时间序列分析提供了一种高效的解决方案。

在本章研究中，我们主要探讨以下几个方面的问题：

1）针对目前的石漠化区域植被动态变化监测分析的一些不足之处，在 GEE 云平台的海量卫星数据处理能力支持下，以两个典型喀斯特断陷盆地流域为例，提出利用中高分辨率（Landsat 系列卫星 30 m）周期性合成数据生产技术，研究并生产长时间序列（1987—2018）中高分辨率地表反射率和植被指数数据集；利用时间序列分析的方法，分析 30 m 植被指数数据集内各特征在长时间序列上的变化趋势。

2）为定量分析断陷盆地石漠化区植被变化遥感监测的尺度效应，研究同时生产时间序列 8 km GIMMS *NDVI* 3 g 与 250 m/1 km MODIS *NDVI* 等不同空间分辨率影像数据，利用数值比较、相关性分析和趋势一致性分析等方法，评估以上粗分辨率 *NDVI* 数据集与 30 m 分辨率 Landsat *NDVI* 数据集的时空一致性，有助于准确地掌握和认识喀斯特地表植被的真实变化情况。

3）重点分析不同植被类型、多种土地覆盖类型、不同岩性地质条件及不同地形（海拔、坡度、坡向）条件下，喀斯特植被变化的时空差异，揭示不同自然地理要素对植被覆盖的空间格局的影响。

4）集成长时间序列中高分辨率 Landsat 影像、气候变化和生态工程治理统计数据，采用偏相关分析、多元回归模型和残差趋势分析法，区分人类活动和气候变化对喀斯特植被变化的影响，并进一步在 30 m 分辨率尺度上定量计算二者对植被变化的相对贡献。

4.1 喀斯特断陷盆地石漠化区植被变化遥感监测的尺度效应

4.1.1 研究区概况

选择两个典型喀斯特断陷盆地石漠化流域为实验区，探讨长时间序列 30 m 分辨率时序反射率和植被指数重建在喀斯特地貌的适用性，为后续大尺度喀斯特植被变化时空分析和驱动机制探究提供技术和方法参考。两个研究区分别为云南南洞地下河流域和云南小江流域，其空间位置如图 4.1 所示。

南洞地下河流域（简称南洞流域）位于云南省东南部（23° 10′ ~23° 43′ N，103° 10′ ~ 103° 42′ E），面积为 1617.13 km^2，地处云贵高原农业区。从行政区划上来看，该流域属于红河哈尼族彝族自治州所辖的蒙自市（主体部分）、开远市和个旧市。南洞流域是我国西南地区典型的超大型地下河流域，地理位置上属于滇东南严重石漠化集中分布区（王宇和张贵，2003），海拔范围为 1056 ~ 2788 m。碳酸盐岩（即喀斯特地貌）面积为 992.10 km^2，占流域总面积的 61.35%。其中，纯石灰岩、石灰岩与白云岩互层、不纯碳酸盐岩等岩性分别占碳酸盐岩总面积的 81.15%、6.09% 和 12.77%。南洞流域非喀斯特地貌主要岩性为碎屑岩，占流域总面积的 38.65%。南洞流域主要气候类型为亚热带季风气候，降水集中在每年的 6 月到 9 月，年均温 19.8℃，年均降水量为 830 mm。

小江流域为南盘江的一级支流，地处云南省东部（24° 10′ ~ 24° 45′ N，103° 30′ ~ 104° 05′ E），行政区域上属于云南省红河哈尼族彝族自治州泸西县，总面积为 1008.39 km^2。流域内地形高差大，海拔 854 ~ 2463 m。73.68% 的流域面积被喀斯特地貌覆盖，

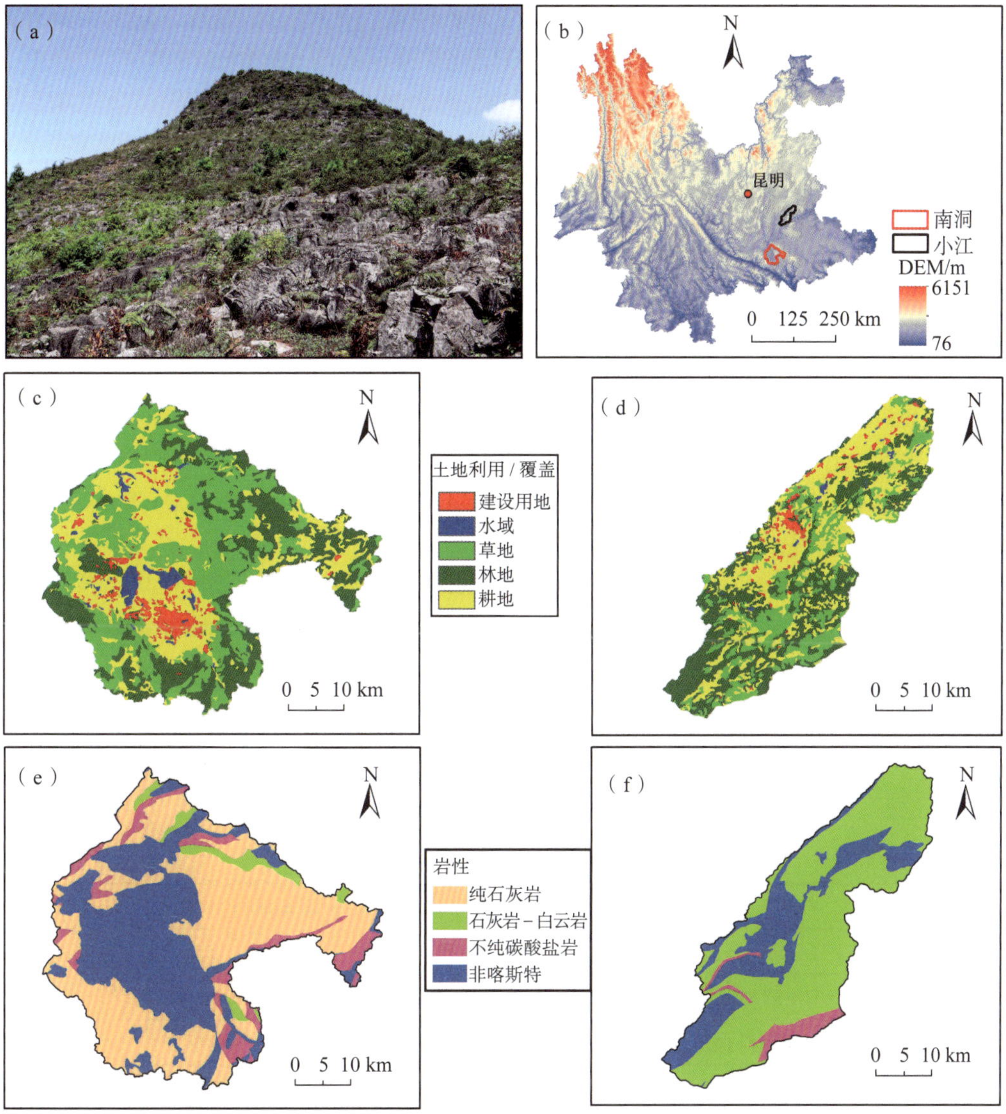

图 4.1 典型喀斯特断陷盆地石漠化流域实验区位置图

(a)喀斯特石漠化野外照片(摄于 2018 年 9 月野外调查，地点：云南蒙自市西北勒乡)；(b)南洞地下河流域和小江流域在云南省的空间位置；(c)南洞地下河流域 2015 年土地覆盖；(d)小江流域 2015 年土地覆盖；(e)南洞地下河流域不同岩性类型分布图；(f)小江流域不同岩性类型分布图

其中，石灰岩与白云岩互层、不纯碳酸盐岩分别占流域喀斯特地貌总面积的 93.30% 和 6.70%，非喀斯特区占流域总面积的 26.32%。小江流域的主要气候类型为亚热带高原季风气候，枯雨季分明，多年平均气温 15.2℃，年均降水量为 966.9 mm，降水量 80% 以上集中于 6—10 月。由于小江流域地处特殊的喀斯特石山区，尽管雨量丰富，但地下喀斯特发育，地表蓄水能力极低，水资源较为短缺。

两个典型的喀斯特断陷盆地流域主要植被类型包括农作物、人工林、果园及自然植被(森林、灌木林和草地)。改革开放以来，随着社会经济的快速发展，人口也随之飞速增加，人地矛盾进一步加剧，使得原本就脆弱的喀斯特生态系统遭受人类活动的过度干扰和破坏，出现严重的石漠化生态问题。典型的石漠化景观如图 4.1 所示。自 2000 年起，中央和地方各级政府开始实施生态恢复工程，着重遏制石漠化扩张，提高地区植被覆盖。

4.1.2 数据介绍

4.1.2.1 Landsat 数据

美国陆地卫星（Landsat）数据是本研究的主要遥感数据。Landsat 是美国用于探测地球资源与环境的系列地球观测卫星系统，由美国航空航天局（NASA）和美国地质调查局（USGS）共同管理。自 1972 年第一颗 Landsat 卫星成功发射以来，Landsat 系列卫星已积累超过 40 年的地球观测数据，从 Landsat 5 卫星开始具备较为稳定的数据提供。同时，在 NASA 和 USGS 的共同努力下，Landsat 5 TM、Landsat 7 ETM+、Landsat 8 OLI 成为中高分辨率数据中定量化及自动化处理质量最高的数据。Landsat 系列卫星重访周期为 16 天，若两个传感器同时工作，则重访周期缩短为 8 天。超过 30 年的 Landsat TM/ETM+/OLI 卫星数据，为评估地表变化提供了前所未有的机会。

Landsat 时间序列数据不仅可以用来探测主要的土地覆盖类型转化，也可以被用于评估正在进行的地表渐变（Gradual Changes）。尽管不同的 Landsat 卫星传感器参数存在一定的差异（表 4.1），但有研究指出，Landsat TM/ETM+/OLI 卫星的光谱特征总体保持一致，能够支持密集时间序列光谱信息的生成（Vogelmann et al.，2016；Ke et al.，2015），被广泛应用于气候和全球变化研究（Zhu，2017；Roy et al.，2014；Huang et al.，2010；Kennedy et al.，2010）。

表 4.1 Landsat 5/7/8 共有的反射波段信息 单位：μm

光谱波段	Landsat 5 TM	Landsat 7 ETM+	Landsat 8 OLI
Blue（Band 1 TM/ETM+；Band 2 OLI）	0.45 ~ 0.52	0.45 ~ 0.52	0.45 ~ 0.51
Green（Band 2 TM/ETM+；Band 3 OLI）	0.52 ~ 0.60	0.52 ~ 0.60	0.53 ~ 0.59
Red（Band 3 TM/ETM+；Band 4 OLI）	0.63 ~ 0.69	0.63 ~ 0.69	0.64 ~ 0.67
Near-infrared（Band 4 TM/ETM+；Band 5 OLI）	0.76 ~ 0.90	0.76 ~ 0.90	0.85 ~ 0.88
Shortwave-infrared 1（Band 5 TM/ETM+；Band 6 OLI）	1.55 ~ 1.75	1.55 ~ 1.75	1.57 ~ 1.65
Shortwave-infrared 2（Band 7 TM/ETM+；Band 7 OLI）	2.08 ~ 2.35	2.09 ~ 2.35	2.11 ~ 2.29

（据 Vogelmann et al.，2016）

尽管 Landsat TM 影像存档从 1984 年开始，但由于 Landsat TM 影像在开始的几年关于中国西南地区的数据量相对较少，同时受西南地区云雨较多的影响，1984—1986 年期间有效的 Landsat TM 影像无法完全覆盖研究区。因此，本研究最终使用的 Landsat 系列卫星影像数据集时间范围为 1987— 2018 年。本研究采用 Google Earth Engine 平台在云端储存的全球尺度的 Landsat TM/ETM+/OLI 地表反射率产品，数据集的信息如表 4.2 所示。

其中，LANDSAT/LT05/C01/T1_SR 和 LANDSAT/LT07/C01/T1_SR 数据集是利用 LEDAPS（陆地卫星生态系统干扰自适应处理系统）生产得到的地表反射率数据，其包括利用 CFMASK 算法生产的云、阴影、水和积雪的掩膜，以及逐像元的云、阴影、水、积雪标识。

表 4.2　本章使用的 GEE 平台上的 Landsat 地表反射率数据集

传感器	数据类型	ImageCollection ID	选用时间段
TM	USGS Landsat 5 Surface Reflectance	LANDSAT/LT05/C01/T1_SR	1987—2011
ETM+	USGS Landsat 7 Surface Reflectance	LANDSAT/LE07/C01/T1_SR	1999—2018
OLI	USGS Landsat 8 Surface Reflectance	LANDSAT/LC08/C01/T1_SR	2013—2018

LANDSAT/LC08/C01/T1_SR 数据集是利用 LaSRC（陆地卫星 Landsat 8 地表反射率程序）生产得到的地表反射率产品，其包括利用 CFMASK 算法生产的云、阴影、水和积雪的掩膜，以及逐像元的云、阴影、水、积雪标识。

4.1.2.2　MODIS 数据

MODIS（Moderate Resolution Imaging Spectroradiometer）全称为中分辨率成像光谱仪，是美国宇航局 NASA 负责研制的遥感传感器，分别搭载在 1999 年 12 月 18 日发射升空的 Terra 卫星和 2002 年 5 月 4 日发射成功的 Aqua 卫星上，两颗卫星分别于地方时的上午 10∶30 左右和下午 1∶30 左右通过赤道（Huete et al., 2002；Salomonson et al., 2002）。两颗星相互配合可实现每 1 ~ 2 天重复观测整个地球表面，空间分辨率为 250 ~ 1000 m，幅宽为 2330 km。MODIS 是被动式成像分光辐射计，共有 490 个探测器，可以得到 36 个光谱波段的观测数据（具体光谱特征如表 4.3 所示），光谱范围宽从 0.4 μm（可见光）到 14.4 μm（热红外）全光谱覆盖。

表 4.3　MODIS 观测波段介绍

波段	光谱范围	空间分辨率 /m	主要用途
1	620 ~ 670	250	陆地、云、气溶胶边界
2	841 ~ 876	250	
3	459 ~ 479	500	陆地、云、气溶胶特性
4	545 ~ 565	500	
5	1230 ~ 1250	500	
6	1628 ~ 1652	500	
7	2105 ~ 2135	500	
8	405 ~ 420	1000	海洋水色、浮游植物、生物地球化学
9	438 ~ 448	1000	
10	483 ~ 493	1000	
11	526 ~ 536	1000	
12	546 ~ 556	1000	
13	662 ~ 672	1000	
14	673 ~ 683	1000	
15	743 ~ 753	1000	
16	862 ~ 877	1000	

续表

波段	光谱范围	空间分辨率 /m	主要用途
17	890 ~ 920	1000	大气层水汽
18	931 ~ 941	1000	
19	915 ~ 965	1000	
20	3.660 ~ 3.840	1000	地表和云层温度
21	3.929 ~ 3.989	1000	
22	3.929 ~ 3.989	1000	
23	4.020 ~ 4.080	1000	
24	4.433 ~ 4.498	1000	大气温度
25	4.482 ~ 4.549	1000	
26	1.360 ~ 1.390	1000	
27	6.535 ~ 6.895	1000	卷云、水汽
28	7.175 ~ 7.475	1000	
29	8.400 ~ 8.700	1000	云特性
30	9.580 ~ 9.880	1000	臭氧
31	10.780 ~ 11.280	1000	地表和云层温度
32	11.770 ~ 12.270	1000	
33	13.185 ~ 13.485	1000	云顶高度
34	13.485 ~ 13.785	1000	
35	13.785 ~ 14.085	1000	
36	14.085 ~ 14.385	1000	

注：资料来源于 https://modis.gsfc.nasa.gov/about/specifications.php ；波段 1 ~ 19 光谱范围的单位是 nm，波段 20 ~ 36 的单位是 μm。

MODIS 自 2000 年 4 月开始正式发布数据，它们可提供大范围的全球数据，包括陆地与海洋的变化过程、云层覆盖的变化和地表辐射能量变化等。这些数据将增进我们对陆地、海洋和低层大气中发生的全球动力和过程的理解。由于 MODIS 数据可以免费开放获取，同时具备较高时间分辨率，被广泛应用于区域及全球尺度的植被动态监测研究（Zhang et al.，2003；2017b；Seddon et al.，2016；Jönsson et al.，2010）。

为定量分析不同空间分辨率对西南喀斯特植被动态变化分析结果的影响，本研究主要利用 2000—2018 年 250 m 和 1 km 空间分辨率 16 天合成的 MODIS *NDVI* 产品，采用逐像素的年度中值合成方法，与 30 m 分辨率的 Landsat *NDVI* 时序数据进行比较。两种 MODIS *NDVI* 产品对应 Google Earth Engine 云平台中存储的数据集名称分别为“MODIS/006/MOD13Q1”和“MODIS/006/MOD13A2”。

4.1.2.3 GIMMS *NDVI* 3 g 数据

Global Inventory Modeling and Mapping Studies（GIMMS）第 3 代数据集 *NDVI* 3g 是搭

载在 NOAA 气象卫星（NOAA 7，9，11，14，16，17 和 18）上的 AVHRR 传感器获取的植被产品，空间分辨率为 0.0833°（约为 8 km），时间分辨率为 15 天，时间序列为 1981 年 7 月至 2015 年 12 月。相对时间跨度为 1981—2006 年的第 1 代数据集 GIMMS *NDVI*g，最新的 *NDVI* 3 g 的数据处理提高了高纬度地区的数据质量（杜加强等，2016；Zhu et al.，2013），被认为更适合北半球生态系统植被活动变化的研究（Pinzon and Tucker，2013；Xu et al.，2013）。同时，GIMMS *NDVI* 3 g 被经过处理以匹配 SPOT VGT 和 MODIS 数据范围（Tucker et al.，2005），从而使 MODIS *NDVI* 和 VGT *NDVI* 的数据优势可以与 GIMMS 数据集提供的历史信息进行有效衔接（Fensholt and Proud，2012）。

因此，在所有基于 AVHRR 的长时间序列数据集中，GIMMS *NDVI* 3 g 数据集拥有最好的时间一致性，相对来说最适合 *NDVI* 趋势分析（Bai et al.，2019），近年来已广泛应用于区域及全球尺度的植被时间序列研究（Osunmadewa et al.，2015；Zhao et al.，2015；Guay et al.，2014）。但是，由于 GIMMS *NDVI* 3 g 数据集由搭载在不同 NOAA 卫星上的 AVHRR 传感器获取得到，从 NOAA-7 卫星到 NOAA-14 卫星出现的轨道漂移及 AVHRR-2（1981—2000 年）与 AVHRR-3（2000 年至今）传感器的不一致等，可能会给 *NDVI* 3 g 趋势分析引入大量的不确定性和误差（Tian et al.，2015；Fensholt and Proud，2012）。

本研究采用最新版本的 GIMMS *NDVI* 3 g v1.0 来进一步比较不同空间分辨率对于喀斯特植被动态分析的影响，该数据集从 1982—2015 年共有 816 期影像，数据从 NASA Ames Ecological Forecasting Lab 网站下载获得（https://ecocast.arc.nasa.gov/data/pub/gimms/3g.v1/），数据格式为 net CDF，通过 MATLAB 编程将该数据格式处理转换至 GeoTiff 格式，便于后续处理计算。

4.1.2.4 Google Earth Engine 云平台

Google Earth Engine（GEE）是目前全球先进的基于云计算的地理信息处理平台，由美国谷歌（Google）公司与卡耐基梅隆大学（Carnegie Mellon University）和美国地质调查局（USGS）共同开发完成（Gorelick et al.，2017）。GEE 云平台免费给用户提供 PB 级的可公开下载的近 40 年的地球观测数据（如 Landsat、MODIS、Sentinel 等），用于分析数据的算法及创建和运行这些算法的编程界面（图 4.2）。特别地，GEE 云平台上进行的计算和分析是

图 4.2　Google Earth Engine 平台界面示例

基于谷歌公司计算基础架构的自动并行处理，意味着成百上千的处理器可以同时用于某个用户的定制计算中（如影像预处理、时间序列分析、机器学习分类等），并且算法不断被添加、增强和更新，使用户处理遥感数据的效率得到几何级数的提升，更多关于该平台的介绍请参看官方网站（https：//developers.google.com/earth-engine/）。

国外学者基于该平台开展了很多遥感应用研究，例如，美国马里兰大学的全球森林覆盖遥感制图研究（Hansen et al.，2013）。近些年来，国内学者也陆续开展了基于 GEE 云平台的遥感应用研究，涉及冬小麦遥感制图（Tian et al.，2019；王九中等，2017）、生物量估算（修晓敏等，2019）、土地利用 / 覆盖变化（Sun et al.，2019；Huang et al.，2017）等研究领域。本研究涉及的西南喀斯特断陷盆地长时序植被指数重建、地形坡度等计算处理工作在 GEE 云平台上完成。

4.1.3 断陷盆地石漠化区植被变化监测的尺度效应

4.1.3.1 研究方法

为探究喀斯特植被变化遥感监测的尺度效应，本研究选取常用的 3 种较粗空间分辨率 *NDVI* 数据集（即 250 m MODIS *NDVI*、1 km MODIS *NDVI* 和 8 km GIMMS *NDVI* 3 g 数据集）以及 30 m 中高分辨率 Landsat 数据集，以南洞地下河流域为例，采用数值比较、相关性分析和趋势一致性分析等方法（杜加强等，2016；Fensholt et al.，2012；Beck et al.，2011），在区域和像元尺度上，定量评价不同空间分辨率 *NDVI* 数据集的一致性及其在检测植被变化趋势方面的性能差异。

（1）比较不同 *NDVI* 数据集在时间尺度上的一致性

由于 Landsat *NDVI* 数据集是采用逐像素的年度中值合成方法构建的，为保证数据集生成方法的一致性，首先在像元尺度上，对 250 m/1 km MODIS *NDVI* 和 GIMMS *NDVI* 3 g 数据集分别执行年度中值合成方法。由于 4 种 *NDVI* 数据集的时间序列长度不一致，具体来说，Landsat *NDVI*、250 m/1 km MODIS *NDVI* 和 GIMMS *NDVI* 3 g 数据集时间序列分别为 1987—2018 年、2000—2018 年和 1982—2015 年。重点分析在流域尺度上，不同 *NDVI* 数据集重叠年份内 *NDVI* 数值差异，采用 Pearson 相关系数（r）、均方根误差（Root Mean Square Error，*RMSE*）和平均偏差（Mean Bias Error，*MBE*）等统计参数，定量描述任意两套 *NDVI* 数据集之间的相关程度和数据离散，其公式如下所示：

$$r=\frac{\sum_{i=1}^{N}(x_i-\bar{x})(y_j-\bar{y})}{\sqrt{\sum_{i-1}^{N}(x_i-\bar{x})^2}\sqrt{\sum_{i=1}^{N}(y_i-\bar{y})^2}} \tag{4.1}$$

$$RMSE=\sqrt{\frac{1}{N}\sum_{i=1}^{N}(x_i-y_i)^2} \tag{4.2}$$

$$MBE=\frac{1}{N}\sum_{i=1}^{N}(x_i-y_i) \tag{4.3}$$

式中：变量 x 和变量 y 分别表示两种 *NDVI* 数据集；$\bar{x}$ 和 $\bar{y}$ 是时间序列 x_i 和 y_i 的平均值；N 是时间序列的长度。其中，Pearson 相关系数可以用于测量固定距离变量之间的线性关系。

RMSE 用于测量观察值与真实值之间的偏差，它对一组测量中的大或小误差非常敏感。因此，*RMSE* 可以很好地反映出测量的精确度。平均偏差 MBE 用于描述两组数据之间的差异程度（Bai et al., 2019）。

（2）比较不同 *NDVI* 数据集在空间尺度上的一致性

考虑到不同 *NDVI* 数据集空间分辨率存在差异，有必要在做具体分析前，将空间分辨率调整为一致。具体方法是将空间分辨率相对较高的 *NDVI* 数据集重采样至与分辨率相对较粗的数据集一致。例如，Landsat *NDVI* 数据集与 GIMMS *NDVI* 3 g 进行一致性分析时，将前者分辨率通过双线性插值法重采样至 8 km(Horion et al., 2014)。然后，在像元尺度上，计算不同 *NDVI* 数据集重叠时期（2000—2015 年）多年均值，利用 Pearson 相关系数、均方根误差和平均偏差等指标，分析不同 *NDVI* 数据集在空间格局方面的一致性。

（3）2000—2015 年不同 *NDVI* 数据集变化趋势的异同

在像元尺度上，分别对 4 种时间序列（2000—2015）*NDVI* 数据集执行 Theil-Sen 中值趋势分析和 Mann-Kendall 显著性检验，比较不同数据集得到的植被动态变化空间格局差异，综合评价不同 *NDVI* 数据集在西南喀斯特高度景观异质性条件下的适用性。

4.1.3.2 研究结果

图 4.3 为流域尺度上 Landsat 与其他 3 种主流粗分辨率 *NDVI* 数据集时间序列变化情况。总体来看，4 种不同空间分辨率 *NDVI* 数据集的年际变化趋势存在较高的一致性。从具体数值差异来看，在时间序列重叠区间（即 2000—2015 年），8 km 分辨率 GIMMS *NDVI*3g 数值始终最大，其次为 1 km MODIS *NDVI* 和 250 m MODIS *NDVI*，而 30 m 分辨率 Landsat *NDVI* 数据值最低。可以看出，4 种 *NDVI* 数据集数值的排列顺序与它们的空间分辨率高度相关，即空间分辨率越低，*NDVI* 数值越大。这可能是由于西南喀斯特地貌具有高度的空间异质性，地表高度破碎，存在大量的植被"小生境"，而粗分辨率卫星影像会掩盖植被的局部变化。

同时，相对其他三种粗分辨率 *NDVI* 数据集，Landsat 时间序列 *NDVI* 的年际波动显然最大，尤其在 2007 年后。这个时间段正好对应于 2008 年正式开始实施的石漠化综合治理工程，工程实施后，西南喀斯特地区植被出现了较大程度的恢复改善（童晓伟等，2014）。从图 4.3 可以看出，Landsat *NDVI* 时间序列数据在 2008 年后的总体增加幅度远高于其他 3

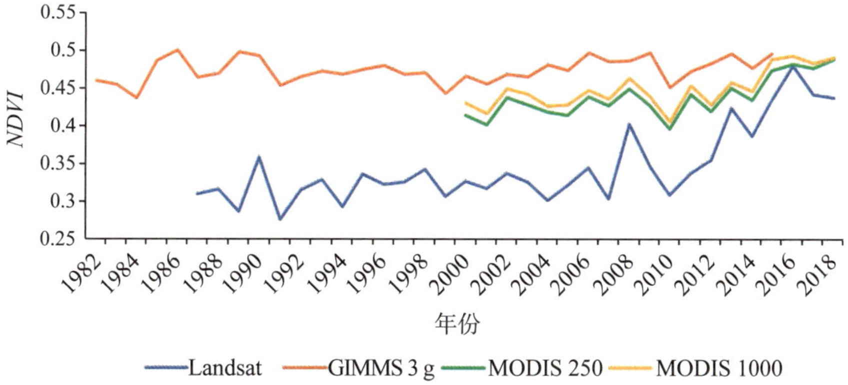

图 4.3 南洞地下河流域不同 *NDVI* 数据集时间序列变化

MODIS250 和 MODIS1000 分别表示 250 m 和 1000 m 分辨率 MODIS *NDVI* 数据集，下同

种 *NDVI* 数据集。此外，2009—2010 年冬春季节我国西南地区出现了百年一遇的持续干旱，植被覆盖度和植被生产力均出现显著下降（Song et al., 2019）。同样地，相比三种粗分辨率 *NDVI* 数据集，Landsat *NDVI* 在 2008—2010 年期间下降幅度最为明显。以上事实，说明中高分辨率 Landsat 影像对人为活动和气候变化的响应更为敏感。

为更加定量地比较不同空间分辨率 *NDVI* 数据集在描述喀斯特地区植被年际变化的差异，在流域尺度上，对 4 种 *NDVI* 数据集的年际变化速率进行了对比（表 4.4）。

表 4.4 不同空间分辨率 *NDVI* 数据集的年际变化速率对比

NDVI 数据集	全时间序列		重合区间（2000—2015 年）	
	变化速率 /a^{-1}	*p*	变化速率 /a^{-1}	*p*
Landsat	0.0039	$p<0.001$	0.0059	0.004
MODIS250	0.0035	$p<0.001$	0.0021	0.038
MODIS1000	0.0032	$p<0.001$	0.0019	0.070
GIMMS 3 g	0.0005	0.076	0.0015	0.057

Landsat *NDVI* 在 1987—2018 年表现为极显著增加趋势（$Slope$=0.0039 a^{-1}，$p<0.001$），增加速率大于其他三种粗分辨率 *NDVI* 数据集。250 m 分辨率和 1 km 分辨率 MODIS *NDVI* 数据集在 2000—2018 年同样呈现为极显著增加趋势（$p<0.001$），增加速率稍低，分别为 0.0035 a^{-1} 和 0.0032 a^{-1}。8 km 分辨率 GIMMS *NDVI* 3 g 数据集在 1982—2015 年呈现为不显著增加趋势（p=0.076），增加速率最小，仅为 0.0005 a^{-1}。

NDVI 空间分辨率越高，时间序列的年际增加速率也越高。反之，*NDVI* 空间分辨率越低，年际增加速率也越低。考虑到 4 种 *NDVI* 数据集的时间序列长度不一致，为了得出更加准确的比较结果，我们比较了不同 *NDVI* 数据集在重合时间区间，即 2000—2015 年的年际变化趋势。发现 Landsat *NDVI* 数据的增加速率依旧最大（$Slope$=0.0059 a^{-1}，p=0.004），其次为 250m MODIS *NDVI* 和 1km MODIS *NDVI*，GIMMS *NDVI* 3 g 数据的增加速率仍然最低（$Slope$=0.0015 a^{-1}，p=0.057）。这说明，粗分辨率卫星数据可能会低估西南喀斯特地区植被实际恢复速率，这和粗分辨率影像难以检测到植被的局部变化有关。

除了比较不同 *NDVI* 数据集在时间序列变化趋势上的差异外，我们还分析了流域尺度上不同 *NDVI* 数据集之间的相关性（图 4.4）。值得注意的是，250 m MODIS *NDVI* 与 1 km MODIS *NDVI* 的相关性最高（r = 0.99，p=0.000）。同时，相对其他两种粗分辨率 *NDVI* 数据集，250 m 分辨率 MODIS *NDVI* 和 Landsat *NDVI* 的相关性最好（r = 0.90，$p<0.001$），而 8 km GIMMS *NDVI* 3 g 和 Landsat *NDVI* 的相关性最弱（r = 0.54，p=0.003）。

除了在流域尺度上对 Landsat *NDVI* 数据集与其他 3 种粗分辨率 *NDVI* 数据集作定量比较外，本研究还在像元尺度上做了进一步的对比分析。图 4.5 为 4 种 *NDVI* 数据集在重合时间区间（2000—2015 年）多年均值的空间分布。可以直观地看出，Landsat *NDVI* 对植被细

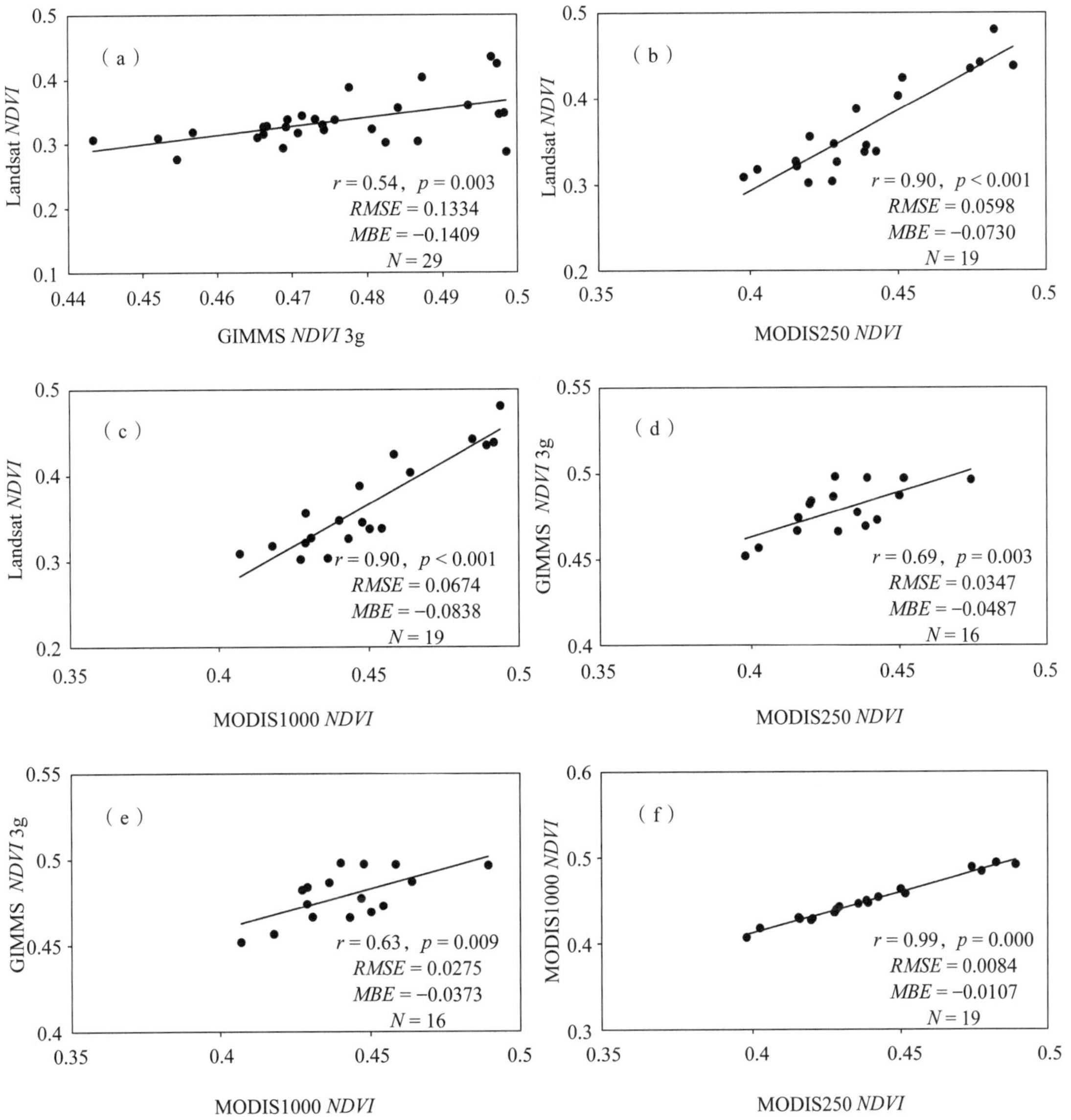

图 4.4　不同 *NDVI* 数据集相关性分析

（a）Landsat & GIMMS 3 g *NDVI*；（b）Landsat & 250 m MODIS *NDVI*；（c）Landsat & 1000 m MODIS *NDVI*；（d）GIMMS 3 g & 250 m MODIS *NDVI*；（e）GIMMS 3 g & 1000 m MODIS *NDVI*；（f）250 m MODIS & 1000 m MODIS *NDVI*

节的刻画能力最为突出，并且 *NDVI* 的取值范围也最大。相比之下，GIMMS *NDVI* 3 g 数据集无法展现植被的精细信息，并且 *NDVI* 在空间上的变化波动也最小（0.37 ~ 0.57）。这一结果再次说明中高分辨率卫星影像在喀斯特地貌植被信息提取方面的巨大优势。

此外，我们还在像元尺度上，对 4 种 *NDVI* 数据集在 2000—2015 年的多年均值影像进行相关性分析，如图 4.6 所示。可以看出，250 m 分辨率 MODIS *NDVI* 和 1 km 分辨率 MODIS *NDVI* 相关性最好（$r = 0.90$，$p<0.001$）。其次，Landsat *NDVI* 与 250 m MODIS *NDVI*

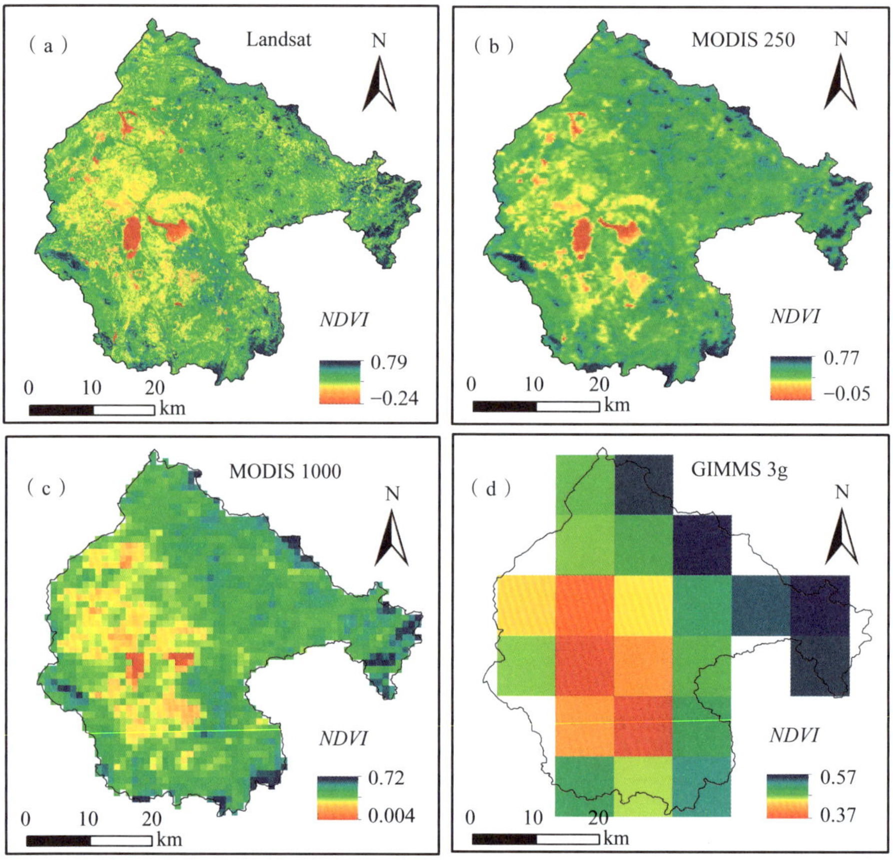

图 4.5　不同 *NDVI* 数据集 2000 — 2015 年 *NDVI* 均值空间分布

（a）Landsat *NDVI*；（b）250 m MODIS *NDVI*；（c）1 km MODIS *NDVI*；（d）GIMMS *NDVI* 3 g

同样呈现高度相关（$r = 0.84$，$p<0.001$）。Landsat *NDVI* 与 8 km GIMMS *NDVI* 3g 呈现不显著正相关，且相关性在所有 *NDVI* 数据集中最弱（$r = 0.37$，$p=0.10$）。由此可以看出，*NDVI* 数据集的空间分辨率越接近，其在空间格局上的分布越趋于一致。

此外，我们进一步在像元尺度上，分析了 Landsat *NDVI* 数据集与其他三种粗分辨率 *NDVI* 数据集在 2000—2015 年变化趋势的差异，如图 4.7 所示。尽管总体来看，Landsat *NDVI* 的变化趋势与 250 m MODIS *NDVI* 变化趋势在空间分布上一致性相对较好，但是 Landsat 能够很好地展示植被变化的空间分布细节，而 MODIS 数据受限于其粗糙空间分辨率，无法详细描述植被的局部变化。相比之下，8 km 分辨率 GIMMS *NDVI* 3 g 数据对植被局部变化信息的描述能力最弱，植被显著改善和退化信息被大量掩盖。

图 4.8 为 4 种 *NDVI* 数据集在 2000—2015 年不同植被变化趋势的像元统计，可以看出，基于 Landsat *NDVI* 数据集的植被变化趋势分析结果中，植被显著改善的像元比例为 36%，显著高于其他 3 种粗分辨率 *NDVI* 数据集；进一步分析发现，*NDVI* 空间分辨率越粗糙，植

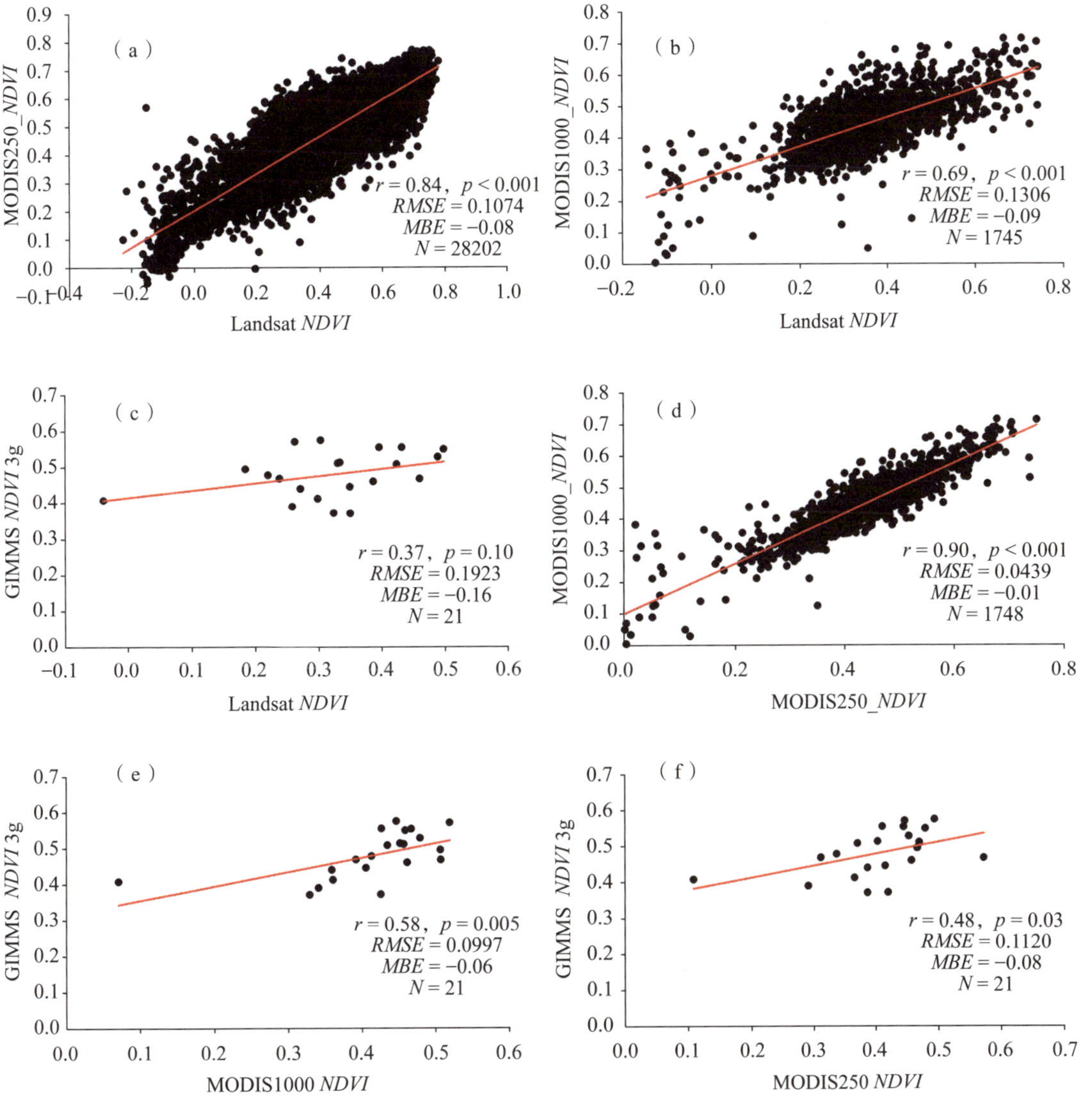

图 4.6 不同 *NDVI* 数据集 2000—2015 年 *NDVI* 均值相关性结果

（a）Landsat & 250 m MODIS *NDVI*；（b）Landsat & 1 km MODIS *NDVI*；（c）Landsat & GIMMS *NDVI* 3 g；（d）1 km MODIS & 250 m MODIS *NDVI*；（e）GIMMS 3 g & 1km MODIS *NDVI*；（f）250 m MODIS & GIMMS 3 g *NDVI*

被显著改善的像元比例越小。此外，Landsat *NDVI* 数据集中植被显著退化的像元比例为3%，显著低于其他 3 种粗分辨率 *NDVI* 数据集，这与 Fassnacht 等（2019）报道的结果一致。以上结果说明，粗分辨率 *NDVI* 数据集倾向于掩盖植被改善信号，同时放大了植被退化的信号。而 30 m Landsat 数据能够提供更加真实可靠的植被时空变化信息，尤其是在具有高度空间异质性的西南喀斯特地区。

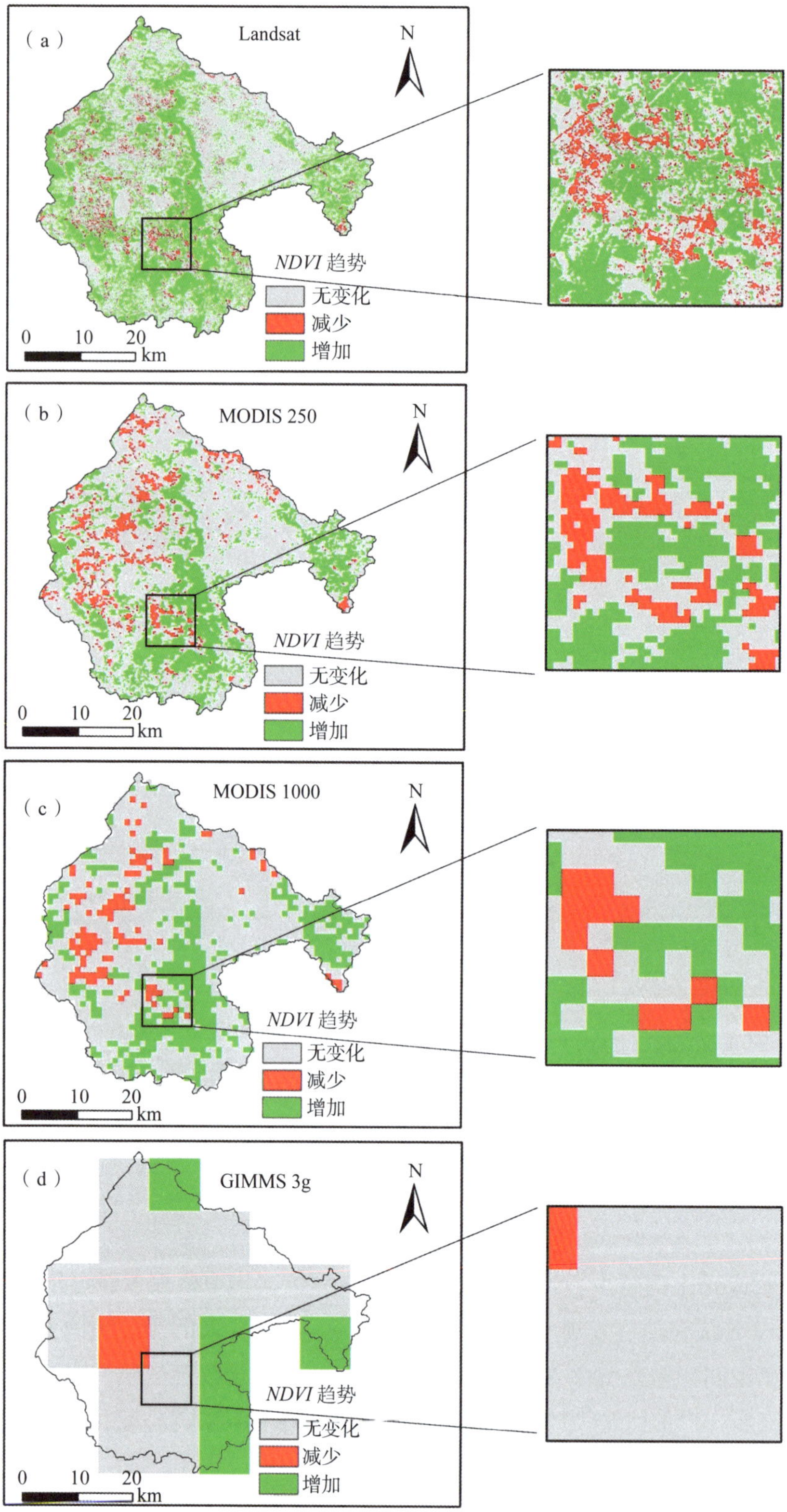

图 4.7　不同 *NDVI* 数据集 2000—2015 年变化趋势空间分布

（a）Landsat；（b）250 m MODIS *NDVI*；（c）1 km MODIS *NDVI*；（d）GIMMS *NDVI* 3 g

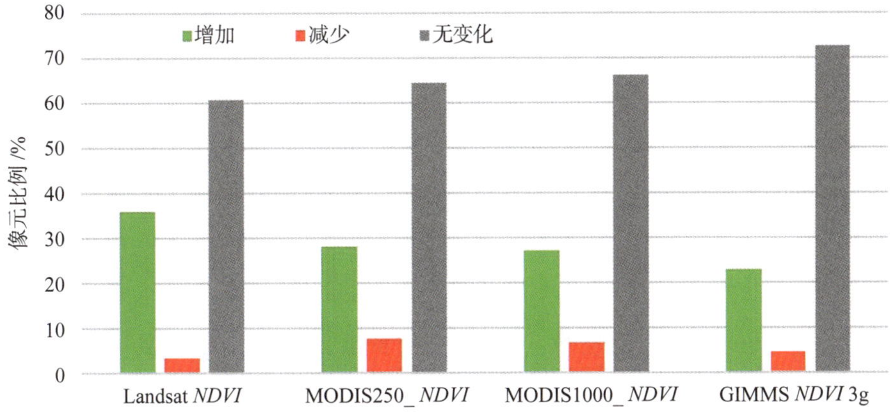

图 4.8　不同 *NDVI* 数据集 2000 — 2015 年变化趋势像元统计

4.2　喀斯特断陷盆地石漠化区植被时空演变特征

4.2.1　研究方法

4.2.1.1　基于 GEE 云平台的 Landsat *NDVI* 年度合成方法

Hansen 和 Loveland（2012）在其文章中讨论了逐幅分析方法的终结，并推荐逐像素合成（Per Pixel Composite）方法作为未来使用 Landsat 做大面积制图的发展趋势。基于像元尺度的反射率或植被指数影像合成方法，可以有效减少数据量，同时显著降低大气的影响（Griffiths et al., 2013）。本研究基于 GEE 云平台实现 30 m 空间分辨率长时间序列植被指数重建工作，其流程大致如图 4.9 所示。

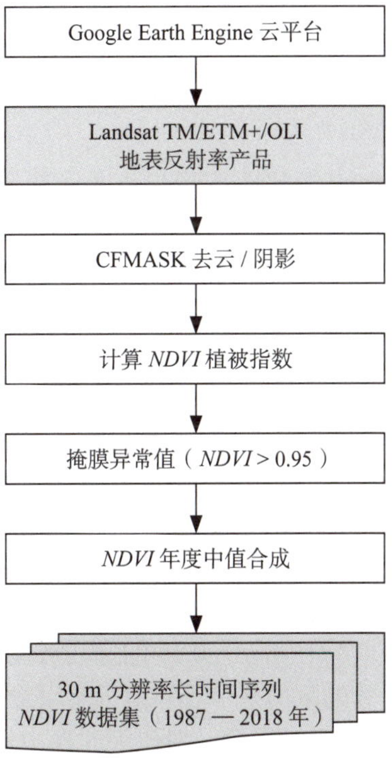

图 4.9　基于 Google Earth Engine 云平台构建长时间序列 *NDVI* 数据集流程

GEE 云平台提供在线访问 Landsat 存档数据的功能，其中包括 1984—2011 年的 Landsat 5 TM，1999—2014 年的 Landsat 7 ETM+ 和 2013—2015 年的 Landsat 8 OLI/TIRS 影像。我们根据 Landsat 数据在喀斯特地区的可获取性，获得了 GEE 云平台上存储的 1987 年 1 月 1 日至 2018 年 12 月 31 日期间的所有可用的 Landsat 地表反射率数据。其中，覆盖南洞地下河流域和小江流域的 Landsat 影像总数分别为 1695 景和 1102 景。不同 Landsat 传感器每年收集处理的影像数量如图 4.10 所示。

由于西南喀斯特地区地形复杂并常年受到云雨的影响，为有效去除云、地形阴影对数据质量的影响，本研究基于 GEE 云平台，应用 CFMASK 算法对研究时段内的所有 Landsat 影像上的云和阴影进行掩膜处理（Zhu et al., 2015），提高 30 m 时序反射率有效数据量。

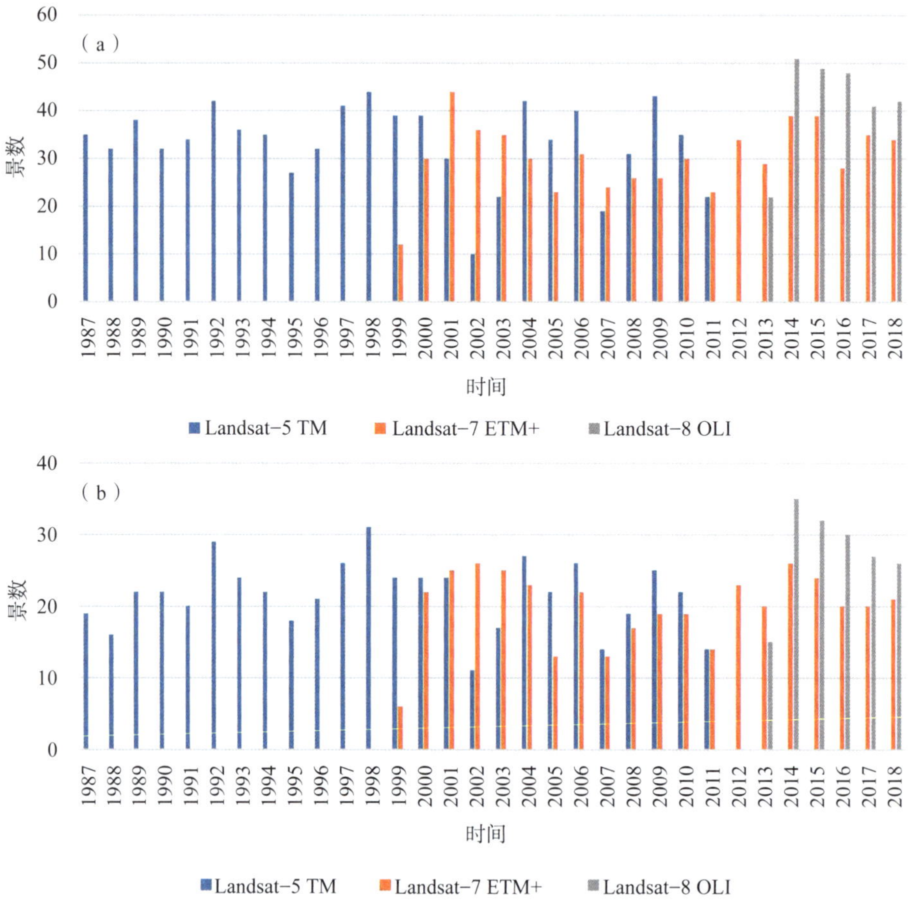

图 4.10　Google Earth Engine 云平台收集的 Landsat 影像数量

（a）南洞地下河流域;（b）小江流域

基于遥感影像近红外和可见光波段光谱反射率的植被指数可被广泛应用于植被覆盖和植被健康监测、植被物候及生态系统变化研究（Lambert et al.，2013；Chen et al.，2012；Glenn et al.，2008；De Beurs and Henebry，2004）。在众多的植被指数中，归一化差异植被指数最常用于与植被相关的动态监测（Meng et al.，2019；Li et al.，2013；Chéret and Denux，2011；Hielkema et al.，1986）。本研究应用 GEE 平台构建的地表反射率数据计算 Landsat *NDVI* 指数，计算公式如下：

$$NDVI=\frac{\delta_{\mathrm{NIR}}-\delta_{\mathrm{RED}}}{\delta_{\mathrm{NIR}}+\delta_{\mathrm{RED}}} \tag{4.4}$$

式中：δ_{NIR} 为近红外波段地表反射率（Landsat TM/ETM+：第 4 波段；Landsat OLI：第 5 波段）；δ_{RED} 为红波段反射率（Landsat TM/ETM+：第 3 波段；Landsat OLI：第 4 波段）。

NDVI 高于 0.95 的像元被掩膜去除，以减少由于 Landsat 7 扫描线校正器（SLC）故障导致的数据条带等误差因素对最终分析结果的影响（Fassnacht et al.，2019）。然后，同样基于 GEE 云平台，对研究时段中每一年收集的所有 Landsat 影像 *NDVI* 进行逐像素年度中值合成。这里选择年度中值合成而不是均值或最大值合成的主要原因是，年度中值可以有效减少 Landsat 数据中时间变异性的影响，同时可以进一步减少 CFMASK 算法未滤除的异常

像元值的影响（Taylor et al.，2019；Fassnacht et al.，2019）。

4.2.1.2 *NDVI* 变异系数

变异系数可以表征地理数据的相对变化（波动）程度，本研究采用变异系数（Coefficient of Variation，CV）分析 *NDVI* 数据的离散程度和植被变化的稳定性与空间分异规律（刘宪锋等，2015；Tucker et al.，1991），其计算公式如下：

$$CV_{NDVI}=\frac{1}{\overline{NDVI}}\sqrt{\frac{\sum_{i=1}^{n}(NDVI_i-\overline{NDVI})2}{n-1}} \tag{4.5}$$

式中：CV_{NDVI} 是时间序列 *NDVI* 的变异系数；i 为研究年限（本研究中为 32 年），$NDVI_i$ 为第 i 年年度中值合成 *NDVI*；$\overline{NDVI}$ 为 1987—2018 年时间序列年度合成 *NDVI* 的平均值。CV_{NDVI} 值越大，表明 *NDVI* 数据分布的离散程度越大，波动较大，时序不稳定；CV_{NDVI} 值越小，表明 *NDVI* 数据分布较为集中，波动较小，时序相对稳定（刘洋等，2016）。

4.2.1.3 Mann-Kendall 趋势分析

为了在像元尺度上量化时间序列 *NDVI* 的变化趋势，我们采用了非参数的 Mann-Kendall 检验方法（Kendall，1975；Mann，1945）。与线性回归方法相比，Mann-Kendall 检验不要求原始数据符合正态分布，并且可以有效减少异常值和数据错误的影响（de Jong et al.，2011）。此外，Mann-Kendall 检验可以使用空间自相关原理来描述地理现象，并且从地理角度看结果更加直观，同时增强了在相对较短的时间序列中监测变化趋势的能力。对于一个给定的时间序列 $NDVI_i$，Mann-Kendall 检验统计的数学公式如下：

$$z=\begin{cases}\dfrac{S-1}{\sqrt{Var(S)}} & (S>0)\\ 0 & (S=0)\\ \dfrac{S+1}{\sqrt{Var(S)}} & (S<0)\end{cases} \tag{4.6}$$

$$S=\sum_{i=1}^{n-1}\sum_{j=i+1}^{n}\operatorname{sgn}(NDVI_j-NDVI_i) \tag{4.7}$$

$$Var(S)=\frac{n(n-1)(2n+5)}{18} \tag{4.8}$$

$$\operatorname{sgn}(NDVI_j-NDVI_i)=\begin{cases}1 & (NDVI_j-NDVI_i>0)\\ 0 & (NDVI_j-NDVI_i=0)\\ -1 & (NDVI_j-NDVI_i<0)\end{cases} \tag{4.9}$$

式中：$NDVI_i$ 和 $NDVI_j$ 分别表示某像元在 i 年和 j 年的 *NDVI*（$j>i$）；n 是时间序列的长度（本研究中为 32）；sgn 为符号函数。变量 Z 的取值范围为（$-\infty$，$+\infty$），如果 Z 为正值，则表示上升趋势，反之则为下降趋势（Yang et al.，2018）。在一个给定的显著性水平 α 下，当 $|Z|>u_{1-\alpha/2}$ 时，表示研究的时间序列数据在 α 水平上存在显著的变化趋势，其中，$u_{1-\alpha/2}$ 可

以从正态分布表中获得。在本研究中，我们使用显著性水平 $\alpha = 0.05$，对应的 $u_{1-\alpha/2}$ 值为 1.96。

此外，如果使用 Mann–Kendall 方法检测出时间序列数据的线性趋势，则我们使用非参数 Theil–Sen estimator 来计算趋势的斜率。Theil–Sen estimator 主要计算 N 对数据之间的斜率的中值（Sen，1968），计算过程高效，并且它对异常值也不敏感（Yang et al.，2018），同时它对于季节性、非正态性、异方差和时间自相关（在年内和年际尺度）具有较强的抵抗力（Alcaraz–Segura et al.，2010；Hirsch and Slack，1984）。具体的计算公式如下：

$$TS = Median\left(\frac{NDVI_j - NDVI_i}{j-i}\right),\ 1987 \leqslant i < j \leqslant 2018 \tag{4.10}$$

式中：$N = n(n-1)/2$，n 为时间序列长度（本研究中为 32 年）；$NDVI_i$ 和 $NDVI_j$ 分别表示某像元在 i 年和 j 年的 $NDVI$。TS 为 N 对数据组合的斜率的中位数，可以量化单调趋势。如果 $TS > 0$，时间序列 $NDVI$ 数据呈现为增加趋势；如果 $TS < 0$，时间序列 $NDVI$ 数据则呈现为减少趋势。

4.2.1.4 Hurst 指数

基于重标极差（Rescaled Range Analysis，R/S）分析方法的 Hurst 指数，是一种定量描述时间序列信息长期依赖性的有效方法，被广泛用于预测时间序列数据相对于过去的未来发展趋势，在气候学、水文学、经济学等领域有着广泛的应用（刘洋等，2016；Tong et al.，2016；刘宪锋等，2015）。Hurst 指数的主要计算步骤如下（Peng et al.，2012）：

第一步，将时间序列 $\{x(\tau)\}$（$\tau = 1, 2, \cdots, n$）划分为 τ 个子序列 $x(t)$，对每个子序列 t=1，...，τ

第二步，定义均值序列：

$$\langle \xi \rangle_\tau = \frac{1}{\tau}\sum_{t=1}^{r} x(t),\ \tau = 1,2,\cdots,n \tag{4.11}$$

第三步，计算累积离差：

$$X(t,\tau) = \sum_{u=1}^{t} (\xi(u) - \langle \xi \rangle_\tau),\ 1 \leqslant t \leqslant \tau \tag{4.12}$$

第四步，创建范围序列（即计算极差）：

$$R(\tau) = \max_{1\leqslant t\leqslant \tau} X(t,\tau) - \min_{1\leqslant t\leqslant \tau} X(t,\tau),\ \tau = 1,2,\cdots,n \tag{4.13}$$

第五步，创建标准差序列：

$$S(\tau) = \sqrt{\frac{1}{\tau}\sum_{t=1}^{\tau} (\xi(t) - \langle \xi \rangle_\tau)^2},\ \tau = 1,2,\cdots,n \tag{4.14}$$

第六步，重新标度范围：

$$\frac{R(\tau)}{S(\tau)} = (c\tau)^H \tag{4.15}$$

Hurst 指数（H）的取值范围为 0 ～ 1（Mandelbrot and Wallis，1969；Hurst，1951），并分 3 种情况：①当 H 等于 0.5 时，表示时间序列是一个随机序列，没有一致性，这表明时间序列的未来变化趋势与研究期间的趋势无关；②当 H 大于 0.5 时，表示该时间序列是持续性序列，即未来变化趋势与研究期间的趋势一致，且 H 越接近于 1，持续性越强；③当 H 小于 0.5 时，表示时间序列的反持续性，即未来变化趋势与研究期间的趋势相反，且 H 越接近于 0，反持续性越强。本研究在像元尺度上计算 H，以检验 *NDVI* 时间序列变化趋势的可持续性。

本研究将 Mann-Kendall 和 Theil-Sen 方法所得的 *NDVI* 变化趋势结果与 Hurst 指数结果进行结合，我们将喀斯特地区未来的植被趋势分为 6 种类型（Tong et al.，2016），如表 4.5 所示。①当一个像元的 *NDVI* 在 1987—2018 年表现为显著增加趋势，并且它的 H 值高于 0.5，则表明该像元的植被增加趋势很有可能在 2018 年后继续保持；②如果像元 *NDVI* 呈现为增加趋势，但是它的 H 低于 0.5，则像元植被在 2018 年后可能由改善演变为退化；③当像元 *NDVI* 呈现为减少趋势，并且它的 H 高于 0.5，则表明该像元在 2018 年后继续保持植被退化趋势；④如果像元 *NDVI* 呈现为减少趋势，并且它的 H 低于 0.5，则像元植被在 2018 年后由退化演变为改善；⑤如果像元 *NDVI* 保持稳定（未通过 Mann-Kendall 显著性检验），且它的 H 高于 0.5，则该像元植被在 2018 年后将持续保持稳定；⑥如果像元 *NDVI* 保持稳定，但是它的 H 低于 0.5，则该像元的未来植被变化趋势无法预测。

表 4.5 基于植被变化（1987 — 2018 年）和 Hurst 指数值的未来植被趋势

植被趋势 \ Hurst	持续性（$0.5<H<1$）	反持续性（$0<H<0.5$）
显著增加	持续性植被改善	植被趋势由改善到退化
稳定（不显著变化）	持续性保持稳定	未来趋势不确定
显著减少	持续性植被退化	植被趋势由退化到改善

4.2.2 研究结果

2000 年以来，中央和地方政府在西南喀斯特地区实施了诸如退耕还林等一系列生态恢复工程，西南地区植被出现了显著变化。为了突出生态工程实施前后植被变化差异，我们将完整时间序列（1987—2018 年）以 2000 年为断点，2000 年以前（1987—1999 年）为生态工程实施前，2000 年以后（2000—2018 年）为生态工程实施后。

4.2.2.1 植被覆盖的空间分布特征

考虑到影响植被覆盖空间分布的地形和气候因素及人为活动在喀斯特流域内的空间分异，平均年 *NDVI* 也呈现出明显的空间异质性。图 4.11 为 *NDVI* 多年均值的空间分布情况，可以看出，1987—2018 年期间，南洞地下河流域平均 *NDVI* 为 0.3461，*NDVI* 总体呈现为东高西低的空间分布格局，这和其西部地区为地形相对平缓的非喀斯特盆地，易受建设用地扩张和农田开垦等人类活动干扰有关。小江流域在 1987—2018 年平均 *NDVI* 为 0.3901，高于南洞地下河流域。类似地，小江流域 *NDVI* 也呈现出北低南高的区域分异特征，高 *NDVI* 地区主要位于地形起伏较大的山地，人为干扰相对较少，植被破坏程度低。

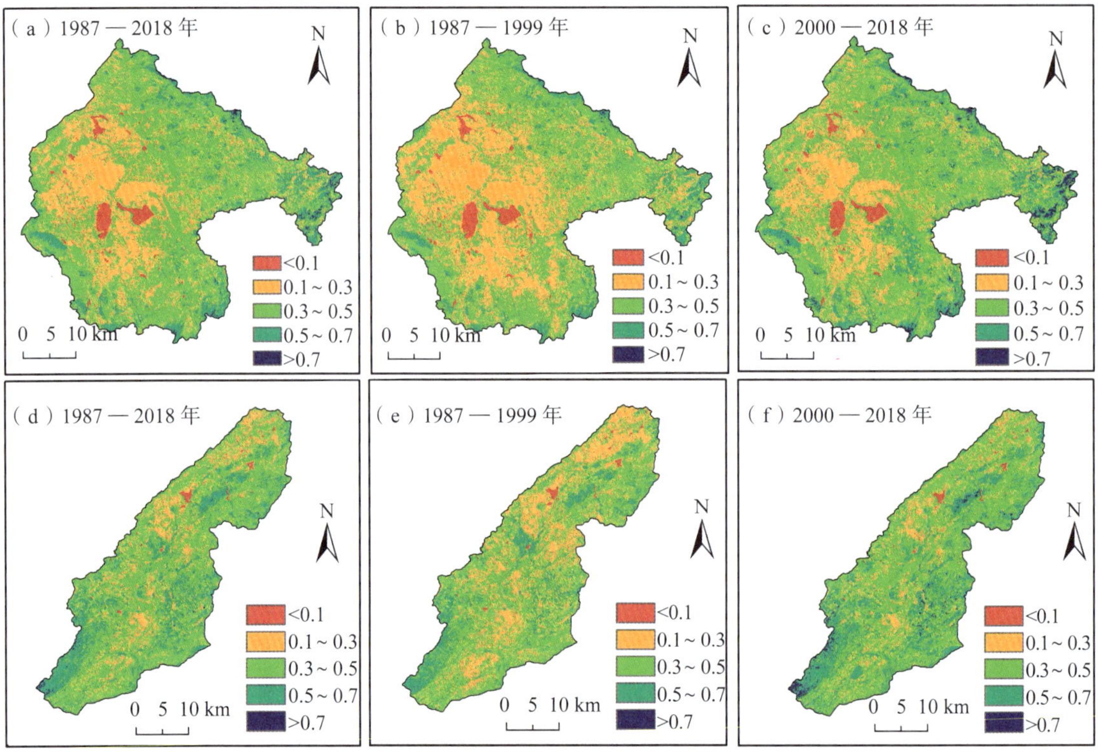

图 4.11 不同时期 Landsat *NDVI* 多年均值空间分布

南洞地下河流域：（a）完整时间序列；（b）生态工程实施前；（c）生态工程实施后

小江流域：（d）完整时间序列；（e）生态工程实施前；（f）生态工程实施后

生态工程实施后，南洞地下河流域和小江流域的平均 *NDVI* 分别为 0.3657 和 0.4149，比生态工程实施前分别增加 15.22% 和 17.27%。统计分析表明，生态工程实施后，低植被覆盖区像元比例显著减少，而中高植被覆盖区像元比例显著增加（图 4.12），相比工程实施前，植被整体质量得到较大程度的改善。

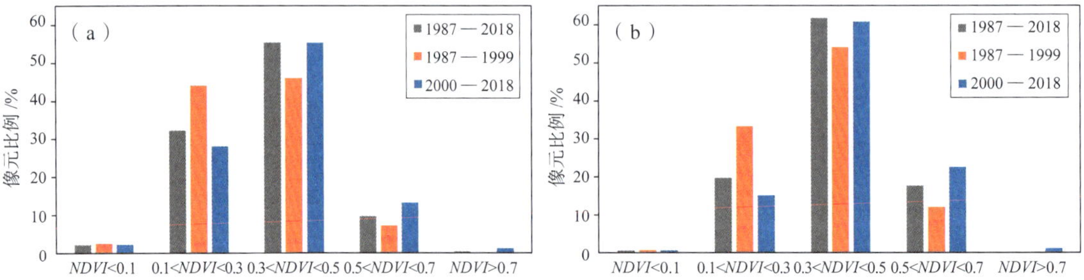

图 4.12 不同时期不同 *NDVI* 区间像元占比

（a）南洞地下河流域；（b）小江流域

此外，两个流域 *NDVI* 的空间分布与土地覆盖类型紧密相关。无植被区（*NDVI*<0.1）对应的土地利用类型主要为水体，低植被覆盖区（0.1<*NDVI*<0.3）主要对应位于流域盆地中地形相对平缓区域的耕地、建设用地和部分草地类型，中等植被覆盖区（0.3<*NDVI*<0.5）主要对应草地、耕地和部分林地类型，而高植被覆盖区（0.5<*NDVI*<0.7）主要对应集中分

布于地形起伏较大的山区的林地，在空间分布上主要位于流域的边缘地带（如南洞流域的东部、南部和小江流域的西南部）。

4.2.2.2　植被覆盖的时间变化特征

在流域尺度上，南洞地下河流域 *NDVI* 由 1987 年的 0.31 显著增加到 2018 年的 0.44，年均增长率为 0.0039 a^{-1}（$r = 0.73$，$p<0.001$）（图 4.13）。小江流域 *NDVI* 在 1987—2018 年同样呈现为显著增加趋势，由 0.32 上升为 0.47，年均增长率稍高于南洞地下河流域（Slope = 0.0040 a^{-1}，$r = 0.80$，$p<0.001$）。对于南洞地下河流域，*NDVI* 在生态工程实施后（2000—2018 年）的年均增长率为 0.0079 a^{-1}（$r = 0.80$，$p<0.001$），为工程实施前（1987—1999 年）*NDVI* 年均增长率的 5 倍（*Slope* = 0.0015 a^{-1}，$r = 0.24$，$p = 0.42$）。这表明生态工程实施后，南洞地下河流域植被覆盖得到总体改善，并且植被覆盖年增加速率得到大幅提升。

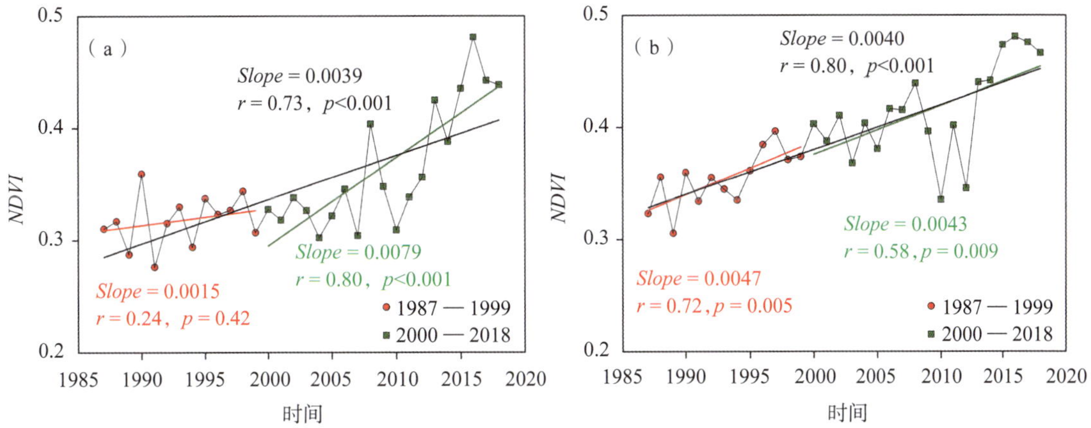

图 4.13　流域尺度上 *NDVI* 时间序列变化

（a）南洞地下河流域；（b）小江流域

图中黑实线为全时间序列（1987 — 2018 年）*NDVI* 回归拟合线，红色和绿色实线分别表示生态工程实施前（1987 — 1999 年）和实施后（2000 — 2018 年）*NDVI* 回归拟合线

与之相比，小江流域 *NDVI* 在生态工程实施后的年均增长率为 0.0043 a^{-1}（$r = 0.58$，$p = 0.009$），仅为南洞地下河流域同时期 *NDVI* 年均增长率的一半。此外，小江流域在生态工程实施后的 *NDVI* 年均增长率比工程实施前略低（*Slope* = 0.0047 a^{-1}，$r = 0.72$，$p = 0.005$）。尽管两流域 *NDVI* 在 1987—2018 年整体呈现显著增加的趋势，但是也发现 *NDVI* 在某些特定的短时期内出现了明显的下降。例如，南洞地下河流域和小江流域 *NDVI* 在 2008—2010 年内均呈现显著下降，年均减少速率分别为 0.0473 a^{-1} 和 0.052 a^{-1}。这可能和 2009—2010 年期间发生在西南地区的极端干旱气候有关（Long et al., 2014）。

地质背景的差异可以一定程度上对植被生长造成影响，本研究进一步对比分析两流域内喀斯特和非喀斯特植被时间变化特征差异。图 4.14 表明两流域内喀斯特区域和非喀斯特区域尽管 *NDVI* 数值存在差异，但是其植被覆盖呈现几乎同步的变化特征。

对于南洞地下河流域，1987—2018 年喀斯特区域 *NDVI* 在 0.34 ~ 0.47 之间波动，*NDVI* 的 32 年平均值为 0.37，年均增长率为 0.0041 a^{-1}（$r = 0.67$，$p < 0.001$）。相比之下，非喀斯特地区 *NDVI* 在 0.25 ~ 0.39 之间波动，*NDVI* 的 32 年平均值为 0.31，*NDVI* 年均增长

率为 0.0037 a^{-1}（$r = 0.81$，$p < 0.001$）。通过对比分析，我们发现南洞地下河流域内，喀斯特区域 *NDVI* 的数值和年增长率均高于非喀斯特地区，说明流域内喀斯特地区的植被总体质量相对较好，同时植被恢复速率相比非喀斯特地区更快，这可能是因为非喀斯特区域主要集中分布在地形平坦的盆地，受人为干扰破坏比较严重。

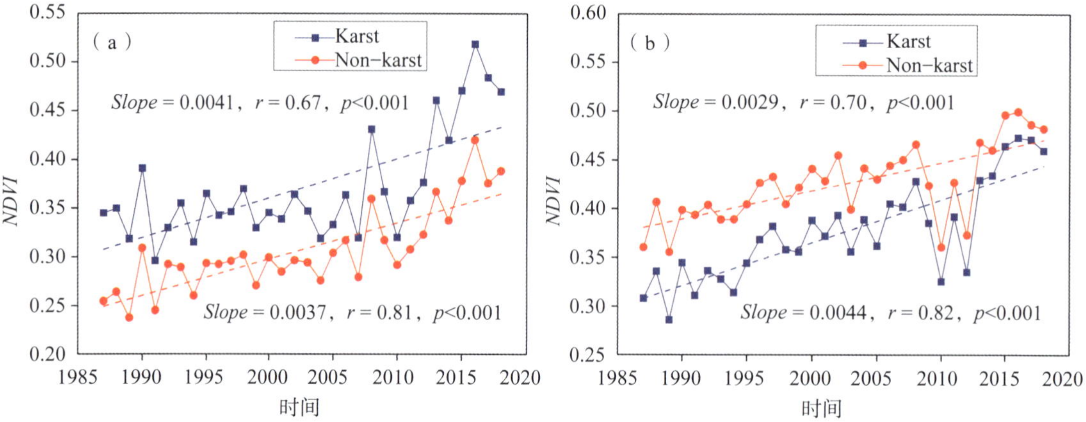

图 4.14　1987 — 2018 年流域尺度上不同地质背景下 *NDVI* 时间序列变化差异

（a）南洞地下河流域；（b）小江流域

图中蓝色虚线和红色虚线分别为 1987 — 2018 年喀斯特区域和非喀斯特区域 *NDVI* 回归拟合线

同时，进一步研究发现，2009—2010 年西南极端大旱期间，虽然喀斯特和非喀斯特区 *NDVI* 均明显下降，但是喀斯特区域在经历干旱后（2010 年）相比干旱前（2008 年）*NDVI* 减少了 25.80%，显著高于非喀斯特区域的 18.89%。此外，喀斯特区域 *NDVI* 在干旱后（2010—2018 年）的恢复速率达到 0.0212 a^{-1}（$p = 0.002$），也显著高于非喀斯特地区（*Slope* = 0.0133 a^{-1}，$p = 0.002$）。这表明流域内喀斯特区域植被对干旱等极端气候的响应比非喀斯特地区更加敏感，同时喀斯特地区植被能够更快地恢复生长。

相比之下，小江流域内喀斯特地区在 1987—2018 年期间 *NDVI* 在 0.31 和 0.46 之间波动，且始终小于非喀斯特地区 *NDVI*（0.36 ~ 0.48）。但是，喀斯特地区 *NDVI* 年均增长率为 0.0044a^{-1}（$r = 0.82$，$p < 0.001$），为非喀斯特 *NDVI* 年增长率的 1.5 倍，表明小江流域内喀斯特地区植被恢复得更快，这可能是因为退耕还林、石漠化治理等生态工程主要集中在之前退化比较严重的喀斯特生态系统。

4.2.2.3　植被覆盖变化的稳定性分析

本研究逐像元计算 1987—2018 年 *NDVI* 变异系数 *CV*，并根据 *CV* 大小将其分为 5 级，统计结果如表 4.6 所示，其在空间上的分布如图 4.15 所示。

南洞地下河流域和小江流域植被覆盖总体上处于高波动变化态势。其中，两流域内高波动变化和相对较高波动变化面积占比分别达到 88.59% 和 81.90%，主要分布于南洞流域的西部和小江流域的西北部，对应的土地利用类型主要为位于地形平缓的盆地种的耕地和建设用地。西南地区降水充沛，气温的升高一定程度上延长了植被生长期，导致耕地植被响应显著。同时，人类活动的干扰（如工程建设、居民点扩张、露天采矿等）导致植被破坏和生态系统退化，植被质量显著下降。

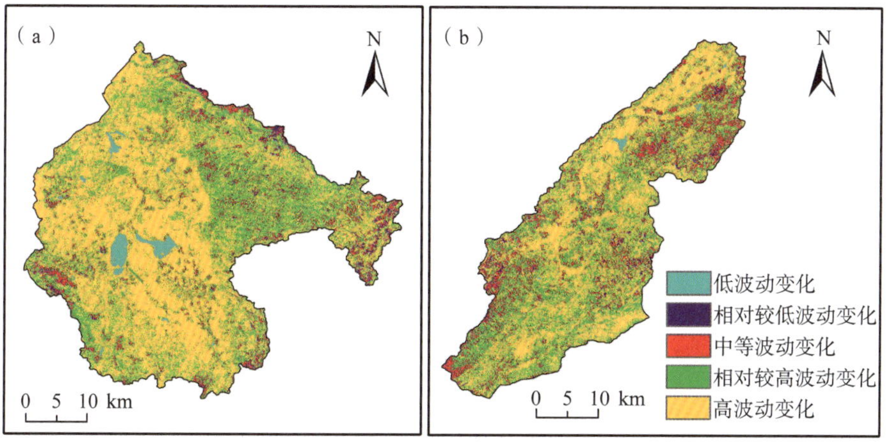

图 4.15 1987—2018 年 *NDVI* 变化稳定性分析结果
(a)南洞地下河流域;(b)小江流域

同时，不同地质背景下植被波动变化存在差异。南洞地下河流域喀斯特地区内高波动变化和相对较高波动变化面积占喀斯特总面积的 89.28%，高于非喀斯特地区的对应比例(87.49%)。类似地，小江流域喀斯特地区内高波动变化和相对较高波动变化面积占喀斯特总面积的 84.73%，远高于流域内非喀斯特区域的对应比例(74.60%)。这表明过去 32 年喀斯特地区植被波动变化比非喀斯特地区更为剧烈，这可能与石漠化生态退化问题和 2000 年后开展的生态恢复工程都主要集中在喀斯特地区有关。

表 4.6 1987—2018 年 *NDVI* 变异系数统计

CV_{NDVI}	*NDVI* 变异程度	面积比例 /%			面积比例 /%		
		南洞流域	喀斯特	非喀斯特	小江流域	喀斯特	非喀斯特
$CV_{NDVI} < 0.05$	低波动变化	1.77	0.14	4.37	0.47	0.30	0.90
$0.05 \leqslant CV_{NDVI} \leqslant 0.10$	相对较低波动变化	1.21	1.20	1.22	1.79	1.52	2.46
$0.10 \leqslant CV_{NDVI} \leqslant 0.15$	中等波动变化	8.44	9.38	6.92	15.85	13.46	22.04
$0.15 \leqslant CV_{NDVI} \leqslant 0.20$	相对较高波动变化	22.25	27.49	13.85	26.37	25.19	29.82
$CV_{NDVI} > 0.20$	高波动变化	66.34	61.79	73.64	55.53	59.54	44.78

4.2.2.4 植被覆盖变化趋势分析

本研究结合 Theil-Sen median 趋势分析和 Mann-Kendall 检验方法，在 30 m 像元尺度上分析 1987—2018 年 *NDVI* 的变化趋势。可以看出，在过去 32 年里，两个流域的植被变化趋势呈现出明显的空间分异特征(图 4.16，图 4.17)。

对于南洞地下河流域，*NDVI* 呈显著增加($p<0.05$)的像元比例达到 57.68%(图 4.18)。其中，草地是植被变绿的最大贡献者(37.40%)，耕地次之(30.71%)(表 4.7)。与之相比，仅有 5.96% 的像元 *NDVI* 呈现显著下降趋势，森林是植被覆盖减少的主要贡献者(29.52%)，这可能是因为人类毁林开垦、樵采薪材等逆向干扰导致森林生态系统退化和植被破坏。此外，有 36.37% 的像元 *NDVI* 表现为不显著变化($p>0.05$)。在生态工程实施前

（1987—1999 年），高达 77.88% 的像元 *NDVI* 呈现为不显著变化（图 4.18），14.48% 的像元 *NDVI* 呈现显著增加趋势，同时有 7.64% 的像元 *NDVI* 表现为显著下降趋势，主要集中在南洞地下河流域的南部。但是，在生态恢复工程实施后（2000—2018 年），植被改善的像元比例显著上升至 58.90%，是工程实施前的 4 倍。与此同时，植被退化的像元比例减少至 2.45%。生态工程实施前后的植被变化速率的差值同样表现出显著的空间异质性（图 4.16）。生态工程实施后 *NDVI* 变化速率高于工程实施前（即植被生长恢复加快）的区域占整个南洞流域的 75%。其中，最大的 *NDVI* 变化速率差值（大于 0.02 a^{-1}）主要集中分布在南洞地下河流域的南部。而 2000—2018 年 *NDVI* 变化速率低于 2000 年前（即植被生长恢复减慢）的区域仅占整个流域的 25%，主要位于中部和东部，这些区域处于地势比较平坦的盆地地形，人类活动干扰比较剧烈，植被生长易受逆向扰动。

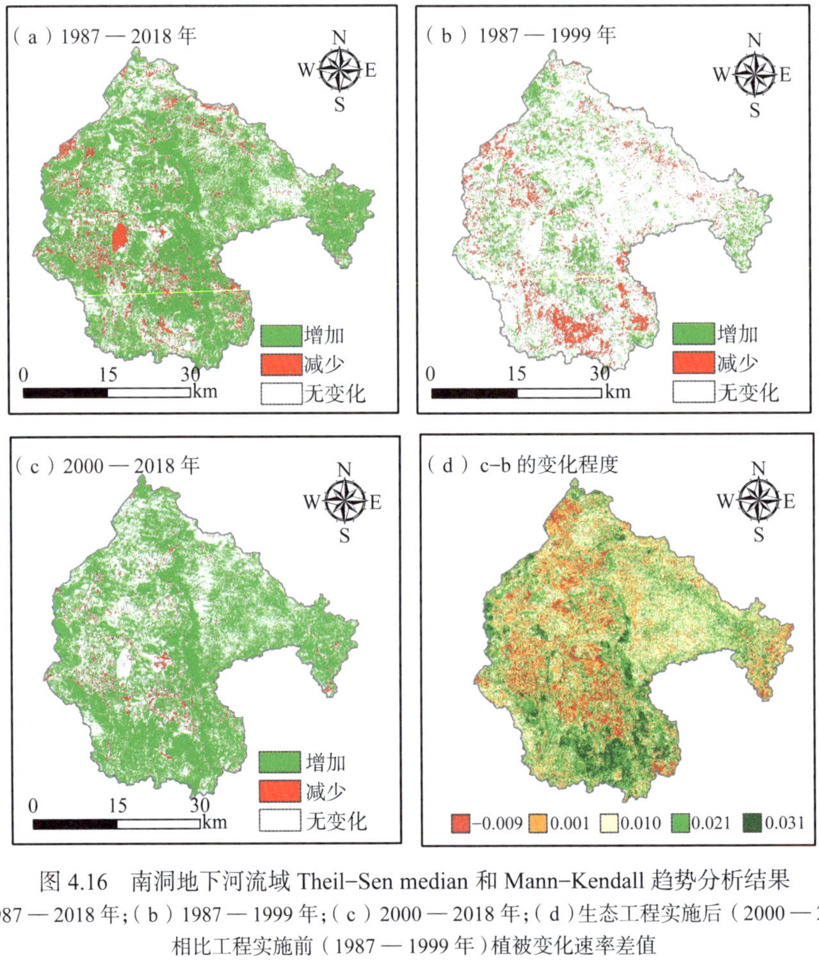

图 4.16　南洞地下河流域 Theil–Sen median 和 Mann–Kendall 趋势分析结果

（a）1987 — 2018 年；（b）1987 — 1999 年；（c）2000 — 2018 年；（d）生态工程实施后（2000 — 2018 年）相比工程实施前（1987 — 1999 年）植被变化速率差值

对于小江流域，过去 32 年植被显著改善的像元比例为 63.54%（图 4.18），森林是最大的贡献者（41.68%）。而植被显著退化的像元比例仅占 5.59%，耕地是最大的贡献者（45.55%）。此外，30.87% 的像元植被在 1987—2018 年呈现不显著变化趋势。类似地，生态工程实施后，小江流域 *NDVI* 显著增加的像元比例（40.30%）显著高于生态工程实施前（25.95%）。但是，工程实施后 *NDVI* 显著减少的像元比例达到 6.40%，是工程实施前的近

2倍，主要集中在流域的中东部，可能和2000年后社会经济发展、建设用地扩张有关。此外，小江流域两个时期植被变化速率差值同样呈现出明显的区域分异（图4.17），生态工程实施后相对实施前植被变化速率加快的区域占流域总面积的52%。

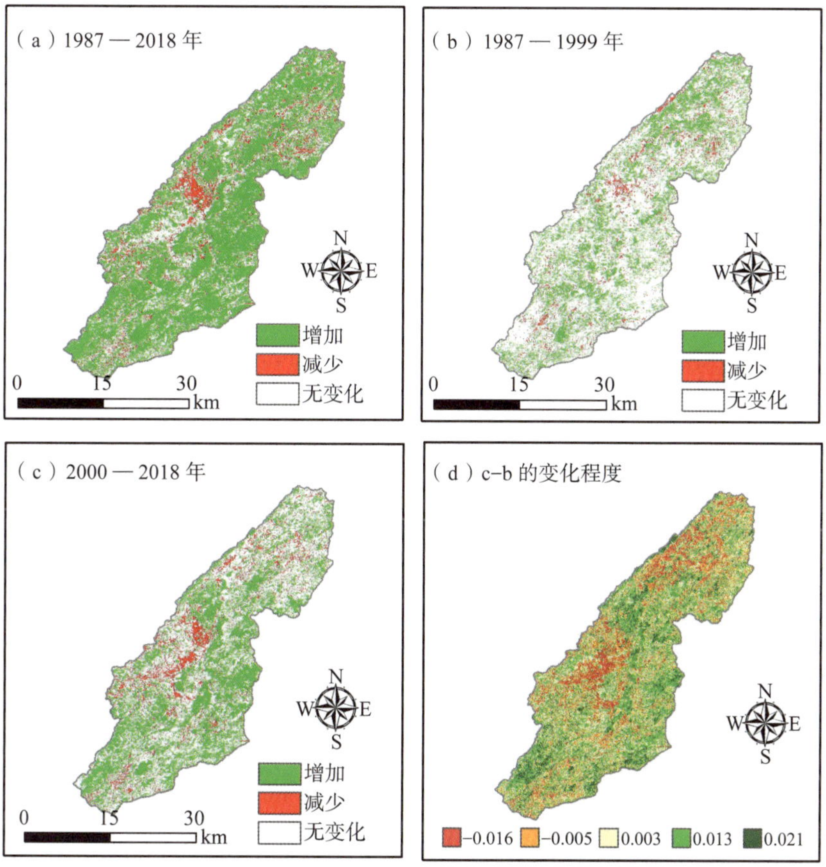

图4.17　小江流域Theil-Sen和Mann-Kendall趋势分析结果

（a）1987—2018年；（b）1987—1999年；（c）2000—2018年；（d）生态工程实施后（2000—2018年）相比工程实施前（1987—1999年）植被变化速率差值

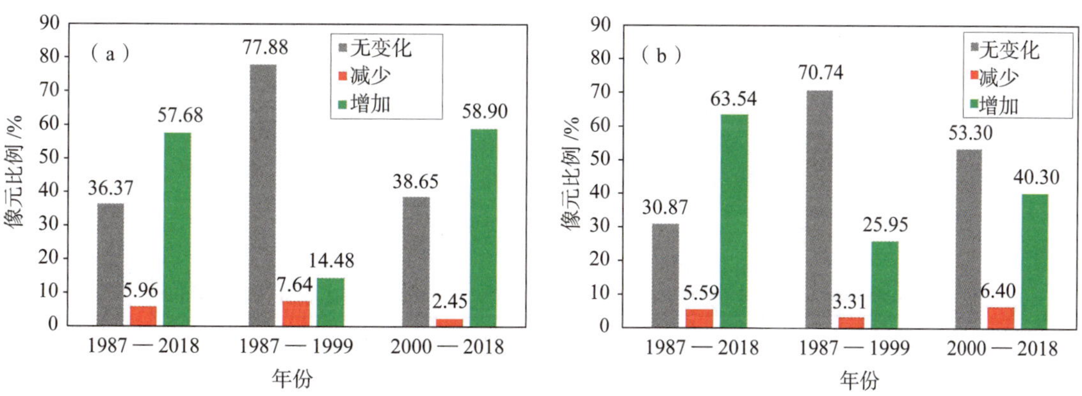

图4.18　不同时期3种植被变化类型像元比例

（a）南洞地下河流域；（b）小江流域

表 4.7　不同土地利用类型对各种植被变化类型的贡献比例　　单位：%

土地利用类型	南洞地下河流域			小江流域		
	显著增加	显著减少	不显著变化	显著增加	显著减少	不显著变化
耕地	30.71	23.78	25.78	33.53	45.55	44.30
森林	27.07	29.52	27.14	41.68	28.41	30.41
草地	37.40	23.00	39.07	22.27	14.68	20.23
水体	1.35	11.72	2.80	0.56	0.42	1.07
建设用地	3.48	11.99	5.22	1.95	10.94	3.99
总计	100.00	100.00	100.00	100.00	100.00	100.00

4.2.2.5　植被覆盖变化可持续性分析

上述分析主要是对近 32 年两个喀斯特流域植被“格局－过程”的分析，但是关于其变化趋势在未来是否会持续下去尚不明晰，为此我们进一步计算了植被 *NDVI* 的未来变化特征（图 4.19）。

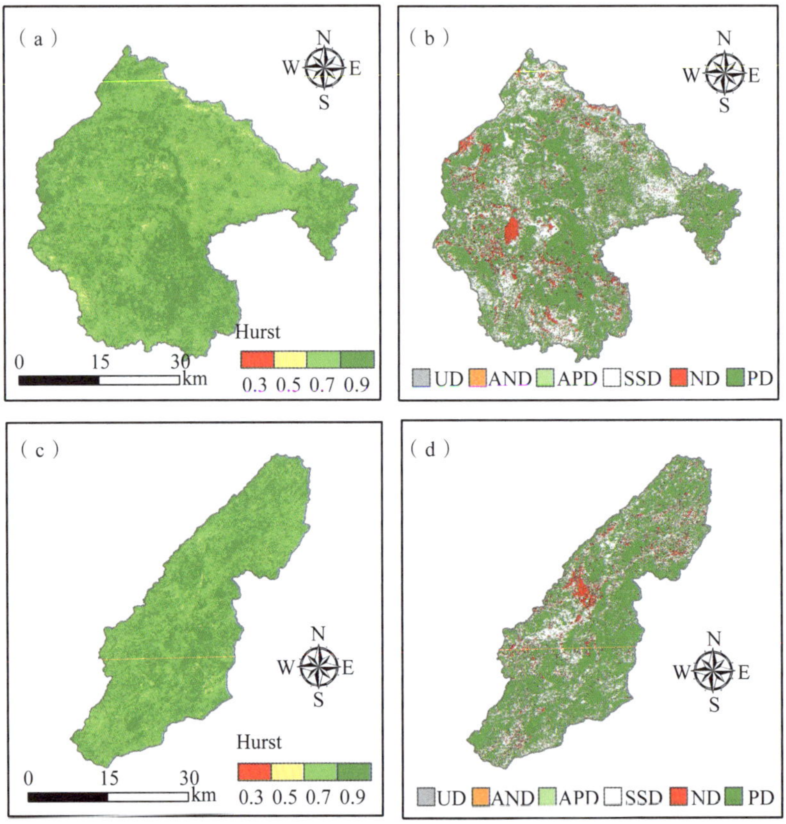

图 4.19　Hurst 指数空间分布以及未来植被变化趋势空间分布

（a）（b）南洞地下河流域；（c）（d）小江流域；UD—Undetermined Development（未来趋势不确定）；AND—Anti-persistent Negative Development（植被趋势由退化到改善）；APD—Anti-persistent Positive Development（植被趋势由改善到退化）；SSD—Sustained and Steady Development（持续性保持稳定）；ND—Negative Development（持续性植被退化）；PD—Positive Development（持续性植被改善）

结果显示，南洞地下河流域和小江流域的 Hurst 指数值范围分别为 0.26 ～ 1.0 和 0.21 ～ 1.0，两个流域的平均 Hurst 指数值分别为 0.69 和 0.71，远高于 0.5 的阈值，表明两个流域植被变化趋势具有较强的可持续性，这意味着两个流域未来植被变化趋势很可能和 2018 年之前的变化趋势相似。特别地，两个流域不同植被类型的 Hurst 指数值相差不大，且均大于 0.5。具体来说，对于南洞地下河流域，针叶林的 Hurst 指数值最高（0.7397），农作物次之（0.6953），草地（0.6877），灌丛最小（0.6844）。而对于小江流域，针叶林的 Hurst 指数值依然最高（0.7208），草地次之（0.7201），农作物（0.7127），灌丛同样最小（0.6768）。南洞地下河流域和小江流域中 Hurst 指数值大于 0.5 的像元比例分别为 96.25% 和 97.28%，说明两个流域内绝大多数像元在过去 32 年的植被趋势很可能会在未来持续下去。

我们进一步将 Theil-Sen median 趋势分析和 Mann-Kendall 检验所得的 *NDVI* 变化趋势结果与 Hurst 指数进行结合，以分析两个喀斯特流域未来的植被趋势（图 4.19）。对于南洞地下河流域，高达 56.68% 的像元在 2018 年后呈现为持续性植被改善。与之相比，仅有 5.93% 的像元在未来植被变化趋势呈现为持续性植被退化。此外，有 33.63% 的像元的未来植被趋势呈现为持续性稳定（不显著变化），2018 年后植被趋势由改善演变为退化的像元仅占 0.99%，2.73% 的像元未来植被趋势无法确定。而对于小江流域，流域内绝大部分像元（63.07%）在未来的植被趋势将继续保持植被改善态势，而仅有 5.55% 的像元在 2018 年后将继续出现植被退化。28.66% 的像元植被在未来依旧保持不显著变化，2018 年之前呈现为植被显著改善而 2018 年之后植被会出现显著退化的像元比例仅为 0.47%，此外还有 2.21% 的像元未来植被变化趋势无法确定。

4.2.2.6 讨论

本研究利用 32 年的长时间序列 Landsat 卫星影像在 30 m 中高分辨率空间尺度上证实了两个喀斯特石漠化区典型流域植被覆盖增加。尽管已有一系列的中国西南喀斯特相关研究在此前已经得出类似的结论，但是以往的研究存在两个突出的问题。一是所使用的卫星数据往往空间分辨率比较粗糙（250 m ～ 8 km）(Tong et al.，2017；2018；Hou et al.，2015)，粗分辨率遥感影像无法检测到植被的小尺度变化（图 4.7）。考虑到喀斯特地区错综复杂的镶嵌景观、巨大的地形起伏及由此导致的高度的空间异质性（Zhang et al.，2011），土壤性质存在较大的空间变异（Zhang et al.，2017a)，进一步导致喀斯特地区植被生长的丰富生态位。因此，喀斯特地区小尺度的植被变化显得尤其重要。Tong 等（2017）应用 8 km 分辨率的 GIMMS *NDVI* 3 g 数据集，利用 *NDVI*- 气候回归模型对西南地区人为植被恢复进行了定量研究。然而，他们认识到，尽管大量观察到绿化趋势，但粗糙的空间分辨率可能掩盖局部的植被退化。二是以往的很多研究使用的遥感数据时间序列较短，如始于 2000 年的 MODIS 数据（Tong et al.，2016；Wang et al.，2015；Cai et al.，2014），因此难以检测到 2000 年之前，即生态工程实施前的植被变化情况，因而得到的研究结果不够全面。与之相比，本研究结合了长时间序列和中高分辨率的优势，能够检测到长时间尺度上植被变化的精细信息。

尽管本研究结果表明，在过去的 32 年里，两个典型喀斯特流域的植被覆盖变化趋势以显著增加为主（图 4.18），但是局部区域植被退化的现象依然存在（图 4.16，图 4.17），这和 Sun 等（2015）和 Zheng 等（2019）报道的结果一致。过度的人为干扰（即森林砍伐、不可持续的农业和过度放牧）引起的喀斯特石漠化可能是导致局部地区植被覆盖下降的主要原因之一。具体来说，改革开放后出现的经济繁荣和人口增长，导致两个流域内人类居住和生产活动（如农业和工业生产）对土地的需求急剧上升。在这种情况下，大量土地被不合理和不可持续地开垦，如陡坡耕种（Delang and Yuan，2015）。人类长期以来对本已生态脆弱的喀斯特生态系统施加了过度的压力，导致土地大规模退化，出现石漠化（图 4.1）。因此，自 2000 年以来，中央和地方各级政府投资主导的生态恢复工程在这两个流域广泛开展。

为了进一步量化生态工程实施前后植被趋势的差异，我们分别对 1987—1999 年和 2000—2018 年进行了 Mann-Kendall 趋势分析。结果显示，生态工程实施后，两个流域植被覆盖的增加趋势相比工程实施前更加突出（图 4.16，图 4.17）。同时，52% 以上的像元 *NDVI* 在工程实施后，年均增加速率高于工程实施前。因此，可以看出，2000 年生态工程实施后，南洞地下河流域和小江流域中更多的区域呈现为植被显著增加的趋势，同时植被恢复改善的速度也在加快。类似的现象也见诸于黄土高原地区（Sun et al.，2015）。

4.3 喀斯特断陷盆地植被变化对岩性与地形的响应

4.3.1 数据介绍

4.3.1.1 地形数据

本研究使用 GEE 云平台上存储的 Shuttle Radar Topography Mission（SRTM）第三版数字高程模型 DEM 数据，该数据空间分辨率为 1 弧秒（约为 30 m），由美国宇航局喷气推进实验室（JPL）提供（Farr et al.，2007）。GEE 云平台上该数据集的名称为“USGS/SRTMGL1_003”。

同时，在 GEE 云平台编写代码，基于数字高程 DEM 数据，计算得到地形坡度数据，空间分辨率为 30 m。最后，利用 ArcGIS 10.2 软件的坡向工具，输入 DEM 数据生成相应的 30 m 分辨率地形坡向数据。

4.3.1.2 岩性数据

本研究使用的西南地区 1∶50 万比例尺岩性数据由中国地质科学院岩溶地质研究所提供，研究区共分布有 11 种岩性类型，可分为喀斯特和非喀斯特两大类。其中，喀斯特大类又细分为 10 小类的具体岩性。这些岩性可以根据碳酸盐岩含量分为纯喀斯特（连续性石灰岩、连续性白云岩、石灰岩与白云岩互层、碳酸盐岩）和亚喀斯特（不纯石灰岩、不纯白云岩、白云岩夹层、石灰岩夹层、碳酸盐岩夹层）(马士彬等，2017）。

4.3.2 植被变化对不同岩性基底的响应

考虑到喀斯特土壤主要是由白云岩和石灰岩等碳酸盐岩风化而来，为明确喀斯特地区植被生长和恢复如何响应这一特殊地质背景，本研究采用 1∶50 万比例尺岩性分布矢量图，探究不同岩性基底条件下植被变化的一般性规律，揭示不同岩性对喀斯特植被恢复的影响。

4.3.2.1 不同岩性背景下 *NDVI* 变化特征

图 4.20 为完整研究时段（1987—2018 年）及生态工程实施前（1987—1999 年）和工程实施后（2000—2018 年）3 个时期内两个流域中不同岩性基底上 *NDVI* 均值的比较。

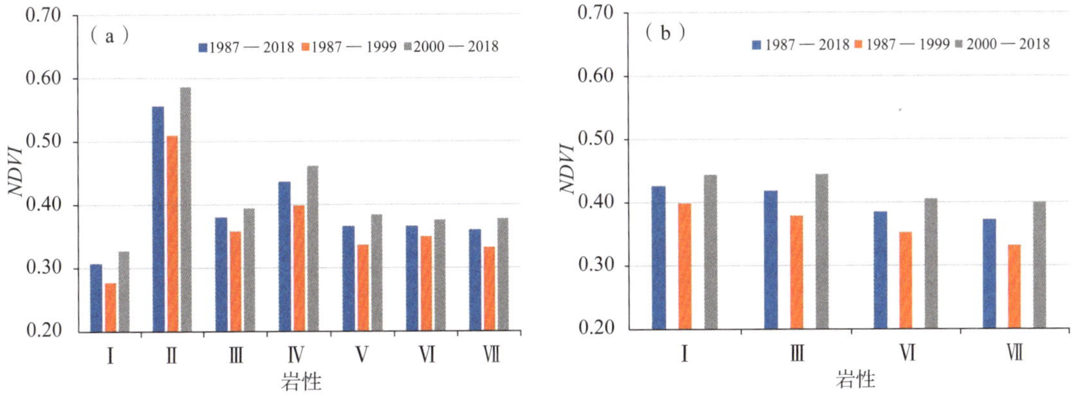

图 4.20　不同岩性背景在不同时期内的 *NDVI* 变化

（a）南洞地下河流域；（b）小江流域

Ⅰ—非喀斯特；Ⅱ—不纯石灰岩；Ⅲ—石灰岩夹层；Ⅳ—碳酸盐岩夹层；Ⅴ—纯石灰岩；Ⅵ—白云岩与石灰岩互层；Ⅶ—石灰岩与白云岩互层；其中，Ⅱ、Ⅲ、Ⅳ等岩性属于亚喀斯特，而Ⅴ、Ⅵ、Ⅶ等岩性属于纯喀斯特

对于南洞地下河流域，不纯石灰岩在 1987—2018 年具有最高的 *NDVI*（0.56），碳酸盐岩夹层的 *NDVI* 次之（0.44），其次为石灰岩夹层、白云岩与石灰岩互层、纯石灰岩、石灰岩与白云岩互层，*NDVI* 分别为 0.38、0.37、0.36、0.36。非喀斯特 *NDVI* 最小，仅为 0.31。因此，可以看出，南洞地下河流域内 *NDVI* 表现为：亚喀斯特 > 纯喀斯特 > 非喀斯特。

此外，生态恢复工程实施后（2000—2018 年），所有岩性基底上的植被覆盖均有所提高。对于小江流域，不同岩性条件下植被覆盖差异规律不同于南洞流域。具体来说，非喀斯特区域在 1987—2018 年 *NDVI* 为 0.43，石灰岩夹层次之（0.42），其次为白云岩与石灰岩互层、石灰岩与白云岩互层，其 *NDVI* 分别为 0.38、0.37。因此，小江流域内 *NDVI* 表现为非喀斯特 > 亚喀斯特 > 纯喀斯特。同样地，生态工程实施后，4 种岩性类型的 *NDVI* 值相比工程实施前（1987—1999 年）均明显增加。

4.3.2.2　不同岩性背景下植被变化趋势差异

两个流域中绝大多数岩性基底上植被在过去 32 年均呈现为总体改善态势（图 4.21）。

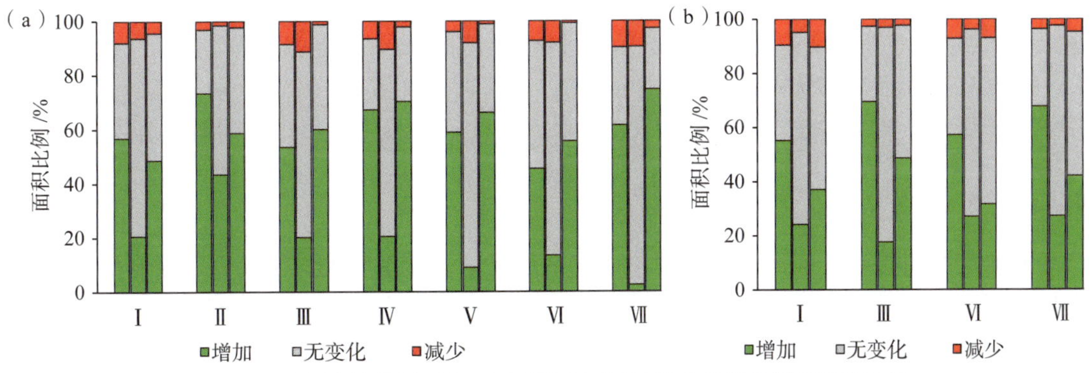

图 4.21　不同岩性背景下在不同时期内不同植被变化趋势类型面积比例

左：1987—2018；中：1987—1999；右：2000—2018

（a）南洞地下河流域；（b）小江流域；

Ⅰ—非喀斯特；Ⅱ—不纯石灰岩；Ⅲ—石灰岩夹层；Ⅳ—碳酸盐岩夹层；Ⅴ—纯石灰岩；Ⅵ—白云岩与石灰岩互层；Ⅶ—石灰岩与白云岩互层；其中，Ⅱ、Ⅲ、Ⅳ等岩性属于亚喀斯特，而Ⅴ、Ⅵ、Ⅶ等岩性属于纯喀斯特

具体来说，对于南洞地下河流域，不纯石灰岩拥有最高的植被增加趋势比例（73%），碳酸盐岩夹层（67%）次之，其次为石灰岩与白云岩互层、纯石灰岩、非喀斯特、石灰岩夹层，植被增加趋势比例分别为 61%、59%、57%、53%，白云岩与石灰岩互层基底上的植被增加趋势比例最小（45%）。总体来看，南洞流域不同岩性下植被增加趋势的顺序为：亚喀斯特 > 纯喀斯特 > 非喀斯特，和不同岩性的 *NDVI* 排序一致。所有岩性类型中，植被呈显著减少趋势的比例不超过 10%，其中石灰岩与白云岩互层拥有最高的植被减少比例（10%），不纯石灰岩的植被减少比例最低，仅为 3%。

如果将全时间序列以 2000 年为断点拆分成两个时期，在生态工程实施前（1987—1999 年），南洞流域内所有岩性基底上大部分像元呈现为不显著植被变化，尤其是在石灰岩与白云岩互层（88%）和纯石灰岩（83%）。而不纯石灰岩的植被增加趋势比例最高（43%），是石灰岩与白云岩互层的植被增加趋势比例（3%）的 14 倍。

在生态工程实施后（2000—2018 年），所有岩性基底植被增加比例相比工程实施前均显著升高。特别是，2000 年后石灰岩与白云岩互层的植被增加比例最高（75%），是工程实施前的 25 倍；碳酸盐岩夹层的植被增加比例次之（70%）。另外，纯石灰岩的植被增加比例由 2000 年前的 9% 显著提高到 2000 年后的 66%；非喀斯特区域的植被显著增加比例最低（49%）。此外，非喀斯特地区的植被减少趋势比例为 3%，高于其他岩性类型，这表明生态工程实施后，非喀斯特地区的植被退化最为突出。

对于小江流域，不同岩性基底上植被变化趋势同样存在一定的差异（图 4.21）。在 1987—2018 年期间，石灰岩夹层基底上植被显著增加的比例占该岩性分布面积的 69%，高于其他 3 种岩性类型。石灰岩与白云岩互层以及白云岩与石灰岩互层次之，两种岩性中植被显著增加的面积比例分别为 68% 和 57%。非喀斯特地区的植被增加趋势比例最低，为 55%。因此，小江流域中不同岩性基底上植被增加趋势比例顺序为：亚喀斯特 > 纯喀斯特 > 非喀斯特，这和南洞流域保持一致。此外，非喀斯特地区植被显著减少的面积比例最高（10%），说明该流域非喀斯特地区植被生长受到的逆向扰动最为剧烈。

在生态工程实施前（1987—1999 年），小江流域 4 种岩性基底上植被均以不显著变化为主（69% ~ 79%）。2000 年生态工程实施后，虽然 4 种岩性基底上植被增加的面积比例均有所升高，但是也存在一些明显差异。具体来说，石灰岩夹层的植被增加的面积比例由工程实施前的 18% 增加到工程实施后的 49%，同时工程实施后该岩性基底上植被减少面积比重最低（2%），说明石灰岩夹层基底上的植被恢复最为显著。而生态工程实施后，白云岩与石灰岩互层基底上植被恢复最不明显（+5%）。非喀斯特区域在工程实施后拥有最高的植被减少面积比例（10%），这可能和石漠化综合治理等生态工程主要集中在喀斯特地区有关。

4.3.3 讨论

本研究结果显示，南洞和小江流域中，在所有的岩性基底上，不纯石灰岩和碳酸盐岩夹层等亚喀斯特的植被增加类型面积比例最高，白云岩与石灰岩互层等纯喀斯特次之，非喀斯特地区的植被增加面积比例最低（图 4.21）。这是因为喀斯特土壤主要来自底层碳酸盐岩溶解后留下的残留物，因此，表层土厚度与母碳酸盐岩中硅酸盐矿物含量密切相关（Wang et al.，2004a）。不纯碳酸盐岩区域（即亚喀斯特）的岩石中硅酸盐矿物含量高于纯石灰岩和白云岩，表层土层较厚，从而为改善植被覆盖创造了更好的生长环境（Jiang et al.，2014）。相反，由于喀斯特地区土壤形成速率较慢，尤其是石灰岩的土壤形成率较低，石漠化更可能、更频繁地出现在纯石灰岩和白云岩等纯喀斯特占主导地位的地区（Wang et al., 2004b）。因此，流域中亚喀斯特地区相比纯喀斯特区域，更易于从退化的生态系统中恢复植被群落。

相比之下，非喀斯特地区植被增加类型的面积比例最小，同时该区域植被减少类型的面积比例高于其他岩性，这表明非喀斯特地区植被相对于喀斯特地区的恢复力较差。这是因为：一方面，2000 年后开始的生态恢复工程主要集中在喀斯特区域，非喀斯特地区缺少人为的正向保护干预；另一方面，两流域中的非喀斯特地区主要位于地形相对平缓的盆地，樵采薪材、毁林开垦及建设用地扩张等人类活动对植被生长的负面扰动十分剧烈，限制了植被的恢复。因此，在后续的生态工程项目规划中，应特别注意这些地区，以防止进一步的植被退化。总体来说，通过研究喀斯特岩性对退化喀斯特生态系统植被恢复的影响，有助于进一步提高识别西南喀斯特地区植被变化重要驱动机制的能力。

4.3.3.1 植被变化对不同地形因子的响应

以往研究表明，地形因子一定程度上会影响植被生长和空间分布。因此，本研究重点分析海拔、地形坡度和坡向等不同地形因子对植被变化的影响。图 4.22 为南洞地下河流域和小江流域内 3 种地形因子的空间分布，可以看出，两流域内地形因子具有明显的区域分异特征。

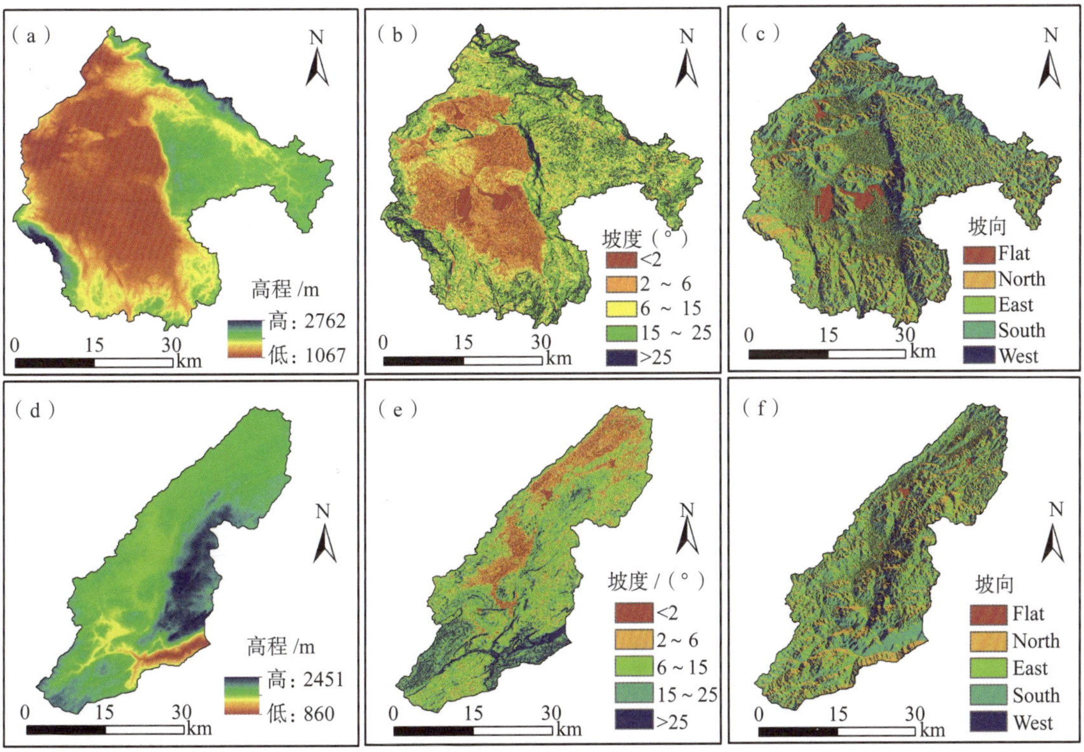

图 4.22 南洞和小江流域不同地形因子的空间分布

具体来说，两流域海拔呈东高西低的态势，低海拔地区对应的地形坡度相对平缓，农业耕作、居住生活等人类活动也主要集中在该区域。另外，流域内平地主要分布着湖泊，植被覆盖比较低，在后续分析中不再考虑。

4.3.3.2 不同地形条件下 *NDVI* 分布规律及变化特征

图 4.23 为 1987—2018 年不同地形条件下 *NDVI* 分布规律及变化特征，可以看出，南洞地下河流域 *NDVI* 随着海拔的增加而增加。这是因为低海拔地区往往人类活动比较活跃，植被生长易受破坏，随着海拔的上升，人类活动逐渐减弱，植被生长受到的逆向干扰减少，植被覆盖也随之增加，高海拔地区对应的主要土地覆盖类型为森林，植被覆盖高。而对于小江流域，流域中 96% 的区域海拔在 1500 m 以上，其中，海拔范围在 1700 ~ 1900 m 之间为适合发展农业种植的盆地，区域内人类活动剧烈，因此，该海拔区间 *NDVI* 最低。随着海拔的升高，植被受人类扰动减少，*NDVI* 又恢复到相对较高水平。

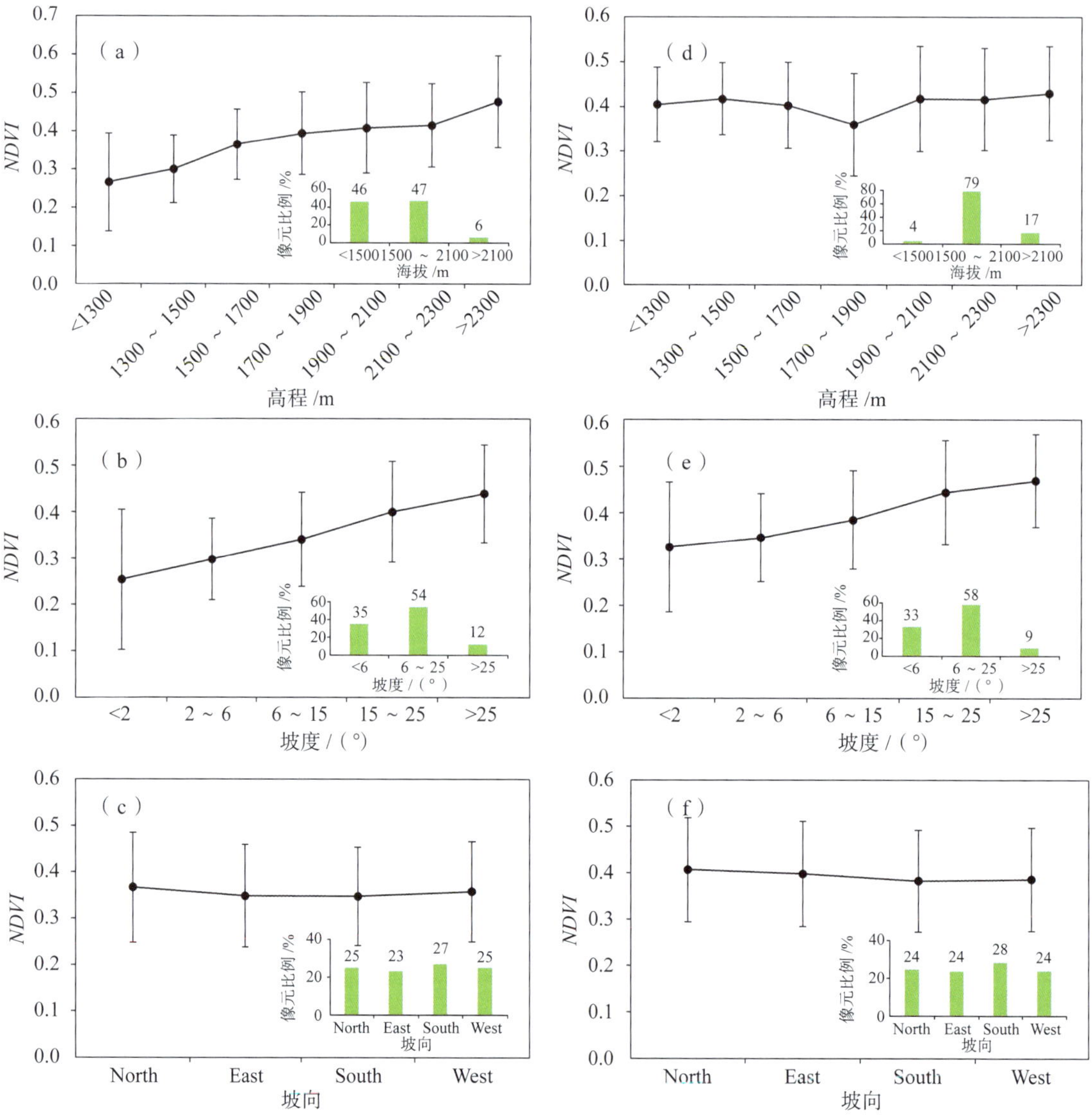

图 4.23　1987 — 2018 年不同地形条件下 *NDVI* 分布规律及变化特征

南洞流域:（a）不同高程梯度下 *NDVI* 变化;（b）不同地形坡度间隔下 *NDVI* 变化;（c）不同坡向 *NDVI*；小江流域;（d）不同高程梯度下 *NDVI* 变化;（e）不同地形坡度间隔下 *NDVI* 变化;（f）不同坡向 *NDVI*；折线图中的误差棒为 ± 标准差，嵌入的小柱状图为各地形因子不同取值区间对应的像元比例

南洞和小江流域 *NDVI* 均随地形坡度的增加而增加，低坡度区是人类活动比较密集的区域，植被受到的逆向干扰比较严重，*NDVI* 相对较小。随着坡度的增加，人类活动的干扰也相应减少，植被覆盖随之增加。

两流域中不同坡向的 *NDVI* 差异很小，表明坡向对于植被覆盖的影响不显著（图 4.23）。具体来看，*NDVI* 对坡向的响应规律表现为北高南低，当坡向由北坡逐渐转向南坡时，*NDVI* 也随之减少，可能是因为南坡为阳坡，人为干扰作用相对强烈，植被覆盖相对较低。

4.3.3.3 不同地形条件下植被变化趋势

（1）海拔对植被变化的影响

图 4.24 为 1987—2018 年不同植被变化趋势类型在不同地形条件下的分布差异。可以看到，两个流域在不同海拔范围内，植被变化趋势均以植被显著增加和植被不显著变化（相对稳定）为主，植被显著减少的面积占比相对较少（不超过 10%）。

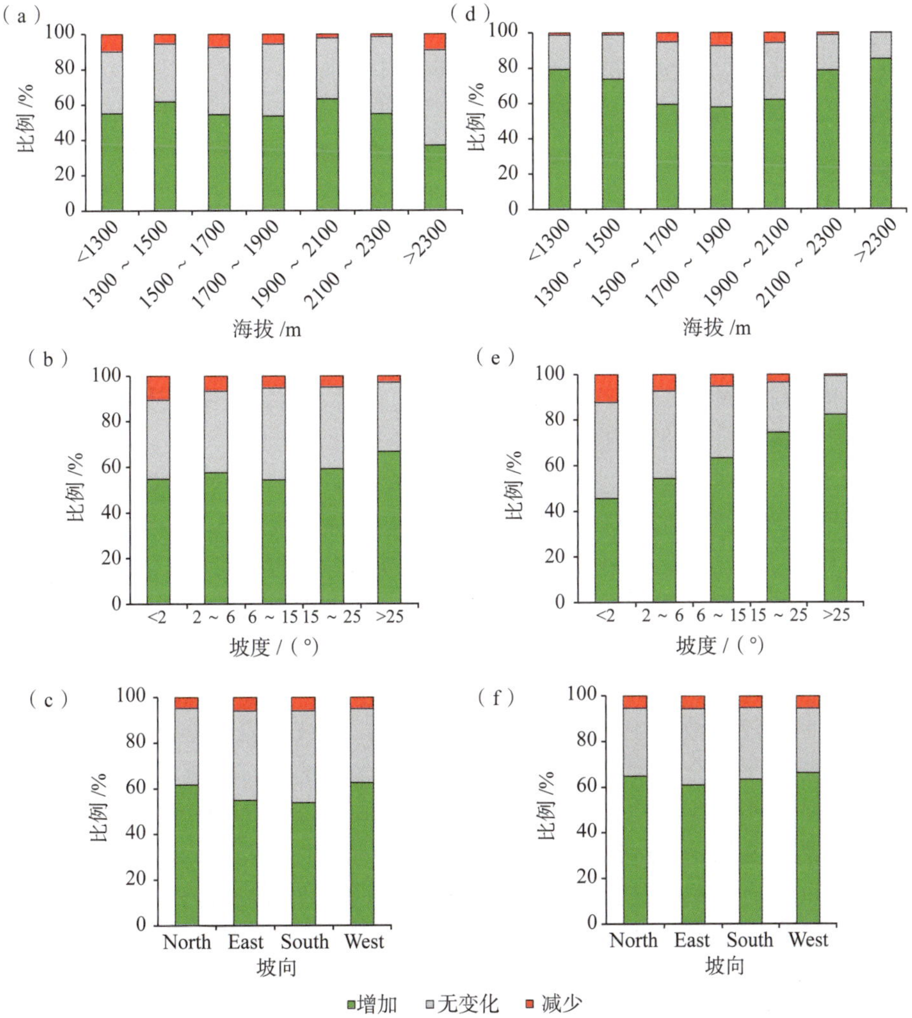

图 4.24　1987 — 2018 年不同植被变化类型在不同地形条件下的面积比

南洞流域：（a）不同海拔梯度；（b）不同地形坡度；（c）不同坡向；小江流域：（d）不同海拔梯度；（e）不同地形坡度；（f）不同坡向

具体来说，对于南洞地下河流域，植被增加类型除了在海拔大于 2300 m 范围面积占比相对较小（37%），在其他各海拔区间面积占比均不低于 54%，这表明该流域内除高海拔地区（大于 2300 m）外，不同海拔梯度上植被总体呈恢复改善态势。在低海拔地区（小于 1300 m），人类活动比较活跃，植被更容易遭受逆向干扰，因此更容易发生植被退化，该海拔区段内植被显著减少面积占比（10%）在所有海拔区段内最高。随着海拔的上升，人类活动减弱，植被退化趋势也得到进一步缓解，在海拔 1900 ~ 2100 m 范围内植被减少类型的面积比例达到最低（2%），同时在该海拔范围内植被增加类型的面积比例达到最高（63%），表明南洞流域植被恢复改善在海拔 1900 ~ 2100 m 范围内最明显。随着海拔的继续升高，植被增加类型的面积比例开始下降，而植被减少的面积比例反而升高，这是因为高海拔地区往往地形陡峭，在喀斯特地貌特殊的地质背景下，遇上大雨，容易产生土壤侵蚀，使得原本就很稀薄的喀斯特土壤更加贫瘠，容易发生石漠化。此外，由于陡峭的地形不利于水分的持留，位于这些区域的植被在干旱气候下更容易发生退化。高海拔地区（大于 2300 m）植被类型主要是石生灌丛和次生林，植被恢复相对缓慢，总体趋于稳定（54%）。

对于小江流域，植被增加类型面积比例在所有的海拔区段内均不低于 58%，表明小江流域在各海拔区段总体呈植被恢复改善态势。具体来说，随着海拔的上升，植被增加类型的面积比例先减少后增加，在海拔 1700 ~ 1900 m 范围内植被增加面积比例达到最低（58%），在高海拔地区（大于 2300 m）植被增加面积比例达到最大（85%）。而植被减少类型的面积比例表现为先增加后减少，在海拔 1700 ~ 1900 m 范围内达到最高（7%），而在高海拔地区（大于 2300 m）植被减少类型面积比例达到最低（0.3%），这与人类在不同海拔梯度的活动强度紧密相关。在小江流域内，人类生产生活主要集中在海拔 1700 ~ 1900 m 范围内，毁林草开荒、采矿和工程建设等人类活动对植被的逆向干扰比较严重，植被退化比例在所有海拔区段里最高。而高于 2300 m 的高海拔地区，人类活动相对稀少，植被受到的逆向扰动最少。与此同时，封山育林等生态工程也促进了植被的恢复改善。

（2）坡度对植被变化的影响

从不同坡度上不同植被变化类型的面积占比来看（图 4.24），南洞地下河流域和小江流域在不同坡度上的植被变化同样以植被显著增加和不显著变化为主，植被减少类型所占的百分比很小（不超过 12%）。在南洞地下河流域，所有的坡度区段上，植被增加类型面积比例均大于 54%，表明在该流域内在不同地形坡度上，植被总体在恢复改善。类似地，对于小江流域，在低坡度地区（小于 2°），植被增加类型的面积百分比为 46%，高于该地区植被不显著变化（42%）和植被减少比例（12%）。在其他各坡度区段内，植被增加比例均超过 50%，这表明小江流域内在不同坡度上植被同样以植被恢复改善为主。两个流域植被变化在不同地形坡度上的分布规律较为一致。随着坡度的增加，两流域植被增加趋势总体上进一步增强，而植被减少趋势则得到进一步缓解。在坡度大于 25° 的区域，南洞和小江流域的植被增加类型面积比例达到最高，分别为 67% 和 82%。而两个流域内，该坡度范围内植被减少类型面积比重在所有坡度区段中最低，分别为 3% 和 1%。表明两个流域中坡度大于 25° 地区的植被恢复改善最明显。这是因为由于可达性的限制，人类活动在高坡度地区相对稀少，植被受到的毁林草开荒等干扰破坏相对较轻。另外，退耕还林等生态恢复工程主要集中在坡度大于 25° 地区（Tong et al.，2018）。然而，由于陡坡耕种等人类活动对植被的负面影响，使得在坡度大于 25° 的地区依旧发生极少数的植被退化现象。

（3）坡向对植被变化的影响

从不同坡向上不同植被变化类型的面积百分比来看（图 4.24），对于南洞地下河流域和小江流域，不同坡向上植被变化均以植被显著增加和不显著变化为主，植被增加类型的面积比例均高于 54%，表明两流域中不同坡向上植被总体在恢复改善。另外，在坡向由阴坡转向阳坡（即北坡→东坡，西坡→南坡）时，植被增加类型的面积比例有所下降，北坡和西坡的植被增加比例高于东坡和南坡该类型的面积比例。而对于植被减少类型，在南洞地下河流域，当坡向由阴坡转向阳坡，该类型的面积比例随之增加，但是这一现象在小江流域不明显。总体来看，两个流域中，北坡和西坡等阴坡上植被恢复趋势优于东坡和南坡等阳坡，这和童晓伟等（2014）报道的结果一致。这可能是因为人类活动对植被的负面影响在阳坡更加强烈，同时阳坡土壤中植被生长所需的主要养分较阴坡稀少，更易于发生植被退化（宋同清等，2010）。

4.4 喀斯特断陷盆地石漠化区植被变化归因分析

4.4.1 引言

自 1981 年遥感技术实现大尺度植被监测以来，全球植被绿度在持续增加（Myneni et al.，1997），特别是中国和印度由于植树造林和农业集约化，植被绿化趋势更为明显（Chen et al.，2019）。这种绿化现象，加上气候变暖、海平面上升和海冰减少，是人为气候变化的高度可信的证据（Piao et al.，2019）。除了对植被变化趋势感兴趣外，学界对了解植被绿化的机制和驱动因素也表现出极大的关注。一般认为，影响植被变化趋势的主要因素包括，大气 CO_2 浓度上升、气候变化、氮沉降和土地利用变化（Piao et al.，2019）。然而，植被变化的主要驱动因素具有显著的空间尺度效应。最新的植被模型表明，CO_2 肥化效应是全球尺度上植被变绿的主要驱动力（Zhu et al.，2016），但在区域尺度上其他因素对植被变化的影响则更为显著。

气候变化，如人为变暖和区域降水趋势，是全球 28% 以上植被区的绿度变化的主要驱动力（Zhu et al.，2016）。例如，Lucht et al.（2002）和 Xu et al.（2013）揭示了气候变暖缓解气候限制，促进高纬度地区的植被绿化。然而，需要注意的是，气候变化对植被变化的影响具有高度的空间变异（Zhu et al.，2016）。例如，气温升高可以减少热带地区的植被生长（Corlett et al.，2011），因为热带地区的环境温度接近植被的最佳温度（Huang et al.，2019）。但是，气候变暖通过促进新陈代谢（Braswell et al.，1997），延长植物生长季（Richardson et al.，2010；Linderholm，2006），显著增加了北方和北极地区的植被绿度（Keenan and Riley，2018）。相比之下，在受水资源限制的生态系统中，降水量的变化反映了气候变化趋势，被认为是植被增加或减少的主要驱动因素（Fensholt et al.，2012；Nemani et al.，2003）。其中，降水驱动的植被绿化在非洲 Sahel 地区（Anyamba and Tucker，2005；Eklundh and Olsson，2003），以及非洲南部和澳大利亚的半干旱生态系统中最为明显（Fensholt et al.，2012；Donohue et al.，2009）。

与气候变化一样，土地利用变化对植被变化也有相当大的贡献，但对不同地区植被变化的影响是不同的（Chen et al.，2019；Zhu et al.，2016）。具体来说，毁林在热带地区占主导地位（Curtis et al.，2018），而植树造林增加了温带地区的森林面积，特别是在中国，自

20 世纪 80 年代以来森林面积增加了 20% 以上（Piao et al., 2019）。

位于中国西南的喀斯特地貌属于典型的生态脆弱区，植被变化对气候变化和人类扰动非常敏感。近年来，随着长时间序列密集卫星影像的公开获取，使得科学界能够在不同的空间尺度上，观测到西南喀斯特地区不断增加的植被覆盖（Brandt et al., 2018b；Tong et al., 2018；Cai et al., 2014）。然而，由于不同研究所使用的数据集不同，加之西南喀斯特地貌复杂多样，学者对于西南喀斯特植被增加的主要驱动因素仍存在争议。例如，Brandt 等（2018b）根据 GEOV2-FCover 数据集（1 km），发现中国南方喀斯特地区生长季植被覆盖率从 1999 年的 69% 增加到 2017 年的 81%，并将绿化趋势归因于生态恢复工程的直接或间接影响。然而，Hou 等（2015）强调指出，温度可能是西南喀斯特地区植被生长的一个控制因素，因为大约 70% 的地区的 GIMMS 生长季节 *NDVI* 与温度呈正相关。此外，Wang 等（2015）认为喀斯特植被的绿化趋势是人类活动和气候变化共同作用的结果。

尽管现有的研究得到一些初步的结果，然而，关于喀斯特植被变化的归因分析仍存在一些不足。首先，很多先前的研究都是基于生态工程实施后的遥感数据集，如 2000 年开始的 MODIS 数据（Brandt et al., 2018b；Tong et al., 2016；Wang et al., 2015；Cai et al., 2014），以及 1998 年开始的 SPOT VEGETATION *NDVI* 数据集（童晓伟等，2014；Tian et al., 2017），研究时间序列相对有限，无法量化生态工程实施之前的植被变化，因此，可能无法揭示变化的实际驱动因素；其次，现有的研究绝大多数是基于粗糙分辨率（250 ~ 8 km）卫星数据集，无法检测到喀斯特地区植被的局部变化，因此，无法精确厘清喀斯特植被的真实变化情况，也就很难阐明植被变化的真实驱动机制。此外，目前的大多数研究对植被变化的主导因素探讨基本停留在定性分析的层面，无法确定植被的恢复改善在多大程度上是由生态工程和气候变化驱动的。

本研究在重点分析喀斯特植被时空变化特征的基础上，集成长时间序列中高分辨率 Landsat 影像、气候变化和生态工程治理统计数据，采用偏相关分析、多元回归模型和残差趋势分析法，区分人类活动和气候变化对喀斯特植被变化的影响，并进一步在 30 m 分辨率尺度上定量计算二者对植被变化的相对贡献。

4.4.2 数据介绍

4.4.2.1 气候数据

本研究使用的气候数据包括年均温、年降水量。其中，1980 年以来逐年年平均气温、年降水量空间插值数据集是基于全国 2400 多个气象站点日观测数据，通过整理、计算，采用更加适用于时间序列气象数据的 ANUSPLIN 空间插值软件处理生成（Hutchinson, 1998）。该气象数据集空间分辨率为 1 km，因数据质量高、时间序列长，被广泛应用于中国区域的气候变化和生态环境监测研究（张雪梅等，2017；Tong et al., 2016）。温度和降水是影响植被生长的关键气候要素（Wang et al., 2020），本研究利用与 Landsat *NDVI* 时间序列数据同期的温度和降水数据（1987—2015 年），采用偏相关统计方法分析气候因子对西南地区植被变化的影响。为了匹配 Landsat *NDVI* 数据 30 m 空间分辨率，利用最近邻法，将 1 km 气象数据重采样至 30 m。本研究所使用的 1 km 分辨率气象数据来源于中科院资源环境数据云平台（http://www.resdc.cn）。

4.4.2.2 统计数据

本研究所使用的2002—2016年南洞和小江流域生态工程造林面积和投资额统计数据来源于历年中国林业统计年鉴，通过手动录入整理得到。

4.4.3 研究方法

4.4.3.1 植被变化与气候因子偏相关分析

降水和温度被认为是直接影响植被生长的主要气候变量。由于这两个变量之间可能有很好的相关性，线性相关分析不适合分析和比较它们对 *NDVI* 的影响（Li et al., 2019a）。为此，我们应用偏相关分析来评估气候因素（温度和降水）对 *NDVI* 变化的影响。与简单的相关分析相比，偏相关分析的优势在于，当两个变量同时与第三个变量相关时，能够排除第三个变量的线性影响，分析其他两个变量之间关联程度（Wu et al., 2015），因此，确定植被变化的主要气候驱动因素会更加准确（Song and Ma, 2011）。偏相关系数的计算公式如下：

$$r_{xy\cdot z}=\frac{r_{xy}-r_{xz}r_{yz}}{\sqrt{(1-r_{xz}^2)(1-r_{yz}^2)}} \quad (4.16)$$

式中：$r_{xy\cdot z}$ 是在排除变量 z 的影响下，变量 x 和变量 y 的偏相关系数；变量 r_{xy}，r_{xz} 和 r_{yz} 分别表示变量 x 和变量 y、变量 x 和变量 z、变量 y 和变量 z 的简单相关系数。其中，简单相关系数的计算公式如下：

$$r_{xy}=\frac{\sum_{i=1}^{N}(x_i-\bar{x})(y_i-\bar{y})}{\sqrt{\sum_{i=1}^{N}(x_i-\bar{x})^2}\sqrt{\sum_{i=1}^{N}(y_i-\bar{y})^2}} \quad (4.17)$$

式中：r_{xy} 是变量 x 和变量 y 的简单相关系数；i 是时间序列的序号；N 是时间序列的长度；$\bar{x}$ 和 $\bar{y}$ 分别表示时间序列 x_i 和 y_i 的均值。

偏相关系数的取值范围为 −1 ~ 1，当值为 −1 和 1 时分别表示对两变量之间完全负相关和完全正相关（Yang et al., 2019），当偏相关系数为 0 时，表示变量之间不存在线性相关关系。本研究采用 t 检验方法，逐像素进行统计分析，并以 0.05 的显著性水平进行检验，t 检验公式如下：

$$t=\frac{\sqrt{n-k-2}\cdot r_{xy\cdot z}}{\sqrt{1-r_{xy\cdot z}^2}} \quad (4.18)$$

式中：n 为样本观测数；$r_{xy\cdot z}$ 是变量 x 和 y 的偏相关系数；k 为可控制变量的个数；$n-k-2$ 为自由度。当 $t>t_{0.05}(n-k-2)$ 或者 $p<0.05$ 时，偏相关系数通过显著性检验。

4.4.3.2 多元回归残差分析

为定量区分气候变化与人为活动引起的植被变化趋势，我们采用了被广泛使用的残差趋势分析（RESTREND）方法（Liu et al., 2018；Zhou et al., 2018；Tong et al., 2017；He et al., 2015；Huber et al., 2011；Evans and Geerken, 2004）。该方法的基本原理是基于植被分

布和动态变化与气候变化（主要是降水和温度）密切相关的一般观测，对观测的年 *NDVI* 与温度和降水量构建多元回归模型。结果模型用于预测研究区域内每个像元的 *NDVI*，在像元尺度上计算观测到的 *NDVI* 和预测到的 *NDVI* 之间的差异，以消除气候因子对 *NDVI* 变化的影响，*NDVI* 残差随时间的变化趋势可以归因于是人类活动的影响（Wang et al., 2015；Wessels et al., 2007；Evans and Geerken, 2004）。

为更好地反映生态工程对于植被变化的影响，我们参考 Tong 等（2017）提出的方法，在生态工程实施前（1987—1999 年）建立了 *NDVI*（响应变量）和气候因子（温度和降水作为预测因子）之间的多元回归模型。考虑到局部条件（如地貌、水文和土壤）可能影响 *NDVI* 与气候变量之间的关系（Tong et al., 2017；Huang et al., 2016），这在具有高度景观异质性的西南喀斯特地区尤为重要。基于此，我们在像元尺度上计算 *NDVI*– 气候响应模型（Evans and Geerken, 2004）。基于 1987—1999 年的 *NDVI*– 气候响应模型的计算公式如下所示：

$$NDVI(i,t) = a \times Temp(i,t) + b \times Prec(i,t) + c \tag{4.19}$$

式中：i 为像元的位置；t 为年；a 为 *NDVI* 与年均温（*Temp*）的回归系数；b 为 *NDVI* 与年降水量（*Prec*）的回归系数；c 为常数项。

基于建立的回归方程，我们逐像元计算了 2000—2015 年 *NDVI* 的预测值（仅受气候变化驱动），然后，将 *NDVI* 观测值减去基于气候变化的 *NDVI* 预测值，得到 2000—2015 年 *NDVI* 残差时间序列，这些残差预计将反映受人类活动驱动的植被趋势，即无法用气候变化解释的植被趋势。残差序列的计算公式如下所示：

$$\varepsilon(i,t) = NDVI_{actual}(i,t) - NDVI_{predict}(i,t) \tag{4.20}$$

式中：$\varepsilon(i, t)$，$NDVI_{actual}(i, t)$ 和 $NDVI_{\mathrm{predict}}(i, t)$ 分别表示像元 i 在第 t 年的 *NDVI* 残差、*NDVI* 观测值和基于气候变化的 *NDVI* 预测值。

然后，我们利用趋势分析方法，对以上获取的残差时间序列进行 Theil–Sen median 趋势分析，结合 Mann–Kendall 检验，得到人类活动主导的植被变化趋势。结果可能会出现以下 3 种情况：①若未检测到残差时间序列的显著变化趋势，则说明人类活动对植被变化的影响不显著；②若检测到残差呈显著下降趋势，则表明人类活动主要对植被生长恢复起负面抑制作用；③若检测到残差呈显著增加趋势，则表明植被改善状况无法被气候因素解释，而应归因于人为主导的生态恢复工程。

4.4.3.3 气候因子和人类活动对植被变化的相对贡献率

大区域尺度上植被变化的驱动因素识别与量化，一直是国内外相关研究的难点和关注的核心问题。前面我们利用多元回归残差分析，剔除了气候变化对植被趋势的影响，在像元尺度上，分析了人类活动对植被变化趋势的驱动影响。然而，在何种程度上，气候变化和人类活动影响了区域植被变化，即如何量化人类活动和气候变化对植被变化的贡献率，尚没有得到有效解决。为此，在多元回归残差分析的基础上，我们尝试采用一种植被变化的贡献率计算方法（金凯，2019），在像元尺度上区分植被变化的主要驱动因素，并定量计算气候变化和人类活动对植被变化的具体贡献率，如表 4.8 所示。

表 4.8　喀斯特植被变化的驱动因素判定标准和贡献率计算方法

Slope ($NDVI_{obs}$)	驱动因素	驱动因素的划分标准		驱动因素的贡献率 /%	
		Slope ($NDVI_{pre}$)	Slope ($NDVI_{res}$)	气候变化	人类活动
植被显著增加 ($p < 0.05$)	气候变化和人类活动	>0	>0	$\frac{Slops(NDVI_{pre})}{Slops(NDVI_{obs})}*100$	$\frac{Slops(NDVI_{res})}{Slops(NDVI_{obs})}*100$
	气候变化	>0	<0	100	0
	人类活动	<0	>0	0	100
植被显著减小 ($p < 0.05$)	气候变化和人类活动	<0	<0		
	气候变化	<0	>0	100	0
	人类活动	>0	<0	0	100

注：*Slope*（$NDVI_{obs}$）、*Slope*（$NDVI_{pre}$）和 *Slope*（$NDVI_{res}$）分别为像元尺度上，2000—2015 年基于遥感观测数据的 *NDVI* 实测值时间序列的趋势变化、基于多元回归分析的 *NDVI* 预测值时间序列的趋势变化及基于残差分析的 *NDVI* 残差时间序列的趋势变化。其中，*Slope*（$NDVI_{pre}$）和 *Slope*（$NDVI_{res}$）分别用于反映仅受气候变化和仅受人类活动驱动的植被变化趋势（金凯，2019）。

4.4.4　研究结果

4.4.4.1　气候因子与植被变化的相关性

南洞地下河流域和小江流域内气候因子在空间分布上呈现明显的空间分异特征，如图 4.25 所示。具体来说，两流域年均温分布呈现类似的空间分布格局，即流域西部盆地地区

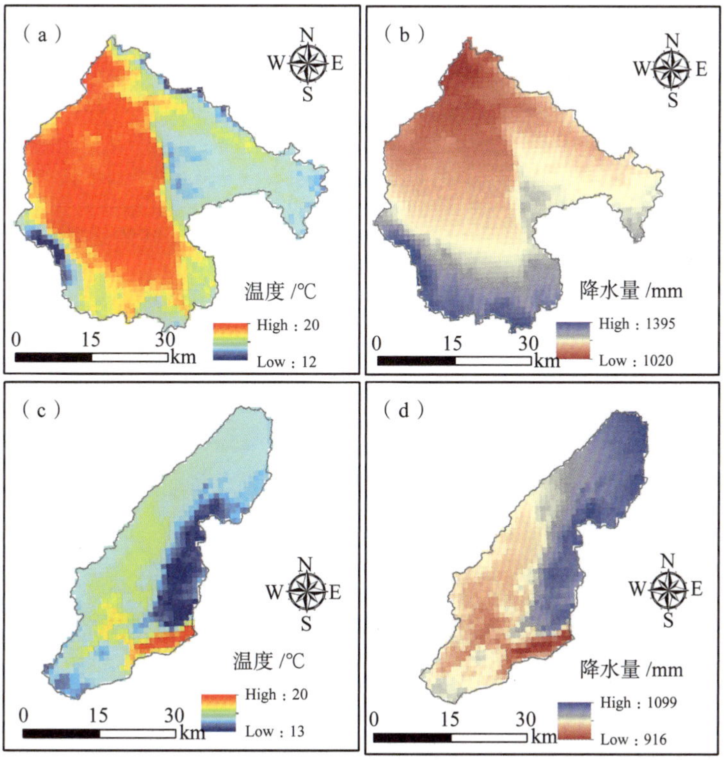

图 4.25　1987—2015 年南洞和小江流域不同气候因子的空间分布
南洞地下河流域：（a）多年平均气温；（b）多年平均降水量；小江流域：（c）多年平均气温；（d）多年平均降水量

温度显著高于东部山区。而两流域的年降水空间格局则存在不同的分布规律，对于南洞流域，相对较高的年降水主要集中在南部地区，流域北部年降水相对较少；对于小江流域，北部和东部年降水高于西部和南部地区，但是总体来看，小江流域内的年降水空间差异要小于南洞流域。

从气候因子的年际变化趋势来看，南洞地下河流域和小江流域在过去的近 30 年内，整体呈现气候暖干化的趋势（图 4.26）。具体来说，南洞地下河流域在 1987—2015 年，年均温以 0.042℃ /a 的速率显著上升（$p<0.001$），且 2000 年后温度升高速率更快（*Slope* = 0.053℃ /a, $p = 0.04$）。流域内年降水量则呈现显著下降趋势（*Slope* = −5.41 mm/a, $p = 0.03$）。如果将时间序列以 2000 年为断点，可以发现，2000 年之前南洞地下河流域年降水量呈现不显著增加趋势（*Slope* = 10.39 mm/a, $p = 0.16$），而 2000 年之后流域年降水量呈现不显著减少趋势（*Slope* = −7.01 mm/a, $p = 0.24$）。小江流域的气候变化情况类似，1987—2015 年，小江流域年均温呈现显著上升趋势（$p < 0.001$），年增加速率（*Slope* = 0.050 ℃ /a）略高于南洞流域。同样地，2000 年后温度增加速率（*Slope* = 0.059℃ /a, $p = 0.02$）高于 2000 年前（*Slope* = 0.055℃ /a, $p = 0.11$）。小江流域年降水量在 1987—2015 年呈现不显著下降趋势（$p = 0.66$），年减少速率（*Slope* = −1.38 mm/a）小于南洞流域。与南洞流域类似，小江流域在 2000 年前年降水量呈现不显著增加趋势（*Slope* = 15.87 mm/a, $p = 0.08$），而 2000 年后年降

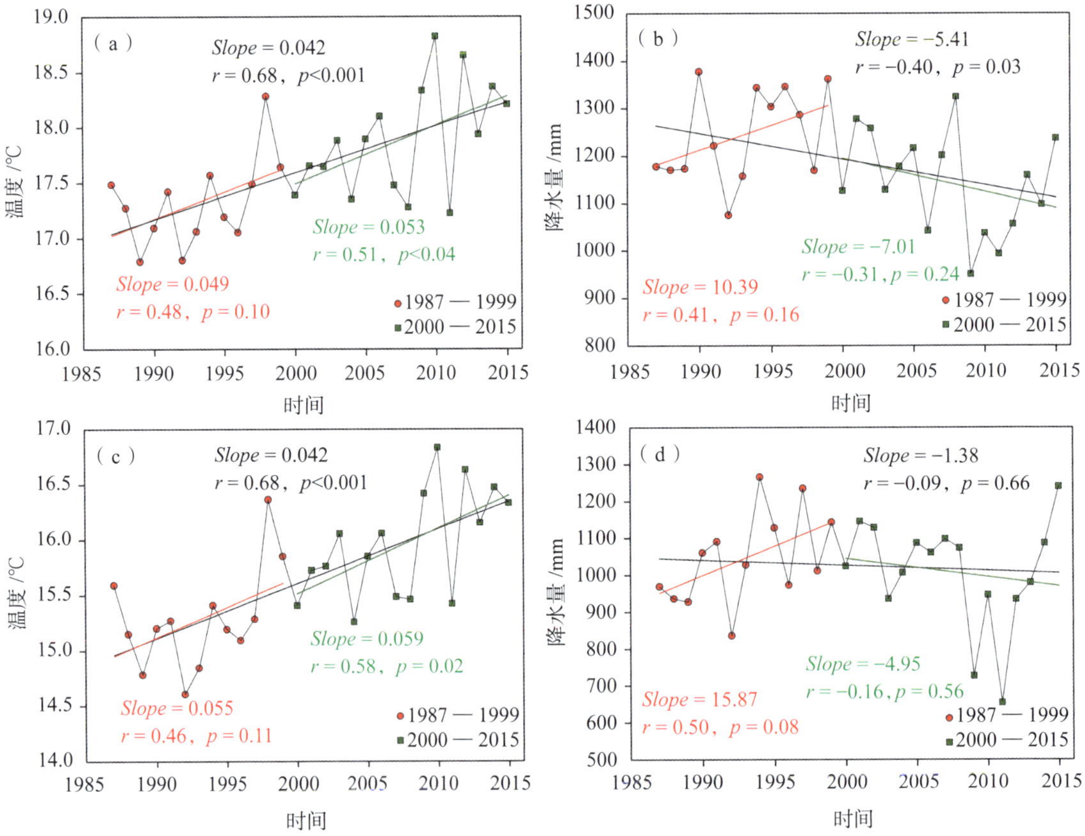

图 4.26　1987 — 2015 年南洞和小江流域不同气候因子年际变化

（a）南洞年均温；（b）南洞年降水量；（c）小江年均温；（d）小江年降水量；图中黑实线为全时间序列（1987—2015 年）气候因子回归拟合线，红色和绿色实线分别表示生态工程实施前（1987—1999 年）和实施后（2000—2015 年）气候因子回归拟合线

水量则呈现不显著减少趋势（*Slope* = −4.95 mm/a，*p* = 0.56）。

从气候因子变化趋势的空间分布来看，南洞地下河流域所有像元温度均呈现显著上升趋势（图 4.27），流域北部温度升高趋势（0.05 ℃ /a）明显高于其他地区。与温度变化趋势相反，流域内所有像元年降水量均呈现减少趋势，年减少速率最高为 7.7 mm/a。北部地区降水减少通过了 Mann-Kendall 显著性检验，且减少趋势强于南部地区。类似地，对于小江流域，所有像元温度均呈现显著上升趋势（图 4.28），流域东南部温度升高趋势最明显，最高达到 0.06 ℃ /a。流域内降水变化趋势呈现明显的区域分异，北部降水呈现为不显著增加趋势，最高达到 2.0 mm/a，而南部地区降水则表现为不显著减少趋势。

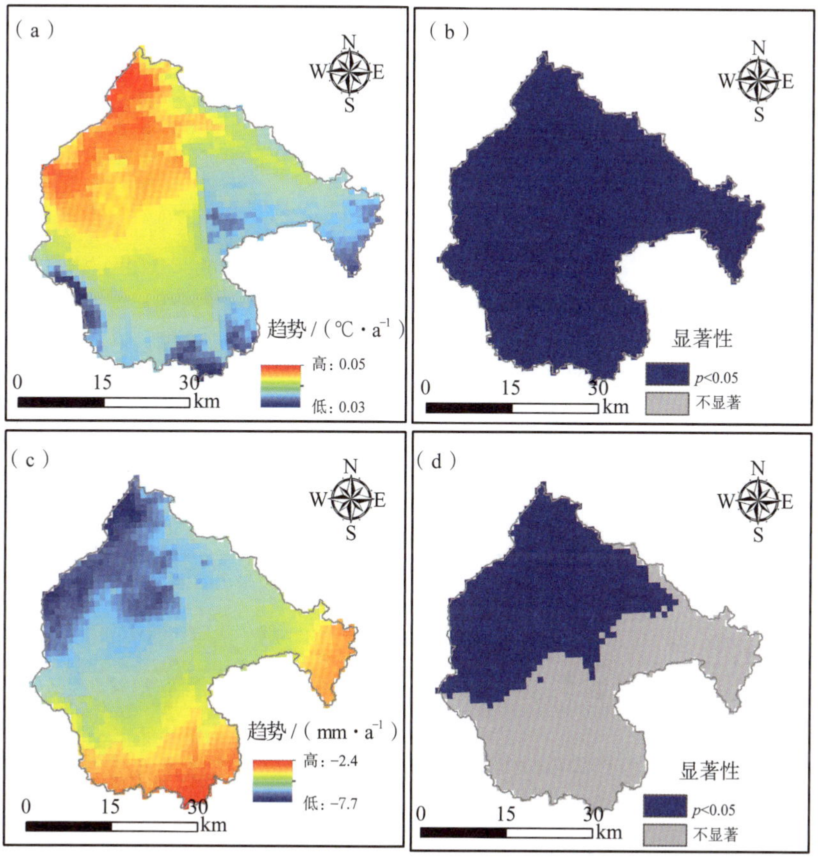

图 4.27　1987 — 2015 年南洞地下河流域不同气候因子变化趋势的空间分布
（a）温度变化 Theil-Sen 趋势；（b）温度趋势统计显著性；（c）降水变化 Theil-Sen 趋势；（d）降水趋势统计显著性

为探究气候因子对喀斯特植被变化的影响，我们首先在流域尺度上，分析了气候因子与 *NDVI* 的相关关系（图 4.29）。可以看出，对于南洞地下河流域，*NDVI* 与年均温呈正相关关系（*r* = 0.35），但是未通过统计显著性检验（*p* = 0.06），而流域 *NDVI* 与年降水相关性不明显（*r* = −0.05，*p* = 0.81）。与南洞流域一样，小江流域 *NDVI* 与年均温也呈现不显著正相关（*r* = 0.33，*p* = 0.08）。与此同时，小江流域 *NDVI* 与年降水呈弱正相关（*r* = 0.19），但同样未通过显著性检验（*p* = 0.32）。因此，在流域尺度上，南洞流域和小江流域气候因子均未对植被变化产生显著影响。

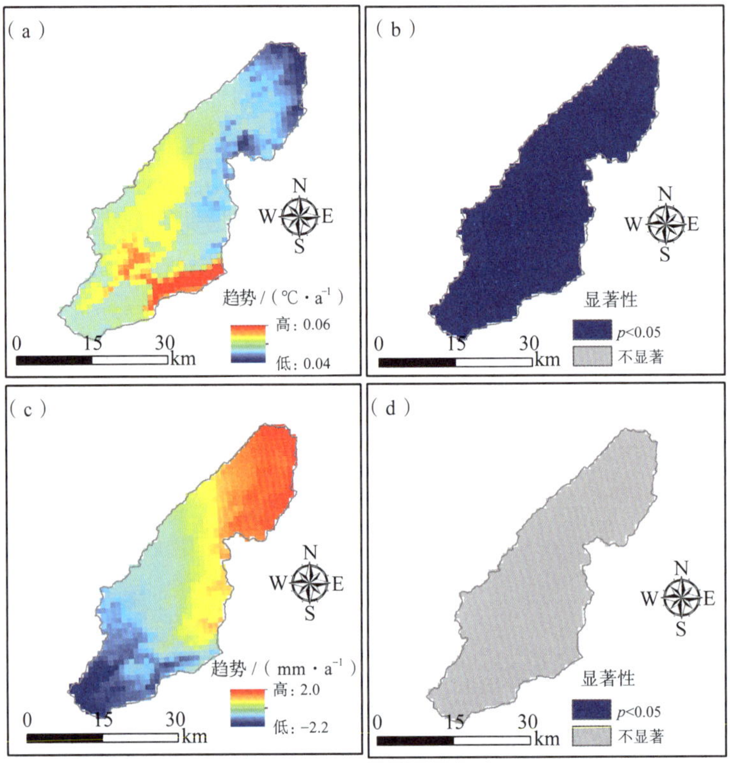

图 4.28　1987—2015 年小江流域不同气候因子变化趋势的空间分布

（a）温度变化 Theil-Sen 趋势；（b）温度趋势统计显著性；（c）降水变化 Theil-Sen 趋势；（d）降水趋势统计显著性

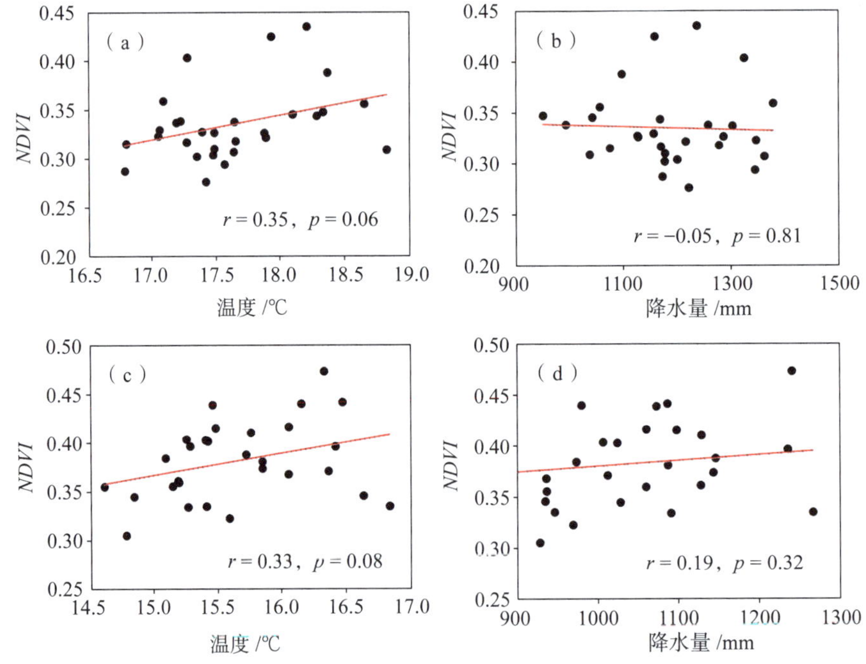

图 4.29　1987—2015 年流域尺度上气候因子与 *NDVI* 相关性

（a）南洞年均温和 *NDVI*；（b）南洞年降水量和 *NDVI*；（c）小江年均温和 *NDVI*；（d）小江年降水量和 *NDVI*

在像元尺度上，气候因子与 *NDVI* 相关性呈现明显的空间分异特征（图 4.30，图 4.31）。具体来说，对于南洞地下河流域，在 1987—2015 年，温度和 *NDVI* 呈高度正相关

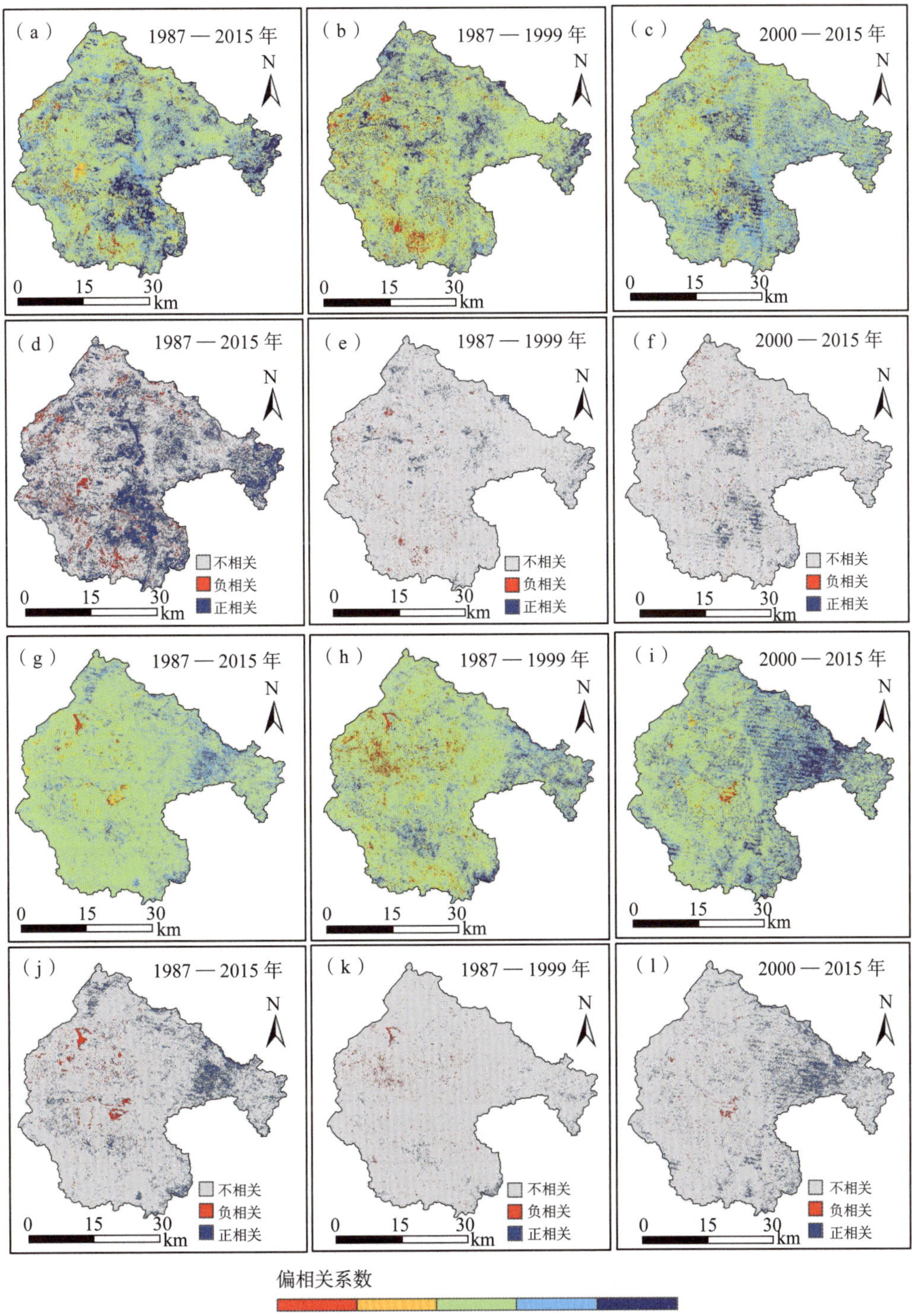

图 4.30　南洞地下河流域不同时期像元尺度上气候因子与 *NDVI* 偏相关分析

（a）～（c）为温度与 *NDVI* 偏相关系数；（d）～（f）为对应的显著性；（g）～（i）为降水与 *NDVI* 偏相关系数；（j）～（l）为对应的显著性

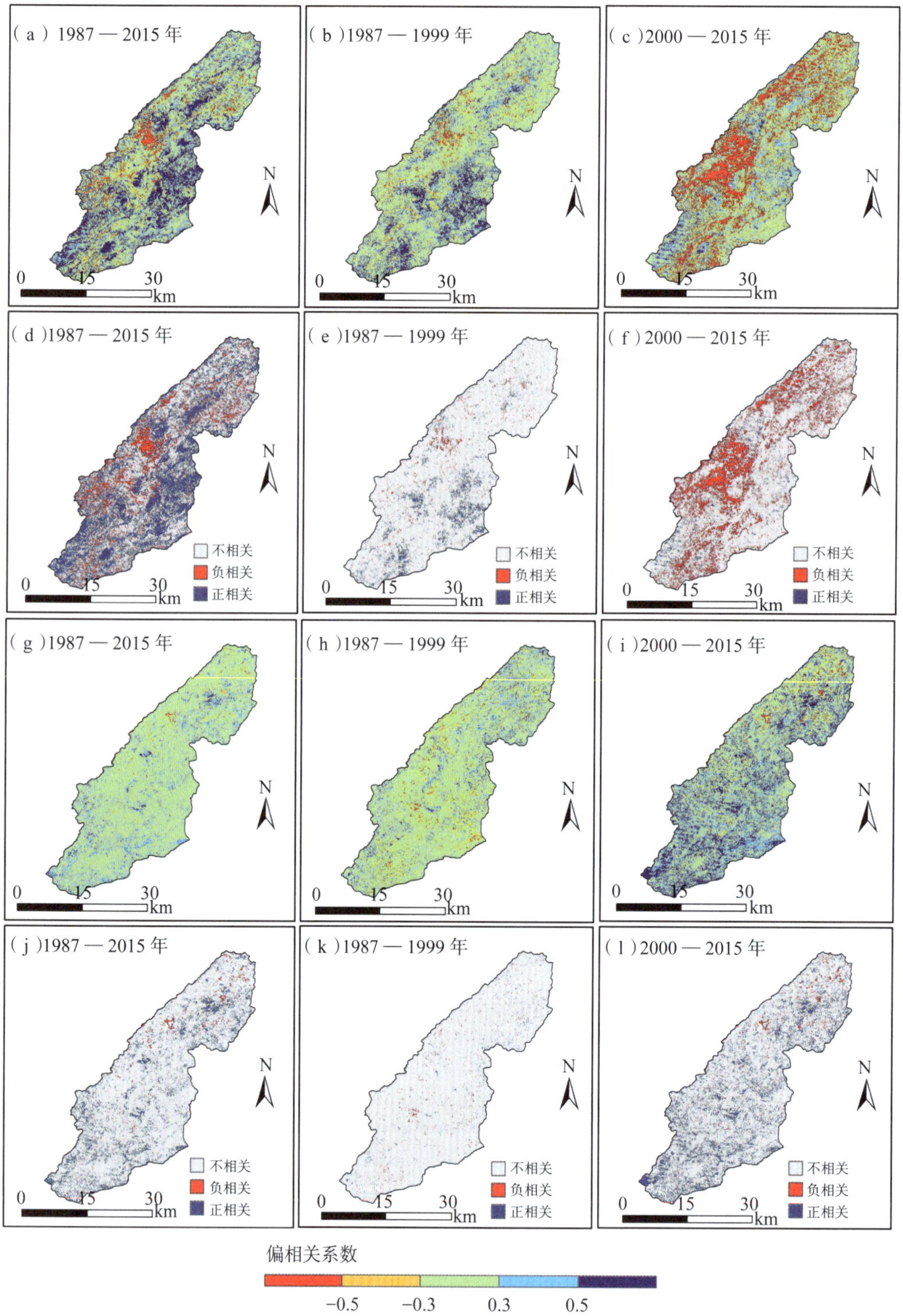

图 4.31 小江流域不同时期像元尺度上气候因子与 *NDVI* 偏相关分析

(a)~(c)为温度与 *NDVI* 偏相关系数;(d)~(f)为对应的显著性;(g)~(i)为降水与 *NDVI* 偏相关系数;(j)~(l)为对应的显著性

（$r > 0.5$）的区域主要集中在流域东部和东南部，流域内大多数像元温度和 *NDVI* 偏相关系数在 −0.3 ~ 0.3 之间（图 4.30）。统计分析表明，南洞流域内大多数像元（70.15%）温度与 *NDVI* 相关性不显著（$p > 0.05$），25.67% 的像元 *NDVI* 与温度呈显著正相关，主要集中在流域中部和东部。而仅有 4.17% 的像元 *NDVI* 与温度呈现显著负相关，主要分散在流域东部和南部。为进一步探究生态工程实施前后气候因素对植被变化的影响差异，我们同时分析得到 2000 年前后气候因素与 *NDVI* 偏相关结果。结果显示，1987—1999 年和 2000—2015 年分别有高达 96.29% 和 95.18% 的像元 *NDVI* 与温度的相关性不显著。

如图 4.30 所示，1987—2015 年，南洞地下河流域内大多数像元 *NDVI* 与降水的相关性较弱，偏相关系数集中在 −0.3 ~ 0.3 之间。统计分析结果表明，流域内 90.84% 的像元 *NDVI* 与降水相关性不显著，仅有 7.74% 的像元 *NDVI* 与降水呈显著正相关，主要集中在流域东部地区。*NDVI* 与降水显著负相关的像元百分比也仅为 1.43%。与此同时，1987—1999 年和 2000—2015 年期间，高达 98.32% 和 92.50% 的像元 *NDVI* 与降水相关性不显著。

图 4.31 为小江流域不同时期内像元尺度上气候因子和 *NDVI* 偏相关分析结果，可以看出，1987—2015 年，*NDVI* 与温度呈高度正相关（$r > 0.5$）的像元主要集中在流域中东部和西南地区。然而，显著性统计分析结果显示，流域中 56.59% 的像元 *NDVI* 与温度的相关性不显著（$p > 0.05$），显著正相关和显著负相关的像元比例分别为 34.01% 和 9.40%。1987—1999 年，流域内 *NDVI* 与温度呈显著正相关和显著负相关的像元比例分别下降至 4.97% 和 1.08%，高达 93.96% 的像元 *NDVI* 与温度无显著相关关系。而 2000—2015 年，流域内绝大多数像元（78.89%）*NDVI* 与温度不存在显著相关性，二者呈显著正相关和显著负相关的像元比例分别为 2.36% 和 18.76%，后者主要集中分布在流域中西部。

1987—2015 年，小江流域 *NDVI* 与年降水的相关性总体较弱，偏相关系数主要集中分布在 −0.3 ~ 0.3 之间（图 4.31）。统计结果表明，90.45% 的像元 *NDVI* 与年降水相关性不显著。1987—1999 年，更多的像元（98.76%）呈现不显著相关。而 2000—2015 年，不显著相关的像元比例略微减少，但仍高达 86.87%。在该时期，11.86% 的像元 *NDVI* 与年降水量呈显著正相关。

基于以上分析结果，我们发现，在不同时期，南洞和小江流域内绝大多数的像元 *NDVI* 与气候因子无显著相关关系。且生态工程实施后，*NDVI* 与气候因子呈不显著相关关系的像元比例进一步增加。这表明，气候变化可能不是流域内植被恢复增加的主要驱动因素。

4.4.4.2 人类活动对植被变化的影响

图 4.32 描述了流域尺度上 2000—2015 年 *NDVI* 观测值、基于气候因子回归拟合的 *NDVI* 预测值及对应的 *NDVI* 残差的变化趋势。对于南洞地下河流域，*NDVI* 观测值和 *NDVI* 残差均随时间呈线性显著增加趋势（$p < 0.05$），可决系数 R^2 分别为 0.45 和 0.48。*NDVI* 观测值从 2000 年的 0.33 增加到 2015 年的 0.44，而 *NDVI* 残差相应地从 0.01 增加到 0.11。与之相反，*NDVI* 预测值在同一时期内保持在 0.32 上下波动，但总体变化趋势微弱。可以看出，2000 年后，相比气候变化，人类活动对南洞地下河流域植被恢复增加的正向作用更大。后续分析我们进一步量化二者对植被变化的相对贡献率。

对于小江流域，虽然 *NDVI* 观测值和对应的 *NDVI* 残差均随时间呈线性增加趋势，但二者的增加速率明显低于南洞流域，可决系数 R^2 分别仅为 0.10 和 0.07，且统计上不显著（$p > 0.05$）。同时，*NDVI* 预测值在 2000—2015 年期间总体变化趋势依旧微弱，其值在 0.36 上

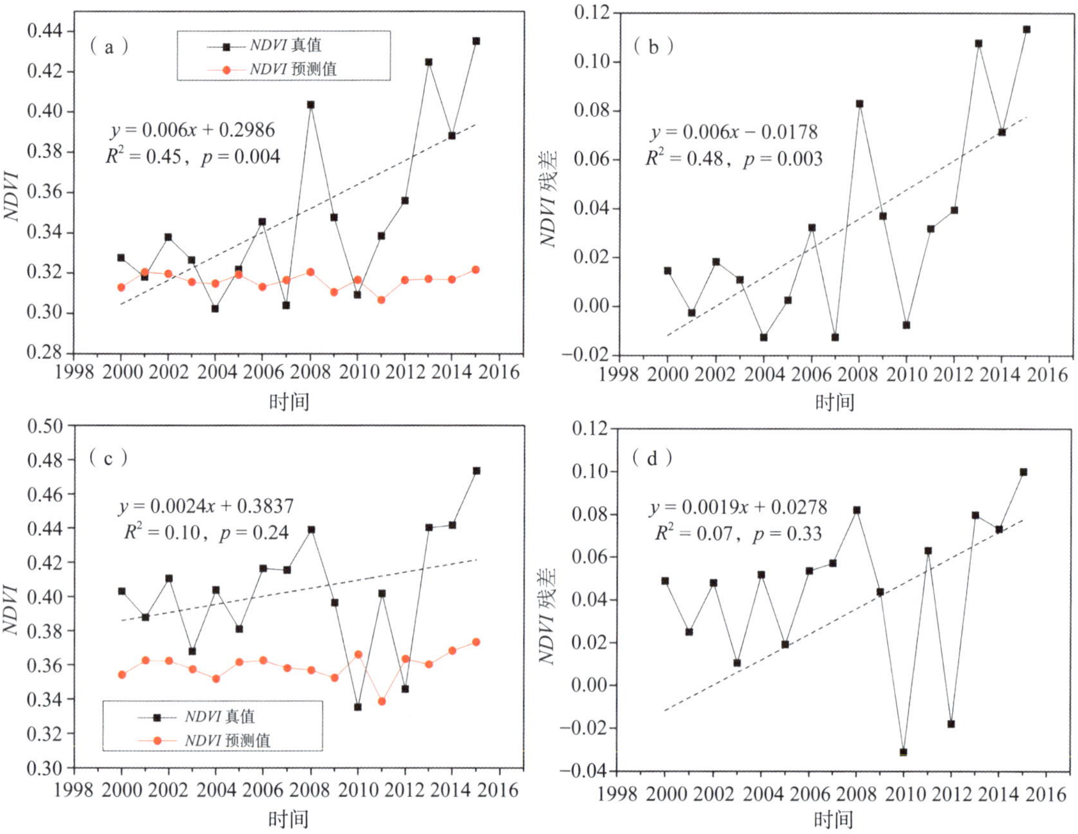

图 4.32　流域尺度上 *NDVI* 真值（即观测值）、*NDVI* 预测值和 *NDVI* 残差变化趋势

南洞流域：（a）*NDVI* 真值和预测值；（b）*NDVI* 残差（真值减去预测值）；小江流域：（c）*NDVI* 真值和预测值；（d）*NDVI* 残差（真值减去预测值）

下波动。可以看出，人类活动对小江流域植被恢复起到了一定的促进作用，然而相比南洞流域，小江流域内人类活动对植被恢复的贡献相对较低。

图 4.33 为像元尺度上，*NDVI* 残差的变化趋势，即完全由人类活动引起的植被变化趋势。统计结果显示，南洞地下河流域内大部分地区（71.60%）的 *NDVI* 残差呈增加趋势，其中 24.23% 的像元残差趋势通过了显著性检验（$p < 0.05$）。残差增加趋势率最高（大于 0.015/a）的像元主要分布在南洞流域的中部和南部。流域中存在部分区域（28.40%）的 *NDVI* 残差呈减少趋势，主要分布在流域北部、中部和东部，但仅有 4.73% 的像元 *NDVI* 残差呈现为显著减少。

对于小江流域，流域内 *NDVI* 残差呈增加趋势的像元比例为 41.18%，主要集中分布在流域中西部、东部和西南地区。其中，通过统计显著性检验的像元比例仅为 6.10%。与此同时，*NDVI* 残差呈减少趋势的像元百分比为 58.82%，其中表现为显著减少趋势的像元比例为 13.73%，主要分布在流域中部和北部地区。

4.4.4.3　气候变化和人类活动对植被变化的相对贡献

图 4.34 为南洞地下河流域和小江流域在 *NDVI* 显著增加和显著减少趋势（$p < 0.05$）区域的主要驱动因素的空间分布。可以看出，在南洞流域，由人类活动单独引起的植被增加

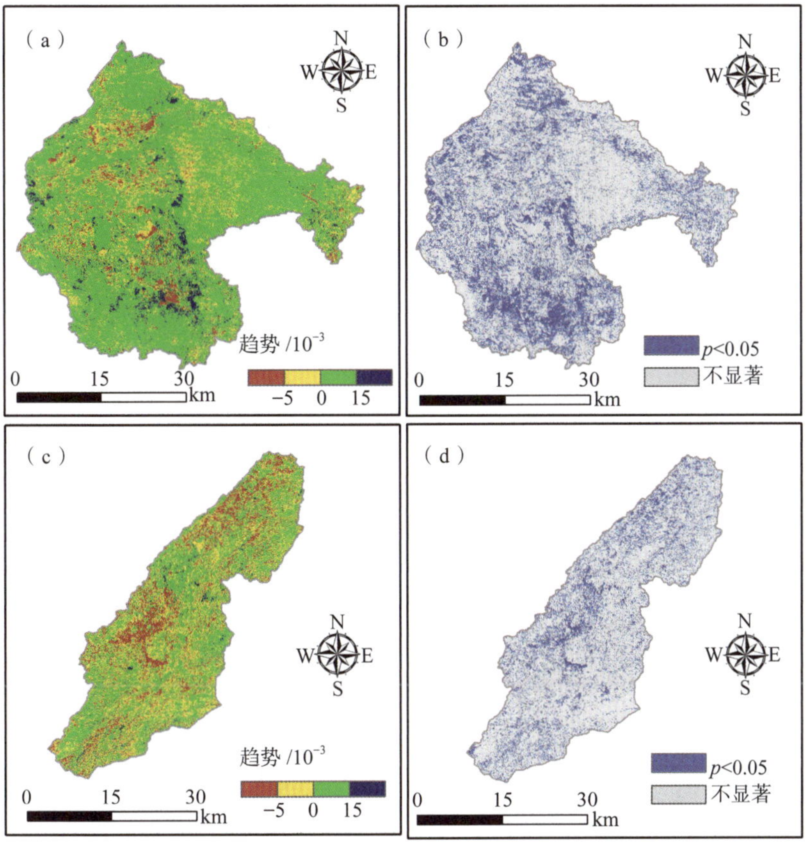

图 4.33 *NDVI* 残差变化趋势及显著性的空间分布

南洞流域:(a)残差趋势;(b)统计显著性;小江流域:(c)残差趋势;(d)统计显著性

面积占流域植被显著增加总面积的 51.74%，主要集中在流域南部和中部地区。因此，人类活动是南洞流域植被恢复增加的主要驱动因素。气候变化和人类活动共同作用导致植被增加的面积占流域植被显著增加总面积的 43.92%，分散在流域北部、西南和东部。而由气候变化单独引起的植被增加的面积比例仅占 4.34%，主要分布在南洞流域东部。因此，相比人类活动，气候变化对南洞流域植被增加的贡献很小。此外，单独由人类活动导致植被显著减少的区域相对较少（4.53%），分布相对分散。气候变化和人类活动共同导致植被显著减少的面积比例也较小（3.41%），少量分布在流域南部和中部，而单独由气候变化引起的植被退化面积比例也仅占 0.53%。

对于小江流域，由气候变化和人类活动的共同作用引起植被显著增加的面积占流域植被显著增加总面积的 56.03%，主要分布在流域东部和南部地区。因此，气候变化和人类活动共同作用是小江流域植被恢复增加的主要驱动因素。而单独由人类活动引起的植被增加的面积比例占 30.68%，分布相对分散。单独由气候变化引起的植被增加的面积比例为 13.29%，主要分布在流域东部。此外，由气候变化和人类活动共同作用也是小江流域植被显著减少的主要驱动因素，但所占面积相对较小（14.40%），集中分布在流域中东部。单独由人类活动引起的植被显著减少的面积比例也保持在较低水平（10.69%）。而单独由气候变化引起的植被退化可以忽略不计（0.53%）。

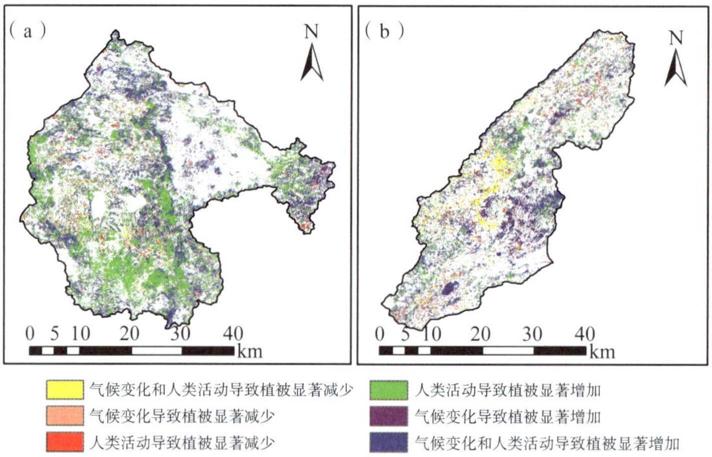

图 4.34　南洞地下河流域和小江流域 *NDVI* 显著变化（$p < 0.05$）区域的驱动因素空间分布

（a）南洞地下河流域；（b）小江流域

图 4.35 为两流域 *NDVI* 显著变化（$p < 0.05$）区域内气候变化和人类活动对植被显著变化的贡献率空间分布。对于南洞地下河流域，在植被 *NDVI* 显著减少的区域，气候变化的贡献主要集中在 0 ~ 20% 范围内，占植被显著变化区域面积的 56%，主要集中分布在流域

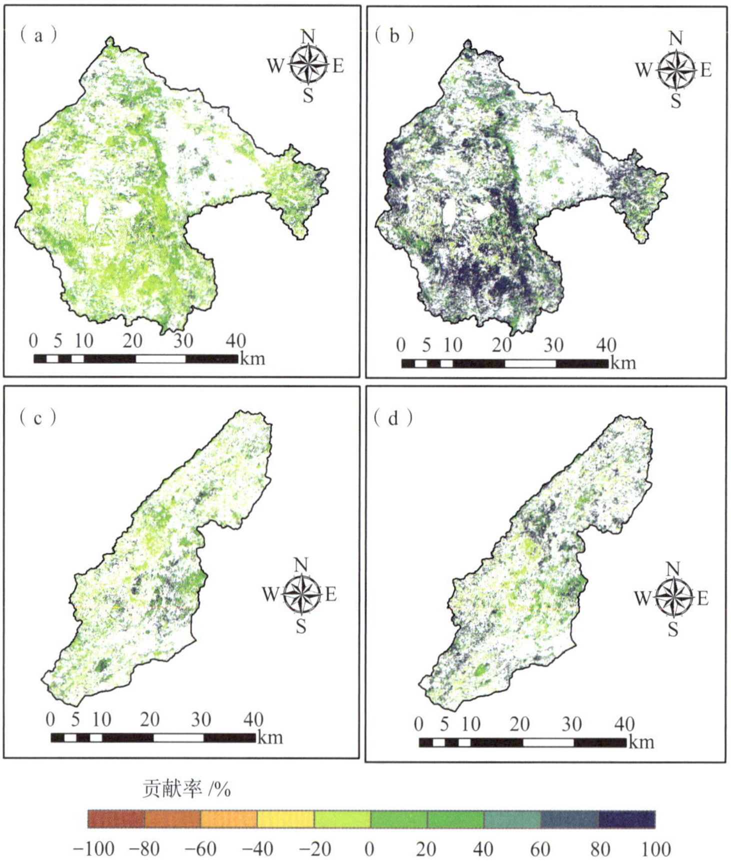

图 4.35　流域 *NDVI* 显著变化（$p < 0.05$）区域气候变化和人类活动贡献率的空间分布

南洞地下河流域：（a）气候变化；（b）人类活动；小江流域：（c）气候变化；（d）人类活动

南部地区。而在植被 *NDVI* 显著增加的区域，气候变化的贡献主要集中在 0 ~ 40% 范围内，占植被显著变化区域面积的 37.67%，分布在流域北部和西部地区。气候变化对植被增加贡献大于 80% 的面积比例仅占 4.26%。

与此同时，在南洞流域植被显著增加的区域，人类活动的贡献率主要集中在 80% ~ 100%，占植被显著变化总面积的 48.34%，集中分布在流域南部和西部边缘。人类活动的贡献率在 20% ~ 40% 的像元面积比例次之，占 15.15%。在植被显著减少的区域，人类活动的贡献率则主要低于 20%，其面积占植被显著变化区域总面积的 12.71%，少量分布在流域东部地区。因此，整体来看，人类活动对南洞流域植被恢复增加的贡献率高于气候变化。

在小江流域，在植被 *NDVI* 显著减少区域，气候变化的贡献率同样集中在 20% 以下（图 4.35），其面积占植被显著变化区域总面积的 48.74%，略低于南洞地下河流域。在植被显著增加区域，气候变化的贡献率集中在 40% 以下，占植被显著变化总面积的 38.13%。而气候变化贡献率高于 80% 的区域面积比例占 9.96%。

在小江流域植被 *NDVI* 显著增加区域中，人类活动的贡献主要集中在 80% ~ 100% 范围内，其面积占植被显著变化总面积的 23.04%，仅为南洞流域该区域面积比例的一半。人类活动贡献率在 20% 的面积比例次之，为 16.16%。人类活动贡献率在 20% ~ 40% 的区域面积比例达到 15.81%。在植被显著减少区域中，人类活动主要集中在 0 ~ 20%，其面积比例达到 35.66%。总体来说，在小江流域，人类活动对植被增加的贡献高于气候变化，但是人类活动对植被增加的贡献程度要低于南洞流域。

4.4.5 讨论

4.4.5.1 气候变化对喀斯特植被恢复的影响

大量研究表明，全球气候变暖能够显著改善区域和全球尺度植被生长（Piao et al.，2007，2008；Myneni et al.，1997）。据报道，气候变暖通过延长生长季和促进夏季光合作用促进了植被生长，特别是在不受水分限制的地区（Niemand et al.，2005）。然而，植被覆盖与温度之间的关系可能在空间上有所差异（Song and Ma，2011）。例如，Sun 等（2015）发现温度与黄土高原中部和东南部的植被覆盖呈正相关，而在黄土高原西北部，这两个变量之间被发现存在负相关关系，即气候变暖导致植被退化。同样，不同地区降水对植被覆盖的影响也可能不同（Yang et al.，2019）。例如，在湿润地区，降水量与植被覆盖呈负相关（Nemani et al.，2003；Nicholson et al.，1990），而增加的降水量促进了干旱和半干旱地区的植被覆盖（Bai et al.，2019；Zhu et al.，2016；Sun et al.，2015），降水量是影响这些地区植被生长的主要限制因素（Los et al.，2001）。

在流域尺度上，研究区近 30 年来年均温和年降水量对流域植被覆盖无显著影响，尤其是在小江流域（图 4.5），这与其他在西南喀斯特地区的研究的结论保持一致（Tong et al.，2016；Hou et al.，2015）。为了在空间上确定温度（或降水）对 *NDVI* 的影响，并消除降水（或温度）对 *NDVI* 序列的影响，我们在像元尺度上计算了过去 30 年南洞和小江流域 *NDVI* 与降水和温度之间的偏相关系数（图 4.30）。结果表明，南洞和小江流域内大多数像元的温度与 *NDVI* 无显著相关关系。同时，降水与 *NDVI* 的相关性甚至更弱，证实了 Wang 等（2008）和 Tong 等（2016）的结论。这主要是因为中国西南喀斯特地区的气候条件以亚热带季风气候为主，降水丰富，气温适中（Chen et al.，2013）。因此，不同于干旱和半干旱地区，喀斯特地区植被生长对降水的微小变化不敏感。

此外，喀斯特地区存在独特的地表 – 地下二元水文地质结构（王克林等，2018），尽管生长季雨量充沛，但地表径流还是通过岩溶裂隙、深坑和河流流入地下水系统（Zhang et al.，2017；Du and Wang，2008）。因此，降水不能充分用于喀斯特地区植被生长，可能导致该地区出现干旱等极端气候（凡非得等，2011）。为了比较生态工程实施前后植被变化对气候变量的响应差异，我们对 1987—1999 年和 2000—2015 年分别进行了偏相关分析。然而，研究结果显示，在两个时期内，*NDVI* 与温度和降水的相关性更弱，且更多像元表现出统计不显著（$p > 0.05$）。以上这些结果表明，近 30 年来气候变化对喀斯特断陷盆地植被恢复的影响有限。

气象记录表明，在过去几十年里，中国西南喀斯特地区的气候变化很大（Liu et al.，2015）。本研究发现近 30 年，南洞和小江流域的年均温分别以 0.042℃和 0.050℃的年速率显著上升（图 4.25）。特别是，2000 年以后温度比 1987—1999 年期间上升得更快。同时，两个流域的年降水量总体呈下降趋势，尤其是南洞流域（$Slope = -5.41$ mm/a，$p = 0.03$）。值得注意的是，2000 年前，两个流域年降水量呈现增加趋势，而 2000 年后，年降水量转为减少趋势，这与中国西南喀斯特地区最近的卫星观测结果一致（Brandt et al.，2018b）。因此，在全球变暖的背景下，南洞地下河流域和小江流域在过去近 30 年，气候趋于暖干化，尤其是在 2000 年后，这与中国西南喀斯特地区的其他相关研究是一致的（Liu et al.，2015；Wang et al.，2015；Cai et al.，2014）。

虽然气温升高会延长植被生长季长度，提高光合速率强度（Dragoni et al.，2011），但气温持续升高会进一步加速植物的蒸腾作用和地表的蒸散（郑有飞等，2009），同时降水量的减少可能会导致土壤水分补给不足（Liu et al.，2018），进而在一定程度上抑制植被的生长。2000 年后，尽管气候变化趋势可能不利于植被生长，但是这一时期内植被恢复改善趋势相比 2000 年前更明显，这再次证实了气候变化不是流域植被恢复的主要因素（Brandt et al.，2018b）。

然而，极端干旱气候对植被的未来发展构成了严重威胁（Li et al.，2019b）。据报道，2009—2010 年西南地区严重的冬春大旱摧毁了云南省 80% 以上的植被（Barriopedro et al.，2012）。由于石漠化的发生，近几十年来喀斯特地区极端干旱的频率有所增加（Jiang et al.，2014）。因此，在未来的生态建设工程项目规划中，要特别注意规避由极端干旱气候将对种植树木的生存和生长造成的潜在负面影响（Wu et al.，2014）。

4.4.5.2 生态工程对喀斯特植被恢复的影响

近年来，大量研究强调了大规模植树造林等生态工程对中国植被覆盖增加的显著积极影响（Chen et al.，2019；Song et al.，2018；Zhu et al.，2016；Viña et al.，2016；Li et al.，2016）。同时，越来越多的研究也突出了生态工程在西南喀斯特地区植被恢复中的显著成效（Tong et al.，2017；2018；Brandt et al.，2018b）。然而，这些喀斯特研究所使用的遥感数据空间分辨率比较粗糙，可能会掩盖不合理工程治理措施对植被恢复的负面影响，因此，可能无法反映生态工程的真实有效性。本研究很好地弥补了这一知识空白，在 30 m 分辨率尺度上对喀斯特植被变化的驱动因素进行了识别并量化了其贡献率。

2000 年后，由政府主导的生态恢复工程开始在南洞地下河流域和小江流域逐渐实施，主要包括退耕还林还草、植树造林、禁牧和天然林保护，主要目标是提高植被覆盖率，并控制水土流失（Tong et al.，2018）。通过收集整理南洞地下河流域和小江流域 2002—2016 年造林统计数据（图 4.36），发现：南洞地下河流域和小江流域平均每年造林面积分别为 37.51 km^2 和 27.39 km^2。结合本研究中残差趋势分析结果（图 4.35），我们发现生态工程是两个喀斯特流域植被恢复的主要原因。但是，值得注意的是，生态工程在南洞流域的有效性优于小江流域，表明生态工程有效性存在一定的区域差异（Tong et al.，2017）。

尽管流域植被总体呈现显著恢复增加趋势，但流域内依旧存在部分区域出现植被退化的现象。这可能是由于社会经济发展导致的不合理土地利用方式（如建设用地扩张）造成的。如图 4.36 所示，南洞地下河流域和小江流域的人口在 1996—2016 年期间分别增长了 50% 和 19%，与此同时，国内生产总值 GDP 分别增加了 20 倍和 11 倍。此外，尽管当地农民可以通过参与退耕还林项目获得一定的经济补偿（Delang and Yuan，2015），但粮食生产和补贴收入远高于生态工程补偿标准，导致一些地区再次出现毁林和陡坡种植现象，这可以部分解释在两个流域观测到的植被覆盖下降趋势。

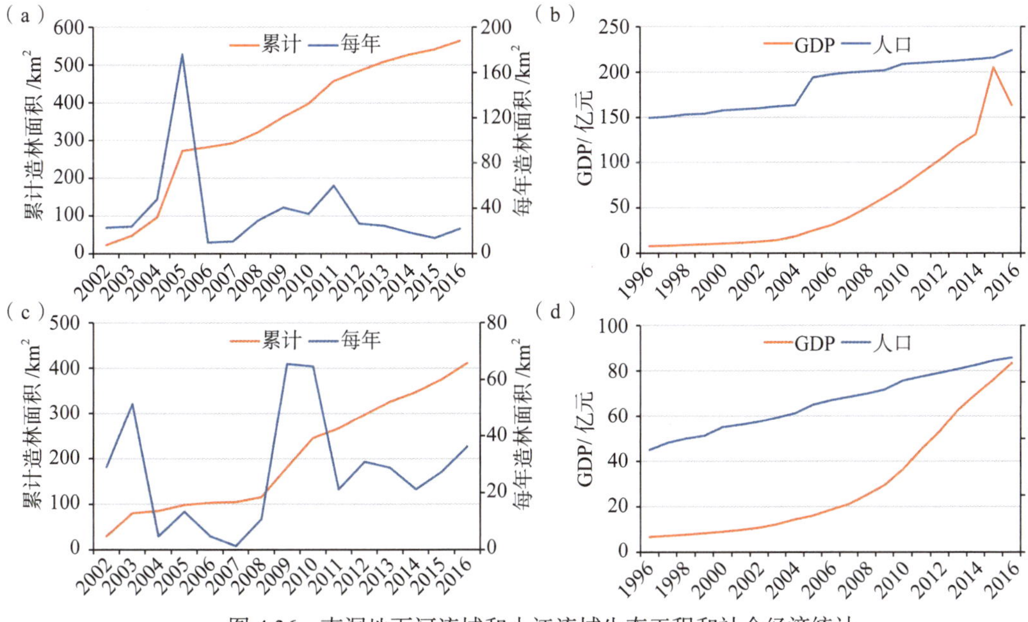

图 4.36　南洞地下河流域和小江流域生态工程和社会经济统计

南洞地下河流域：（a）每年和累计造林面积；（b）人口和 GDP 统计；小江流域：（c）每年和累计造林面积；（d）人口和 GDP 统计

此外，现有的生态恢复工程项目设计还存在一些不足，需要在后续的工程规划中加以改进。例如，“退耕还林”工程中选择树种的主要标准是树木的生长速度，因此，在工程实践中，有限数量的快速生长树种是首选，因此出现了大量的单一树种的林地（Hua et al.，2016）。与天然林相比，人工林可能无法提供足够的生物多样性和生态系统服务价值，单一种植的人工林也更容易遭受虫害或火灾风险（Cao et al.，2011）。同时，鉴于西南喀斯特地区极端天气事件的频率和强度趋向于增加（Long et al.，2014），极端干旱极有可能对未来种植树木的生长构成重大威胁（Barriopedro et al.，2012），从而可能抵消生态工程的有效性。因此，有必要为今后的造林工程选择更多的抗旱树种。此外，为了避免对当地生物多样性的威胁和破坏，工程实施前的生态风险评估和工程实施后的科学管理也应是后续生态工程实施的重要工作内容。

5　断陷盆地生态环境地质分异的生态系统碳固持能力

5.1　生态系统碳固持能力研究意义

断陷盆地区域复杂的水文、地质环境形成了明显的立地条件，生态群落多种多样，植被种类以亚热带常绿阔叶林为主，区域内分布其他种类阔叶林及针阔混交林，例如，炎热干旱阔叶林、温暖和半湿润针叶林及针阔混交林、温和半湿润阔叶林及针叶林、温凉半湿润针叶林及针阔混交林。云南断陷盆地自然林以松林分布广，栎类林次之。人工林以桉类、云南松、车桑子面积最大。人类选择聚居在断陷盆地中心、地形较为平坦的区域。由于人口密集，所需建设用地面积较大，农业、种植业部分转移至盆地四周山地，早期盲目地开发对脆弱的生态环境产生进一步破坏，加深石漠化问题，加剧人地矛盾，可利用地愈发减少。喀斯特区地表水、地下水水文地质条件比较复杂，地表渗漏严重，水资源深埋；虽然断陷盆地处于湿润半湿润地带，光热条件好，但独特的地质条件制约自然资源开发利用。

人类活动通过土地利用及其覆被变化影响生态系统结构和功能的变化。盆地周边山区石漠化严重，农村能源短缺，局部地区无序工矿活动严重，加速了土地石漠化。不合理的人类活动导致喀斯特区域生态系统退化，可能引起生态系统碳丢失。因此，有必要评估近年来断陷盆地生态系统碳固持能力的时空变化情况。植被净初级生产力（Net Primary Productivity，NPP）是陆地植被和土地土壤质量的重要表征之一，研究植被净初级生产力及其净生态系统生产力（Net Ecosystem Productivity，NEP）的变化有助于理解断陷盆地生态系统碳固持能力及其生态系统整体状况，为区域石漠化治理、土地利用结构调整以及指导区域碳汇有积极的意义。

5.2　生态系统碳固持能力的研究方法

生态系统碳固持能力的研究一般从生物量和 NPP 的测定开始。生物量是研究 NPP 变化及其生态系统碳源汇的基础，也是评价生态系统结构和功能的重要指标。它泛指单位面积上所有生物生产的有机物质的总和，是生物通过光合作用所吸收的碳（总初级生产力，Gross Primary Productivity，GPP）和自养呼吸（Autotrophic Respiration，AR）所释放的碳之间的差值。GPP 是指单位时间内生物通过光合作用所固定的有机碳量。GPP 和 NPP 是陆地生态系统碳源汇研究的两个重要分量和主要因子。当前的生态系统碳源汇的研究方法主要借助这两个分量来实现，具体包括样地清查法、通量观测法和模型模拟法等。

5.2.1 基于野外调查的生态系统碳固持能力研究

区域尺度上的土地覆被调查数据、样地调查数据、样地长期观测数据和森林清查数据是研究生态系统碳库重要的数据来源和模型模拟所需参数的重要依据。植被调查是在一定的样地通过调查获取林分的立木材积及其增长量，时间间隔一般为 5 ~ 10 年。为正确评估植被在全球碳平衡中的作用，在不同研究尺度上利用森林清查资料研究森林碳库变化越来越受到重视，利用不同区域的资源清查数据，通过数据转换和统计方法来评价生态系统碳固持能力及其空间分布变化。样地调查方法的优点是直接、明确、技术简单，但植被清查往往需要大量的人力和数十年的数据积累，才能在区域尺度上反映出生态系统的植被和土壤碳库变化。国际地圈与生物圈计划（International Geosphere Biosphere Program，IGBP）的实施，旨在利用野外调查数据计算的生态系统 NPP，成为区域和全球尺度碳循环、气候变化和生态模型验证的重要数据。因此，野外调查的研究已成为认识不同尺度生态系统碳固持能力的重要途径。

国外学者利用植被调查数据对森林碳收支开展了大量的研究。Hudiburg 等（2009）利用美国联邦森林调查数据和样地数据计算了美国加利福尼亚州和俄勒冈州 20 世纪 90 年代的碳动态。Stinson 等（2011）利用林业数据集估算了加拿大 1990—2008 年人工林的碳储量，得到 NPP 和 NEP 分别为 352 gC/（m^2 · a）和 31 gC/（m^2 · a）。我国学者李文华（1978）最先提出利用森林资源清查资料绘制中国森林生物产量分布图。Zhou 等（2002）对比研究了基于森林资源连清数据估算植被生物量和生产力的方法。方精云等（1996）基于全国各地生物生产力资料，建立了我国各类森林植被生产力与生物量之间的函数关系，成功估算了我国森林植被的净生态系统生产量。Zhang 等（2013）利用我国 7 次森林连清数据估算了中国森林碳储量及其动态变化，也有学者基于区域尺度的森林调查数据开展了生态系统碳收支研究。

但是，基于样地调查数据在获取方面费时费力，大规模获取的数据在相互对比准度和精度上往往容易出现偏差，基于调查数据估算大区域尺度生物量碳固持能力和分析时空变化方面存在不足，例如，在当前人类活动频繁、CO_2 浓度升高、全球气候变暖等不同背景下，基于野外调查数据难以解释不同因子对生态系统碳源汇变化的影响。

5.2.2 基于通量观测的生态系统碳收支研究

陆地生态系统与大气交换通量存在尺度差异，通过建立地面碳水通量观测点，连续观测陆地与大气之间能量、水和 CO_2 通量变化，使准确持续地测定碳交换通量成为可能。涡度相关法等技术通过对生态系统碳通量的观测获取连续性动态监测，弥补了生物量清查法、传统点位观测和遥感技术等在时间上的不连续性、积累数据慢等不足，能在较短的时间内监测到高时间分辨率的 CO_2 通量和气象环境数据，为不同类型植被生态系统碳收支的动态变化研究提供了大量监测数据，有助于开展不同区域和不同时间尺度上的生态系统碳通量变化及其机理分析研究（于贵瑞等，2011）。自 20 世纪 90 年开始利用涡度相关技术进行生态系统碳通量连续测定以来，全球已建立约 500 多个涡度相关通量观测站点，初步形成了区域性和全球性碳通量观测研究网络（王绍强等，2013）。通量网络观测研究可以揭示复杂地形条件、林龄、生物多样性和土地利用管理及自然或人为干扰对生态系统碳循环的影响。在生物区系、洲际或全球的尺度，结合遥感信息可揭示碳通量与突发、异常事件（厄尔尼诺、火灾、热浪等）之间的内在联系，确定生态系统碳通量的连续变化特征，认识碳循环生理生态过程机理及其与环境条件的关系（Reichstein et al., 2013）。尽管现在已形成了全球性的通量观测网络，但它仍然是一种小尺度的观测方法，其观测结果往往只代表特定生态系统及其在特定环境中的碳循环特征，难以直接外推到区域尺度，对观测结果使用过程中存在多源数据整合及尺度转换等方面的关键技术问题尚待突破。同时，对于生态系统碳循环的长期变化研究，涡度相关通量测定并不是最经济有效的方法，其观测精度也可能低于常规的生物量清查的方法，当前通量塔观测数据主要是应用于研究生态系统碳通量在不同时间尺度的变化特征、碳通量与植被和环境因子之间的关系，作为调整优化模型参数和验证监测结果等。

5.2.3 基于模型模拟的生态系统碳固持能力研究

模型模拟是研究生态系统碳固持能力的一个重要手段，能够模拟生态系统 NPP 和净生产力 NEP 的时间变化及全球环境变化的响应。自从 1987 年国际地圈与生物圈 IGBP 成立以来，多个核心项目的实施极大地促进了模型的发展。植被初级生产力 GPP 是控制生态系统碳循环及其他过程的一个关键因子，GPP 方法的不同可将生态系统碳循环模型分为两种。一种是光能利用率模型，如 CASA、GLO-PEM 及 MODIS17 算法等，将 GPP 计算为冠层吸收的光合有效辐射与光能利用率的乘积，这一类模型相对简单，一般不需要输入太多的参数。另外一种是基于生态系统碳水循环的机理计算 GPP，即过程模型，如 CENTURY、SIB2、CLASS、BEPS 和 InTEC 等（Parton et al., 1993；Chen et al., 2000）。这类模型往往利用不同算法将叶片尺度的计算结果转换到冠层，描述基本光合过程对环境因子响应算法的差异导致不同模型结果会出现明显的差异，因此，验证这些模型算法的可靠性，改进区域尺度碳循环模型，明晰陆地与大气之间交互是重要的研究内容。

遥感技术发展可以更好地获取地表植被结构参数及其环境变量，更为直接地模拟不同区域尺度生态系统碳收支。我国学者基于模型模拟开展了全国及其不同区域尺度的碳循环研究，如利用 CASA、CEVSA、BEPS、GLO-PEM、AVIM、FORCCHN 等模型估算了陆地生态系统 NPP 和 NEP（朴世龙等，2001；Feng et al., 2007）。由于利用的模型算法和输入参数不同，模拟的中国陆地生态系统碳通量往往存在一定差异。

在区域尺度，基于森林清查等野外调查数据的估算和模型模拟是研究生态系统碳源汇的主要方法，但这两种方法尚未能很好地结合使用。森林清查数据中包含了林分动态、林分管理及其与林龄有关的植被生长信息，在用于研究区域尺度森林碳收支的变化的同时，也为生态过程模型的模拟结果提供了检验和约束数据。过程模型可在不同时空尺度上研究生态系统碳源汇对环境、气候变化及扰动的响应和影响。模型模拟结果的不确定性主要来源于模型算法、模型输入数据和模型参数变量的不确定性。目前大多数的生态过程模型仅考虑环境和气候因子（土壤、大气 CO_2 和 N 沉降）对模型模拟的影响，林龄、人类活动强度等对碳源汇的影响则考虑较少，主要原因是区域尺度上林龄空间分布数据的缺乏及人类活动强度难以明确相对统一的衡量标准（He et al., 2012）。

5.3 喀斯特生态系统碳固持能力研究进展

在我国西南喀斯特地区，特殊的地质构造、雨热同期的气候条件、广泛分布的碳酸盐岩使其形成了独特的碳循环和巨大的碳汇潜力，在区域和全球碳循环过程中具有重要作用。目前针对喀斯特地区碳源汇研究主要集中于2个方向，一是基于野外样地调查的生态系统碳固持能力变化研究，主要基于林业清查数据利用生物量扩展因子法及平均生物量法，结合各树种不同龄级的计算参数，估算植被碳储量、碳密度及分析空间分布格局（张煜星等，2021）。在断陷盆地基于野外调查的研究表明植被碳密度与年龄成正比，天然林碳储量、碳密度均高于人工促进林和人工林，地质条件和人类活动干扰差异等是造成区域碳储量和碳密度差异的主要因素（汤浩藩等，2019）。基于样地的不同植被类型调查研究表明：林分类型、林分起源、林龄结构、密度和森林经营活动都影响生态系统碳储量，植被和土壤共同影响生态系统的碳源汇（刘立斌等，2020）。

通过不同植被及其恢复模式对断陷盆地区土壤碳影响的研究表明：喀斯特区天然次生林、桉树和云南松0 ~ 30 cm土层深度土壤有机碳储量分别为74.08 t/ha[1]、50.52 t/ha和42.79 t/ha；非喀斯特区天然次生林、桉树和云南松0 ~ 30 cm土层深度土壤有机碳储量分别为32.43 t/ha、27.49 t/ha和25.52 t/ha；喀斯特区0 ~ 30 cm土层深度平均土壤有机碳储量是非喀斯特区的1.93倍（庞丹波，2019）。对次生林、桉树和云南松3种植被类型土壤年碳排量的研究表明：土壤碳排量整体表现为非喀斯特区显著高于喀斯特区，土壤温度和湿度共同影响喀斯特区域土壤碳排放。喀斯特区天然次生林、桉树和云南松土壤年碳排放量分别为969.03 t/km^2、633.50 t/km^{2}和505.86 t/km^2；非喀斯特区天然次生林、桉树和云南松土壤年碳排放量分别为1092.06 t/km^2、824.14 t/km^{2}和700.03 t/km^2；非喀斯特区内天然次生林、桉树和云南松林分别是喀斯特区的1.13倍、1.30倍和1.38倍（庞丹波，2019）。

通过遥感数据结合模型模拟区域生态系统NPP及其碳储量变化，一般是基于气象观测资料和遥感产品模拟植被净第一性生产力并分析其季节和年际变化规律。加之土地利用变化或生态恢复对喀斯特地区植被碳储量产生影响（史晨璐，2020），相关研究表明喀斯特地区石漠化治理与生态恢复等生态工程对我国西南地区生态系统碳汇能力提升发挥了重大贡献，2002—2017年植被地上生物量固碳抵消了该区域过去6年人类化石燃料燃烧CO_2排放的33%（Tong et al., 2020）。其中，自然恢复和人工造林对我国西南区域碳吸收的贡献率分别达14%和18%，有效缓解全球气候变化的影响。全球尺度上，1999—2017年中国西南喀斯特地区是全球植被覆盖显著增加的热点区域之一，中国西南8省区55%的植被生物量增加显著，以不到全球0.5%的面积贡献了全球植被地上生物量恢复最快地区的近5%（Brandt et al., 2018）。可以说喀斯特地区植被NPP研究是区域植被建设、生态系统恢复和生态系统碳源汇评价的重要基础。

5.4 基于BEPS模型的喀斯特断陷盆地生态系统碳固持能力研究

本研究利用BEPS（Boreal Ecosystem Productivity Simulator）模型，融合多源数据作为模型的输入，并耦合碳水过程，开展喀斯特断陷盆地区域生态系统碳固持能力变化研究。

[1] 1ha=10000 m^2。

BEPS 模型是在 FOREST–BGC 模型的基础上经过改进发展起来的遥感机理模型。

BEPS 模型通过以气孔导度为主的生理调节子模型将碳、水循环耦合，将冠层分为阳叶和阴叶，对叶片尺度瞬时 Farquhar 光化学模型进行时空转换来实现遥感数据与生态机理模型的结合，进而模拟生态系统的碳、水及能量平衡。模型主要由能量传输子模型、碳循环子模型、水循环子模型和生理调节子模型四大块组成。其中碳循环过程主要包括植物的光合作用、呼吸作用、碳分配、净生产力化及土壤呼吸等生理过程。模拟得到的 NPP 为植物光合作用产生的有机质总量减去植物自养呼吸作用的消耗量：

$$NPP=GPP-R_g-R_m \tag{5.1}$$

式中：NPP 为净初级生产力；GPP 为总初级生产力；R_g 为植物生长性呼吸；R_m 为植物维持性呼吸。具体的 BEPS 模型计算过程可参考文献（李伟，2019）。

NPP 估算主要以光能利用率模型为基础，或者建立以气候数据为基础的陆地碳循环平衡模型，可用于研究 NPP 的年际、月际变化特征和空间变化特征。利用 MODIS 的叶面积指数（LAI）为国家大气研究中心（NCAR/ NCEP）气象资料生成 1 km 分辨率的气象数据，结合土壤资料、森林类型分类数据及其他辅助性资料驱动基于过程的 BEPS 模型，采用通量观测资料进行验证，模拟并分析陆地生态系统 NPP 的时空分布格局，进一步研究 NPP 的月变化规律，为断陷盆地生态系统的碳源 / 汇格局的估测奠定基础。

BEPS 模型输入数据包括土地覆盖类型数据、反演 LAI 所需的 MOD 投数据和产品、土壤有效持水力（AWC）和每天的气象数据（最高温度、最低温度、降水、风速、太阳辐射），土壤质地数据、经纬度数据等，把这些输入数据统一到 WGS84UTM 坐标投影下，研究区模型输入数据的空间分辨率统一为 1 km × 1 km，整个研究区共有 2185 × 1681 个像元。

生态系统碳储量包含植物之间生物量、凋落物生物量及土壤有机质呼吸量。净生态系统生产力（NEP）通常指生态系统植被净初级生产力（NPP）与土壤呼吸碳排放（Heterotrophic Respiration，RH）之差。NEP 揭示了陆地和大气生态系统的碳交换，常用于评价区域碳收支状况。公式如下：

$$NEP = NPP-RH \tag{5.2}$$

式中：NEP 表示植被净生态系统生产力；NPP 表示植被净初级生产力，由 BEPS 模型模拟得到；RH 表示土壤呼吸量。

RH 的估算通过现有的研究方法估测断陷盆地土壤呼吸的分布状况，计算公式如下：

$$RH = 0.22 \times [\exp(0.0913T) + \ln(0.3145R + 1)] \times 30 \times 46.5\%$$

式中：RH 表示土壤呼吸量；T 为月平均气温，℃；R 为月总降水量，mm。

5.4.1 基于遥感的断陷盆地地表覆盖信息提取

快速准确的地表信息提取对研究森林生态系统生产力的时空动态变化具有重要意义。喀斯特区域碳酸盐岩发育，地表岩石出露，土壤分布片段化，地形起伏剧烈，加之频繁的人类活动扰动，使得区域景观破碎。遥感技术被越来越多的应用到区域尺度的生态环境变化监测，而在喀斯特区域的遥感技术应用必须克服地形起伏和景观的高异质性对信息提取的影响，保证信息提取精度。

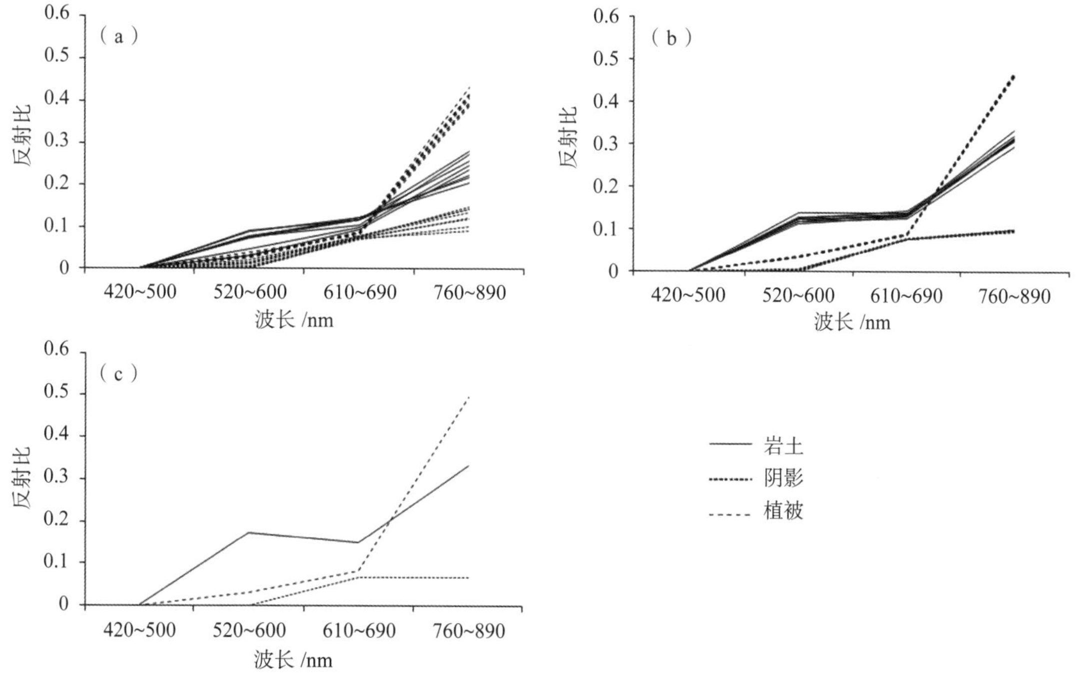

图 5.1　基于植被 – 岩土 – 阴影端元模型提取的代表性像元光谱特征

（a）基于典型地物样地的代表性像元光谱;（b）基于多端元混合像元分解模型（MESMA）提取的代表性像元光谱;（c）基于单端元混合像元分解模型（SESMA）提取的代表性像元光谱

研究表明混合像元分解技术可以有效减小喀斯特区地形起伏和景观异质性对遥感信息提取的影响。基于经典的植被 – 岩土 – 阴影的三端元模型提取代表性像元发现，喀斯特区域植被和阴影的代表性像元的光谱一致性较高，而岩土端元的代表性像元光谱存在一定范围的变化波动（图 5.1）。相比基于野外调查的代表性像元光谱，基于混合像元分解方法提取的代表性像元光谱的一致性更高。

基于上述光谱特征，选取代表性像元光谱一致性较高的 MESMA 和 SESMA 方法进行喀斯特地区岩土和植被信息提取，同时对比常用的像元二分法（DPM），通过精度验证选取最优的喀斯特地区遥感信息提取方法（表 5.1）。向阳区域和阴影区域的石漠化信息提取的混淆矩阵表明：MESMA 方法在不同石漠化等级上的信息提取精度都要优于 SESMA 和 DPM 方法。

表 5.1　向阳区域和阴影区域的石漠化信息提取的混淆矩阵

MESMA_（向阳区域）		分类数据					PA（像素准确率）
精度 /%		0 ~ 10	10 ~ 30	30 ~ 50	50 ~ 70	70 ~ 100	
参考数据	0 ~ 10	60	15	1	0	0	0.79
	10 ~ 30	0	66	17	0	0	0.80
	30 ~ 50	0	1	63	14	0	0.81
	50 ~ 70	0	0	0	61	9	0.87
	70 ~ 100	0	0	0	5	68	0.93
	UA	1.00	0.80	0.78	0.76	0.88	

续表

SESMA_（向阳区域）		分类数据					PA（像素准确率）
精度 /%		0 ~ 10	10 ~ 30	30 ~ 50	50 ~ 70	70 ~ 100	
参考数据	0 ~ 10	34	42	0	0	0	0.45
	10 ~ 30	1	77	5	0	0	0.93
	30 ~ 50	0	21	57	0	0	0.73
	50 ~ 70	0	0	57	13	0	0.19
	70 ~ 100	0	1	21	37	14	0.19
	UA	0.97	0.55	0.41	0.26	1.00	

DPM_（向阳区域）		分类数据					PA（像素准确率）
精度 /%		0 ~ 10	10 ~ 30	30 ~ 50	50 ~ 70	70 ~ 100	
参考数据	0 ~ 10	76	0	0	0	0	1.00
	10 ~ 30	33	50	0	0	0	0.60
	30 ~ 50	2	47	25	4	0	0.32
	50 ~ 70	0	1	27	40	2	0.57
	70 ~ 100	0	0	0	1	72	0.99
	UA	0.68	0.51	0.48	0.89	0.97	

MESMA_（阴影区域）		分类数据					PA（像素准确率）
精度 /%		0 ~ 10	10 ~ 30	30 ~ 50	50 ~ 70	70 ~ 100	
参考数据	0 ~ 10	10	16	3	0	0	0.34
	10 ~ 30	3	25	12	2	0	0.60
	30 ~ 50	1	2	23	11	1	0.61
	50 ~ 70	0	1	4	17	7	0.59
	70 ~ 100	0	0	0	0	21	1.00
	UA	0.71	0.57	0.55	0.57	0.72	

SESMA_（阴影区域）		分类数据					PA（像素准确率）
精度 /%		0 ~ 10	10 ~ 30	30 ~ 50	50 ~ 70	70 ~ 100	
参考数据	0 ~ 10	4	25	0	0	0	0.14
	10 ~ 30	1	29	12	0	0	0.69
	30 ~ 50	2	12	23	1	0	0.61
	50 ~ 70	0	3	13	13	0	0.45
	70 ~ 100	0	0	2	9	10	0.48
	UA	0.57	0.42	0.46	0.57	1.00	

续表

DPM_（阴影区域）		分类数据					PA（像素准确率）
精度 /%		0 ~ 10	10 ~ 30	30 ~ 50	50 ~ 70	70 ~ 10	
参考数据	0 ~ 10	2	12	14	1	0	0.07
	10 ~ 30	0	1	5	11	25	0.02
	30 ~ 50	0	0	3	7	28	0.08
	50 ~ 70	0	0	0	2	27	0.07
	70 ~ 100	0	0	0	0	21	1.00
	UA	1.00	0.08	0.14	0.10	0.21	

MESMA 方法的石漠化信息提取精度达到 76.4%，明显高于 SESMA 方法（50.8%）和 DPM 方法（54.2%）。SESMA 方法精度低的原因可能是单个石漠化代表性像元不能很好地代表石漠化反射光谱的变化性。DPM 方法则主要是在阴影区域的石漠化信息提取精度较低（表 5.2）。

表 5.2　向阳区域和阴影区域石漠化提取精度

	向阳区域			阴影区域			研究区域		
	MESMA	SESMA	DPM	MESMA	SESMA	DPM	MESMA	SESMA	DPM
提取精度 OA/%	83.7	51.3	69.2	60.4	49.7	18.2	76.4	50.8	54.2
Kappa 系数	0.796	0.387	0.614	0.498	0.344	0.021	0.705	0.374	0.429

基于 MESMA 方法、DPM 方法和地形校正后的 DPM 方法提取喀斯特区域植被盖度信息，MESMA 方法提取的植被盖度精度最好（图 5.2）。基于 DPM 方法提取喀斯特区域植被盖度，容易在向阳区域造成植被盖度高估，而在应用区域植被覆盖较好的区域造成植被盖度低估。借助 Google Earth 高精度卫星影像进行植被盖度信息提取的目视验证同样表明，MESMA 模型能更好地反演向阳区域和阴影区域植被盖度的真实情况，减少地形起伏对植被盖度信息提取的影响（图 5.3）。同时 MESMA 模型能在亚像元尺度进行石漠化和植被盖度信息提取，很好地避免了喀斯特景观高异质性对地物信息提取的影响。

5.4.2　BEPS 模型输入变量设置

（1）气象数据

逐日气象数据：包括逐日最高气温、最低气温、平均相对湿度、日降水量和日总辐射 5 个变量。数据格式为短整型二进制文件（每个格点的数据占用 2 个字节）。分别需要逐日的最高气温、最低气温、降水量、总辐射、平均相对湿度等。

变量单位：日总辐射为 0.01 MJ/m^2；相对湿度为 %；日降水量为 0.1 mm；最高气温为 0.1 ℃；最低气温为 0.1 ℃。

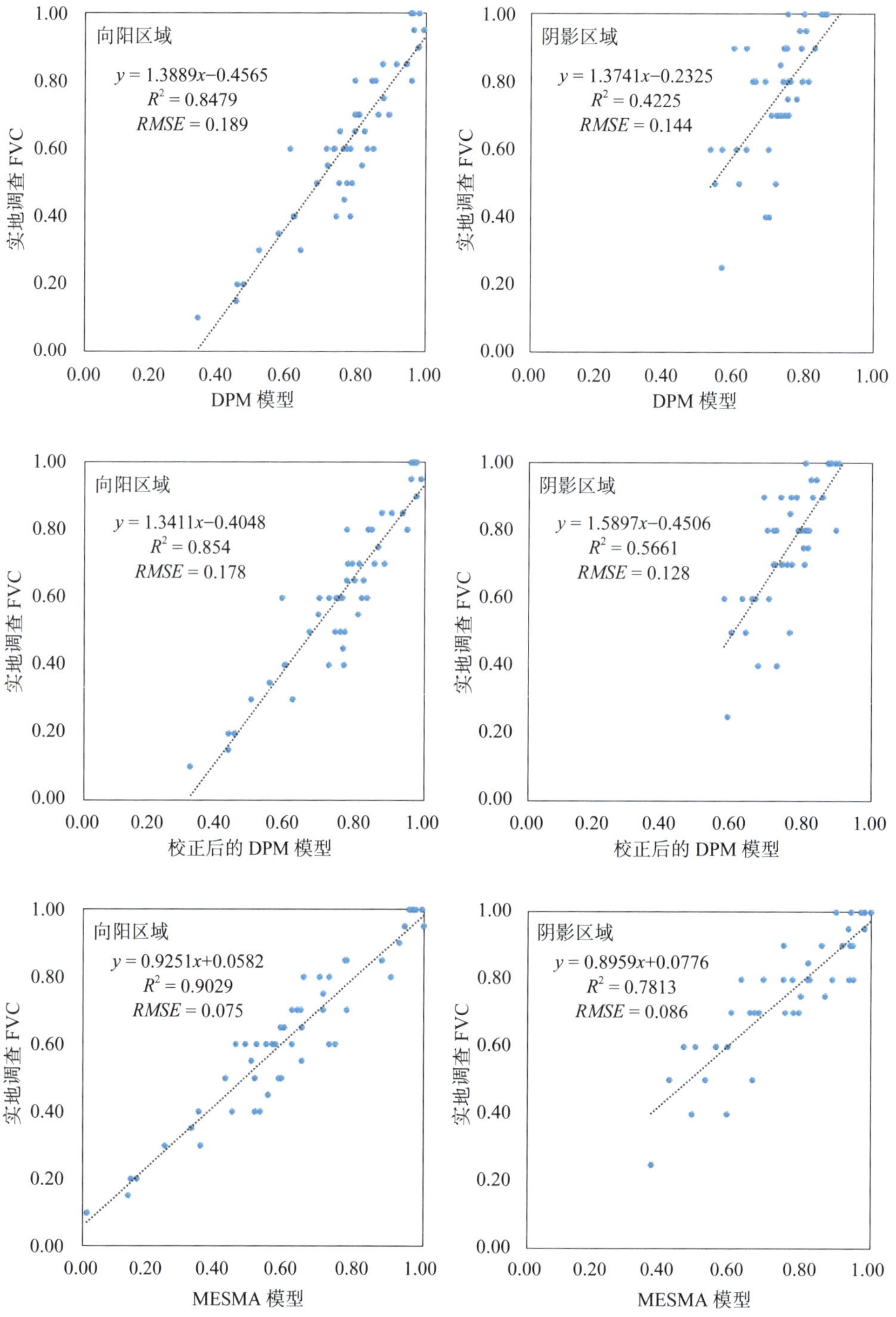

图 5.2　喀斯特植被盖度提取的精度对比

（2）叶面积指数数据

驱动模型长时间序列的 LAI 数据都组织为字符型（每个格点的数据占用 1 个字节）的二进制文件。

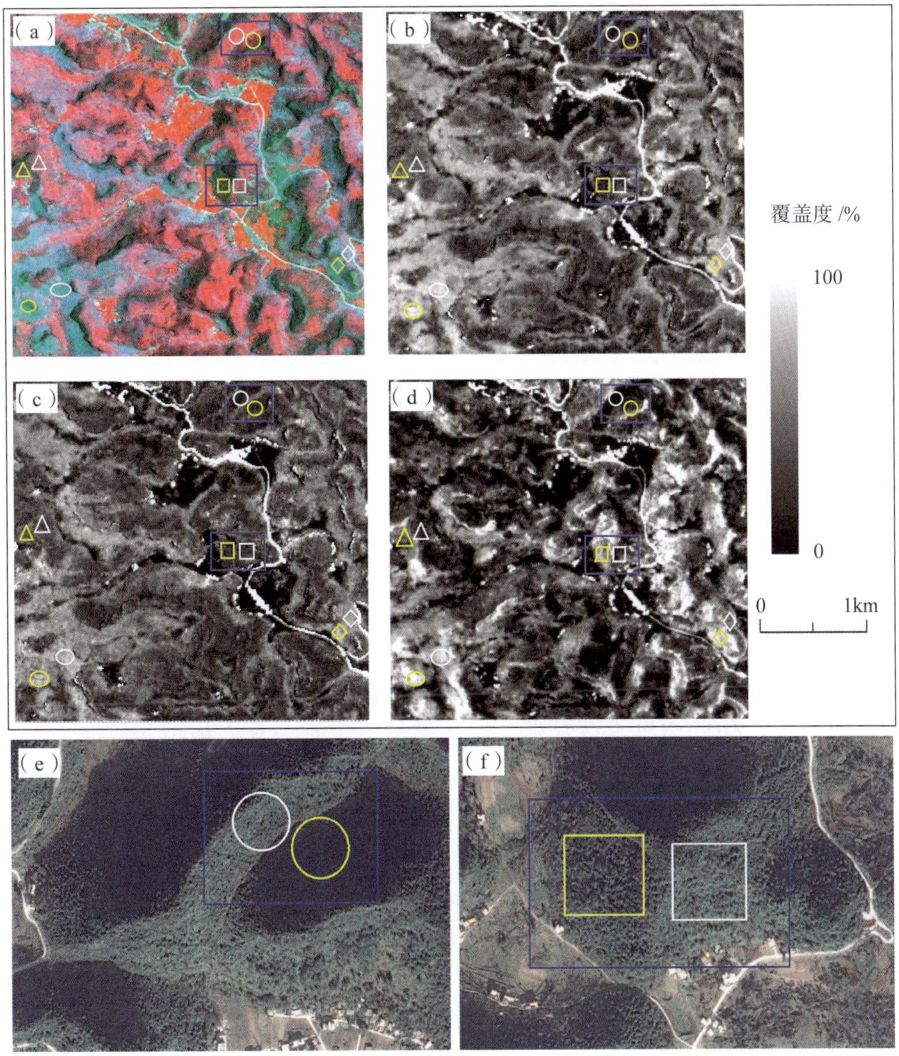

图 5.3　喀斯特植被盖度信息提取的目视验证

（3）地表覆盖数据

数据为字符型二进制文件，最好是根据 IGBP 分类（表 5.3）。即：1 常绿针叶林、2 常绿阔叶林、3 落叶针叶林、4 落叶阔叶林、混交林等。

表 5.3　IGBP 地表覆盖分类

IGBP 分类（英文）	IGBP 分类（中文）
Water	水体
Evergreen needleleaf forest	常绿针叶林
Evergreen broadleaf forest	常绿阔叶林
Deciduous needleleaf forest	落叶针叶林
Deciduous broadleaf forest	落叶阔叶林
Mixed forest	混交林

续表

IGBP 分类（英文）	IGBP 分类（中文）
Closed shrublands	高郁闭度灌木
Open shrublands	稀疏灌木
Woody savannas	木质热带稀树草原
Savannas	热带稀树草原
Grasslands	草地
Permanent wetlands	永久湿地
Groplands	农作物
Urban and built-up	城镇建设用地
Cropland/Natural vegetation mosaic	农作物 / 自然植被混合
Snow and ice	雪和冰或永久裸地
Barren or sparsely vegetated	稀疏植被 / 裸地

（4）土壤质地数据

模型根据土壤质地数据（砂粒、粉粒和黏粒比例）生成饱和持水量、田间持水量、凋萎系数和土壤水分饱和传导率等水分参数，用于模拟土壤水分动态模拟。数据为浮点型二进制文件，分别需要三层的黏粒（Clay）、粉粒（Silt）和砂粒（Sand）比例（%），每一层的黏粒、粉粒和砂粒比例之和为 100。

（5）经纬度数据

每个格点的经度和纬度数据，数据存储为浮点型二进制文件。

5.4.3 断陷盆地生态系统净初级生产力 NPP 估算

2001—2020 年间，断陷盆地植被年均 NPP 表现为先增加再减少再增加的趋势。断陷盆地 2010 年的 NPP 均值最低为 387.4 gC/m^2，2018 年的年均 NPP 最高为 509.3 gC/m^2（图 5.4）。2001—2006 年的断陷盆地区域植被 NPP 变化趋势与哀牢山通量观测的植被碳年增长率（2.67%）的调查结论较为一致。

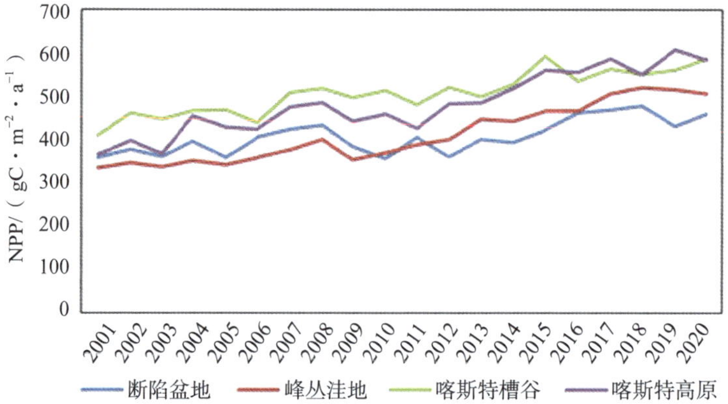

图 5.4　2001 — 2020 年断陷盆地区域及其他地貌区 NPP 年际变化

对比西南喀斯特主要的 4 个地貌类型区，2001—2020 年间，断陷盆地的 NPP 增长最慢，20 年来 NPP 年均增长 1.28 gC/m^2；其次是喀斯特槽谷区，NPP 年均增长为 2.02 gC/m^2；峰丛洼地和喀斯特高原区域的 NPP 增长最高，分别达到 2.31 gC/m^2 和 2.77 gC/m^2。对比 2001—2010 年和 2011—2020 年两个时间段，2001—2010 年间断陷盆地区域 NPP 年均值为 416.1 gC/m^2；峰丛洼地区域 NPP 的年均值为 394.9 gC/m^2，说明在早期峰丛洼地区域的生态系统净初级生产力更低。喀斯特高原和喀斯特槽谷在该时间段的 NPP 年均值分别为 461.1 gC/m^2 和 505.2 gC/m^2，在早期喀斯特槽谷的生态系统净初级生产力最高。2011—2020 年间，断陷盆地区的 NPP 年均值为 458.9 gC/m^2，较前期增加了 42.9 gC/m^2；峰丛洼地区的 NPP 年均值增加到了 504.2 gC/m^2，较前期增加了 109.3 gC/m^2，增幅最大；喀斯特高原的 NPP 年均值也增长较快，增加了 105.7 gC/m^2；喀斯特槽谷区的 NPP 年均值则增长了 67.9 gC/m^2，增加较为缓慢。

断陷盆地净生态系统生产力增加缓慢，主要是 2010 年和 2012 年的 NPP 均值下降明显，造成 NPP 均值下降很大的原因可能是云南地区 2010 年和 2012 年的持续干旱影响了区域植被的生长。在降水方面，断陷盆地区域有别于其他几个地貌类型区的一个原因是，云南断陷盆地区域主要受印度洋西南季风气候影响，而其他 3 个地貌区域主要受太平洋东亚季风的影响。

断陷盆地月度 NPP 的变化表明：断陷盆地的 NPP 月均值最小值出现在 1 月份和 12 月份，分别为 18.86 gC/m^2 和 21.44 gC/m^2；最大值出现在 8 月份为 78.32 gC/m^2。断陷盆地区域 NPP 年均值较低的很大一部分原因是该区域上半年每月的 NPP 均值较小（图 5.5）。断陷盆地 NPP 的月均值在 1 ~ 6 月份为 28.2 gC/m^2，也显著低于峰丛洼地、喀斯特高原和喀斯特槽谷的 41.5 gC/m^2、46.3 gC/m^2 和 51.5 gC/m^2。对比断陷盆地区域每月的 NPP 和降水量发

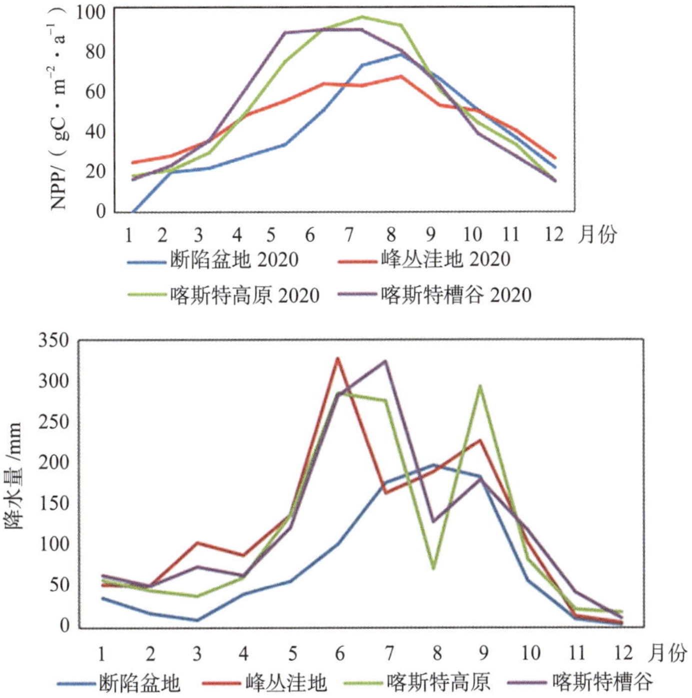

图 5.5 2020 年断陷盆地区域及其他地貌区 NPP 和降水量月度变化

现，NPP 月均值和月降水量具有很好的关联性，断陷盆地区域在 2020 年上半年降水量显著少于其他 3 个区域（图 5.5），降水可能是影响断陷盆地区域生态系统净初级生产力的一个关键指标。1 ~ 6 月份，断陷盆地区域的月平均降水量只有 43.8 mm，而其他三个地貌区的 1 ~ 6 月月平均降水量都在 100 mm 以上。

5.4.4　断陷盆地净生态系统生产力 NEP 估算

20 年间断陷盆地区域的净生态系统生产力 NEP 年均值为 172.5 gC/（$m^2 \cdot a$），NEP 分布在 116.4 ~ 244.4 gC/（$m^2 \cdot a$）之间，其最小值和最大值分别出现在 2010 年和 2018 年。NEP 整体呈现先上下波动后缓慢增加的特征，与断陷盆地 NPP 的波动特征较为一致。

对比 4 个地貌区的 NEP，峰丛洼地区的 NEP 明显低于其他 3 个地貌类型区（图 5.6）。峰丛洼地、喀斯特高原和喀斯特槽谷的 NEP 多年均值分别为 78.9 gC/（$m^2 \cdot a$）、225.7 gC/（$m^2 \cdot a$）和 225.2 gC/（$m^2 \cdot a$），峰丛洼地区域的年均 NEP 最低，其次为断陷盆地。20 年间 4 个地貌类型区的 NEP 都有所增加，其中断陷盆地的年均 NEP 增加最为缓慢，20 年间共增加了 84.5 gC/m^2；其次是峰丛洼地区域，20 年间年均 NEP 增加了 162.1 gC/m^2；喀斯特高原和喀斯特槽谷区域年均 NEP 增加最多，分别为 202.1 gC/m^2 和 166.0 gC/m^2。

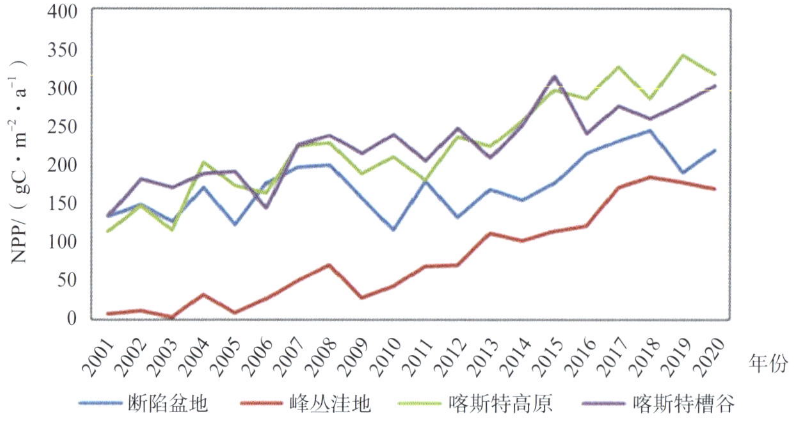

图 5.6　2001 — 2020 年断陷盆地区域及其他地貌区 NEP 年际变化

4 个喀斯特地貌类型区 NEP 的大小除了和 NPP 值大小有关外，还受到土壤呼吸作用的影响。断陷盆地、峰丛洼地、喀斯特高原和喀斯特槽谷 4 个区域土壤呼吸的年均值分别为 264.8 gC/（$m^2 \cdot a$）、370.2 gC/（$m^2 \cdot a$）、287.7 gC/（$m^2 \cdot a$）和 313.1 gC/（$m^2 \cdot a$），20 年间 4 个地貌类型区土壤呼吸碳排放量的年均值波动范围在 0 ~ 33.7 gC/m^2 之间，其中断陷盆地区域的土壤呼吸年均值最低，峰丛洼地区域的土壤呼吸年均值最高（图 5.7）。生态系统土壤呼吸主要受区域温度和降水量的影响，断陷盆地区域的年降水量为 4 个区域最少（909.1 mm），年均温也为 4 个区域最低（15.2 ℃）（图 5.8），因此，土壤呼吸的碳排放量小于其他 3 个区域。峰丛洼地区域由于处在东亚季风气候区，受高温高湿气候影响区域土壤呼吸的碳排放量相对较高。

NEP 的月际差异显著。断陷盆地区域 2020 年 NEP 月均值在前 5 个月均值为 4.86 gC/m^2 且只有小幅波动（图 5.9）。NEP 月均值从 6 月份开始增加，8 月份为年内最高值 42.1

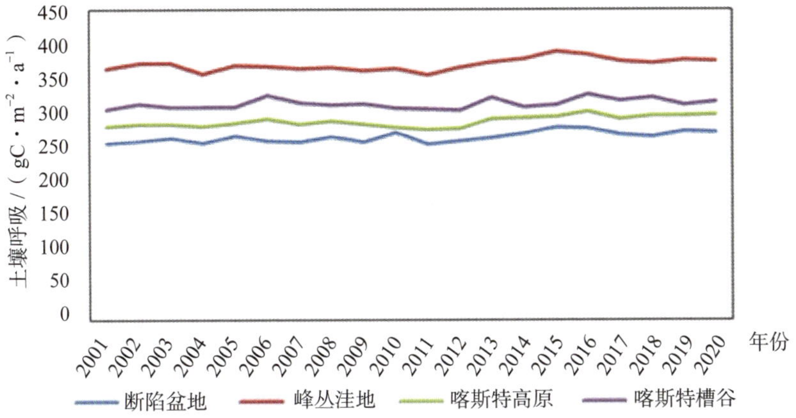

图 5.7 2001 — 2020 年断陷盆地区域及其他地貌区土壤呼吸年际变化

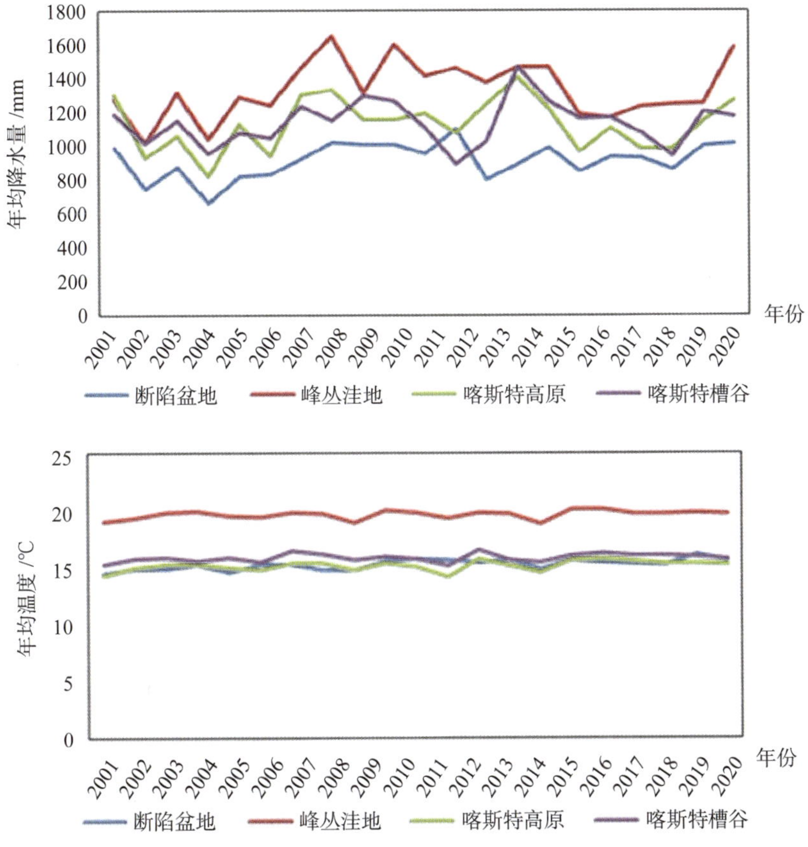

图 5.8 2000 — 2020 年断陷盆地区域年均降水量和年均温度

gC/m^2，9 ~ 12 月份 NEP 则不断降低。峰丛洼地区域的 NEP 月均值则从 1 月份开始缓慢波段上升，在 5 ~ 9 月植被生长季 NEP 月均值并没有出现显著增长，反而稍有降低，这也造成峰丛洼地区域 NEP 年均值小于其他区域，主要的原因是峰丛洼地区域高于其他 3 个区域的土壤呼吸碳排放。喀斯特高原和喀斯特槽谷区域的 NEP 月均值则从 1 月份开始不断上升，在夏季达到最高值并在随后开始不断下降。

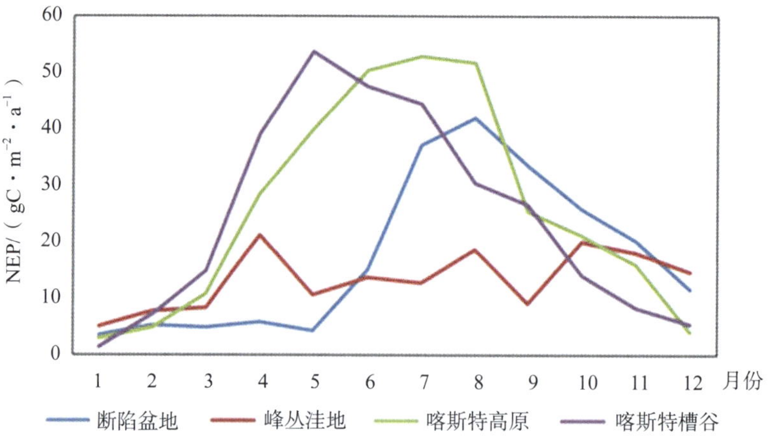

图 5.9　2020 年 4 个地貌类型区 NEP 月均值

2020 年度土壤呼吸的月均值在 4 个地貌类型区具有相似的趋势，都是从 1 月份开始先上升，在夏季达到土壤呼吸碳排放峰值，随后不断减小（图 5.10）。整体上断陷盆地区域土壤呼吸碳排放的月均值较小，峰丛洼地的土壤呼吸的月均值较大。

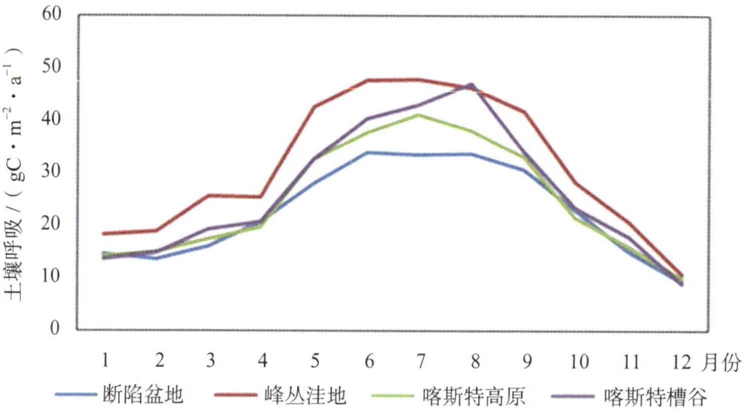

图 5.10　2020 年 4 个地貌类型区土壤呼吸月均值

5.4.5　断陷盆地 NPP 的空间分布及其变化

断陷盆地区域的 NPP 在空间上差异显著（图 5.11）。2001 年断陷盆地区域 NPP 的高值区域主要分布在西南和西北两个区域，西南部靠近西双版纳区域的植被 NPP 最高。NPP 低值区域主要分布在断陷盆地中部、中东部和东南部区域，低值区较为明显的区域主要是在东南部的喀斯特区域、中部的干热河谷区域及高原湖泊如滇池等周边。2005 年断陷盆地的 NPP 空间分布相比 2001 年整体变化不显著。从 2005—2010 年断陷盆地中东部的 NPP 低值区域植被状况有所改善，NPP 有所增加，低值区域仍然主要集中在中南部喀斯特区和中部的干热河谷和高原湖泊周边。2015 年相比 2010 年断陷盆地区域的 NPP 值整体上有显著提高，除中部的高原湖泊周边和干热河谷区域外，东南部的喀斯特区域 NPP 值提升明显，可能的一个原因是 2008 年开始在西南区域实施的喀斯特石漠化治理工程对区域的植被恢复起到了促进作用。到了 2020 年，断陷盆地 NPP 高值区域进一步增加，低值区域则相对集中

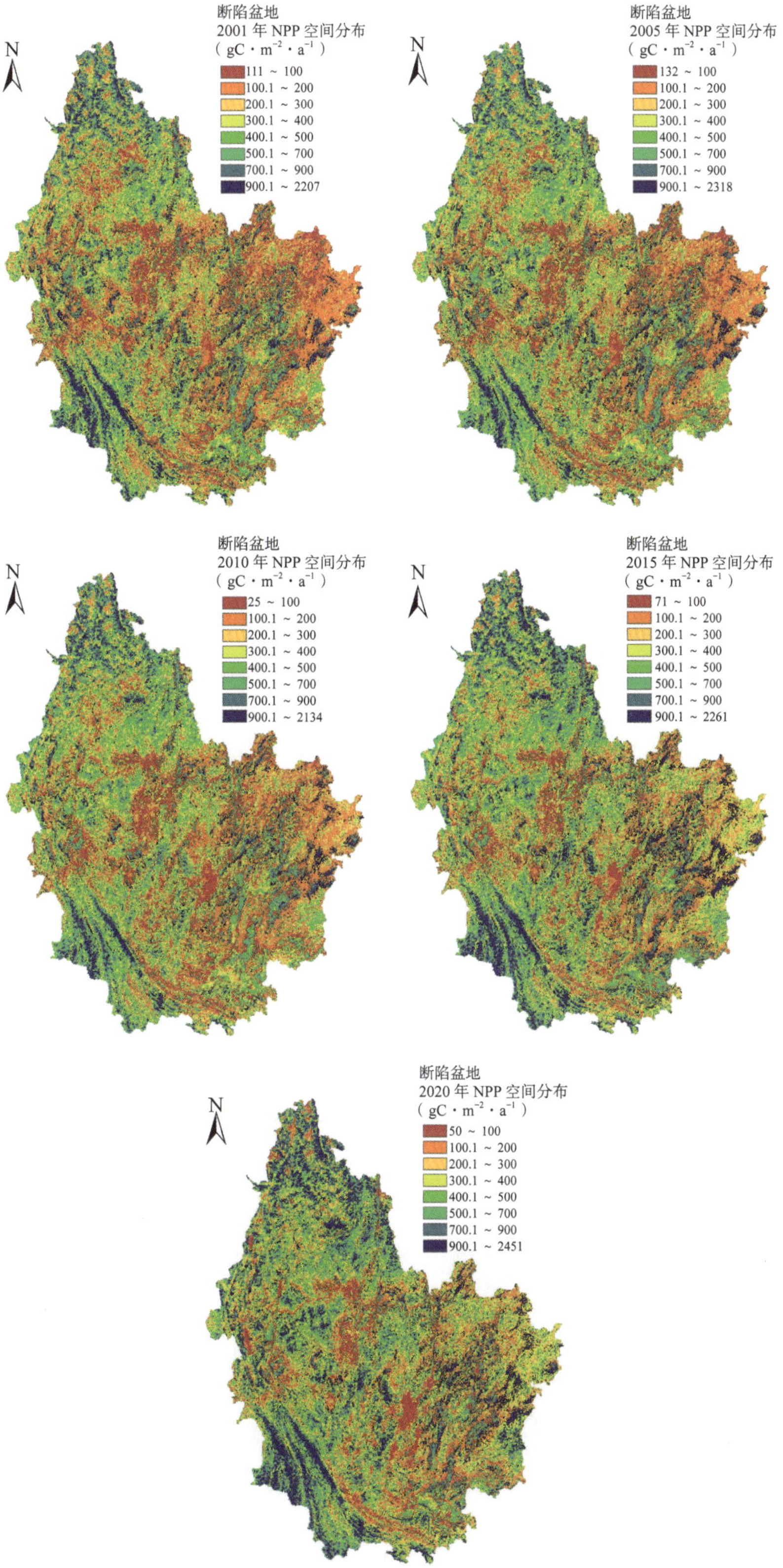

图 5.11　断陷盆地区不同年份 NPP 空间分布

在中部的高原湖泊周边和干热河谷等几个区域。

断陷盆地区 NPP 的空间变化显示，2001—2005 年研究区西北部和西南部的 NPP 出现一定的下降（图 5.12），这部分区域主要是 NPP 高值分布区，说明这些区域植被虽然长势好，但在 2001—2005 年期间植被收存在一定程度的退化现象。2001—2005 年间 NPP 增加的区域主要分布在断陷盆地东部和东北部区域，NPP 的增加量主要在 0 ~ 100 gC/m^2 之间。2005—2010 年间 NPP 下降的区域主要分布在断陷盆地中部和中南部区域，有连片降低的趋势，NPP 值减少的幅度主要在 0 ~ 100 gC/m^2 之间，有少部分区域 NPP 降低超过 100 gC/m^2。在该时间段 NPP 增加的区域主要集中在研究区东部，北部和西南部区域。2010—2015 年断陷盆地的 NPP 在 69.4% 的研究区域呈现增加，增加的区域主要分布在中南部和中东

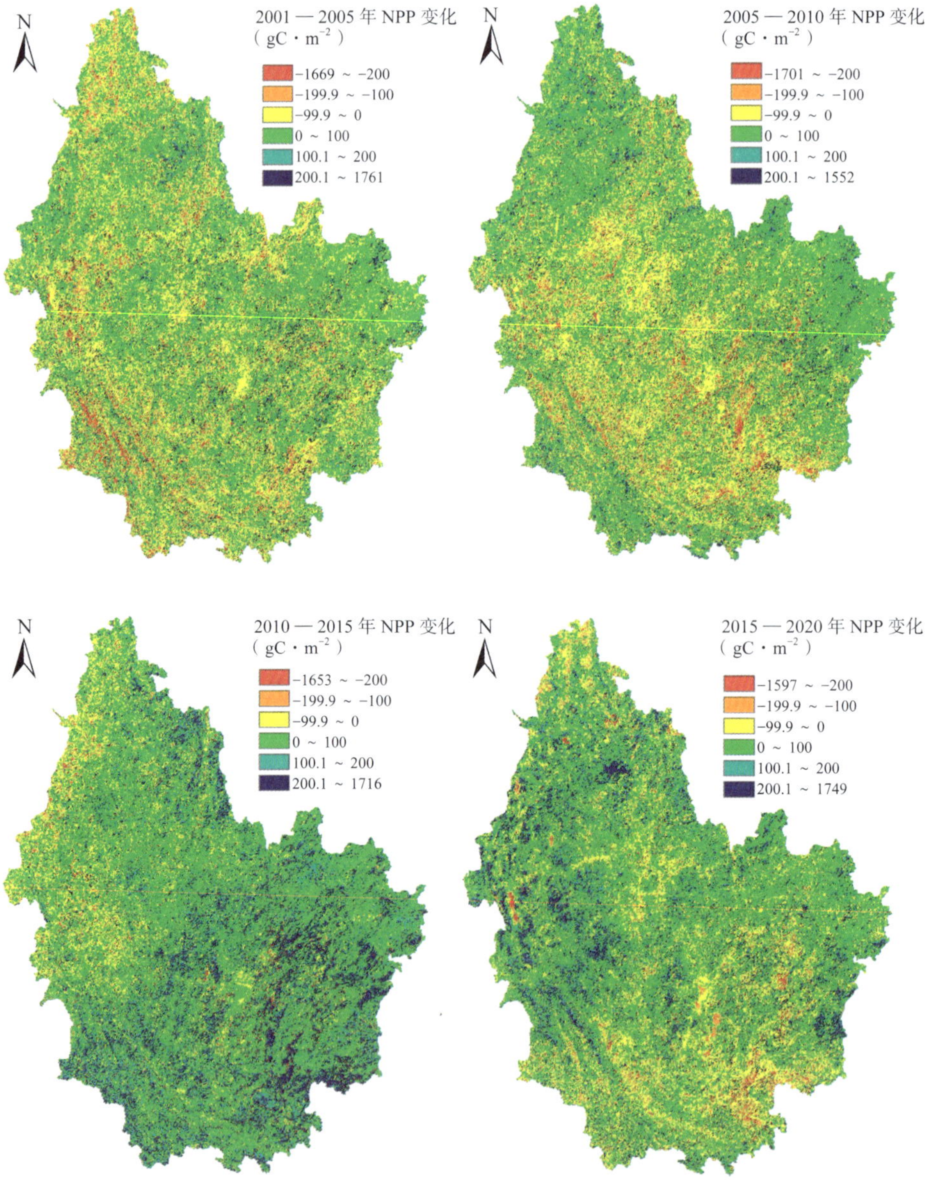

图 5.12　断陷盆地区不同时间段 NPP 空间变化

部。NPP 值增加 0 ~ 100 gC/m^2 的区域占研究区的 42.5%，有 26.9% 的区域 NPP 增长超过 100 gC/m^2，这些增加显著的区域分布在研究区中南部和中东部。2010—2015 年间断陷盆地 NPP 降低的区域主要集中在西北部区域，占研究区面积的 30.6%。2015—2020 年 NPP 值增加的区域主要在研究区中东部和中北部区域，NPP 降低的区域则主要集中在南部喀斯特区域和高原湖泊周边，表明在该时间段断陷盆地喀斯特区域的植被出现部分退化。

总体上，断陷盆地区 NPP 从 2001—2020 年的 20 年间增加明显，有 71.1% 的研究区呈现 NPP 增长，另外 28.9% 的区域 NPP 则有所下降（图 5.13）。NPP 增加 0 ~ 100 gC/m^2 的区域占整个研究区的 29.0%，增加 100 ~ 200 gC/m^2 的区域占研究区的 19.7%，增加 200 gC/m^2 以上的区域则占研究区的 22.4%，NPP 的显著增加表明研究区的植被状况明显好转，植被生产功能在增强。在 NPP 减少的区域当中，减少 0 ~ 100 gC/m^2 的区域占了 15.0%，减少超过 100 gC/m^2 的区域则占研究区的 13.9%。可以看到 NPP 减少的范围主要集中在 0 ~ 100 gC/m^2 的低值区间，表明近 20 年间断陷盆地区域植被退化的区域范围较小且退化不是很严重。

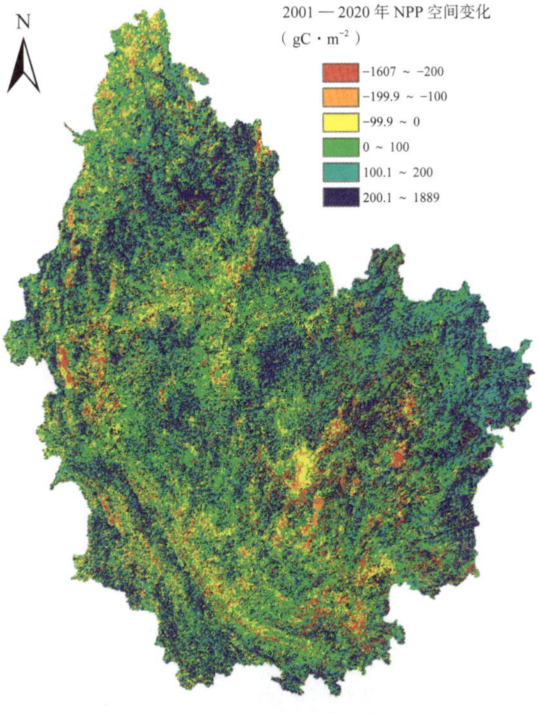

图 5.13　2001 — 2020 年断陷盆地 NPP 空间变化

5.4.6　断陷盆地 NEP 的空间分布及其变化

NEP 的高低表示该区域为生态系统碳累积还是碳排放。断陷盆地区 NEP 的高值区域主要分布在研究区西南和西北两个区域，其余地方有零散分布（图 5.14）。NEP 的低值区主要分布在研究区的中部、中东部和南部区域。NEP 的高值和低值区域分布都呈现一定程度的局部连片特征。2001 年、2005 年和 2010 年 3 期的 NEP 高值分布区变化不大，到了 2015 年和 2020 年 NEP 的高值区域有所增加，研究区西北和西南两个区域的 NEP 高值分布区更

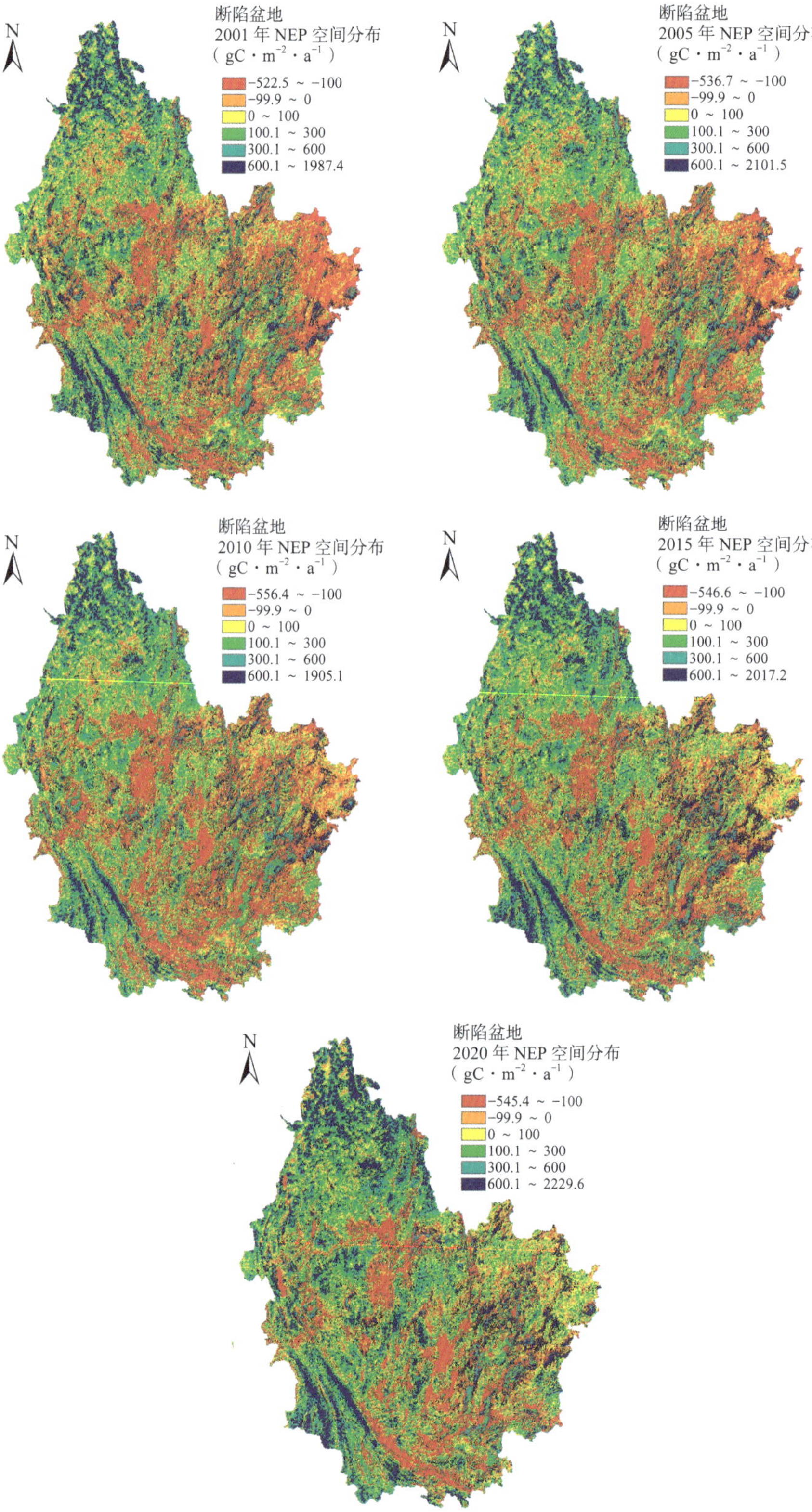

图 5.14　断陷盆地区不同年份 NEP 空间分布

加明显。NEP 的低值分布区除了研究区中东部区域在 20 年间 NEP 不断增加外，其他区域的 NEP 及其空间分布变化不大。

2001 年断陷盆地区域有 53.1% 的 NEP 为正值，表明这部分区域生态系统表现为碳累积（表 5.4）。有 46.9% 的区域 NEP 为负值，该区域生态系统则表现为碳释放。从 NEP 的分布区间看，NEP 小于 −100 gC/m^2 的区域占研究区的 31.0%，在 −100 ~ 0 gC/m^2 区间内的区域占研究区的 15.9%，0 ~ 100 gC/m^2 的区域占研究区的 12.1%，大于 100 gC/m^2 的区域则占研究区的 40.0%，表明 NEP 的分布呈现高值与低值两极分化的态势。2005 年和 2010 年断陷盆地区域 NEP 及其分布区间和 2001 年相似。2005 年，断陷盆地区有 53.5% 的区域 NEP 为正值，其他 46.5% 的区域为负值。2010 年，有 53.6% 的区域 NEP 为正值即碳累积，其他 46.4% 的区域为负值即碳排放。

2015 年断陷盆地区域的 NEP 相比 2010 年明显增加，NEP 正值的区域占研究区的 60.2%，NEP 为负值的区域占研究区面积的 39.8%。NEP 的区间分布上，小于 −100 gC/m^2 的区域仅占研究区的 8.9%，−100 ~ 0 gC/m^2 区间的区域占研究区面积 31.0%，表明负值主要集中在这个区间。NEP 在 0 ~ 100 gC/m^2 的区域占研究区的 12.9%，大于 100 gC/m^2 的区域则占 47.3%，表明断陷盆地区域实现碳累积的区域在增加，且固碳能力在增强，同时 NEP 低值的区域其生态系统碳排放变得缓和。

2020 年断陷盆地区 NEP 正值的区域占研究区的 78.7%，NEP 为负值的区域占总面积的 21.3%。NEP 的区间分布上，小于 −100 gC/m^2 的区域仅占研究区的 8.5%，NEP 在 −100 ~ 0 gC/m^2 区间的区域面积占 12.9%，远小于 2015 年的 31.0%，表明负值在这个区间明显减少。NEP 在 0 ~ 100 gC/m^2 的区域占研究区的 27.5%，相比 2015 年的 12.9% 有显著提高，大于 100 gC/m^2 的区域则占 51.1%，表明断陷盆地区域的碳累积在进一步增加，生态系统固碳能力在增强。

表 5.4　断陷盆地区不同年份 NEP 不同区间的面积占比

面积占比 /%	2001 年	2005 年	2010 年	2015 年	2020 年
NEP<−100 /（gC · m^{-2}）	31.0	31.4	30.2	8.9	8.5
NEP>−100 且 NEP<0 /（gC · m^{-2}）	16.0	15.2	16.2	31.0	12.9
NEP>0 且 NEP<100/（gC · m^{-2}）	12.1	12.5	12.5	12.9	27.5
NEP>100 且 NEP<200 /（gC · m^{-2}）	9.8	9.8	10.6	10.6	10.2
NEP>200 /（gC · m^{-2}）	31.2	31.2	30.6	36.7	41.0

2001 年和 2005 年断陷盆地区域的 NEP 年均值分别为 133.1 gC/（m^2 · a）和 122.3 gC/（m^2 · a），2001—2005 年间，断陷盆地区的 NEP 年均值降低了 10.8 gC/m^2，其中 28.5% 的区域实现增长，在 71.5% 的区域表现为减退。出现 NEP 增长区域和减退区域的面积差异的原因主要是 NEP 减退的很多一部分集中在 −100 ~ 0 gC/m^2 区间，这部分虽然轻微减退，但面积占研究区面积的 54.0%。2005—2010 年间，NEP 减小的区域主要分布在断陷盆地区域中部和中南部，2010 年的 NEP 年均值为 116.4 gC/m^2，相比 2005 年减少 5.9 gC/m^2。2005—2010 年 NEP 变化的分布区间特征和 2001—2005 年的类似。

2015 年断陷盆地 NEP 的年均值为 175.4 gC/（m^2 · a），相比 2010 年的年均值增加了

59.0 gC/m^2，NEP 增加显著。2010—2015 年间 NEP 的变化表现在空间上为断陷盆地区域的中部和中南部 NEP 增加明显，西北部区域出现一定程度的 NEP 减小（图 5.15）。2010—2015 年间 NEP 增加的区域占研究区的 66.2%，减少的区域占 33.8%。NEP 增加量超过 100 gC/m^2 的区域占研究区的 25.2%，增加明显。2020 年断陷盆地的 NEP 年均值为 217.6 gC/（m^2 · a），相比 2015 年的年均值增加了 42.2 gC/m^2。在空间分布上，NEP 增加的区域主要分布在断陷盆地中西部和东部部分区域，NEP 减少的区域主要分布在研究区南部和北部的喀斯特区域，表明在 2015—2020 年间断陷盆地碳酸盐岩区域的植被生产力出现一定程度的下降。

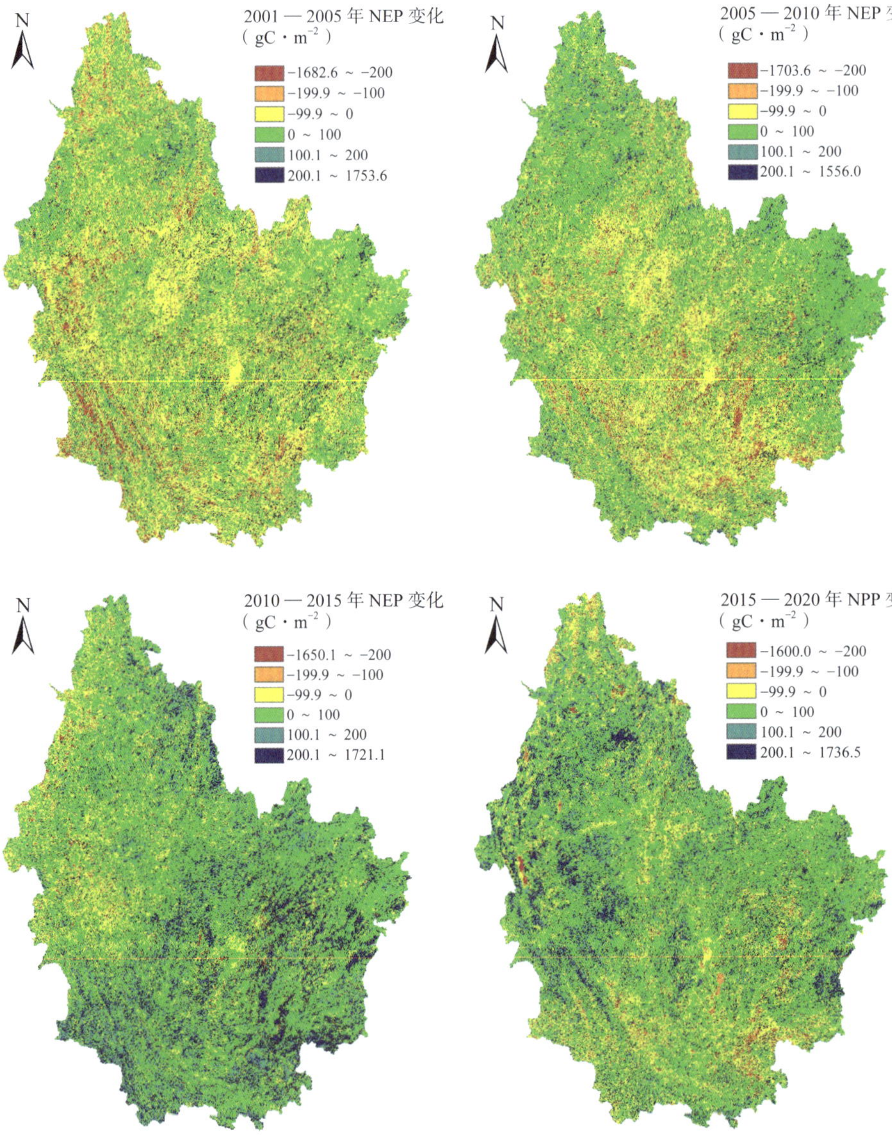

图 5.15　断陷盆地区不同时间段 NEP 空间变化

近 20 年断陷盆地区 NEP 均值增加了 84.5 gC/（m^2 · a）。研究区有 71.2% 的区域 NEP 有所增加，28.8% 的区域 NEP 有所下降即碳累积功能下降。NEP 空间变化的高值主要分布在断陷盆地东部和北部部分区域，NEP 减少的区域主要分布在研究区的城市区、高原湖泊周边及典型干热河谷区域（图 5.16）。NEP 减少的区域均为人类活动频繁的区域，开发建设和高蒸散发限制了区域净生态系统生产力的提升。

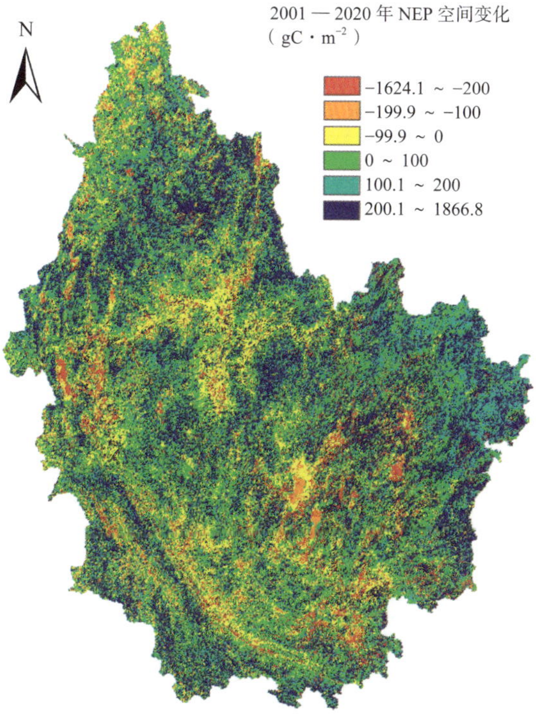

图 5.16　2001 — 2020 年断陷盆地 NEP 空间变化

5.4.7　断陷盆地县域 NEP 及其变化

断陷盆地范围内 76 个县（市、区）在 5 个年份的 NEP 年均值最大的为镇沅彝族哈尼族拉祜族自治县和木里藏族自治县，其多年 NEP 均值都超过 400 gC/（m^2 · a）。76 个县（市、区）中有 71 个县（市、区）的 NEP 多年均值为正值，表明这些区域的生态系统具有碳汇功能（表 5.5）。但这些县（市、区）中也有 8 个县（市、区）的多年 NEP 均值低于 50 gC/（m^2 · a），其生态系统表现为弱的碳汇，这些县（市、区）分别为元江彝族傣族自治县、元阳县、建水县、个旧市、华坪县、丘北县、富民县和昆明市。多年 NEP 均值为负数的县（市、区）有 5 个，分别为江川区 [−7.3 gC/（m^2 · a）]、石屏县 [−10.5 gC/（m^2 · a）]、呈贡区 [−32.3 gC/（m^2 · a）]、攀枝花市 [−59.0 gC/（m^2 · a）] 和元谋县 [−102.6 gC/（m^2 · a）]。NEP 负值表示该区域植被吸收碳的功能弱，生态系统表现为碳释放。

表 5.5　断陷盆地区各县（市、区）NEP 年均值及其变化　单位：gC/（m^2 · a）

县（市、区）名	2001 年 NEP 均值	2005 年 NEP 均值	2010 年 NEP 均值	2015 年 NEP 均值	2020 年 NEP 均值	NEP 多年均值
镇沅彝族哈尼族拉祜族自治县	422.6	357.1	368.2	493.5	504.7	429.2

续表

县（市、区）名	2001 年 NEP 均值	2005 年 NEP 均值	2010 年 NEP 均值	2015 年 NEP 均值	2020 年 NEP 均值	NEP 多年均值
木里藏族自治县	413.3	378.8	416.7	440.2	450.9	420.0
景东彝族自治县	356.8	281.8	260.8	344.8	400.0	328.8
香格里拉市	300.5	305.5	330.8	309.2	335.2	316.2
德昌县	273.0	265.1	261.7	343.3	398.0	308.2
西昌市	258.7	272.3	268.0	337.1	362.7	299.8
剑川县	243.0	266.0	284.0	269.7	345.4	281.6
盐源县	213.5	225.1	245.2	297.1	373.4	270.9
玉龙纳西族自治县	224.6	241.8	267.3	249.6	316.5	260.0
大理市	274.8	252.8	214.2	223.5	288.0	250.7
马龙县	163.1	165.1	162.3	270.8	310.0	214.3
宾川县	246.7	196.3	159.6	155.4	238.8	199.4
罗平县	74.1	91.3	150.5	289.1	371.7	195.3
新平彝族傣族自治县	203.3	178.1	134.9	225.0	214.2	191.1
禄丰县	169.6	161.6	129.2	216.0	264.7	188.2
洱源县	183.6	172.7	167.5	176.8	240.2	188.2
大姚县	168.5	161.5	140.9	172.5	261.7	181.0
宁蒗彝族自治县	144.0	127.1	159.1	187.4	268.4	177.2
宜良县	192.2	198.2	117.4	156.7	201.3	173.2
墨江哈尼族自治县	128.9	98.0	115.9	233.8	265.1	168.4
盐边县	154.1	138.8	136.4	173.1	220.1	164.5
晋宁区	215.7	188.7	87.1	135.4	187.0	162.8
米易县	188.6	131.1	125.3	166.1	184.4	159.1
鹤庆县	144.8	134.3	140.1	155.3	209.0	156.7
陆良县	156.6	132.3	118.0	177.9	173.7	151.7
楚雄市	158.1	134.3	95.4	141.6	224.4	150.7
寻甸回族彝族自治县	108.1	124.3	108.9	189.7	221.6	150.5
双柏县	155.4	131.3	86.2	165.3	199.2	147.5
富源县	31.9	54.8	115.5	227.2	284.4	142.8
弥渡县	151.9	115.3	101.4	125.3	206.2	140.0
沾益区	101.7	95.5	101.0	191.7	201.7	138.3
武定县	84.7	90.4	81.4	172.2	225.1	130.8
巍山彝族回族自治县	142.2	122.2	109.7	105.6	162.5	128.4
嵩明县	155.4	133.1	87.1	97.3	141.9	123.0
峨山彝族自治县	127.4	101.3	72.4	141.9	167.2	122.0
红河县	102.4	70.6	73.3	157.6	199.6	120.7

续表

县（市、区）名	2001 年 NEP 均值	2005 年 NEP 均值	2010 年 NEP 均值	2015 年 NEP 均值	2020 年 NEP 均值	NEP 多年均值
姚安县	90.8	94.2	97.6	88.0	215.2	117.2
永胜县	114.4	88.7	97.5	112.3	170.3	116.6
安宁市	143.9	139.7	55.0	92.7	150.6	116.4
禄劝彝族苗族自治县	68.9	71.7	67.7	154.0	218.3	116.1
普安县	11.1	68.4	94.1	175.2	231.7	116.1
石林彝族自治县	100.8	95.4	47.9	116.5	171.3	106.4
泸西县	83.3	99.9	65.3	129.0	141.5	103.8
牟定县	62.2	69.7	67.1	111.7	206.6	103.4
师宗县	64.5	50.8	63.1	109.9	215.8	100.8
开远市	115.0	80.1	30.5	156.2	114.9	99.3
东川区	92.8	65.3	56.8	113.0	161.8	98.0
会泽县	43.7	34.3	65.7	143.8	195.3	96.6
蒙自市	85.0	77.7	48.3	128.3	121.1	92.1
会东县	48.6	48.9	63.0	122.5	173.0	91.2
南涧彝族自治县	57.7	70.3	63.0	66.7	135.7	78.7
南华县	61.8	56.1	50.0	56.7	168.2	78.6
华宁县	107.7	107.5	29.8	58.9	81.9	77.2
易门县	72.2	74.2	18.6	84.7	136.1	77.2
澄江县	93.7	91.9	40.2	77.2	71.5	74.9
会理县	34.8	40.9	47.8	103.4	135.6	72.5
祥云县	87.1	77.9	49.9	33.3	108.3	71.3
永仁县	63.7	66.4	34.1	71.2	117.4	70.6
通海县	64.5	51.3	15.3	88.6	91.3	62.2
玉溪市	104.6	86.1	20.9	40.6	56.7	61.8
宣威市	−46.7	−2.5	45.1	137.7	170.1	60.8
弥勒市	65.5	42.6	−25.3	84.0	92.2	51.8
盘州县	−68.2	−31.2	32.1	132.2	191.8	51.4
元江彝族傣族自治县	64.0	26.1	1.8	64.0	73.5	45.9
元阳县	10.0	−17.5	−6.9	77.8	143.1	41.3
建水县	56.4	33.5	−20.3	66.7	57.6	38.8
个旧市	19.9	10.4	−5.2	63.5	92.8	36.3
华坪县	45.4	38.5	5.8	28.6	59.0	35.5
丘北县	11.4	10.9	−30.3	76.9	77.5	29.3
富民县	51.2	5.2	−35.0	40.1	81.0	28.5
昆明市	48.8	18.2	−27.1	12.0	30.5	16.5

续表

县（市、区）名	2001 年 NEP 均值	2005 年 NEP 均值	2010 年 NEP 均值	2015 年 NEP 均值	2020 年 NEP 均值	NEP 多年均值
江川区	51.9	34.9	−24.4	−24.7	−74.2	−7.3
石屏县	−8.9	−17.4	−58.9	8.5	23.9	−10.5
呈贡区	24.8	10.6	−67.5	−59.8	−69.4	−32.3
攀枝花市	−57.8	−57.1	−74.8	−59.3	−45.7	−59.0
元谋县	−87.7	−107.9	−136.4	−94.5	−86.6	−102.6

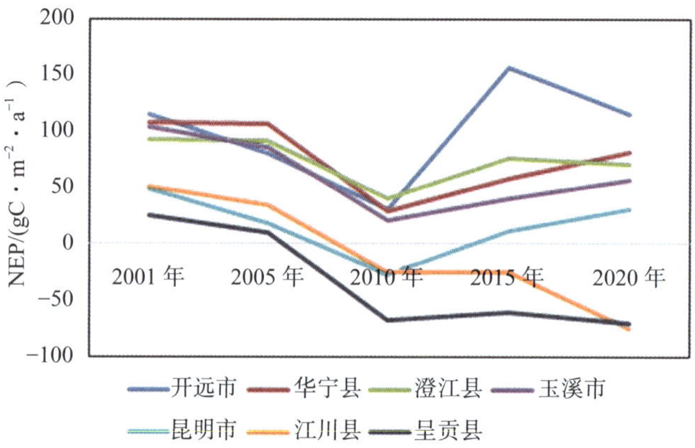

图 5.17　2001 — 2020 年断陷盆地碳汇功能下降的县（市、区）的 NEP 变化

断陷盆地各县（市、区）中 NEP 多年均值小于 100 gC/（$m^2 \cdot a$）且 2020 年的 NEP 年均值相比 2001 年有所下降的县（市、区）有 7 个，分别是开远市、华宁县、澄江县、玉溪市、昆明市、江川区和呈贡区。由图 5.17 可以看出，7 个县（市、区）在 2010 年的 NEP 均值都较低，但开远市、华宁县、澄江县、玉溪市和昆明市这 5 个县（市、区）在 2015 年和 2020 年其 NEP 年均值相比 2010 年都有所增加，只有江川区和呈贡区的 NEP 年均值在 2015 年和 2020 年有所下降，表明这两个县的生态系统固碳功能在持续下降。

县域尺度上断陷盆地区的 NEP 多年均值的高值区分布在研究区西北和西南两个区域，低值区分布在南部的碳酸盐岩集中分布区（丘北县、石屏县等），中部的城市建设区（昆明市及周边）和典型干热河谷区（元谋县、攀枝花市等）（图 5.18）。碳酸盐岩分布区主要受地质背景制约，在人类活动干扰下植被易退化，该区域也是国家石漠化综合治理工程实施的重点区域。同时断陷盆地南部由于较高的气温，易造成土壤呼吸加快，促进土壤及其微生物的碳排放，造成靠南的区域 NEP 降低。大型城市及其周边由于开发建设导致植被覆盖低，土壤裸露等，其生态系统生产力往往低于未开发的区域。典型干热河谷区域由于强烈的蒸散发，土壤呼吸加快，植被生长所需要的水分往往供应不足，土壤裸露加上植被多以稀树草灌为主，导致该区域的碳吸收功能较弱。

5.4.8　断陷盆地喀斯特与非喀斯特区 NEP 变化

断陷盆地的非喀斯特区域年均 NEP 在 2001 年和 2005 年高于喀斯特区域的 NEP 年均值。但后面 3 个年份则是喀斯特区域 NEP 年均值高于非喀斯特区域（图 5.19），表明在中后期喀斯特区域的植被有较快增长，生态系统碳汇能力提升更快。喀斯特区域年均 NEP 值

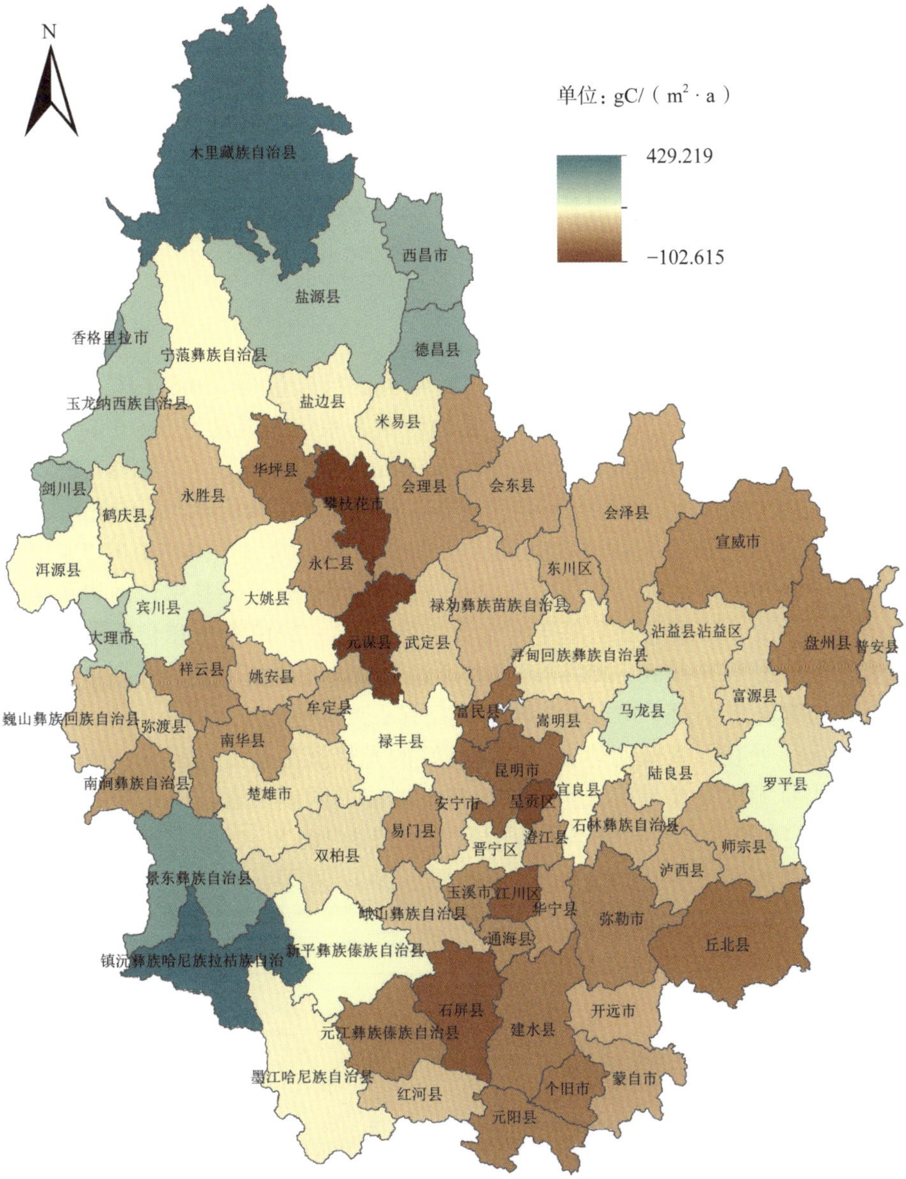

图 5.18　断陷盆地县域尺度碳汇功能下降的县（市、区）的 NEP 变化空间差异

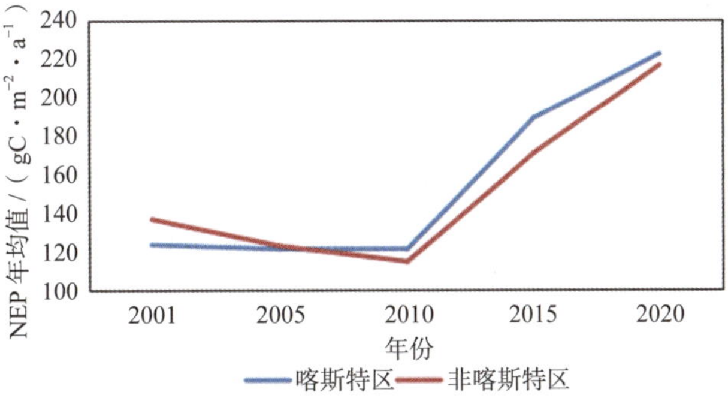

图 5.19　2001—2020 年断陷盆地喀斯特区和非喀斯特区 NEP 变化

在 2001 年、2005 年和 2010 年相差不大，非喀斯特区在这 3 个年份由 136.8 gC/（$m^2 \cdot a$）降低到 114.8 gC/（$m^2 \cdot a$），表明断陷盆地非喀斯特区域的植被生产力在 2001—2010 年段有所下降。从 2010 年后断陷盆地喀斯特区域的 NEP 年均值高于非喀斯特区域的 NEP 年均值，在 2020 年喀斯特区域 NEP 年均值为 220.1 gC/（$m^2 \cdot a$），非喀斯特区域的 NEP 年均值为 216.3 gC/（$m^2 \cdot a$），可能的一个原因是喀斯特区域实施的石漠化治理工程有效促进了区域植被恢复。该工程旨在恢复碳酸盐岩地质环境下的区域植被覆盖，减少水土流失和岩石出露。植被的恢复有助于提升喀斯特区净生态系统生产力。

5.4.9 断陷盆地区生态系统固碳量

断陷盆地生态系统表现为碳汇功能，近 20 年共固持碳量为 750.6 TgC，平均每年固碳量为 37.5 TgC。其中 2001—2010 年间断陷盆地区生态系统固碳量为 336.0 TgC，年均固碳量为 33.6 TgC，单位面积年均固碳量为 154.4 gC/m^2。根据 Fang 等（2018）的研究表明在 2001—2010 年期间中国陆地生态系统年均固碳 201 TgC，单位面积年均固碳量为 20.9 gC/m^2。这表明断陷盆地区域生态系统固碳能力高于全国平均值，约为全国均值的 7.4 倍。张斯屿等（2014）基于碳密度样地调查数据得到 2003—2013 年贵州晴隆县单位面积年生态系统碳固持量为 58.4 gC/m^2，广西环江县基于样地调查的 2004—2017 年的单位面积年生态系统碳固持量为 85.5 gC/m^2（Qi et al.，2021）。这些通过植被样地调查得到的西南喀斯特区域生态系统碳固持能力都高于全国平均水平，与本研究有一致的趋势。

断陷盆地区地处我国南部亚热带区域，良好的光热资源是促进区域植被固碳功能提升的优势资本，水资源则可能是区域生态系统碳汇功能的限制因素。以典型断陷盆地区泸西县为例，该县近 20 年的生态系统年均固碳量增加值为 103.8 gC/m^2，在 2010 年和 2012 年泸西县的生态系统年固碳量增加值则为最小（图 5.20），主要是由于这两个年份西南区域出现极端干旱气候，影响到该县植被生产功能。

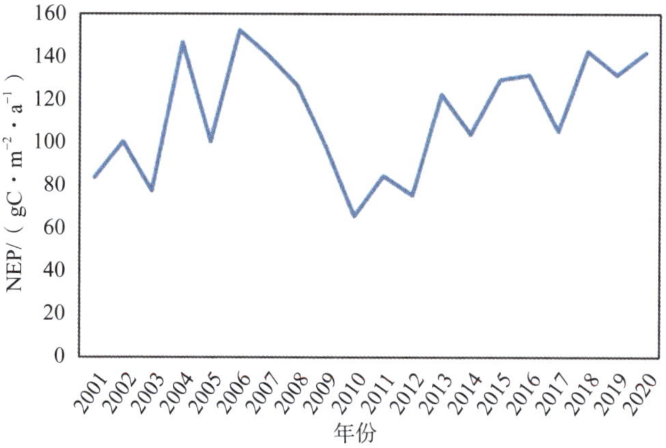

图 5.20　2001 — 2020 年断陷盆地典型县域（泸西县）生态系统年均碳固持量变化

整体上，断陷盆地区域生态系统表现为碳汇功能，生态系统碳固持在近 20 年有所增加，但 NEP 增加的速率相比其他喀斯特地貌类型区较慢。特别是断陷盆地内的喀斯特区域在 2010 年以后虽然年均碳固持量高于非喀斯特区域，但在 2015—2020 年间断陷盆地喀斯特区域的碳固持增加速率低于非喀斯特区域。这表明即使在石漠化治理等生态恢复工程实施下，断陷盆地区域的生态系统碳固持在好转的同时仍有可能出现衰退。

6　喀斯特断陷盆地小流域岩石－水－土壤－生物相互作用及其对石漠化的响应

6.1　土壤养分对石漠化进程的响应

生态系统退化过程是复杂的，有其自然属性决定的内在原因，而加速其退化的驱动力是外在干扰（包维楷和陈庆恒，1999）。喀斯特生态系统重要性质之一是脆弱性，由于气候和地质原因，一旦原始生态系统遭受干扰，容易发生显著改变，而且难以恢复演替（甘露，1998）。在退化的不同演替阶段，由于植物群落组成、土壤理化性质、土壤水分状况和微生物种群等方面的差异，土壤元素含量和化学计量特征会发生明显变化（Zhao et al.，2018a；2018b）。

在我国亚热带地区，一般土壤具有 P、Ca、Mg 等元素缺乏和 Fe、Al 等元素富集的特征。但在不同地质、气候和植被条件下，土壤理化性质又会发生明显变化（Han et al.，2005；Wen et al.，2018）。在长期的植物－土壤相互作用下，土壤理化性质与植物群落组成和结构、演替阶段、植物功能性状等密切相关（俞月凤等，2019）。植物在长期环境变化中自我调节和适应形成了植物群落，其自身发展总是趋于最大限度地利用当地环境资源（Levine，2000）。在自然及人为作用控制下，植被之间由于长期的相互作用导致不同层次的时空变异，形成有规律的植被分布格局，这种分布格局既能反映植被对资源的利用及对环境的适应，也反映植被内部的更新与竞争关系（李援越等，2000；刘映良和薛建辉，2005；檀迪，2016；张喜，2007）。脆弱的原生喀斯特生态环境在内动力机制和外力影响下，可从天然林群落、灌丛群落逐步向裸岩地草地群落退化。

云南蒙自地区是典型喀斯特断陷盆地，在长期人为干扰破坏和地质条件下，原始植被遭到严重破坏，形成以灌丛、草地为主的次生植被景观，天然森林仅在地势陡峭地段或房前村后以斑块形式存在（卢晓强，2006；陶慧敏，2019）。喀斯特地区演替趋势和驱动因素是喀斯特生态系统领域研究的热点问题，而对于滇南喀斯特断陷盆地演替动态和驱动因素研究较少。本研究围绕蒙自喀斯特断陷盆地石漠化退化群落，对不同演替阶段群落内土壤生态化学计量学特征进行分析，探究土壤养分对断陷盆地石漠化进程响应的可能机制，进而为喀斯特退化生态系统修复和生态环境保护提供科学依据和数据支持。

根据当地植被分布特点，在蒙自东（芷村镇）、西（小雀吃水村）、南（冷泉村）和北（西北勒）4 个方位选择样带（图 6.1），在每个样带选择天然林分、灌丛和草地群落植物为研究对象（表 6.1）。在每个植物群落样地内，设立 3 个 20 m ×20 m 的样方，各样方之间完全独立。在各个样方内采集土壤样品，测定土壤 C、N、P、K、Ca、Mg、Na、Fe、Al、Cu、Zn 和 Mn 元素含量，并分析其化学计量特征。

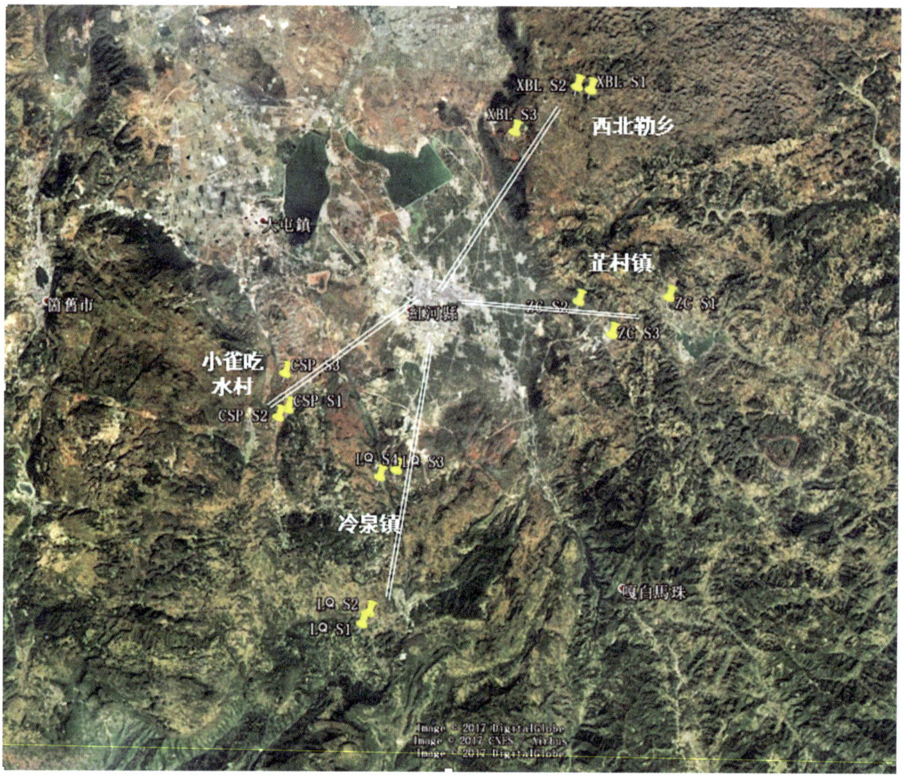

图 6.1　蒙自实验区断陷盆地植物群落调查样带

（据陈柯豪，2020）

表 6.1　蒙自喀斯特断陷盆地植物群落样带和样地地理位置

调查样地	样地类型	经纬度	海拔 /m
西北勒（北）	S1（天然林分）	23.476° N，103.475° E	1440
	S2（灌丛群落）		1650
	S3（草地群落）		1820
冷泉村（南）	S1（灌丛群落）	23.191° N，103.353° E	1570
	S2（草地群落）		1590
	S3（灌丛群落）		1650
	S4（灌丛群落）		1620
小雀吃水村（西）	S1（灌丛群落）	23.302° N，103.304° E	1320
	S2（草地群落）		1360
	S3（草地群落）		1490
芷村镇（东）	S1（天然林分）	23.369° N，103.526° E	1530
	S2（灌丛群落）		1590
	S3（草地群落）		1680

（据陈柯豪，2020）

6.1.1 不同群落土壤元素含量特征

在蒙自喀斯特断陷盆地地区，与土壤石漠化有关的天然林、灌丛和草地 3 种不同群落，土壤元素含量和化学计量特征发生显著变化。首先，土壤元素含量变异系数均较大。群落土壤元素含量综合分析发现，土壤 Al（129 mg/g）、Fe（77 mg/g）、C（36 mg/g）为全量含量最高的 3 种元素，Cu（0.06 mg/g）、Na（0.25 mg/g）、Zn（0.27 mg/g）为含量最低的 3 种元素（表 6.2）。研究区内土壤元素含量变异系数均较大，在 20%（Na）～ 94%（Zn）之间。Zn、P、Mn、Ca 和 K 变异系数高于 50%，Cu、N、C 介于 30% ～ 50%，Al、Mg、Fe 和 Na 变异系数低于 30%。

表 6.2　云南蒙自喀斯特地区 3 种植物群落土壤化学计量总体特征　　单位：mg/g

变量	极大值	极小值	中值	均值	标准误	变异系数
C	83.11	12.34	36.17	35.88	2.21	38.55
N	10.30	1.48	4.48	4.68	0.29	39.23
P	1.26	0.02	0.29	0.40	0.05	78.52
K	15.28	1.58	3.72	4.53	0.40	55.09
Ca	11.95	1.06	4.03	5.16	0.48	58.18
Mg	3.89	1.39	2.33	2.45	0.11	27.04
Na	0.39	0.15	0.24	0.25	0.01	20.90
Fe	106.70	32.06	76.12	77.42	3.15	25.40
Al	181.00	32.24	133.80	128.65	6.08	29.52
Cu	0.16	0.01	0.07	0.06	0.0049	47.16
Zn	1.23	0.00	0.21	0.27	0.04	93.51
Mn	3.25	0.43	0.91	1.17	0.11	61.07

（据陈柯豪，2020）

土壤营养元素获得性是影响植物组成的重要因子（宾振钧等，2014）。独特的地质环境显著影响土壤元素含量，研究区内 3 种植物群落土壤（0 ～ 10 cm）全 C 含量均值为 35.88 mg/g，全 N 含量均值为 4.68 mg/g，高于同为干旱条件的内蒙古草原生态系统 0 ～ 10 cm 土层的 C 含量（25.3 mg/g）、N 含量（1.7 mg/g）（银晓瑞等，2010），也高于同为干旱条件的黄土高原 0 ～ 20 cm 土层的 C（3.0 mg/g）和 N（0.3 mg/g）含量（杨雪等，2011）。由此可看出，与处于温带干旱条件的草原和黄土高原土壤不同，处于亚热带喀斯特地质性干旱的蒙自地区，形成了较高的表层土壤有机质及 N 含量，并与 Yang 等（2019）的研究一致。此外，研究结果还表明：随着石漠化程度的加剧，土壤中主要的营养元素 C 和 N 含量增加（表 6.3），但土壤质地并没有随着石漠化的加剧而恶化，而是有改善的趋势（Yang，2019）。

表 6.3　不同群落土壤元素全量　　单位：mg/g

元素	天然林	灌丛	草地
C	31.36 ± 5.95 a	34.91 ± 3.73 a	38.84 ± 2.82 a

续表

元素	天然林	灌丛	草地
N	3.91 ± 0.71 a	4.49 ± 0.46 a	5.21 ± 0.44 a
P	0.26 ± 0.09 a	0.42 ± 0.08 a	0.43 ± 0.08 a
K	8.31 ± 1.47 a	4.12 ± 0.38 b	3.51 ± 0.33 b
Ca	4.32 ± 1.49 a	5.35 ± 0.66 a	5.26 ± 0.81 a
Mg	2.95 ± 0.17 a	2.40 ± 0.16 ab	2.32 ± 0.18 b
Na	0.30 ± 0.01 a	0.23 ± 0.01 b	0.24 ± 0.01 b
Fe	65.53 ± 6.61 b	74.84 ± 4.81 ab	85.27 ± 4.59 a
Al	114.40 ± 9.67 a	129.35 ± 9.05 a	133.51 ± 10.99 a
Cu	0.06 ± 0.01 a	0.06 ± 0.01 a	0.07 ± 0.01 a
Zn	0.15 ± 0.07 a	0.30 ± 0.07 a	0.17 ± 0.04 a
Mn	0.78 ± 0.07 a	1.23 ± 0.19 a	1.27 ± 0.19 a

注：不同小写字母表示同一元素不同群落之间差异显著（$p < 0.05$）；据陈柯豪，2020。

研究区内土壤全 P 含量均值为 0.4 mg/g，低于全国（0.78 mg/g）及全球（2.80 mg/g）平均水平，这与喀斯特其他地区土壤普遍缺 P 的现象一致（Zhang et al.，2005）。然而研究区内土壤 C、N、P 含量均低于桂西北喀斯特森林群落 0 ~ 10 cm 土层的 92.0、6.4 和 1.5 mg/g，这可能是因为该区与广西桂西北地区湿热的气候条件存在差异有关（曾昭霞等，2015）。此外，研究区土壤全 Ca、Mg 含量均值为 5.16 mg/g、2.45 mg/g，其中全 Ca 含量显著高于非喀斯特区 0.57 ~ 0.78 mg/g，突出当地土壤的高 Ca 特性（敬洪霞等，2020）。另外，Ca 可能还影响断陷盆地土壤中其他元素的积累。Yang 等（2019）以喀斯特断陷盆地中盆地、坡地和高原面三种不同地貌中不同石漠化程度的土壤作为研究对象，发现 Ca 与土壤 C、N、P 化学计量学之间的相关性非常显著。在喀斯特断陷盆地石漠化生态修复中，物种对 Ca 的耐受性是物种选择的一个重要指标（Yang et al.，2019）。

三种群落土壤（0 ~ 10 cm）全 K 含量均值为 4.53 mg/g，这与桂西北喀斯特峰丛洼地地区乔灌丛全 K 含量相似（吴海勇等，2008），其中天然林、灌丛、草地 K 含量平均值分别为 8.31 mg/g、4.12 mg/g 和 3.51 mg/g，结果说明随着石漠化的加剧，土壤全 K 含量减少，这与彭琴等对贵州喀斯特山区不同石漠化等级土壤钾素变异的研究结果相同（敬洪霞等，2020；彭琴，2007；张喜，2007）。可能的原因一方面由于石漠化的产生和发展，导致水土流失加重，土壤质量退化；另一方面，由于水土流失，土壤养分含量下降，抑制植被生长，导致石漠化加重（王月容等，2012）。在三种不同群落中，土壤的 K、Mg、Na 和 Fe 全量含量存在显著差异，其中天然林土壤的 K、Na 含量显著高于灌丛和草地群落，Mg 含量显著高于草地，Fe 含量显著低于草地，但与灌丛无显著差异（表 6.3）。

6.1.2 不同群落土壤化学计量特征

3 种群落土壤 C∶P、C∶K、C∶Mg、N∶P、N∶K、N∶Mg、Na∶N、K∶Ca、K∶Mg、Ca∶Mg 比值之间具有显著差异性。3 种群落土壤 C∶P、N∶P、Na∶N 和 K∶Mg

的比值范围分别在 108.05 ~ 289.40、14.22 ~ 36.39、0.05 ~ 0.09 和 1.66 ~ 2.84 之间，由高到低顺序均为天然林 > 灌丛 > 草地；K：Ca 比值范围在 0.93 ~ 2.98 之间，由高到低顺序依次为天然林 > 草地 > 灌丛；C：Mg、N：K 和 N：Mg 的比值范围分别为 10.49 ~ 16.97、0.49 ~ 1.82 和 1.30 ~ 2.26 之间，由高到低顺序依次为草地 > 灌丛 > 天然林；Ca：Mg 比值范围在 1.39 ~ 2.17 之间，由高到低顺序依次为灌丛 > 草地 > 天然林。天然林在 C：P、N：P、Na：N、K：Ca、K：Mg 上显著高于灌丛和草地，C：Mg、N：Mg、Ca：Mg 显著低于灌丛和草地，C：K、N：K 比值显著低于草地而与灌丛无显著差异。灌丛与草地在此 10 种化学计量上均无显著差异（表 6.4）。

土壤 C：N 和 C：P 与植物生长相关联。研究表明，土壤 C：N 可以反映土壤有机质分解状况，而土壤 C：P 表征土壤磷有效性，能反映土壤微生物对 P 元素的固持潜力。另外，N：P 被认为是生态系统养分限制指数（Elser et al., 2003；Koerselman and Meuleman, 1996；Tessier and Raynal, 2003）。本研究结果显示，调查区域 3 种群落间的 C：N 均值无显著差异，总体均值为 7.74，低于全国土壤 0 ~ 10 cm 层的 C：N 均值 14.4。调查区域的 C：P 总体均值为 136.32，与全国土壤 0 ~ 10 cm 层 C：P 的均值 136 接近，但群落间差异较大，在天然林、灌丛、草地 3 类群落里的均值分别为 289.4、108.86 和 108.05。调查区域的 N：P 在天然林、灌丛、草地 3 类群落里的均值分别为 36.39、14.53 和 14.22，总体均值为 17.78，均大于全国土壤 0 ~ 10 cm 层 N：P 的均值 9.3。蒙自喀斯特断陷盆地地区有更低的 C：N 和更高的 N：P，而 C：P 与全国持平（Tian et al., 2010）。结果说明，研究区内土壤有机质矿化速率较快而土壤内所含养分较多，且 P 是该地区的限制元素。在喀斯特断陷盆地石漠化恢复的过程中，可以考虑土壤中增施 P 肥，以加快石漠化的恢复。

表 6.4　不同群落土壤化学计量特征

比值	天然林	灌丛	草地
C：N	7.99 ± 0.21 a	7.81 ± 0.26 a	7.55 ± 0.13 a
C：P	289.40 ± 111.93 a	108.86 ± 11.31 b	108.05 ± 7.96 b
C：K	3.92 ± 0.66 b	10.22 ± 1.56 ab	13.40 ± 2.34 a
C：Mg	10.49 ± 1.80 b	15.37 ± 1.53 a	16.97 ± 0.75 a
C：Ca	9.41 ± 1.28 a	7.73 ± 0.84 a	8.86 ± 0.91 a
C：Na	107.43 ± 21.82 a	160.53 ± 22.69 a	169.28 ± 17.57 a
C：Fe	0.55 ± 0.15 a	0.54 ± 0.09 a	0.51 ± 0.07 a
C：Al	0.29 ± 0.06 a	0.33 ± 0.07 a	0.41 ± 0.12 a
C：Cu	668.48 ± 203.34 a	771.54 ± 133.93 a	990.91 ± 299.64 a
C：Zn	190.24 ± 40.08 a	189.19 ± 24.64 a	958.41 ± 629.08 a
C：Mn	40.19 ± 7.31 a	36.34 ± 4.44 a	35.97 ± 3.43 a
N：P	36.39 ± 13.70 a	14.53 ± 1.69 b	14.22 ± 0.97 b
N：K	0.49 ± 0.08 b	1.30 ± 0.19 ab	1.82 ± 0.35 a
N：Mg	1.30 ± 0.21 b	1.98 ± 0.19 a	2.26 ± 0.11 a
N：Ca	1.19 ± 0.17 a	0.99 ± 0.11 a	1.16 ± 0.10 a
N：Fe	0.07 ± 0.02 a	0.07 ± 0.01 a	0.07 ± 0.01 a

续表

比值	天然林	灌丛	草地
N：Al	0.04 ± 0.01 a	0.04 ± 0.01 a	0.06 ± 0.02 a
N：Cu	82.53 ± 24.53	96.50 ± 15.79	137.18 ± 44.13
N：Zn	23.13 ± 5.18	24.65 ± 3.27	129.63 ± 86.26
N：Mn	4.98 ± 0.82 a	4.82 ± 0.63 a	4.81 ± 0.48 a
Na：N	0.09 ± 0.02 a	0.06 ± 0.01 b	0.05 ± 0.00 b
K：Ca	2.98 ± 0.86 a	0.93 ± 0.12 b	0.96 ± 0.16 b
K：Mg	2.84 ± 0.47 a	1.75 ± 0.12 b	1.66 ± 0.19 b
Ca：Mg	1.39 ± 0.43 b	2.17 ± 0.18 a	2.15 ± 0.19 a

注：不同小写字母表示同一元素不同群落之间差异显著（$p < 0.05$）；据陈柯豪，2020。

3 种群落土壤 C：N、C：Ca、C：Na、C：Fe、C：Al、C：Cu、C：Zn、C：Mn、Ca：N、N：Fe、N：Al、N：Cu、N：Zn 和 N：Mn 比值较为接近，均不具有显著性差异。3 种群落土壤的 C：P、C：K、C：Mg、N：P 、N：K、N：Mg、Na：N、K：Ca、K：Mg、Ca：Mg 比值之间具有显著差异性（表 6.4）。C：K、C：Mg、N：K、N：Mg 和 Ca：Mg 从高到低顺序均表现为草地 > 灌丛 > 天然林，这是由于在群落石漠化演替过程中，群落内 C、N 较为稳定，而土壤中的 K、Mg 全量含量会随着石漠化程度加剧而减小。土壤中 C：P 和 N：P 的比例主要由土壤 P 含量决定，而 P 含量则受土壤类型、土壤风化阶段和气候因素的控制，研究区内天然林 C：P 和 N：P 比值显著高于灌丛和草地，而草地和灌丛间无显著差异，说明天然林群落中 P 有效性低于灌丛和草地。研究结果表明：在逆向演替过程中，群落内土壤矿化速率、P 有效性均发生显著变化。

6.2 土壤有机碳（SOC）分布特征

云南省泸西县是典型的喀斯特断陷盆地地形，地处亚热带高原季风气候，年平均气温为 15.2 ℃，年平均降水量 950 mm，70% ~ 80% 的降水集中在 5 ~ 10 月。岩性主要是灰岩、白云石和少量砂岩，分布土壤类型为岩屑土和钙质土。该地由于脆弱的生态环境和人类长期的耕作历史造成严重的石漠化和水土流失问题，了解土壤迁移运输过程中 SOC 分布变化对于评估喀斯特区土壤演化和治理石漠化具有重要意义。自 1999 年以来，随着“退耕还林”计划的实施，山坡上的耕地恢复或种植自然植被转换为树林、草地、梯田等，以减少土壤侵蚀提升土壤质量和改善该地区生态环境。因此，盆地内的山坡景观主要包括草地、森林和农林复合生态系统。

本研究选取 3 个典型的土地类型（草地、森林和农林复合系统），深入探讨其土壤再分配和土壤有机碳之间的联系，确定在实施“退耕还林”计划后土壤剖面上过剩铅 210（$^{210}Pb_{ex}$）和 SOC 浓度的变化关系；使用 $^{210}Pb_{ex}$ 测量估算喀斯特断陷盆地土壤再分配的平均年速率（包括不同的土地类型的土壤侵蚀和沉积速率）；理清喀斯特断陷盆地不同土地利用类型 SOC 与 $^{210}Pb_{ex}$ 的关系。研究不同土地利用类型下，评估 $^{210}Pb_{ex}$ 对于量化 SOC- 土壤再分配的动态变化潜力，提高对喀斯特土地管理策略的认识。

6.2.1 不同土地类型 $^{210}Pb_{ex}$ 和 SOC 的分布规律特征

3 种土地利用类型下各采样点 $^{210}Pb_{ex}$ 活度分布随剖面深度呈指数递减趋势（图 6.2），土壤表层 40 cm$^{210}Pb_{ex}$ 平均参考值 5986 ± 756 Bq · m^{-2}，由于不同的土壤环境和采样方法会使 $^{210}Pb_{ex}$ 参考值与其他研究区的略有不同（Li et al.，2019；Du and Walling，2012；Zheng et al.，2007）。草地区域的 $^{210}Pb_{ex}$ 活度范围 159.6 ～ 229.1 Bq · kg^{-1}，平均活度值为（213.3 ± 25.0）Bq · kg^{-1}，面积浓度范围为 5514.9 ～ 6516.8 Bq · m^{-2}，平均面积浓度为（6110.3 ± 527.0）Bq · m^{-2}，其大于森林（5820.6 ± 447.2）Bq · m^{-2} 和农林复合系统（5820.1 ± 958.2）Bq · m^{-2} 的浓度（表 6.5）。

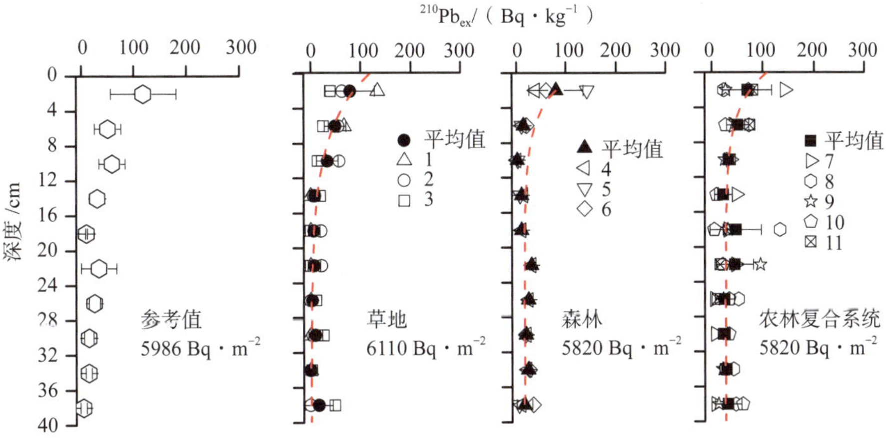

图 6.2　参考点和不同土地利用类型 $^{210}Pb_{ex}$ 活度的剖面分布

在森林和农林复合系统剖面中除了一些特定采样点外，大多数土壤样点的 $^{210}Pb_{ex}$ 活度值远低于当地参考值，表明大多数采样点受到土壤侵蚀的影响大，出现大面积的石漠化区域，这与 Zeng 等（2018）的研究发现一致，当区域内发生大面积的土壤流失会形成广泛分布的石漠化现象（Wang et al.，2019），这可能是由植被分布、耕作、地形特征和土地利用的多样性造成的（Li et al.，2006；Mabit et al.，2014；Gaspar et al.，2013）。

所有土壤样品中的 SOC 呈现明显的空间分布差异性，范围为 12.5 ～ 39.5g · kg^{-1}，平均值为（24.2 ± 9.5）g · kg^{-1}，不同土地利用类型土壤有机碳含量为农林复合系统（26.3 ± 14.9）g · kg^{-1}> 森林（24.2 ± 8.2）g · kg^{-1}> 草地（23.6 ± 12.1）g · kg^{-1}，这一结果与先前的研究结果一致（Li et al.，2017a；Bai and Zhou，2020）。这是由于不同类型植被添加到土壤中的有机物质种类、数量和形式不同，以及水和耕作侵蚀引起的表层土壤结构和性质的变化有关（Wilson et al.，2011；Li et al.，2017b；Liu et al.，2019a；Bai and Zhou，2020）。土壤 SOC 随土壤深度的分布趋势与 $^{210}Pb_{ex}$ 的活度分布趋势相似（图 6.3），随剖面深度呈指数递减，土壤剖面的有机碳含量主要集中在土壤表层（0 ～ 8 cm）。在以往研究中证实了中国亚热带喀斯特地区，随着植被演替，表层土壤中累积的 SOC 比底层土中累积的 SOC 浓度更多。如 Poeplau 等（2011）所述，底层土 SOC 存量对土地利用变化的敏感性低于表层土，植被凋落物、残留物和根系分解产物等生物物料大量输入有助于表层土壤中 SOC 累积（Harrison et al.，2011；Rumpel et al.，2011）。土壤剖面 SOC 和土地利用类型的变异系数（草地：0.52，森林：0.51，农林复合系统：0.59）差异很小，因此覆盖的植被类型不是影响 SOC 剖面分布特征的主要因素。

表 6.5 样品的 $^{210}Pb_{ex}$、土壤有机碳浓度和其他参数

参数	草地		森林		农林复合系统		合计		
	范围	平均值 ± 误差	范围	平均值 ± 误差	范围	平均值 ± 误差	范围	平均值 ± 误差	N
$^{210}Pb_{ex}$/（$Bq \cdot kg^{-1}$）	159.6–229.1	213.3 ± 25.0	158.9–302.1	213.0 ± 77.7	276.8–367.0	312.8 ± 35.4	158.9–367.0	256.2 ± 70.5	229
$^{210}Pb_{ex}$/（$Bq \cdot m^{-2}$）	5514.9–6516.8	6110.3 ± 527.0	5644.8–6329.0	5820.6 ± 447.2	4636.2–7235.1	5820.1 ± 958.2	4636.2–7235.1	5899.4 ± 693.6	229
SOC /（$g \cdot kg^{-1}$）	16.5–37.6	23.6 ± 12.1	17.6–33.3	24.2 ± 8.2	12.5–43.0	26.3 ± 14.9	12.5–43.0	24.2 ± 9.5	229
pH	6.4–6.5	6.43 ± 0.04	6.3–6.7	6.5 ± 0.2	6.2–7.0	6.8 ± 0.3	6.2–7.0	6.5 ± 0.3	60
密度 /（$g \cdot cm^{-3}$）	1.05–1.11	1.07 ± 0.04	1.21–1.29	1.25 ± 0.04	1.18–1.24	1.22 ± 0.02	1.05–1.29	1.07 ± 0.03	60
温度 /℃	10.4–15.2	12.4 ± 2.3	9.3–12.1	10.3 ± 1.6	11.7–15.2	13.08 ± 1.6	9.3–15.2	12.5 ± 1.9	60
湿度 /%	32.1–43.2	36.5 ± 5.9	26.6–77.2	46.9 ± 26.7	27.0–39.7	31.5 ± 5.4	26.6–77.2	39.6 ± 13.5	60
电导 /（$\mu S \cdot cm^{-1}$）	64.0–75.0	70.3 ± 5.7	59.0–74.0	66.7 ± 7.5	59.0–95.0	73.4 ± 16.1	59.0–95.0	69.6 ± 13.2	60

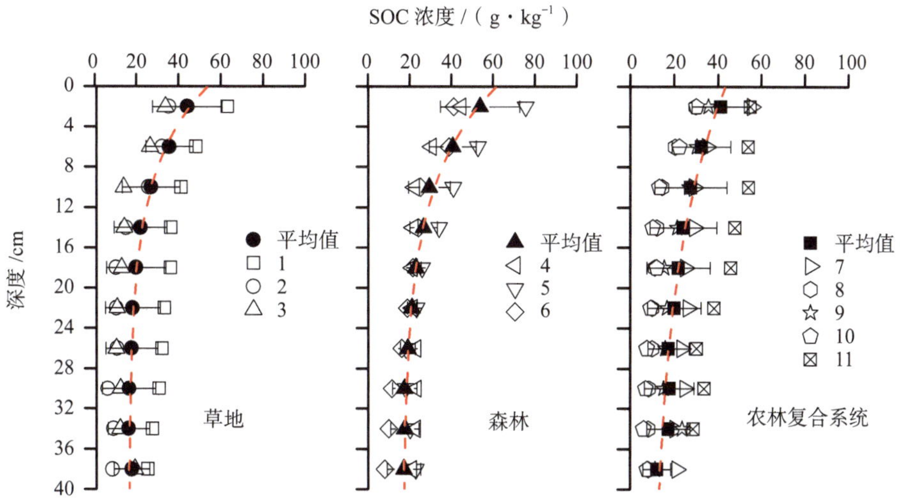

图 6.3　不同土地利用类型土壤有机碳浓度的剖面分布

根据本研究土壤剖面中 SOC 或 $^{210}Pb_{ex}$ 的测量数据，用指数函数拟合 $^{210}Pb_{ex}$ 或 SOC 在土壤剖面中随深度的分布模式，表达式为 y=A+B × C^x。不同土地利用的指数函数参数 A、B 和 C 如表 6.6 所示。$^{210}Pb_{ex}$ 指数拟合模型的相关性系数呈现出草地（R^2=0.857）> 农林复合系统（R^2=0.588）> 森林（R^2=0.569）的递减顺序（表 6.6）。农林复合与森林生态系统相关性相近，两者远小于草地生态系统的，是因为大量残枝落叶导致 $^{210}Pb_{ex}$ 在土壤剖面中混合和不规则分布（Li et al.，2006；Mabit et al.，2014）。然而，SOC 指数拟合模型相关性系数与 $^{210}Pb_{ex}$ 不同，表明森林最高（R^2=0.984），其次是草地（R^2=0.982），然后是农林复合系统（R^2=0.954）（表 6.6）。通过回归模型分析土壤深度、土地利用类型与土壤有机碳和 $^{210}Pb_{ex}$ 的关系，发现土壤深度对 $^{210}Pb_{ex}$ 活性和土壤有机碳含量有显著影响（p<0.01）。土地利用类型与 $^{210}Pb_{ex}$ 活性显著相关（p=0.03<0.05），与 SOC 无关（p=0.411>0.05）。SOC 和 $^{210}Pb_{ex}$ 的指数模型拟合更适用于草地生态系统，其他两种土地利用类型是由于有机物质输入随深度的巨大差异，从而减弱了植被覆盖类型对土壤有机碳在剖面分布的影响（Li et al.，2017b）。

表 6.6　$^{210}Pb_{ex}$ 与 SOC 在剖面分布拟合参数

	$^{210}Pb_{ex}$			SOC		
	参数值	误差	R^2	参数值	误差	R^2
$A_{草地}$	0.530	0.826	0.857	16.446	0.638	0.982
$B_{草地}$	117.959	27.958		37.504	2.249	
$C_{草地}$	0.852	0.026		0.883	0.012	
$A_{森林}$	15.807	5.054	0.569	16.756	0.633	0.984
$B_{森林}$	111.649	39.369		44.891	2.488	
$C_{森林}$	0.761	0.338		0.897	0.007	
$A_{农林复合}$	26.695	2.145	0.588	9.076	3.511	0.954
$B_{农林复合}$	81.828	34.566		34.162	2.891	
$C_{农林复合}$	0.771	0.057		0.948	0.015	

我们测量了表层土壤（0 ~ 8cm）的 SOC（g · kg^{-1}）和 $^{210}Pb_{ex}$（Bq · kg^{-1}），不同土地利用方式 SOC 与 $^{210}Pb_{ex}$ 的线性拟合关系如图 6.4 所示。草地系统中 SOC 与 $^{210}Pb_{ex}$ 的线性相关性非常显著（$p<0.01$），森林和农林复合系统显著线性相关（$p<0.05$）。喀斯特区上层土壤 SOC 和放射性核素 $^{210}Pb_{ex}$ 浓度较高，在土壤中的相关性高度吻合。大气中的自然沉降物 ^{210}Pb 到达土壤表面时在酸性 pH 环境下，更加容易被有机物强烈吸附（Gustafsson et al.，2011；Mabit et al.，2014），^{210}Pb 受土壤的侵蚀和沉积过程的影响而迁移（Mabit et al.，2014）。喀斯特系统中酸性的土壤条件有利于 SOC 和 $^{210}Pb_{ex}$ 的吸附。此外，Li 等（2019）也报告喀斯特洼地原状沉积物中 $^{210}Pb_{ex}$ 与 SOC 的良好耦合关系。由于实际复杂的地形、植被覆盖和人类活动的影响，以及 $^{210}Pb_{ex}$ 在土壤基质中交换位点（如有机质）的阳离子吸附特性方面的化学行为差异（Teramage et al.，2013），农林复合系统、森林和草地的 $^{210}Pb_{ex}$ 与 SOC 耦合关系依次变大（0.42 < 0.68 < 0.80）。自然状态下 SOC 的性质受土地利用类型的影响（Liu et al.，2019a），在不同的土地利用类型环境下，有机质的物理和化学行为能影响金属在土壤环境中的迁移、沉积和生物利用率。农林复合系统的高侵蚀率和低相关性证实了 $^{210}Pb_{ex}$ 和 SOC 在土壤迁移过程中共同转移的假设。

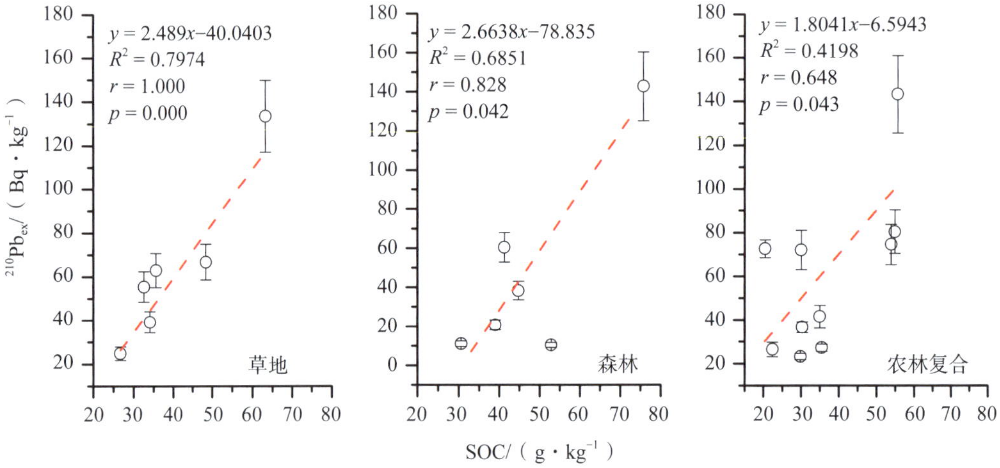

图 6.4　不同土地利用类型 SOC 与 $^{210}Pb_{ex}$ 的耦合关系

6.2.2　水土流失情况

计算结果表明（图 6.5）：土壤侵蚀率在 1.88 ~ 24.83 mg/（ha · a），沉积速率介于 0.48 ~ 15.51 mg/（ha · a），在所有采样点中土壤侵蚀率平均值为 11.20 mg/（ha · a）均大于沉积速率 [6.85 mg/（ha · a]，估算出土壤净通量为 4.35 mg/（ha · a）。在喀斯特地区，尽管少量土壤随着地形地势沿地表侵蚀流失，大量土壤可以通过基岩裂缝、落水洞和与地面水文系统相连的管道迁移漏失（张信宝等，2007）。在实际中土壤可以通过落水洞等进行迁移运输，这使得我们估算的土壤再分配速率远小于实际量。在陡峭的山坡上，森林和草地有大量植被覆盖的可以很好地保护表层土壤免受雨水冲刷或者风蚀，相比农林复合系统，农业活动和地表植被覆盖率的影响使得土地更容易受到侵蚀，水土流失更为强烈。在山坡底部的平坦区域，土壤的沉积过程占主导趋势。此外，部分耕地区域会受到平坦地形和土壤保护措施的影响使得水土流失量减小，而非耕地区域由于凸凹斜坡、横向阶地和植被缓冲带的存在，降低了地表径流速度（Gaspar et al.，2013）而减缓水土流失和石漠化进程。总的来说，这是不同坡度、地形特征、土地利用类型和小气候条件的相互作用的结果。不同土地利用类型土壤再分配净通量根据计算数据分析得出的结果显示，农林复合系统 [21.38 mg/（ha · a）]> 森林 [8.39 mg/（ha · a）]> 草地 [−3.54 mg/（ha · a）]。Sadiki 等（2007）的研究也证实了土地利用类型从自然植被向农田转换导致耕地的侵蚀率增大一倍。结果表明，尽管农林复合经营有助于提高土壤有机碳固持能力，但在脆弱的喀斯特区，密集频繁的人类活动干扰土壤发育演化过程会带来更严重的土壤侵蚀。

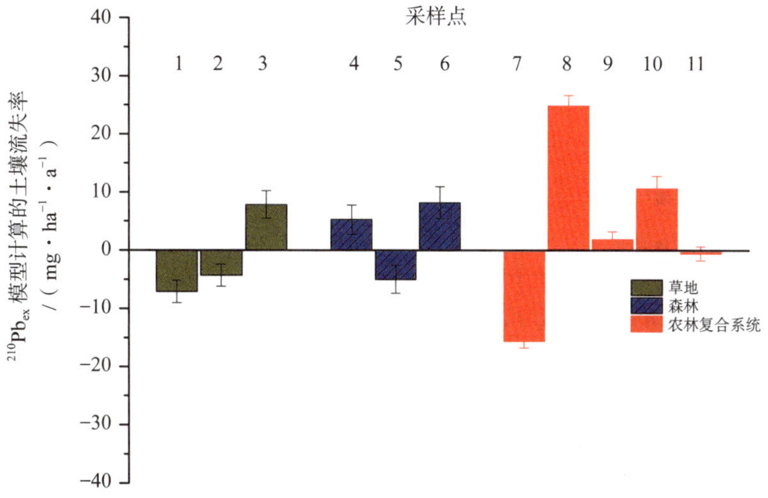

图 6.5　基于 $^{210}Pb_{ex}$ 模型计算的土壤侵蚀 / 沉积速率

6.2.3　土壤有机碳来源和降解过程

植物凋落物和根系分泌物是表层土壤中 SOC 的主要来源，因此，表层土壤中的 $^{13}C_{SOC}$ 值与地表生长的植物的碳同位素值相似，这是 C3 和 C4 植物与土壤中旧 C 混合的结果（Li et al.，2014；Han et al.，2015）。利用混合模型的结果表明，土壤剖面的有机碳来源于 C3 植物，在土壤侵蚀区域，其占总有机碳的 60% 以上，在沉积区域则其占总有机碳的 50% 以上（图 6.6a 和图 6.6b）。农林复合系统的农耕地主要种植 C3 植物，如桑叶、小麦、花椰菜、枸杞、苹果等，而其他土地类型与农耕地有直接或者间接物料和能量的联系，导致其 SOC 来源容易受到农耕地中 C3 植物输入的影响。此外，不管是侵蚀或者沉积区，C4 植物（如玉米）的贡献比例随着土壤深度的增加而增加。这可能是土壤剖面中微生物活动引起同位素分馏，微生物作用使得土壤 $^{13}C_{SOC}$ 随深度增加而增加（Chen et al.，2002），混淆了 C4 植物对 $^{13}C_{SOC}$ 值变化的贡献。另一个原因是“退耕还林”工程使得 C3 植物和 C4 植物之间的转变导致土壤中 C4 植物贡献变大（Han et al.，2015）。与自然降解相比，非自然干预过程对有机物降解的影响更大，更多的人类活动对有机物的分解有很大的影响，特别是在土壤发育过程中有机质的分解速率和稳定碳同位素特征。因此，农林复合生态系统的人工林中 SOC 的演化过程主要受 C3 和 C4 植物的共同作用控制，这意味着在不同的历史时期，C3 和 C4 植物在自然和人工环境下的交替演化（Han et al.，2015）。

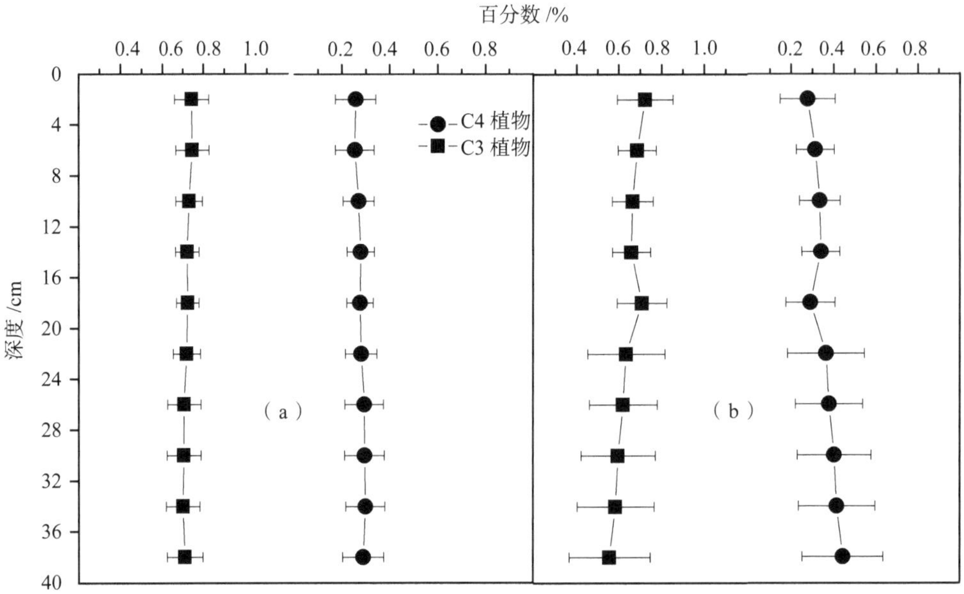

图 6.6　侵蚀区（a）和沉积区（b）C3 和 C4 植物的贡献比例

在耕地条件下，$\delta^{13}C_{SOC}$ 和 SOC 线性回归关系结果表明（图 6.7），在相比于侵蚀环境下，在沉积区域土壤 SOC 发育演化更为稳定。这是因为土壤由上游流入沉积区域时，覆盖沉积区域内的土，使得上层土变为底层土，从而减少了非自然因素对底层土的干扰，提高了土壤演化过程的自然发育程度（Berhe et al.，2012；Liu et al.，2018）。应考虑有机质发育过程中的干扰效应，特别是人类活动输入的有机质。由图 6.7 直线斜率可以看出，不论在侵蚀 / 沉积环境下，机质分解速率最高的是农耕地（$\tan\beta$=0.93/2.14），其原因可能是在多种 C3 植物覆盖下，有机质分解过程中 $\delta^{13}C_{SOC}$ 值的变化受大量 C3 植物的影响（Han et al.，2015；Liu et al.，2019c）。另一种原因是沉积条件下，土壤中的旧碳被土壤颗粒吸附，而农田中的新碳受影响较小（Berhe et al.，2008）。总体而言，除人工林和灌丛外，不同土地

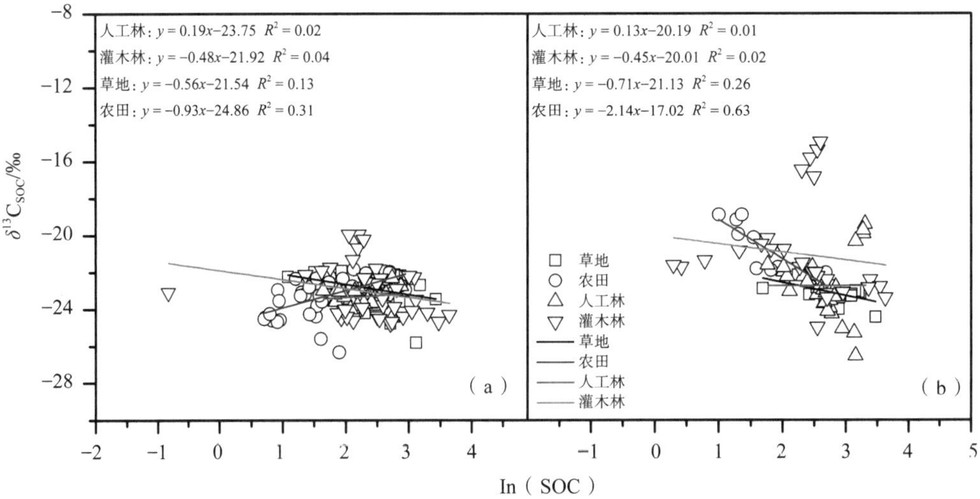

图 6.7　侵蚀区（a）和沉积区（b）不同土地利用方式下土壤有机碳与 ^{13}C 同位素值的线性回归关系

类型下土壤剖面中有机质的分解速率均高于侵蚀地。此外，人工林和灌丛的有机质分解速率均高于其他两种土地类型，这可能与侵蚀和沉积过程下的土壤再分配有关（Berhe et al.，2012；Berhe and Kleber，2013）。在运输过程中，土壤侵蚀优先运输轻质活性土壤有机基质（Berhe and Kleber，2013）到沉积地点形成良好沉积条件，有助于微生物活动，增加有机质分解和矿化的风险（Lal，2003；Liu et al.，2019b）。

6.2.4 石漠化与水土流失强度耦合关系

研究基于土壤 $^{210}Pb_{ex}$ 数据对喀斯特地区不同土地利用方式下侵蚀－沉积区域土壤有机碳坡面分布特征进行了量化研究发现，土壤有机碳主要集中于土壤表层（0 ~ 8cm），且随土层深度的增加呈指数递减趋势。侵蚀区域土壤剖面平均有机碳密度依次表现为灌木林 > 草地 > 人工林 > 农田，而沉积区域呈现为草地 > 人工林 > 灌木林 > 农田（图 6.8）。在灌木林、草地、人工林生态系统下，侵蚀区土壤剖面的平均有机碳含量和密度均低于沉积区域，然而，在耕地坡面景观下，侵蚀区土壤剖面的平均有机碳含量和密度却稍高于沉积区域。而从整体说来，与侵蚀区相比，沉积区有机碳含量较高，但同时有机碳分解速率也较高，表明该区具有良好的沉积环境有利于微生物活动。土地利用方式也影响生物地球化学循环过程的程度。研究结果还表明，在中国喀斯特使用 $^{210}Pb_{ex}$ 模型方法可以很好地记录不同复杂的土地利用类型因侵蚀引起的土壤再分配过程，特别是喀斯特区草地生态系统，可以有效评估和记录的土壤侵蚀或沉积环境下 SOC 迁移。而对于森林和农林复合系统，如果要用 $^{210}Pb_{ex}$ 或其他核素方法去估算土壤的侵蚀、沉积和 SOC 迁移，还需要更深入的研究和基础积累。而侵蚀和沉积剖面中的有机碳主要来自 C3 植物，但随着土地利用类型的历史转变，C4 植物比例贡献随着土壤深度的增加而增加。

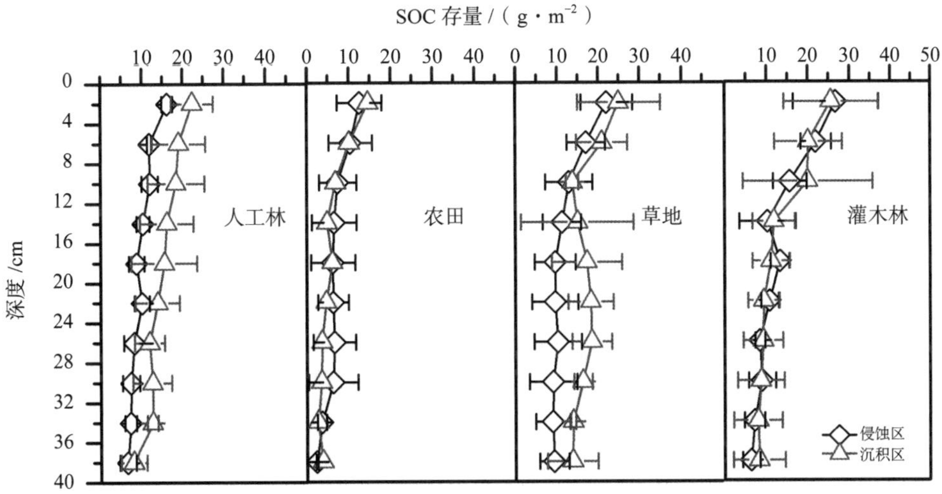

图 6.8　不同土地利用方式下侵蚀和沉积区土壤有机碳密度的剖面分布

我们的研究结果表明，土壤再分配和土地利用变化对喀斯特断陷盆地 SOC 动态的耦合效应。退耕还林还草措施的实施有助于提高土壤固碳潜力，并且土壤侵蚀－沉积作用对坡面景观下土壤有机碳再分布有显著影响。减少人类活动干扰是有效控制水土流失和石漠化的措施。

6.3 石漠化治理对喀斯特断陷盆地小流域生态系统稳定性的影响

在全球变化背景下，生态系统能否长期有效地维持功能并提供服务，有赖于其稳定性。生态系统稳定性刻画的是生态系统受到干扰后保持或恢复原有状态的能力（Pimm，1984）。自然生态系统中，存在不同类型的干扰，由于其对生态系统不同组分的影响不同，因此衡量生态系统的恢复或保持能力需要考虑具体的干扰方式（李周园等，2021）。陆地生态系统包括地上和地下两部分。过去关注重点多集中在地上植物生态系统；而对地下生态系统，尤其是对微生物多样性与系统稳定性关系的研究尚重视不够（贺纪正等，2013）。土壤微生物作为生命元素循环的驱动者，主导和参与地下生态系统中一系列重要生态过程，对土壤能否正常有序地执行各项生态功能至关重要。因此，阐明地下生态系统对石漠化治理的响应机制，特别是土壤微生物多样性与土壤生态系统稳定性的关系，能够使我们明确喀斯特土壤中微生物对环境条件（包括自然和人为因素）变化的响应机制，进而更好地维持喀斯特土壤生态系统的稳定性及其生态服务功能。

6.3.1 石漠化治理对喀斯特断陷盆地小流域丛枝菌根真菌群落结构的影响

丛枝菌根真菌（Arbuscular Mycorrhiza Fungus，AMF）属于球囊菌门，是最古老、分布最广的真菌类群之一（Schüßler et al.，2001；Remy et al.，1994；刘润进等，2009）。AMF存在于大多数植物的根部，与约20万种植物形成共生关系，是土壤微生物重要组成部分（Davison et al.，2015）。AMF通过形成复杂的菌丝网络直接参与植物水分的吸收和运输，提高植物对矿物养分的吸收，增强植物对逆境胁迫的抗性（Mikkelsen et al.，2008；雷垚等，2013；徐丽娇等，2018）。

土地利用方式会改变地表植被和土壤理化性质，进而对AMF群落结构产生影响。已有研究表明土地利用方式对AMF群落结构会产生显著的影响。Moora等（2014）研究土地利用方式对爱沙尼亚土壤AMF群落结构和系统发育组成的影响，发现森林生境（原始森林和云杉种植园）和开放生境（永久性草地、集约和可持续农业用地）中AMF群落结构差异显著，开放生境的AMF丰度较高，在不同土地利用方式和干扰强度的生境中，AMF群落结构和系统发育组成存在显著差异；Xiang等（2014）研究中国北方农牧交错带土地利用方式对AMF群落结构的影响，发现草地和农田的AMF群落结构存在显著差异，退耕还林显著降低了AMF丰富度和根外菌丝的长度和密度，土壤有效磷、碳、氮、pH与AMF群落结构呈显著相关，并认为这些土壤理化因子可能是造成中国北方农牧交错带AMF群落结构差异的原因；Xu等（2017）研究青藏高原耕地、草地和森林AMF群落结构发现，不同土地利用方式AMF群落结构差异显著，且草地AMF多样性显著高于森林和耕地，AMF多样性在植被演替过程中发挥着至关重要的作用。因此，了解不同土地利用方式的AMF群落结构对维持生态系统结构和功能的稳定性具有重要意义。

喀斯特断陷盆地是中国西南喀斯特地区典型的生态脆弱区，由于特殊的盆－山共存的地质分异构造制约着地貌演化过程和水土岩植的空间分异格局，地理环境要素复杂，具有岩石裸露、石漠化严重和生态环境脆弱等特点，是喀斯特地区生态恢复和重建的重要区域，也是石漠化综合治理八大类型区之一（王宇等，2017；吴协保等，2009）。AMF可显著提高喀斯特地区植被恢复和重建的成功率、缩短恢复周期（Sanders et al.，2016），了解植被演替过程中 AMF 群落组成，有助于将 AMF 运用于石漠化治理。尽管已有学者对喀斯特地区的 AMF 进行了研究，发现植被演替过程中 AMF 多样性与演替不相关，且与磷密切相关（何跃军等，2016；林艳等，2019）。然而，到目前为止，喀斯特断陷盆地土地利用方式对 AMF 群落结构的影响尚未涉及。为此，本研究以云南喀斯特断陷盆地林地、灌丛和草地土壤为研究对象，探讨土地利用方式对 AMF 群落结构的影响，进而为云南喀斯特断陷盆地石漠化治理提供理论依据。

6.3.1.1 材料与方法

三塘乡位于云南省泸西县县境东南部，地处东经 103° 46′ 13″—103° 57′ 20″，北纬 24° 21′ 03″—24° 31′ 00″之间。地势西北高东南低，境内高山连绵，峡谷纵横，山高坡陡，形成了峡谷、陷塘、山梁相间的复杂地貌。该区主要出露地层为 T_2g^c 泥晶灰岩、白云岩（李强等，2017）。最高海拔 2459 m，位于阿定老佐坟箐处，最低海拔 820 m，位于南盘江小河口，气候差别较大。年平均气温 13℃ ~ 14℃，年降水量 1000 mm 左右。

2018 年 1 月野外采集土壤样品。灌丛样地的主要植物为火棘（*Pyracantha fortuneana*（Maxim.）Li）、针茅（*Stipa capillata* L.）、狗牙根（*Cynodon dactylon*（L.）Pers.）、蕨类；草地样地的主要植物为蕨类、蛇莓（*Duchesnea indica*（Andr.）Focke）、白羊草（*Bothriochloa ischaemum*（L.）Keng）等；林地样地的主要植物为榛树（*Corylus heterophylla* Fisch）、云南松（*Pinus yunnanensis*）、阴香（*Cinnamomum burmanni*（Nees et T. Nees）Blume）和云南杜鹃（*Rhododendron yunnanense* Franch.）。在每个样方以“S”形选取 5 个土芯，混合形成一个土样，土样分别来自林地（LD）、灌丛（GC）和草地（CD），这三种土地利用方式连续管理了 15 年。所有土壤样品用无菌塑料袋收集后立即低温运回实验室，分成均匀的两部分，一部分储存在 −80 ℃冰箱用于 DNA 分析，另一部分自然风干后进行理化分析。

土壤含水率（Moisture）采用烘干法进行测定；土壤 pH 测定采用电位法（土∶水 = 1∶5）；土壤有机碳（Soil Organic Carbon，SOC）采用重铬酸钾 – 硫酸氧化法测定；全磷（Total Phosphorus，TP）采用酸溶 – 钼锑抗比色法测定；速效钾（Available Potassium，AK）采用乙酸铵提取法测定；全氮（Total Nitrogen，TN）采用元素分析仪测定；土壤温度（Temperature，T）和土壤电导率（Electrical Conductivity，EC）采用土壤三参速测仪 WET 现场测定；交换性钙（Exchangeable Calcium，E–Ca）和交换性镁（Exchangeable Magnesium，E–Mg）采用乙酸铵交换 – 原子吸收分光光度法测定。

采用 Power Soil DNA Isolation Kit 提取样品的 DNA，采用 NanoDrop One 测定 DNA 浓度和纯度，DNA 样品置于 −80 ℃的冰箱中保存待用。采用 AMF 引物对进行巢式 PCR 扩增，第一轮扩增引物为：AML1（5′ -ATCAACTTTCGATGGTAGGATAGA-3′）和 AML2（5′ -GAACCCAAACACTTTGGTTTCC-3′），扩增片段约 800 bp（Lee et al.，2008）；第二轮扩增引物为 AMV4.5NF（5′ -AAGCTCGTAGTTGAATTTCG-3′）和 AMDGR（5′ -CCCAACTATCCCTATTAATCAT-3′），扩增片段约 300 bp（Sato et al.，2005）。

第一轮扩增体系为：2 × Premix *Taq* 25 μL，引物 AML1/AML2（10 mmol/L）各 1 μL，DNA 模板（20 ng/μl）3 μL，ddH_2O 补至 50 μL。PCR 反应条件：94 ℃ 5 min，94 ℃ 30 s，52 ℃ 30 s，72 ℃ 30 s，30 个循环；72 ℃ 10 min。第二轮扩增体系为：将第 1 步的 PCR 产物稀释 50 倍取 3 μL 作为第 2 步 DNA 模板，2 × Premix *Taq* 25 μL，引物 AMV4.5NF/AMDGR（10 mmol/L）各 1 μL，并在引物 AMV4.5NF/AMDGR 上添加特定的 Barcode 序列

用于区分样品，ddH_2O 补至 50 μL。PCR 反应条件：94 ℃ 5 min，94 ℃ 30 s，52 ℃ 30 s，72 ℃ 30 s，30 个循环；72 ℃ 10 min。扩增子测序在新一代 Illumina HiSeq 2500 工作平台进行。上述实验过程由广东美格基因科技有限公司协助完成。

根据 Barcode 序列将获得的测序数据拆分为不同样品数据，并截去 Barcode 序列，用 FLASH V1.2.11 软件对每个样本进行拼接；利用 Cutadapt V1.9.1 软件去除引物序列和小于 200 bp 的序列；用 USEARCH V8.1.1861 软件去除嵌合体和对处理后的序列进行聚类分析，将相似性大于 97% 归为一个可操作分类单元（Operational Taxonomic Units，OTU）（http://www.drive5.com/usearch/）；用 UCLUST V1.2.22 软件将 OTU 的代表序列与 MaarjAM 数据库进行比对，得到 OTU 分类学信息并进行分析；基于 OTU 聚类分析结果，用 QIIME V1.9.1 软件对 OTU 进行 α 多样性（Chao1、ACE、Simpson、Shannon 和 Observed species）和 β 多样性分析，以及检测测序深度。

利用 Excel 和 SPSS V19.0 软件进行数据统计分析，差异显著性采用单因素方差分析（One-way ANOVA），多重比较采用 LSD 法和相关性采用 Pearson 相关系数法（双尾检验）进行分析；利用 Origin V8.5 软件绘制 AMF 分类水平物种分布图；将数量大于总 OTU 数 0.5% 的 OTU 界定为优势 OTU，利用 R Studio V3.6.1 软件绘制样品稀释曲线图、维恩图、优势 OTU 热图、Circos 图、主成分分析图（PCoA）（基于 Bray-curtis 和 weighted UniFrac 距离算法）、ANOSIM 图、基于距离的冗余分析（db-RDA）和相关性热图；利用 R Studio V3.6.1 软件和 Gephi V0.9.2 软件绘制优势 OTU 和土壤理化因子的相关性网络图。

6.3.1.2 结果与分析

6.3.1.2.1 土壤理化性质

由表 6.7 可知，林地、灌丛和草地的土壤理化性质有一定的差异性。草地 TP、AK、E-Mg、EC 和 T 显著高于林地和灌丛（$p<0.05$）；TN 和 SOC 的含量：林地 > 灌丛 > 草地。

表 6.7 不同土地利用方式土壤理化性质的差异性分析

土地利用方式	单位	LD	GC	CD
TP	g/kg	0.828 ± 0.020ab	0.734 ± 0.025b	0.941 ± 0.059a
TN	g/kg	5.09 ± 0.24a	4.11 ± 0.16b	2.97 ± 0.14c
SOC	g/kg	61.00 ± 1.96a	47.00 ± 2.5b	33.00 ± 1.47c
AK	mg/kg	128.47 ± 5.78b	124.03 ± 14.05b	262.17 ± 44.37a
pH		6.21 ± 0.11b	6.72 ± 0.09a	6.68 ± 0.08a
Moisture	%	37.47 ± 5.04a	42.85 ± 2.56a	40.00 ± 1.42a
T	℃	8.60 ± 0.21c	11.60 ± 1.12b	16.53 ± 0.74a
EC	mS/cm	68.33 ± 4.10b	64.33 ± 2.03b	84.67 ± 2.03a
E-Ca	cmol/kg	5.14 ± 1.15a	6.91 ± 0.09a	6.87 ± 0.08a
E-Mg	cmol/kg	26.82 ± 0.65c	36.18 ± 3.48b	51.56 ± 2.32a

注：数据为平均值 ± 标准误差（Means ± SE），同列数字后不同小写字母表示差异显著（$p<0.05$）。

6.3.1.2.2 生物信息分析

3 种土地利用方式的土壤样品共获得 493308 条序列，按 97% 相似度水平对序列进行 OTU 聚类，9 个土壤样品产生 1199 个 OTU，其中，953 个 AMF-OTUs。LD1、LD2、LD3、GC1、GC2、GC3、CD1、CD2 和 CD3 的 OTU 数分别为 338、326、289、364、385、291、595、501 和 602，共鉴定出 AMF 3 个纲、4 个目、9 个科和 13 个属（表 6.8）。稀释性曲线趋于平坦（图 6.9a），表明测序结果能很好地代表各样品中 AMF 群落结构和多样性。

维恩图分析结果表明（图 6.9b），3 种土地利用方式共有的 OTU 为 361 个，占 OTU 总数的 37.88%，说明 3 种土地利用方式的 AMF 群落结构具有一定差异性。

表 6.8 AMF 分类水平物种信息表

纲 Class	目 Order	科 Family	属 Genus
球囊霉纲 Glomeromycetes	球囊霉目 Glomerales	球囊霉科 Glomeraceae	球囊霉属 *Glomus*
			隔球囊霉属 *Septoglomus*
		近明球囊霉科 Claroideoglomeracea	近明球囊霉属 *Claroideoglomus*
	多样孢囊霉目 Diversisporales	多样孢囊霉科 Diversisporaceae	多样孢囊霉属 *Diversispora*
			雷德克囊霉属 *Redeckera*
		无梗囊霉科 Acaulosporaceae	无梗囊霉属 *Acaulospora*
			环孢囊霉属 *Kuklospora*
		巨孢囊霉科 Gigasporaceae	巨孢囊霉属 *Gigaspora*
			盾巨孢囊霉属 *Scutellospora*
原囊霉纲 Archaeosporomycetes	原囊霉目 Archaeosporales	两性囊霉科 Ambisporaceae	双型囊霉属 *Ambispora*
		原囊霉科 Archaeosporaceae	原囊霉属 *Archaeospora*
		地管囊霉科 Geosiphonaceae	地管囊霉属 *Geosiphon*
类球囊霉纲 Paraglomeromycetes	类球囊霉目 Paraglomerales	类球囊霉科 Paraglomeraceae	类球囊霉属 *Paraglomus*

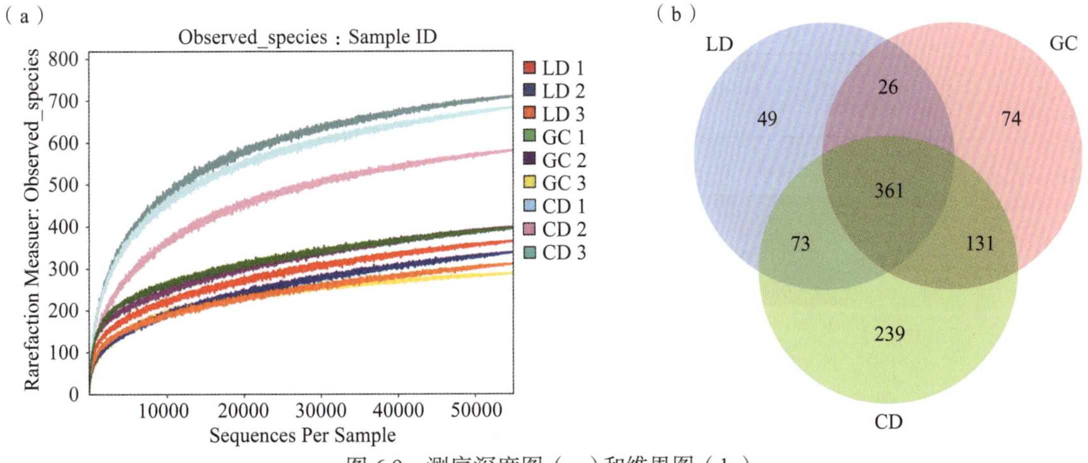

图 6.9 测序深度图（a）和维恩图（b）

6.3.1.2.3 AMF 群落多样性分析

由表 6.9 可知，土地利用方式 AMF 的 α 多样性有所差异，除了 Simpson 和 Shannon 指数外，草地的 α 多样性指数均显著高于灌丛和林地（p<0.05），而林地和灌丛的 α 多样性指数差异不显著。

表 6.9 不同土地利用方式 AMF α 多样性差异性分析

土地利用类型	丰富度指数		多样性指数		指数
	Chao1	ACE	Simpson	Shannon	
LD	453.24 ± 9.11b	469.30 ± 8.14b	0.92 ± 0.03a	5.04 ± 0.39b	338.33 ± 15.59b
GC	448.45 ± 41.43b	456.63 ± 62.07b	0.95 ± 0.01a	5.64 ± 0.30ab	361.00 ± 36.51b
CD	760.57 ± 46.43a	749.67 ± 37.93a	0.97 ± 0.00a	6.35 ± 0.17a	659.33 ± 39.39a

采用 Bray-curtis 和 weighted UniFrac 距离算法进行 PCoA 分析（图 6.10a，图 6.10b），差异贡献值分别为 54.43% 和 78.49%，说明 PCoA 分析可以很好地呈现土地利用方式 AMF 群落结构的差异，土壤样品有一定的距离，说明 3 种土地利用方式的 AMF 群落结构有所差异。由于两种距离算法的结果有所差异，本研究进行了相似性分析（Analysis Of Similarities，ANOSIM），r>0，组间差异显著（即组间差异大于组内差异），r<0，组内差异显著，绝对值越大差异越显著；p 越小差异越显著。由图 6.10C 可知，3 种土地利用方式 AMF 群落结构具有显著差异（r=0.646，p=0.01），其中，林地和灌丛 AMF 群落结构差异较小，与草地 AMF 群落结构差异较大（图 6.11）。

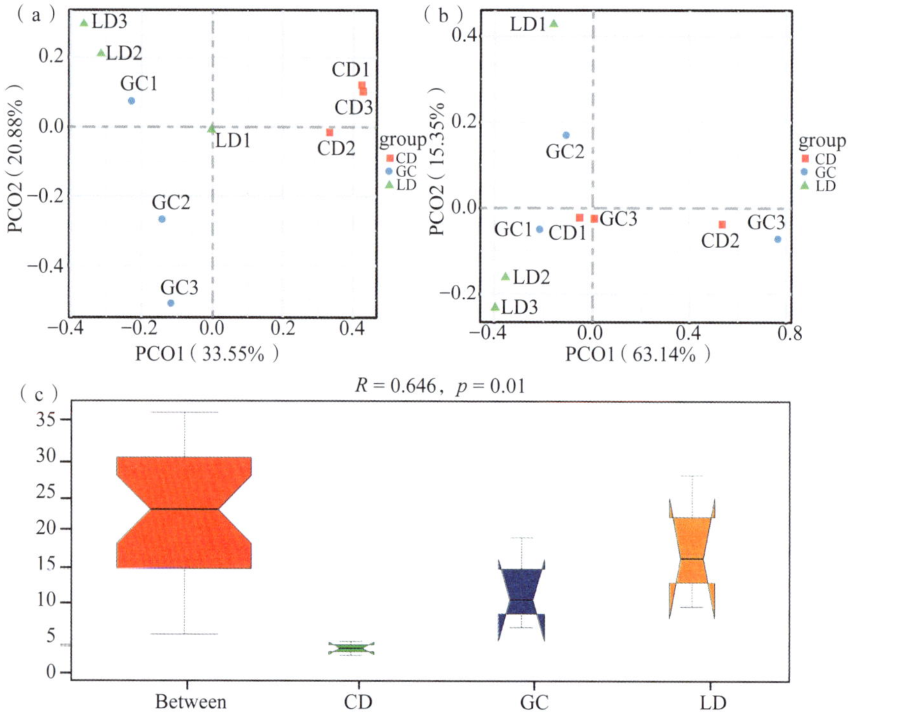

图 6.10 基于 Bray-curtis（a）、weighted UniFrac（b）距离算法 PCoA 图和 ANOSIM 图（c）

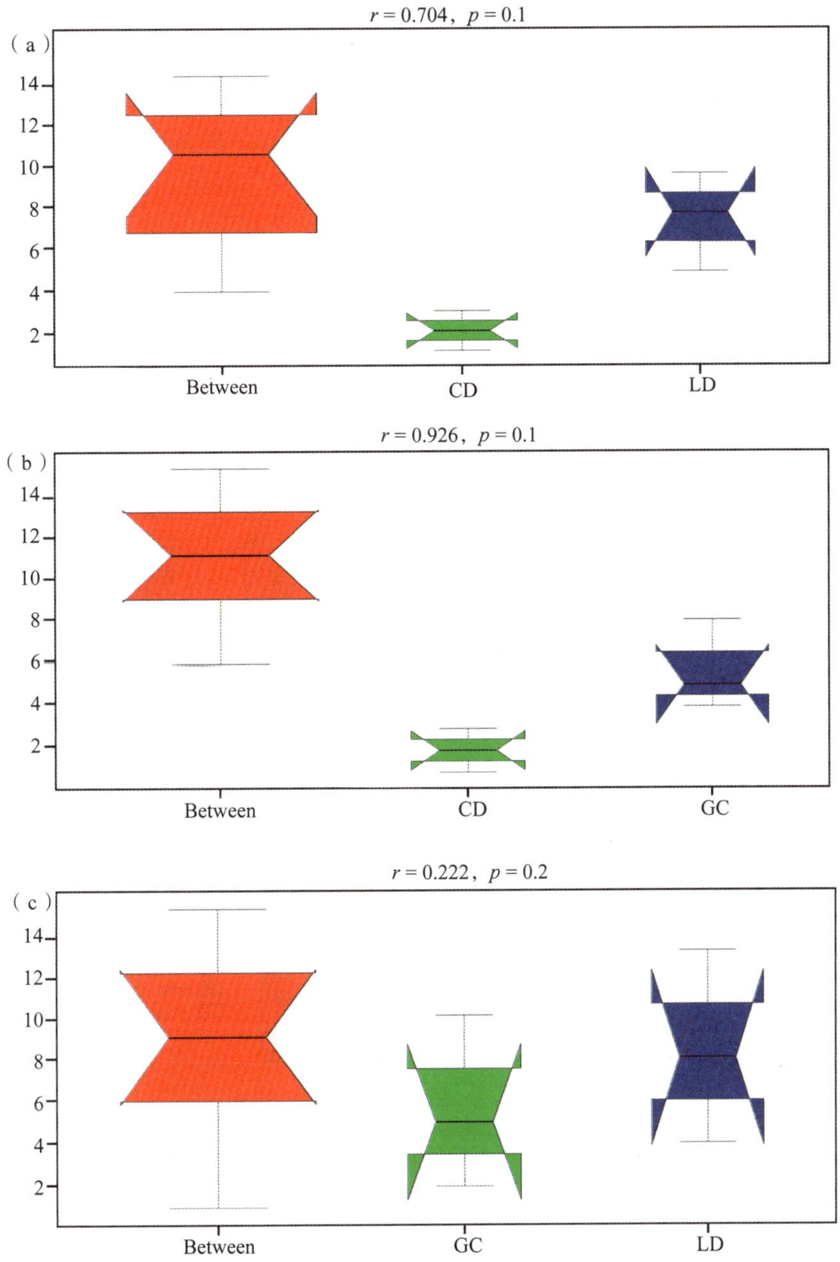

图 6.11　林地和草地（a）灌丛和草地（b）林地和灌丛（c）ANOSIM 图

6.3.1.2.4　AMF 群落结构分析

在纲水平上（图 6.12a），Archaeosporomycetes 在草地（3.87%）的占比显著高于林地（0.34%）和灌丛（0.77%），Glomeromycetes 和 Paraglomeromycetes 相对丰度较高，Glomeromycetes 在草地（62.77%）和灌丛（65.10%）的占比高于林地（29.62%），Paraglomeromycetes 在林地（51.75%）的占比高于草地（29.66%）和灌丛（28.59%）。

在目水平上（图 6.12b），Archaeosporales 在草地（3.87%）的占比显著高于林地

（0.34%）和灌丛（0.77%）；Glomerales 在灌丛（55.21%）和草地（60.76%）的占比高于林地（27.37%）；Diversisporales 在灌丛（9.89%）的占比高于林地（2.25%）和草地（2.01%）；Paraglomerales 在林地（51.75%）的占比高于灌丛（28.59%）和草地（29.66%）。

在科水平上（图 6.12c），Ambisporaceae 在草地（3.57%）的占比显著高于林地（0.33%）和灌丛（0.70%）；Acaulosporaceae 在灌丛（6.63%）的占比显著高于林地（1.18%）和草地（0.08%）；Glomeraceae 在草地（55.57%）和灌丛（53.02%）的占比高于在林地（24.10%）；Paraglomeraceae 在林地（51.75%）的占比高于在灌丛（28.59%）和草地（29.66%）。

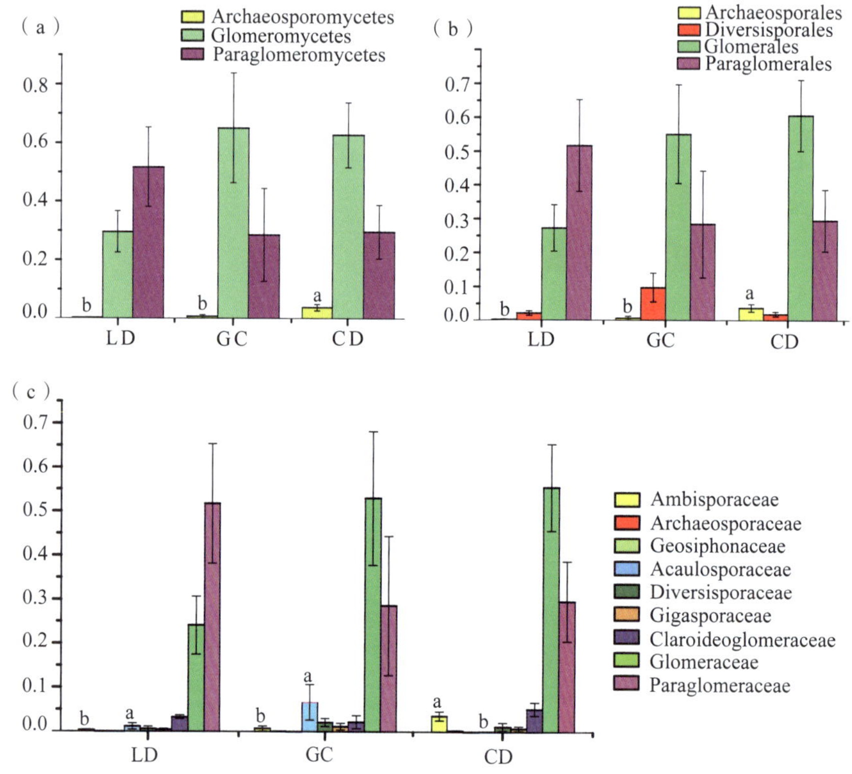

图 6.12　纲（a）、目（b）、科（c）水平物种分布图

不同字母代表差异显著（$p<0.05$），差异不显著的未标出

优势 OTU 在灌丛和草地分布较多（图 6.13a），其中 *Glomus*-OTUs（414、36、881、47、10、21、197、51、54 和 56）（*Glomus*）和 *Paraglomus*-OTUs（9、15、16、13 和 42）（*Paraglomus*）是草地主要的优势 OTU；*Glomus*-OTUs（26、11、29 和 35）（*Glomus*）和 *Paraglomus*-OTUs（1、3、30、7、8、18 和 57）（*Paraglomus*）是林地主要的优势 OTU；*Glomus*-OTUs（39、23、713、2、22、12、14、5、49、32、31、25、53、24 和 20）（*Glomus*）和 *Paraglomus*-OTUs（4 和 28）（*Paraglomus*）是灌丛主要的优势 OTU。*Glomus* 和 *Paraglomus* 相对丰度最大，其中，*Glomus* 在草地和灌丛分布较多，而 *Paraglomus* 在林地分布较多（图 6.13b）。

6.3.1.2.5　AMF 群落结构与土壤理化性质相关性分析

由图 6.14a 可知，db-RDA 第一轴和第二轴的解释率分别为 9.89% 和 6.16%，T、AK、EC、TN 和 SOC 是 AMF 群落结构主要影响因子。由图 6.15 可知，在纲水平上，

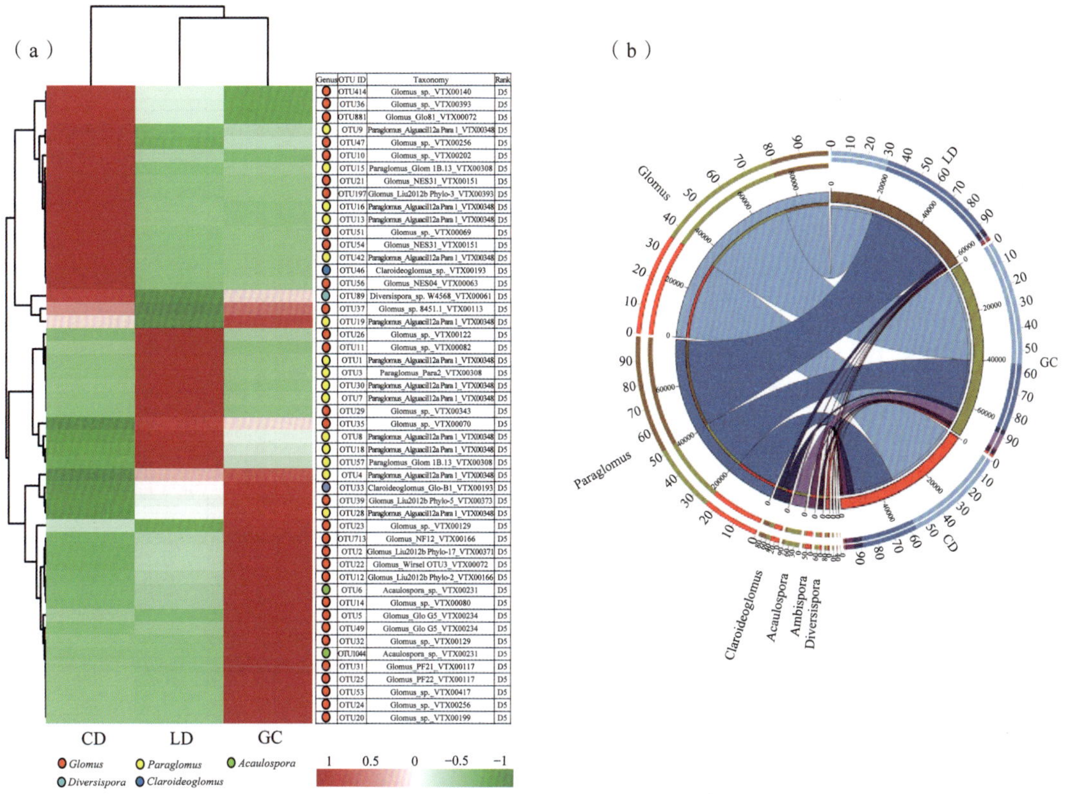

图 6.13　优势 OTU 热图（a）和属水平 Circos 图（b）

Archaeosporomycetes 与 TN、SOC 呈显著负相关，与 AK、EC 呈显著正相关；Glomeromycetes 与 T、E-Mg 呈显著正相关。在目水平上，Archaeosporales 与 TN、SOC 呈显著负相关，与 AK、EC 呈显著正相关；Glomerales 与 SOC 呈显著负相关，与 T、E-Mg 呈显著正相关。在科水平上，Ambisporaceae、Archaeosporaceae 与 TN、SOC 呈显著负相关，与 AK、EC 呈显著正相关；Geosiphonaceae 与 TN 呈显著负相关，与 EC 呈显著正相关；Claroideoglomeraceae 与 AK、TP 呈显著正相关；Glomeraceae 与 T、E-Mg 呈显著正相关。

由图 6.14b 可知，TN、SOC、TP、AK、EC、T、E-Mg 与较多优势 OTU 呈显著正相关，其中，*Glomus*-OTUs（37、47、881、36、414、54、21、51、10、197 和 56）（*Glomus*）和 *Paraglomus*-OTUs（9、15、16、13 和 42）（*Paraglomus*）与 TP、AK、EC、T、E-Mg 呈显著正相关；*Glomus*-OTUs（26、11、29 和 35）（*Glomus*）和 *Paraglomus*-OTUs（1、3、30、7、8、18 和 57）（*Paraglomus*）与 TN、SOC 呈显著正相关。

相关性网络图 60 个节点之间有 252 个显著相关关系（$p<0.05$），平均路径长度（APL）为 2.604，直径为 6，平均聚类系数（CC）为 0.77，模块化指数（MD）为 0.768，MD>0.44 表明网络具有模块化结构。由图 6.14c 可知，*Glomus* 和 *Paraglomus* 的占比最大，比例分别为 50% 和 25%，*Gomus*-OTUs（54、39、51、56、713、53、12、14、22、32、20 和 31）（*Glomus*），*Paraglomus*-OTUs（13、16 和 9）（*Paraglomus*）和 *Acaulospora*-OTUs（6 和 1044）（*Acaulospora*）在共生网络中起关键作用，TN、SOC、AK 和 EC 是 AMF 群落结构最主要的影响因子。*Glomus*-OTUs（713、53、12、14、22、32、20 和 31）（*Glomus*）和 *Acaulospora*-OTUs（6 和 1044）（*Acaulospora*）与 TN、SOC、AK、EC 均不呈显著相关；而 *Glomus*-OTUs（54、

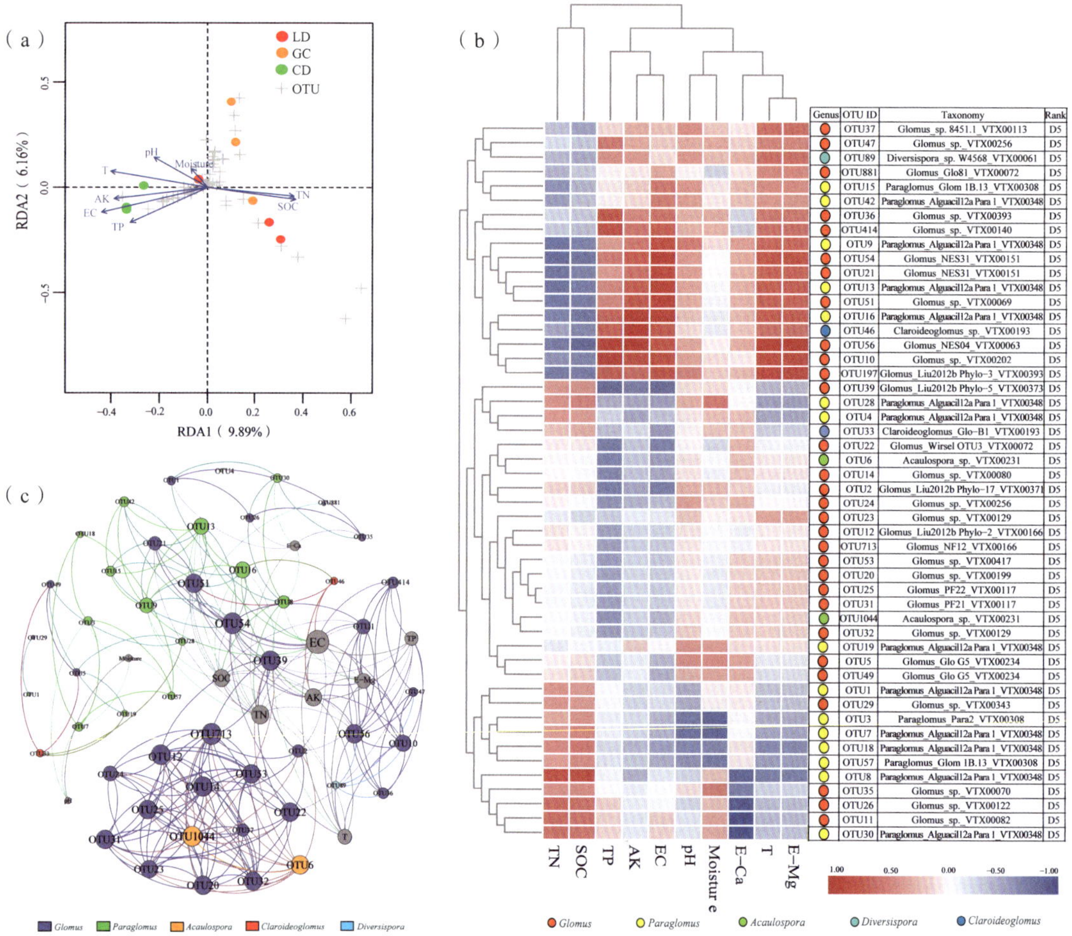

图 6.14　优势 OTU 与环境因子之间的基于距离的冗余分析（db-RDA）(a)、相关性热图（b）和相关性网络图（c）

39、51 和 56)(*Glomus*) 和 *Paraglomus*-OTUs（13、16 和 9)(*Paraglomus*) 与 TN、SOC 呈显著负相关，与 AK、EC 呈显著正相关（表 6.10），表明这些类群主要是贫营养类群。

表 6.10　部分 OTU 与土壤理化性质相关性分析表

OTU	TN	SOC	AK	EC
OTU54	−0.809**	−0.746*	0.679*	0.856**
OTU56	−0.713*	−0.807**	0.874**	0.715*
OTU39			−0.681*	−0.788*
OTU51	−0.730*		0.685*	0.827**
OTU16	−0.667*	−0.717*	0.868**	0.826**
OTU13	−0.752*	−0.693*		0.831**
OTU9	−0.770*	−0.677*		0.767*

注：* 显著相关（$p<0.05$）；** 极显著相关（$p<0.01$）。

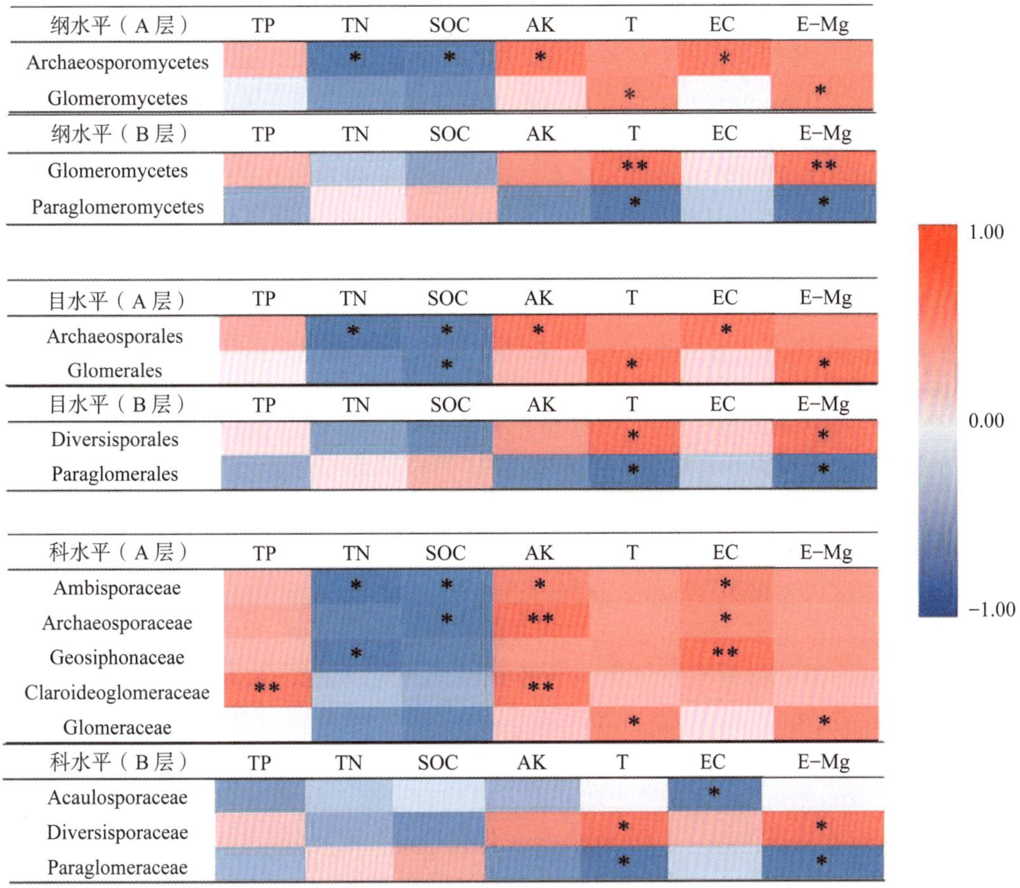

图 6.15 土壤理化性质与各分类水平物种相关性分析

* 显著相关（$p<0.05$）; ** 极显著相关（$p<0.01$）

6.3.1.3 讨论

6.3.1.3.1 土地利用方式对 AMF 群落结构的影响

土地利用方式可以通过改变土壤理化性质影响 AMF 群落结构（张之为等，2020；Alguacil et al.，2015）。本研究结果显示，草地 TP、AK、E-Mg、EC 和 T 显著高于林地和灌丛，林地 TN 和 SOC 显著高于灌丛和草地。演替的初期，风化作用较大，元素通过风化作用可作为微生物的电子受体和营养物质（Liu et al.，2019d），形成较高有效养分；林地的凋落物较多，且易形成腐殖质层，土壤 TN 和 SOC 含量较高（李龙等，2019）。Glomerales 和 Paraglomerales 为优势目，并包括 *Glomus*、*Paraglomus*、*Claroideoglomus*、*Acaulospora* 和 *Diversispora* 等 5 个优势属。其中，*Glomus* 和 *Paraglomus* 占比最大，该结果支持了 Xiao 等（2019b）和 Liang 等（2015）研究发现 *Glomus* 为喀斯特生境优势属的观点。*Glomus* 有大量的孢子和自由菌丝体，抗干扰能力强，分布范围较广。Wei 等（2012）认为 *Glomus* 的 AMF 类群更能适应喀斯特地区的特殊生境。*Paraglomus* 在很多生态系统中均有分布，但不同生态系统的丰度差异较大（Gosling et al.，2014；赵蕾等，2019；胡从从等，2017）。Liang 等（2012）研究喀斯特地区（环江县）天然植被恢复过程植物群落和土壤理化性质对 AMF 群落的影响，未检测到 *Paraglomus*，说明喀斯特断陷盆地不同演替阶段 AMF 群落结构与其他喀斯特生境有所差异。草地和灌丛的 *Glomus* 显著高于林地，但随着演替的进行，AMF 最具优势的类群由 *Glomus* 转变为 *Paraglomus*，由此可见，土地利用方式可显著影响 AMF 群落结构。*Glomus* 在干扰较大和养分较低的土壤丰度较高，这类生境更有利于 *Glomus* 形成孢子和在根系定植（Lovelock et al.，2003；Allen，1991）。AMF 是介导植物与土壤养分交换的重要微生物类群，已有的研究表明土壤有机质、N、P 和 K 等的含量和组成可显著影响 AMF 群落结构（Xiao et al.，2019a；Marín et al.，2017；Sokaa and Ritchie，2018）。本研究发现，TN、SOC、AK 和 EC 是 AMF 群落结构最主要的影响因子。在 AMF 群落起主导作用的优势 *Glomus*-OTUs（54、39、51 和 56）（*Glomus*）和 *Paraglomus*-OTUs（9、15、16、13 和 42）（*Paraglomus*）与 TN、SOC 呈显著负相关，与 AK、EC 呈显著正相关；*Glomus*-OTUs（29、26、35 和 11）（*Glomus*）和 *Paraglomus*-OTUs（1、3、30、7、8、18 和 57）（*Paraglomus*）与 TN、SOC 呈显著正相关，与 AK、EC 呈显著负相关。3 种土地利用方式 *Glomus* 和 *Paraglomus* 的优势 OTU 差异显著（即较少共有种），土壤理化因子是导致 AMF 群落差异的主要原因。*Glomus* 和 *Paraglomus* 在喀斯特断陷盆地 AMF 群落起主导作用，了解 *Glomus* 和 *Paraglomus* 不同类群在演替过程的分布特征，不仅对演替方向起指示作用，而且可根据演替阶段，选择合适的 AMF 类群进行生态修复。*Acaulospora* 仅在林地和灌丛分布，由于 *Acaulospora* 自由基菌丝和生态位较少，适合与树木共生（Lovelock et al.，2003），相对资源有限和缺少树木的草地生态系统，*Acaulospora* 更适合在林地和灌丛生存。León 等（2016）研究发现 *Claroideoglomus* 是演替早期的定殖者，López-García 等（2014）在为期两年的盆栽试验中发现 *Claroideoglomus* 在中期占优势，本研究发现，*Claroideoglomus* 在 3 种土地利用方式均有分布，且相对丰度无显著差异，可推测 *Claroideoglomus* 生态位较广。*Diversispora* 仅在草地和灌丛分布，*Diversispora* 有大量外部菌丝体，更适合在低养分土壤生存（Hart and Reader，2002；Lekberg et al.，2007）。

6.3.1.3.2 土地利用方式对 AMF 多样性的影响

微生物多样性是土壤生态系统的关键指标。土地利用对 AMF 多样性有较大的影响，草地 α 多样性指数均高于灌丛和林地，林地和灌丛 α 多样性指数差异不显著。Chao1、ACE 和 Observed species 等多样性指数与 TN、SOC 呈显著负相关，与 AK、EC 呈显著正相关；Simpson 指数与理化因子均不呈显著相关（表 6.11），Shannon 指数与 EC 呈显著正相关；说明 TN、SOC、AK 和 EC 是 AMF 多样性主要影响因子。TN 和 SOC 含量的增加会降低 AMF 多样性，这与已有的研究发现一致（Jense and Jakobsen，1980；Delavaux et al.，2017）。其他原因可能是：①林地和灌丛有较多的凋落物，会抑制草本幼芽生长，降低了植物群落多样性，且低光照会限制植物对 AMF 的碳供应（Grayston et al.，1996；Bennett and Bever，2019）；②树木常与外生菌根真菌共生，AMF 可能被其他菌根真菌取代（Lumini et al.，2010）。因此，在演替早期，AMF 可以帮助植物获得更多养分，有效促进演替的进行（Zangaro et al.，2012），Sepp 等（2018）和 Davison 等（2015）研究也发现草地的 AMF 多样性较高。

表 6.11　α 多样性指数与土壤理化性质相关性分析表

指标	TP	TN	SOC	AK	pH	T	Moisture	EC	E-Ca	E-Mg
Chao1		−0.780*	−0.746*	0.800**		0.727*		0.882**		0.726*
ACE	0.696*	−0.723*	−0.691*	0.785*		0.667*		0.865**		0.667*

续表

指标	TP	TN	SOC	AK	pH	T	Moisture	EC	E-Ca	E-Mg
Simpson										
Shannon					0.729*			0.708*		
Observed species	0.681*	−0.805**	−0.792*	0.836**		0.774*		0.893**		0.774*

注：* 显著相关（$p<0.05$）；** 极显著相关（$p<0.01$）。

β 多样性显示，3 种土地利用方式 AMF 群落结构有差异，灌丛和林地 AMF 群落结构差异较小，与草地差异较大，说明草地和灌丛之间的物种更替速率较快（王世雄等，2013）。由于演替早期养分比较匮乏，物种间竞争比较激烈，加快了群落的更替。

6.3.1.4 结论

在喀斯特断陷盆地地区，土地利用方式可以显著影响 AMF 群落结构，*Glomus*、*Paraglomus*、*Claroideoglomus*、*Acaulospora* 和 *Diversispora* 是主要优势属，其中，*Glomus* 和 *Paraglomus* 具有绝对优势。土地利用方式会导致土壤理化性质的差异，TN、SOC、AK 和 EC 是 AMF 群落结构最主要的影响因子。喀斯特断陷盆地地区进行生态恢复重建时，根据植被演替阶段选择适宜的 AMF 类群尤为重要，使 AMF 在生态修复中发挥更大的作用，从而更好地促进植物生长和生态系统恢复。

6.3.2 石漠化治理对喀斯特断陷盆地小流域土壤细菌和真核生物群落结构的影响

在我国西南喀斯特区，人地矛盾突出，植被破坏，水土流失严重，产生了大量的石质荒漠化现象（Jiang et al.，2014）。为扼制石漠化扩展趋势，我国相继实施了退耕还林工程、天然林保护工程和长江、珠江防护林工程，使土地利用 / 覆被发生相应的变化（Jiang et al.，2014）。土地利用方式的改变可影响土壤结构、土壤生物多样性 - 稳定性及土壤生物地球化学循环过程，并显著影响陆地生态系统的结构和功能（Porazinska et al.，2003；Dayamba et al.，2016）。

以土壤微生物和土壤无脊椎动物为主的土壤生物不但是土壤的重要组成部分，而且还对土壤的生长发育、土壤肥力的形成和演变，以及高等植物的营养供应具有重要的影响（Delgado-Baquerizo et al.，2020）。加之土壤生物对土地利用变化十分敏感（Fell et al.，2006；Banerjee et al.，2018），喻文强等（2020）基于 Biolog ECO 微平板法发现贵州茂兰喀斯特区乔木林逆向演替为灌丛时土壤微生物活性逐渐降低。王显等（2020）进一步指出茂兰喀斯特区不同土地利用方式的土壤真核微生物群落结构也存在差异。何敏红等（2019）发现喀斯特石漠化程度对真菌组成及多样性的影响高于土地利用方式。此外，戴祥艳等（2019）指出喀斯特区不同土地利用方式对土壤动物的群落结构、多样性、功能类群也产生重要的影响。这些发现为进一步评估喀斯特土壤生态系统对土地利用 / 覆被变化的响应提供了重要基础资料，然而由于土壤生物群落包括微生物与微型动物，如果仅从微生物或微型动物角度研究则无法系统评估土地利用 / 覆被变化对喀斯特土壤生态系统的响应。

喀斯特断陷盆地作为我国石漠化综合治理重要类型区之一，“盆 - 山”地形变化剧烈，气候反差大，土壤流 / 漏失严重，植被立地条件差，群落生态系统恢复缓慢（李强等，2017）。

尽管之前已有学者对云南喀斯特断陷盆地土地利用与土壤微生物和酶活性特征开展了研究工作（牟凌等，2020；邱江梅等，2020；Qiu et al.，2020），但尚未涉及土地利用方式对喀斯特断陷盆地土壤细菌和真核生物群落结构的影响。为此，以地处云南泸西小江喀斯特盆地的三塘乡为研究区域，采用空间换时间的方法研究不同土地利用方式下的土壤细菌和真核生物群落结构，以期从土壤生物学角度为土地利用结构优化提供科学依据。

6.3.2.1 研究区概况

2018 年 1 月于三塘乡采集土壤样品，选择弃耕地、草地、人工林和天然林等 4 类土地利用方式。草地样地的主要植物为蕨类、蛇莓（*Duchesnea indica*（Andr.）Focke）、白羊草（*Bothriochloa ischaemum*（L.）Keng）等；人工林样地的主要植物为云南松（*Pinus yunnanensis*）；天然林样地的主要植物为榛树（*Corylus heterophylla* Fisch）、云南松（*Pinus yunnanensis*）、阴香（*Cinnamomum burmanni*（Nees et T. Nees）Blume）和云南杜鹃（*Rhododendron yunnanense* Franch.）。

土壤基本理化性质测定参考鲁如坤（1999）的方法：土壤 pH 采用电位计法测定（水土比为 2.5∶1）、土壤总有机碳（TOC）含量采用高温外热重铬酸钾氧化－容量法测定；全氮（TN）含量采用浓硫酸消煮—凯氏定氮法测定；总磷（TP）含量采用盐酸－氟化铵法测定；速效钾（AK）含量采用乙酸铵浸提法测定；交换性钙（EC-Ca^{2+}）和交换性镁（EC-Mg^{2+}）采用乙酸铵交换 -EDTA 络合滴定法测定。

采用 MOBIO 土壤 DNA 提取试剂盒提取土样 DNA 后，选用高通量测序引物 338F（5′-ACTCCTACGGGAGGCAGCA-3′）和 806R（5′-GGACTACHVGGGTWTCTAAT-3′）引物对细菌 16S rRNA V3-V4 可变区进行 PCR 扩增，选用 528F（5′-GCGGTAATTCCAGCTCCAA-3′）和 706R（5′-AATCCRAGAATTTCACCTCCAA-3′）引物对真核生物 18S rRNA V4 区进行 PCR 扩增。上述引物 806R 和 706R 均存在一段 12 bp 的 Barcode 序列进行不同样品的区分。扩增产物在广东美格基因科技有限公司采用 Illumian HiSeq2500 PE250 平台进行测序。

获得的正向与反向测序结果采用 FLASH 软件进行拼接后，采样 Usearch 软件去除低质序列和嵌合体，不同细菌样品高质量序列为 13430–22884，不同真核生物样品高质量序列为 56213–109303。为了减少由于不同测序深度引起的潜在偏差，细菌样品统一测序深度为 13430，真核生物样品统一测序深度为 56213。采用 cluster 命令对 97% 相似水平的 OTU 代表序列进行分类学分析，并把代表性 OTU 与 Silva 132 核糖体数据库进行细菌和真核生物进行比对。利用 QIIME 软件计算样品 α 多样性指数和 β 多样性距离（weighted UniFrac）矩阵。同时基于 weighted UniFrac 距离矩阵利用 R 包（https://www.r-project.org/）比较不用土地利用方式下细菌和真核生物群落相似性（Analysis of similarities，ANOSIM）。用 Pearson 评价 α 多样性指数、细菌和真核生物优势属与土壤理化性质之间的关系。采用 Mantel 分析基于 OTU 相对丰度的 Bray-Curtis 距离与土壤理化性质之间的关系。在参考 Wei 等（2020）的基础上，选择每一组内相对丰度大于 0.1% 的 OTU 利用 Gephi 0.9.2 软件绘制细菌和真核生物的互作网络图。利用 SPSS 软件对数据进行统计分析及 LSD 方差分析。

6.3.2.2 不同土地利用方式下土壤理化性质及化学计量学特征

表 6.12 为 4 种土地利用方式下 SOC、TN、TP、AK、pH、EC-Ca^{2+}、EC-Mg^{2+}、C∶N、C∶P 和 N∶P 结果。在这四种土地利用方式中，TP 和 AK 的质量分数均表现为弃耕地 > 草

地 > 人工林 > 天然林，而 C∶N、C∶P 和 N∶P 则表现出截然相反的变化趋势。此外，在 4 种土地利用方式中，草地中的 TN、EC-Ca^{2+} 和 EC-Mg^{2+} 质量分数最大，天然林中的 SOC 质量分数最大及人工林土壤 pH 值最低。此外，SOC、TN、TP、AK、pH、EC-Ca^{2+}、EC-Mg^{2+}、C∶N、C∶P 和 N∶P 在 4 种土地利用方式中的差异性不尽相同。由此可见，土地利用变化是影响土壤碳、氮、磷等元素空间变异及生态化学计量特征的重要因素。

表 6.12　不同土地利用方式下土壤理化性质及土壤碳、氮、磷的化学计量学特征

	TP	TN	SOC	AK	pH
	g/kg	μg/mg	g/kg	mg/kg	
弃耕地	1.79 ± 0.41a	2.68 ± 0.29b	29.97 ± 4.48b	183.83 ± 92.14a	6.53 ± 0.13b
草地	1.17 ± 0.11b	4.69 ± 0.56a	51.83 ± 6.22a	75.35 ± 43.97b	6.35 ± 0.08bc
人工林	0.73 ± 0.03c	3.12 ± 0.13b	38.93 ± 2.78b	44.35 ± 4.04b	6.28 ± 0.16c
天然林	0.49 ± 0.16c	3.80 ± 1.14a	54.23 ± 12.25a	35.58 ± 9.10b	6.75 ± 0.14a
	EC-Ca^{2+}	EC-Mg^{2+}	C∶N	C∶P	N∶P
	cmol/kg	cmol/kg			
弃耕地	7.39 ± 0.85ab	1.18 ± 0.26b	11.14 ± 0.50c	17.64 ± 5.87c	1.57 ± 0.44c
草地	9.53 ± 1.18a	3.73 ± 0.77a	11.05 ± 0.58c	44.21 ± 2.76b	4.00 ± 0.18b
人工林	4.89 ± 1.05b	0.76 ± 0.15b	12.46 ± 0.47b	53.15 ± 4.69b	4.26 ± 0.31b
天然林	6.78 ± 4.25ab	2.74 ± 2.29ab	14.49 ± 1.17a	113.12 ± 16.79a	7.80 ± 0.84a

注：同列不同字母表示差异显著（$p < 0.05$）。

6.3.2.3　不同土地利用方式下土壤细菌和真核生物群落特征

在 4 种土地利用方式中，Verrucomicrobia、Acidobacteria、Proteobacteria、Chloroflexi、Actinobacteria、Gemmatimonadetes、Bacteroidetes、Planctomycetes、Rokubacteria、Patescibacteria、Firmicutes 和 Latescibacteria 为细菌群落的优势门，其相对丰度 >97.28%；Charophyta、Metazoa、Fungi、Cercozoa、Ciliophora、Ochrophyta、Chlorophyta 和 Labyrinthulomycetes 为真核生物群落的优势界，其相对丰度 >84.54%（图 6.16）。此外，细菌群落中的 Verrucomicrobia、Rokubacteria 相对丰度均表现为弃耕地 < 草地 < 人工林 < 天然林，Proteobacteria、Chloroflexi、Gemmatimonadetes、Bacteroidetes、Latescibacteria 相对丰度均表现为弃耕地 > 草地 > 人工林 > 天然林；真核生物群落均没表现出明显的变化规律。此外，土壤细菌和真核生物群落在每一个土样样品中的相对丰度也不尽相同，进而反映出喀斯特土壤的高异质性特征。通过进一步分析（表 6.13），发现土壤细菌 α 多样性指数均表现出弃耕地 > 草地 > 人工林 > 天然林；土壤真核生物 Chao1 指数为弃耕地 > 天然林 > 草地 > 人工林，Shannon - Wiener 指数和 Simpson 指数为弃耕地 > 天然林 > 草地 > 人工林。此外，土壤细菌 α 多样性在弃耕地 / 草地和人工林 / 天然林等土地利用方式中存在显著差异，土壤真核生物 Chao1 指数在弃耕地与草地人工林 / 天然林等土地利用方式中存在显著差异，土壤真核生物其他 α 多样性指标差异性不显著。通常认为 α 多样性是物种多样性，β 多样性可用以测定群落的物种多样性沿着环境梯度的变化速率或群落间的多样性，包括不同群落间物种组成的差异（Crist et al.，2003）。因此，基于 weighted UniFrac 距离矩阵的 ANOSIM 分析结果表明，不同土地利用方式下土壤细菌和真核生物群落存在显著差异（图 6.17）。

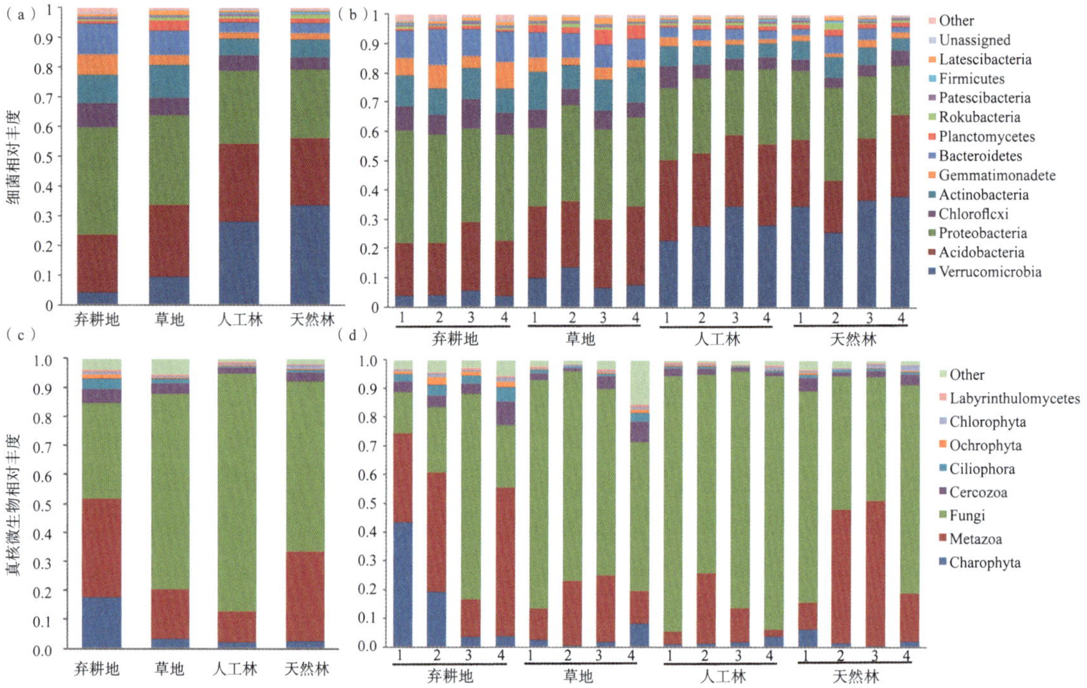

图 6.16　不同土地利用方式土壤细菌优势门（a）和真核生物优势界（c）及其在每一样品中的相对丰度（b 和 d）

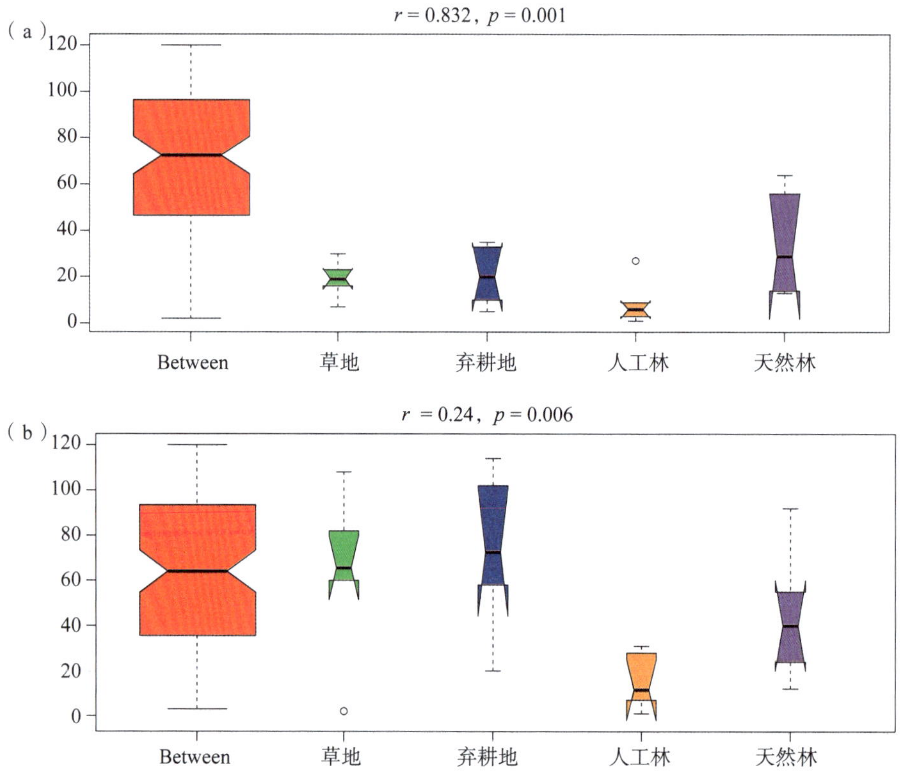

图 6.17　不同土地利用方式下土壤细菌（a）和真核生物（b）的 ANOSIM 组间差异分析

纵坐标 — 样本间距离的秩；横坐标 —Between 为 4 种土地利用方式之间的结果；其他为 4 种土地利用方式各自组内的结果

表 6.13　不同土地利用方式下土壤细菌和真核生物的 α 多样性指数

		Chao1 指数	Shannon-Wiener 指数	Simpson 指数		Chao1 指数	Shannon-Wiener 指数	Simpson 指数
弃耕地	细菌	2082.06 ± 86.97a	9.01 ± 0.06a	0.993 ± 0.001a	真核生物	1417.64 ± 121.80a	5.55 ± 0.83a	0.89 ± 0.07a
草地		2022.5 ± 72.97a	8.93 ± 0.05a	0.994 ± 0.001a		1153.78 ± 196.95b	5.23 ± 1.4a	0.85 ± 0.13a
人工林		1817.84 ± 82.76b	7.78 ± 0.21b	0.979 ± 0.005b		1039.33 ± 109.94b	4.53 ± 0.88a	0.82 ± 0.15a
天然林		1723.15 ± 34.36b	7.45 ± 0.38b	0.974 ± 0.01b		1046.02 ± 34.57b	5.29 ± 1.37a	0.89 ± 0.12a

注：同列不同字母表示差异显著（$p < 0.05$）。

6.3.2.4　不同土地利用方式下土壤细菌和真核生物互作网络特征

以每种土地利用方式中 4 个样品测序所得 OUT（相对丰度 >0.1%）为数据源构建土壤细菌－真核生物互作网络（图 6.18）。弃耕地、草地、人工林和天然林的网络模块聚类系数分别为 0.987、0.988、0.986 和 0.969，并高于网络模块聚类系数阈值 0.4（Newman，2006），说明构建的互作网络具有模块化特征，可用于进一步分析。网络节点数、边数及平均度可反映网络的规模和复杂程度，通过分析发现弃耕地、草地、人工林和天然林的土壤细菌－真核生物互作网络节点数分别为 131、148、130 和 62，边数分别为 748、976、763 和 222，平均度为 11.420、13.189、11.738 和 7.160，并总体呈现出弃耕地 > 草地 > 人工林 > 天然林的变化趋势。此外，4 种土地利用方式均以细菌节点比例最高，并呈现出弃耕地 > 人工林 > 草地 > 天然林的变化趋势；而真核生物节点比例在 4 种土地利用方式中呈现出弃耕地 < 人工林 < 草地 < 天然林的变化趋势，说明生态恢复有助于改善土壤质量，促进真核生物的繁衍（Chen et al.，2000；Pang et al.，2018）。

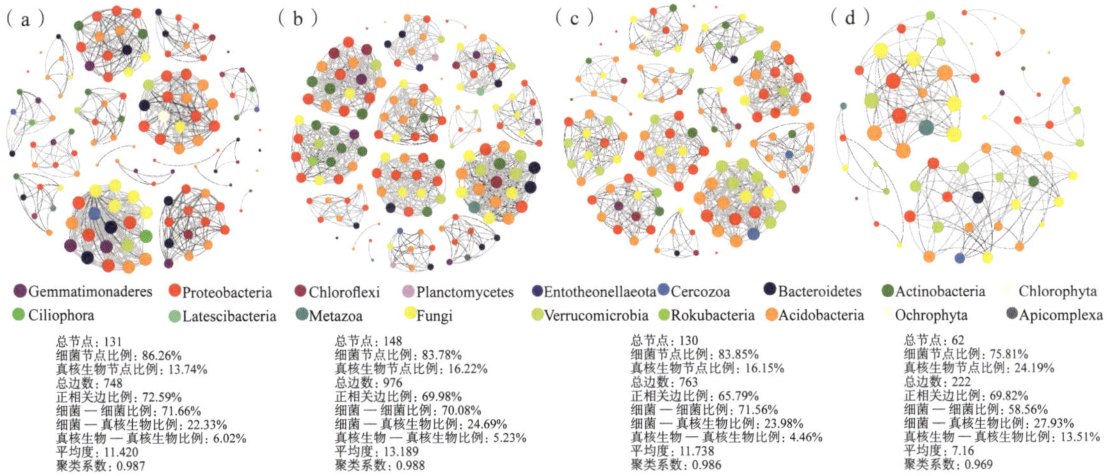

图 6.18　弃耕地（a）、草地（b）、人工林（c）和天然林（d）土壤细菌－真核生物的互作网络

节点颜色代表门分类水平的土壤细菌群落和界分类水平的土壤真核生物群落；节点大小代表土壤细菌和真核生物 OTU 的相对丰度；灰色连线代表显著正相关；黑色连线代表显著负相关

网络中的正负相关可用于推断土壤细菌与真核生物群落之间的共生或竞争/捕食关系，本研究结果表明 4 种土地利用方式的网络均以正相关为主，表明土壤细菌和真核生物群落之间的合作关系大于竞争/捕食关系。他们之间的合作关系比例大小为弃耕地 > 草地 > 天

然林 > 人工林。此外，在网络的正负相关中，细菌 – 细菌的比例大小为弃耕地 > 人工林 > 草地 > 天然林；细菌 – 真核生物的比例大小为弃耕地 < 人工林 < 草地 < 天然林；真核生物 – 真核生物的比例大小为人工林 < 草地 < 弃耕地 < 天然林。

通过进一步分析 4 种土地利用方式的土壤细菌和真核生物生态网络关键节点，可以发现 4 种土地利用方式的互作网络均以 Proteobacteria 为优势类群，Acidobacteria 和 Fungi 为主类群，并具有一定的相似性（图 6.18）。在天然林和人工林的生态网络关键节点组成中，Bacteroidetes 低于草地和弃耕地，Verrucomicrobia 高于草地和弃耕地，并且天然林中的 Metazoa 和 Fungi 等真核生物最高。此外，天然林的前 6 位优势属为 *Candidatus Udaeobacter*（Verrucomicrobia 门）、RB41（Acidobacteria 门）、Acidobacteria Subgroup 6、*Candidatus Solibacter*（Acidobacteria 门）、*Rokubacteriales*（Rokubacteria 门）和 *Metagenome*（真菌界）；人工林的前 6 位优势属为 *Candidatus Udaeobacter*、*Acidobacteriales*（Acidobacteria 门）、*Bryobacter*（Acidobacteria 门）、*Acidobacteria Subgroup* 2、*Candidatus Solibacter* 和 RB41；草地的前 6 位优势属为 *Acidobacteria Subgroup* 6、RB41、*Gemmatimonadaceae*（Gemmatimonadetes 门）、*Chitinophagaceae*（Bacteroidetes 门）、*Agaricales*（真菌界）和 *Pedosphaeraceae*（Verrucomicrobia 门）；弃耕地的前 6 位优势属为 *Acidobacteria Subgroup* 6、*Chitinophagaceae*、*Gemmatimonadaceae*、RB41、SC–I–84（Proteobacteria 门）和 *Blastocatellaceae*（Acidobacteria 门）。RB41 通常在非施肥土壤富集（Ai et al.，2018），并适应贫瘠土壤环境（Eo and Park，2016），因此，在水土流失严重的喀斯特断陷盆地，RB41 成为决定土壤生态系统的关键类群。

6.3.3 不同土地利用方式下土壤细菌和真核生物与土壤因子的相互关系

为进一步识别土壤因子对土壤细菌和真核生物群落的影响，采用 Spearman 秩相关进行相关分析（其中 Bray–Curtis 距离与土壤因子之间的关系采用 Mantel 检验），结果如图 6.19 所示。土壤细菌多样性与 TP、AK、EC–Ca^{2+}、C∶N、C∶P 和 N∶P 显著相关，土壤真核生物多样性与土壤因子没有相关性。土壤细菌 Bray–Curtis 距离与 SOC、TN、TP、AK、EC–Ca^{2+}、EC–Mg^{2+}、C∶N、C∶P 和 N∶P 显著相关，而土壤真核生物 Bray–Curtis 距离与 TP、EC–Ca^{2+} 和 SOC 显著相关。由于土壤生物对生物地球化学循环过程的调控具有专有功能和一般功能特征（Crowther et al.，2019），因此，土壤细菌和真核生物优势属与某些土壤因子呈显著正相关或负相关。尽管土壤 pH 被认为是影响土壤生物生存与发育的重要因素，但考虑到石灰性土壤特点（曹建华等，2003），因此，本土壤 pH 与土壤细菌和真核生物群落的关系并不显著（$p<0.05$）。

6.3.3.1 讨论

目前关于土地利用方式变化对喀斯特土壤理化性质、土壤碳、氮、磷的化学计量学特征及微生物群落结构的影响已有较深入的研究（何敏红等，2019；吴鹏等，2019；牟凌等，2020；王显等，2020；喻文强等，2020），而关于土地利用方式变化对喀斯特土壤细菌 – 真核生物的影响研究较少。一般来讲，土壤有机质 C∶N 比与其分解速度呈反比，因此，土壤有机质 C∶N 较低表明其具有较快的矿化速率，造成土壤有机质中的有效氮质量分数偏高（王绍强和于贵瑞，2008）。本研究结果表明，随着土地覆被（弃耕地 < 草地 < 人工林 < 天然林）的增加 C∶N 逐渐升高，这与曾凡鹏等（2016）关于生态正向演替过程

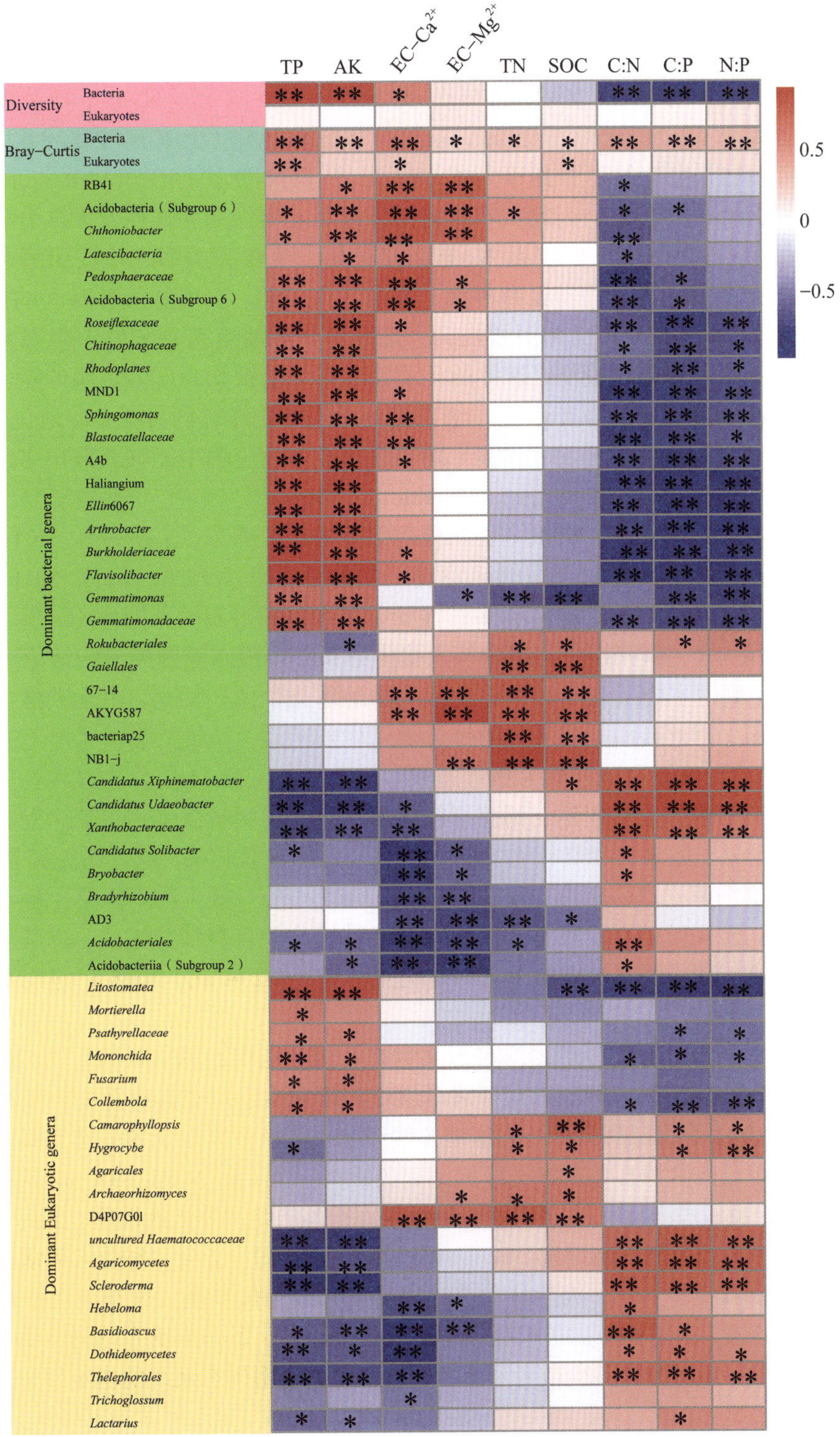

图 6.19 土壤细菌和真核生物多样性、Bray-Curtis 距离、优势属与土壤理化性质和土壤碳、氮、磷的化学计量学特征的相关性

土壤细菌和真核生物多样性、优势属与土壤理化性质和土壤碳、氮、磷的化学计量学特征进行 Spearman 相关分析；土壤细菌和真核生物 Bray-Curtis 距离与土壤理化性质和土壤碳、氮、磷的化学计量学特征进行 Mantel 相关分析；红色和蓝色分别代表正相关和负相关；* 表示 $p < 0.05$；** 表示 $p < 0.01$。

中 C∶N 逐渐增加的结果一致。此外，土壤 C∶P 越低通常说明磷的有效性越高（Sterner and Elser，2002），因此，随着土地覆盖度的增加，土壤中磷的有效性正在逐渐降低。通过进一步对比我国不同地区土壤 N∶P，发现本研究弃耕地土壤 N∶P 平均接近青藏高原高寒草原（土壤 N∶P 为 1.59）并远低于亚热带常绿阔叶林（土壤 N∶P 为 8.62）（王建林等，2013）。加之，生物的生长速率与 C∶N、C∶P 和 N∶P 比存在负相关关系（Elser et al.，1996；Liu et al.，2010），因此，本研究结果显示土壤细菌多样性及大部分土壤细菌和真核生物的优势属与 C∶N、C∶P 和 N∶P 比存在显著负相关关系，并且细菌在弃耕地生态网络中占绝对优势。此外，随着弃耕地、草地、人工林、天然林演替时间的推移，细菌节点比例减少、真核生物节点比例增加，这是因为弃耕地生态系统处于生态系统演替的早期阶段，土壤有机物质含量低，这样的环境在生态学上被认为群落之间的竞争作用较弱（Brown and Jumpponen，2014），因此，细菌作为早期的先锋类群占据主导地位。相反，随着植物的定植和土壤有机质增加，真核生物在日趋成熟的土壤中能够获取更多的有机物质资源导致其竞争作用加强（Treseder and Lennon，2015）。

土壤中的氮磷不但是限制植被生长和群落演替的重要养分（王建林等，2013；曾凡鹏，等，2016），而且还是影响微生物活性和群落结构的重要因素（Liu et al.，2010）。本研究结果显示土壤细菌和真核生物群落和多样性受土壤中氮磷限制的共同作用，但主要受土壤磷素的限制作用，这一研究结果与喀斯特土壤生态系统磷限制问题突出的结论一致（Du et al.，2020）。土壤钾主要来源于母质矿化和生物地球化学循环补充，由于碳酸盐岩钾含量远低于其他岩石，因此碳酸盐岩释放的钾远低于生物所需，导致土壤钾耗损（Shen et al.，2020），进而制约土壤细菌和真核生物群落和多样性。Ca^{2+} 和 Mg^{2+} 作为微生物所需的一种微量元素，参与细胞的能量代谢，调控细胞增殖与分化，刺激微生物生长，提高微生物活性，因此，大部分土壤细菌和真核生物的优势属与他们显著相关，这一研究结果与 Ca^{2+} 是影响喀斯特土壤细菌群落的结论一致（Xue et al.，2017）。微生物不但是土壤有机碳转化的重要参与者，而且通过合成代谢作用能将有机碳转化为自身细胞组成，待其死亡后以微生物残体形式在土壤中积累，成为土壤固碳的主力军（Ma et al.，2018），进而与土壤有机碳显著相关。

土壤生物群落中的一些关键类群在土壤生态系统功能中起着重要的作用，因此，喀斯特土壤生物关键类群的筛选和确定对开展石漠化治理和生态重建具有重要的作用。本文研究结果表明：RB41 是决定喀斯特断陷盆地土壤细菌 - 真核生物系统的关键类群。然而 Xue 等（2017）发现云南富源县喀斯特土壤的细菌关键类群为 GR-WP33-30，这是因为喀斯特土壤异质性高，并且季节变化决定了环境中微生物群落的结构和组成性质，因此，关键种可能只在特定的季节或时间段内出现（Banerjee et al.，2018）。此外，与受人类活动影响程度较深的弃耕地和人工林相比，天然林和草地中的真菌成为优势属。这是因为植被是影响真菌群落的重要因素，一方面不同的植物产生不同的分泌物，影响土壤生物群体的组成，另一方面植物能与某些土壤真菌共生或者形成菌根，来提高土壤生态系统的稳定性（王芳和图力古尔，2014）。

6.3.3.2 结论

1）喀斯特断陷盆地不同土地利用方式土壤碳氮磷化学比存在差异，C∶N、C∶P 和 N∶P 总体表现出弃耕地 < 草地 < 人工林 < 天然林。土壤细菌和真核生物多样性与 C∶N、C∶P 和

N : P 变化趋势相反。

2）土壤磷、钾和钙是影响喀斯特断陷盆地土壤细菌和真核生物群落结构和多样性的关键因素。

3）RB41 是决定喀斯特断陷盆地土壤细菌 – 真核生物网络系统的关键类群。

参考文献

艾长江 . 2018. 黄土高原典型灌丛穿透雨特征与影响机制研究 . 北京：中国地质大学 .

安可栋 . 2016. 旱区土气界面水热传输机理及对包气带水热运移的影响 . 西安：长安大学 .

包维楷，陈庆恒 . 1999. 生态系统退化的过程及其特点 . 生态学杂志，18（2）：37–43.

宾振钧，王静静，张文鹏，徐当会，程雪寒，柯杰，曹德昊 . 2014. 氮肥添加对青藏高原高寒草甸 6 个群落优势种生态化学计量学特征的影响 . 植物生态学报，38（3）：231–237.

曹建华，袁道先，潘根兴 . 2003. 岩溶生态系统中的土壤 . 地球科学进展，18（1）：37–44.

曹建华，袁道先 . 2005. 受地质条件制约的中国西南岩溶生态系统 . 北京：地质出版社 .

曹建华，邓艳，杨慧，蒲俊兵，朱同彬，蓝芙宁，黄芬，李建鸿 . 2016. 喀斯特断陷盆地石漠化演变及治理技术与示范 . 生态学报，36（22）：7103–7108.

曹雯，申双和，段春锋 . 2011. 西北地区生长季参考作物蒸散变化成因的定量分析 . 地理学报，66（3）：407 – 415.

曹祥会，龙怀玉，周脚根，朱阿兴，刘宏斌，雷秋良，邱卫文 . 2017. 中温 – 暖温带表土碳氮磷生态化学计量特征的空间变异性：以河北省为例 . 生态学报，37（18）：6053–6063.

曹言，王杰，黄英，张雷，戚娜 . 2018. 基于干燥指数的近 45 年云南滇中地区干湿状况的变化特征 . 水土保持研究，25（1）：243–249.

曹云，黄志刚，郑华，欧阳志云 . 2007. 柑桔园林下穿透雨的分布特征 . 水科学进展，18（6）：853–857.

曾凡鹏，迟光宇，陈欣，史奕 . 2016. 辽东山区不同林龄落叶松人工林土壤 – 根系 C：N：P 生态化学计量特征 . 生态学杂志，35（7）：1819–1825.

曾欢欢，刘文杰，吴骏恩，朱习爱 . 2019. 西双版纳地区丛林式橡胶林内植物的水分利用策略 . 生态学杂志，38（2）：394–403.

曾亦键，万力，苏中波，Hirotaka Saito，王旭升，曹文炳 . 2008. 浅层包气带水汽昼夜运移规律及其数值模拟研究 . 地学前缘，15（5）：330–343.

曾亦键 . 2012. 浅层包气带水—汽—热耦合运移规律及其数值模拟研究 . 北京：中国地质大学 .

曾昭霞，王克林，刘孝利，曾馥平，宋同清，彭晚霞，张浩，杜虎 . 2015. 桂西北喀斯特森林植物 – 凋落物 – 土壤生态化学计量特征 . 植物生态学报，39（7）：682–693.

陈静生，洪松，邓宝山，潘懋 . 1999. 中国东部花岗岩、玄武岩及石灰岩上土壤微量元素含量的纬向分异 . 土壤与环境，8（3）：161–167.

陈凯，赵乾坤，陈志成，张永涛 . 2011. 秸秆覆盖对苹果树盘水分再分配的影响 . 山东农业大学学报（自然科学版），42（3）：356–360.

陈柯豪 . 2020. 滇南喀斯特天然森林和退化群落植物化学计量特点和生态意义 . 上海：上海交通大学 .

陈乐 . 2014. 石羊河流域面向生态的水资源优化配置研究 . 兰州：西北师范大学 .

陈丽华，王礼先 . 2002. 北京市生态用水分类及森林植被生态用水定额的确定 . 水土保持研究，8（4）：161–164.

陈爽 . 2018. 西南岩溶峰林区地下水资源定量评价方法研究 . 北京：中国地质大学 .

陈喜，张志才 . 2014. 西南喀斯特地区水循环过程及其水文生态效应 . 北京：科学出版社 .

程立平，刘文兆 . 2012. 黄土塬区几种典型土地利用类型的土壤水稳定同位素特征 . 应用生态学报，23（3）：651–658.

崔步礼 . 2011. 基于氢氧稳定同位素的青海湖流域水循环及水量转化关系研究 . 北京：北京师范大学 .

戴军杰，章新平，罗紫东，王锐，刘福基，贺新光 . 2019. 长沙地区樟树林土壤水稳定同位素特征及其对土壤水分运动的指示 . 环境科学研究，32（6）：974–983.

戴明宏，张军以，王腊春，苏维词，李阳兵 . 2015. 岩溶地区土地利用 / 覆被变化的水文效应研究进展 . 生态科学，34（3）：189−196.
戴祥艳，唐静，宋理洪 . 2019. 中国西南喀斯特地区土壤动物生态学研究进展 . 生态学杂志，38（10）：3189−3194.
单志杰，于洋，殷哲，秦伟，左长清，赵耀，李柏，郭乾坤 . 2019. 蒙自断陷盆地不同土地利用方式土壤养分特征 . 中南林业科技大学学报，39（7）：85−91.
党宏忠，冯金超，王檬檬，陈帅，却晓娥 . 2020. 黄土高原苹果树各生育期需水特征研究 . 果树学报，37（5）：659−667.
邓树斌 . 2010. ENVI 遥感图像处理方法 . 北京：科学出版社 .
邓晓琪，王世杰，容丽 . 2012. 喀斯特区专属植物水分来源研究 . 地球与环境，40（2）：154−160.
邓艳，蒋忠诚，罗为群，陆瑞群，邓新辉 . 2006. 不同岩溶干旱胁迫下青冈栎水分生理对比研究 . 农业现代化研究，27（3）：238−240.
邓艳 . 2018. 西南典型岩溶关键带生态格局 / 过程对表层岩溶水的响应 . 桂林：中国地质科学院岩溶地质研究 .
丁智强，俞筱押，高璇，李玉辉 . 2019. 云南石林县域喀斯特洼地空间分布特征及影响因素研究 . 中国岩溶，38（3）：325−335.
董旭光，顾伟宗，王静，刘焕彬 . 2015. 影响山东参考作物蒸散量变化的气象因素定量分析 . 自然资源学报，30（5）：810−823.
杜加强，王跃辉，师华定，房世峰，何萍，刘伟玲，阴俊齐 . 2016. 基于 MODIS 和 Landsat 的青藏高原两代 GIMMS NDVI 性能评价 . 农业工程学报，32（22）：192−199+316.
杜俊杉，马英，胡晓农，童菊秀，张宝忠，孙宁霞，高光耀 . 2018. 基于双稳定同位素和 MixSIAR 模型的冬小麦根系吸水来源研究 . 生态学报，38（18）：6611−6622.
段兴武，洪欢 . 2019. 云南土壤地理 . 北京：科学出版社 .
凡非得，王克林，熊鹰，宣勇，张伟，岳跃民 . 2011. 西南喀斯特区域水土流失敏感性评价及其空间分异特征 . 生态学报，31（21）：6353−6362.
范新瑞，苏维词，鄢贵权，曹欢 . 2009. 黔中典型岩溶石漠化地区土壤水分动态变化规律研究 . 水土保持研究，16（2）：156−159.
方精云，刘国华，徐嵩龄 . 1996. 我国森林植被的生物量和净生产量 . 生态学报，16（5）：497−508.
方凯凯 . 2017. 苹果园地表覆盖对果树季节性耗水与产量的影响 . 杨凌：西北农林科技大学 .
符静 . 2018. 南方湿润区植被生态需水量估算及其时空分异特征研究——以湖南省为例 . 长沙：湖南师范大学 .
付爱红，陈亚宁，李卫红，张宏锋 . 2005. 干旱、盐胁迫下的植物水势研究与进展 . 中国沙漠，25（5）：744−749.
付奔，胡关东，杨帆，王龙 . 2014. 云南干旱“常态化”的分析 . 水文，34（4）：82−85.
傅伯杰，徐延达，吕一河 . 2010. 景观格局与水土流失的尺度特征与耦合方法 . 地球科学进展，25(7)：673−681.
傅伟，王克林，陈洪松，苏以荣 . 2005. 典型峰丛洼地坡面土壤水分动态变化的时序分析 . 水土保持学报，19（4）：111−114+155.
甘露 . 1998. 人类活动与喀斯特生态系统相关作用初探 . 贵州师范大学学报（自然科学版），16（1）：50−54.
高海峰 . 1988. 柽柳属植物水分状况的研究 . 植物生理学通讯，2：20−24.
谷晓平，于飞，刘云慧，罗宇翔 . 2011. 降雨因子对喀斯特石漠化发生发展的影响研究 . 水土保持通报，31（3）：66−70.
顾振瑜，胡景江，文建雷，王姝清 . 1990. 元宝枫对干旱适应性的研究 . 西北林学院学报，14（2）：1−6.
郭飞，高磊，马娟娟 . 2019. 基于氢氧稳定同位素的矮砧苹果树根系吸水深度研究 . 节水灌溉，0（6）：

10-13.
郭建平，薛红喜，马兆岩，邓敏君，王鹏祥，除多 . 2013. 珠穆朗玛峰地区若干气象要素的垂直特征 . 高原气象，32（6）：1568-1579.
郭连生，田有亮 . 1992. 9 种针阔叶幼树的蒸腾速率、叶水势与环境因子关系的研究 . 生态学报，12（1）：47-52.
郭小燕 . 2015. 基于稳定同位素和水化学的疏勒河流域水文过程研究 . 北京：中国科学院大学 .
郭学军，韩张雄，马锋旺 . 2013. 不同覆盖方式对苹果园土壤状况及果树生长与果实的影响 . 西北农林科技大学学报（自然科学版），41（9）：112-118.
国家林业和草原局 . 2018. 岩溶地区石漠化状况公报 .
韩昭庆 . 2015. 清中叶至民国玉米种植与贵州石漠化变迁的关系 . 复旦学报（社会科学版），57（4）：91-99.
郝仲勇，杨培岭，刘洪禄，姚春梅 . 1998. 苹果树根系分布特性的试验研究 . 中国农业大学学报，3（6）：63-66.
何凡，张洪江，史玉虎，程金花，祁生林，潘磊 . 2005. 长江三峡花岗岩地区降雨因子对优先流的影响 . 农业工程学报，21（3）：75-78.
何敏红，何跃军，吴春玉，欧静，林艳，方正圆，韩勖，徐鑫洋 . 2019. 石漠化强度对喀斯特植被演替过程土壤真菌组成及多样性的影响 . 菌物学报，38（4）：471-484.
何其华，何永华，包维凯 . 2003. 干旱半干旱区土壤水分动态变化 . 山地学报，21（2）：149-156.
何跃军，吴春玉，何丙辉，丁贵杰，孙学广，高秀兵 . 2016. 喀斯特不同植被恢复阶段土壤 AMF 组成及多样性研究 . 水土保持学报，30（5）：305-310.
何子平，蒋忠诚，吕维莉，陈桂芬，蒙炎成 . 2001. 岩溶动力系统对典型石灰岩土肥力特征的影响 . 中国岩溶，20（3）：65-69.
贺纪正，李晶，郑袁明 . 2013. 土壤生态系统微生物多样性 - 稳定性关系的思考 . 生物多样性，21（4）：411-420.
贺克雕 . 2015. 土地利用 / 覆被变化的水文水资源响应研究综述 . 水资源研究，4（3）：240-248.
侯琨，王秀茹，杜晓晴，靳春香 . 2015. 桂林市桃花江流域生态环境需水量分析 . 水土保持研究，22（4）：338-341.
侯文娟，高江波，戴尔阜，彭韬，吴绍洪，王欢 . 2018. 基于 SWAT 模型模拟乌江三岔河生态系统产流服务及其空间变异 . 地理学报 . 73（7）：1268-1282.
胡从从，成斌，王坤，赵丽莉，贺学礼 . 2017. 蒙古沙冬青及其伴生植物 AM 真菌物种多样性 . 生态学报，37（23）：7972-7982.
胡菡，王建力 . 2015. 云南地区大气降水中氢氧同位素特征及水汽来源分析 . 西南师范大学学报（自然科学版），40（5）：142-149.
胡忠良，潘根兴，李恋卿，杜有新，王新洲 . 2009. 贵州喀斯特山区不同植被下土壤 C、N、P 含量和空间异质性 . 生态学报，29（8）：4187-4195.
黄昌勇，徐建明 . 2010. 土壤学 . 北京：中国农业出版社 .
黄成敏，龚子同 . 2002. 海南岛北部玄武岩上土壤发生研究Ⅲ . 元素地球化学特征 . 土壤学报，39（5）：643-652.
黄嘉佑，李庆祥 . 2015. 气象数据统计分析方法 . 北京：气象出版社 .
黄金 . 2009. 云南石林喀斯特山地植被和土壤退化特征的研究 . 南京：南京林业大学 .
黄鹏 . 2018. 黄土丘陵区不同土地利用类型下土壤水分运移模拟研究 . 西安：西安理工大学 .
黄玉清，王晓英，陆树华，汪青，赵平 . 2006. 岩溶石漠化治理优良先锋植物种类光合、蒸腾及水分利用效率的初步研究 . 广西植物，26（2）：171-177.
姬王佳，黄亚楠，李冰冰，李志 . 2019. 陕北黄土区深剖面不同土地利用方式下土壤水氢氧稳定同位素特征 . 应用生态学报，30（12）：4143-4149.

贾宝全 . 1998. 干旱区生态用水的概念和分类——以新疆为例 . 干旱区地理，21（2）：9–12.
贾志峰 . 2014. 土壤水的监测技术方法与运移规律研究 . 西安：长安大学 .
贾志军，韩琳，王鸽，张通顺 . 2014. 三江平原典型下垫面 FAO Penman–Monteith 模型适用性分析 . 应用生态学报，25（5）：1327–1334.
蒋勇军 . 2005. 典型岩溶流域土地利用变化及其对土壤质量的影响——以云南小江流域为例 . 重庆：西南师范大学 .
蒋忠诚，罗为群，童立强，程洋，杨奇勇，吴泽燕，梁建宏 . 2016. 21 世纪西南岩溶石漠化演变特点及影响因素 . 中国岩溶，35（5）：461–468.
解继 . 2008. 石漠化地区区域气候条件与演变对土壤退化的影响 . 上海：同济大学 .
金凯 . 2019. 中国植被覆盖时空变化及其与气候和人类活动的关系 . 陕西 . 西北农林科技大学 .
敬洪霞，孙宁骁，Umair M，刘春江，杜红梅 . 2020. 滇南喀斯特地区不同季节土壤和灌木叶片化学计量特征及对水分添加的响应 . 植物生态学报，44（1）：56–69.
敬洪霞 . 2020. 水分变化对滇南喀斯特地区土壤和优势植物元素和代谢产物积累的影响 . 上海：上海交通大学 .
康绍忠，张建华，梁建生 . 1999. 土壤水分与温度共同作用对植物根系水分传导的效应 . 植物生态学报，23（3）：20–28.
蒯斌 . 2008. 蓄水坑灌条件下苹果树根系吸水模型试验研究 . 太原：太原理工大学 .
劳文科，蒋忠诚，时坚，梁彬 . 2003. 洛塔表层岩溶带水文地质特征及其水文地质结构类型 . 中国岩溶，22（4）：9–17.
雷垚，伍松林，郝志鹏，陈保冬 . 2013. 丛枝菌根根外菌丝网络形成过程中的时间效应及植物介导作用 . 西北植物学报，33（1）：0154–0161.
李春海，郭昆，彭牧青 . 2011. 着力改善水资源和水环境条件——对云南特大干旱发生机制的考察 . 水资源研究，32（1）：1–3+17.
李大通 . 1990. 核技术在水文地质中的应用指南 . 北京：地质出版社 .
李道宁，王兵，蔡体久，殷卓，琚存勇 . 2014. 江西省大岗山主要森林类型降雨再分配特征 . 应用生态学报，25（8）：2193–2200.
李广，章新平，许有鹏，宋松，王跃峰，季晓敏，项捷，杨洁 . 2016. 滇南蒙自地区降水稳定同位素特征及其水汽来源 . 环境科学，37（4）：1313–1320.
李广，章新平，张立峰，王跃峰，邓晓军，杨柳，雷超桂 . 2015. 长沙地区不同水体稳定同位素特征及其水循环指示意义 . 环境科学，36（6）：2094–2101.
李广，章新平，张新主，吴华武，孙广禄，黄一民 . 2013. 云南腾冲地区大气降水中氢氧稳定同位素特征 . 长江流域资源与环境，22（11）：1458–1465.
李国平 . 2016. 近 25 年来中国山地气象研究进展 . 气象科技进展，6（3）：115–122.
李惠，梁杏，刘延锋，刘亚磊，鲜阳 . 2017. 基于氢氧稳定同位素识别干旱区棉花水分利用来源 . 地球科学，42（5）：843–852.
李慧星，夏自强，马广慧 . 2007. 含水量变化对土壤温度和水分交换的影响研究 . 河海大学学报（自然科学版），35（2）：172–175.
李家鹏，李亚萍，黄俊红 . 2014. 云南红河州石漠化山区苹果种植建园技术 . 现代园艺，（3）：28–29.
李建鸿，蒲俊兵，张陶，王赛男，熊小锋，霍伟杰 . 2019. 小降雨事件对土壤水分及植物水势空间差异性的影响 . 中国岩溶，38（2）：233–242.
李矜霄，何萍，钟瑞，李宏波 . 2014. 近 50 年云贵高原楚雄市日照时数变化特征及其成因分析 . 高原气象，33（2）：407–412.
李菁，杨程，靳振江，朱同彬，曹建华 . 2019. 断陷盆地区不同土地利用方式土壤钙形态分布特征 . 中国岩溶，38（6）：889–895.
李运良 . 2015. 蒙自年鉴 . 德宏 . 德宏民族出版社 .

李景阳，王朝富，樊廷章 . 1991. 试论碳酸盐岩风化壳与喀斯特成土作用 . 中国岩溶，10（1）：32–41.
李景阳，朱立军，梁风 . 2001. 碳酸盐岩红土风化壳主要特征及红土成因探讨——以贵州典型剖面为例 . 水文地质工程地质，(5)：7–11+16.
李静，吴华武，李小雁，贺斌，裴婷婷，蒋志云，鲍志诚 . 2017. 青海湖流域农田生态系统氢氧同位素特征及其水分利用变化研究 . 自然资源学报，32（8）：1348–1359.
李坤峰 . 2009. 石漠化区植被生态需水量研究及种植模式探讨——以重庆市南川区为例 . 重庆：西南大学 .
李丽娟，姜德娟，李九一，梁丽乔，张丽 . 2007. 土地利用 / 覆被变化的水文效应研究进展 . 自然资源学报，22（2）：211–224.
李龙，秦富仓，姜丽娜，姚雪玲 . 2019. 赤峰市敖汉旗土壤有机碳含量的垂直分布及其影响因素 . 生态学报，39：345–354.
李明霞 . 2011. 更新修剪对渭北高原盛果末期苹果树生长发育的影响 . 杨凌：西北农林科技大学 .
李楠 . 2018. 基于稳定氧同位素的黄土丘陵区不同树龄枣树土壤水分利用研究 . 杨凌：西北农林科技大学 .
李强，蒲俊兵，黄妮，杜红梅，祁向坤，王力，杨慧 . 2017. 断陷盆地生态环境地质分异及石漠化演变机理的研究途径 . 地球科学进展，32（9）：899–907.
李世清，李凤民，宋秋华，王俊 . 2001. 半干旱地区不同地膜覆盖时期对土壤氮素有效性的影响 . 生态学报，21（9）：1519–1526.
李廷勇，李红春，沈川洲，杨朝秀，李俊云，衣成城，袁道先，王建力，谢世友 . 2010. 2006—2008 年重庆大气降水 δD 和 δ^{18}O 特征初步分析 . 水科学进展，21（6）：757–764.
李伟 . 2019. 基于改进 BEPS 模型的中亚生态系统生产力时空变化研究 . 焦仲：河南理工大学 .
李文华 . 1978. 森林生物生产量的概念及其研究的基本途径 . 自然资源，0（1）：71–92.
李小彬，潘树荣 . 1991. 广东、海南土壤中微量元素的迁移累积及剖面分布特点 . 热带地理，11（1）：62–70.
李小方 . 2006. 岩溶环境中土壤—植物系统钙元素形态分析及其生态意义 . 桂林：广西师范大学 .
李小雁，马育军 . 2016. 地球关键带科学与水文土壤学研究进展 . 北京师范大学学报（自然科学版），52（6）：731–737.
李晓梅 . 2018. 面积持续减少危害不断减轻生态稳步好转我国石漠化治理取得阶段性成果 . 国土绿化，（12）：22–23.
李孝良，陈效民，周炼川，方堃 . 2008. 西南喀斯特石漠化过程对土壤水分特性的影响 . 水土保持学报，22（5）：198–203.
李援越，朱守谦，祝小科 . 2000. 黔中退化喀斯特森林植物群落的数量分类 . 山地农业生物学报，19（2）：94–98.
李蕴 . 2014. 基于稳定同位素技术的泡泡刺水分来源研究 . 北京：中国林业科学研究院 .
李忠义，张超兰，邓超冰，顾明华，李磊，刘敏 . 2009. 铅锌矿区农田土壤重金属有效态空间分布及其影响因子分析 . 生态环境学报，18（5）：1772–1776.
李周园，叶小洲，王少鹏 . 2021. 生态系统稳定性及其与生物多样性的关系 . 植物生态学报，45（10）：1127–1139.
梁桂星 . 2019. 基于 SWAT 模型的水资源评价方法研究 . 北京：中国地质大学 .
梁亮 . 2007. 土壤水分 δ^{18}O 变化对城市热岛的指示研究 . 武汉：华中农业大学 .
廖金凤 . 2003. 海南地带性土壤微量元素含量及其地理分布 . 地域研究与开发，22（6）：66–93.
林金红 . 2014. 平果县石漠化山区火龙果种植气候条件分析 . 南方农业，8（12）：127–128+130.
林艳，何跃军，何敏红，吴春玉，方正圆，韩勖，徐鑫洋，王世雄 . 2019. 喀斯特植被演替过程土壤丛枝菌根真菌（AMF）多样性 . 生态学报，39（11）：4127–4137.
刘炳成 . 2004. 土壤中的相变传热传质研究及植物根系生长的仿真模拟 . 武汉：华中科技大学 .

刘昌明，张丹 . 2011. 中国地表潜在蒸散发敏感性的时空变化特征分析 . 地理学报，66（5）：579–588.
刘成名，熊康宁，苏孝良，许留兴，张锦华，董颖萍 . 2014. 干旱胁迫对石漠化地区 3 种乡土草种光合作用的影响 . 四川农业大学学报，32（4）：382–387.
刘方，王世杰，罗海波，刘元生，刘鸿雁 . 2008. 喀斯特森林生态系统的小生境及其土壤异质性 . 土壤学报，45（6）：1055–1062.
刘九缠 . 2019. 隧道建设对岩溶槽谷区植物水分利用策略的影响 . 重庆：西南大学 .
刘珏杉 . 2017. 滇东南峰林湖盆区植物水分利用策略 . 昆明：云南师范大学 .
刘君，聂振龙，段宝谦，田言亮，刘福亮，张琳 . 2016. 氢氧稳定同位素指示的呼和浩特地区土壤水的补给特征 . 干旱区资源与环境，30（10）：145–150.
刘柯渝 . 2018. 深层土壤水对黄土塬区苹果蒸腾的贡献 . 杨凌：西北农林科技大学 .
刘立斌，周运超，程安云，王世杰，蔡先立，倪健 . 2020. 利用皆伐法估算黔中喀斯特森林地上生物量 . 生态学报，40（13）：4455–4461.
刘润进，焦惠，李岩，李敏，朱新产 . 2009. 丛枝菌根真菌物种多样性研究进展 . 应用生态学报，20（9）：2301–2307.
刘世贤 . 2003. 半干旱区苹果树根系分布规律调查 . 西北园艺，(6)：48–49.
刘树宝，陈亚宁，陈亚鹏，邓海军，方功焕 . 2016. 基于稳定同位素技术的黑河下游不同林龄胡杨的吸水深度研究 . 生态学报，36（3）：729–739.
刘松 . 2007. 极端干旱环境下植物体内多酚类物质含量及其对逆境的响应研究 . 北京：北京林业大学 .
刘伟，王世杰，罗维均，容丽 . 2011. 贵州荔波喀斯特与非喀斯特地区土壤水运移的对比研究 . 地球与环境，39（2）：137–149.
刘宪锋，潘耀忠，朱秀芳，李双双 . 2015. 2000—2014 年秦巴山区植被覆盖时空变化特征及其归因 . 地理学报，70（5）：705–716.
刘洋，李诚志，刘志辉，邓兴耀 . 2016. 1982—2013 年基于 GIMMS-NDVI 的新疆植被覆盖时空变化 . 生态学报，36（19）：6198–6208.
刘映良，薛建辉 . 2005. 贵州茂兰退化喀斯特森林群落的数量特征 . 南京林业大学学报（自然科学版），29（3）：23–27.
刘长成，刘玉国，郭柯 . 2011. 四种不同生活型植物幼苗对喀斯特生境干旱的生理生态适应性 . 植物生态学报，35（10）：1070–1082.
刘志敏. 2002. 水分胁迫对盆栽桃树生长的影响. 北京：中国农业大学 .
刘忠方，田立德，姚檀栋，巩同梁，尹常亮，余武生 . 2008. 雅鲁藏布江流域河水中氧稳定同位素的时空变化 . 冰川冻土，30（1）：20–27.
柳鉴容，宋献方，袁国富，孙晓敏，刘鑫，侯士彬 . 2007. 我国南部夏季季风降水水汽来源的稳定同位素证据 . 自然资源学报，22（6）：1004–1012.
龙健，廖洪凯，李娟，陈彩云 . 2012. 基于冗余分析的典型喀斯特山区土壤 – 石漠化关系研究 . 环境科学，33（6）：2131–2138.
龙翔，孙自永，周爱国，余绍文，曹弘 . 2014. 黑河中游河岸带柽柳水分来源的 $\delta^{18}O$ 同位素示踪研究 . 干旱区资源与环境，28（7）：150–155.
卢晓强 . 2006. 贵州喀斯特退化森林生态系统恢复与重建理论及技术研究 . 南京：南京林业大学 .
泸西县林业区划办公室 . 1992. 云南省泸西县林业区划 .
泸西县年鉴编辑部 . 2004a. 泸西年鉴 2003. 德宏：德宏民族出版社 .
泸西县年鉴编辑部 . 2004b. 泸西年鉴 2004. 昆明：云南民族出版社 .
鲁如坤 . 1999. 土壤化学分析 . 北京：中国农业科技出版社 .
陆双飞，殷晓洁，韦晴雯，张超，马东旭，刘雪莲 . 2020. 气候变化下西南地区植物功能型地理分布响应 . 生态学报，40（1）：310–324.
马婧，汪有科，杨荣慧，南娟，李晓彬 . 2011. 不同树形结构梨枣的冠层特性及节水性分析 . 干旱地区农业研究，29（3）：138−143.
马迎宾，张蓓蓓，徐庆，高德强，郝玉光，黄雅茹 . 2019. 绍兴淡水湿地人工林优势树种水分利用策略 . 林业科学，55（12）：140−150.
马祖陆 . 1993. 云南南洞地下河流域地貌特征及地下河发育演化的初步研究 . 中国岩溶，12（3）：92−102.
蒙海花，王腊春，霍雨 . 2011. 不同土地利用情景下岩溶水文水资源的响应研究 . 水土保持通报，31（03）：17−21+2.
闵庆文，何永涛，李文华，李贵才 . 2004. 基于农业气象学原理的林地生态需水量估算——以泾河流域为例 . 生态学报，24（10）：2130−2135.
莫江明，郁梦德，孔国辉 . 1997. 鼎湖山马尾松人工林土壤硝态氮和铵态氮动态研究 . 植物生态学报，21（4）：40−42+44−46.
莫美仙 . 2017. 云南南洞地下河系统边界及结构特征研究 . 昆明：昆明理工大学 .
莫兴国，李宏轩，刘苏峡，林忠辉 . 2002. 用土壤温度估算表层土壤导温率与热通量的研究 . 中国生态农业学报，10（1）：66−68.
牟凌，吴宏蕾，顾国军，林玉，徐振锋 . 2020. 云南岩溶断陷盆地 4 种植被类型土壤微生物和酶活性特征 . 应用与环境生物学报，26：1081−1086.
聂云鹏，陈洪松，王克林 . 2011. 石灰岩地区连片出露石丛生境植物水分来源的季节性差异 . 植物生态学报，35（10）：1029−1037.
牛素贞，宋勤飞，樊卫国，陈正武 . 2017. 干旱胁迫对喀斯特地区野生茶树幼苗生理特性及根系生长的影响 . 生态学报，37（21）：7333−7341.
潘启民 . 2001. 黑河流域生态需水量分析 . 黄河水利职业技术学院学报，13（1）：14−16.
庞丹波 . 2019. 断陷盆地区典型林分土壤有机碳组分特征研究 . 北京：北京林业大学 .
裴杰，牛铮，王力，黄妮，曹建华 . 2018. 基于 Google Earth Engine 云平台的植被覆盖度变化长时间序列遥感监测 . 中国岩溶，37（4）：608−616.
彭琴 . 2007. 贵州喀斯特山区不同石漠化等级土壤中钾素变异特征 . 贵阳：贵州大学 .
彭素琴，刘郁林 . 2010. 不同品种金银花光合作用对干旱胁迫的响应 . 北方园艺，19：191−193.
彭晚霞，宋同清，曾馥平 . 2010. 喀斯特峰丛洼地旱季土壤水分的空间变化及主要影响因子 . 生态学报，30（24）：6787−6797.
朴世龙，方精云，郭庆华 . 2001. 利用 CASA 模型估算我国植被净第一性生产力 . 植物生态学报，25（5）：603−608.
普海碧，李家鹏，黄俊红 . 2014. 蒙自石漠化地区苹果抗旱保水种植技术 . 现代农村科技，(19)：29.
气象行业标准 . 2008. 太阳能资源评估方法 QX/T 89−2008. 江西省气候中心、江西省气象局政策法规处 .
钱正英，张兴斗 . 2000. 中国可持续发展水资源战略研究综合报告——中国工程院“21 世纪中国可持续发展水资源战略研究”项目组 . 中国工程科学，2（8）：1−17.
邱江梅，曹建华，李强 . 2020. 云南岩溶断陷盆地土地利用方式对丛枝菌根真菌群落结构的影响 . 微生物学通报，47，2771−2788.
全国土壤普查办公室 . 1998. 中国土壤 . 北京：中国农业出版社 .
冉辛拓，郝宝锋，张新生 . 2009. 干旱过程中苹果茎水势和叶水势的变化研究 . 河北农业科学，13(4)：16−17.
任雪菲，李丙智，张林森，韩明玉，李雪薇 . 2013. 苹果中间砧入土深度对根系生长及其激素含量和果实产量品质的影响 . 园艺学报，40（11）：2127−2136.
容丽，王世杰，刘宁，杨龙 . 2005. 喀斯特山区先锋植物叶片解剖特征及其生态适应性评价——以贵州花江峡谷区为例 . 山地学报，23（1）：35−42.
容丽，王世杰，俞国松，邓晓琪，冉景丞 . 2012. 荔波喀斯特森林 4 种木本植物水分来源的稳定同位

素分析 . 林业科学，48（7）：14–22.
申彦波，赵宗慈，石广玉 . 2008. 地面太阳辐射的变化、影响因子及其可能的气候效应最新研究进展 . 地球科学进展，23（9）：915–923.
盛茂银，刘洋，熊康宁 . 2013. 中国南方喀斯特石漠化演替过程中土壤理化性质的响应 . 生态学报，33（19）：6303–6313.
盛茂银，熊康宁，崔高仰，刘洋 . 2015. 贵州喀斯特石漠化地区植物多样性与土壤理化性质 . 生态学报，35（2）：434–448.
时忠杰，王彦辉，徐丽宏，熊伟，于澎涛，郭浩 . 2009. 六盘山华山松（*Pinus armandii*）林降雨再分配及其空间变异特征 . 生态学报，29（1）：76–85.
史晨璐，吴秀芹 . 2020. 喀斯特断陷盆地土地利用对生态系统生产力的影响 . 北京大学学报（自然科学版），56（2）：341–351.
宋进喜，王伯铎 . 2006. 生态环境需水与用水概念辨析 . 西北大学学报，36（1）：154–156.
宋萌勃，黄锦鑫 . 2007. 水文时间序列趋势分析方法初探 . 长江工程职业技术学院学报，24（4）：35–37.
宋同清，彭晚霞，曾馥平，王克林，覃文更，谭卫宁，刘璐，杜虎，鹿士杨 . 2010. 木论喀斯特峰丛洼地森林群落空间格局及环境解释 . 植物生态学报，34（3）：298–308.
宋同清，彭晚霞，杜虎，王克林，曾馥平 . 2014. 中国西南喀斯特石漠化时空演变特征、发生机制与调控对策 . 生态学报，34（18）：5328–5341
苏琪娇，安裕伦，马士彬，赵勇，安家堃，安宏锋 . 2017. 喀斯特山区不同岩性分区下的景观生态质量差异——以罗甸县为例 . 中国岩溶，36（4）：454–462.
粟晓玲，康绍忠 . 2003. 生态需水的概念及其计算方法 . 水科学进展，14（06）：740–744.
孙承兴，王世杰，周德全，刘秀明，季宏兵 . 2002. 碳酸盐岩酸不溶物作为贵州岩溶区红色风化壳主要物质来源的证据 . 矿物学报，22（3）：235–242.
孙从建，张子宇，李捷，陈若霞，李伟 . 2018. 青藏高原西北部大气降水稳定同位素时空特征变化 . 山地学报，36（2）：217–228.
孙方林，马耀明 . 2007. 珠穆朗玛峰北坡地区河谷局地环流特征观测分析 . 高原气象，26（6）：1187–1190.
孙雅琦 . 2017. 黑河下游生态需水及生态调度研究 . 西安：西北大学 .
谭继中，谭继泽 . 2003. 云南断陷盆地浅循环岩溶水赋存规律初步研究 . 地质与资源，12（2）：91–96.
檀迪 . 2016. 喀斯特石漠化地区特色经林果标准化种植与衍生产业技术初步研究 . 贵阳：贵州师范大学 .
汤浩藩，许彦红，艾建林 . 2019. 云南省森林植被碳储量和碳密度及其空间分布格局 . 林业资源管理，0（5）：37–43.
汤奇成 . 1989. 塔里木盆地水资源和绿洲建设 . 自然资源，（6）：28–34.
陶慧敏 . 2019. 滇南喀斯特地区典型植物群落叶片功能性状和化学计量特征研究 . 上海：上海交通大学 .
陶云，张万诚，段长春，陈艳，任菊章，邢冬，何群 . 2014. 云南 2009—2012 年 4 年连旱的气候成因研究 . 云南大学学报（自然科学版），36（6）：866–874.
田荣湘，康玉香，张文滨，奚凤，张超 . 2017. 太阳辐射和大气环流在青藏高原气温季节变化中的作用 . 浙江大学学报（理学版），44（1）：84–96.
童晓伟，王克林，岳跃民，廖楚杰，徐艳芳，朱海涛 . 2014. 桂西北喀斯特区域植被变化趋势及其对气候和地形的响应 . 生态学报，34（12）：3425–3434.
王炳亮，李国胜 . 2014. 1961—2010 年辽河三角洲参考蒸散发变化特征及主导因子分析 . 地理科学，34（10）：1233–1238.
王昌全，李冰，龚斌，杨娟，张锡洲，蔡艳 . 2010. 西昌市土壤 Fe、Mn、Cu、Zn 有效性评价及其影响

因素分析 . 土壤通报，41（2）：447–451.
王芳，梁瑞驹，杨小柳，陈敏建 . 2002. 中国西北地区生态需水研究（1）——干旱半干旱地区生态需水理论分析 . 自然资源学报，17（1）：1–8.
王芳，图力古尔 . 2014. 土壤真菌多样性研究进展 . 菌物研究，12（3）：178–186.
王根绪，程国栋 . 2002. 干旱内陆流域生态需水量及其估算——以黑河流域为例 . 中国沙漠，22（2）：129–134.
王海珍，梁宗锁，郝文芳，韩路 . 2005. 白刺花（*Sophoraviciifolia*）适应土壤干旱的生理学机制 . 干旱地区农业研究，23（1）：106–110.
王建林，钟志明，王忠红，陈宝雄，张宪洲，沈振西，胡兴祥，大次卓嘎 . 2013. 青藏高原高寒草原生态系统土壤氮磷比的分布特征 . 应用生态学报，24（12）：3399–3406.
王金锋 . 2015. 不同覆盖方式对渭北苹果园土壤水分、温度及产量品质的影响 . 杨凌：西北农林科技大学 .
王九中，田海峰，邬明权，王力，王长耀 . 2017. 河南省冬小麦快速遥感制图 . 地球信息科学学报，19（6）：846–853.
王军，傅伯杰，蒋小平 . 2002. 土壤水分异质性的研究综述 . 水土保持研究，9（1）：1–5.
王军，傅伯杰 . 2000. 黄土丘陵小流域土地利用与土壤水分的时空分布 . 地理学报，55（1）：84–91.
王克林，陈洪松，曾馥平，岳跃民，张伟，付智勇 . 2018. 生态学研究支撑喀斯特区域生态环境治理与科技扶贫 . 中国科学院院刊，33（2）：213–222.
王霖娇，李瑞，盛茂银 . 2017. 典型喀斯特石漠化生态系统土壤有机碳时空分布格局及其与环境的相关性 . 生态学报，37（5）：1367–1378
王赛男，李建鸿，蒲俊兵，霍伟杰，张陶，黄思宇，袁道先 . 2019. 气候和人类活动对典型岩溶地下河系统径流年际变化的影响 . 自然资源学报，34（4）：759–770.
王赛男，蒲俊兵，李建鸿，张陶，霍伟杰，袁道先 . 2019. 岩溶断陷盆地“盆 – 山”耦合地形影响下的气候特征及其对石漠化生态恢复的影响探讨 . 中国岩溶，38（1）：50–59.
王绍强，陈蝶聪，周蕾，何洪林，石浩，闫慧敏，苏文 . 2013. 中国陆地生态系统通量观测站点空间代表性 . 生态学报，33（24）：7715–7728.
王绍强，于贵瑞 . 2008. 生态系统碳氮磷元素的生态化学计量学特征 . 生态学报，28（8）：3937–3947.
王石言 . 2016. 黄土塬区苹果园土壤水文特征及蒸散规律 . 杨凌：中国科学院研究生院（教育部水土保持与生态环境研究中心）.
王世杰，张信宝，白晓永 . 2013. 南方喀斯特石漠化分区的名称商榷与环境特点 . 山地学报，31（1）：18–24.
王世杰，李阳兵，李瑞玲 . 2003. 喀斯特石漠化的形成背景、演化与治理 . 第四纪研究，23（6）：657–666.
王世杰 . 2003. 喀斯特石漠化——中国西南最严重的生态地质环境问题 . 矿物岩石地球化学通报，22（2）：120–126.
王世雄，王孝安，郭华 . 2013. 黄土高原植物群落演替过程中的 β 多样性变化 . 生态学杂志，32：1135–1140.
王思砚，苏维词，范新瑞，李灿，史雪廷 . 2010. 喀斯特石漠化地区土壤含水量变化影响因素分析——以贵州省普定县为例 . 水土保持研究，17（3）：171–175+180.
王随继，李玲，颜明 . 2003. 气候和人类活动对黄河中游区间产流量变化的贡献率 . 地理研究，32(3)：395–402.
王随继，闫云霞，颜明，赵晓坤 . 2012. 皇甫川流域降水和人类活动对径流量变化的贡献率分析——累积量斜率变化率比较方法的提出及应用 . 地理学报，67（3）：388–397.
王霞，侯平，尹林克，朱天武 . 2002. 土壤水分胁迫对柽柳体内膜保护酶及膜脂过氧化的影响 . 干旱区研究，19（3）：17–20.

王显，龙健，李娟，刘灵飞，廖洪凯，李宜蓉，杨睿 . 2020. 贵州茂兰喀斯特森林不同演替下土壤真核微生物多样性 . 环境科学，41（9）：4314–4321.
王彦君，王随继，苏腾 . 2015. 降水和人类活动对松花江径流量变化的贡献率 . 自然资源学报，30（2）：304–314.
王宇，张华，张贵，王波，彭淑惠，何绕生，周翠琼 . 2017. 喀斯特断陷盆地环境地质分区及功能 . 中国岩溶，36（3）：283–295.
王宇，张贵 . 2003. 滇东岩溶石山地区石漠化特征及成因 . 地球科学进展，18（6）：933–938.
王宇，张华，张贵 . 2016. 云南省石漠化调查及治理综述 . 中国岩溶，35（5）：486–496.
王宇 . 2003. 西南岩溶石山区断陷盆地岩溶水系统分类及供水意义 . 中国地质，30（2）：220–224.
王月容，卢琦，周金星，崔明 . 2012. 喀斯特山区不同石漠化等级下土壤养分贮量与价值评估——以乌箐、偏岩等岩溶小流域为例 . 中国岩溶，31（1）：40–45.
王岳川，龙腾锐，姜文超，李在钟 . 2007. 桂林市桃花江流域生态环境需水量的初步研究 . 重庆建筑大学学报，29（3）：102–105.
王岳川 . 2006. 桂林市桃花江流域生态环境需水量研究 . 重庆：重庆大学 .
韦启播 . 1996. 我国南方喀斯特区土壤侵蚀特点及防治途径 . 水土保持研究，3（4）：72–76.
韦启璠，陈鸿昭，吴志东，黄钺，教剑英 . 1983. 广西弄岗自然保护区石灰土的地球化学特征 . 土壤学报，20（1）：30–42
韦小丽，喻理飞，朱守谦，徐锡增 . 2007. 土壤干湿交替对青檀幼苗生理及生长的影响 . 林业科学，43（8）：23–28.
卫克勤，林瑞芬 . 1994. 论季风气候对我国雨水同位素组成的影响 . 地球化学，23（1）：33–41.
魏复盛，陈静生，吴燕玉，郑春江 . 1991. 中国土壤环境背景值研究 . 环境科学，12（4）：12–19.
魏清江，冯芳芳，马张正，苏受婷，宁少君，辜青青 . 2018. 干旱复水对柑橘幼苗叶片光合、叶绿素荧光和根系构型的影响 . 应用生态学报，29（8）：2485–2492.
魏兴琥，徐喜珍，雷 俐，周红艳，李忠云 . 2013. 石漠化对峰丛洼地土壤有机碳储量的影响——以广东英德市岩背镇为例 . 中国岩溶，32（4）：371–376
魏媛，喻理飞 . 2010. 西南喀斯特地区构树苗木对土壤干旱胁迫的生理响应 . 水土保持研究，17（2）：164–167.
温庆忠，肖丰，罗娅妮 . 2014. 气候因素对云南石漠化治理的影响与对策 . 林业调查规划，39（5）：61–64.
吴海勇，彭晚霞，宋同清，曾馥平，黎星辉，宋希娟，欧阳资文 . 2008. 桂西北喀斯特人为干扰区植被自然恢复与土壤养分变化 . 水土保持学报，22（4）：143–147.
吴华武，李小雁，蒋志云，李静，郑肖然，赵殿智 . 2015. 基于 δD 和 δ^{18}O 的青海湖流域芨芨草水分利用来源变化研究 . 生态学报，35（24）：8174–8183.
吴建强，李林，谭娟，郭晋川，王敏，吴卫熊，白杨，黄凯，何令祖 . 2018. 峰丛洼地植被生态需水定额及其影响因素 . 生态学报，38（19）：6894–6902.
吴锦奎，丁永建，王根绪，沈永平 . 2004. 同位素技术在寒旱区水科学中的应用进展 . 冰川冻土，26（4）：509–516.
吴克华，孙永丽，容丽，龙明忠 . 2005. 喀斯特地区不同等级石漠化人工生态恢复的土壤温度及水分效应——以贵州省花江峡谷为例 . 贵州师范大学学报（自然科学版），（4）：18–22.
吴良林，周世武，郑士科 . 2012. GIS 支持下的土地石漠化与山地气候空间相关性分析 . 安徽农业科学，40（23）：11787–11790.
吴鹏，崔迎春，赵文君，舒德远，侯贻菊，丁访军，杨文斌 . 2019. 喀斯特森林植被自然恢复过程中土壤化学计量特征 . 北京林业大学学报，41（3）：80–92.
吴卫熊，吴建强，何令祖，王敏，黄凯，谭娟 . 2017. 岩溶峰丛洼地植被生态需水计算及案例解析 . 北京：中国水利水电出版社 .

吴协保，孙继霖，林琼，吴照柏 . 2009. 我国西南岩溶石漠化土地生态建设分区治理思路与途径探讨 . 中国岩溶，28（4）：391-396.
吴玉，郑新军，李彦 . 2013. 不同功能型原生荒漠植物对小降雨的光合响应 . 生态学杂志，32（10）：2591-2597.
肖建勇，王世杰，白晓永，周德全，田义超，李琴，吴路华，钱庆欢，陈飞，曾成 . 2018. 喀斯特关键带植被时空变化及其驱动因素 . 生态学报，38（24）：8799-8812.
肖雄，李小雁，吴华武，蒋志云，李宗超 . 2016. 青海湖流域高寒草甸壤中流水分来源研究 . 水土保持学报，30（2）：230-236.
邢宝山，Dudas MJ，张之一，徐琪 . 1993. 三江平原白浆土微量元素和稀土元素的地球化学特征 . 土壤学报，30（2）：158-172.
邢丹，肖玖军，王晓红，张芳，韩世玉，罗朝斌，梁彦平 . 2017. 黔西北石漠化桑园土壤水稳定同位素的时空变化特征 . 西南农业学报，30（3）：639-644.
邢丹 . 2018. 石漠化地区丛枝菌根真菌促进桑树根系水分吸收的机理研究 . 贵阳：贵州大学 .
修晓敏，周淑芳，陈黔，蒙继华，董文全，杨广斌，李晓松 . 2019. 基于 Google Earth Engine 与机器学习的省级尺度零散分布草地生物量估算 . 测绘通报，（3）：46-52+75.
徐丽娇，郝志鹏，谢伟，李芳，陈保冬 . 2018. 丛枝菌根真菌根外菌丝跨膜 H^+ 和 Ca^{2+} 流对干旱胁迫的响应 . 植物生态学报，42（7）：764-773.
徐娜，陈田庆，李俊超 . 2017. 同位素技术在水环境科学领域的应用研究 . 农村经济与科技，28（21）：1-4.
徐森，狄崇利，李思亮 . 2017. 典型喀斯特流域降水与径流特征分析及径流年际变化的影响因素贡献分解 . 第四纪研究，37（6）：1238-1250.
徐则民，黄润秋，唐正光，费维水 . 2005. 中国南方碳酸盐岩上覆红土形成机制研究进展 . 地球与环境，33（4）：33-40.
鄢明才，顾铁新，迟清华，王春书 . 1997. 中国土壤化学元素丰度与表生地球化学特征 . 物探与化探，21（3）：161-167.
杨军 . 2006. 我国总太阳辐射特征、趋势变化和分区 . 中国气象学会 . 中国气象学会 2006 年年会“气候变化及其机理和模拟”分会场论文集 . 中国气象学会 .
杨慧，曹建华，孙蕾，栾金妮，侯彦林 . 2010. 岩溶区不同土地利用类型土壤无机磷形态分布特征 . 水土保持，24（2）：135-140.
杨凯，郝锋珍，续海红，郭向红，张鹏飞 . 2015. 果树根系分布研究进展 . 中国农学通报，31（22）：130-135.
杨雪，李奇，王绍美，侯宝林，张杰琦，王刚 . 2011. 两种白刺叶片及沙堆土壤化学计量学特征的比较 . 中国沙漠，31（5）：1156-1161.
杨扬，赵润野，黄浩育 . 2017. 土壤的形成与特性 . 农村经济与科技，28（14）：9-11
杨羽帆 . 2019. 基于氢氧稳定同位素技术的青海湖沙柳河流域降水径流过程研究 . 西宁：青海师范大学 .
姚六三 . 1984. 云南断陷岩溶盆地形成机理及模型的建立 . 中国岩溶，3（2）：48-55.
易志军，吴晓芙，胡曰利 . 2002. 人工林地土壤质量指标及评价 . 林业资源管理，（4）：31-34.
银晓瑞，梁存柱，王立新，王炜，刘钟龄，刘小平 . 2010. 内蒙古典型草原不同恢复演替阶段植物养分化学计量学 . 植物生态学报，34（1）：39-47.
尹云鹤，吴绍洪，戴尔阜 . 2010. 1971—2008 年我国潜在蒸散时空演变的归因 . 科学通报，55（22）：2226-2234.
于贵瑞，方华军，伏玉玲，王秋凤 . 2011. 区域尺度陆地生态系统碳收支及其循环过程研究进展 . 生态学报，31（19）：5449-5459.
余新晓 . 2016. 森林植被—土壤—大气连续体水分传输过程与机制 . 北京：科学出版社 .

俞月凤，何铁光，杜虎，韦彩会，蒙炎成，李忠义，张野，王瑾，胡钧铭，苏天明，范适 . 2019. 桂西北喀斯特地区不同退化程度植被群落物种组成及多样性特征 . 广西植物，39（2）：178–188.
玉昉永 . 2017. 亚热带次生林穿透雨特征及其与土壤含水量关系的研究 . 长沙：中南林业科技大学 .
喻理飞，朱守谦，叶镜中 . 2002. 喀斯特森林不同种组的耐旱适应性 . 南京林业大学学报（自然科学版），26（1）：19–22.
喻文强，许超，米屹东，周民，魏源，张音波，龙颖贤，赵鑫，赵妍，李信茹 . 2020. 喀斯特地区土壤微生物功能多样性对生态演替的响应——以贵州茂兰国家自然保护区为例 . 地质通报，39（4）：574–581.
袁道先，蔡桂鸿. 1988. 岩溶环境学. 重庆：重庆出版社.
袁道先 . 1994. 中国岩溶学 . 北京：地质出版社 .
袁道先 . 2000. 对南方岩溶石山地区地下水资源生态环境地质调查的一些意见 . 中国岩溶，19（2）：103–108.
袁道先 . 2008. 岩溶石漠化问题的全球视野和我国的治理对策与经验 . 草业科学，25（9）：19–25.
袁满，王文圣，叶濒璘 . 2017. 有序聚类分析法的改进及其在水文序列突变点识别中的应用 . 水文，37（5）：8–11.
苑晶晶，袁国富，罗毅，孙晓敏，张娜 . 2009. 利用 δ^{18}O 信息分析冬小麦对浅埋深地下水的利用 . 自然资源学报，24（2）：360–368.
云南省地质调查院 . 2006. 云南泸西小江流域岩溶地下水调查与地质环境整治示范报告 .
云南省泸西县志编纂委员会 . 1992. 泸西县志 . 昆明：云南人民出版社，65–71.
云南省统计局 . 2018. 云南省统计年鉴 . 北京：中国统计出版社 .
张彩琴，张军，李静，李茜若 . 2016. 基于积温因子的草地植物生长特征模拟及统计分析 . 干旱区资源与环境，30（12）：157–163.
张朝生，陶澍，袁贵平，刘水 . 1995. 天津市平原土壤微量元素含量的空间自相关研究 . 土壤学报，32（1）：50–57.
张桂玲，李艳琴，罗绪强，莫愁，任艳，陆汉芝，秦会斌 . 2020. 季节性干旱下喀斯特次生林不同树种水分利用效率变化 . 地球与环境，49（1）：25–31.
张继光，陈洪松，苏以荣，张伟，孔祥丽 . 2008. 喀斯特洼地表层土壤水分的空间异质性及其尺度效应 . 土壤学报，45（3）：544–549.
张俊民，蔡凤岐，何同康 . 1990. 中国土壤地理 . 南京：江苏科学技术出版社 .
张丽，董增川，丁大发 . 2003. 生态需水研究进展及存在问题 . 中国农村水利水电，（1）：13–15.
张丽 . 2004. 基于生态的流域水资源承载能力研究 . 南京：河海大学 .
张美良，邓自强 . 1994. 我国南方喀斯特地区的土壤及其形成 . 贵州工学院院报，（1）：67–75
张鸣，张仁陟，蔡立群 . 2008. 不同耕作措施下春小麦和豌豆叶水势变化及其与环境因子的关系 . 应用生态学报，19（7）：1467–1474.
张清林. 2011. 滴灌成龄核桃树叶水势变化规律及其影响因素的研究. 乌鲁木齐：新疆农业大学 .
张少文 . 2019. 蓄水坑灌条件下土壤氧气分布特征及苹果树细根生长动态研究 . 太原：太原理工大学 .
张斯屿，白晓永，王世杰，秦罗义，田义超，罗光杰，李月 . 2014. 基于 InVEST 模型的典型石漠化地区生态系统服务评估——以晴隆县为例 . 地球环境学报，5（5）：328–338.
张伟，陈洪松，王克林，张继光 . 2006. 喀斯特地区典型峰丛洼地旱季表层土壤水分空间变异性初探 . 土壤学报，43（4）：554–562.
张喜 . 2007. 黔中山地喀斯特和非喀斯特岩组退化森林结构与功能规律研究 . 南京：南京林业大学 .
张翔，邓志民，潘国艳，吴绍飞，肖洋，朱才荣 . 2015. 鄱阳湖湿地土壤水稳定同位素变化特征 . 生态学报，35（22）：7580–7588.
张小娟，宋维峰，吴锦奎，王卓娟 . 2015. 元阳梯田水源区土壤水氢氧同位素特征 . 环境科学，36（06）：2102–2108.

张信宝，王世杰，贺秀斌，汪阳春，何永彬．2007. 碳酸盐岩风化壳中的土壤蠕滑与岩溶坡地的土壤地下漏失．地球与环境，35：202-206.
张兴，王克林，付智勇，陈洪松，张伟，史志华．2017. 桂西北白云岩坡地典型土体构型石灰土水文特征．应用生态学报，28（7）：2186-2196.
张雪梅，王克林，岳跃民，童晓伟，廖楚杰，张明阳，姜岩．2017. 生态工程背景下西南喀斯特植被变化主导因素及其空间非平稳性．生态学报，37（12）：4008-4018.
张应华，宋献方．2015. 水文气象序列趋势分析与变异诊断的方法及其对比．干旱区地理，38（4）：652-665.
张勇荣，周忠发，马士彬．2014. 近20年贵州喀斯特山区石漠化与气候变化特征分析．环境科学与技术，37（9）：192-197.
张宇，张明军，王圣杰，郭蓉，车存伟，杜勤勤，马转转，苏鹏燕．2020. 基于稳定氧同位素确定植物水分来源不同方法的比较．生态学杂志，39（4）：1356-1368.
张煜星，王雪军．2021. 全国森林蓄积生物量模型建立和碳变化研究．中国科学：生命科学，51（2）：199-214.
张远，杨志峰．2002. 林地生态需水计算方法与应用．应用生态学报，13（12）：1566-1570.
张之为，田永伟，杨剑峰，王超，张键，赵君，王东，郑红丽．2020. 内蒙古中部地区马铃薯根际和根系丛枝菌根真菌类群的多样性．微生物学通报，47（3）：738-748.
章光新，何岩，邓伟．2004. 同位素 D 与 ^{18}O 在水环境中的应用研究进展．干旱区研究，21（3）：225-229.
章新平，刘晶淼，孙维贞，黄一民，张剑明．2006. 中国西南地区降水中氧稳定同位素比率与相关气象要素之间关系的研究．中国科学．(D 辑)：地球科学，36（9）：850-859.
章新平，孙治安，关华德，张新主，吴华武，黄一民．2011. 东亚水循环中水稳定同位素的 GCM 模拟和相互比较．冰川冻土，33（6）：1274-1285.
章新平，姚檀栋．1998. 我国降水中 $\delta^{18}O$ 的分布特点．地理学报，53（4）：70-78.
赵磊磊，雷艳娇，陈俊松，朱仕荣，周建洪，唐芳林，蓝芙宁，曹建华．2019. 云南红河州石漠化演变过程及其综合治理成效．中国岩溶，38（5）：704-712.
赵蕾，盖爽爽，郑生猛，胡亚军，刘华英，何寻阳．2019. 季节与小生境对喀斯特灌丛土壤丛枝菌根真菌群落的影响．农业现代化研究，40（5）：870-877.
赵琳，郎南军，温绍龙，郑科．2006. 云南干热河谷 4 种植物抗旱机理的研究．西部林业科学，35（2）：9-16.
赵玲玲，刘昌明，吴潇潇，刘丽红，王中根，苏磊．2016. 水文循环模拟中下垫面参数化方法综述．地理学报，71（7）：1091-1104.
赵墨田．2012. 同位素质谱仪技术进展．现代科学仪器，（5）：5-14+19.
赵威，王征宏．2008. 稳定性同位素技术在生物科学中的应用．生物学通报，43（1）：12-14.
赵文智，程国栋．2001. 干旱区生态水文过程研究若干问题评述．科学通报，46（22）：1851-1857.
赵一，李衍青，覃星铭，洪涛，程瑞瑞，蓝芙宁．2017. 南洞地下河岩溶管道展布及结构特征的示踪试验解析．中国岩溶，36（2）：226-233.
赵勇，陈桢，樊巍，王谦，杨喜田．2010. 太行山低山丘陵区 7 种典型植物水分利用特征．中国水土保持科学，8（5）：61-66.
郑红星，刘昌明，丰华丽．2004. 生态需水的理论内涵探讨．水科学进展，15（5）：626-633.
郑利剑．2019. 基于稳定同位素技术的蓄水坑灌下矮砧苹果树水分迁移机制研究．太原：太原理工大学．
郑淑蕙，侯发高，倪葆龄．1983. 我国大气降水的氢氧稳定同位素研究．科学通报，28（13）：801-806.
郑有飞，牛鲁燕，吴荣军，吴战平，骆兴江，蔡子颖．2009. 1982—2003 年贵州省植被覆盖变化及其对气候变化的响应．生态学杂志，28（9）：1773-1778.

中国地质调查局 . 2016. 南洞地下河流域水文地质综合调查成果报告 . 桂林：中国地质科学院岩溶地质研究所 .
周晓东 . 2017. 基于 GIS 的云南小江流域植被生态需水分布规律 . 北京：中国地质科学院 .
周秀华，肖子牛 . 2014. 基于 CMIP5 资料的云南及周边地区未来 50 年气候预估 . 气候与环境研究，19（5）：601–613.
周宜君，刘春兰，冯金朝，贾晓红 . 2001. 沙冬青抗旱、抗寒机理的研究进展 . 中国沙漠，21（3）：98–102.
周跃，绿喜玺，许建初 . 2011. 云南省气候变化影响评估报告 . 北京：气象出版社 .
朱大运，熊康宁 . 2018. 气候因子对我国喀斯特石漠化治理影响研究综述 . 江苏农业科学，46（7）：19–23.
朱德兰，吴发启 . 2004. 黄土高原旱地果园土壤水分管理研究 . 水土保持研究，11（1）：40–42.
朱林，许兴，赵小红，唐建宁 . 2012. 基于 ^{18}O 稳定同位素对银川平原北部 4 种灌木夏季水分利用特征研究 . 西北林学院学报，27（4）：24–30.
朱其清，尹楚良，唐丽华，徐俊祥 . 1984. 石灰岩土中微量元素的含量与分布 . 土壤学报，21（1）：58–69.
朱颜明，黄锡畴，刘景双 . 1991. 长白山高山苔原植物微量元素地球化学分析 . 地理科学，11（3）：244–252.
庄义琳，周金星，吴秀芹，曹建华，章维鑫 . 2019. 2001—2016 年喀斯特断陷盆地植被变化及其驱动因素 . 林业科学，55（9）：177–184.
邹巧云，陈洪松，马星宇，聂云鹏 . 2019. 基于控水试验的喀斯特出露基岩生境植物水分来源分析 . 应用生态学报，30（3）：759–767.
邹志刚，张浩，曾昭霞，张建云，赵杰军，包松莲，曾馥平 . 2018. 云南断陷盆地喀斯特 4 种典型种植模式的能值分析 . 应用生态学报，29（8）：2641–2650.
Abu–Hamdeh NH. 2003. Thermal properties of soils as affected by density and water content. Biosystems Engineering, 86(1): 97–102.
Ai C, Zhang S, Zhang X, Guo D, Zhou W, Huang S. 2018. Distinct responses of soil bacterial and fungal communities to changes in fertilization regime and crop rotation. Geoderma, 319: 156–166.
Alcaraz–Segura D, Liras E, Tabik S, Paruelo J, Cabello J. 2010. Evaluating the consistency of the 1982–1999 NDVI trends in the Iberian Peninsula across four time–series derived from the AVHRR sensor: LTDR, GIMMS, FASIR, and PAL–II. Sensors, 10(2): 1291–1314.
Alexander EB. 1988. Rates of soil formation: implication for soil–loss tolerance. Soil Science, 145(1): 37–45.
Alguacil MM, Torrecillas E, Lozano Z, Roldán A. 2015. Arbuscular mycorrhizal fungi communities in a coral cay system (Morrocoy, Venezuela) and their relationships with environmental variables. Science of the Total Environment, 505: 805–813.
Allen MF.1991. The ecology of mycorrhizae. New York: Cambridge University Press.
Allen RG, Pereira LS, Raes D, Smith M. 1998. Crop evapotranspiration guidelines for computing crop water requirements. Rome: FAO Irrigation and Drainage Paper.
Allison GB, Barnes CJ. 1983. The distribution of deuterium and ^{18}O in dry soils 2. Experimental. Journal of Hydrology, 64(1–4): 377–397.
Allison GB. 1998.Stable isotopes in soil and water studies. //Causse C, Gasse F (eds) Hydrologie et géochimie isotopique. ORSTOM, Paris.
An K, Wang W, Wang Z, Zhao Y, Yang Z, Chen L, Zhang Z, Duan L. 2017. Estimation of ground heat flux from soil temperature over a bare soil. Theoretical and Applied Climatology, 129: 913–922.
Angulo–Martínez M, Barros AP. 2015. Measurement uncertainty in rainfall kinetic energy and intensity

relationships for soil erosion studies: An evaluation using PARSIVEL disdrometers in the Southern Appalachian Mountains. Geomorphology, 228: 28–40.
Anyamba A, Tucker CJ. 2005. Analysis of Sahelian vegetation dynamics using NOAA–AVHRR NDVI data from 1981–2003. Journal of Arid Environments, 63(3): 596–614.
Araguás–Araguás L, Froehlich K, Rozanski K. 1998. Stable isotope composition of precipitation over southeast Asia. Journal of Geophysical Research, 103(D22): 28721–28742.
Araguás–Araguás L, Froehlich K, Rozanski K. 2000. Deuterium and Oxygen–18 Isotope Composition of Precipitation and Atmospheric Moisture. Hydrological Processes, 14: 1341–1355.
Arnold JG, Allen PM, Bernhardt G. 1993. A comprehensive surface–ground water flow model. Journal of Hydrology, 142(1–4): 47–69.
Asada K. 2006. Production and scavenging of reactive oxygen species in chloroplasts and their functions. Plant Physiology,141:391–396.
Ashraf B, AghaKouchak A, Alizadeh A, Baygi MM, Moftakhari HR, Mirchi A, Anjileli H, Madani K.2017. Quantifying anthropogenic stress on groundwater resources. Scientific Report, 7: 12910.
Augusto L, Ranger J, Binkley D, Rothe A. 2002. Impact of several common tree species of European temperate forests on soil fertility. Annals of Forest Science,59: 233–253.
Bai XY, Wang SJ, Xiong KN. 2013. Assessing spatial - temporal evolution processes of karst rocky desertification land: Indications for restoration strategies. Land Degradation Development, 24(1): 47–56.
Bai Y, Chen CH, Fang XM, Liu XM, Guo HC. 2017. Altitudinal effect of soil n–alkane δD values on the eastern Tibetan Plateau and their increasing isotopic fractionation with altitude. Science China Earth Sciences, 60(9): 1664–1673.
Bai Y, Yang Y, Jiang H. 2019. Intercomparison of AVHRR GIMMS3g, terra MODIS, and SPOT–VGT NDVI products over the Mongolian plateau. Remote Sensing, 11(17): 2030.
Bai Y, Zhou Y. 2020. The main factors controlling spatial variability of soil organic carbon in a small karst watershed, Guizhou Province, China. Geoderma, 357: 113938.
Bajji M, Kinet JM, Lutts S. 2002. The use of the electrolyte leakage method for assessing cell membrane stability as a water stress tolerance test in durum wheat. Plant Growth Regulation,36:61–70.
Bakker MG, Otto–Hanson L, Lange A, Bradeen JM, Kinkel LL. 2013. Plant monocultures produce more antagonistic soil Streptomyces communities than high–diversity plant communities. Soil biology and biochemistry, 65: 304–312.
Banerjee S, Schlaeppi K, Van Der Heijden MG. 2018. Keystone taxa as drivers of microbiome structure and functioning. Nature Reviews Microbiology, 16(9): 567–576.
Bardgett RD, Wardle DA. 2010. Aboveground–belowground linkages: biotic interactions, ecosystem processes, and global change. Oxford University Press, Oxford.
Bargués TA, Hasselquist NJ, Bazié HR, Nyberg G, Laudon H, Bayala J, Ilstedt U. 2017. Strategies trees use to overcome seasonal water limitation in an agroforestry system in semiarid West Africa. Ecohydrology, 10(3): e1808.
Barnes CJ, Allison GB. 1988. Tracing of water movement in the unsaturated zone using stable isotopes of hydrogen and oxygen. Journal of Hydrology, 100: 143–176.
Barriopedro D, Gouveia CM, Trigo RM, Wang L. 2012. The 2009/10 drought in China: Possible Causes and impacts on vegetation. Journal of Hydrometeorology, 13(4): 1251–1267.
Bautista–Cruz A, del Castillo RF, Etchevers–Barra JD, Gutiérrez–Castorena MDC, Baez A. 2012. Selection and interpretation of soil quality indicators for forest recovery after clearing of a tropical montane cloud forest in Mexico. Forest Ecology and Management,277:74–80.
Beaupied H, Moiroud A, Domenach AM, Kurdali F, Lensi R. 2011. Ratio of fixed and assimilated nitrogen in

a black alder (Alnus glutinosa) stand. Canadian Journal of Forest Research,20:1116–1119.

Beck HE, McVicar TR, van Dijk AI, Schellekens J, de Jeu RA, Bruijnzeel LA. 2011. Global evaluation of four AVHRR–NDVI data sets: Intercomparison and assessment against Landsat imagery. Remote Sensing of Environment, 115(10): 2547–2563.

Beck PS, Atzberger C, Høgda KA, Johansen B, Skidmore AK. 2006. Improved monitoring of vegetation dynamics at very high latitudes: A new method using MODIS NDVI. Remote Sensing of Environment, 100(3): 321–334.

Beckford HO, Chu H, Song C, Chang C, Ji H. 2021. Geochemical characteristics and behaviour of elements during weathering and pedogenesis over karst area in Yunnan–Guizhou Plateau, southwestern China. Environmental Earth Sciences, 80: 61.

Bengtsson G, Bengtson P, Månsson KF. 2003. Gross nitrogen mineralization–, immobilization–, and nitrification rates as a function of soil C/N ratio and microbial activity. Soil Biology and Biochemistry,35: 143–154.

Bennett AB, Bever JD. 2019. Trade–offs between arbuscular mycorrhizal fungal competitive ability and host growth promotion in *Plantago lanceolata*. Oecologia, 160: 807–816.

Berhe AA, Harden JW, Torn MS, Harte J. 2008. Linking soil organic matter dynamics and erosion-induced terrestrial carbon sequestration at different landform positions. Journal of Geophysical Research: Biogeosciences, 113(G4): G04039.

Berhe AA, Harden JW, Torn MS, Kleber M, Burton SD, Harte J. 2012. Persistence of soil organic matter in eroding versus depositional landform positions. Journal of Geophysical Research: Biogeosciences, 117(G2) :G02019.

Berhe AA, Kleber M. 2013. Erosion, deposition, and the persistence of soil organic matter: mechanistic considerations and problems with terminology. Earth Surface Processes and Landforms, 38(8); 908–912.

Bourrié G.2018. Soils and water circulation. Soils as a key component of the critical zone 3. ISTE Ltd and John Wiley & Sons, Inc., London, UK & Hoboken, NJ, USA.

Brandt M, Yue Y, Wigneron JP, Tong X, Tian F, Jepsen MR, Xiao X, Verger A, Mialon A, Al–Yaari A, Wang K, Fensholt R. 2018b. Satellite - observed major greening and biomass increase in south China karst during recent decade. Earth ' s Future, 6(7): 1017–1028.

Braswell BH, Schimel DS, Linder E, Moore IB. 1997. The response of global terrestrial ecosystems to interannual temperature variability. Science, 278(5339): 870–873.

Breshears DD, McDowell NG, Goddard KL, Dayem KE, Martens SN, Meyer CW, Brown KM. 2008. Foliar absorption of intercepted rainfall improves woody plant water status most during drought. Ecology, 89(1): 41–47.

Briand C, Sebilo M., Louvat P, Chesnot T, Vaury V, Schneider M, Plagnes V. 2019. Legacy of contaminant N sources to the NO_3^- signature in rivers: a combined isotopic ($\delta^{15}N$–NO_3^-, $\delta^{18}O$–NO_3^-, $\delta^{11}B$) and microbiological investigation. Scientific Reports, 7: 41703.

Brinkmann N, Seeger S, Weiler M, Buchmann N, Eugster W, Kahmen A. 2018. Employing stable isotopes to determine the residence times of soil water and the temporal origin of water taken up by *Fagus sylvatica* and *Picea abies* in a temperate forest. New Phytologist, 219(4): 1300–1313.

Bristow KL. 1998. Measurement of thermal properties and water content of unsaturated sandy soil using dual–probe heat–pulse probes. Agricultural and Forest Meteorology, 89(2): 75–84.

Brocca L, Morbidelli R, Melone F, Moramarco T. 2007. Soil moisture spatial variability in experimental areas of central Italy. Journal of Hydrology, 333: 356–373.

Brown KB, Mcintosh JC, Rademacher LK, Lohse KA. 2011. Impacts of agricultural irrigation recharge on groundwater quality in a basalt aquifer system(Washington, USA): A multi–tracer approach. Hydrogeology

Journal, 19: 1039–1051.

Brown S, Jumpponen A. 2014. Contrasting primary successional trajectories of fungi and bacteria in retreating glacier soils. Molecular Ecology, 23(2): 481.

Brunel JP, Walker GR, Kennettsmith AK. 1995. Field validation of isotopic procedures for determining sources of water used by plants in a semi–arid environment. Journal of Hydrology, 167(1–4): 351–368.

Cai H, Yang X, Wang K, Xiao L. 2014. Is forest restoration in the southwest China Karst promoted mainly by climate change or human–induced factors?. Remote Sensing, 6(10): 9895–9910.

Canton Y, Rodríguez–Caballero E, Contreras S, Villagarcia L, Li XY, Solé–Benet A, Domingo F. 2016. Vertical and lateral soil moisture patterns on a Mediterranean karst hillslope. Journal of Hydrology and Hydromechanics, 64: 209–217.

Cao S. 2011. Impact of China's large–scale ecological restoration program on the environment and society in arid and semiarid areas of China: achievements, problems, synthesis, and applications. Critical Reviews in Environmental Science and Technology, 41(4): 317–335.

Cao X, Yang P, Engel BA, Li P. 2018. The effects of rainfall and irrigation on cherry root water uptake under drip irrigation. Agricultural Water Management, 197: 9–18.

Carlyle–Moses DE. 2004. Throughfall, stemflow, and canopy interception loss fluxes in a semi–arid Sierra Madre Oriental matorral community. Journal of Arid Environments, 58: 181–202.

Cartwright J, Dzantor EK, Momen B. 2016. Soil microbial community profiles and functional diversity in limestone cedar glades. Catena, 147:216–224.

Chaves MM. 2003. Understanding plant responses to drought – From genes to the whole plant. Functional Plant Biology,30: 239–264.

Che CW, Zhang MJ, Argiriou AA, Wang S, Du Q, Zhao P, Ma Z. 2019. The Stable Isotopic Composition of Different Water Bodies at the Soil–Plant–Atmosphere Continuum (SPAC) of the Western Loess Plateau, China. Water, 11(9): 1742.

Chen C, Park T, Wang X, Piao S, Xu B, Chaturvedi RK, Fuchs R, Brovkin V, Ciais P, Fensholt R, Tømmervik H, Bala G, Zhu Z, Nemani RR, Myneni RB. 2019. China and India lead in greening of the world through land–use management. Nature Sustainability, 2(2): 122–129.

Chen CF, Chen CR, Son NT. 2012. Investigating rice cropping practices and growing areas from MODIS data using empirical mode decomposition and support vector machines. GIScience & Remote Sensing, 49(1): 117–138.

Chen CR, Condron LM, Davis MR, Sherlock RR. 2000. Effects of afforestation on phosphorus dynamics and biological properties in a New Zealand grassland soil. Plant and Soil, 220(1–2): 151–163.

Chen H, Zhang W, Wang K, Fu W. 2010. Soil moisture dynamics under different land uses on karst hillslope in northwest Guangxi, China. Environmental Earth Sciences, 61: 1105–1111.

Chen HS, Hu K, Nie YP, Wang K. 2017. Analysis of soil water movement inside a footslope and a depression in a karst catchment, Southwest China. Scientific Reports, 7: 2544.

Chen Q, Shen C, Peng S, Sun Y, Yi W, Jiang M. 2002. Soil organic matter turnover in the subtropical mountainous region of South China. Soil Science, 167(6): 401–415.

Chen W, Chen J, Cihlar J. 2000. An integrated terrestrial ecosystem carbon–budget model based on changes in disturbance, climate, and atmospheric chemistry. Ecological Modelling，135（1）: 55–79.

Chen X, Zhang Y, Zhou Y, Zhang Z. 2013. Analysis of hydrogeological parameters and numerical modeling groundwater in a karst watershed, southwest China. Carbonates and Evaporites, 28(1): 89–94.

Chéret V, Denux JP. 2011. Analysis of MODIS NDVI time series to calculate indicators of Mediterranean forest fire susceptibility. GIScience & Remote Sensing, 48(2): 171–194.

Chi D, Wang H, Li X, Liu H, Li X. 2018. Estimation of the ecological water requirement for natural vegetation in the Ergune River basin in Northeastern China from 2001 to 2014. Ecological Indicators, 92: 141–150.

Chimner RA, Cooper DJ. 2004. Using stable oxygen isotopes to quantify the water source used for transpiration by native shrubs in the San Luis Valley, Colorado U.S.A.. Plant and Soil, 260: 225–236.

Chung S, Horton R. 1987. Soil heat and water flow with a partial surface mulch. Water Resources Research, 23(12): 2175–2186.

Cleveland CC, Liptzin D. 2007. C:N:P stoichiometry in soil: is there a "Redfield ratio" for the microbial biomass? Biogeochemistry, 85:235–252.

Cleveland RB, Cleveland WS, McRae JE, Terpenning I. 1990. STL: A seasonal–trend decomposition. Jounal of Official Statistics, 6: 3–73.

Coppin P, Lambin E, Jonckheere I, Muys B. 2002. Digital change detection methods in natural ecosystem monitoring: A review. In: Analysis of multi–temporal remote sensing images, 3–36.

Corlett RT. 2011. Impacts of warming on tropical lowland rainforests. Trends in ecology & evolution, 26(11): 606–613.

Craig H. 1961. Isotopic Variations in Meteoric Waters. Science, 133: 1702–1703.

Crist TO, Veech JA, Gering JC, Summerville KS. 2003. Partitioning species diversity across landscapes and regions: a hierarchical analysis of α, β, and γ diversity. The American Naturalist, 162(6): 734–743.

Crockford RH, Richardson DP. 2000. Partitioning of rainfall into throughfall, stemflow and interception: effect of forest type, ground cover and climate. Hydrological Processes, 14: 2903–2920.

Crowther TW, Van Den Hoogen J, Wan J, Mayes MA, Keiser AD, Mo L, Averill C, Maynard DS. 2019. The global soil community and its influence on biogeochemistry. Science, 365(6455): eaav0550.

Cui ZJ, Li DW, Feng JL, Liu GN, Li HJ. 2002. The covered karst, weathering crust and karst (double–level) planation surface. Science in China D: Earth Sciences, 45: 366–379.

Curtis PG, Slay CM, Harris NL, Tyukavina A, Hansen MC. 2018. Classifying drivers of global forest loss. Science, 361(6407): 1108–1111.

Da Silva JF, Williams RJP. 2001. The biological chemistry of the elements: the inorganic chemistry of life.（Oxford University Press）.

Dai S, Yang S, Cai A. 2008. Impacts of dams on the sediment flux of the Pearl River, southern China. Catena, 76: 36–43.

Dansgaard W. 1964. Stable isotopes in precipitation. Tellus, 16(4): 436–468.

Davison J, Moora M, Öpik M, Adholeya A, Ainsaar L, BÂ A, Burla S, Diedhiou AG, Hiiesalu I, Jairus T, Johnson NC, Kane A, Koorem K, Kochar M, Ndiaye C, PÄrtel M, ReierÜ, Saks Ü, Singh R, Vasar M, Zobel M. 2015. Global assessement of arbuscular mycorrhizal fungus diversity reveals very low endemism. Science, 349: 970–973.

Dawson TE, Mambelli S, Plamboeck AH, Templer PH, Tu KP. 2002. Stable Isotopes in Plant Ecology. Annual Review of Ecology & Systematics, 33(1): 507–559.

Dawson TE, Pate JS. 1996. Seasonal water uptake and movement in root systems of Australian phraeatophytic plants of dimorphic root morphology: a stable isotope investigation. Oecologia, 107(1): 13–20.

Dawson TE. 1993. Hydraulic lift and water use by plants: implications for water balance, performance and plant–plant interactions. Oecologia, 95(4): 565–574.

Dawson TE. 1996. Determining water use by trees and forests from isotopic, energy balance and transpiration analyses: The roles of tree size and hydraulic lift. Tree Physiology, 16: 263–272.

Dawson TE. 1998. Fog in the California Redwood Forest: Ecosystem Inputs and Use by Plants. Oecologia, 117(4): 476–485.

Dayamba SD, Djoudi H, Zida M, Sawadogo L, Verchot L. 2016. Biodiversity and carbon stocks in different land use types in the Sudanian Zone of Burkina Faso, West Africa. Agriculture, Ecosystems & Environment, 216: 61–72.

De Beurs KM, Henebry GM. 2004. Land surface phenology, climatic variation, and institutional change: Analyzing agricultural land cover change in Kazakhstan. Remote Sensing of Environment, 89(4): 497–509.

De Jong R, de Bruin S, de Wit A, Schaepman ME, Dent DL. 2011. Analysis of monotonic greening and browning trends from global NDVI time–series. Remote Sensing of Environment, 115(2): 692–702.

Delang CO, Zhen Y. 2015. China's grain for green program. Switzer land: Springer International Pu.

Delavaux CS, Camenzind T, Homeier J, Jiménez–Paz R, Ashton M, Queenborough SA. 2017. Nutrient enrichment effects on mycorrhizal fungi in an Andean tropical montane forest. Mycorrhiza, 27: 311–319.

Delgado–Baquerizo M, Reich PB, Trivedi C, Eldridge DJ, Abades S, Alfaro FD, Bastida F, Berhe AA, Cutler NA, Gallardo A, GarcÍa–VelÁzquez L, Hart SC, Hayes PE, He J, Hseu Z, Hu H, Kirchmair M, Neuhauser S, PÉrez CA, Reed SC, Santos F, Sullivan BW, Trivedi P, Wang J, Weber–Grullon L, Williams MA, Singh BK. 2020. Multiple elements of soil biodiversity drive ecosystem functions across biomes. Nature Ecology & Evolution, 4(2): 210–220.

Deng Y, Jiang Z, Qin X. 2012. Water source partitioning among trees growing on carbonate rock in a subtropical region of Guangxi, China. Environmental Earth Sciences, 66(2): 635–640.

Deng Y, Wang S, Bai X, Luo G, Wu L, Cao Y, Li H, Li C, Yang Y, Hu Z, Tian S. 2020. Variation trend of global soil moisture and its cause analysis. Ecological Indicators, 110: 105939.

Deng Y, Wang S, Bai X, Luo G, Wu L, Chen F, Wang J, Li Q, Li C, Yang Y, Hu Z, Tian S. 2021. Characteristics of soil moisture storage from 1979 to 2017 in the karst area of China. Geocarto International, 36(8): 903–917.

Deng Y, Wang S, Bai X, Luo G, Wu L, Chen F, Wang J, Li Q, Li C, Yang Y, Hu Z, Tian S. 2020. Spatiotemporal dynamics of soil moisture in the karst areas of China based on reanalysis and observations data. Journal of Hydrology, 585: 124744.

Doctor DH, Young JA. 2013. An evaluation of automated GIS tools for delineating karst sinkholes and closed depressions from 1–meter LiDAR–derived digital elevation data. Sinkholes and the engineering and environmental impacts of karst: proceedings of the thirteenth multidisciplinary conference.

Dohnal M, Tomáš Č, Votrubová J, Tesař M. 2014. Rainfall interception and spatial variability of throughfall in spruce stand. Journal of Hydrology & Hydromechanics, 62: 277–284.

Donohue RJ, McVICAR TR, Roderick ML. 2009. Climate–related trends in Australian vegetation cover as inferred from satellite observations, 1981–2006. Global Change Biology, 15(4): 1025–1039.

Dragoni D, Schmid HP, Wayson CA, Potter H, Grimmond CSB, Randolph JC. 2011. Evidence of increased net ecosystem productivity associated with a longer vegetated season in a deciduous forest in south–central Indiana, USA. Global Change Biology, 17(2): 886–897.

Droogers P, Allen RG. 2002. Estimating reference evapotranspiration under inaccurate data conditions. Irrigation and Drainage Systems, 16: 33–45.

Du E, Terrer C, Pellegrini AF, Ahlstrom A, Van Lissa CJ, Zhao X, Xia N, Wu X, Jackson RB. 2020. Global patterns of terrestrial nitrogen and phosphorus limitation. Nature Geoscience, 13(3): 1–6.

Du P, Walling DE. 2012. Using ^{210}Pb measurements to estimate sedimentation rates on river floodplains. Journal of Environmental Radioactivity, 103(1): 59–75.

Du XL, Wang SJ. 2008. Space–time distribution of soil water in a karst area: A case study of the Wangjiazhai catchment, Qingzhen, Guizhou Province. Earth and Environment, 36: 193–201.

Dubbert M, Cuntz M, Piayda A, Werner C. 2014. Oxygen isotope signatures of transpired water vapor: the role of isotopic non - steady–state transpiration under natural conditions. New Phytologist, 203(4): 1242–1252.

Ehleringer JR, Dawson TE. 1992. Water uptake by plants: perspectives from stable isotope composition. Plant Cell & Environment, 15(9): 1073–1082.

Ehleringer JR, Phillips SL, Schuster WSF, Sandquist DR. 1991. Differential utilization of summer rains by desert plants. Oecologia, 88(3): 430–434.

Ehleringer JR, Roden J, Dawson TE. 2000. Assessing Ecosystem–Level Water Relations Through Stable Isotope Ratio Analyses. In: Sala OE, Jackson RB, Mooney HA, Howarth RW (eds) Methods in Ecosystem Science. Springer, New York, NY, 181–198.

Ehleringer LADR. 1994. Water stress and use of summer precipitation in a great basin shrub community. Functional Ecology, 8(3): 289–297.

Eklundh L, Olsson L. 2003. Vegetation index trends for the African Sahel 1982–1999. Geophysical Research Letters, 30(8): 1430.

Ellsworth PZ, Sternberg LSL. 2015. Seasonal water use by deciduous and evergreen woody species in a scrub community is based on water availability and root distribution. Ecohydrology, 8(4): 538–551.

Ellsworth PZ, Williams DG. 2007. Hydrogen isotope fractionation during water uptake by woody xerophytes. Plant and Soil, 291(1–2): 93–107.

Elser JJ, Acharya K, Kyle M, Cotner J, Makino W, Markow T, Watts T, Hobbie S, Fagan W, Schade J, Sterner RW. 2003. Growth rate–stoichiometry couplings in diverse biota. Ecology Letters, 6(10): 936–943.

Elser JJ, Dobberfuhl DR, Mackay NA, Schampel JH. 1996. Organism size, life history, and N: P stoichiometry: toward a unified view of cellular and ecosystem processes. BioScience, 46(9): 674–684.

Eo J, Park KC. 2016. Long–term effects of imbalanced fertilization on the composition and diversity of soil bacterial community. Agriculture, Ecosystems & Environment, 231: 176–182.

Evans J, Geerken R. 2004.Discrimination between climate and human–induced dryland degradation. Journal of Arid Environments, 57(4): 535–554.

Evaristo J, Jasechko S, McDonnell JJ. 2015. Global separation of plant transpiration from groundwater and streamflow. Nature, 525: 91–94.

Everaert G, Pauwels IS, Boets P, Verduin E, de la Haye MAA, Blom C, Goethals PLM. 2013. Model–based evaluation of ecological bank design and management in the scope of the European water framework directive. Ecological Engineering, 53: 144–152.

Evett SR, Schwartz RC, Casanova JJ, Heng LK. 2012. Soil water sensing for water balance, ET and WUE. Agricultural Water Management, 104: 1–9.

Ewe SM, Sternberg DL. 2002. Seasonal water–use by the invasive exotic, Schinus terebinthifolius, in native and disturbed communities. Oecologia, 133(4): 441–448.

Fan JL, Oestergaard KT, Guyot A, Jensen DG, Lockington DA. 2015. Spatial variability of throughfall and stemflow in an exotic pine plantation of subtropical coastal Australia. Hydrological Processes, 29: 793–804.

Fang J, Yu G, Liu L, Hu S, Chapin FS. 2018. Climate change, human impacts, and carbon sequestration in China. Proceedings of the National Academy of Sciences, 115（16）: 4015–4020.

FAO. 2009. Rome(Italy). ETo calculator. version 3.1. In: Evapotranspiration from a reference surface, FAO. Land and Water Division, R.ome, Italy.

Farooq M, Wahid A, Kobayashi N, Fujita D, Basra SMA. 2009. Plant drought stress: Effects, mechanisms and management. Agronomy for Sustainable Development,29:185–212.

Farr TG, Rosen PA, Caro E, Crippen R, Duren R, Hensley S, Kobrick M, Paller M, Rodriguez E, Roth L, Seal D, Shaffer S, Shimada J, Umland J, Werner M, Oskin M, Burbank D, Alsdorf D. 2007. The shuttle

radar topography mission. Reviews of Geophysics, 45(2): RG2004.
Fassnacht FE, Schiller C, Kattenborn T, Zhao X, Qu J. 2019. A Landsat-based vegetation trend product of the Tibetan Plateau for the time-period 1990–2018. Scientific Data, 6(1): 1-11.
Fell JW, Scorzetti G, Connell L, Craig S. 2006. Biodiversity of micro-eukaryotes in Antarctic Dry Valley soils with< 5% soil moisture. Soil Biology and Biochemistry, 38(10): 3107-3119.
Feng X, Liu G, Chen JM, Chen M, Liu J, Ju WM, Sun R, Zhou W. 2007. Net primary productivity of China ' s terrestrial ecosystems from a process model driven by remote sensing. Journal of Environmental Management, 85 (3) : 563-573.
Fensholt R, Langanke T, Rasmussen K, Reenberg A, Prince SD, Tucker C, Scholes RJ, Le QB, Bondeau A, Eastman R, Epstein H, Gaughan AE, Hellden U, Mbow C, Olsson L, Paruelo J, Schweitzer C, Seaquist J, Wessels K. 2012. Greenness in semi-arid areas across the globe 1981–2007—an Earth Observing Satellite based analysis of trends and drivers. Remote Sensing of Environment, 121: 144-158.
Fensholt R, Proud SR.2012.Evaluation of earth observation based global long term vegetation trends—Comparing GIMMS and MODIS global NDVI time series. Remote Sensing of Environment, 119: 131-147.
Ford D, Williams P. 2007. Karst Hydrogeology and Geomorphology. John Wiley & Sons, Ltd, West Sussex, England.
Fu BJ, Wang YF, Lu YH, He CS, Chen LD, Song CJ. 2009. The effects of land-use combinations on soil erosion: a case study in the Loess Plateau of China. Progress in Physical Geography, 33: 793-804.
Fu J, Huang B. 2001. Involvement of antioxidants and lipid peroxidation in the adaptation of two cool-season grasses to localized drought stress. Environmental and Experimental Botany,45: 105-114.
Fu T, Chen H, Fu Z, Wang K. 2016. Surface soil water content and its controlling factors in a small karst catchment. Environmental Earth Sciences, 75: 1406.
Gao P, Deng J, Chai X, Mu X, Zhao G, Shao H, Sun W. 2017. Dynamic sediment discharge in the Hekou-Longmen region of Yellow River and soil and water conservation implications. Science of The Total Environment, 578: 56-66.
Garten CT. 1976. Correlations between concentrations of elements in plants. Nature,261: 686-688.
Gaspar L, Navas A, Machín J, Walling DE. 2013. Using $^{210}Pb_{ex}$ measurements to quantify soil redistribution along two complex toposequences in Mediterranean agroecosystems, northern Spain. Soil and Tillage Research, 130: 81-90.
Gassman PW, Reyes MR, Green CH, Arnold JG. Soil and water assessment tool: Historical development, applications, and future research directions. Transactions of the ASABE, 50(4): 1211-1250.
Gat JR. 1996. Oxygen and Hydrogen Isotopes in the Hydrologic Cycle. Annual Review of Earth and Planetary Sciences, 24(1): 225-262.
Gazis C, Feng X. 2004. A stable isotope study of soil water: evidence for mixing and preferential flow paths. Geoderma, 119(1): 97-111.
Germer S, Elsenbeer H, Moraes JM. 2005. Throughfall and temporal trends of rainfall redistribution in an open tropical rainforest, south-western Amazonia (Rondônia, Brazil). Hydrology & Earth System Sciences, 10: 383-393.
Gleick PH. 1998. Water in crisis: Paths to sustainable water use. Ecological Applications, 8(3): 571-579.
Glenn EP, Huete AR, Nagler PL, Nelson SG. 2008. Relationship between remotely-sensed vegetation indices, canopy attributes and plant physiological processes: What vegetation indices can and cannot tell us about the landscape. Sensors, 8(4): 2136-2160.
Gnanasiri SP, S.H., Ogata S. 1991. Cell membrane stability and leaf water relations as affected by potassium nutrition of water-stressed maize. Journal of Experimental Botany,42:739-745.

Goldscheider N. 2019. A holistic approach to groundwater protection and ecosystem services in karst terrains. Carbonates and Evaporites, 34: 1241–1249.

Gómez JA, Vanderlinden K, Giráldez JV, Fereres E. 2002. Rainfall concentration under olive trees. Agricultural Water Managemen, 55(1): 53–70.

Gómez - Navarro C, Pataki DE, Bowen GJ, Oerter EJ. 2019. Spatiotemporal variability in water sources of urban soils and trees in the semiarid, irrigated Salt Lake Valley. Ecohydrology, 12(8): e2154.

Gong HJ, Zhu XY, Chen KM, Wang SM, Zhang CL. 2005. Silicon alleviates oxidative damage of wheat plants in pots under drought. Plant Science,169:313–321.

Gorelick N, Hancher M, Dixon M, Ilyushchenko S, Thau D, Moore R. 2017. Google Earth Engine: Planetary–scale geospatial analysis for everyone. Remote Sensing of Environment, 202: 18–27.

Gosling P, Proctor M, Jones J, Bending GD. 2014. Distribution and diversity of *Paraglomus* spp. in tilled agricultural soils. Mycorrhiza, 24: 1–11.

Graymore MLM, Mc Bride D. 2013. Socio–ecological value of wetlands: the dilemma of balancing human and ecological water needs. Australasian Journal of Environmental Management, 20(3): 225–241.

Grayston SJ, Vaughan D, Jones D. 1996. Rhizosphere carbon flow in trees, in comparison with annual plants: the importance of root exudation and its impact on microbial activity and nutrient availability. Applied Soil Ecology, 5: 29–56.

Griffiths P, van der Linden S, Kuemmerle T, Hostert P. 2013. A pixel–based Landsat compositing algorithm for large area land cover mapping. IEEE Journal of Selected Topics in Applied Earth Observations and Remote Sensing, 6(5): 2088–2101.

Grimes DW, Yamada H, Hughes SW. 1987. Climate–normalized cotton leaf water potentials for irrigation scheduling. Agricultural Water Management, 12: 293–304.

Guay KC, Beck PS, Berner LT, Goetz SJ, Baccini A, Buermann W. 2014. Vegetation productivity patterns at high northern latitudes: A multi–sensor satellite data assessment. Global Change Biology, 20(10): 3147–3158.

Gunter W, Marijn VV, Alberto A. 2009. Estimating irrigation water requirements in Europe. Journal of Hydrology, 373: 527–544.

Guo F, Jiang G, Yuan D. 2007. Major ions in typical subterranean rivers and their anthropogenic impacts in southwest karst areas, China. Environmental Geology, 53(3): 533–541.

Guo F, Ma JJ, Zheng LJ, Sun XH, Guo XH, Zhang XL. 2016. Estimating distribution of water uptake with depth of winter wheat by hydrogen and oxygen stable isotopes under different irrigation depths. Journal of Integrative Agriculture, 15(4): 891–906.

Gupta H, Kao SJ, Dai M. 2012. The role of mega dams in reducing sediment fluxes: A case study of large Asian rivers. Journal of Hydrology, 464: 447–458.

Gupta HV, Sorooshian S, Yapo PO. 1999. Status of automatic calibration for hydrologic models: Comparison with multilevel expert calibration. Journal of Hydrologic Engineering, 4(02): 135–143.

Gurr C, Marshall T, Hutton J. 1952. Movement of water in soil due to a temperature gradient. Soil Science, 74(5): 335–346.

Gustafsson JP, Tiberg C, Edkymish A, Kleja DB. 2011. Modelling lead (II) sorption to ferrihydrite and soil organic matter. Environmental Chemistry, 8(5): 485–492.

Han G, Li F, Tang Y. 2015. Variations in soil organic carbon contents and isotopic compositions under different land uses in a typical karst area in Southwest China. Geochemical Journal, 49(1): 63–71.

Han W, Fang J, Guo D, Zhang Y. 2005. Leaf nitrogen and phosphorus stoichiometry across 753 terrestrial plant species in China. New Phytologist, 168: 377–385.

Hanqin T, Guangsheng C, Chi Z, Jerry MM, Charles ASH. 2010. Pattern and variation of C:N:P ratios in

China's soils: a synthesis of observational data. Biogeochemistry, 98(1/3): 139–151.
Hansen MC, Loveland TR. 2012.A review of large area monitoring of land cover change using Landsat data. Remote Sensing of Environment, 122: 66–74.
Hansen MC, Potapov PV, Moore R, Hancher M, Turubanova SA, Tyukavina A, Thau D, Stehman V, Goetz J, Loveland TR, Kommareddy A, Egorov A, Chini L, Justice CO, Townshend J. 2013. High-resolution global maps of 21st-century forest cover change. Science, 342(6160): 850–853.
Hardanto A, Röll A, Hölscher D. 2017. Tree soil water uptake and transpiration in mono-cultural and jungle rubber Stands of Sumatra. Forest Ecology & Management, 397: 67–77.
Harrison RB, Footen PW, Strahm BD. 2011. Deep soil horizons: contribution and importance to soil carbon pools and in assessing whole-ecosystem response to management and global change. Forest Science, 57(1): 67–76.
Hart MM, Reader RJ. 2002. Host plant benefit from association with arbuscular mycorrhizal fungi: variation due to differences in size of mycelium. Biology and Fertility of Soils, 36: 357–366.
Hartmann A, Goldscheider N, Wagener T, Lange J, Weiler M. 2014. Karst water resources in a changing world: Review of hydrological modeling approaches. Reviews of Geophysics, 52(03): 218–242.
Hasselquist NJ, Benegas L, Roupsard O, Malmer A, Ilstedt U. 2018. Canopy cover effects on local soil water dynamics in a tropical agroforestry system: Evaporation drives soil water isotopic enrichment. Hydrological Processes, 32: 994–1004.
He C, Tian J, Gao B, Zhao Y. 2015. Differentiating climate-and human-induced drivers of grassland degradation in the Liao River Basin, China. Environmental Monitoring and Assessment, 187(1): 4199.
He L, Chen JM, Pan Y, Birdsey R, Kattge J. 2012. Relationships between net primary productivity and forest stand age in U.S. forests. Global Biogeochemical Cycles，26（3）: GB3009.
He XY, Wang KL, Zhang W, Chen ZH, Zhu YG, Chen HS. 2008. Positive correlation between soil bacterial metabolic and plant species diversity and bacterial and fungal diversity in a vegetation succession on Karst. Plant and Soil, 307: 123–134.
Hielkema JU, Prince SD, Astle WL. 1986. Rainfall and vegetation monitoring in the savanna zone of the Democratic Republic of Sudan using the NOAA Advanced Very High Resolution Radiometer. International Journal of Remote Sensing, 7(11): 1499–1513.
Hipel KW, McLeod AI. 1994. Time series modelling of water resources and environmental systems. Elsevier, Netherlands.
Hirsch RM, Slack JR, Smith RA. 1982. Techniques of trend analysis for monthly water quality data. Water Resources Research, 18: 107–121.
Hirsch RM, Slack JR. 1984. A nonparametric trend test for seasonal data with serial dependence. Water Resources Research, 20(6): 727–732.
Horion S, Fensholt R, Tagesson T, Ehammer A. 2014. Using earth observation-based dry season NDVI trends for assessment of changes in tree cover in the Sahel. International Journal of Remote Sensing, 35(7): 2493–2515.
Horton R, Wierenga P. 1983. Estimating the soil heat flux from observations of soil temperature near the surface. Soil Science Society of America Journal, 47(1): 14–20.
Hou W, Gao J, Wu S, Dai E. 2015. Interannual variations in growing-season NDVI and its correlation with climate variables in the southwestern karst region of China. Remote Sensing, 7(9): 11105–11124.
Hsieh JCC, Chadwick OA, Kelly EF, Savin SM. 1998. Oxygen isotopic composition of soil water: Quantifying evaporation and transpiration. Geoderma, 82(1): 269–293.
Hu K, Chen H, Nie Y, Wang K. 2015. Seasonal recharge and mean residence times of soil and epikarst water in a small karst catchment of southwest China. Scientific Reports, 5: 10215

Hua F, Wang X, Zheng X, Fisher B, Wang L, Zhu J, Tang Y, Yu DW, Wilcove DS. 2016. Opportunities for biodiversity gains under the world's largest reforestation programme. Nature Communications, 7(1): 12717.

Huang C, Goward SN, Masek JG, Thomas N, Zhu Z, Vogelmann JE. 2010. An automated approach for reconstructing recent forest disturbance history using dense Landsat time series stacks. Remote Sensing of Environment, 114(1): 183–198.

Huang H, Chen Y, Clinton N, Wang J, Wang X, Liu C, Gong P, Yang J, Bai Y, Zheng Y, Zhu Z. 2017. Mapping major land cover dynamics in Beijing using all Landsat images in Google Earth Engine. Remote Sensing of Environment, 202: 166–176.

Huang K, Zhang Y, Zhu J, Liu Y, Zu J, Zhang J. 2016. The influences of climate change and human activities on vegetation dynamics in the Qinghai–Tibet Plateau. Remote Sensing, 8(10): 876.

Huang L, Shao M. 2019. Advances and perspectives on soil water research in China's Loess Plateau. Earth–Science Reviews, 199: 102962

Huang M, Piao S, Ciais P, Peñuelas J, Wang X, Keenan TF, Peng S, Berry JA, Wang K, Mao J, Alkama R, Cescatti A, Cuntz M, Deurwaerder HD, Gao M, He Y, Liu Y, Luo Y, Myneni RB, Niu S, Shi X, Yuan W, Verbeeck H, Wang T, Wu J, Janssens IA. 2019. Air temperature optima of vegetation productivity across global biomes. Nature Ecology & Evolution, 3(5): 772–779.

Huang Z, Selvalakshmi S, Vasu D, Liu Q, Cheng H, Guo F, Ma X. 2018. Identification of indicators for evaluating and monitoring the effects of Chinese fir monoculture plantations on soil quality. Ecological Indicators, 93:547–554.

Huber S, Fensholt R, Rasmussen K. 2011. Water availability as the driver of vegetation dynamics in the African Sahel from 1982 to 2007. Global and Planetary Change, 76(3–4): 186–195.

Hudiburg T, Law B, Turner DP, Campbell J, Donato D, Duane M. 2009. Carbon dynamics of Oregon and Northern California forests and potential land–based carbon storage. Ecological Applications, 19（1）: 163–180.

Huete A, Didan K, Miura T, Rodriguez EP, Gao X, Ferreira LG. 2002. Overview of the radiometric and biophysical performance of the MODIS vegetation indices. Remote Sensing of Environment, 83(1–2): 195–213.

Hui N, Jumpponen A, Francini G, Kotze DJ, Liu X, Romantschuk M, Strömmer R, Setälä H. 2017. Soil microbial communities are shaped by vegetation type and park age in cities under cold climate. Environ Microbiol, 19: 1281–1295.

Hui N, Liu X, Jumpponen A, Setälä H, Kotze DJ, Biktasheva L, Romantschuk M. 2018. Over twenty years farmland reforestation decreases fungal diversity of soils, but stimulates the return of ectomycorrhizal fungal communities. Plant and Soil, 427: 231–244.

Hui N, Sun N, Du H, Umair M, Kang H, Liu X, Romantschuk M, Liu C. 2019. Karst rocky desertification does not erode ectomycorrhizal fungal species richness but alters microbial community structure. Plant and Soil, 445: 383–396.

Hurst H. 1951. Long term storage capacity of reservoirs. Transactions of the American Society of Civil Engineers, 6: 770–799.

Hutchinson MF. 1998. Interpolation of rainfall data with thin plate smoothing splines. Part I: Two dimensional smoothing of data with short range correlation. Journal of Geographic Information and Decision Analysis, 2(2): 139–151.

Icely J, Cordeiro C, Cristina S, Lavender S, Goela P, Newton A. 2016. Temporal Variability in MERIS Water Constituents Modeled by STL Decomposition in SW Iberian Peninsula: Sagres. In: Proceedings of Living Planet Symposium, Prague, Czech Republic, 245.

IPCC. 2013. Climate change 2013: the physical science basis. Contribution of working group I to the fifth assessment report of the Intergovern-mental Panel on Climate Change. Cambridge, UK: Cambridge University Press.

IPCC. 2018. Summary for Policymakers. In: Global Warming of 1.5℃ . An IPCC Special Report on the impacts of global warming of 1.5℃ above pre-industrial levels and related global greenhouse gas emission pathways, in the context of strengthening the global response to the threat of climate change, sustainable development, and efforts to eradicate poverty [Masson-Delmotte, V., P. Zhai, H.-O. Pörtner, D. Roberts, J. Skea, P.R. Shukla, A. Pirani, W. Moufouma-Okia, C. Péan, R. Pidcock, S. Connors, J.B.R. Matthews, Y. Chen, X. Zhou, M.I. Gomis, E. Lonnoy, T. Maycock, M. Tignor, and T. Waterfield (eds.)].

Jackson PC, Cavelier J, Goldstein G, Meinzer FC, Holbrook NM. 1995. Partitioning of water resources among plants of a lowland tropical forest. Oecologia, 101(2): 197-203.

Jacquin A, Sheeren D, Lacombe JP. 2010. Vegetation cover degradation assessment in Madagascar savanna based on trend analysis of MODIS NDVI time series. International Journal of Applied Earth Observation and Geoinformation, 12: S3-S10.

Jense A, Jakobsen I. 1980. The occurrence of vesicular-arbuscular mycorrhiza in barley and wheat grown in some Danish soils with different fertilizer treatment. Plant and Soil, 55(3): 403-414.

Jiang Y, Wu Y, Groves C, Yuan D, Kambesis P. 2009a. Natural and anthropogenic factors affecting the groundwater quality in the Nandong karst underground river system in Yunan, China. Journal of Contaminant Hydrology, 109: 49-61.

Jiang Y, Wu Y, Yuan D. 2009b. Human impacts on karst groundwater contamination deduced by coupled nitrogen with strontium isotopes in the Nandong underground river system in Yunan, China. Environmental Science & Technology, l43: 7676-7683

Jiang Z, Lian Y, Qin X. 2014. Rocky desertification in Southwest China: Impacts, causes, and restoration. Earth-Science Reviews, 132: 1-12.

Jiang ZC, Li XK, Hu BQ. 2011. Rocky desertification in karst mountainous areas in Guangxi and its comprehensive treatment. Beijing : Science Publishing House.

Jones HG, Lakso AN, Syvertsen JP. 1985. Physiological control of water status in temperate and subtropical fruit trees. Horticultural Reviews, 7: 301-344.

Jönsson AM, Eklundh L, Hellström M, Bärring L, Jönsson P. 2010. Annual changes in MODIS vegetation indices of Swedish coniferous forests in relation to snow dynamics and tree phenology. Remote Sensing of Environment, 114(11): 2719-2730.

Ju J, Masek JG. 2016.The vegetation greenness trend in Canada and US Alaska from 1984–2012 Landsat data. Remote Sensing of Environment, 176: 1-16.

Kaown D, Koh DC, Lee KK. 2009. Effects of groundwater residence time and recharge rate on nitrate contamination deduced from $\delta^{18}O$, δD, $^{3}H/^{3}He$ and CFCs in a small agricultural area in Chuncheon, Korea. Journal of Hydrology, 366(1): 101-111.

Kaspari M, Garcia MN, Harms KE, Santana M, Wright SJ, Yavitt JB. 2008. Multiple nutrients limit litterfall and decomposition in a tropical forest. Ecology letters, 11: 35-43.

Kaspari M, Yanoviak SP, Dudley R, Yuan M, Clay NA. 2009. Sodium shortage as a constraint on the carbon cycle in an inland tropical rainforest. Proceedings of the National Academy of Sciences, 106: 19405-19409.

Ke Y, Im J, Lee J, Gong H, Ryu Y. 2015. Characteristics of Landsat 8 OLI-derived NDVI by comparison with multiple satellite sensors and in-situ observations. Remote Sensing of Environment, 164: 298-313.

Keenan TF, Riley WJ. 2018. Greening of the land surface in the world ’ s cold regions consistent with recent warming. Nature Climate Change, 8(9): 825-828.

Kendall MG.1975. Rank Correlation Methods. Charles Griffin, London, UK.

Kennedy RE, Andréfouët S, Cohen WB, Gómez C, Griffiths P, Hais M, Healey SP, Helmer EH, Hostert P, Lyons MB, Meigs GW, Pflugmacher D, Phinn SR, Powell SL, Scarth P, Sen S, Schroeder TA, Schneider A, Sonnenschein R, Vogelmann JE, Wulder MA, Zhu Z. 2014. Bringing an ecological view of change to Landsat-based remote sensing. Frontiers in Ecology and the Environment, 12(6): 339–346.

Knisel WG, Still DA. 1987. GLEAMS groundwater loading effects of agricultural management systems version 2.10. Transactions of the American Society of Agricultural Engineers, 30(05): 1403–1418.

Knisel WG. 1980. CREAMS: A field-scale model for chemicals, runoff and erosion from agricultural management systems (No. 26). Department of Agriculture, Science and Education Administration.

Koeniger P, Gaj M, Beyer M, Himmelsbach T. 2016. Review on soil water isotope-based groundwater recharge estimations. Hydrological Processes, 30: 2817–2834.

Koerselman W, Meuleman AFM. 1996. The vegetation N:P ratio: A new tool to detect the nature of nutrient limitation. Journal of Applied Ecology, 33:1441–1450.

Komor SC, Emerson DG. 1994. Movements of water, solutes, and stable isotopes in the unsaturated zones of two sand plains in the upper midwest. Water Resources Research, 30(2): 253–267.

Lal R. 2003. Soil erosion and the global carbon budget. Environment International, 29(4): 437–450.

Lambert J, Drenou C, Denux JP, Balent G, Cheret V. 2013. Monitoring forest decline through remote sensing time series analysis. GIScience & Remote Sensing, 50(4): 437–457.

Landwehr JM, Coplen TB. 2006. Line-conditioned excess: a new method for characterizing stable hydrogen. In: International conference on isotopes in environmental studies, Vienna, pp 132–135

Laskowski R, Berg B, Johansson MB, McClaugherty C. 1995. Release pattern for potassium from decomposing forest needle and leaf litter. Long-term decomposition in a Scots pine forest. IX. Canadian Journal of Botany, 73:2019–2027.

Lee J, Lee S, Young JPW. 2008. Improved PCR primers for the detection and identification of arbuscular mycorrhizal fungi. FEMS Microbiology Ecology, 65(2): 339–349.

Legrand H E. 1973. Hydrological and Ecological Problems of Karst Regions: Hydrological actions on limestone regions cause distinctive ecological problems. Science, 179(4076): 859–864.

Lekberg Y, Koide RT, Roh JR, Aldrich-Wolfe L, Morton JB. 2007. Role of niche restrictions and dispersal in the composition of arbuscular mycorrhizal fungal communities. Journal of Eecology, 95: 95–105.

Leng X, Cui J, Zhang S, Zhang W, Liu Y, Liu S, An S. 2013. Differential water uptake among plant species in humid alpine meadows. Journal of Vegetation Science, 24(1): 138–147.

Leng X, Xue L, Wang J, Li S, Yang Z, Ren H, Yao X, Wu Z, Li J. 2020. Physiological responses of *Handeliodendron bodinieri* (Levl.) Rehd. to exogenous calcium supply under drought stress. Forests,11: 69.

León DG, Moora M, Öpik M, Neuenkamp L, Gerz M, Jairus T, Vasar M, Bueno CG, Davison J, Zobel M. 2016. Symbiont dynamics during ecosystem succession: co-occurring plant and arbuscular mycorrhizal fungal communities. FEMS Microbiology Ecology, 92: fiw097.

Lepš J, Šmilauer P. 2003. Multivariate analysis of ecological data using CANOCO. New York: Cambridge University Press.

Levine JM. 2000. Complex interactions in a streamside plant community. Ecology, 81: 3431–3444.

Li D, Liu J, Chen H, Zheng L, Wang K. 2018. Soil microbial community responses to forage grass cultivation in degraded karst soils, Southwest China. Land Degradation & Development, 29: 4262–4270.

Li D, Wen L, Yang L, Luo P, Xiao K, Chen H, Zhang W, He X, Chen H, Wang K. 2017a. Dynamics of soil organic carbon and nitrogen following agricultural abandonment in a karst region. Journal of Geophysical Research: Biogeosciences, 122(1), 230–242.

Li FM, Wang P, Wang J, Xu JZ. 2004. Effects of irrigation before sowing and plastic film mulching on yield and water uptake of spring wheat in semiarid Loess Plateau of China. Agricultural Water Management, 67(2), 77–88.

Li G, Sun S, Han J, Yan J, Liu W, Wei Y, Lu N, Sun Y. 2019. Impacts of Chinese Grain for Green program and climate change on vegetation in the Loess Plateau during 1982–2015. Science of the Total Environment, 660: 177–187.

Li J, Pu J, Zhang T, Xiong X, Wang S, Huo W, Yuan D. 2020. Measurable sediment discharge from a karst underground river in southwestern China: Temporal variabilities and controlling factors. Environmental Earth Sciences, 79(4): 1–18.

Li M, Im J, Beier C. 2013. Machine learning approaches for forest classification and change analysis using multi–temporal Landsat TM images over Huntington Wildlife Forest. GIScience & Remote Sensing, 50(4): 361–384.

Li Q, Li Z, Liang J, He Y, Cao J, Hu Q. 2014. $\delta^{13}C$ characteristics of soil organic carbon in hilly karst area. Polish Journal of Environmental Studies, 23(6):2345–2349.

Li S, Birk S, Xue L, Ren H, Chang J, Yao X. 2016. Seasonal changes in the soil moisture distribution around bare rock outcrops within a karst rocky desertification area (Fuyuan County, Yunnan Province, China). Environmental Earth Sciences, 75(23): 1482.

Li S, Liang W, Fu B, Lü Y, Fu S, Wang S, Su H. 2016. Vegetation changes in recent large–scale ecological restoration projects and subsequent impact on water resources in China’s Loess Plateau. Science of the Total Environment, 569: 1032–1039.

Li S, Ren HD, Xue L, Chang J, Yao XH. 2014. Influence of bare rocks on surrounding soil moisture in the karst rocky desertification regions under drought conditions. Catena, 116: 157–162.

Li X, Li Y, Chen A, Gao M, Slette IJ, Piao S. 2019b. The impact of the 2009/2010 drought on vegetation growth and terrestrial carbon balance in Southwest China. Agricultural and Forest Meteorology, 269: 239–248.

Li X, Xu X, Liu W, He L, Xu C, Zhang R, Chen L, Wang K. 2019. Revealing the scale–specific influence of meteorological controls on soil water content in a karst depression using wavelet coherency. Agriculture, Ecosystems & Environment, 279: 89–99.

Li X, Xu X, Liu W, Xu C, Zhang R, Wang K. 2019. Prediction of profile soil moisture for one land use using measurements at a soil depth of other land uses in a karst depression. Journal of Soils and Sediments, 19(3): 1479–1489.

Li Y, Zhang QW, Reicosky DC, Bai LY, Lindstrom MJ, Li L. 2006. Using ^{137}Cs and $^{210}Pb_{ex}$ for quantifying soil organic carbon redistribution affected by intensive tillage on steep slopes. Soil and Tillage Research, 86(2): 176–184.

Li YB, Shao JA, Yang H, Bai XY. 2008. The relations between land use and karst rocky desertification in a typical karst area, China. Environmental Geology, 57(3): 621–627

Li Z, Liu C, Dong Y, Chang X, Nie X, Liu L, Xiao H, Lu Y, Zeng G. 2017b. Response of soil organic carbon and nitrogen stocks to soil erosion and land use types in the Loess hilly–gully region of China. Soil and Tillage Research, 166: 1–9.

Li Z, Xu X, Liu M, Li X, Zhang R, Wang K, Xu C. 2017a. State–space prediction of spring discharge in a karst catchment in southwest China. Journal of Hydrology, 549: 264–276

Li Z, Xu X, Xu C, Liu M, Wang K, Yi R. 2017b. Monthly sediment discharge changes and estimates in a typical karst catchment of southwest China. Journal of Hydrology, 555: 95–107

Li Z, Xu X, Yu B, Xu C, Liu M, Wang K. 2016. Quantifying the impacts of climate and human activities on water and sediment discharge in a karst region of southwest China. Journal of Hydrology, 542: 836–849.

Li Z, Xu X, Zhang Y, Wang K, Zeng P. 2019. Reconstructing recent changes in sediment yields from a typical karst watershed in southwest China. Agriculture, Ecosystems & Environment, 269: 62–70.

Liang YM, He XY, Chen CY, Feng SZ, Liu L, Chen XB, Zhao ZW, Su YR. 2015. Influence of plant communities and soil properties during natural vegetation restoration on arbuscular mycorrhizal fungal communities in a karst region. Ecological Engineering, 82: 57–65.

Liao R, Yang P, Zhu Y, Wu W, Ren S. 2018. Modeling soil water flow and quantification of root water extraction from different soil layers under multi–chemicals application in dry land field. Agricultural Water Management, 203: 75–86.

Lin G, Phillips SL, Ehleringer JR. 1996. Monosoonal precipitation responses of shrubs in a cold desert community on the Colorado Plateau. Oecologia, 106(1): 8–17.

Lin G, Sternberg LDS. 1994. Utilization of surface water by red mangrove (*Rhizophora mangle* L.): An isotopic study. Bulletin of Marine Science, 54(1): 94–102.

Lin H. 2010. Earth ' s Critical Zone and hydropedology: concepts, characteristics, and advances. Hydrology and Earth System Sciences, 14(1): 25–45.

Liu B, Chen C, Lian Y, Chen J, Chen X. 2015. Long–term change of wet and dry climatic conditions in the southwest karst area of China. Global and Planetary Change, 127: 1–11.

Liu C, Li Z, Berhe AA, Xiao H, Liu L, Wang D, Peng H, Zeng G. 2019a. Characterizing dissolved organic matter in eroded sediments from a loess hilly catchment using fluorescence EEM–PARAFAC and UV–Visible absorption: Insights from source identification and carbon cycling. Geoderma, 334:37–48.

Liu C, Li Z, Berhe AA, Zeng G, Xiao H, Liu L, Wang D, Peng H. 2019b. Chemical characterization and source identification of organic matter in eroded sediments: role of land use and erosion intensity. Chemical Geology, 506:97–112.

Liu C, Li Z, Chang X, He J, Nie X, Liu L, Xiao H, Wang D, Peng H, Zeng G. 2018. Soil carbon and nitrogen sources and redistribution as affected by erosion and deposition processes: A case study in a loess hilly–gully catchment, China. Agriculture, Ecosystems & Environment, 253:11–22.

Liu C, Liu Y, Guo K, Qiao X, Zhao H, Wang S, Zhang L, Cai X. 2018. Effects of nitrogen, phosphorus and potassium addition on the productivity of a karst grassland: Plant functional group and community perspectives. Ecological Engineering,117:84–95.

Liu H, Zhang M, Lin Z, Xu X. 2018. Spatial heterogeneity of the relationship between vegetation dynamics and climate change and their driving forces at multiple time scales in Southwest China. Agricultural and Forest Meteorology, 256: 10–21.

Liu M, Han G, Zhang Q, Song Z. 2019c. Variations and indications of $\delta^{13}C_{SOC}$ and $\delta^{15}N_{SON}$ in soil profiles in karst Critical Zone Observatory (CZO), Southwest China. Sustainability, 11(7): 2144.

Liu QJ, Zhang HY, Gao KT, Xu B, Wu JZ, Fang NF. 2019. Time–frequency analysis and simulation of the watershed suspended sediment concentration based on the Hilbert–Huang transform (HHT) and artificial neural network (ANN) methods: A case study in the Loess Plateau of China. Catena, 179: 107–118.

Liu W, Wang S, Luo W, Dai W, Bai E. 2017. Characteristics of soil water movement in a grass slope in a karst peak - cluster region, China. Hydrological Processes, 31(6): 1331–1348.

Liu X, Wang N, Shao J, Chu X. 2017. An automated processing algorithm for flat areas resulting from DEM filling and interpolation. ISPRS International Journal of Geo–Information, 6(11): 376–389.

Liu Y, Zhang X, Zhao S, Ma H, Qi G, Guo S. 2019. The depth of water taken up by walnut trees during different phenological stages in an irrigated arid hilly area in the Taihang Mountains. Forests, 10(2): 121.

Liu YP, Lu MX, Zhang XW, Sun QB, Liu RL, Lian B. 2019d. Shift of the microbial communities from exposed esandstone rocks to forest soils during pedogenesis. International Biodeterioration & Biodegradation, 140: 21–28.

Liu Z, Fu B, Zheng X, Liu G. 2010. Plant biomass, soil water content and soil N: P ratio regulating soil microbial functional diversity in a temperate steppe: a regional scale study. Soil Biology and Biochemistry, 42(3): 445–450.

Liu Z, Liu Y, Li Y. 2018. Anthropogenic contributions dominate trends of vegetation cover change over the farming–pastoral ecotone of northern China. Ecological Indicators, 95: 370–378.

Long D, Shen Y, Sun A, Hong Y, Longuevergne L, Yang Y, Li B, Chen L. 2014. Drought and flood monitoring for a large karst plateau in Southwest China using extended GRACE data. Remote Sensing of Environment, 155: 145–160.

López–García Á, Palenzuela J, Barea J, Azcón–Aguilar C. 2014. Life–history strategies of arbuscular mycorrhizal fungi determine succession into roots of *Rosmarinus officinalis* L., a characteristic woody perennial plant species from Mediterranean ecosystems. Plant Soil, 379: 247–260.

Los SO, Collatz GJ, Bounoua L, Sellers PJ, Tucker CJ. 2001. Global interannual variations in sea surface temperature and land surface vegetation, air temperature, and precipitation. Journal of Climate, 14(7): 1535–1549.

Loveland TR, Dwyer JL. 2012. Landsat: Building a strong future. Remote Sensing of Environment, 122: 22–29.

Lovelock CE, Andersen K, Morton JB. 2003. Arbuscular mycorrhizal communities in tropical forests are affected by host tree species and environment. Oecologia, 135: 268–279.

Lu X, Liang LL, Wang L, Jenerette GD, Mccabe MF, Grantz DA. 2016. Partitioning of evapotranspiration using a stable isotope technique in an arid and high temperature agricultural production system. Agricultural Water Management, 179: 103–109.

Lucht W, Prentice IC, Myneni RB, Sitch S, Friedlingstein P, Cramer W, Bousquet P, Buermann W, Smith B. 2002. Climatic control of the high–latitude vegetation greening trend and Pinatubo effect. Science, 296(5573): 1687–1689.

Lumini E, Orgiazzi A, Borriello R, Bonfante P, Bianciotto V. 2010. Disclosing arbuscular mycorrhizal fungal biodiversity in soil through a land–use gradient using a pyrosequencing approach. Environmental Microbiology, 12(8): 2165–2179.

Luo Z., Guan H., Zhang X., et al. 2016. Responses of plant water use to a severe summer drought for two subtropical tree species in the central southern China. Journal of Hydrology: Regional Studies, 8: 1–9.

Ma T, Zhu S, Wang Z, Chen D, Dai G, Feng B, Su X, Hu H, Li K, Han W, Liang C, Bai Y, Feng X. 2018. Divergent accumulation of microbial necromass and plant lignin components in grassland soils. Nature Communications, 9(1): 1–9.

Ma Y, Song X. 2016. Using stable isotopes to determine seasonal variations in water uptake of summer maize under different fertilization treatments. Science of the Total Environment, 550: 471–483.

Mabit L, Benmansour M, Abril JM, Walling DE, Meusburger K, Iurian AR, Bernard C, Tarján S, Owens PN, Blake WH, Alewell C. 2014. Fallout ^{210}Pb as a soil and sediment tracer in catchment sediment budget investigations: A review. Earth Science Reviews, 138: 335–351.

Malík P. 2015. Evaluating discharge regimes of karst aquifer. In: Karst Aquifers—Characterization and Engineering. Springer, Cham.

Mann HB. 1945. Nonparametric tests against trend. Econometrica: Journal of the Econometric Society, 13(3): 245–259.

Marín C, Aguilera P, Oehl F, Godoy R. 2017. Factors affecting arbuscular mycorrhizal fungi of Chilean temperate rainforests. Journal of Soil Science and Plant Nutrition, 17(4): 966–984.

Marques MJ, Bienes R, Jiménez L, Pérez–Rodríguez R. 2007. Effect of vegetal cover on runoff and soil erosion under light intensity events. Rainfall simulation over USLE plots. Science of the total environment,

378(1–2): 161–165.
McCole AA, Stern LA. 2007. Seasonal water use patterns of Juniperus ashei on the Edwards Plateau, Texas, based on stable isotopes in water. Journal of Hydrology, 342(3–4): 238–248.
McColl KA, Alemohammad SH, Akbar R, Konings AG, Yueh S, Entekhabi D. 2017. The global distribution and dynamics of surface soil moisture. Nature Geoscience, 10(2): 100–104.
McCutcheon RJ, McNamara JP, Kohn MJ, Evans SL. 2017. An evaluation of the ecohydrological separation hypothesis in a semiarid catchment. Hydrological Processes, 31(4): 783–799.
McDonnell JJ, Bonell M, Stewart MK, Pearce AJ. 1990. Deuterium variations in storm rainfall: Implications for stream hydrograph separation. Water Resources Research, 26(3): 455–458.
Meade RH, Moody JA. 2010. Causes for the decline of suspended - sediment discharge in the Mississippi River system, 1940–2007. Hydrological Processes: An International Journal, 24(1): 35–49.
Meinzer FC, Clearwater MJ, Goldstein G. 2001. Water transport in trees: current perspectives, new insights and some controversies. Environmental and Experimental Botany, 45(3): 239–262.
Meng M, Huang N, Wu M, Pei J, Wang J, Niu Z. 2019. Vegetation change in response to climate factors and human activities on the Mongolian Plateau. PeerJ, 7: e7735.
Mérot P, Durand P, Morisson C. 1995. Four–component hydrograph separation using isotopic and chemical determinations in an agricultural catchment in Western France. Physics and Chemistry of the Earth, 20(3–4): 415–425.
Miao C, Ni J, Borthwick AG. 2010. Recent changes of water discharge and sediment load in the Yellow River basin, China. Progress in Physical Geography, 34(4): 541–561.
Mikkelsen BL, Rosendahl S, Jakobsen I. 2008. Underground resource allocation between individual networks of mycorrhizal fungi. New Phytologist, 180: 890–898.
Mittler R. 2002. Oxidative stress, antioxidants and stress tolerance. Trends in Plant Science,7: 405–410.
Moora M, Davison J, Öpik M, Metsis M, Saks Ü, Jairus T, Vasar M, Zobel M. 2014. Anthropogenic land use shapes the composition and phylogenetic structure of soil arbuscular mycorrhizal fungal communities. Fems Microbiology Ecology, 90: 609–621.
Moore JW, Semmens BX. 2008. Incorporating uncertainty and prior information into stable isotope mixing models. Ecology letters, 11(5): 470–480.
Moriasi DN, Arnold JG, Van Liew MW, Bingner RL, Harmel RD, Veith TL. 2007. Model evaluation guidelines for systematic quantification of accuracy in watershed simulations. Transactions of the ASABE, 50(3): 885–900.
Munné–Bosch S, Alegre L. 1999. Role of dew on the recovery of water–stressed *Melissa officinalis* L. plants. Journal of Plant Physiology, 154(5–6): 759–766.
Myneni RB, Keeling CD, Tucker CJ, Asrar G, Nemani RR. 1997. Increased plant growth in the northern high latitudes from 1981 to 1991. Nature, 386(6626): 698–702.
Nash JE, Sutcliffe JV. 1970. River flow forecasting through conceptual models part I—A discussion of principles. Journal of Hydrology, 10(3): 282–290.
Neitsch SL, Arnold JG, Williams JR. 2011. Soil and water assessment tool theoretical documentatioo version 2009. Texas Water Resources Institute Technical Report.
Nemani RR, Keeling CD, Hashimoto H, Jolly WM, Piper SC, Tucker CJ, Myneni RB, Running SW. 2003. Climate–driven increases in global terrestrial net primary production from 1982 to 1999. Science, 300(5625): 1560–1563.
Neris J, Jiménez C, Fuentes J, Morillas G, Tejedor M. 2012. Vegetation and land–use effects on soil properties and water infiltration of Andisols in Tenerife (Canary Islands, Spain). Catena, 98: 55–62.
Newman MEJ. 2006. Modularity and community structure in networks. Proceedings of the National

Academy of Sciences, 103: 8577.
Nicholson SE, Davenport ML, Malo AR. 1990. A comparison of the vegetation response to rainfall in the Sahel and East Africa, using normalized difference vegetation index from NOAA AVHRR. Climatic Change, 17(2): 209–241.
Nie YP, Chen HS, Wang KL, Ding YL. 2014. Rooting characteristics of two widely distributed woody plant species growing in different karst habitats of southwest China. Plant Ecology, 215(10): 1099–1109.
Nie YP, Chen HS, Wang KL, Yang J. 2012. Water source utilization by woody plants growing on dolomite outcrops and nearby soils during dry seasons in karst region of Southwest China. Journal of Hydrology, 420: 264–274.
Niemand C, Köstner B, Prasse H. 2005. Relating tree phenology with annual carbon fluxes at Tharandt forest. Meteorologische Zeitschrift, 14(2): 197–202.
Nilsson C, Reidy CA, Dynesius M, Revenga C. 2005. Fragmentation and flow regulation of the world's large river systems. science, 308(5720): 405–408.
Nordin A, Högberg P, Näsholm T. 2001. Soil nitrogen form and plant nitrogen uptake along a boreal forest productivity gradient. Oecologia,129: 125–132.
Noy–Meir I. 1973. Desert ecosystems: environment and producers. Annual review of ecology and systematics, 4(1): 25–51.
Oerter EJ, Bowen GJ. 2019. Spatio - temporal heterogeneity in soil water stable isotopic composition and its ecohydrologic implications in semiarid ecosystems. Hydrological Processes, 33(12): 1724–1738.
Oshun J, Dietrich WE, Dawson TE, Fung I. 2016. Dynamic, structured heterogeneity of water isotopes inside hillslopes. Water Resources Research, 52(1): 164–189.
Osunmadewa BA, Wessollek C, Karrasch P. 2015. Linear and segmented linear trend detection for vegetation cover using GIMMS normalized difference vegetation index data in semiarid regions of Nigeria. Journal of Applied Remote Sensing, 9(1): 096029.
Ouyang W, Hao F, Skidmore AK, Toxopeus AG. 2010. Soil erosion and sediment yield and their relationships with vegetation cover in upper stream of the Yellow River. Science of the Total Environment, 409(2): 396–403.
Palo F, Fornara D. 2017. Plant and soil nutrient stoichiometry along primary ecological successions: Is there any link? Plos ONE,12:e0182569.
Panda DK, Kumar A, Mohanty S. 2011. Recent trends in sediment load of the tropical (Peninsular) river basins of India. Global and Planetary Change, 75(3–4): 108–118.
Pandey R, Sharma G, Tripathi S, Singh A. 2007. Litterfall, litter decomposition and nutrient dynamics in a subtropical natural oak forest and managed plantation in northeastern India. Forest Ecology and Management , 240: 96–104.
Pang D, Cao J, Dan X, Guan Y, Peng X, Cui M, Wu X, Zhou J. 2018. Recovery approach affects soil quality in fragile karst ecosystems of southwest China: Implications for vegetation restoration. Ecological Engineering, 123: 151–160.
Parnell AC, Inger R, Bearhop S, Jackson AL. 2010. Source partitioning using stable isotopes: coping with too much variation. PloS One, 5(3): e9672.
Parra SS, Peiffer S, Gebauer G. 2018. Origin and fate of nitrate runoff in an agricultural catchment: Haean, South Korea – Comparison of two extremely different monsoon seasons. Science of the Total Environment, 648: 66–79.
Parton WJ, Scurlock JMO, Ojima DS, Gilmanov TG, Scholes RJ, Schimel DS, Kirchner T, Menaut JC, Seastedt T, Moya EG, Kamnalrut A, Kinyamario JI. 1993. Observations and modeling of biomass and soil organic matter dynamics for the grassland biome worldwide. Global Biogeochemical Cycles, 7（4）:

785–809.
Peng T, Wang SJ. 2012. Effects of land use, land cover and rainfall regimes on the surface runoff and soil loss on karst slopes in southwest China. Catena, 90: 53–62.
Penman HL. 1948. Natural evaporation from open water, bare soil and grass. Proceedings of the Royal Society of London. Series A. Mathematical and Physical Sciences, 193(1032): 120–145.
Penna D, Geris J, Hopp L, Scandellari F. 2020. Water sources for root water uptake: Using stable isotopes of hydrogen and oxygen as a research tool in agricultural and agroforestry systems. Agriculture, Ecosystems & Environment, 291: 106790.
Petts GE. 1996. Water allocation to protect river ecosystems. Regulated Rivers: Research & Management, 12(4–5): 353–365.
Philip JR, De Vries DA. 1957. Moisture movement in porous materials under temperature gradients. Eos, Transactions American Geophysical Union, 38(2): 222–232.
Philip JR. 1966. Plant water relations: Some physical aspects. Annual Review of Plant Physiology, 17(1): 245–268.
Phillips DL, Gregg JW. 2003. Source partitioning using stable isotopes: Coping with too many sources. Oecologia, 136(2): 261–269.
Piao S, Ciais P, Friedlingstein P, Peylin P, Reichstein M, Luyssaert S, Margolis H, Fang J, Barr A, Chen A, Grelle A, Hollinger DY, Laurila T, Lindroth A, Richardson AD, Vesala T. 2008. Net carbon dioxide losses of northern ecosystems in response to autumn warming. Nature, 451(7174): 49–52.
Piao S, Friedlingstein P, Ciais P, Viovy N, Demarty J. 2007. Growing season extension and its impact on terrestrial carbon cycle in the Northern Hemisphere over the past 2 decades. Global Biogeochemical Cycles, 21(3): GB3018.
Piao S, Wang X, Park T, Chen C, Lian XU, He Y, Bjerke JW, Chen A, Ciais P, Tømmervik H, Nemani RR, Myneni RB. 2020. Characteristics, drivers and feedbacks of global greening. Nature Reviews Earth & Environment, 1(1): 14–27.
Pimm SL. 1984. The complexity and stability of ecosystems. Nature, 307, 321–326.
Pinzon JE, Tucker CJ. 2014. A non–stationary 1981–2012 AVHRR NDVI 3g time series. Remote Sensing, 6(8): 6929–6960.
Pionke HB, DeWalle DR. 1992. Intra–and inter–storm ^{18}O trends for selected rainstorms in Pennsylvania. Journal of Hydrology, 138(1–2): 131–143.
Poeplau C, Don A, Vesterdal L, Leifeld J, Van Wesemael BAS, Schumacher J, Gensior A. 2011. Temporal dynamics of soil organic carbon after land - use change in the temperate zone–carbon response functions as a model approach. Global Change Biology, 17(7): 2415–2427.
Pol RA. 1985. Flow duration and low flow frequency analyses for selected watersheds in the Atlantic Provinces. Inland Waters Directorate, 85–80.
Porazinska DL, Bardgett RD, Blaauw MB, Hunt HW, Parsons AN, Seastedt TR, Wall DH. 2003. Relationships at the aboveground–belowground interface: plants, soil biota, and soil processes. Ecological Monographs, 73(3): 377–395.
Qi D, Wieneke X, Tao J, Zhou X, Desilva U. 2018. Soil pH is the primary factor correlating with soil microbiome in karst rocky desertification regions in the Wushan County, Chongqing, China. Frontiers in Microbiology, 9: 1027.
Qi X, Li Q, Yue Y, Liao C, Zhai L, Zhang X, Wang K, Zhang C, Zhang M, Xiong Y. 2021. Rural–urban migration and conservation drive the ecosystem services improvement in China karst: A case study of HuanJiang county, Guangxi. Remote Sensing，13（4）: 566.
Qian Y, Gong D, Leung R. 2010. Light rain events change over North America, Europe, and Asia for 1973–

2009. Atmospheric Science Letters, 11(4): 301–306.
Qiu J, Cao J, Lan G, Liang Y, Li Q. 2020. The influence of land use patterns on soil bacterial community structure in the karst graben basin of Yunnan province, China. Forests, 11: 51.
Querejeta JI, Estrada–Medina H, Allen MF, Jiménez–Osornio JJ. 2007. Water source partitioning among trees growing on shallow karst soils in a seasonally dry tropical climate. Oecologia, 152(1): 26–36.
Rawls WJ, Pachepsky YA, Ritchie JC, Sobecki TM, Bloodworth H. 2003. Effect of soil organic carbon on soil water retention. Geoderma, 116(1–2): 61–76.
Reichstein M, Bahn M, Ciais P, Frank D, Mahecha MD, Seneviratne SI, Zscheischler J, Beer C, Buchmann N, Frank DC, Papale D, Rammig A, Smith P, Thonicke K, van der Velde M, Vicca S, Walz A, Wattenbach M. 2013. Climate extremes and the carbon cycle. Nature, 500（7462）: 287–295.
Remy W, Taylor TN, Hass H, Kerp H. 1994. Four hundred–million–year–old vesicular arbuscular mycorrhizae. Proceedings of the National Academy of Sciences of the United States of America, 1994, 91(25): 11841–11843.
Richardson AD, Andy Black T, Ciais P, Delbart N, Friedl MA, Gobron N, Hollinger DY, Kutsch WL, Longdoz B, Luyssaert S, Migliavacca M, Montagnani L, Munger JW, Moors E, Piao S, Rebmann C, Reichstein M, Saigusa N, Tomelleri E, Vargas R, Varlagin A. 2010. Influence of spring and autumn phenological transitions on forest ecosystem productivity. Philosophical Transactions of the Royal Society B: Biological Sciences, 365(1555): 3227–3246.
Robertson JA, Gazis CA. 2006. An oxygen isotope study of seasonal trends in soil water fluxes at two sites along a climate gradient in Washington state (USA). Journal of Hydrology, 328(1–2): 375–387.
Rong L, Chen X, Chen X, Wang S, Du X. 2011. Isotopic analysis of water sources of mountainous plant uptake in a karst plateau of southwest China. Hydrological Processes, 25(23): 3666–3675.
Rosa M, Prado C, Podazza G, Interdonato R, González JA, Hilal M, Prado FE. 2009. Soluble sugars–metabolism, sensing and abiotic stress: a complex network in the life of plants. Plant Signaling & Behavior, 4: 388–393.
Rossatto DR, da Silveira Lobo Sternberg L, Franco AC. 2013. The partitioning of water uptake between growth forms in a Neotropical savanna: do herbs exploit a third water source niche?. Plant Biology, 15(1): 84–92.
Rothfuss Y, Merz S, Vanderborght J, Hermes N, Weuthen A, Pohlmeier A, Vereecken H, Brüggemann N. 2015. Long–term and high–frequency non–destructive monitoring of water stable isotope profiles in an evaporating soil column. Hydrology and Earth System Sciences, 19(10): 4067–4080.
Rowley MC, Grand S, Verrecchia ÉP. 2017. Calcium–mediated stabilisation of soil organic carbon. Biogeochemistry, 137(1–2): 27–49.
Roy DP, Wulder MA, Loveland TR, Woodcock CE, Allen RG, Anderson MC, Helder D, Irons JR, Johnson DM, Kennedy R, Scambos TA, Schaaf CB, Schott JR, Sheng Y, Vermote EF, Belward AS, Bindschadler R, Cohen WB, Gao F, Hipple JD, Hostert P, Huntington J, Justice CO, Kilic A, Kovalskyy V, Lee ZP, Lymburner L, Masek JG, McCorkel J, Shuai Y, Trezza R, Vogelmann J, Wynne RH, Zhu Z. 2014. Landsat–8: Science and product vision for terrestrial global change research. Remote Sensing of Environment, 145: 154–172.
Rumpel C, Kögel–Knabner I. 2011. Deep soil organic matter—a key but poorly understood component of terrestrial C cycle. Plant and soil, 338(1): 143–158.
Sachse D, Billault I, Bowen GJ, Chikaraishi Y, Dawson TE, Feakins SJ, Freeman KH, Magill CR, McInerney FA, van der Meer MTJ, Polissar P, Robins RJ, Sachs JP, Schmidt H, Sessions AL, White JWC, West JB, Kahmen A. 2012. Molecular paleohydrology: interpreting the hydrogen–isotopic composition of lipid biomarkers from photosynthesizing organisms. Annual Review of Earth and Planetary Sciences, 40: 221–

249.
Sadiki A, Faleh A, Navas A, Bouhlassa S. 2007. Assessing soil erosion and control factors by the radiometric technique in the Boussouab catchment, Eastern Rif, Morocco. Catena, 71(1): 13–20.
Sahin U, Kuslu Y, Tune P, Kiziloglu FM. 2009. Determining crop and pan coefficients for cauliflower and red cabbage crops under cool season semiarid climatic condition. Agricultural Sciences in China, 8(2): 167–171.
Sajedipour S, Zarei H, Oryan S. 2017. Estimation of environmental water requirements via an ecological approach: a case study of Bakhtegan Lake, Iran. Ecological Engineering, 100: 246–255.
Sakihama Y, Cohen MF, Grace SC, Yamasaki H. 2002. Plant phenolic antioxidant and prooxidant activities: phenolics–induced oxidative damage mediated by metals in plants. Toxicology,177: 67–80.
Sala OE, Lauenroth WK, Parton WJ. 1992. Long–term soil water dynamics in the shortgrass steppe. Ecology, 73(4): 1175–1181.
Salomonson VV, Barnes W, Xiong J, Kempler S, Masuoka E. 2002. An overview of the Earth Observing System MODIS instrument and associated data systems performance. In: IEEE International Geoscience and Remote Sensing Symposium, IEEE.
Sanders IR, Rodriguez A. 2016. Aligning molecular studies of mycorrhizal fungal diversity with ecologically important levels of diversity in ecosystems. The ISME Journal, 10: 2780–2786.
Sato K, Suyama Y, Saito M, Sugawara K. 2005. A new primer for discrimination of arbuscular mycorrhizal fungi with polymerase chain reactiondenature gradient gel electrophoresis. Grassland Science, 51(2): 179–181.
Sayer EJ. 2006. Using experimental manipulation to assess the roles of leaf litter in the functioning of forest ecosystems. Biological Reviews, 81(1): 1–31.
Schlatter DC, Bakker MG, Bradeen JM, Kinkel LL. 2015. Plant community richness and microbial interactions structure bacterial communities in soil. Ecology, 96: 134–142.
Schüßler A, Schwarzott D, Walker C. 2001. A new fungal phylum, the *Glomeromycota*: phylogeny and evolution. Mycological Research, 105(12): 1413–1421.
Schwendenmann L, Pendall E, Sanchez–Bragado R, Kunert N, Hölscher D. 2015. Tree water uptake in a tropical plantation varying in tree diversity: Interspecific differences, seasonal shifts and complementarity. Ecohydrology, 8(1): 1–12.
Schwinning S, Starr BI, Ehleringer JR. 2005. Summer and winter drought in a cold desert ecosystem (Colorado Plateau) part I: effects on soil water and plant water uptake. Journal of Arid Environments, 60(4): 547–566.
Schwinning S. 2008. The water relations of two evergreen tree species in a karst savanna. Oecologia, 158(3): 373–383.
Seddon AW, Macias–Fauria M, Long PR, Benz D, Willis KJ. 2016. Sensitivity of global terrestrial ecosystems to climate variability. Nature, 531(7593): 229–232.
Sellès G, Berger A. 1990. Physiological indicators of plant water status as criteria for irrigation scheduling. Acta Horticulturae, (278): 87–100.
Sen PK. 1968. Estimates of the regression coefficient based on Kendall ' s tau. Journal of the American statistical association, 63(324): 1379–1389.
Sepp SK, Jairus T, Vasar M, Zobel M, Öpik M. 2018. Effects of land use on arbuscular mycorrhizal fungal communities in Estonia. Mycorrhiza, 28: 259–268.
Shen Y, Wang D, Chen Q, Tang Y, Chen F. 2019. Large heterogeneity of water and nutrient supply derived from runoff of nearby rock outcrops in karst ecosystems in SW China. Catena, 172: 125–131.
Shen Y, Yu Y, Lucas–Borja ME, Chen F, Chen Q, Tang Y. 2020. Change of soil K, N and P following forest

restoration in rock outcrop rich karst area. Catena, 186: 104395.

Shumway R. 1988. Applied Statistical Time Series Analysis. Prentice Hall, New Jersey.

Simonin KA, Link P, Rempe D, Miller S, Oshun J, Bode C, Dietrich WE, Fung I, Dawson TE. 2014. Vegetation induced changes in the stable isotope composition of near surface humidity. Ecohydrology, 7(3): 936–949.

Singh A. 1989. Digital change detection techniques using remotely–sensed data. International Journal of Remote Sensing, 10(6): 989–1003.

Singh JS, Milchunas DG, Lauenroth WK. 1998. Soil water dynamics and vegetation patterns in a semiarid grassland. Plant Ecology, 134(1): 77–89.

Singleton MJ, Sonnenthal EL, Conrad ME, DePaolo DJ, Gee GW. 2004. Multiphase reactive transport modeling of seasonal infiltration events and stable isotope fractionation in unsaturated zone pore water and vapor at the Hanford site. Vadose Zone Journal, 3(3): 775–785.

Skrzypek G, Mydłowski A, Dogramaci S, Hedley P, Gibson JJ, Grierson PF. 2015. Estimation of evaporative loss based on the stable isotope composition of water using Hydrocalculator. Journal of Hydrology, 523: 781–789.

Smakthin VU. 2001. Low flow hydrology: A review. Journal of Hydrology, 240(3–4): 147–186.

Sohrt J, Ries F, Sauter M, Lange J. 2014. Significance of preferential flow at the rock soil interface in a semi–arid karst environment. Catena, 123: 1–10.

Sokaa GE, Ritchie ME. 2018. Arbuscular mycorrhizal spore composition and diversity associated with different land uses in a tropical savanna landscape, Tanzania. Applied Soil Ecology, 125: 222–232.

Song L, Li Y, Ren Y, Wu X, Guo B, Tang X, Shi W, Ma M, Han X, Zhao L. 2019. Divergent vegetation responses to extreme spring and summer droughts in Southwestern China. Agricultural and Forest Meteorology, 279: 107703.

Song X, Wang S, Xiao G, Wang Z, Liu X, Wang P. 2009. A study of soil water movement combining soil water potential with stable isotopes at two sites of shallow groundwater areas in the North China Plain. Hydrological Processes, 23(9): 1376–1388.

Song XP, Hansen MC, Stehman SV, Potapov PV, Tyukavina A, Vermote EF, Townshend JR. 2018. Global land change from 1982 to 2016. Nature, 560(7720): 639–643.

Song Y, Ma M. 2011. A statistical analysis of the relationship between climatic factors and the Normalized Difference Vegetation Index in China. International Journal of Remote Sensing, 32(14): 3947–3965.

Sprenger M, Leistert H, Gimbel K, Weiler M. 2016. Illuminating hydrological processes at the soil - vegetation - atmosphere interface with water stable isotopes. Reviews of Geophysics, 54(3): 674–704.

Sprenger M, Stumpp C, Weiler M, Aeschbach W, Allen ST, Benettin P, Dubbert M, Hartmann A, Hrachowitz M, Kirchner JW, McDonnell JJ, Orlowski N, Penna D, Pfahl S, Rinderer M, Rodriguez N, Schmidt M, Werner C. 2019. The demographics of water: A review of water ages in the critical zone. Reviews of Geophysics, 57(3): 800–834.

Sprenger M, Tetzlaff D, Buttle J, Carey SK, McNamara JP, Laudon H, Shatilla N, Soulsby C. 2018. Storage, mixing, and fluxes of water in the critical zone across northern environments inferred by stable isotopes of soil water. Hydrological Processes, 32(12): 1720–1737.

Sprenger M, Tetzlaff D, Soulsby C. 2017. Soil water stable isotopes reveal evaporation dynamics at the soil–plant–atmosphere interface of the critical zone. Hydrology and Earth System Sciences, 21(7): 3839–3858.

Staelens J, De Schrijver A, Verheyen K, Verhoest NE. 2008. Rainfall partitioning into throughfall, stemflow, and interception within a single beech (*Fagus sylvatica* L.) canopy: influence of foliation, rain event characteristics, and meteorology. Hydrological Processes: An International Journal, 22(1): 33–45.

Sterner RW, Elser JJ. 2002. Ecological stoichiometry: the biology of elements from molecules to the biosphere. Princeton: Princeton University Press.

Stinson G, Kurz WA, Smyth CE, Neilson ET, Dymond CC, Metsaranta JM, Boisvenue C, Rampley GJ, Li Q, White TM, Blain D. 2011. An inventory–based analysis of Canada ' s managed forest carbon dynamics, 1990 to 2008. Global Change Biology, 17（6）: 2227–2244.

Stock B C, Semmens B X. Mix SIAR GUI User Manual, Version3.1.2013 http: //conserver.iugocafe.org/user/brice.semmens/Mix SIAR.

Stumpp C, Stichler W, Kandolf M, Šimůnek J. 2012. Effects of land cover and fertilization method on water flow and solute transport in five lysimeters: A long–term study using stable water isotopes. Vadose Zone Journal, 11(1): vzj2011.0075.

Suárez SP, Peiffer S, Gebauer G. 2019. Origin and fate of nitrate runoff in an agricultural catchment: Haean, South Korea–Comparison of two extremely different monsoon seasons. Science of The Total Environment, 648: 66–79.

Subbarao GV. 2000. Osmotic adjustment, water relations and carbohydrate remobilization in pigeonpea under water deficits. Journal of Plant Physiology,157:651–659.

Sun W, Song X, Mu X, Gao P, Wang F, Zhao G. 2015. Spatiotemporal vegetation cover variations associated with climate change and ecological restoration in the Loess Plateau. Agricultural and Forest Meteorology, 209: 87–99.

Sun Z, Xu R, Du W, Wang L, Lu D. 2019. High–resolution urban land mapping in China from sentinel 1A/2 imagery based on Google Earth Engine. Remote Sensing, 11(7): 752.

Swaffer BA, Holland KL, Doody TM, Li C, Hutson J. 2014. Water use strategies of two co–occurring tree species in a semi–arid karst environment. Hydrological Processes, 28(4): 2003–2017.

Sweeting MM. 1995. The karsts of yunnan. In: Karst in China: Its Geomorphology and Environment. Springer–Verlag Berlin Heidelberg, Hongkong, 265.

Tague C, Grant GE. 2004. A geological framework for interpreting the low–flow regimes of Cascade streams, Willamette River Basin, Oregon. Water Resources Research, 40(4): W04303.

Tang K, Feng X. 2001. The effect of soil hydrology on the oxygen and hydrogen isotopic compositions of plants ' source water. Earth and Planetary Science Letters, 185(3–4): 355–367.

Taylor A, Biswas T, Randall JM, Klausmeyer K, Cohen B. 2020. Parched pines: a quantitative comparison of two multi - year droughts and associated mass mortalities of bishop pine (*Pinus muricata*) on Santa Cruz Island, California. Remote Sensing in Ecology and Conservation, 6(1): 20–34.

Tekleab S, Wenninger J, Uhlenbrook S. 2014. Characterisation of stable isotopes to identify residence times and runoff components in two meso–scale catchments in the Abay/Upper Blue Nile basin, Ethiopia. Hydrology and Earth System Sciences, 18(6): 2415–2431.

Teramage MT, Onda Y, Kato H, Wakiyama Y, Mizugaki S, Hiramatsu S. 2013. The relationship of soil organic carbon to $^{210}Pb_{ex}$ and ^{137}Cs during surface soil erosion in a hillslope forested environment. Geoderma, 192: 59–67.

Tessier JT, Raynal DJ. 2003. Use of nitrogen to phosphorus ratios in plant tissue as an indicator of nutrient limitation and nitrogen saturation. Journal of Applied Ecology, 40:523–534.

Tewolde DO, Koeniger P, Beyer M, Neukum C, Gröschke M, Ronelngar M, Rieckh H, Vassolo S. 2019. Soil water balance in the Lake Chad Basin using stable water isotopes and chloride of soil profiles. Isotopes in Environmental and Health Studies, 55(5): 459–477.

Thevs N, Peng H, Rozi A, Zerbe S, Abdusalih N. 2015. Water allocation and water consumption of irrigated agriculture and natural vegetation in the Aksu–Tarim river basin, Xinjiang, China. Journal of Arid Environments, 112: 87–97.

Tian F, Fensholt R, Verbesselt J, Grogan K, Horion S, Wang Y. 2015. Evaluating temporal consistency of

long-term global *NDVI* datasets for trend analysis. Remote Sensing of Environment, 163: 326–340.
Tian H, Chen G, Zhang C, Melillo JM, Hall CAS. 2010. Pattern and variation of C:N:P ratios in China's soils: A synthesis of observational data. Biogeochemistry, 98: 139–151.
Tian H, Huang N, Niu Z, Qin Y, Pei J, Wang J. 2019. Mapping winter crops in China with multi-source satellite imagery and phenology-based algorithm. Remote Sensing, 11(7): 820.
Tian Y, Bai X, Wang S, Qin L, Li Y. 2017. Spatial-temporal changes of vegetation Cover in Guizhou Province, Southern China. Chinese Geographical Science, 27(1): 25–38.
Tian Y, Wang S, Bai X, Luo G, Xu Y. 2016. Trade-offs among ecosystem services in a typical karst watershed, SW China. Science of the Total Environment, 566: 1297–1308.
Tong X, Brandt M, Yue Y, Ciais P, Jepsen MR, Penuelas J, Wigneron J, Xiao X, Song X, Horion S, Rasmussen K, Saatchi S, Fan L, Wang K, Zhang B, Chen Z, Wang Y, Li X, Fensholt R. 2020. Forest management in southern China generates short term extensive carbon sequestration. Nature Communications, 11（1）:129.
Tong X, Brandt M, Yue Y, Horion S, Wang K, Keersmaecker WD, Tian F, Schurgers G, Xiao X, Luo Y, Chen C, Myneni R, Shi Z, Chen H, Fensholt R. 2018. Increased vegetation growth and carbon stock in China karst via ecological engineering. Nature Sustainability, 1(1): 44–50.
Tong X, Wang K, Brandt M, Yue Y, Liao C, Fensholt R. 2016. Assessing future vegetation trends and restoration prospects in the karst regions of southwest China. Remote Sensing, 8(5): 357.
Tong X, Wang K, Yue Y, Brandt M, Liu B, Zhang C, Liao C, Fensholt R. 2017. Quantifying the effectiveness of ecological restoration projects on long-term vegetation dynamics in the karst regions of Southwest China. International Journal of Applied Earth Observation and Geoinformation, 54: 105–113.
Treseder K, Lennon J. 2015. Fungal traits that drive ecosystem dynamics on land. Microbiology & Molecular Biology Reviews, 79(2): 243–62.
Tripathi S, Singh K. 1992. Abiotic and litter quality control during the decomposition of different plant parts in dry tropical bamboo savanna in India. Pedobiologia, 36: 241–256.
Tucker CJ, Newcomb WW, Los SO, Prince SD. 1991. Mean and inter-year variation of growing-season normalized difference vegetation index for the Sahel 1981–1989. International Journal of Remote Sensing, 12(6): 1133–1135.
Tucker CJ, Pinzon JE, Brown ME, Slayback DA, Pak EW, Mahoney R, Vermote EF, El Saleous N. 2005. An extended AVHRR 8 - km NDVI dataset compatible with MODIS and SPOT vegetation NDVI data. International Journal of Remote Sensing, 26(20): 4485–4498.
Turner NC. 1986. Crop Water Deficits: A Decade of Progress. In Advances in Agronomy. N.C. Brady, ed. (Academic Press), 1–51.
Umair M, Sun N, Du H, Chen K, Tao H, Yuan J, Abbasi AM, Liu C. 2020a. Differential stoichiometric responses of shrubs and grasses to increased precipitation in a degraded karst ecosystem in Southwestern China. Science of the Total Environment, 700: 134421.
Umair M, Sun N, Du H, Hui N, Altaf M, Du B, Yin S and Liu C. 2020b. Bacterial communities Are more sensitive to water addition than fungal communities due to higher soil K and Na in a cegraded karst ecosystem of southwestern China. Frontiers in Microbiology, 11, 562546.
Umair M, Sun N, Du H, Yuan J, Abbasi AM, Wen J, Yu W, Zhou J, Liu C. 2019. Differential metabolic responses of shrubs and grasses to water additions in arid karst region, southwestern China. Scientific Reports, 9:9613.
Van Genuchten MT. 1980. A closed-form equation for predicting the hydraulic conductivity of unsaturated soils. Soil Science Society of America Journal, 44(5): 892–898.
Van Leeuwen WJ, Orr BJ, Marsh SE, Herrmann SM. 2006. Multi-sensor NDVI data continuity: Uncertainties

and implications for vegetation monitoring applications. Remote Sensing of Environment, 100(1): 67–81.
Vercruysse K, Grabowski RC, Rickson RJ. 2017. Suspended sediment transport dynamics in rivers: Multi-scale drivers of temporal variation. Earth–Science Reviews: 166, 38–52.
Vereecken H, Huisman JA, Hendricks Franssen HJ, Brüggemann N, Bogena HR, Kollet S, Javaux M, van der Kruk J, Vanderborght J. 2015. Soil hydrology: Recent methodological advances, challenges, and perspectives. Water Resources Research, 51(4): 2616–2633.
Viña A, McConnell WJ, Yang H, Xu Z, Liu J. 2016. Effects of conservation policy on China's forest recovery. Science Advances, 2(3): e1500965.
Vinther FP, Eiland F, Lind AM, Elsgaard L. 1999. Microbial biomass and numbers of denitrifiers related to macropore channels in agricultural and forest soils. Soil Biology and Biochemistry, 31(4): 603–611.
Vogelmann JE, Gallant AL, Shi H, Zhu Z. 2016. Perspectives on monitoring gradual change across the continuity of Landsat sensors using time–series data. Remote Sensing of Environment, 185: 258–270.
Vörösmarty CJ, Meybeck M, Fekete B, Sharma K, Green P, Syvitski JP. 2003. Anthropogenic sediment retention: major global impact from registered river impoundments. Global and planetary change, 39(1–2): 169–190.
Walling DE, Fang D. 2003. Recent trends in the suspended sediment loads of the world's rivers. Global and planetary change, 39(1–2): 111–126.
Walling DE. 2006. Human impact on land–ocean sediment transfer by the world's rivers. Geomorphology, 79(3–4): 192–216.
Wan J, Wang K, Zhang M, Zhang C. 2015. Impacts of climate change and human activities on vegetation cover in hilly southern China. Ecological Engineering, 81: 451–461.
Wang B, Xu G, Li P, Li Z, Zhang Y, Cheng Y, Jia L, Zhang J. 2020. Vegetation dynamics and their relationships with climatic factors in the Qinling Mountains of China. Ecological Indicators, 108: 105719.
Wang D, Morton D, Masek J, Wu A, Nagol J, Xiong X, Levy R, Vermote E, Wolfe R. 2012. Impact of sensor degradation on the MODIS NDVI time series. Remote Sensing of Environment, 119: 55–61.
Wang F, Chen H, Lian J, Fu Z, Nie Y. 2018. Preferential flow in different soil architectures of a small karst catchment. Vadose Zone Journal: 17(1), 1–10.
Wang J, Meng JJ, Cai YL. 2008. Assessing vegetation dynamics impacted by climate change in the southwestern karst region of China with AVHRR NDVI and AVHRR NPP time–series. Environmental Geology, 54(6): 1185–1195.
Wang K, Zhang C, Chen H, Yue Y, Zhang W, Zhang M, Qi X, Fu Z. 2019. Karst landscapes of China: patterns, ecosystem processes and services. Landscape Ecology, 34(12): 2743–2763.
Wang L, Good SP, Caylor KK, Cernusak LA. 2012. Direct quantification of leaf transpiration isotopic composition. Agricultural and Forest Meteorology, 154: 127–135.
Wang R, Wu Y, Xing D, Hang H, Xie X, Yang X, Zhang K, Rao S. 2017. Biomass production of three biofuel energy plants' use of a new carbon resource by carbonic anhydrase in simulated karst soils: Mechanism and capacity. Energies, 10(9):1370.
Wang SJ, Li RL, Sun CX, Zhang DF, Li FQ, Zhou DQ, Xiong KN, Zhou ZF. 2004a. How types of carbonate rock assemblages constrain the distribution of karst rocky desertified land in Guizhou Province, PR China: Phenomena and mechanisms. Land Degradation & Development, 15(2): 123–131.
Wang SJ, Liu QM, Zhang DF. 2004b. Karst rocky desertification in southwestern China: Geomorphology, landuse, impact and rehabilitation. Land Degradation & Development, 15(2): 115–121.
Wang Z, Zerihun D, Feyen J. 1996. General irrigation efficiency for field water management. Agricultural Water Management, 30(2): 123–132.
Wardle DA, Bardgett RD, Klironomos JN, Setälä H, van der Putten WH, Wall DH. 2004. Ecological linkages

between aboveground and belowground biota. Science, 304: 1629–1633.
Wei G, Li M, Shi W, Tian R, Chang C, Wang Z, Wang N, Zhao G, Gao Z. 2020. Similar drivers but different effects lead to distinct ecological patterns of soil bacterial and archaeal communities. Soil Biology and Biochemistry, 144: 107759.
Wei W, Chen L, Fu B, Huang Z, Wu D, Gui L. 2007. The effect of land uses and rainfall regimes on runoff and soil erosion in the semi–arid loess hilly area, China. Journal of hydrology, 335(3–4): 247–258.
Wei Y, Wang SJ, Liu XM, Huang TZ. 2012. Molecular diversity and distribution of arbuscular mycorrhizal fungi in karst ecosystem, Southwest China. African Journal of Biotechnology, 11: 14561–14568.
Wen J, Ji H, Sun N, Tao H, Du B, Hui D, Liu C. 2018. Imbalanced plant stoichiometry at contrasting geologic–derived phosphorus sites in subtropics: the role of microelements and plant functional group. Plant and Soil, 430: 113–125.
Wen X, Yang B, Sun X, Lee X. 2016. Evapotranspiration partitioning through in–situ oxygen isotope measurements in an oasis cropland. Agricultural and Forest Meteorology, 230: 89–96.
Wessels KJ, Prince SD, Malherbe J, Small J, Frost PE, VanZyl D. 2007. Can human–induced land degradation be distinguished from the effects of rainfall variability? A case study in South Africa. Journal of Arid Environments, 68(2): 271–297.
West AG, Patrickson SJ, Ehleringer JR. 2006. Water extraction times for plant and soil materials used in stable isotope analysis. Rapid Communications in Mass Spectrometry, 20(8): 1317–1321.
White JW, Cook ER, Lawrence JR. 1985. The DH ratios of sap in trees: Implications for water sources and tree ring DH ratios. Geochimica et Cosmochimica Acta, 49(1): 237–246.
White W B. 1993. Analysis of karst aquifers. In: Alley W.M., ed., Regional ground–water quality. New York, Van Nostrand Reinhold, 471–489.
Williams DG, Cable W, Hultine K, Hoedjes JCB, Yepez EA, Simonneaux V, Er–Raki S, Boulet G, de Bruin HAR, Chehbouni A, Hartogensis OK, Timouk F. 2004. Evapotranspiration components determined by stable isotope, sap flow and eddy covariance techniques. Agricultural and forest meteorology, 125(3–4): 241–258.
Williams DG, Ehleringer JR. 2000. Intra–and interspecific variation for summer precipitation use in pinyon–juniper woodlands. Ecological Monographs, 70(4): 517–537.
Williams JR. 1990. The erosion–productivity impact calculator (EPIC) model: A case history. Philosophical Transactions of the Royal Society of London. Series B: Biological Sciences, 329(1255): 421–428.
Wilson BR, Koen TB, Barnes P, Ghosh S, King D. 2011. Soil carbon and related soil properties along a soil type and land - use intensity gradient, New South Wales, Australia. Soil Use and Management, 27(4): 437–447.
Wood JM. 2011. Bacterial osmoregulation: a paradigm for the study of cellular homeostasis. Annual Review of Microbiology, 65:215–238.
Wood JM. 2015. Bacterial responses to osmotic challenges. Journal of General Physiology, 145: 381–388.
Wu CS, Yang SL, Lei YP. 2012. Quantifying the anthropogenic and climatic impacts on water discharge and sediment load in the Pearl River (Zhujiang), China (1954–2009). Journal of Hydrology, 452: 190–204.
Wu D, Zhao X, Liang S, Zhou T, Huang K, Tang B, Zhao W. 2015. Time–lag effects of global vegetation responses to climate change. Global Change Biology, 21(9): 3520–3531.
Wu J, Liu W, Chen C. 2017. How do plants share water sources in a rubber–tea agroforestry system during the pronounced dry season?. Agriculture, Ecosystems & Environment, 236: 69–77.
Wu Y, Du T, Li F, Li S, Ding R, Tong L. 2016. Quantification of maize water uptake from different layers and root zones under alternate furrow irrigation using stable oxygen isotope. Agricultural Water Management, 168: 35–44.

Wu Z, Wu J, He B, Liu J, Wang Q, Zhang H, Liu Y. 2014. Drought offset ecological restoration program–induced increase in vegetation activity in the Beijing–Tianjin Sand Source Region, China. Environmental Science & Technology, 48(20): 12108–12117.

Wythers KR, Lauenroth WK, Paruelo JM. 1999. Bare–soil evaporation under semiarid field conditions. Soil Science Society of America Journal, 63(5): 1341–1349.

Xiang D, Verbruggen E, Hu YJ, Veresoglou SD, Rillig MC, Zhou W, Xu T, Li H, Hao Z, Chen Y, Chen B. 2014. Land use influences arbuscular mycorrhizal fungal communities in the farming–pastoral ecotone of Northern China. New Phytologist, 204: 968–978.

Xiao D, Che RX, Liu X, Tan Y, Yang R, Zhang W, He X, Xu Z, Wang K. 2019a. Arbuscular mycorrhizal fungi abundance was sensitive to nitrogen addition but diversity was sensitive to phosphorus addition in karst ecosystems. Biology and Fertility of Soils, 55: 457–469.

Xiao D, Tan YJ, Liu X, Yang R, Zhang W, He X, Wang K. 2019b. Effects of different legume species and densities on arbuscular mycorrhizal fungal communities in a karst grassland ecosystem. Science of the Total Environment, 678: 551–558.

Xu L, Myneni RB, Chapin Iii FS, Callaghan TV, Pinzon JE, Tucker CJ, Zhu Z, Bi J, Ciais P, Tømmervik H, Euskirchen ES, Forbes BC, Piao SL, Anderson BT, Ganguly S, Nemani RR, Goetz SJ, Beck PSA, Bunn AG, Cao C, Stroeve JC. 2013. Temperature and vegetation seasonality diminishment over northern lands. Nature Climate Change, 3(6): 581–586.

Xu M, Li XL, Cai XB, Li X, Christie P, Zhang J. 2017. Land use alters arbuscular mycorrhizal fungal communities and their potential role in carbon sequestration on the Tibetan Plateau. Scientific Reports, 7, 3067.

Xu Q, Li H, Chen J, Cheng X, Liu S, An S. 2011. Water use patterns of three species in subalpine forest, Southwest China: the deuterium isotope approach. Ecohydrology, 4(2): 236–244.

Xue L, Ren H, Li S, Leng X, Yao X. 2017. Soil bacterial community structure and co–occurrence pattern during vegetation restoration in karst rocky desertification area. Frontiers in Microbiology, 8: 2377.

Xue L, Ren H, Long W, Leng X, Wang J, Yao X, Li S. 2018. Ecophysiological responses of calcicole *Cyclobalanopsis glauca* (Thunb.) oerst. to drought stress and calcium supply. Forests, 9(11): 667.

Yakir D, Sternberg LdaSL. 2000. The use of stable isotopes to study ecosystem gas exchange. Oecologia, 123(3): 297–311.

Yamashita N, Ohta S, Hardjono A. 2008. Soil changes induced by Acacia mangium plantation establishment: Comparison with secondary forest and Imperata cylindrica grassland soils in South Sumatra, Indonesia. Forest Ecology and Management,254: 362–370.

Yan Y, Dai Q, Yuan Y, Peng X, Zhao L, Yang J. 2018. Effects of rainfall intensity on runoff and sediment yields on bare slopes in a karst area, SW China. Geoderma, 330: 30–40.

Yang B, Wang P, You D, Liu W. 2018. Coupling evapotranspiration partitioning with root water uptake to identify the water consumption characteristics of winter wheat: A case study in the North China Plain. Agricultural and Forest Meteorology, 259: 296–304.

Yang G, Chen Z, Yu F, Wang Z, Zhao Y, Wang Z. 2007. Sediment rating parameters and their implications: Yangtze River, China. Geomorphology, 85(3–4): 166–175.

Yang H, Auerswald K, Bai Y, Han X. 2011. Complementarity in water sources among dominant species in typical steppe ecosystems of Inner Mongolia, China. Plant and Soil, 340(1): 303–313.

Yang H, Zhang P, Zhu T, Li Q, Cao J. 2019. The characteristics of soil C, N, and P stoichiometric ratios as affected by geological background in a karst graben area, Southwest China. Forests, 10(7): 601

Yang J, Chen H, Nie Y, Wang K. 2019. Dynamic variations in profile soil water on karst hillslopes in Southwest China. Catena, 172: 655–663.

Yang J, Chen H, Nie Y, Zhang W, Wang K. 2016. Spatial variability of shallow soil moisture and its stable isotope values on a karst hillslope. Geoderma, 264: 61–70.

Yang L, Jia K, Liang S, Liu M, Wei X, Yao Y, Zhang X, Liu D. 2018. Spatio–temporal analysis and uncertainty of fractional vegetation cover change over northern China during 2001–2012 based on multiple vegetation data sets. Remote Sensing, 10(4): 549.

Yang Q, Zhang H, Peng W, Lan Y, Luo S, Shao J, Chen D, Wang G. 2019. Assessing climate impact on forest cover in areas undergoing substantial land cover change using Landsat imagery. Science of The Total Environment, 659: 732–745.

Yang SL, Zhao QY, Belkin IM. 2002. Temporal variation in the sediment load of the Yangtze River and the influences of human activities. Journal of Hydrology, 263(1–4): 56–71.

Yepez EA, Williams DG, Scott RL, Lin G. 2003. Partitioning overstory and understory evapotranspiration in a semiarid savanna woodland from the isotopic composition of water vapor. Agricultural and Forest Meteorology, 119(1–2): 53–68.

Yue S, Pilon P, Cavadias G. 2002. Power of the Mann–Kendall and Spearman's rho tests for detecting monotonic trends in hydrological series. Journal of hydrology, 259(1–4): 254–271.

Yun Y, Wang H, Man B, Xiang X, Zhou J, Qiu X, Duan Y, Engel AS. 2016. The relationship between pH and bacterial communities in a single karst ecosystem and its implication for soil acidification. Frontiers in Microbiology, 7.

Zajíček A, Pomije T, Kvítek T. 2016. Event water detection in tile drainage runoff using stable isotopes and a water temperature in small agricultural catchment in Bohemian–Moravian Highlands, Czech Republic. Environmental Earth Sciences, 75(9): 1–13.

Zangaro W, Alves RA, Lescano LEAM, Ansanelo AP, Nogueira MA. 2012. Investment in fine roots and arbuscular mycorrhizal fungi decrease during succession in three Brazilian ecosystems. Biotropica, 44: 141–150.

Zeng F, Jiang Z, Shen L, Chen W, Yang Q, Zhang C. 2018. Assessment of multiple and interacting modes of soil loss in the karst critical zone, Southwest China (SWC). Geomorphology, 322: 97–106.

Zhang B, Li WH, Xie GD, Xiao Y. 2010. Water conservation of forest ecosystem in Beijing and its value. Ecological Economics, 69(7): 1416–1426.

Zhang B, Xu Q, Gao D, Jiang C, Liu F, Jiang J, Ma Y. 2019. Higher soil capacity of intercepting heavy rainfall in mixed stands than in pure stands in riparian forests. Science of The Total Environment, 658: 1514–1522.

Zhang C, Ju W, Chen JM, Zan M, Li D, Zhou Y, Wang X. 2013. China's forest biomass carbon sink based on seven inventories from 1973 to 2008. Climatic Change, 118(3): 933–948.

Zhang C, Qi X, Wang K, Zhang M, Yue Y. 2017a. The application of geospatial techniques in monitoring karst vegetation recovery in southwest China: A review. Progress in Physical Geography, 41(4): 450–477.

Zhang C, Tian H, Liu J, Wang S, Liu M, Pan S, Shi X. 2005. Pools and distributions of soil phosphorus in China. Global Biogeochemical Cycles,19(1):GB1020.

Zhang M, Wang K, Zhang C, Chen H, Liu H, Yue Y, Luffman I, Qi X. 2011. Using the radial basis function network model to assess rocky desertification in northwest Guangxi, China. Environmental Earth Sciences, 62(1): 69–76.

Zhang S, Li Z, Hou X, Yi Y. 2019. Impacts on watershed–scale runoff and sediment yield resulting from synergetic changes in climate and vegetation. Catena, 179: 129–138.

Zhang S, Lu XX, Higgitt DL, Chen CTA, Han J, Sun H. 2008b. Recent changes of water discharge and sediment load in the Zhujiang (Pearl River) Basin, China. Global and Planetary Change, 60(3–4): 365–380.

Zhang W, An S, Xu Z, Cui J, Xu Q. 2011. The impact of vegetation and soil on runoff regulation in headwater streams on the east Qinghai–Tibet Plateau, China. Catena, 87(2): 182–189.

Zhang W, Zhao J, Pan F, Li D, Chen H, Wang K. 2015. Changes in nitrogen and phosphorus limitation during secondary succession in a karst region in southwest China. Plant and Soil, 391: 77–91.

Zhang X, Xu B, Günther F, Mügler I, Lange M, Zhao H, Li J, Gleixner G. 2017. Hydrogen isotope ratios of terrestrial leaf wax n–alkanes from the Tibetan Plateau: Controls on apparent enrichment factors, effect of vapor sources and implication for altimetry. Geochimica et Cosmochimica Acta, 211: 10–27.

Zhang Y, Gao J, Liu L, Wang Z, Ding M, Yang X. 2013. NDVI–based vegetation changes and their responses to climate change from 1982 to 2011: A case study in the Koshi River Basin in the middle Himalayas. Global and Planetary Change, 108: 139–148.

Zhang Y, Song C, Band LE, Sun G, Li J. 2017b. Reanalysis of global terrestrial vegetation trends from MODIS products: Browning or greening?. Remote Sensing of Environment, 191: 145–155.

Zhang Z, Chen X, Huang Y, Zhang Y. 2014. Effect of catchment properties on runoff coefficient in a karst area of southwest China. Hydrological Processes, 28(11): 3691–3702.

Zhao F, Ren C, Han X, Yang G, Wang J, Doughty R. 2018a. Changes of soil microbial and enzyme activities are linked to soil C, N and P stoichiometry in afforested ecosystems. Forest Ecology and Management, 427: 289–295.

Zhao J, Zhang H, Zhang Z, Guo X, Li X, Chen C. 2015. Spatial and temporal changes in vegetation phenology at middle and high latitudes of the Northern Hemisphere over the past three decades. Remote Sensing, 7(8): 10973–10995.

Zhao N, Liu H, Wang Q, Wang R, Xu Z, Jiao C, Zhu J, Yu G, He N. 2018b. Root elemental composition in Chinese forests: Implications for biogeochemical niche differentiation. Functional Ecology, 32: 40–49.

Zhao P, Tang X, Zhao P, Wang C, Tang J. 2013. Identifying the water source for subsurface flow with deuterium and oxygen–18 isotopes of soil water collected from tension lysimeters and cores. Journal of Hydrology, 503: 1–10.

Zhao X, Li F, Ai Z, Li J, Gu C. 2018. Stable isotope evidences for identifying crop water uptake in a typical winter wheat–summer maize rotation field in the North China Plain. Science of The Total Environment, 618: 121–131.

Zhao Y, Zou X, Gao J, Xu X, Wang C, Tang D, Wang T, Wu X. 2015. Quantifying the anthropogenic and climatic contributions to changes in water discharge and sediment load into the sea: A case study of the Yangtze River, China. Science of the Total Environment, 536: 803–812.

Zhao Z, Shen Y, Jiang R, Wang Q. 2020. Rock outcrops change infiltrability and water flow behavior in a karst soil. Vadose Zone Journal, 19(1): e20002.

Zhao Z, Shen Y, Wang Q, Jiang R. 2020. The temporal stability of soil moisture spatial pattern and its influencing factors in rocky environments. Catena, 187: 104418.

Zheng JJ, He XB, Walling D, Zhang XB, Flanagan D, Qi YQ. 2007. Assessing soil erosion rates on manually–tilled hillslopes in the Sichuan Hilly Basin using ^{137}Cs and $^{210}Pb_{ex}$ measurements. Pedosphere, 17(3): 273–283.

Zheng K, Wei JZ, Pei JY, Cheng H, Zhang XL, Huang FQ, Li FM, Ye JS. 2019. Impacts of climate change and human activities on grassland vegetation variation in the Chinese Loess Plateau. Science of the Total Environment, 660: 236–244.

Zhou G, Wang Y, Jiang Y, Yang Z. 2002. Estimating biomass and net primary production from forest inventory data: a case study of China's Larix forests. Forest Ecology and Management, 169（1–2）: 149–157.

Zhou P, Luukkanen O, Tokola T, Nieminen J. 2008. Effect of vegetation cover on soil erosion in a mountainous watershed. Catena, 75(3): 319–325.

Zhou X, Yamaguchi Y, Arjasakusuma S. 2018. Distinguishing the vegetation dynamics induced by anthropogenic factors using vegetation optical depth and AVHRR NDVI: A cross-border study on the Mongolian Plateau. Science of the Total Environment, 616: 730–743.

Zhu Z, Bi J, Pan Y, Ganguly S, Anav A, Xu L, Samanta A, Piao S, Nemani RR, Myneni RB. 2013. Global data sets of vegetation leaf area index (LAI) 3g and fraction of photosynthetically active radiation (FPAR) 3g derived from global inventory modeling and mapping studies (GIMMS) normalized difference vegetation index (NDVI 3g) for the period 1981 to 2011. Remote Sensing, 5(2): 927–948.

Zhu Z, Piao S, Myneni RB, Huang M, Zeng Z, Canadell JG, Ciais P, Sitch S, Friedlingstein P, Arneth A, Cao C, Cheng L, Kato E, Koven C, Li Y, Lian X, Liu Y, Liu R, Mao J, Pan Y, Peng S, Peñuelas J, Poulter B, Pugh TAM, Stocker BD, Viovy N, Wang X, Wang Y, Xiao Z, Yang H, Zaehle S, Zeng N. 2016. Greening of the Earth and its drivers. Nature Climate Change, 6(8): 791–795.

Zhu Z, Wang S, Woodcock CE. 2015. Improvement and expansion of the Fmask algorithm: Cloud, cloud shadow, and snow detection for Landsats 4–7, 8, and Sentinel 2 images. Remote Sensing of Environment, 159: 269–277.

Zhu Z. 2017. Change detection using landsat time series: A review of frequencies, preprocessing, algorithms, and applications. ISPRS Journal of Photogrammetry and Remote Sensing, 130: 370–384.

Zimmermann U, Ehhalt D, Münnich KO. 1967. Soil water movement and evapotran: Changes in the isotopic composition of the water. In: IAEA (ed) Proceedings of the IAEA Symposium on Isotope Hydrology. IAEA, Vienna.

Zuo D, Xu Z, Yao W, Jin S, Xiao P, Ran D. 2016. Assessing the effects of changes in land use and climate on runoff and sediment yields from a watershed in the Loess Plateau of China. Science of the Total Environment, 544: 238–250.